深远海工程装备与高技术丛书

海洋装备数字化工程

鲍劲松　程庆和　张华军　袁　轶　金　烨　高志龙　**编著**

上海科学技术出版社

图书在版编目（CIP）数据

海洋装备数字化工程 / 鲍劲松等编著. -- 上海 : 上海科学技术出版社, 2020.8
（深远海工程装备与高技术丛书）
ISBN 978-7-5478-4775-6

Ⅰ. ①海… Ⅱ. ①鲍… Ⅲ. ①海洋工程－工程设备－数字化－研究 Ⅳ. ①P75

中国版本图书馆CIP数据核字(2020)第099529号

海洋装备数字化工程

鲍劲松　程庆和　张华军　袁　轶　金　烨　高志龙　编著

上海世纪出版(集团)有限公司
上 海 科 学 技 术 出 版 社　出版、发行
(上海钦州南路 71 号　邮政编码 200235　www.sstp.cn)
上海雅昌艺术印刷有限公司印刷
开本 787×1092　1/16　印张 30.5
字数 680 千字
2020 年 8 月第 1 版　2020 年 8 月第 1 次印刷
ISBN 978-7-5478-4775-6/U·97
定价：260.00 元

内 容 提 要

本书是“深远海工程装备与高技术丛书”之一，是站在智能制造的角度来描述海洋装备数字化工程的集成与应用技术。海洋装备数字化工程的概念本身比较广，本书针对海洋装备的设计和制造两大活动展开，详细论述了数字化技术在设计和制造领域的应用，并重点介绍了海洋装备从设计到制造的数字化贯穿和集成的方法。

本书共分 4 篇 14 章。第 1 篇(第 1—3 章)介绍海洋装备建造过程特点、流程，数字化技术进展，以及新一代智能制造技术给海洋装备带来的转型。第 2 篇(第 4—7 章)介绍海洋装备制造的设计数字化工程技术，包括全生命周期管理、数字化分析与仿真、数字化装配以及数字化协同技术，详细介绍数字化模型的组织、信息建模和集成方式。第 3 篇(第 8—13 章)介绍海洋装备的制造过程数字化工程技术，包括海洋装备的数字化制造系统，给出设计—制造一体化框架、数字化加工尺寸精度工程、海洋装备制造中间产品数字化管理工程等，详细介绍了海洋装备产品制造虚拟工厂技术。第 4 篇(第 14 章)展望智能制造技术尤其是工业互联网技术和人工智能技术给数字化工程带来巨大的变革，分别介绍了 5G 赋能工业互联网平台的海洋装备制造体系，并给出人工智能技术在海洋装备制造中的应用场景。

本书的主要读者对象是海洋装备数字化工程应用领域和船舶工程领域的设计、制造及管理人员，高校相关专业的研究人员，以及对数字化工程技术感兴趣的专业读者。

学术顾问

潘镜芙　中国工程院院士、中国船舶重工集团公司第七〇一研究所研究员

顾心怿　中国工程院院士、胜利石油管理局资深首席高级专家

徐德民　中国工程院院士、西北工业大学教授

马远良　中国工程院院士、西北工业大学教授

张仁和　中国科学院院士、中国科学院声学研究所研究员

俞宝均　中国船舶设计大师、中国船舶工业集团公司第七〇八研究所研究员

杨葆和　中国船舶设计大师、中国船舶工业集团公司第七〇八研究所研究员

丛书编委会

《海洋装备数字化工程》
编委会

前　言

数字化是这个时代最显著的特征。

工业物联网、云计算、边缘计算、人工智能、数字孪生等构成的工业数字群落，正在不断融合并形成制造业的数字化血脉。数字化力量以前所未有的速度推动着制造业数字化转型，这种转型升级带来的影响可媲美 20 世纪初大规模生产所产生的推动力量，数字化影响体现在方方面面。

生产力——设计、制造和运维一体化，使设计和开发迭代更快、更科学。互相连接的机器设备传递重要的维护数据，利用这些数据来防止故障、优化产出、简化生产流程，将停机时间降到最低。

质量——遍布的传感器在整个生产过程中监控产品的生产参数，机器学习算法和设计模型被应用于生产数据分析、自动破译缺陷的根源，并在缺陷发生前预测与质量相关的问题。

成本——捕捉和分析生产过程中所有阶段的数据，包括生产线和设备数据、物流配送数据等，使其能够识别降低成本的要素，更好地管理库存，更精准地满足配送需求，同时提供了生产线高度的灵活性，可以在不同产品之间快速切换。

定制化——定制化是智能制造的一个关键特征。数字化的生产线可以提供定制化选项，同时也能满足大规模、高效率的运行。

安全性——在危险/恶劣环境中的工作可以由机器人来完成，并在整个工厂安装专门的传感器，可以提醒操作人员注意潜在的危险。

海洋装备是开发、利用和保护海洋所使用的各类装备的总称，是海洋经济发展的前提和基础。加快发展海洋装备是我国建设海洋强国的必由之路，是建设世界造船强国的必然要求，也是我国工业转型升级的重要引擎，必然成为带动整个制造产业升级的重要环节。必须认识到，数字化业务已经成为现实和趋势。各种规模和形式的企业都已经在仔细评估数字技术以及它们将如何影响企业的发展。海洋装备企业应该规划一个强大的、面向未来的数字基础设施，这一点至关重要。

海洋装备的数字化工程是海洋、制造、自动化、信息与管理等多个学科的交叉、融合与发展应用的系统工程。根据其研发流程，大致可分为设计阶段的数字化工程、制造阶段的数字化工程和服务阶段的数字化工程。本书按此分类进行介绍，并从智能制造的角度分析数字化工程的落地和应用。

数字技术日新月异，从构架体系到实现手段和表达方式等进展迅速。作者在书稿撰写这段时间，认识到海洋装备的数字化工程包罗万象，但本书忽略了海洋装备制造的很多环节，仅仅聚焦在一些比较典型的阶段，并结合了作者所开展的有限实践。书稿中给出的数字化工程管中窥豹，描述了自认为的数字化工程的重要技术与发展趋势，实为一家之言，仅供读者参考，如需了解更多内容，应该广泛参考其他资料。同时作者才疏学浅，对数字化工程领域的理解也很肤浅，书中定有错误之处，希望读者告知，以便修改提高。

本书付梓之际，感谢上海交通大学金烨教授、东华大学张洁教授对全书的构架提出了建设性意见；上海振华重工(集团)股份有限公司的张华军研究员、姚海博士、梁燕博士等提供了海洋平台桩腿焊接数字化工程和海工网络协同制造的研究成果，参加了第7、第13章的撰写；上海外高桥造船有限公司的袁轶对薄板生产线数字化工程和虚拟工厂提供材料并整理了书稿第8、第9章；江南造船(集团)有限责任公司的朱明华研究员、曹恒玲高工等针对数字仿真技术在海洋工程的落地应用实践给予大力指导；沪东中华造船(集团)有限公司程庆和研究员、潘建辉研究员、苏文荣研究员、马彦军博士等在船舶尺寸精度控制方面给予长期的指导和支持。还要感谢中国船舶及海洋工程设计研究院刘晓明研究员，上海交通大学武殿梁、郑宇、陈晓波、蔡鸿明、李晓勇、姚斌、明新国、王丽亚、范秀敏、习俊通和蒋祖华等多位教授，为本书编写提供了大量的技术支持。同时特别感谢沪东中华造船(集团)有限公司、上海外高桥造船有限公司、上海振华重工(集团)股份有限公司、江南造船(集团)有限责任公司长期的科研经费资助和现场调研安排，使得本书有了翔实的案例。另外，感谢参加本书查阅资料、绘制框图并校对的研究生们，他们付出了大量心血。

我国海洋装备制造需努力前行，对准国际科技发展的新趋势，以数字化转型升级为主线，扎扎实实推进数字化、网络化、智能化制造，定能实现海洋装备制造由大到强、质的飞跃。

作　者

2020年5月

目 录

第1篇 综 述 篇

第 2 篇 数字化设计篇

第3篇　数字化制造篇

第4篇 展望篇

第1篇

综　述　篇

海洋装备制造业是《中国制造 2025》确定的重点领域之一，是我国战略性新兴产业的重要组成部分和高端装备制造业的重点方向，是国家实施海洋强国战略的重要基础和支撑，海洋装备制造水平相当程度反映了一个国家重型制造业的水平。我国海洋装备制造能力支撑了国家海洋强国战略、“一带一路”倡议等。

当前，我国海洋装备制造业正处在生存与发展的关键阶段，既面临严峻挑战，也面临加快赶超的战略机遇。尤其以智能制造、工业互联网技术等新工业数字浪潮涌现，海洋装备产品的数字化工程技术正在发生深刻的变化，传统研发生产过程正在拥抱新一代网络技术、三维数字模型的深度集成技术、人工智能技术等，系统讨论海洋装备产品领域数字化工程的新理念、新方法、新工具和新应用，在当前大力推进海洋装备智能制造这一转型升级阶段，是非常必要的。

第 1 篇共分为 3 章，分别概述海洋装备制造的基本特点、基本制造过程和基于智能制造角度的海洋装备制造数字化工程。

海洋装备数字化工程

第 1 章　海洋装备建造概述

海洋工程(简称“海工”)是指以开发、利用、保护、恢复海洋资源为目的,并且工程主体位于海岸线向海一侧的新建、改建、扩建工程,可分为海岸工程、近海工程和深海工程等三大类。海洋装备主要指海洋油气开发所需的海洋钻井平台、海洋采油平台和海洋工程船舶等三类装备的制造,如图 1-1、图 1-2 所示。

海洋装备产品制造链长,可带动装备制造、供应链、原材料以及管理服务等诸多产业

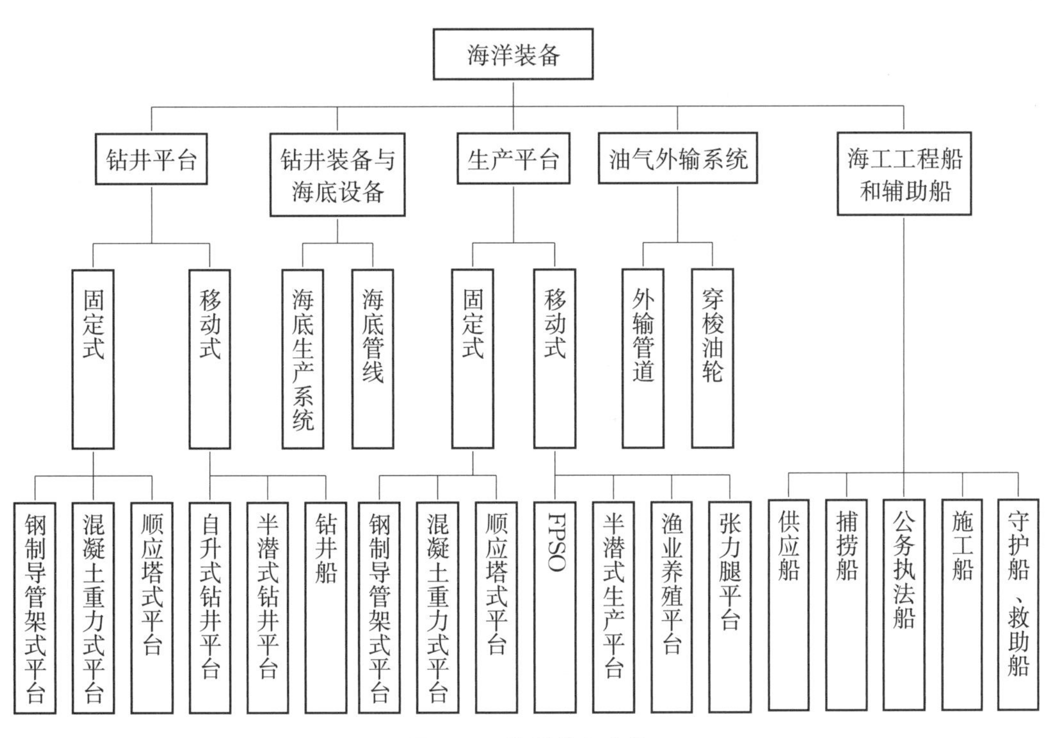

图 1-1　海洋装备分类

图 1-2　部分海洋装备

链发展，具有很强的产业辐射能力，据统计可以辐射近80%的产业，对国民经济具有很大的带动作用。

海洋装备产品制造是典型的离散型生产，建造系统与普通机械加工车间、流水车间存在巨大差异。其生产特点为小批量定制化、设备负载不均衡化、生产干扰因素多元化等，同时制造场所空间尺度大、建造周期长、工艺流程复杂、中间产品种类及非标件数量多、物理尺寸差异大、作业环境相对恶劣，存在设计、采购和建造同时进行等特点。目前世界上海洋装备制造企业可以分为三大阵营，见表1-1。

表1-1　目前世界上海洋装备制造企业的三大阵营

产品类型	阵营	典型企业
高附加值产品、设备和工程总包	欧美	法国Technip公司、意大利Saipem公司、美国McDermott公司、挪威Aker Solutions公司、SBM等
高端制造	韩国、新加坡、日本	三星、大宇、现代、吉宝、胜科、三菱等
中低端制造	中国	中船、中远、中海油、招商局工业、振华、中集来福士等

中国的海工产业从2012年起步，在2014年首次超过韩国，以139亿美元订单总额位居榜首，市场份额由2013年的24%上升到2014年的41%。但我国并不是海工产业的强国，产品制造处在中低端，利润不高、科技含量不足。为此八部委2018年发布《海洋工程装备制造业持续健康行动计划(2017—2020年)》，指出我国船舶工业正处在由大到强转变的战略关口，三维数字化工艺设计能力严重不足，关键工艺环节仍以机械化、半自动化装备为主，基础数据缺乏积累、信息集成化水平低等突出问题亟待解决。

1.1　海洋装备建造的特点

海洋装备建造是资金密集型、技术密集型和劳动密集型的制造工业，这决定了海洋装备制造系统的特殊性。海洋装备制造系统按海洋装备组成的功能系统可分为主体结构、动力系统、电气、舾装等；按工种类型又可分为主体结构、舾和涂。海洋装备制造系统是一个复杂而庞大的系统，由分散的各个子系统组成，子系统之间存在着物流、信息流、资源流和资金流的相互联系，使系统的各个子系统构成一个有机的整体。图1-3所示为某海洋装备企业生产图。

图 1－3　某海洋装备企业生产图

从控制与调度的角度来看，海洋装备建造过程存在明显区别于普通制造行业的特征，见表 1－2。

表 1－2　海洋装备建造过程的特点与面临的挑战

特　点	挑　　战
定制化生产	订单和需求差异大，定制化是海洋装备建造的本质特征，不同类型的产品同时建造或者依次建造，定制化生产带来以下管控难题： (1) 大型海洋装备结构复杂，不同产品的生产方式都相似，仅设备需求及装配顺序有所不同，因此不同能力的设备可以在同一场地上建造不同的产品； (2) 用于吊装的装置通常花费较高，吊装作业存在空间限制，于是总装调度在资源配置上经常出现冲突； (3) 不同类型的海洋装备具有不同的搭载网络图，对应了不同的生产计划，多个生产计划混合交叉在一起，导致制造计划调度与控制问题的复杂性极大
小规模单件生产	大型海洋装备造价昂贵，每一海洋装备都要按照订单单独进行设计、采购和建造，这导致了海洋装备制造的小规模单件生产的特性，而小规模单件生产意味着规模化、自动化程度难度大，对柔性化制造的要求迫切
加工周期不确定性	海洋装备加工周期不确定的因素很多，主要包括： (1) 不同类型海洋装备结构工序和所需材料存在差异，存在大量的资源竞争； (2) 关键设备独特、交叉加工方式导致排队、加工周期不确定、周期控制困难； (3) 海洋装备建造过程受到外界的干扰比较多，例如天气因素、船东的需求变更、钢材等原材料的采购因素和其他因素； (4) 配套产品复杂，供应链经常出现波动，支付拖期导致巨额罚款，不确定性周期对企业管控要求极高
生产负载不均衡	生产计划与组织管理往往是在均衡的设备能力的情况下设计和运作的，对关键设备资源面临争用难题，不同工位生产线负载容易不均衡生产
风险大	由于大型海洋装备造价昂贵，且建造周期长和不确定因素多，难以把握市场变化，使生产活动的投资回收和盈利存在比较大的风险

1.2　海洋装备建造链

以海洋装备产品的工程船舶为例，根据产品生命周期流程分为三个链路：需求与设计链、制造链和运维服务链。三个链路以设计为基础、制造链为核心、运维服务链为内涵。其中，制造链路最长，分为原材料采购管理、仓储管理、零部件制造与管理、中间产品制造与管理、装配与管理以及舾装与管理等，如图 1-4 所示。

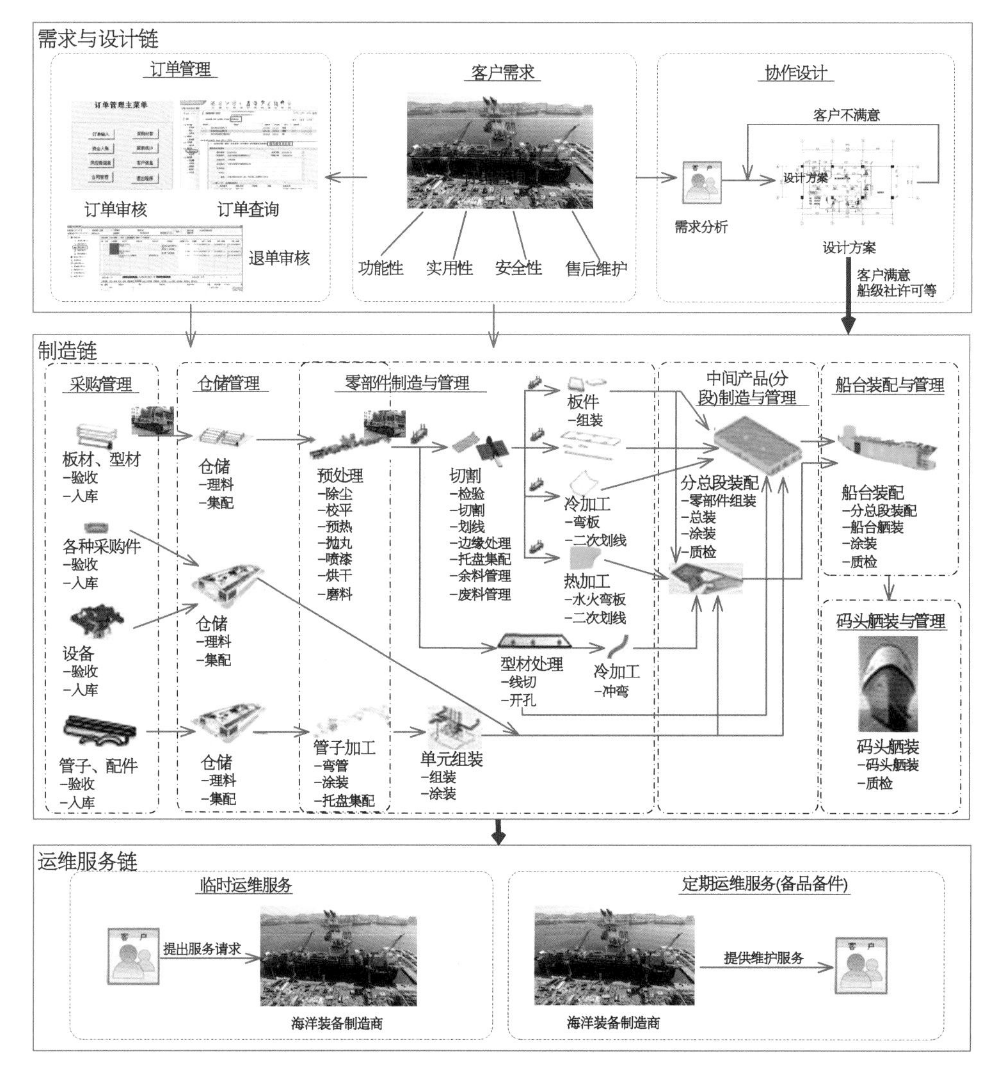

图 1-4　海洋装备建造流程

1.2.1　设计链

客户对海洋装备的需求主要集中在：功能性，即海洋装备所实现的全部功能；实用性，指海洋装备易操作的实用性；安全性，指海洋装备的安全性，是客户的重点需求；售后维护，即海洋装备的售后维护，从需求确定设计的流程和设计准则。

根据客户的需求，给出合理的设计方案，并由专业机构和客户确认。如果客户满意，可以进入制造环节；如果客户认为有不足的地方，双方协商修改设计方案，以便满足客户需要。这样通过用户与设计人员不断协作，共同完成设计方案，完整的海洋装备设计流程如图 1－5 所示。

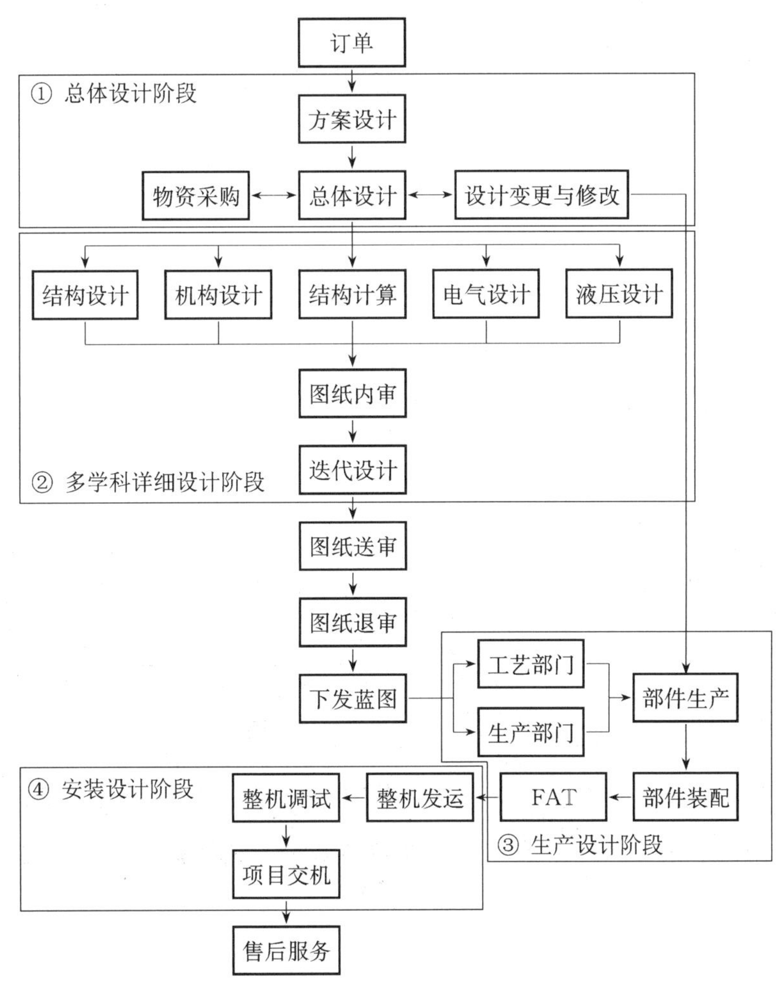

图 1－5　海洋装备设计流程

1.2.2　制造链

1.2.2.1　采购管理

在海洋装备的生产过程中，需采购大量原材料，原材料采购涉及成本、生产进度等环节，图 1－6 所示为某海洋装备产品的采购工作流程。

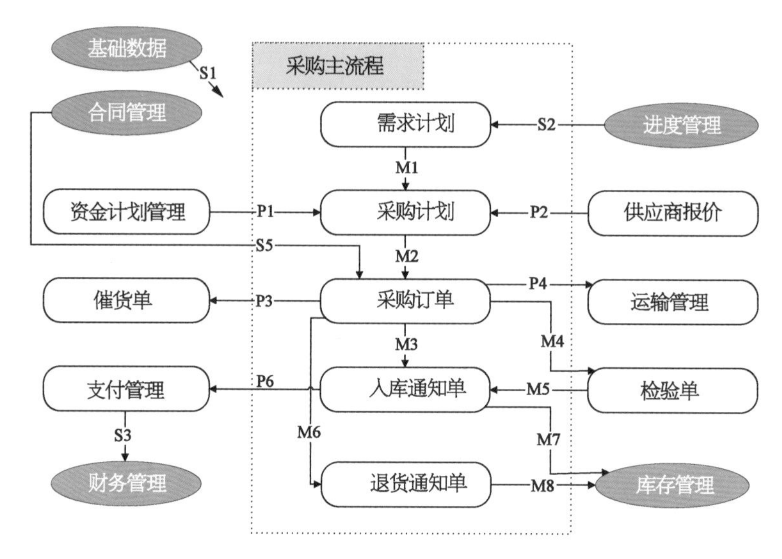

图 1－6　原材料采购流程图

1.2.2.2　仓储管理

海洋装备产品制造仓储分为原材料仓储和中间产品仓储。原材料仓储大多存储的是钢板与管材，长短尺寸不一。中间产品仓储包括小结构件、预制的管子、分段等，如图 1－7 所示。

图 1－7　原材料与中间产品仓储

海洋装备制造过程，仓储计划和配送计划影响到企业的整体效率和成本控制，以某大型海工制造基地为例，作业计划拉动了制造过程，需要高效的物流配送运输系统，实现资源高效配给。图 1－8 所示为某企业大型堆场仓储管理系统。

1.2.2.3　零部件制造与管理

对于结构件而言，从设计切割版图，经等离子设备切割，焊接成各种板架件；对于管子零件来说，则通过管子加工流程获得。板材零部件制造过程如图 1－9 所示。

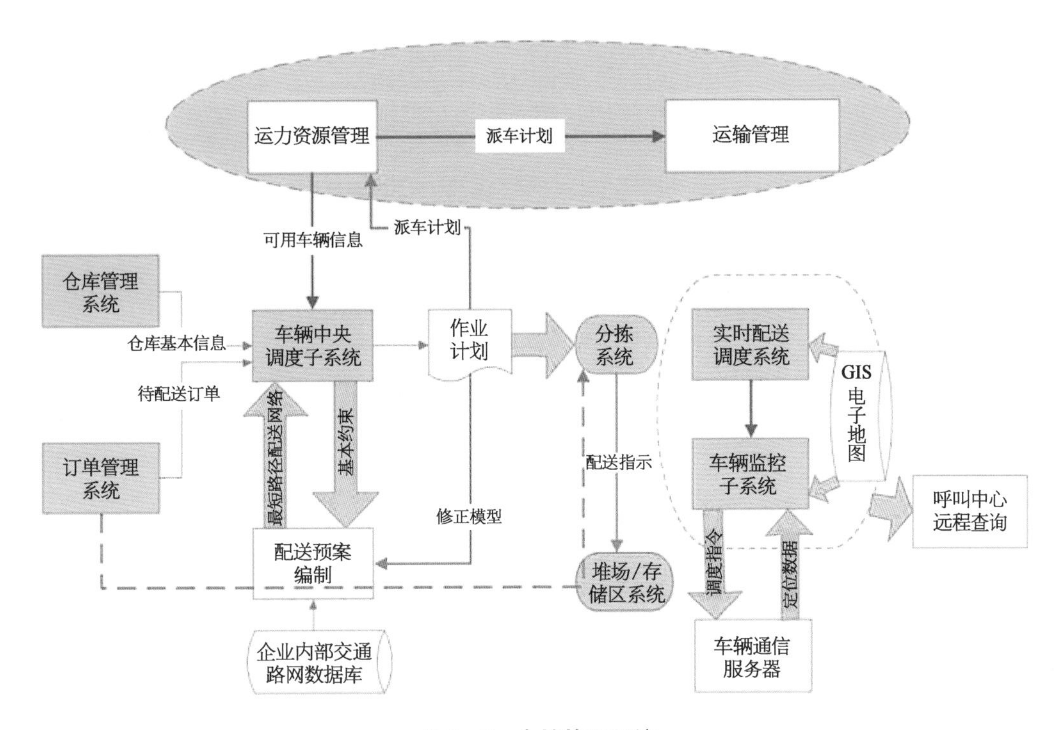

图 1－8　仓储管理系统

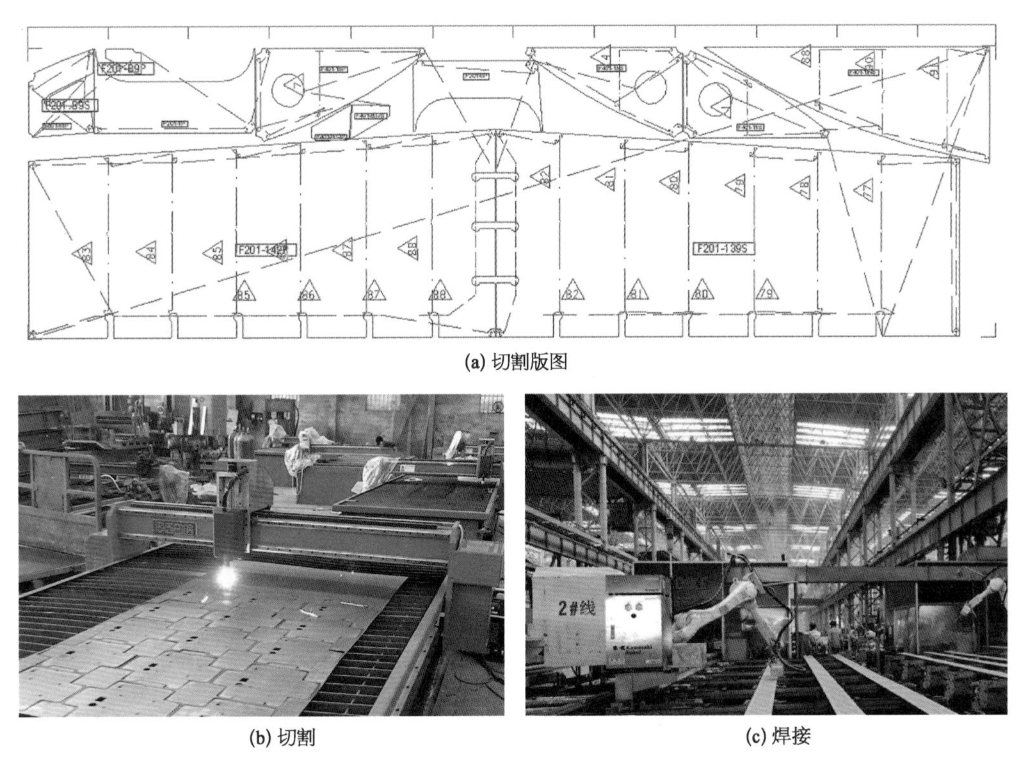

(a) 切割版图

(b) 切割

(c) 焊接

图 1－9　板材零部件制造过程

1.2.2.4　中间产品制造与管理

海洋装备产品是由诸多中间产品经多道工序组装而成，中间产品由小及大，但遵循分段设计—分段建造—分段舾涂装，以分段为主要管理，图1-10所示为某海洋装备产品的分段图。

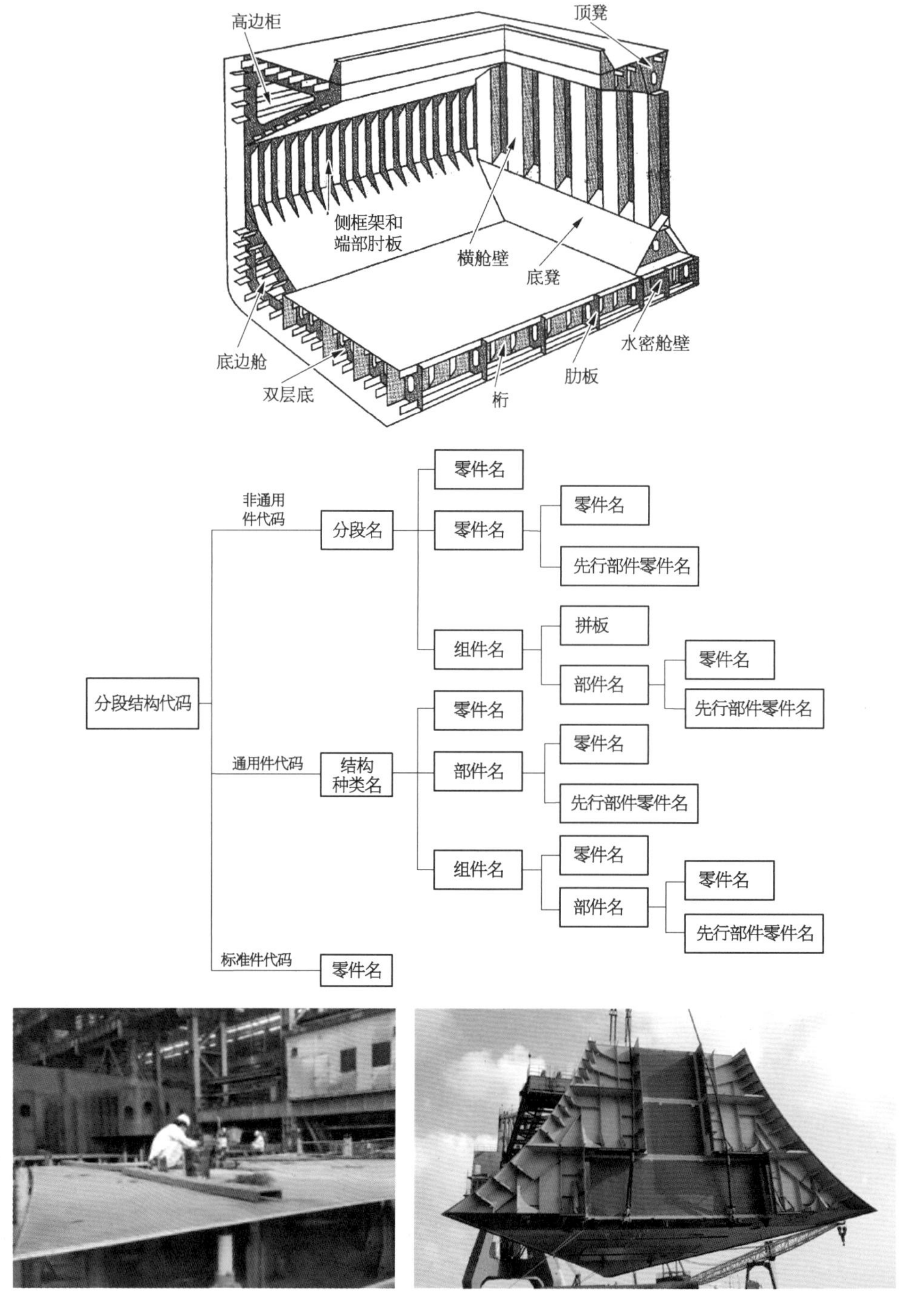

图1-10　中间产品制造

1.2.2.5　装配与管理

海洋装备搭载根据装备产品类型不同，装配不尽相同。对于海工船舶而言，可以分为小合拢和大合拢两类。从开工到下水不可能整体建造，通常做法是把整个船体分割成几十个分段进行建造，最后进行搭载焊接。设计时把海洋装备分为几个区域，建造时各个区域可以同时开工建造，最后由区域合拢成为完整产品，如图 1－11 所示。

图 1－11　船台装配图

1.2.2.6　舾装与管理

舾装是后期阶段用于舾装工作、系泊试验、试航和交付的工作。舾装码头上设有系泊装置、起重设备、焊接设备、动力设备、照明设备以及楼梯等，如图 1－12 所示。

图 1－12　码头舾装图

1.2.3　运维服务链

运维服务是海洋装备产品客户十分重视的环节，一般分为临时运维服务和定期运维服务。临时运维服务是由客户向海洋装备制造商提出的服务请求;定期运维服务则是海洋装备制造商根据产品性能及运行周期定时为客户提供的维护服务。

运维服务链需要集成运维服务所需的设计信息、制造过程质量信息等,形成智能集控系统、振动在线监测系统、故障诊断系统、生产管理系统、辅助决策系统、移动应用等多项高级应用服务,实现少人值守、无人值守、智能集约化运维,切实降低运维成本。

1.3 小　　结

海洋装备建造过程的生产环境复杂,供应链长,其建造过程中面临的生产管控是全方位的。开展智能制造单元、智能生产线、智能车间建设,加快物联网、大数据、虚拟仿真、人工智能等技术应用,突破其智能制造总体技术、工艺设计、智能管控、智能决策等一批数字化工程关键共性技术,是目前我国海洋装备数字化转型的关键。

海洋装备数字化工程

第 2 章　海洋装备产品数字化工程内涵

工业革命以来，数字技术使制造业的生产活动发生了革命性的变化，数字技术加快了传统“设计—构建—测试”的范式转变，这种方法可以使制造者在虚拟环境中对决策和解决方案进行原型化、实验和测试，然后再将其交付。我国《2006—2020 年国家信息化发展战略》指出，数字化是指充分利用信息技术，开发利用数字资源，促进信息交流和知识共享，提高经济增长质量，推动经济社会发展转型的历史进程。海洋装备产品的制造要充分利用数字技术对制造业务(流程、场景、物料、人员、设备等)进行定义，引领企业在业务活动、流程、能力和模型方面进行快速深刻的变革，最大限度地降低成本和提高质量，改造传统的制造模式。

2.1 数字化工程的概念、内涵与内容

2.1.1 数字化工程的概念

2018 年 6 月，美国国防部发布《数字化工程战略》报告，指出数字化工程的核心是创建数字模型，对系统各方面进行定义和描述，并支持系统在整个生命周期内的设计开发、制造和运营的所有活动。这些数字模型可以共享，传递在数字主线上，将参与新武器系统研发的所有不同利益攸关方整合在一起，如图 2 - 1 所示。美国空军早在 20 世纪 80 年代就开始大力推进数字化工程，相比较而言，我国自 2010 年前后才在航天航空领域开展基于模型的数字化工程，目前还在深入推进中。

目前各个国家对数字化工程的定义和理解不尽相同。美国国防部认为，数字化工程是一种综合的数字化方法，以权威数据和模型作为跨学科的数字集合，支持从概念到回收的生命周期活动。高知特(Cognizant)公司认为，数字化工程是构思和交付新应用的实践，包含了一系列产品和生产活动数字化的方法论、支撑技术和过程。Giachetti、Vaneman 等学者认为，数字化工程是以一种可在所有利益相关者之间共享的格式表示系

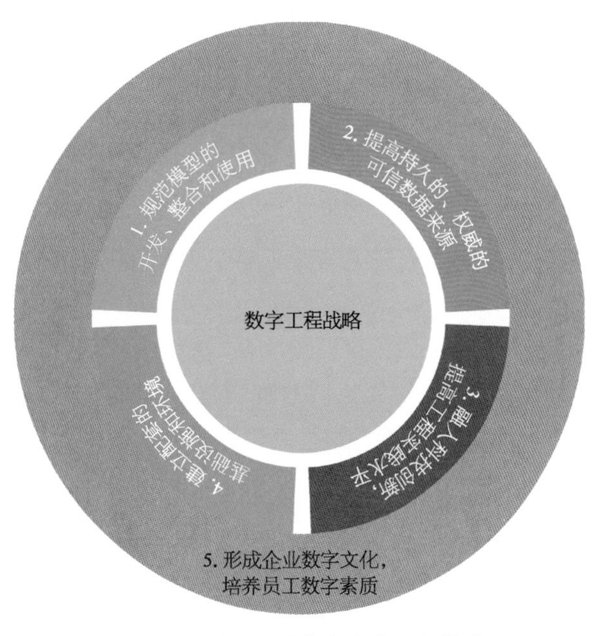

图 2 - 1　美国国防部数字化工程战略

统数据。澳大利亚数字化工程工作组认为,数字化工程是利用数字流程的协作工作方式,在资产的整个生命周期内,以更有成效的方法规划、设计、建造、运营和维护资产。传统离散制造业大多是以文档为中心来组织研发工作流程,而数字化工程就是在基于数字化工程环境中,用模型来定义并组织研发过程,数字化工程方法利用现代数字化技术来提高组织的效率,提升流程管理效率,可以更快捷进行资源配置、完善交付模式、进行项目管理。

本书作者认为,数字化工程是面向设计—制造—运维的全生命周期数字化技术总称,核心是形成数字化工程环境,以模型为驱动,与数字化工程环境进行交互迭代的技术,以实现制造范式的转变,从传统的"设计—构建—测试"的方法,转变为一种"模型—分析—建立"的方法。

2.1.2 数字化工程的内涵

数字化工程的内涵,就是形成权威可信的数据源,利用模型来定义各个研发活动,各活动间都是通过数据来传递,可以看出数字化工程的内涵是基于模型的数字化技术和方法,如图 2-2 所示。

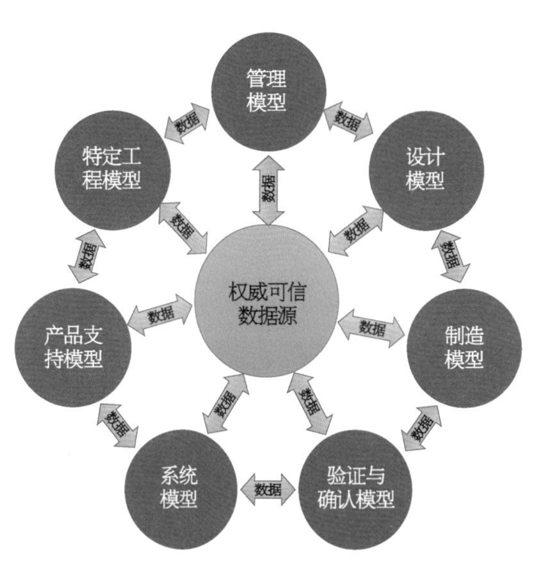

图 2-2 数字化工程的可信数据源与各阶段模型

数字化工程的生态圈很大,是实现数字化企业的主要方法。基于模型的系统工程(model based systems engineering, MBSE)是数字化工程的核心子集,MBSE支持需求、架构、设计和验证等系统工程活动,这些模型与其他工程学科(如机械和电气工程)所使用的物理模型相连接,在本书后续将详细展开。MBSE 包括两个非常热的词——数字孪生和数字主线,数字孪生和数字主线融合在一起,用于实现基于模型的企业(model based enterprise, MBE)。同时数字化工程还需要其他数字化技术的支撑,如大数据/数据分析技术、多学科分析与优化等,如图 2-3 所示。

实现数字化工程的核心是利用系统工程方法论,该方法论包括了系统工程的技术过程和技术管理过程的方法,如图 2-4 所示。

(1) 技术过程:在系统工程需求分解阶段("V"左侧),包括需求定义、需求分析和架构设计;在系统工程实现阶段("V"右侧),包括验证、确认、集成和实现等过程。

(2) 技术管理过程:是系统工程的支持活动,包括决策分析、需求管理、技术数据管理、风险管理、接口管理、技术文档以及配置管理等。

波音公司在 2018 年提出了数字化工程的"钻石"模型,如图 2-5 所示。该模型非常清楚地诠释了数字化工程的内涵,包括了两个"V"有机融合,以模型为核心,基于数字

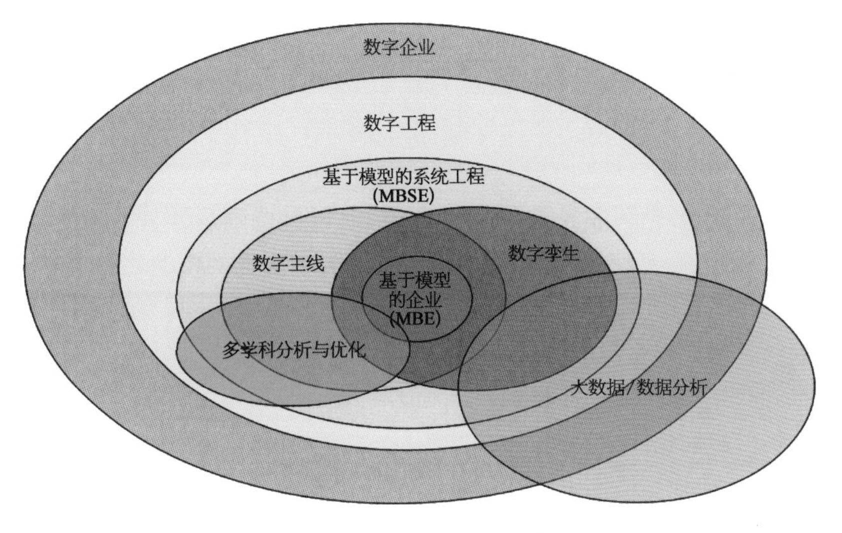

图 2－3　数字化工程生态

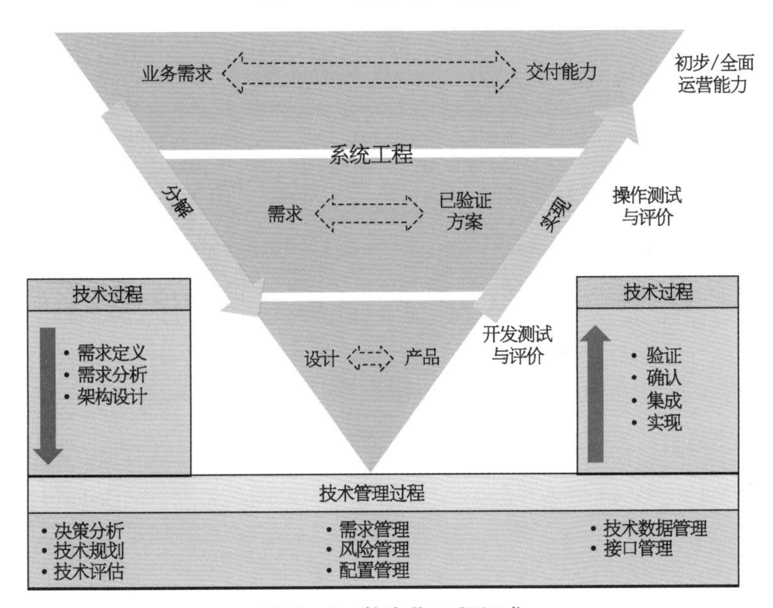

图 2－4　数字化工程组成

主线联通数字化工程的各个环节。

综上所述，数字化工程的内涵是经过规范化的，通过建模的方法来支持从概念到系统生命周期各个阶段的研发活动。

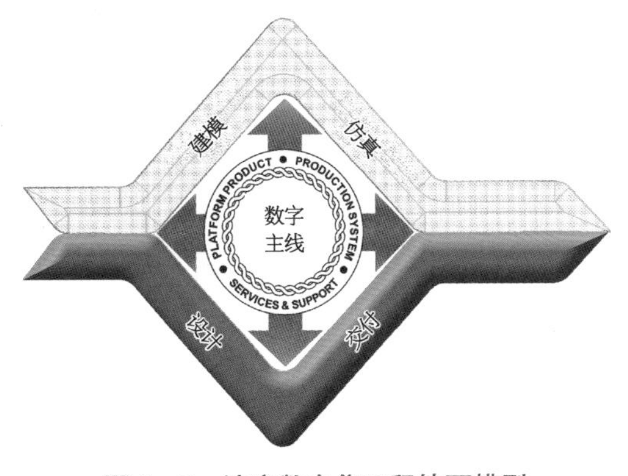

图 2－5　波音数字化工程钻石模型

2.1.3　数字化工程的内容

数字化工程是围绕统一模型的定义、建模、应用和维护的各种数字化方法，支持研发人员能够在虚拟环境中进行一系列产品设计活动，支持工厂管理者透明化地监控生产加工，可以支持高效的运营维护，其特征为不是利用文档，而是基于模型来释放其数字化工程潜力。数字化工程除了上述内容，还包括了相关支持工具、方法论、数字文化与相匹配的团队。

2.1.3.1　建立并定义统一的模型

数字化工程的核心是从业务需求出发，贯穿设计、制造到运维与回收的全生命周期，提供系统化、可视化的，可反映实体或过程的、精确表示的统一模型。在生命周期的早期阶段，模型可以在产品加工和实现之前对解决方案进行虚拟仿真。在生命周期中模型逐渐成熟，成为数字孪生体支持虚拟测试和生产。

建立统一的模型非常困难，因为全生命周期过程中的模型不仅仅是针对不同学科的，而且定义在不同层次，反映不同细节。建立一个完美的、包罗万象的模型显然不现实，尤其是对于复杂系统研发。根据国内外最新的发展和实践，数字化工程普遍以三维数字模型为基础用作统一模型的基础，从而取代传统二维绘图，这被称为基于模型的定义（model based definition，MBD）。MBD模型是被完全定义的三维模型，不仅描述了产品的形状，而且集成了最终制造后真实产品所需的全部工程细节，如几何尺寸、材料、性能分析、制造信息，甚至各种管理信息等。

2.1.3.2　基于系统工程的校验与确认

实现数字化工程要靠系统工程方法论，被定义的统一模型在系统研发过程中不断传递和交互，根据不同阶段的具体需求，统一模型被定义或分解为不同的组件模块、不同的子系统，呈现出不同的视图和不同的实现细节，按系统工程的方法进行校验和确认，如图2-6所示。

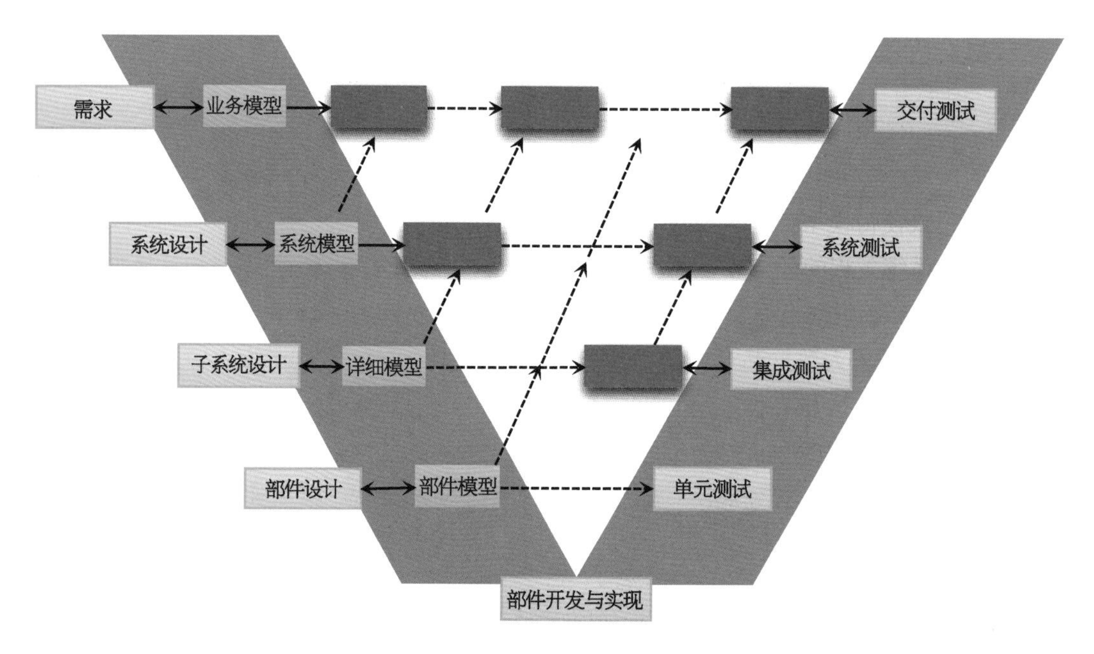

图2-6　基于系统工程的校验和确认

可以看出，这种校验和确认过程是对设计意图进行的实现和确认，数字孪生体在该阶段可以发挥重要作用。

2.1.3.3　数字主线中的模型信息集成

定义了数字模型和研发数字化工程的方法论之后，模型的传递、交互和协同是数字化工程的关键。数字主线是指利用先进建模和仿真工具构建，覆盖产品全寿命周期与全价值链，从基础材料、设计、工艺、制造以及使用维护全部环节，集成并驱动以统一的模型为核心的产品设计、制造和保障的数字化数据流，在本书后续章节会详细展开。数字化工程最大的变化发生在数据的传递模式方面，产品在制造过程中产生的数据不再局限于单向传递，而是转变为双向、多向传递。

数字主线真正实现了统一模型的有效传输、高效集成，它是整个生命周期内数字化工程的管道。基于数字主线提供的模型具备生命周期可追溯性、可进行历史知识捕捉，并完成模型和数据的权威版本匹配，如图 2-7 所示。

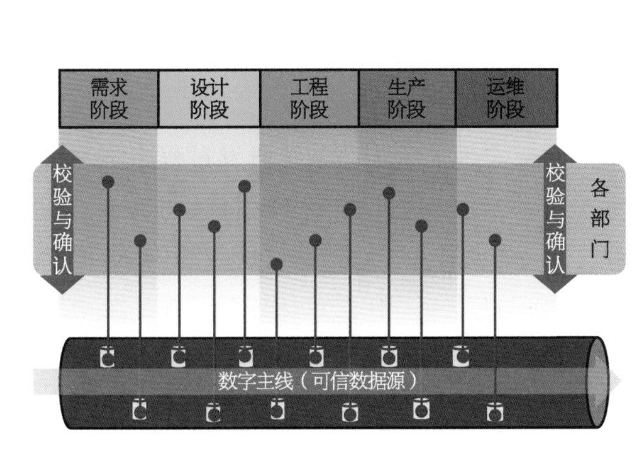

图 2-7　基于数字主线的模型集成

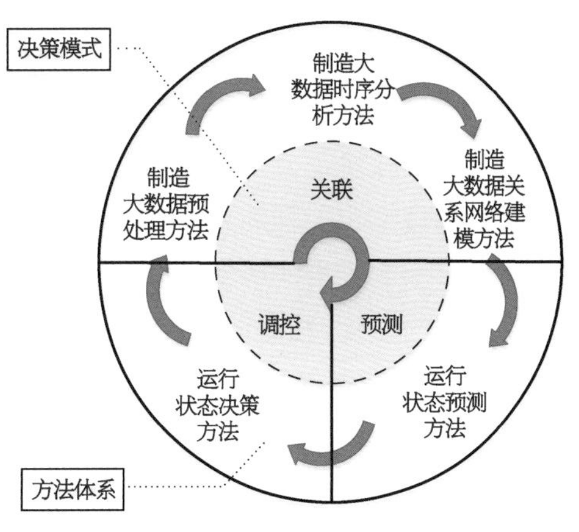

图 2-8　数据驱动的数字化工程

2.1.3.4　数据驱动方法

数字主线使得模型和数据在各个阶段、各个部门流动，逐渐积累形成工业大数据。这些海量数据在系统工程的各个阶段(校验与确认)，可以建立性能与相关参数之间的关联及相互影响，实现性能预测，数字化工程就是一种“模型＋关联＋预测＋调控”的数字制造模式。

关联过程是将大数据和业务过程连接在一起，进行数据对齐、数据关系建模过程；预测过程是利用数据分析技术，进行运行状态或质量预测；调控过程实现数据分析，进行运行决策。这些过程在数字主线下不断迭代，使得系统工程的数字化进程不断往前推进，如图 2-8 所示。

2.1.3.5　数字化工程的工具与实施

数字化工程的实现是靠新的数字化手段来开展的，面向特定行业的数字化工程工具集目前相对而言比较齐备，比如航天航空、汽车等领域，从设计到制造各个环节都有大量的工业应用工具，如图 2-9 所示。

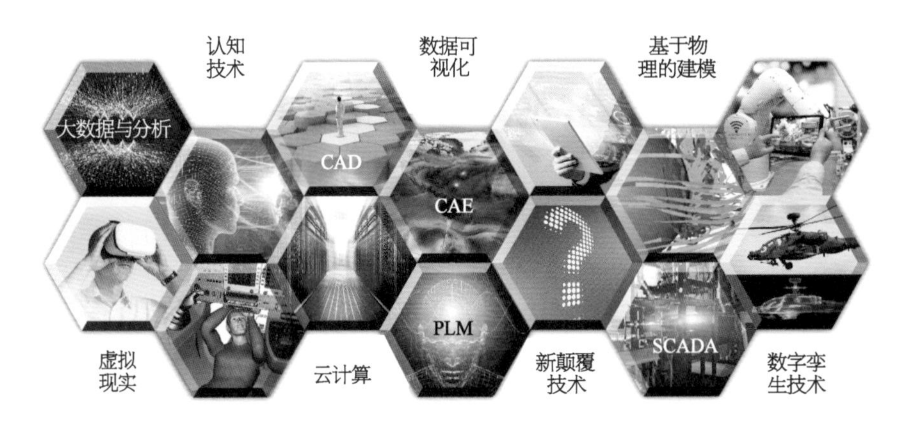

图 2-9　数字化工程工具集

海洋装备产品制造领域的数字化工程工具还比较缺乏，并没有完整的解决方案，数字化工程需要二次开发和集成。

2.1.3.6　数字化工程文化与团队

数字化工程的工具集是数字化转型最简单的部分，只要资金充足，往往可以获得最先进的工具。在整个公司范围内转变思想和形成企业数字文化，却是相当困难的。大家虽然都清楚数字化工程的重要性和必要性，但是让数字化工程真正成为公司的基本组成部分就不是那么容易的事情，因为数字转型不仅仅在于接受新技术，更需要的是发现业务实践和需求的变化，转变处于流程底层的数字文化。

我国海洋装备生产长期以来不断在探索数字化工程，但是总体而言，不仅缺少对数字化工程基本理论和体系的研究，也缺少完整方法论和技术落地的应用开发，推进数字化工程注定是非常困难而缓慢的过程，需要大量高素质的工程师队伍不断研究推进。

2.2　海洋装备产品数字化工程现状与挑战

2.2.1　海洋装备产品数字化制造现状与发展

2.2.1.1　国内外现状

1）韩国

韩国海洋装备制造技术全球领先，目前正在积极部署 5G 和人工智能等先进技术，以提高海洋装备产品的制造质量，提升其制造效率和生产安全性。现代重工集团与韩国电信运营商 KT 公司合作，加速推进数字化转型，利用 5G 移动通信整合海洋装备生产的全生命周期，将三维设计信息传播到完整的制造过程，实现虚拟制造。同时利用可穿戴式设备，使得质量管理人员能够集成各种数据，以实时检查建造安全状态。三星重工联合韩国 SK 电讯、大宇造船和韩国 LNG 船运营商 HLS，将数字化技术应用于智能船舶的研发和运营。韩国海工企业正在加速转型为以技术为导向的企业，全力推进数字化工程的全领域应用。

2）日本

日本政府推出名为“i-Shipping”的项目，将物联网、大数据技术运用到船舶运营和维修中，通过及时反馈信息实现设计、建造、运营和维护一体化的效果，全面提升产品的竞争力。日本政府计划通过改革生产现场、建设稳定高效的生产体系来提高效率，包括：

(1) 利用数字化技术加强现场工人生产管理。利用传感设施将个人动作和作业数据化，实现作业实绩实时监控与管理；优化基础设施，运用互联网及大数据等技术打造可视化船厂。通过革新相关软件及技术，将工人的工作内容可视化、数据化。

(2) 减少生产过程中零部件及材料在订货、制造、交货等环节中的浪费。推动地区配套供应商之间的订货、制造、采购实现网络化、一站式化；推进“智能造船集群”建设，并将零部件及材料的设计、订货、制造、采购等环节纳入其中。

(3) 升级现有设备，进一步优化建造流程，提升模块精度、舾装效率，包括引进激光电弧焊接技术、船体分段 3D 激光扫描，引入适合造船工作的可穿戴式机器人技术提高舾装等复杂环节的工作效率等。

3）中国

2016 年，工业和信息化部（简称工信部）实施《中国制造 2025》，并推出面向船舶与海洋工程装备的智能制造新模式项目。其中中远川崎、大船集团建设的国内造船企业船舶组立、分段制造数字化车间项目通过了国家验收。车间内配备了多种智能机器人，以及各类数字化自动焊设备，大幅提高了船舶制造的生产效率和生产质量，对我国海洋装备生产迈入智能制造起到了良好的示范引领作用。然而，目前中国和日韩、欧美先进海工制造技术相比，落后是全方位的，主要体现在以下方面：

(1) 没有完全实现产品数字化设计。产品数字化设计是指利用计算机完成产品功能设计、结构分析、程序优化结构设计等设计阶段必需的环节，而我国海洋装备产品设计的数字化水平还不够，主要体现在设计标准和三维设计的深入利用上。

(2) 数字化生产工艺指导性不强。数字化生产工艺是指使用计算机仿真、运行生产企业的生产过程，将控制贯穿于产品的全生命周期。我国在三维数字化工艺内容及路线上还有较长的路要走。

(3) 数字化传递能力欠缺。我国海工制造过程的自动化水平参差不齐，设计到制造的数字化传递还不通畅，模型统一和标准不足。

(4) 数字化管理能力有待提高。企业需要通过 CAD/CAM 系统实现产品数据的数字化管理，收集企业在运行过程中所有数据。我国只有部分企业在开发过程中运用了产品数据管理(product data management, PDM)技术,基于 MBD 技术的数字化管理还没有实现。

(5) 数据利用能力弱。企业对数据的认识不够,收集和处理的手段欠缺,数据驱动的制造决策和优化刚刚才开始。

2.2.1.2 制造数字化的发展方向

1) 从 2D 到 3D 到 MBD

目前产品数字化设计主要在向 MBD 转变。

2) 从制造执行系统到制造运营管理系统

制造运营管理系统(manufacturing operation management, MOM)日益成为当前制造转型和升级的关键技术系统。基于 ISA 95 的传统制造执行系统(manufacturing execution system, MES)在工业互联网浪潮下,已无法满足数字化车间扁平化管理需求。近年来,MOM 逐渐得到了越来越多的制造企业认可与接受。MOM 是通过协调来管理企业的人员、设备、物料和能源等资源,体系结构如图 2-10 所示。

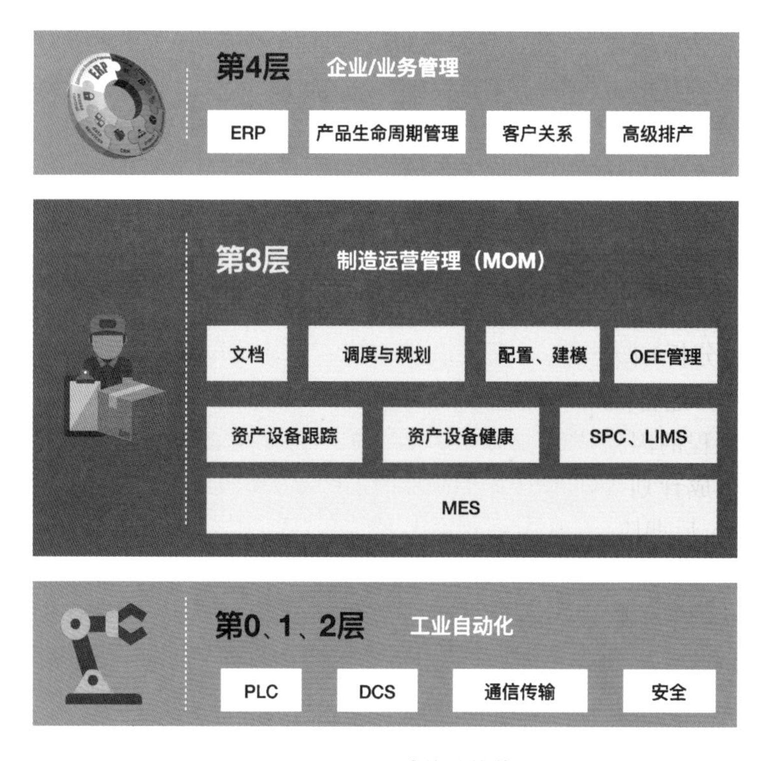

图 2-10 MOM 功能结构体系

MOM 倡导使用统一的生产操作框架,加强和提升维护运行、质量运行和库存运行的管理,并进一步细化模型内部的相互关联关系,以便更有效地改进生产企业和整个制造管理体系。MOM 与 MES 之间并不是一种替代关系,而是包含关系。值得注意的是,尽管当前很多海洋装备生产企业还没有完全实施 MES,但伴随制造企业智能化的发展、理解 MOM 理念、发挥后发优势，可以在系统选型和应用上快速达到国外先进水平。

3）从自动化车间到数字化车间

工业化以来，科学技术和管理理念的不断进步，使得加工制造业在技术应用和管理模式上发生了几次变革。从实际科技进步的角度来看，车间应用管理大致经历了如图 2－11 所示的 4 个阶段。

从一个阶段发展到下一个阶段是历史趋势。当前企业发展正逐渐从多个单一信息孤岛过渡到信息复杂网络，车间管理已不再是以设备为基础、以人为本的发展模式。使用各种信息化的手段充分发挥信息化在资源整合、效率提高、决策辅助等许多方面的优势，数据已经成为生产要素之一。

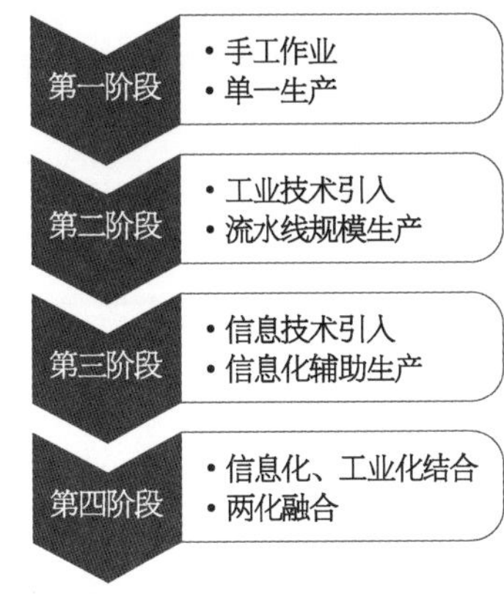

图 2－11　车间应用管理的发展过程

4）从粗放管理到数据驱动管理

在制造过程中，大数据通过机器学习等方法来分析传统数据库资源不能分析和利用的数据，包括图片、视频和其他非结构化数据，通过深度挖掘、处理和分析这些数据，找到其真正的价值。

大数据的关键是思维从因果关系向相关性的转变，核心是基于相关性分析的预测。具体过程如下：通过分析采集到的海量数据，从这些信息中筛选出关键的信息线索，再监控生产过程关键点，从而提高监测和加强报警能力。在产品中期阶段，利用大数据辅助决策来提高质量预测的响应能力。大数据不仅可以捕获不同的数据，还可以通过一般分析（非样本分析）来获取总体信息。它不是对随机样本大小的控制，而是对所有数据进行统计分析，这将使决策更加科学。此外，海洋装备制造过程复杂，逻辑关系变量多，影响生产过程的因果逻辑不容易在短时间内找到。可以通过探索不同数据之间关联性，发现造成计划等拖延的主要因素，然后对这些因素进行干预和控制，从而避免风险的存在。后期阶段，在大数据的支持下，可提高追溯能力。在海洋装备产品生产过程中，亟须资源配置最优、资源整合最快、自组织能力更强的方案。另外，大数据技术可处理个性化的数据，追溯产品质量问题的发生源头，可以推送更有针对性的诊断和服务。

大数据驱动的被动“应急”管理已转变为主动应急的“智”理，为管理模式的创新和能力的提高带来了机遇。强调全面地治理组织、人员、信息和资源，组成一个全景技术知识体系和组织体系，是数字化工程的引擎。

2.2.2　数字化工程的挑战

2.2.2.1　信息安全

数据是一种资产，是生产要素之一，保证工程数据的安全已经成为基础需求。传统的网络安全思想是隔离、边界防护的思想，这在防止黑客攻击时是有效的。然而在工业互联网阶段，数据需要流转在价值链的各个阶段，数据的安全需要采用不同的安全策略。安全策略分为基于场景的安全、基于数据的分级分类，以规避安全策略的过度化，安全策略的过度化会阻止数据的共享与使用。实现工程数据安全治理，不应仅仅着眼于技术环节，而应考虑企业业务逻辑、风险控制策略、数据共享机制等。

2.2.2.2　数据本身的挑战

1）海量数据存储

当前制造过程的数据急剧膨胀，如一艘 FPSO 模型数据就达到 10～20 TB 级。如果考虑其制造的全生命周期，数据量将提高 1～2 个数量级。

2）长期数据归档

在制造过程中需要用历史数据来进行趋势和对比分析，这种长期数据归档（long term archiving, LOTAR）最开始应用于航空航天的长期数据管理要求。目前已经有 EN/NAS 9300(ISO STEP AP209 ed2)标准，主要规定了基于标准流程的电子数据的长期存储及追溯。EN/NAS 9300 系列标准如图 2－12 所示。

海洋装备产品由于其服役时间长、服役环境恶劣，因此需要长期归档，需要有一个基于鲁棒模型开发的开放式系统框架。它应该独立于外部软件环境，并对未来软件的更新换代灵活适应。

2.2.2.3　行业间协同

1）数据主权

伴随着云计算和大数据挖掘，数据主权已成为工业互联网应用的难题，它涉及数据的收集、聚合、存储、分析、使用等一系列流程，反映了制造过程的价值链，也反映了数据的业务价值。数据需要流通，而数据产生的价值和服务型价值的归属在新经济的今天需要明确责任主体。只有数据主权的归属和权益确定，未来在行业间的协同才能畅通无阻。

2）互操作标准与语言

为解决应用系统间数据和信息的互联互通，需要解决异构数据平台数据交流和协同的问题。数据的互操作标准包括平台标准，为跨地域、跨部门、跨平台的不同应用系统、不同数据库之间的互联互通提供包含提取、转换、传输和加载等操作的数据整合服务；互操作语言保证数据的一致性和准确性，实现数据的一次采集、多系统共享；协同协议可以有效解决数据交换平台相关问题，实现不同机构、不同应用系统、不同数据库之间基于不同传输协议的快速数据交换与信息共享，为各种应用和决策支持提供良好的数据环境。

2.2.2.4　数字化工程的企业文化

数字化工程技术是企业未来发展的核心能力，关乎企业数字化转型可持续发展。数字化工程的技术往往容易获得，但数字化工程的文化需要长期养成，需要具备数字化素养的人才队伍参与其中，并长期运营。目前我国海工装备产品制造亟须加强培训、宣传，以提升人员数字化素养。

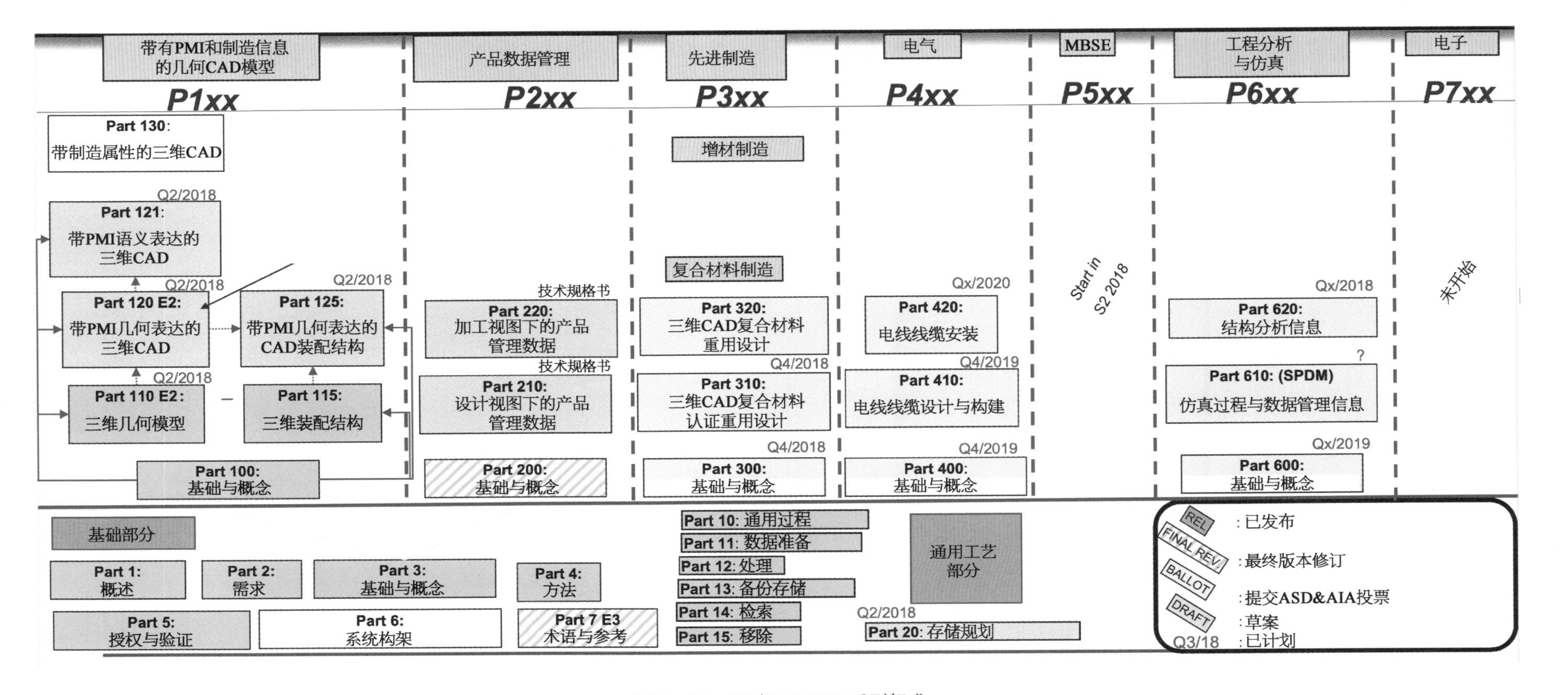

图 2-12　EN/NAS 9300 系列标准

2.3 海洋装备产品生产数字化转型策略

2.3.1 数字化转型背景

我国海洋装备产品制造发展迅速，是国家基础性、支柱性产业。随着制造企业规模日益扩展，国际贸易环境竞争日趋激烈，其技术创新、管理创新、销售创新日益成为企业转型升级的驱动力。为了不断提高企业生产产品质量和稳定性，缩短研发和试验时间，需要采用数字化的设计、仿真、工艺分析等措施来实施产品设计优化；也需要对产品全生命周期进行有效管理，促进数字化的深度应用；还需要利用数字化的物流与配送技术，全过程的数据采集和监控，使得生产过程透明化，以优化业务流程、缩短交付周期，实现质量效率平衡驱动的发展模式。同时公司国际化、集团化运作后的管理数字化转型，也需要在客户分析、精准营销以及个性化服务方面开展数据驱动业务，以实现企业整体竞争力的提升。

围绕这些需求，我国海洋装备产品产业从 21 世纪初就开展了数字化建设之路，历经市场各种变化，发展历程波澜壮阔。数字化转型是提高生产力，推动和实现价值创造的关键杠杆。

企业数字化转型的本质就是用信息化的手段，实现企业内各部门、各岗位中的人与人、人与设备以及设备与设备之间的全连接，实现内部员工与供应商、合作伙伴、客户的广泛互联，可以进行实时数据采集和分析，快速交换大量数据，实现流程数字化和业务流程重构。

企业的数字化转型分为四大核心业务环节——产品的全生命周期研发、精益计划物流、可视化生产过程、高响应售后服务，其整体架构如图 2-13 所示，涵盖了 ERP、PLM、MES、SRM、CRM、DNC、OA、BI 以及其他支持系统等九大核心业务系统。

通过对企业进行数字化转型，企业也将获得可预期的收益，见表 2-1。

表 2-1　数字化转型前后对比(预期)

数字转型前	数字转型后
基于计划，需要团队始终遵循流程，复杂且不灵活	敏捷灵活，团队更有能力敢于承担风险
限制于特定的技术和方法，停用成本高昂	使用开源软件和开放社区，支持协作创新
人工报表，响应慢，周期长	预测分析，通过智能方法实时实际使用重要信息
企业根据所想象的客户需求来创建和修改应用	个性化体验，可以通过敏捷的数据科学，不断迭代来优化流程和结构，对应用进行改善
质量问题在产品重要节点才发现	持续质量迭代交付，全周期监控

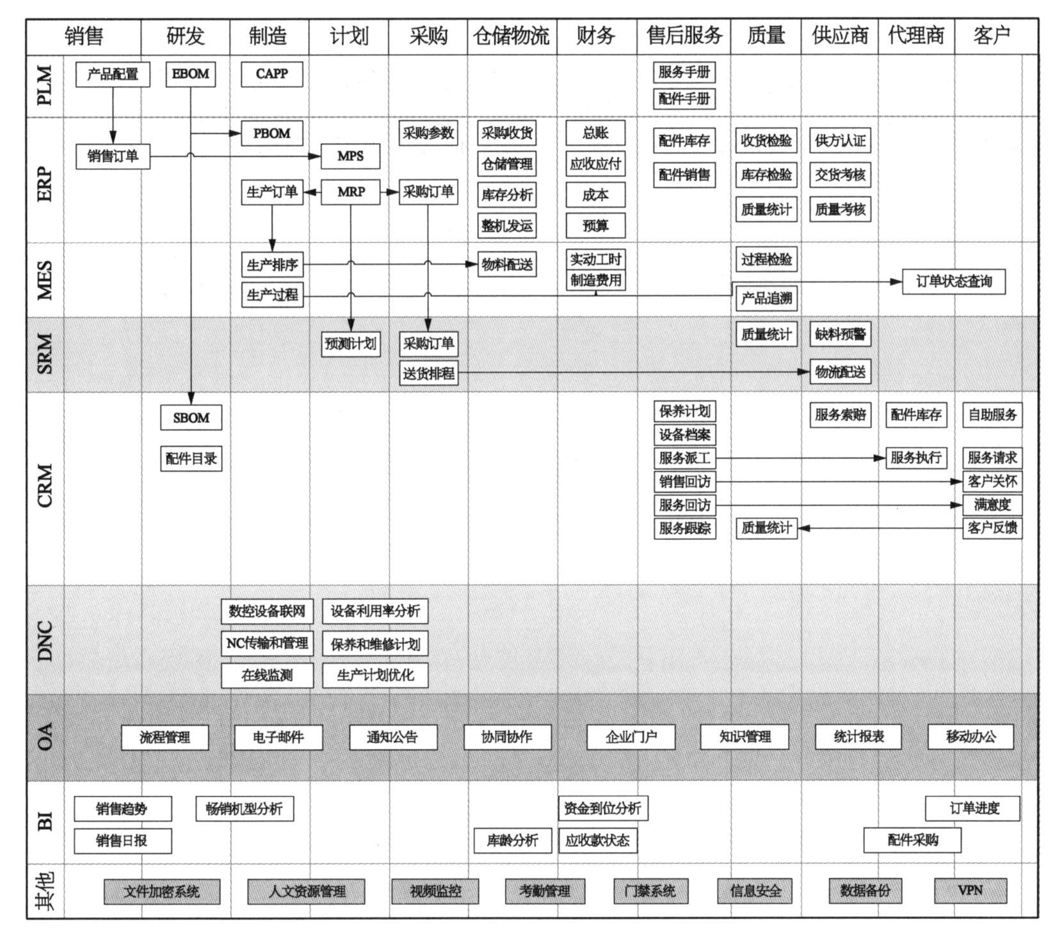

图 2-13　企业数字化工程架构图

2.3.2　数字化转型策略

和传统企业一样，海洋装备产品生产企业需要有步骤地开展数字化转型，一般包括 6 个阶段，如图 2-14 所示。

1）积累并利用数据的力量

利用数据的力量，构建企业数据仓库，整合来自不同数据源的数据，并将其存储到可以集中访问的云存储库或者其他数据系统中，并积极对收集的数据进行建模，以支持决策、研究和创新。

2）以客户为中心的数字化整合

由于客户需求多样性在变化，个性化要求在变化，海洋装备产品制造的特点就是和船东密切联系在一起，所以重新定义客户为中心的数字化系统越来越重要。在设计阶段让用户加入，在制造阶段让客户了解过程和质量，在运维阶段提供优质的服务。

3）数字化业务能力

数字化是企业实现核心业务转型的关键技术。在全生命周期阶段应用数字化方案，

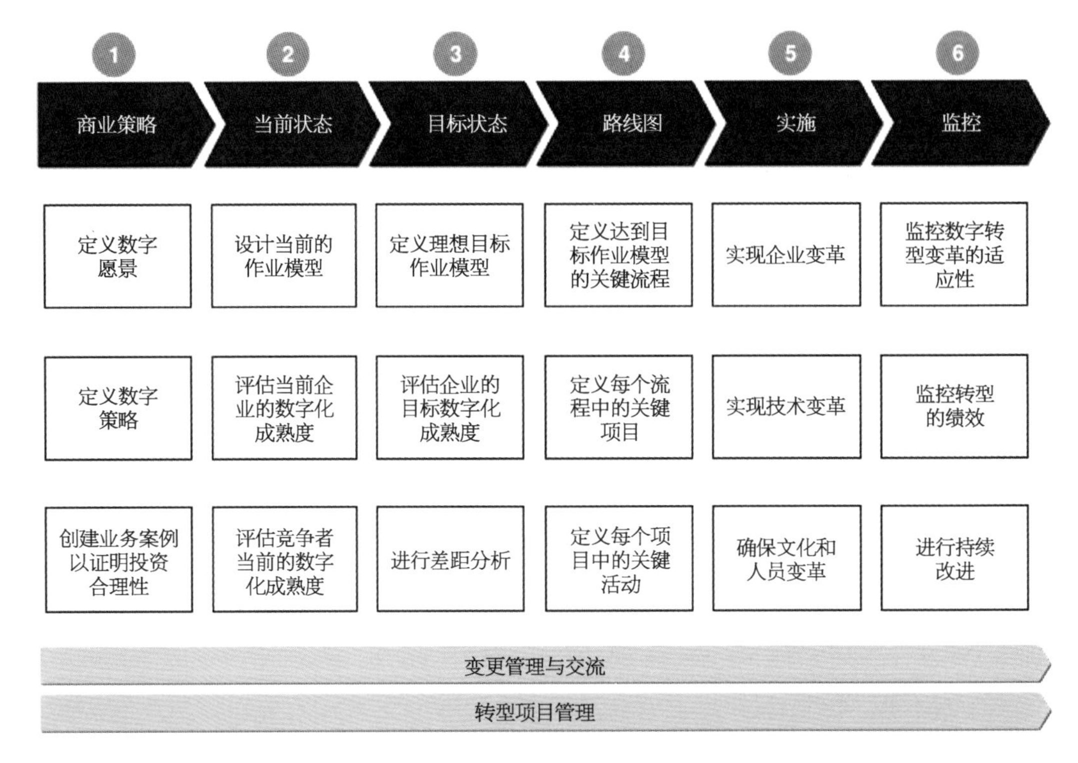

图 2-14　数字化转型策略路线图

比如数字仿真可以用来优化工厂布局，识别和纠正生产过程中的缺陷，预测产品质量。数字化工厂的建立可以很大程度地提高企业生产效率，降低企业生产成本，实现透明化管理。

4）适合数字化管理的公司治理模式

企业不仅需要转变传统的治理方式，找寻适合数字化时代的新协作模式，还需将数字自主权掌握在手中，基于数字驱动的管理方法以整合伙伴关系，由客户和员工共同开启数字化转型。

5）加强创新能力

在以数字化核心、灵活敏捷的重组业务模型、创新新路径这三个方面进行数字化转型是十分必要的。数字化、网络化和智能化等技术进步正在迅速改变全球经济，不适应数字浪潮的企业最终将会淘汰。

显然海洋装备产品等传统制造行业实现数字化转型是一个痛苦过程，并不是一蹴而就的。数字化能力的实施不仅仅是数字化系统建设，还需要有数字化的领导力，有数字化团队来匹配新的制造模式。

2.3.3　企业数字化转型的核心要素

企业转型到数字化工程绝非一蹴而就，如果不站在全局的角度，有体系地进行数字转型构架设计，“数字孤岛”或“数字烟囱”或难以避免。因为数字转型不仅仅贯穿了产品研发的各个流程(包括需求、框架、设计、制造、测试和维护)，也涵盖了对制造各流程中人机料法环的管理。

按美国国防部分析，从模型视角来看，各个流程包括不同细节程度的模型；从数据视角来看，数据是多源、多元、多尺度、多层次结构的；从存储文档视角来看，存储的介质、访问频度和接口多样；从系统协同视角来看，全流程的协同和交互极为复杂，如图 2－15 所示。

2.3.3.1　产品的全生命周期研发，构建企业数字化源头

通过企业管理软件实现了图文档、零件版本、产品结构、零部件属性的统一集成管理，实现了电子化图纸审批流程。

(1) 作为产品数据源，建模数据可以实现 ERP/MES 系统的无缝数据传输。它集设计、制造、仿真于一体，而 CAPP 作为一个辅助系统完成对工艺卡片及加工设备的管控，形成一个没有过程瓶颈的设计加工流程。

(2) 研发部门的电子审签流程及变更管理，避免纸质及电子“两张皮”现象，提升工作效率，异地审签、人员委派、外协厂远程查阅等功能实现多组织异地协同，适应集团化运作需求。

(3) 基于 PLM 平台，整合公司产品知识库，建立零部件的重用体系，不断提升标准件及通用零件的重用率，在确保产品质量的同时降低加工和物流成本。

(4) 为快速响应基于订单的产品研制方式，急需对已有研发知识和经验进行共享并传承。在规范的研发流程上实现零组件模型、图纸和物料清单(bill of material, BOM)等的重用，将极大提升快速响应市场需求的速度并缩短产品交付期。

可以说，以数字设计构建整个企业数字化的源头，是海洋装备生产的数字化工程起点。

2.3.3.2　精益计划物流，重塑齐套的数字化供应链

日本海工产品生产采用的精益生产技术取得巨大成功，参考日本使用企业生产计划，以贯彻精益生产为总目标，以客户订单和市场预测为依据，安排主生产计划以及部件组装、零件加工和采购计划，实现资金流、物流、信息流、管理流贯通，为公司决策和管理提供准确、及时、完整的信息服务。

(1) 实现按库存和按订单生产的混合生产模式，业务流从营销、技术、制造，再到零部件分厂和加工车间，高度集成、快速响应并可全程跟踪，促进业务流程不断优化。

(2) 利用标识系统为基础，采用标识码实现在制品过程管理，实现如电子数据交换以促进制造过程信息流动。

(3) 以“推拉一体”的海洋装备生产计划为基准，实现准时化供货，供应商和仓库按照生产执行的实际需求，按时、定量配送物料到工序，实现物料与生产进度的同步，建立精益化生产管理体系。

2.3.3.3　可视化生产过程，实现数字化工厂

实施 MES 生产执行系统，包括数控加工设备的联网、数控设备的在线监控及数控指令网络化的管理和传输。建立装配车间的透明化和数字化现场管理体系，进行实时监控生产进度，可优化和规范工厂的管理流程，包括：

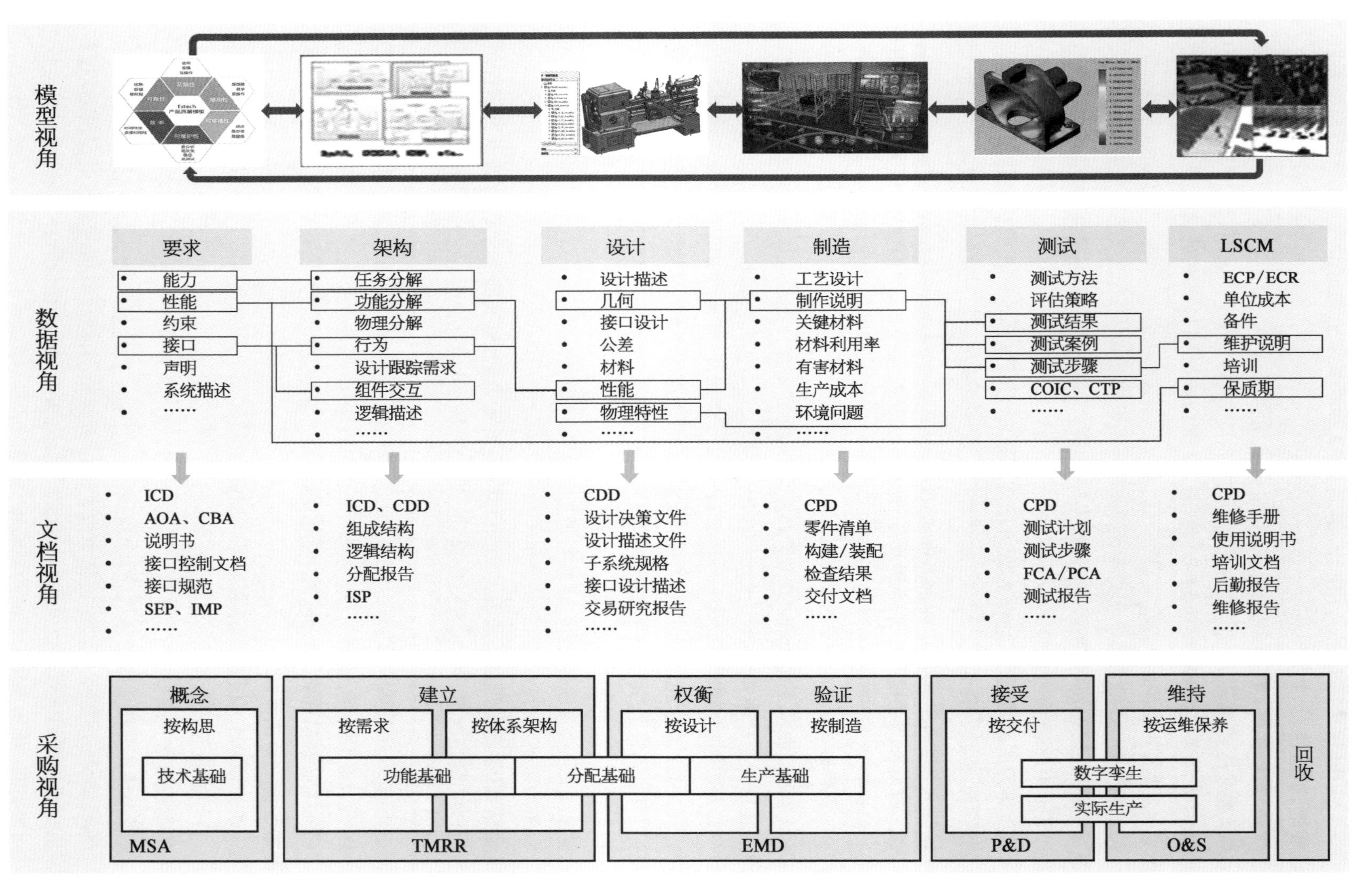

图 2-15　多视角下的海洋装备生产数字要素

（1）利用 MES、DNC 与 ERP 双向数据无缝互通，实现完整的从销售订单、生产计划、车间排产、制造执行、物流管理、质量追溯以及计划变更管控流程，消除车间信息黑箱，实现对产品、物料批次、单个关键物料以及异常情况的实时追踪与管理。

（2）整个生产流程的“数字化”管控，使部门间、系统间协同性大大提高，弥补生产瓶颈、优化生产节奏，实现精益生产，提高客户交付率；同时规范了生产管理流程、工艺数据、操作规范，实现制造知识的积累和传承。

（3）系统提供的设备运行数据、效率报表及分析报告，可平衡设备利用率并制定维保计划，消除潜在隐患，降低设备故障率并提升产能，实现了产能评估。

2.3.3.4　高响应售后服务系统，实现透明化客户体验

关注客户关系管理建设，实现售后服务的系统化、网络化及移动化管理，多维度的服务信息管理，推动服务过程的透明化和规范化。

（1）以报修工单、配件、代理商采购、投诉处理等流程为主线进行系统集成。

（2）利用智能手机终端，对服务人员进行定位管理，实现安全服务、数字助理，实现服务流程的标准化、数字化、规范化，提高了故障解决速度。

（3）客户服务信息链中采集的产品生命周期内的故障数据，实现了质量信息的全流程跟踪，为客户提供主动维保计划，为公司提供大数据分析，成为产品质量改进的重要输入源。这可促进技术体系研发改进、生产体系工艺革新，形成“问题汇总—分析—追溯—改善—验证”的良性循环。

2.3.4　海洋装备产品制造数字化转型展望

身处智能制造时代，企业应运用好新兴的数字化、云计算和工业大数据技术，进一步投入智能化装备、升级信息系统，提升生产线互联互通水平，为客户提供智能化装备，实现全价值链数字运营，持续强化企业核心竞争力。

工信部《推进船舶总装建造智能化转型行动计划（2019—2021 年）》指出，面向船舶行业智能制造发展需求，完善船舶精益制造体系和智能制造标准体系，加强船厂互联网基础设施建设；围绕关键环节，补齐关键技术和柔性化、自动化、智能化造船装备短板，结合船舶制造特点，充分发挥人与机器智能协同优势；立足船舶建造关键薄弱环节，特别是脏、险、难工作，集中优势力量和创新资源，开展重点领域软件系统、硬件装备的研发与应用，构建船舶智能制造单元、智能生产线和智能化车间，通过示范，由点到面推进实施，带动行业技术进步与节能环保水平提升。经过 3 年努力，船舶智能制造技术创新体系和标准体系初步建立，切割、成形、焊接和涂装等脏险难作业过程劳动强度大幅降低，作业人员明显减少，造船企业管理精细化和信息集成化水平显著提高，2～3 家标杆企业率先建成若干具有国际先进水平的智能单元、智能生产线和智能化车间，骨干企业基本实现数字化造船，实现每修正总吨工时消耗降低 20%以上，单位修正总吨综合能耗降低 10%，建造质量与效率达到国际先进水平，为建设智能船厂奠定坚实基础。

工信部给出明确规划数字化工程的 3 个突破方向：

（1）突破一批关键技术和智能制造装备。突破总体、设计、工艺、管控和决策等 5 类

船舶智能制造关键技术；攻克船体零件智能理料、船体零件自由边智能打磨、小组立智能焊接、中组立智能焊接、分段外板智能喷涂、管件智能加工等6种船舶智能制造短板装备。

(2) 形成一批智能制造标准和平台。制订修订船舶智能制造标准，建设试验验证平台、公共服务平台。

(3) 建成一批智能制造单元、智能生产线和智能化车间。形成型材加工、板材加工、分段喷砂除锈、分段涂装以及VOC处理等智能制造单元，建成型材切割、小组立、中组立、平面分段、管子加工、构件自由边打磨等6种船舶中间产品智能生产线，以及分段制造、管子加工、分段涂装等船舶智能化车间。

海洋装备产品制造目前正处在智能制造的第一阶段——数字化阶段，同时利用网络化和智能化的手段来促进数字化的快速发展。具体表现包括：数字技术广泛应用于产品生产制造中，逐渐形成数字化产品；数字化设计、建模与仿真、数字化设备、信息管理得到广泛应用；实现生产过程的数字化管控与综合优化，在产品的整个生命周期中数字化深入到设计、制造、服务等环节，将深刻改变传统的海洋装备产品生产流程、结构、方式。

第 3 章　智能制造与海洋装备制造

智能制造无疑是当下最为火热的名词，海洋工程装备与高技术船舶被列入《中国制造2025》十大重点领域。智能制造与传统制造并非“取代关系”，一方面需要遵循特有制造技术的演变与发展规律；另一方面不能脱离了企业的自身需求。智能制造的重点是关注产品质量、效益、成本的“制造本心”，我们可以充分发挥后发优势，但“弯道超车”等跨越式发展也值得警惕。就海洋装备制造而言，其数字化转型、智能制造升级，国内外并没有样本可以对标，必须针对行业特点、企业实际发展水平与业务需求量身定制。本章将从技术层面介绍智能制造的数字化内涵，并叙述智能制造的技术体系，最后简要介绍海洋装备智能制造的国家战略与举措。

3.1 智能制造技术概述

关于智能制造，还没有一致性定义。围绕智能制造有很多概念，如两化融合、工业4.0、工业互联网、信息物理系统、大数据、人工智能、云技术、智能工厂、物联网、互联网+、边缘计算等。一般认为智能制造技术是指在现代传感技术、网络技术、自动化技术、拟人化智能技术等基础上，通过智能化的感知、人机交互、决策和执行技术，实现设计过程、制造过程和制造装备的智能化，是信息技术、智能技术与装备制造技术的深度融合与集成。中国智能制造分三步走：数字化、网络化和智能化。

智能制造的体系主要有三个——德国工业4.0、美国工业互联网、中国智能制造体系。

3.1.1 工业4.0内涵

2011年，德国在汉诺威工业博览会上正式提出“工业4.0”的概念，指出制造将从集中控制转换到分散增强控制的基本模式。传统的行业之间的边界将消失，利用信息与通信技术形成信息物理系统，通过虚实映射，现实世界与网络世界的协同工作，将制造业转变为智能化。

德国工业4.0分为三大主题：智能工厂，是智能生产的过程和智能制造系统本身，实现网络化、分布式生产；智能生产，主要涉及工业生产制造过程中的建模、人机交互、作业计划与调度等技术；智能物流，利用互联网形成供应链网络，整合上下游工业资源，通过网络提高物流资源的配送效率。

其参考模型分为3个集成层次：水平集成(体现“流”)，在全生命周期和价值链上集成设计、生产和运维；垂直集成(体现“级”)，即传统的金字塔自动化集成框架(ISO 62264, ISA 95)，形成生产车间的设备、现场控制、制造执行与资源业务管理等集成；端到端集成(体现“层”)，形成资产、集成、通信和功能业务集成，如图3-1所示。德国工业4.0的核心是信息物理系统(cyber-physical system, CPS)。CPS是一个包含计算、网络和物理实

图 3-1　工业 4.0 框架

体的复杂系统，通过计算、通信、控制(computing、communication、control，3C)技术的有机融合与深度协作，通过人机交互接口实现和物理进程的交互。在制造业中通过 CPS 系统将智能机器、存储系统和生产设施融入整个生产系统中，并使人、机、料等能够相互独立地自动交换信息、触发动作和自主控制，实现一种智能的、高效的、个性化的、自组织的生产方式，推动制造业向智能化转型。

3.1.2　工业互联网内涵

工业 4.0 提出不久，通用电气(GE)于 2012 年提出工业互联网(industrial internet)，联合美国五家行业龙头企业联手组建了工业互联网联盟(IIC)，成为智能制造的又一热点，目前大有取代工业 4.0 之势。工业互联网的本质和核心是通过工业互联网平台把设备、生产线、工厂、供应商、产品和客户紧密地连接和融合起来。以数字化传递推动制造业融通发展，实现制造业和服务业之间的跨越发展，使工业经济各种要素资源能够高效共享。工业互联网将整合两大革命性转变的优势：一是工业革命，伴随着工业革命，出现了无数台机器、设备、机组和工作站；二是更为强大的网络革命，在其影响之下，计算、信息与通信系统应运而生并不断发展。

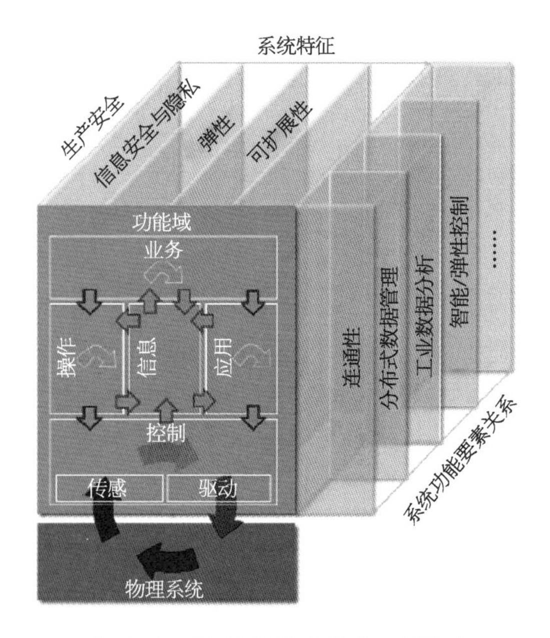

图 3-2　工业互联网参考模型(IIRA)

工业互联网参考模型(IIRA)分为 3 个

维度，分别是功能域维度、系统特征维度和系统功能要素关系维度。其中，功能域维度以信息物理系统的方式呈现，而系统功能要素关系维度则体现了系统各功能的结构、接口、交互以及与外部的相互作用。IIRA 特性包括系统安全、信息安全、弹性（容错、自修复、自组织等）、互操作性、连接性、数据管理、高级数据分析、智能控制、动态组合。

IIC 发布的参考架构包括业务视角、使用视角、功能视角和实现视角四个层级（采纳自 ISO/IEC/IEEE 42010：2011）。

（1）业务视角。从业务视角来看，是以企业为主体，进一步明确了工业互联网系统如何通过映射基本的系统功能去达到既定目标。

（2）使用视角。使用视角指出系统预期使用的一些问题，涉及在最终实现其基本系统功能的人或逻辑用户活动序列。

（3）功能视角。功能视角聚焦工业互联网系统里的功能元件，包括其相互关系、结构、相互之间接口与交互，以及与环境外部的相互作用，来支撑整个系统的使用活动。

（4）实现视角。实现视角主要关注功能部件之间通信方案与生命周期所需要的技术问题。

中国工信部发布《工业互联网白皮书 2.0》，工业互联网通过系统构建网络、平台、安全三大功能体系，打造人、机、物全面互联的新型网络基础设施，形成智能化发展的新兴业态和应用模式。它将通用的工业系统与生产的物理实体融入泛在连接的互联网络的产物，通过将智能机器进行智能连接，同时采用人机连接的方式，融入工业软件和大数据的分析技术，创造新的生产力。工业互联网通用层次架构如图 3－3 所示。

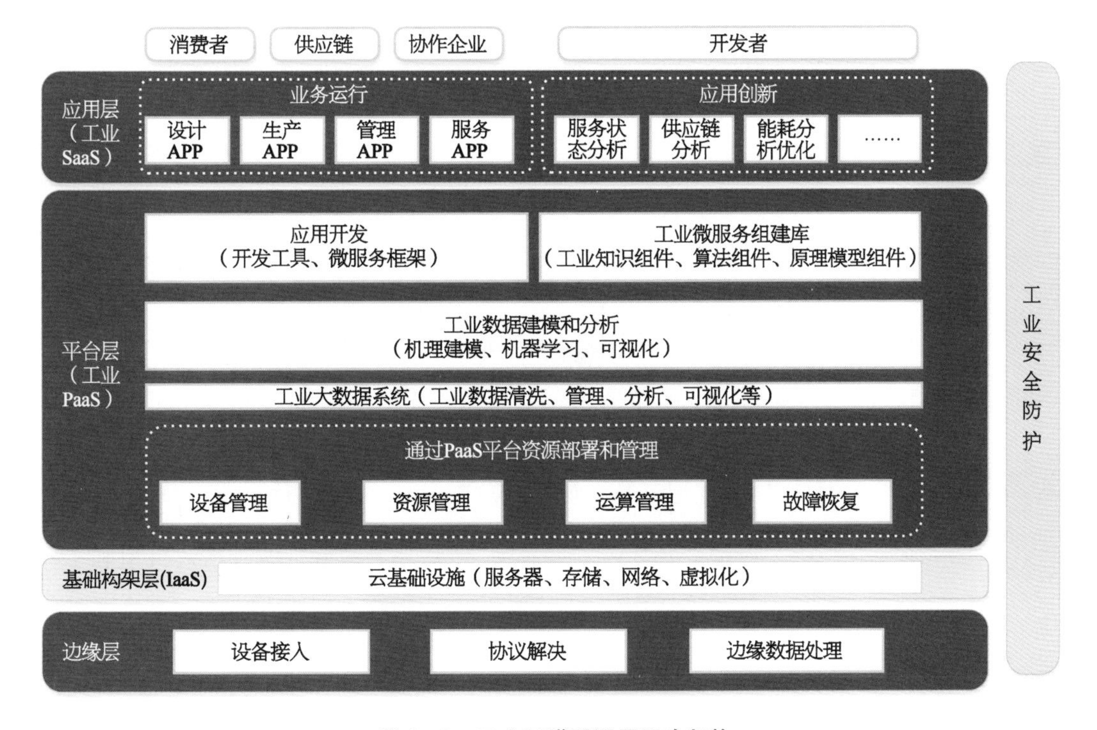

图 3－3　工业互联网通用层次架构

工业互联网的本质就是需要实现泛在互联，在泛在互联的基础上，利用数据流进行分析，进行智能化的生产变革，最终构建新的模式，创造新的业务形式。互联互通是工业互联的基础，其需要将工业系统的各种要素广泛、有效与可靠地连接起来，其包括且不限于是人、机器，还是系统。工业互联解决了通信的基础后，形成工业企业中生产的数据流，同时需要构建不同系统间数据流，在大量的数据流的基础上，进行数据分析与建模。伯特认为，智能化生产、网络化协作、个性化定制、服务化延伸都是基于互联互通，通过数据流和分析，形成新的模式和新的业务形式。与互联网不同的是，工业互联网更加强调数据全连接、数据流的形成与集成、数据模型的分析与建模，而不仅仅是简单通信。因此，工业互联网的本质是数据流和分析。

与 IIRA 相比，中国工业互联网体系还没有参考模型，但是内容更细致、更有实践价值，也存在值得注意的问题：技术的重叠和交叉较为明显。

3.1.3 中国智能制造内涵

中国 2010 年左右提出“两化融合”，于 2015 年提出《中国制造 2025》，该战略在世界范围影响深远。但坦率来讲，我国的智能制造战略是在追随德国工业 4.0 和美国工业互联网。随后中国于 2016 年提出智能制造标准体系，如图 3-4 所示，但这个智能制造参考模型仅给出了组成，却没有明确的技术体系，在体系上不完备。当前我国海洋装备生产企业基本都实施办公自动化系统、财务等管理系统，部分企业已经实施了 ERP 的模块、二维或三维 CAD 设计软件、产品数据管理等。但是数字化工程应用还是非常不平衡，上下游产业链上企业的数字化应用不平衡，企业内部在不同研发价值链上也不平衡，比如设计阶段数字化工程应用较为广泛，而制造阶段数字化的应用还远远不够。

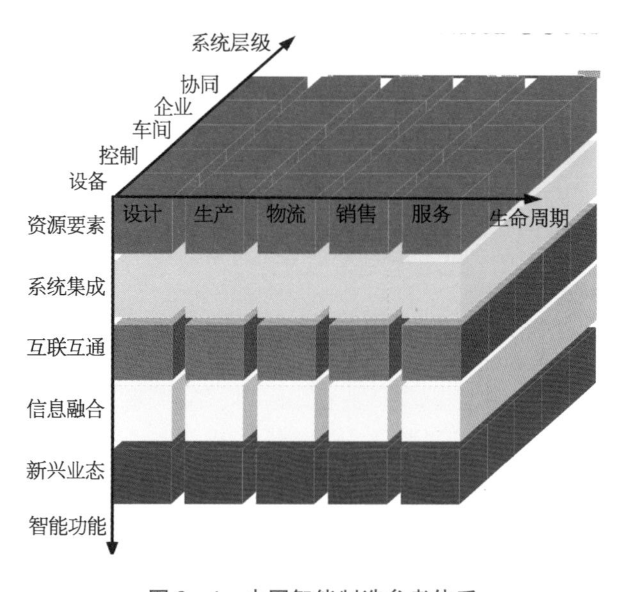

图 3-4　中国智能制造参考体系

智能制造已经发展成许多不同的范式，包括精益生产、柔性制造、并行工程、敏捷制造、数字化制造、计算机集成制造、网络制造、云制造、智能化制造等，在指导制造业智能转型中发挥了积极作用。周济院士在 2018 年提出智能制造 3 种基本通用的模式(数字化制造、数字化网络化制造、数字化网络化智能化制造)，如图 3－5 所示。智能制造 3 种基本范式的定义与内涵见表 3－1。

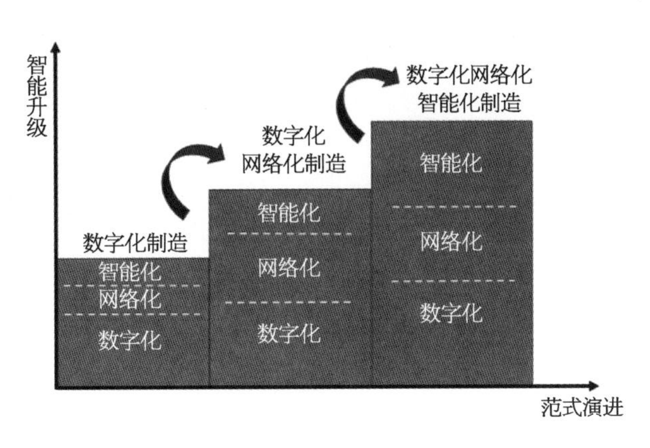

图 3－5　智能制造 3 种基本范式

表 3－1　智能制造三种基本范式的定义与内涵

制造范式	定 义 与 内 涵
第一范式： 数字化制造	数字化制造是目前智能制造的基础，以计算机数字控制为代表的数字技术广泛应用于制造业，最终形成了以计算机集成制造为核心的数字化的生产制造解决方案。现状是国内大部分企业并没有完成数字化转型与升级，我国应先完善补充数字化制造课程，进行“强基”建设。需要注意的是，在欧美数字制造和智能制造基本差不多
第二范式： 数字化网络化制造	数字化网络化制造是智能制造发展的中间产物，其通过企业内部和企业之间的协作，使用网络将人、数据和事物连接起来，共享和连接各种社会资源，重建生产制造价值链。目前我国 5G 正在引领全球，在未来的 3～5 年内，大规模推广应用新一代网络技术，推进数字化网络化制造技术实现第二范式的广泛普及是目前重大机遇
第三范式： 数字化网络化 智能化制造	第三范式是新一代智能制造方式。依赖人工智能的快速发展，将先进的制造技术与新一代人工智能技术进行深度融合，进行自感知、自适应、自决策的生产方式，最终形成以 3C 为特征的 CPS。制造系统具有较强的学习能力，通过发展深度学习与强化学习等机器学习方法，应用于制造领域，获取、生成和使用工业制造过程中的知识，为生产制造提供革命性的变化

中国智能制造既不能走德国工业 4.0 的路，因为中国的设备、控制系统和自动化还达不到德国制造水平；也不能照搬美国工业互联网体系，中国有巨大的实体制造，制造业的模式和美国全球网络化制造迥然不同。因此，中国高质量发展，尤其是高端制造业的发展，是需要在新一代通信技术基础上，加速对制造过程的各种要素互联互通，以数据为驱

动、以新一代人工智能为引擎,形成有别于发达国家的新一代智能制造模式,走新的智能制造道路。

3.2 智能制造共性技术

参考工业互联网白皮书,海洋装备智能制造可以概括为一体系(工业互联网)、一条线(数字主线)、一朵云(基于大数据平台的企业云)、一个工业大脑(人工智能决策算力中心)、三个孪生(产品—制造—性能评价孪生),如图 3-6 所示。

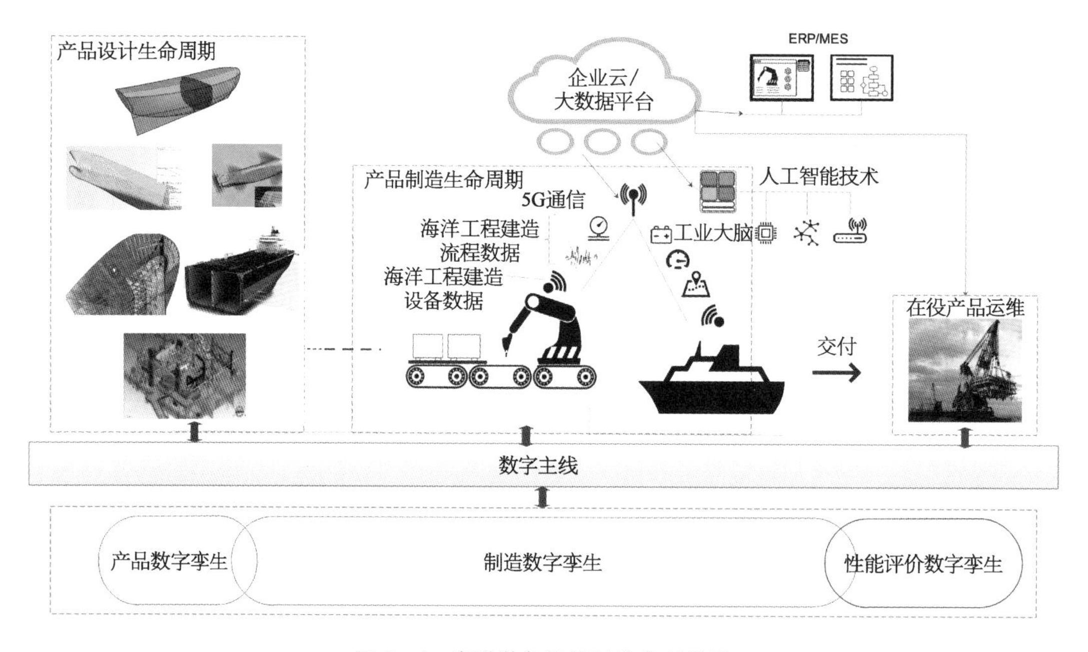

图 3-6 海洋装备智能制造参考模型

以工业互联网构建海洋装备智能制造体系,一条数字主线涵盖产品全生命周期过程,一朵云集成了设计-制造-运维的数据,建设海洋装备制造工业大脑,深入应用人工智能技术,形成企业级的决策算力中心,最终形成数字孪生制造。

3.2.1 工业物联网

新一代的数字通信技术推动制造系统快速进化,从传统的中央控制模式向分布式的物联体系过渡,如图 3-7 所示,其显著特征就是制造要素的全部互联互通,这种新范式对

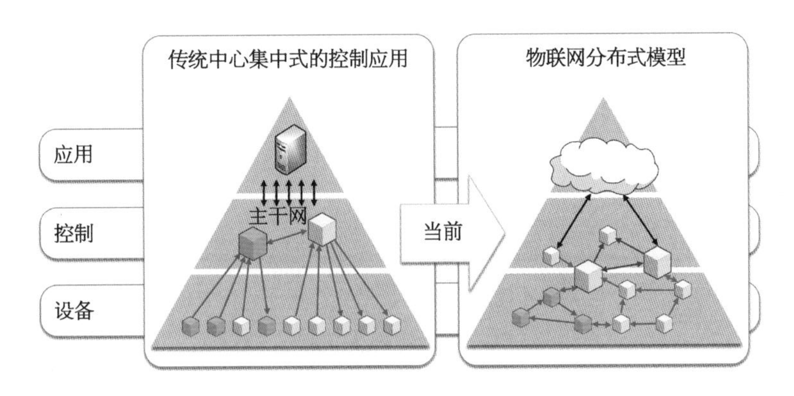

图3-7　制造模式向工业物联体系转换

于推动像海洋装备这种大型离散化制造业的转型升级有重要参考作用。

以企业全要素物联网为特征的工业物联网，是互联网等新一代信息技术与工业系统全方位深度融合集成所形成的产业和应用生态，已经成为关键的综合信息基础设施，被列为“新基建”主要内容。其内涵包括：

(1) 工业物联网是新型网络，实现机器、物品、控制系统、信息系统、人之间的泛在连接。

(2) 在工业物联网之上是工业互联网平台，通过工业云和工业大数据实现海量工业数据的集成、处理与分析。

(3) 最终实现工业互联网新模式与新业态，实现智能化生产、网络化协同、个性化定制和服务化延伸。

需要注意的是，工业物联网和工业互联网分属不同层次，工业物联网关注互联互通，而工业互联网则是实现制造的三大智能闭环——智能生产控制、智能运营决策优化、消费需求与生产制造精确对接。其本质包括：

(1) 数据驱动：数据智能在制造中的全周期应用，包括“采集存储—集成处理—建模分析—决策控制”，形成闭环优化，驱动工业智能化。

(2) 网络基础：实现数据智能的网络基础，使得制造要素互联互通，包括网络互联、标识解析、应用支撑三大体系。

(3) 安全保障：工业/产业互联网各个领域和环节的安全保障，包括设备安全、控制安全、网络安全、应用安全等。

基于工业互联网的海工装备产品智能制造体系，可分为两大部分：企业内的智能生产、企业间的快速响应。企业内工业物联网体系和企业间工业互联网案例分别如图3-8、图3-9所示。

狭义的海洋装备工业互联网是指企业内工业物联网，主要应用于生产制造环节，可以描述为：通过对原材料进行加工及装配，使其转化为产品的一系列运行过程，涉及设备、工装、物料、人员、配送车辆等多种生产要素，以及生产、质检、监测、管理、控制等多项活

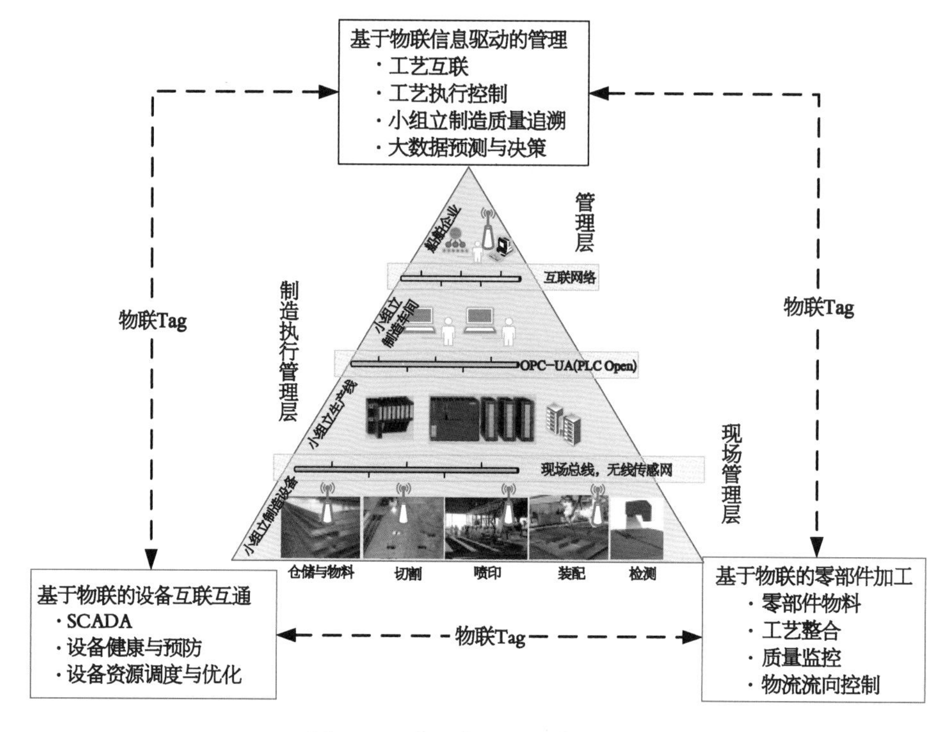

图 3-8　企业内工业物联网体系

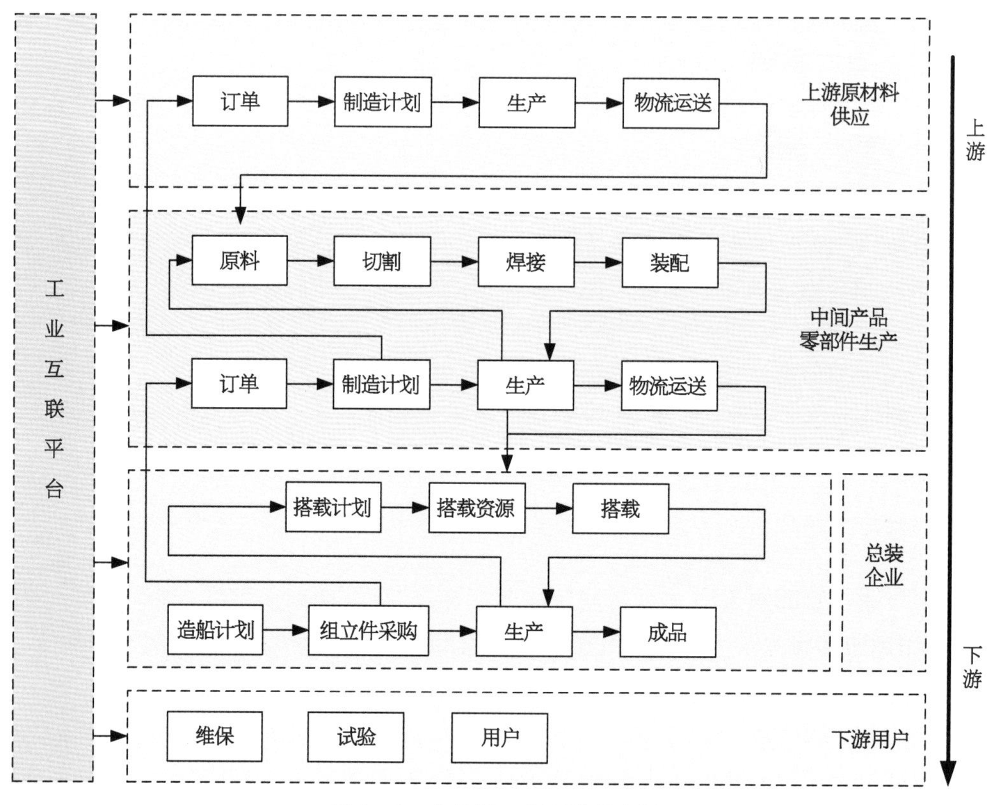

图 3-9　企业间工业互联网案例

动,这种连接是万物互联;针对车间资源管理、生产调度、物流优化、质量控制等不同的应用目标,以制造数据"感知—传输—处理—应用"为主线的制造体系,就是海洋装备工业互联网。

3.2.2　信息物理生产系统

CPS 是一个通过将现实世界与虚拟世界进行虚实映射,最终形成相互协同工作的复杂系统。CPS 在生产领域被称为信息物理生产系统(cyber-physical production system, CPPS),是通过"3C"技术体系,将企业车间中的各个生产单元进行有机融合,实现制造要素间的深度合作,最终实现生产过程中大规模的实时感知、动态控制和信息服务,如图 3－10 所示。

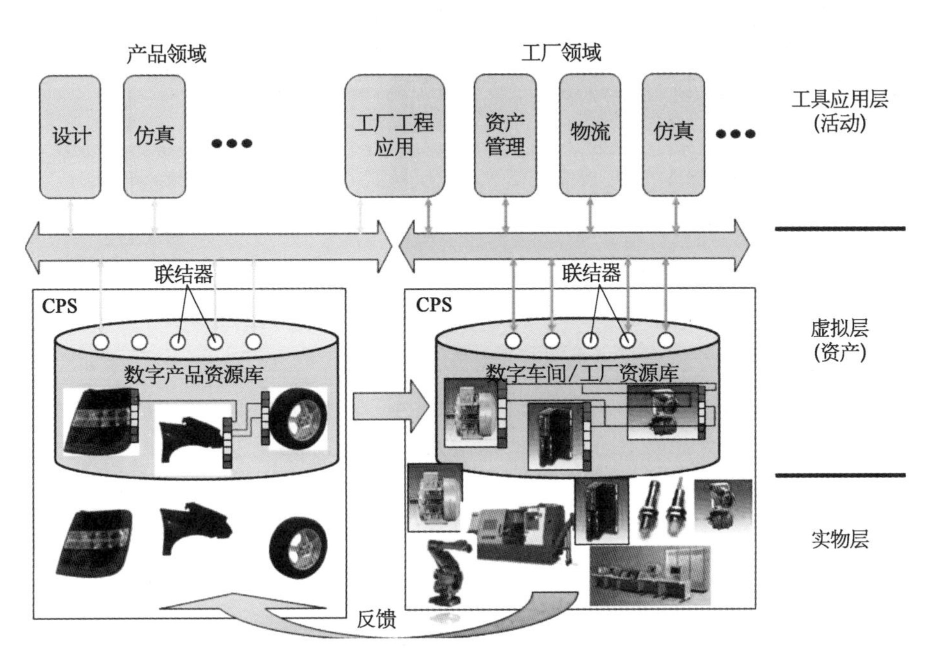

图 3－10　CPPS 架构

智能制造的核心是 CPS,本书将在第 11 章展开 CPPS 的应用技术——数字工厂,读者可参考。

3.2.3　数字主线

数字主线是智能制造最令人着迷的词语之一。作为推动美国制造业创新发展的最大推手,美国国防部将数字主线作为数字制造最重要的基础技术。

洛克希德·马丁公司建立了 BOM 为核心的数字主线框架,PLM 阶段基于 EBOM、MES 阶段基于 MBOM、ERP 阶段基于 OBOM、运维保障阶段基于维护的 BOM,如图 3－11 所示。

2016 年 2 月,美国国家标准与技术研究院(NIST)系统集成部门发布了《智能制造系

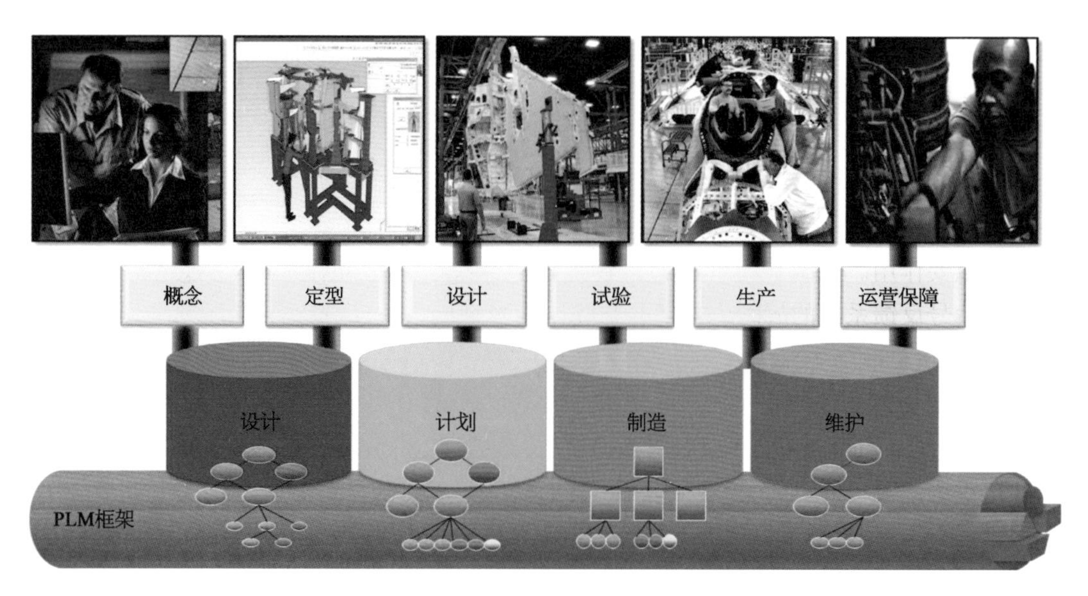

图 3-11　洛克希德·马丁公司数字主线框架图

统现行标准体系》报告,将未来美国智能制造系统分为产品、生产系统和业务 3 个生命周期,给出了生产系统生命周期是整个生产设施及其系统的设计、部署、运行和退役情况的标准定义,将典型的生产系统生命周期阶段分为设计、生产、试验、运营和维护、退役和回收 5 个方面。对照 NIST 体系,海洋装备制造数字主线可以定义为利用先进三维建模和仿真工具构建的,覆盖海洋装备产品全寿命周期与全价值链的,从基础材料、设计、工艺、制造以及使用维护全部环节,集成并驱动以统一的模型为核心的产品设计、制造和保障的数字化集成体系。

3.2.4　工业大数据

智能制造是以数字化为基础,以网络化为支撑,以智能化为目标,以虚实融合为主要特征,以数据为生产要素,通过工业互联将制造过程中的人、物、环境和过程集成,实现数据的价值流动,最终以数据的智能分析为基础,实现智能决策和智能控制,实现制造过程的优化和智慧化运营。海洋装备制造过程产生了大量密集的数据,包括静态的、动态的,瞬时的、历史的,结构的、非结构的数据等,它们构成了制造业大数据。面向大数据的复杂海洋装备生产过程数据系统包括 3 方面。

1) 海洋装备制造数据空间

建立复杂海洋装备过程的数据收集、整理、梳理,建立数据存储范式,最终形成用于支持智能诊断和优化的大数据环境,实现大数据的云存储,建立云平台和计算环境,提供网络传输、海量存储和数据共享。针对海洋装备制造具有数据异构、地域分离远等特征,为了有效利用大数据系统,最终形成工业数据空间。

2) 大数据驱动下的制造系统优化

对设备的能效优化包括设备健康状况的评估与运行水平的评价,系统的健康状况稳定性评估。通过数据分析制造系统的过程状态，分为正常状态和异常状态评估。车间系统优化系统负责处理各设备、系统的诊断过程数据和诊断预报警结果，根据制造计划和进度做出优化决策。

3）大数据驱动下的产品远程运维服务

海洋装备运行与服役环境恶劣、多变，保障稳定安全运行至关重要，大数据分析与预测起到重要作用。控制系统与海洋装备电器类故障主要包括电子元器件、控制装置、测量系统和信号反馈系统的故障，如存储器故障、信号传感器失效、执行电器损坏以及驱动装置故障等；机械故障主要包括传动系统磨损、传动精度下降、执行机构损坏、导轨磨损与变形造成精度丧失、机械本体结构位置误差等。需要对故障实行分类诊断，发现异常则启用设备诊断程序，同时分析与预测关键部件的服役寿命，并根据预测结果实施预防性维护，启动运维服务流程。

3.2.5　机器学习

当前，机器学习俨然成为人工智能的代称，其实人工智能的概念非常大，包括符号主义、连接主义和行为主义。目前以机器学习为代表的连接主义在计算视觉、自然语言处理和无人系统上取得突破，因此在本书中提到的人工智能特指机器学习技术，提请读者注意。在海洋装备等大型离散生产过程中，制造现场的管理、产品缺陷的识别等都可以使用机器学习的方式来进行辅助。同时制造过程大量数据不断产生，利用大数据进行机器学习分类和筛选，是制造业的重要应用。

1）机器视觉在产品质量和人员管理等应用

在海洋装备生产过程中，机器视觉有很多应用场景，比如表面质量检测和人员活动监控。计算视觉通常使用单个相机或多个相机获得的图片或空间数据，进行特征提取、场景分割、模式特征识别等，对产品表面疵点进行识别，对制造过程的人员活动或生产活动特征进行捕获，以检查目标物体的位置、颜色、大小或形状、物体是否存在。图3-12所示分别为钢板表面形貌识别、疵点检测和作业人员动作捕捉。

2）无人系统在海洋装备物流的应用

工业无人系统主要应用智能物流、协同与群智等技术。海洋装备生产的无人系统可以应用在车间内、车间-堆场间的物料无人运输。智能搬运机器人在物流领域的应用已经慢慢成熟，但针对海洋装备制造场景，由于加工环境的复杂性，还有相当长的路要走。无人机在大场景下的作业监控已经出现，比如通过无人机系统进行外场加工零部件的监控，提高堆场利用率，这些都是未来的发展方向，如图3-13、图3-14所示。

3）大数据驱动的数据智能决策和优化

制造场景中通过物联网采集形成的工业大数据，数据分析使得生产过程透明化。比如根据大数据进行现场计划的提醒，对计划影响要素进行分类，挑选出影响计划最主要的因素，做出生产决策。同时可以获得关键设备的运行状态数据，利用决策树、随机森林或者其他机器学习方法，用来预测设备的寿命、进行故障诊断、制订备品备件供应策略等。

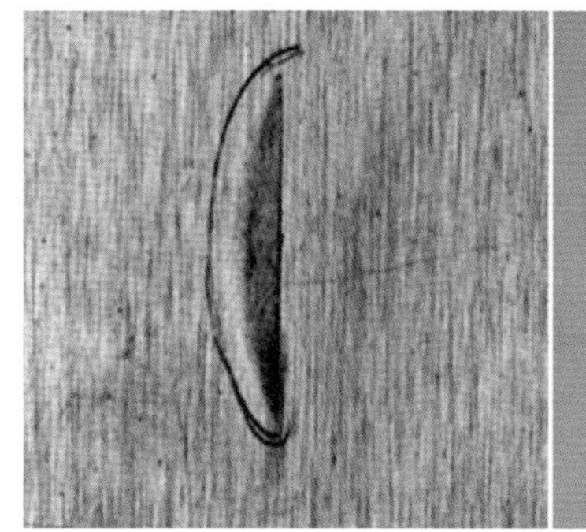
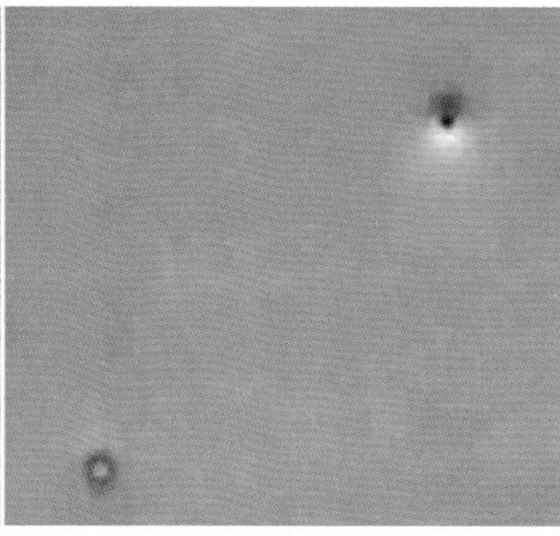
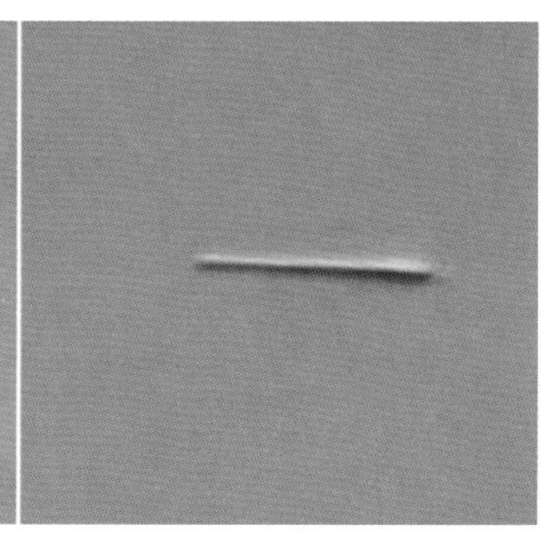

(a) 钢板疵点检测

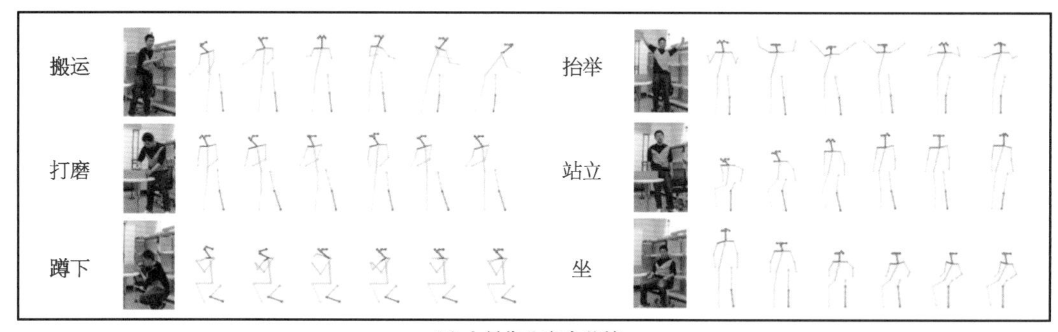

(b) 人员作业安全监控

图 3-12　机器视觉应用

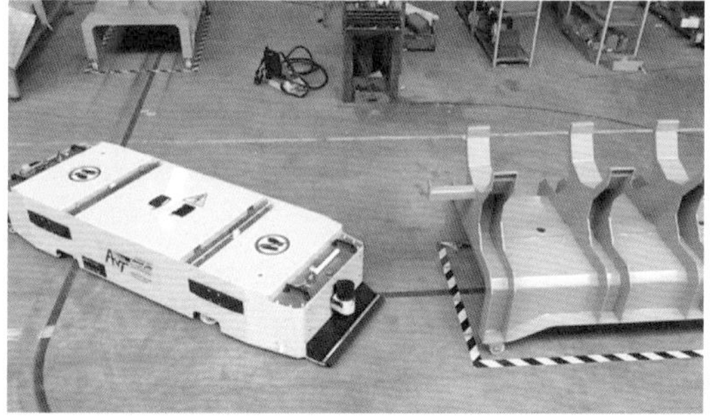

图 3-13　无人物流搬运车辆

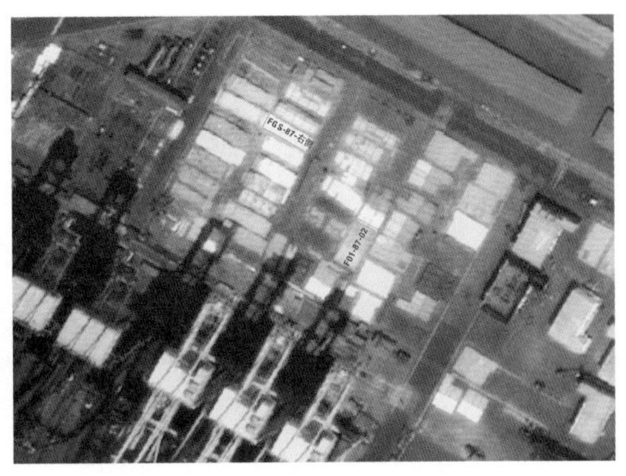

图 3-14　无人系统对海洋装备在制品监控

3.3　海洋工程装备与船舶智能制造战略

海洋工程装备与高技术船舶作为《中国制造 2025》的十大领域之一，是国家制造业的支柱产业之一。大力发展该领域智能制造是国家战略，也是中国海洋装备制造的转型机遇。近年工信部、科学技术部、国家发展和改革委员会等陆续发布海洋和船舶智能制造战略。

3.3.1　工信部智能制造规划

1)《关于推进船舶智能制造指导意见》

工信部在 2016 年发布《关于推进船舶智能制造指导意见》征求意见稿，分析指出国内船厂总体处于工业 2.0 阶段，在数字化、自动化、精益生产等方面仍有很多短板需要补齐。国外一些先进的造船企业正处于由工业 3.0 向工业 4.0 推进的阶段，已基本掌握造船相关数字化、自动化和精益管理等基础技术，并积极推进智能船厂的建设。征求意见稿同时提出，智能制造要标准先行，推动构建船舶行业智能制造的标准体系。船舶行业要逐步形成一批具有国际先进水平和行业共享的数字工艺开发软件、试验平台、数据库和技术标准，构建智能制造的标准体系，建设船舶数字化研发设计与制造一体化的新模式。

2)《推进船舶总装建造智能化转型行动计划(2019—2021 年)》

2019 年工信部提出《推进船舶总装建造智能化转型行动计划(2019—2021 年)》，行动计划提出要突破总体、设计、工艺、管控和决策等 5 类船舶智能制造关键技术。共有 5 个专栏，有 4 个专栏都是相关数字化工程领域，可以看出该行动计划着力点是海洋工程装备的数字化工程。

(1) 船舶智能制造关键共性技术专栏

① 智能制造总体技术。

② 智能化工艺设计技术。

③ 智能制造工艺技术。

(2) 船舶智能制造关键共性技术专栏

① 制造过程智能管控技术。

② 关键制造环节智能决策技术。

③ 智能制造工业软件。

(3) 船厂信息基础设施专栏

① 船厂网络基础。

② 船舶建造多源数据采集系统。

③ 船舶制造云平台。

(4) 船舶智能制造标准体系专栏

① 船舶智能制造基础共性标准。

② 船舶产品协同设计标准。

③ 船舶智能化工艺设计标准。

④ 船舶智能工艺标准。

⑤ 智能装备标准。

⑥ 智能管理标准。

⑦ 互联互通标准。

⑧ 船舶智能车间总体规划标准。

(5) 推进全三维数字化设计专栏

① 初步设计、详细设计与生产设计协同。

② 船舶智能化工艺设计。

③ 船舶智能制造工艺及数据库应用。

④ 面向现场作业的三维工艺可视化仿真。

⑤ 船舶产品数据管理系统。

3.3.2 科学技术部重点研发计划

2018 年科学技术部发布“网络协同制造和智能工厂”重点专项，在多个项目中支持海工装备生产的网络化协同与智能工厂建设。重点支持开展复杂产品定制生产的制造企业网络协同制造发展模式研究，以及在航空航天、轨道交通、港口机械、海洋工程、地下工程、能源电力等行业开展复杂产品定制生产的典型离散制造应用。研究支持复杂产品定制生产的网络协同制造平台开放式架构，模型驱动的产品研发设计/生产制造/运维服务一体化集成技术，订单驱动的生产管理和供应链协同优化技术，产品、设计、制造、管理、供应、营销和服务等多源异构数据建模、集成技术与标准，用户参与创新与开放式资源管理等关键技术以及网络协同制造系统集成标准。研发产品设计/制造/运维服务一体化支撑软件，复杂产品定制生产模式下的智能供应链/营销链/服务链协同支撑软件，开放式制造资源管理、多主体多目标智能调度、全流程可视化管控等软件与工具，企业数据空间构建及产品数据链/制造数据链/服务数据链/资源数据链集成等支撑软件；研发数据驱动的制造企业战略管控、智能决策与预测运营支撑系统，构建支持复杂产品定制生产的网络协同制造平台。

近年来由于智能船舶概念的兴起以及智能船舶技术的日益发展，船舶智能化已经成为全球航运的大势所趋。工信部、交通运输部、国防科工局联合印发《智能船舶发展行动计划(2019—2021 年)》，明确提出，经过 3 年努力，形成我国智能船舶发展顶层规划，初步建立智能船舶规范标准体系，突破航行态势智能感知、自动靠离泊等核心技术，完成相关重点智能设备系统研制，实现远程遥控、自主航行等功能，初步形成智能船舶虚实结合、岸海一体的综合测试与验证能力，保持我国智能船舶发展与世界先进水平同步。实现智能船舶，需要数字化工程的深入应用，其中虚实结合的数字孪生技术就是典型的智能制造技术之一。实现船舶虚实融合制造，首先要实现统一数据源、基于模型的系统工程和数字主线的信息集成技术，本书将在第 6～8 章展开介绍。

第2篇

数字化设计篇

海洋装备产品的数字化工程是从设计开始的，该装备产品约70%以上的终极用度、性能和功能是在设计阶段初期就被“固定”下来。海洋装备产品设计过程包含前期研究、概念设计、方案设计、技术设计、施工设计、生产设计，是由浅进深、由粗及细、自顶向下不断深化。

当前海洋装备产品设计过程由垂直、串联的过程向并行协同的数字化网络化协同设计发展，数字化工程在设计阶段将建立统一的模型，形成数字主线雏形，并在研发设计的不同阶段进行模型的传递和信息集成，实现产品数据的全生命周期管理。同时利用数字仿真技术，在海洋装备产品开工建造之前就能够虚拟验证海洋装备产品结构设计、功能、可制造性等。

第2篇分为4章，主要介绍海洋工程产品的统一数字化工程模型，选择用于设计与评审、产品性能分析的前后处理技术、产品数据全生命周期管理等典型方面。本篇最后一章将详细介绍基于MBSE方法，给出从设计过渡到制造的数字化工程技术。

海洋装备数字化工程

第 4 章　海洋装备产品数字化设计技术

海洋产品设计过程包括前期研究、概念设计、方案设计、技术设计、施工设计和生产设计，是一个由浅至深、由粗至细、由上至下不断深化的设计过程，同时也是一个循环迭代的过程。当前，"边生产边设计"仍经常发生，设计变更频繁，设计协同要求迫切。本章介绍了基于MBD的数字化设计方法，用于数字三维评审的模型处理技术、虚拟装配技术、基于人因工程的设计评估，同时介绍了面向云的新一代三维协同设计技术。

4.1 海洋装备产品数字化设计概述

4.1.1 设计流程

传统的海洋装备设计通常是产品设计和产品所需物料采购交叉进行的，部分核心部件对设备和材料的采购要求很高，在设计的初始阶段需要确定其主要需求设备。在这个过程中，需要设计部门和供应商做大量的沟通工作，每一次技术合作都需要结合生产能力和产品的技术规格书，通过对海洋装备的设计图纸、工艺文件等进行审核，最终定制出符合海洋装备系统技术要求和生产要求的产品设计方案，如图4-1所示。

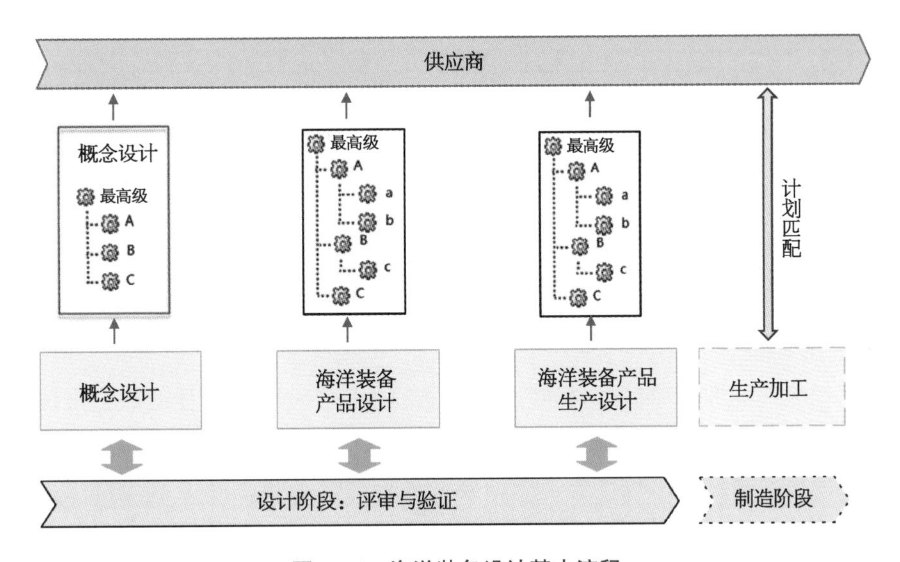

图4-1 海洋装备设计基本流程

数字化设计包括数字模型的建立以及数字化的处理方式，它是以计算机技术为支撑，辅助运用数字化信息处理方式来实现新产品的设计。面向产品的个性化需求，以产品设计的自动化和人机交互的可视化为核心，构建海洋装备数字化 MBD 内核，集成现有的 CAD 及 CAE 软件，形成如图 4－2 所示的集成化海洋装备数字化设计软件平台。

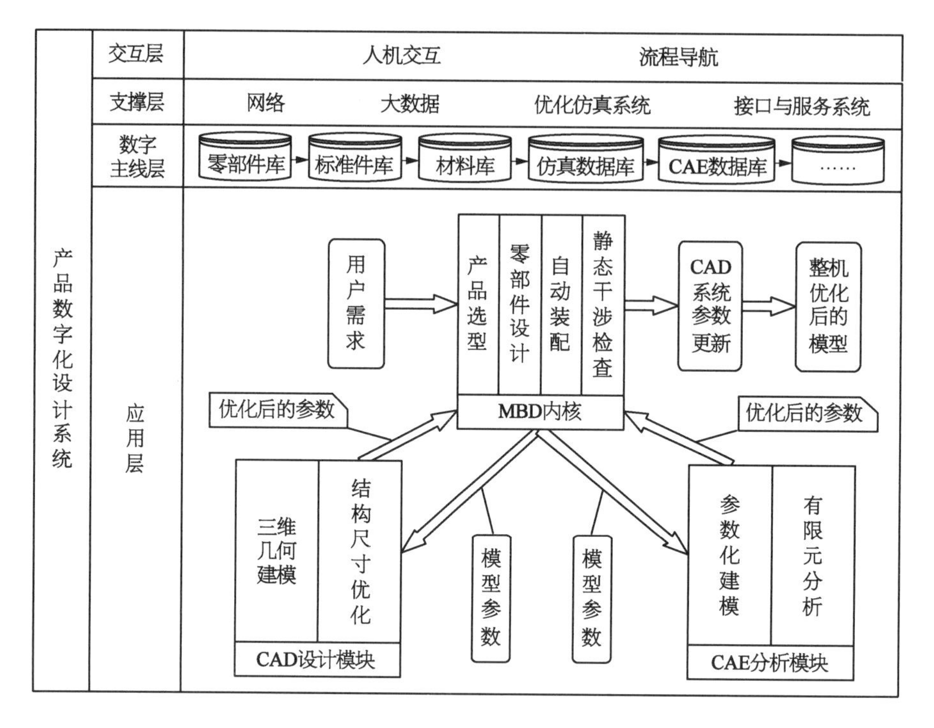

图 4－2　海洋装备数字化设计软件平台框架

该平台主要包括交互层、支撑层、数字主线层和应用层。

1）交互层

该层为人机交互界面，用户通过该界面参与产品设计。其功能为正确引导用户完成设计流程，提示用户输入注意事项，从而确保输入及输出数据的正确性，降低了用户操作设计平台的难度，提高设计效率。

2）支撑层

该层包括支撑平台运作的网络、数据、机理及接口的支撑工具和信息基础。

3）数字主线层

应用已经成熟的数据库技术，构建适合海洋装备数字化样机设计的数字主线系统，贯穿全生命周期，集成各种数据源，主要包括零部件库、标准件库、材料库、仿真数据库、CAE 数据库。标准件库是指产品设计中常用的标准件信息放在数据库中，在进行产品设计时供用户直接调用；材料库是指产品设计中常用的材料信息放在数据库中，在进行产品设计时供用户直接调用；优化数据库是指产品尺寸优化设计时，设定的优化参数和产生的优化结果形成的数据库；CAE 数据库是指产品有限元分析时产生的分析结果形成的数据库。

4）应用层

该层包括设计平台中的主要功能模块，主要包括 MBD 内核模块、CAD 设计模块、有限元分析模块(CAE 分析模块)。MBD 内核模块：集成三维 CAD 用户需求进行产品的参数化设计，产生模型参数数据，并生成基于三维模型的 MBD 模型，该模块主要包含产品选型、结构选择、设计计算、校核计算、模型再生、自动装配、静态干涉检查等功能。CAD 设计模块：设计人员在结构类型、拓扑与形状给定的基础上，通过该模块寻找出关键零部件最优的尺寸组合。有限元分析模块：设计人员应用有限元分析全面综合考虑产品结构参数，掌握受力大小、应力水平及变形情况，从而对产品模型进行优化，该模块主要包括关键零部件的参数化建模、静力学分析、疲劳分析、CAE 优化等功能。

基于上述海洋装备数字化设计平台，将产品的传统设计流程和设计知识封装到系统平台，开发以设计流程为驱动的、MBD 为核心的导航式人机交互界面，形成专用的海洋装备数字化样机设计平台。

4.1.2　主流海洋装备 CAD 设计系统

目前，海洋装备三维设计的主流软件包括 AVEVA TRIBON、CATIA、Intergraph、Sener FORAN、沪东 SPD、Bentley 等。

1) AVEVA TRIBON

AVEVA 是世界上最大的海洋装备计算机辅助设计软件开发公司，2018 年被施耐德收购。目前，邮轮、集装箱船、客船等的设计制造多数采用 AVEVA TRIBON 系统。其数字信息中心提供了一个共享数据和文档、协作流程与提高流程效率的通用环境，例如物料采购和处理、生产计划、资源管理、试航和交付流程。TRIBON 船舶设计系统界面如图 4 - 3 所示。

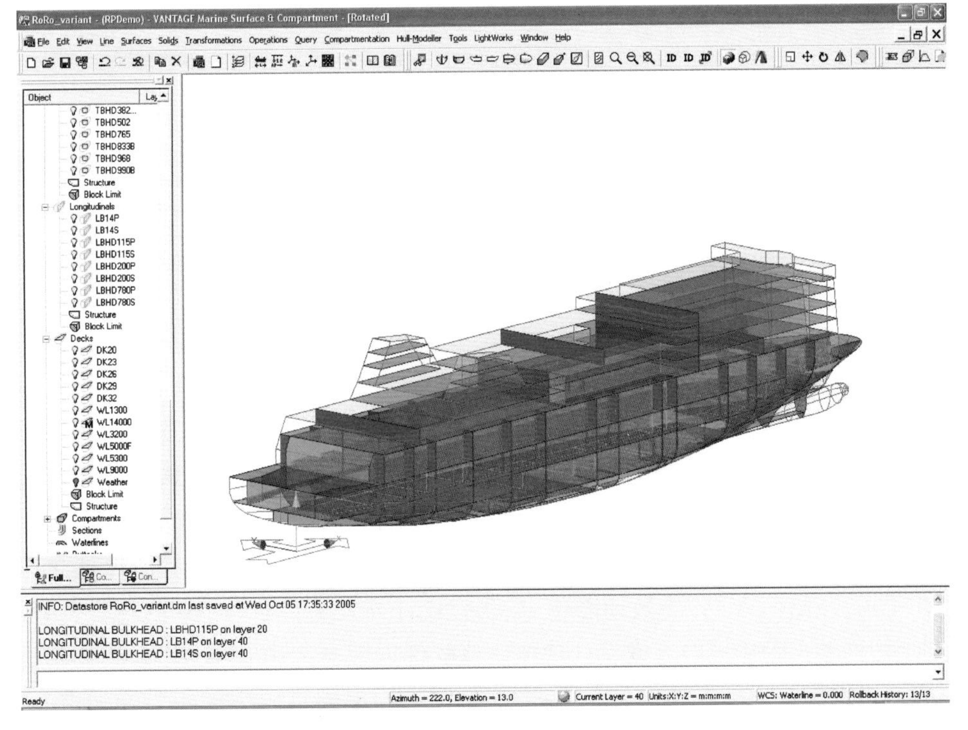

图 4 - 3　TRIBON 船舶设计系统

为了解决网络协同设计问题，AVEVA 公司从 M3 开始做出了不少的改进，其中最重要的是解决了数据库不开放问题。

2) CATIA

CATIA 是一个跨平台的三维 CAD 设计软件，由达索公司开发，广泛应用在航空领域。CATIA 围绕其 3D EXPERIENCE 平台促进跨学科的协同工程，包括形状设计、电气、流体和电子系统设计，机械工程和系统工程设计。

达索公司从 CATIA V5 开始提供全面的船舶、海洋装备工程解决方案，如图 4-4 所示。其中美国纽波特纽斯造船厂使用 CATIA 设计美国海军的福特级航空母舰。

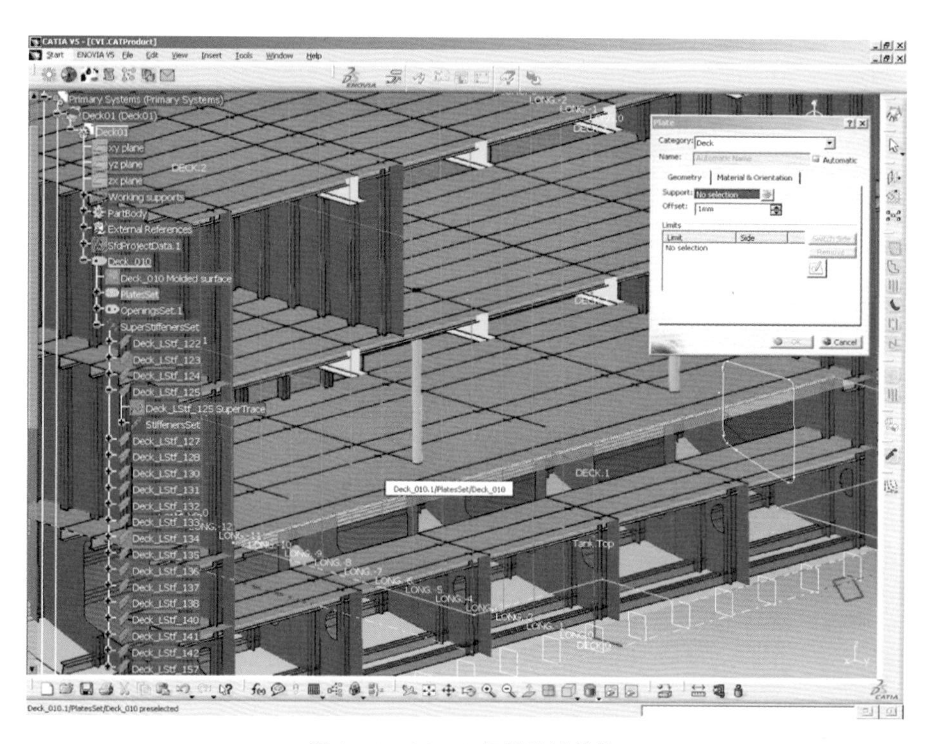

图 4-4　CATIA 船舶设计模块

3) Intergraph

Intergraph 是一款为全球的企业、政府和组织提供企业工程和地理空间驱动的软件。Intergraph 有三个部门运营：Hexagon PPM、Hexagon Safety & Infrastructure 和 Hexagon Geospatial。在海洋装备的设计开发中，Intergraph 公司提供 Smart Marine 3D 软件。

Intergraph Smart 3D 是海洋装备产品设计领域中主流的 3D 设计软件之一，如图 4-5 所示。Smart 3D 以参数动态化、关联式设计模式为特点，包括了工厂、海洋装备产品和结构件加工等领域的三维设计功能。该软件以数据为中心，提供基于规则的模型优化结构，可以满足定制自动化功能要求，并可实现模型的重用。Smart 3D 有统一的可视化和操控图形界面，在多个海洋装备企业得到了应用。

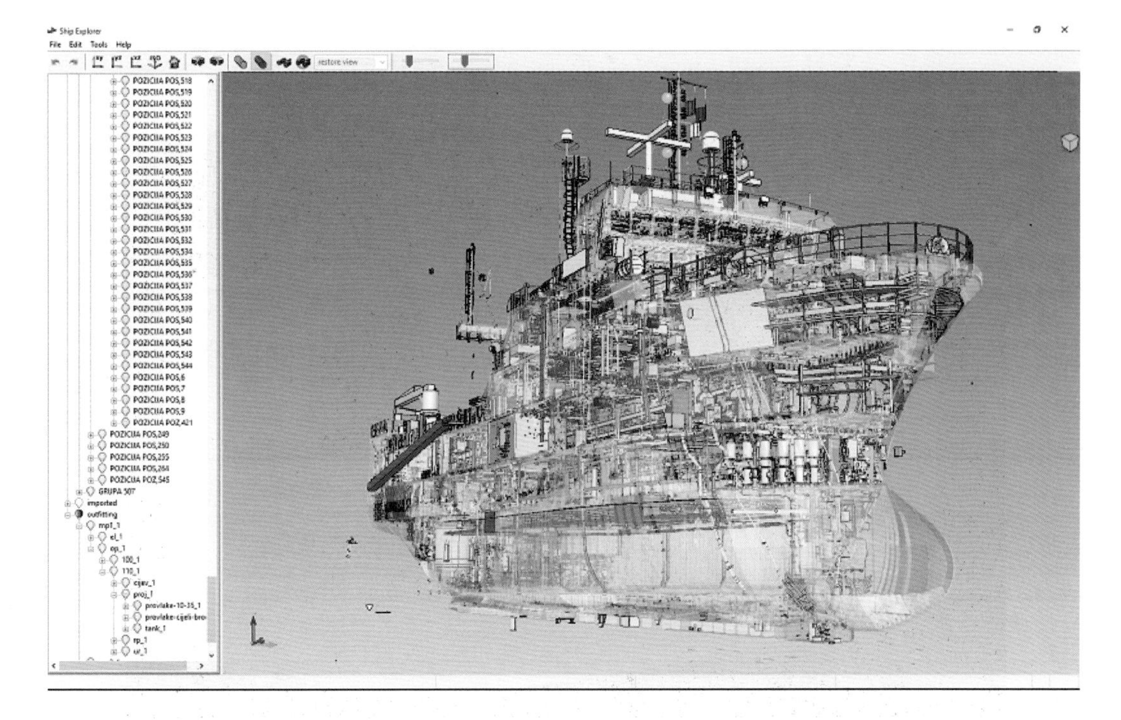

图 4－5　Intergraph 船舶设计系统

4）Sener FORAN

FORAN 是一款用于船舶设计的 3D 软件，由西班牙 Sener 集团开发，可用于客船、军舰、货船、双体船等各种船型的设计，如图 4－6 所示。功能模块包含了造船领域的所有专业，如船体结构、管路、设备、电气、舾装等设计，还满足了初始设计、送审设计和生产设计需求。该软件支持二次开发功能，并提供系列接口，用于实现与其他软件的数据交互。

5）沪东 SPD

沪东 SPD 是为数不多具有自主知识产权的，以数据为中心、规则驱动的船舶和海洋工程设计系统，其设计系统框架如图 4－7 所示。SPD 可以满足海洋装备专业的三维数字设计要求，如结构、各类管系、电气、船舶零件和涂装。在该系统软件上可以进行海洋装备产品性能、结构强度、工艺合理性及制造可行性分析，使造船厂和工程公司在产品设计生产上更具竞争力。SPD 可以导出多种数据格式来满足不同软件之间的信息模型集成，同时支持用户针对自身需求来提取相关的产品信息，最终可以实现产品设计软件与管理软件的数据交互与集成。

6）Bentley

Bentley 也提供海洋装备设计软件，工程师可以通过软件进行船体的快速设计，其包括形状设计和优化设计。软件支持三个设计阶段：概念设计、初始设计、详细设计。该软件可以用于评估船舶合规性、船舶快速建模和优化容器设计，主要包括 MAXSURF 模块、HULLSPEED 模块、HYDROMAX 模块、WORKSHOP 模块、SEAKEEPER 模块、PREFIT

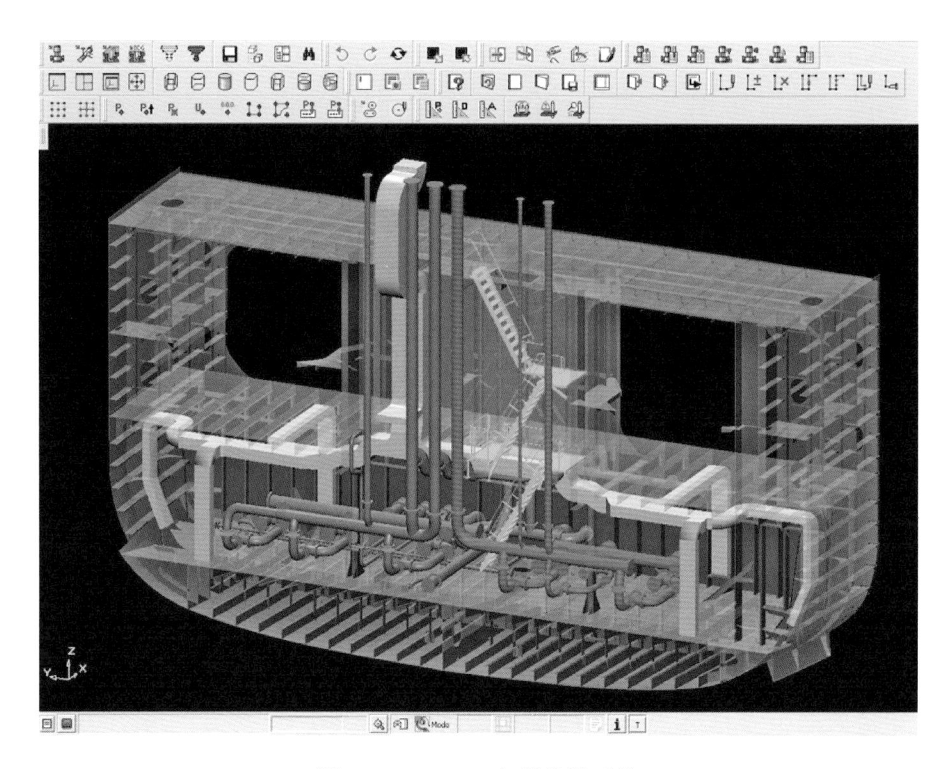

图 4-6　FORAN 船舶设计系统

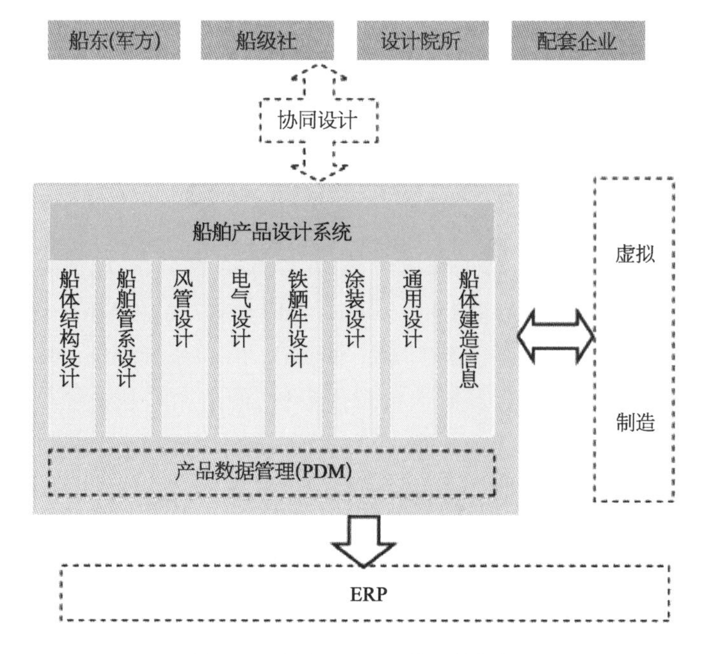

图 4-7　沪东 SPD 设计系统框架

模块、SPAN 模块等。Bentley 在钢结构建筑领域应用广泛，其海洋设计系统如图 4－8 所示。

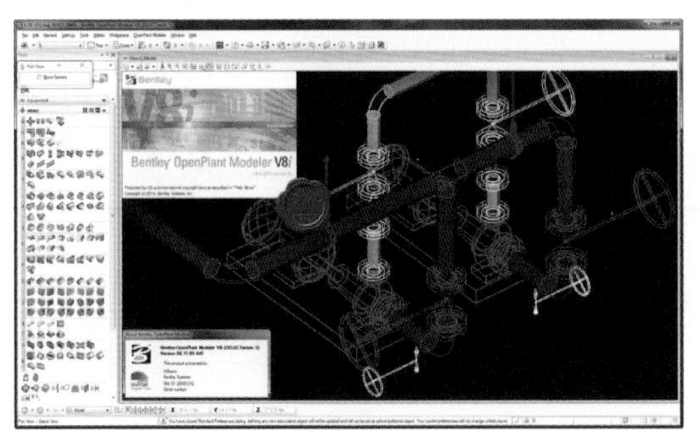

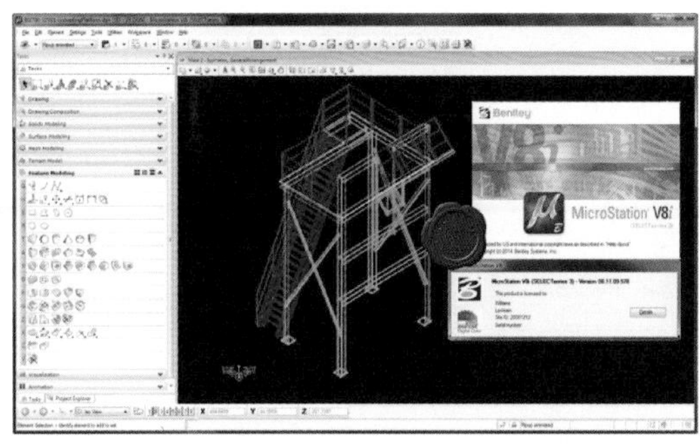

图 4－8　Bentley 船舶设计系统

4.1.3　海洋装备产品的 MBD 模型

4.1.3.1　MBD 的概念

基于模型的定义是将带有产品制造信息（product & manufacturing information，PMI）的三维模型作为设计文档，是对二维工程图的补充或替代。产品和制造信息由描述设计的非几何信息组成，包括几何尺寸和公差、表面粗糙度、材料信息等。设计文档是指工程部门向下游职能部门（如制造、采购、供应商、服务等）发布的交付品。MBD 模型示例如图 4－9 所示。

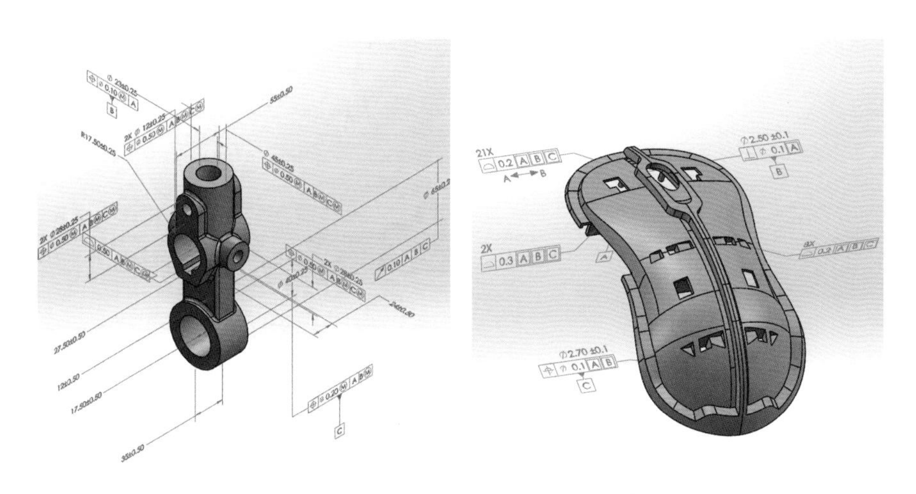

图 4－9　MBD 模型示例

采用 MBD 本质上是为了减少创建和修改设计文档工作，从理论上讲，将 PMI 嵌入到三维模型上比详细绘制完整的二维工程图纸所需的时间要短。此外，嵌入 PMI 的三维模型在传达制造意图方面往往更清晰。传统海洋装备设计软件大多还不支持 MBD 建模，近年来达索等三维设计巨头进入到海洋装备产品设计领域后，应用 CATIA 软件进行基于 MBD 的数字化设计慢慢在起步。

在早期的设计中，所有的东西都必须平铺成二维视图，如今的设计是三维的。MBD 的目标是完全三维数字化，抛弃二维图纸。当所有的客户和供应商都使用 MBD 模型时，三维和二维之间的翻译和相应的纸质工作就不再需要。这里需要澄清的是，虽然 MBD 倡议无纸化，但不一定要无纸化。MBD 的交付品可以用实物、硬拷贝的形式分发，也可以用纸质打印。海洋装备生产目前还不具备完全采用数字化的方式发布，但是用 MBD 模型来代替二维工程图肯定是趋势。

4.1.3.2　海洋装备产品 MBD 模型信息组成与结构

1）信息组成

MBD 模型包括了几何信息和非几何信息两大类。

几何信息： 商用三维建模软件的几何信息，大部分是基于实体建模方式来生成的，模型的数据结构大部分采用 BRep 和 CSG，如图 4-10 所示。当前三维几何内核主要采用 ACIS 和 Parasolid 两种，这些商用系统的几何数据结构不开放，基于达索等商业软件上实现 MBD 建模，需要在其系统内二次开发来实现。

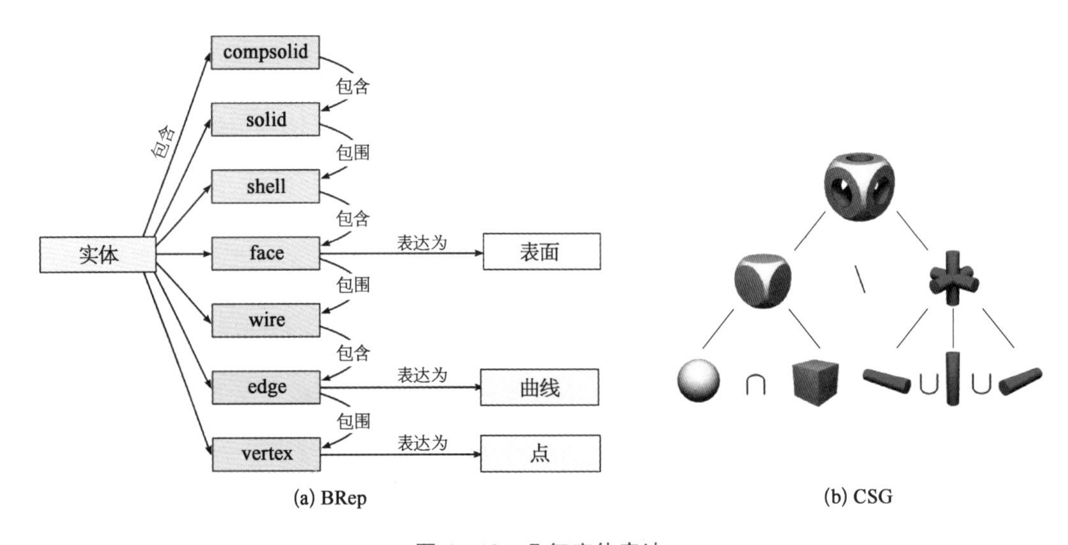

图 4-10　几何实体表达

除此之外，MBD 的几何信息可以采用开放的中性文件格式，比如 STEP 格式、3DXML 格式、DXF 格式等，这些中性文件格式是由商业模型转换而来。但基于中性文件实现 MBD 有很多不足，不仅大多以三角形面片模型表示，丢弃了很多几何特征，而且缺乏很好的结构，在添加非几何信息时比较麻烦。

非几何信息： 产品非几何信息主要包括设计阶段的尺寸、尺寸公差、形位公差等设计参数，制造阶段的非几何信息包括结构件生产加工过程中所涉及的加工设备类型、设备数量、加工工艺等，如技术要求、表面处理、加工信息、工艺基准、火焰切割机参数等信息。

海洋装备的 MBD 模型一般是在三维原生模型(如 TRIBON、CATIA 等)/中性文件上,按照 GB/T 24734—2009 国家标准进行三维标注尺寸、公差、表面结构和注释等信息而最终生成,如图 4-11 所示。几何信息由点线面和特征构成,制造信息主要包括各种文本类信息:生产资源信息、工艺参数信息和工艺符号信息。生产资源信息包括刀具、设备型号等;工艺参数信息包括刀具的参数以及切削参数;工艺符号信息是通过开发工艺符号库,将常见的工艺进行符号化表达。MBD 模型在生命周期中不断变化,主要是非几何信息不断更新,其具体的实现过程被称为 MBD 三维标注,大致分为三步。

① 进行产品设计信息标注,如定位尺寸、位置公差以及表面工艺要求等;

② 进行产品装配工序流程的配置,完成三维工序集成模型的构建;

③ 完成制造信息标注,如加工面、加工参数及定位基准等。

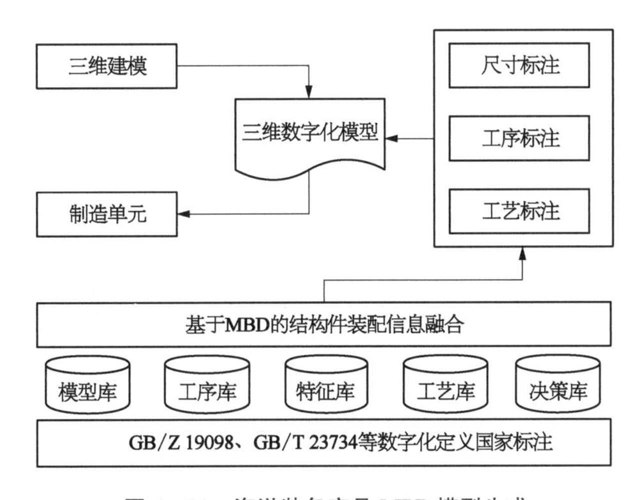

图 4-11　海洋装备产品 MBD 模型生成

2) MBD 模型组织结构

海洋装备产品结构件的最小单元是一块板、一条焊缝、一个坡口等,在 MBD 模型上也需要定义对应的细粒度参数,一个海洋装备产品 MBD 模型结构组成如图 4-12 所示。

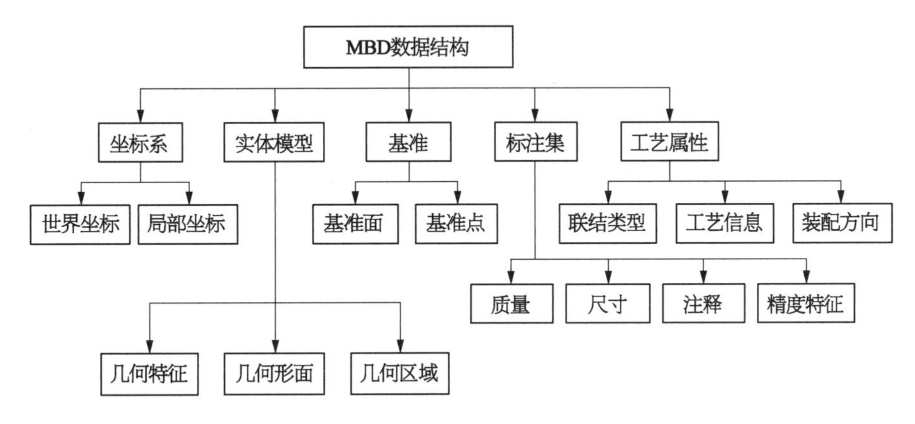

图 4-12　海洋装备结构件的 MBD 组成

海洋装备 MBD 模型包括：坐标系、实体模型（或面片模型）、基准、标注集和工艺属性。其中三维模型是 MBD 的基础，并由三维模型中内嵌的物料清单结构来组织。各种定义的参数应用在各系统中，如坐标系用于仿真布局，基准用于尺寸测量和检测，工艺属性存储 PMI 信息，标注集包括了各种样式和排列的可视化等。

MBD 的信息结构按照 BOM 来组织，BOM 是目前企业信息化的核心之一，在企业实施 MBD 模型是离不开 BOM 结构的。这是因为 PMI 等非几何信息的集成都要挂载到特定的 BOM 节点上，再由 BOM 进行组织和检索，如图 4－13 所示。

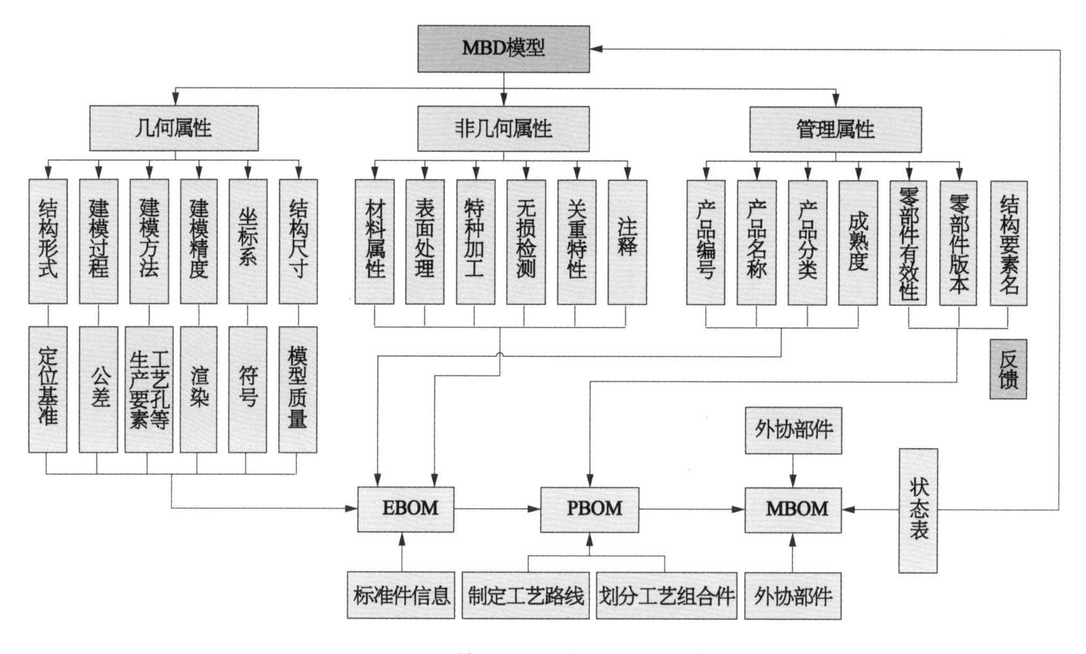

图 4－13　基于 BOM 的 MBD 集成体系

在不同研制阶段，产品 BOM 将发生重构，如 EBOM 到 PBOM 的重构、PBOM 到 MBOM 的重构等，这时 MBD 模型也随之变化，如图 4－14 所示。

国外海洋装备生产企业利用三维数字化设计和数字样机技术相对深入，三维数字模型贯穿整个制造过程，通过海洋工程 BOM 设计和配置技术，在产品设计的开始阶段就发

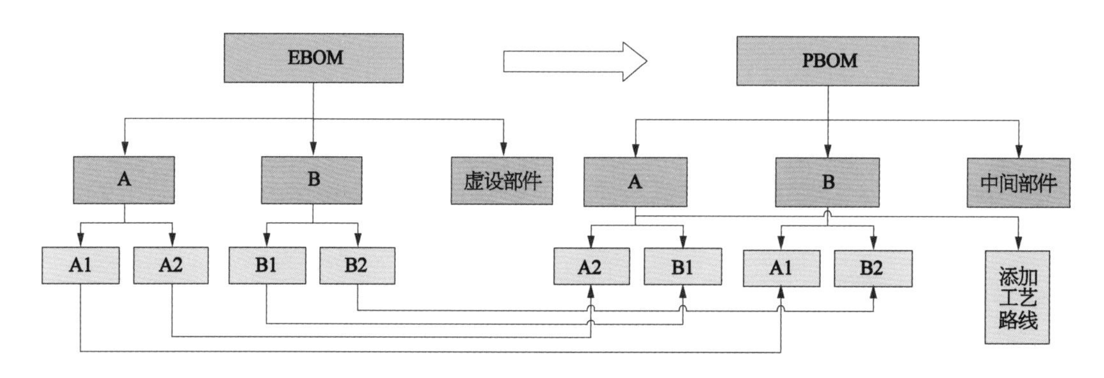

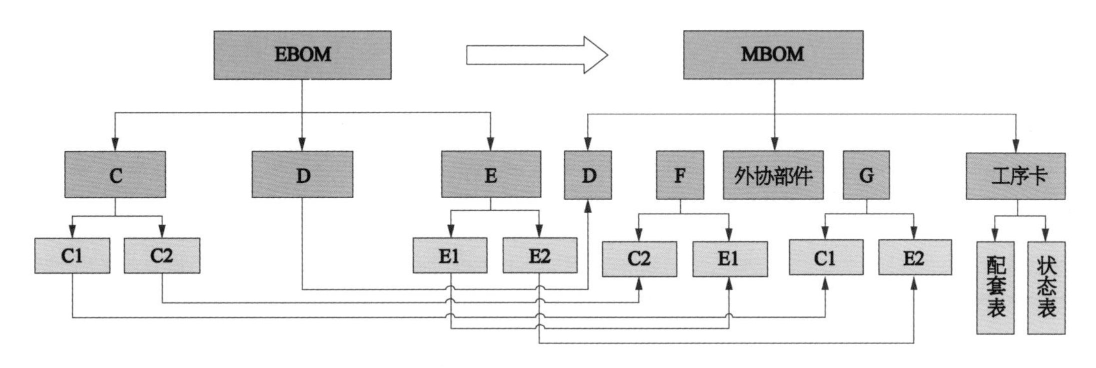

图 4－14　EBOM 到 PBOM、PBOM 到 MBOM 转换

挥 MBD 的巨大作用，围绕 BOM 为核心的 MBD 信息转换是整个信息集成的纽带，如图 4－15 所示。

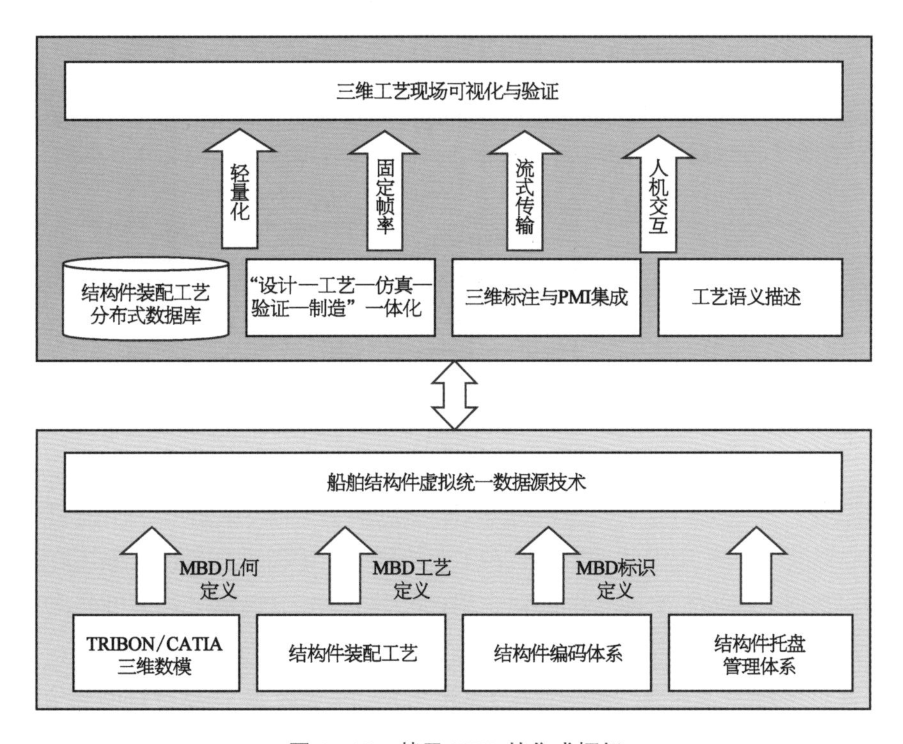

图 4－15　基于 MBD 的集成框架

4.2　面向三维设计评审的模型处理

海洋装备产品的分工日趋细化，研发过程的网络化协同需求快速增长。然而由于海

洋装备产品生产链上的不同厂家使用不同的三维设计软件，种类和版本非常庞杂，甚至一个公司里面不同设计和生产部门使用不同的软件进行工作，对三维数字模型的需求不一样。现阶段三维软件系统已广泛应用在各大海洋装备产品研发过程中，如达索的CATIA、AVEVA等。很少有公司只采用一种系统，因此在研发过程中导致数据源不统一、不同软件系统的模型数据难以互相利用，不同软件间数据交换成为研发瓶颈之一。

在设计过程中，对三维设计进行评审非常频繁，很多评审是基于Web展开的。用于评审用的三维模型，对模型的精确性要求相对较低，但要满足实时性要求。因此，经常需要将原生三维模型数据转换为中性CAD数据格式，通过对中性文件格式加工和多个部门进行分享是最常用的操作，如图4-16所示。

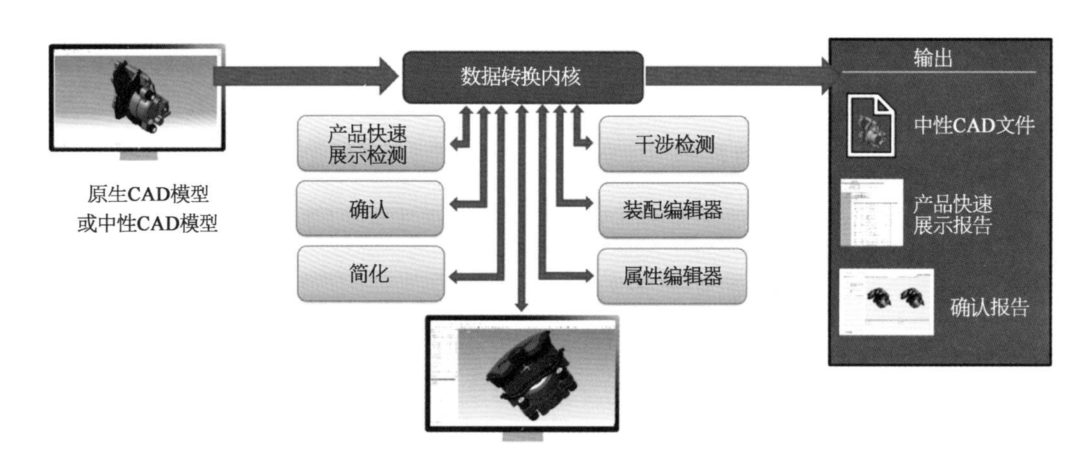

图4-16　三维数模模型转换方式

目前中性三维数据格式有数十种之多，其中达索主导的3DXML、西门子UGS主导的JTOpen以及Adobe主导的3D PDF在工业级别应用中得到广泛使用。还有许多中性的标准接口数据交换也在不同领域得到应用，如国际标准组织定义的STEP、IGES、X3D等被视为准行业标准。

本书仅对主流三维中性文件STEP、IGES、glTF、DXF、OBJ进行简述，如表4-1所示。

表4-1　主流三维中性文件

三维数据格式	介　　绍
STEP	STEP即产品模型数据交互规范，ISO正式代号为ISO-10303。STEP提供了一种不依赖具体系统的中性机制，可实现产品数据的交换和共享。STEP模型文件后缀为stp，该模型能够完整地表达产品数据，并且支持产品在其生命周期各个环节的应用，文件格式内容明确，数据结构解析相对简单。该模型目前受很多CAD应用厂商的支持

（续表）

三维数据格式	介　　绍
IGES	IGES 由美国国家标准局开发，为解决三维模型在不同的 CAD/CAM 间进行传递的中性模型，模型文件的后缀通常为 igs、iges。IGES 模型定义了一套表示 CAD/CAM 系统中常用的几何和非几何数据格式，以及相应的文件结构。在 IGES 文件中信息的基本单位是实体，通过实体描述产品的形状、尺寸以及产品的特性。目前发展到 IGES 5.0，新收入了对边界表示法(B-rep)的定义
glTF	glTF 格式是由 khronos 推出的，致力于使其成为 3D 界的 JPEG 那样的通用格式。glTF 格式使用 scene 对象来描述场景。对 glTF 数据的 JSON 文件进行解析时，对场景结构的遍历也是从 scene 对象开始。每个 scene 对象引用了一个 nodes 数组，nodes 数组通过索引引用了场景的根结点。用于基于 Web 的浏览，效率较高
DXF	DXF 是 AutoCAD 绘图交换文件，用于 AutoCAD 与其他软件之间进行 CAD 数据交换的 CAD 数据文件格式。DXF 是一种开放的矢量数据格式，可以分为两类：ASCII 格式和二进制格式。ASCII 具有可读性好的特点，但占用的空间较大；二进制格式则占用的空间小、读取速度快。由于 AutoCAD 是最流行的 CAD 系统，DXF 也被广泛使用
OBJ	OBJ 文件最早由 Alias|Wavefront 公司开发的一种标准 3D 模型文件格式，用 ASCII 文本文件表示，不包含动画、材质特性、贴图路径、动力学、粒子等信息，主要支持多边形(Polygons)模型

4.2.1　基于中性文件的 MBD 建模与转换

目前，轻量化三维模型已有国际标准，轻量化标准模型已经被广泛用于航天和汽车领域。海洋装备产品的轻量化模型目前还没有真正适合的标准，图 4-17 所示为基于 MBD 的轻量化转换框架，应用面最为广泛。

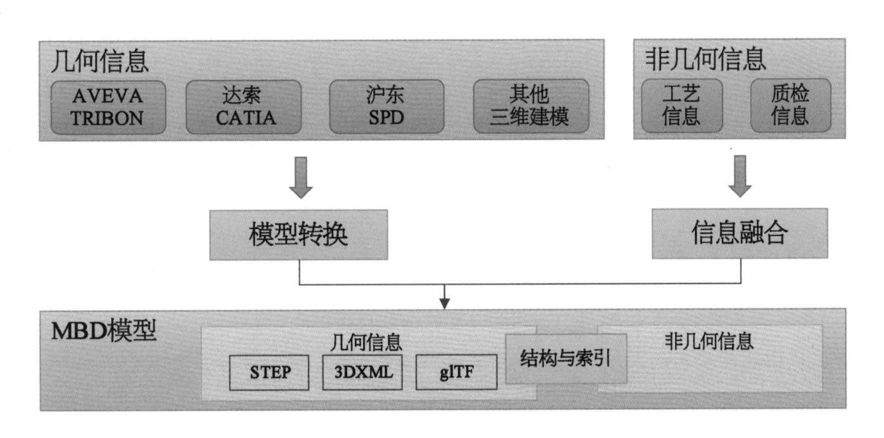

图 4-17　基于 MBD 的轻量化转换框架

4.2.1.1　面向 3DXML 的格式转换

3DXML 生成技术包含了 BOM 描述、格式要求、图形属性、网格划分技术、外部文件引用以及文件压缩技术。

1) BOM 描述

3DXML 格式是基于 XML 描述的产品信息模型，根节点为 Model_3dxml，分别包括头节点（Header）、默认任务属性节点（Default Session Properties）、产品结构节点（Product Structure）、默认视图定义节点（Default View）、替换视图集合节点（Alternate View Set）、图形属性集合节点（Graphic Material Set）和几何表达集合节点（Geometric Representation Set）等，使用 TRIBON、SPD 等三维设计软件，可以按照这种存储和表达机制，搭建所需的模型，其模型可以非常容易形成 BOM 结构，如图 4－18 所示。

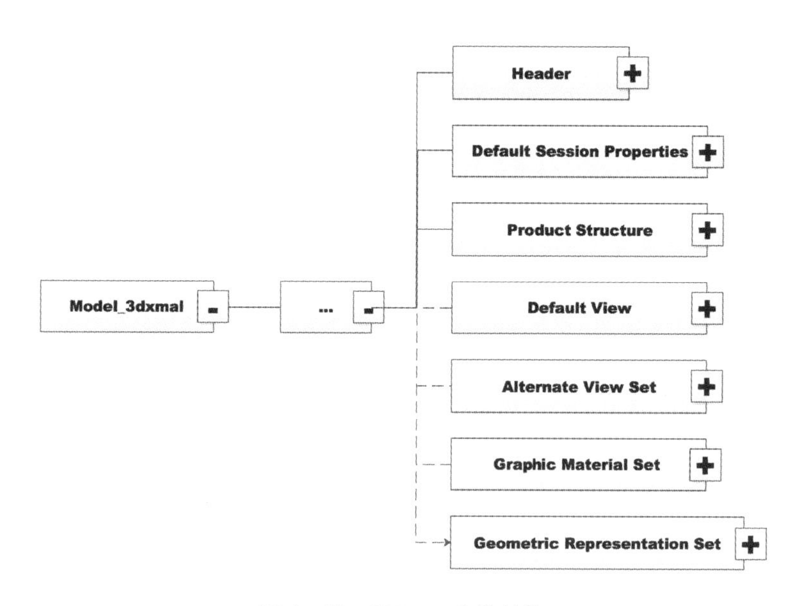

图 4－18　3DXML 文件结构

2) 3DXML 的格式

3DXML 支持 2 种格式——Exact 和 Tessellated 格式，目前主要有下面 2 个版本，见表 4－2。

表 4－2　3DXML 三种版本

精确格式	网格化格式	
二进制精确几何压缩格式	三角形网格文本格式	二进制三角化格式
保真性，轻量化格式	开放性，模型文件尺寸大	快速加载，文件尺寸小

3) 3DXML 图形属性

3DXML 图形属性节点包括四类子节点：表面属性节点（Surface Attributes）、线属性节点（Line Attributes）、点属性节点（Point Attributes）和通用属性节点（General Attributes），如图 4－19 所示。

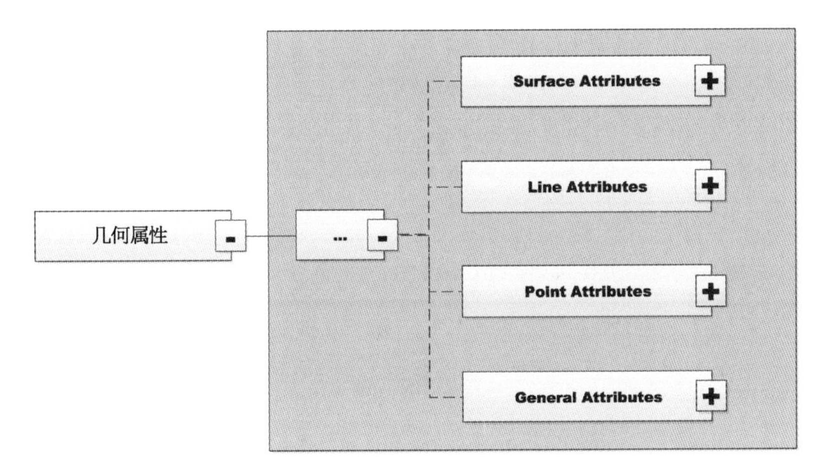

图 4-19　3DXML 图形属性

4）3DXML 的几何网格技术

3DXML 常采用的网格数据结构有 2 种：三角带、三角扇形，如图 4-20 所示。

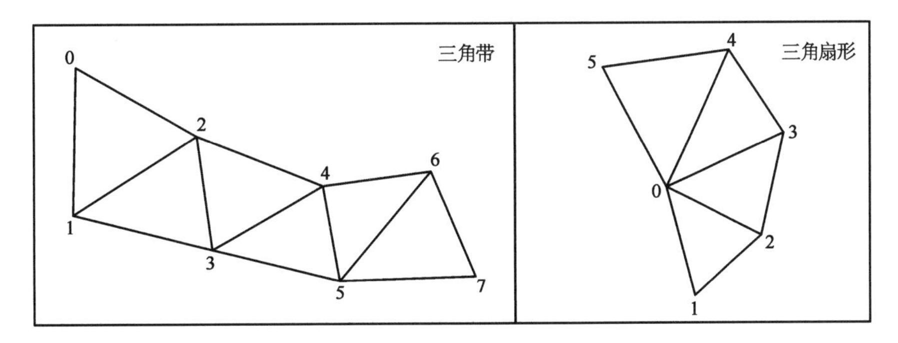

图 4-20　3DXML 的网格数据结构

通过解析的边、顶点坐标，重构三维模型的面、边、顶点链表，并计算法矢，存储为 XML 格式，如图 4-21 所示。

```
<Representation id="4"format="TESSELLATED" version="1.0">
  <AssociatedXML xsi: type="BagRepType">
    <Rep xsi: type="PolygonalRepType"accuracy="0.2">
      <! --1-graphic attributes-->
      ...
      <! --2-the vertex buffer-->
      ...
      <! --3-the primitive sets-->
    </Rep>
  </AssociatedXML>
</Representation>
```

图 4-21　三维重构

对一个分段(block)下的所有顶点、边、面信息进行索引，提供计算速度以及存储效率，见表 4-3。

表 4-3　索引与非索引化图元表

索引化图元	<Rep xsi: type="PolygonalRepType"accuracy="0.2"> <! --graphic attributes of the polygonal rep-> ... <! ---the vertex buffer--> <VertexBuffer positions="-10,0,-10-10,0,10...1,0,0"normals="-10,0,-10 -10,0,10...1,0,0"/> <! --the indexed primitives -->
索引化图元	<Faces> <Face id="5" strips="0 1 4 5 8 9 12 13 14 15"/> <Face id="7" xsi: type="PlanarFaceGPType"normal="0,0,-1"triangles="12 4 8"strips="4 12 0 14 2 10 6"/> ... </Faces> <InternalSharpEdges> ... </Rep>
非索引化图元	<Representation id="4"format="TESSELLATED"version="1.0"> <AssociatedXML xsi: type="BagRepType"> <Rep xsi. type="PolygonalRepType"> <Wires> <Polyline vertices="0 70 30,0 0 30"/> ... <Polyline vertices="0 50 0, 0 70 0"/> </Wires> ...

5）外部文件引用技术

由于海洋装备的结构复杂，存储为单独一个文件，文件太大不易处理，利用其提供的机制将 BOM 中的不同节点存储在不同的外部文件中，可以实现分块处理，如图 4-22 与图 4-23 所示。

6）文件压缩技术

不同文件间的压缩采用标准的 Huffman 压缩即可解决，如图 4-24 所示。

对于一个单独的文件，采用 x64coding 来进行编码压缩，如图 4-25 所示。

4.2.1.2　面向 JTOpen 和 3D DXF 的格式转换

参考 3DXML 生成技术，JTOpen 和 3D DXF 格式同样包含了 BOM 描述、格式要求、图形属性、网格划分技术、外部文件引用以及文件压缩技术。详细介绍请参考官方详细文档。

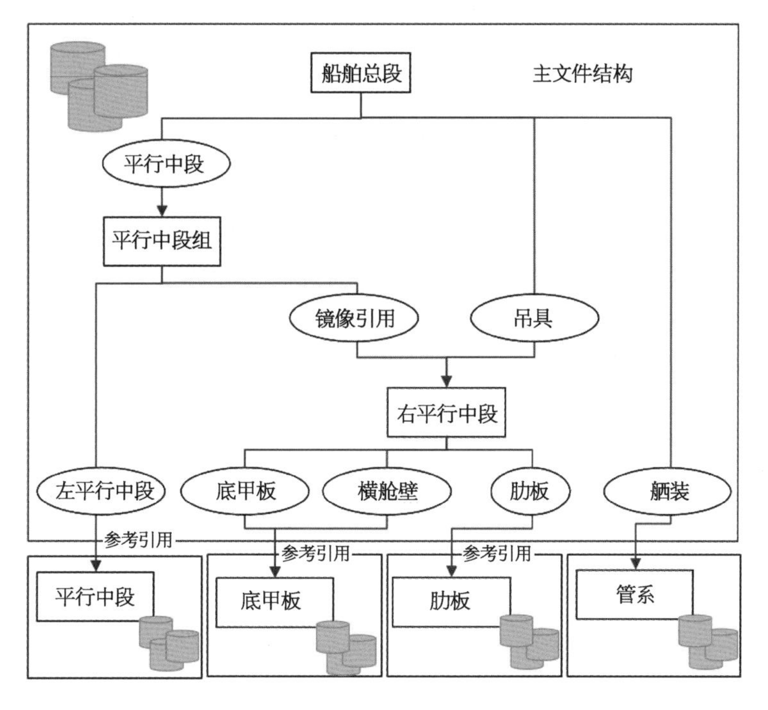

图 4－22　分块处理

```
<ProductStructure rool="1">
      <Reference3D xsi. type="Reference3DType"id="1"name="Quad"/>
      <Instance3D xsi. type="Instance3DType"id="3"name="Chassis. 1">
         <IsAggregatedBy>1</IsAggregatedBy>
         <IslnstanceOf>um：3DXML：Reference：ext：Chassis. 3dxml＃1</IslnstanceOf>
         <RelativeMatrix>1 0 0 0 1 0 0 0 1 －35. 3964 202. 211 0</RelativeMatrix>
      </Instance3D>
```

图 4－23　外部文件 3DXML

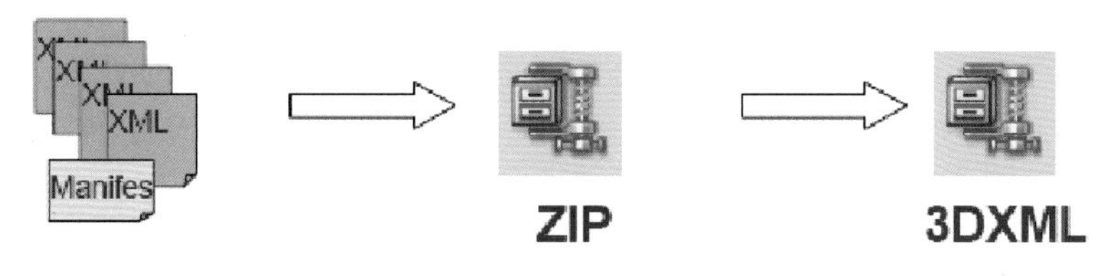

图 4－24　Huffman 压缩

4.2.2　三维数模轻量化技术

在浏览评审三维 CAD 产品模型时，一般电脑能接受尺寸较小模型，但针对复杂结构的海洋装备总体模型时，具有“挑战性”。

```
<xs: complexType name="GeometricRepresentationType">
  <xs: annotation>
    <xs: documentation>A geometric representation. It is defined by a format (tesselated or exact), a version and associated data (XML elements or industry specific package)</xs: documentation>
  </xs: annotation>
  <xs: choice>
    <xs: element name="AssociatedData"type="xs: base64Binary"/>
    <xs: element name="AssociatedXML"type="XMLRepresentationType">
      <xs: unique name="GeometricElementldKey">
        <xs: selector xpath=". //* "/>
        <xs: field xpath="@id"/>
      </xs: unique>
    </xs: element>
  </xs: choice>
  <xs: attribute name="id"type="xs: unsignedInt"/>
  <xs: attribute name="format"type="RepresentationFormatType"/>
  <xs: attribute name="version"type="xs: float"/>
</xs: complexType>
```

图 4－25　x64coding 编码压缩

大型海洋装备的三维模型具有结构复杂、特征数据量大的特点，要在一般电脑上实现快速评审变得困难。为了解决这个问题，有必要对原始模型数据进行过滤、压缩、编码，既保证完整地描述产品的几何形状、结构和属性信息，又减少了模型文件的体积，提高浏览速度，在有限的计算硬件能力、软件渲染能力和存储空间下实现 3D 模型快速显示、数据交互和动作模拟的目的。针对三维模型的轻量化，比较普遍的有两种方法，分别为几何模型简化技术和模型重构技术，如图 4－26 所示。

4.2.2.1　几何模型简化技术

1）三角形网格删减

三维 CAD 输出的结果都是包含大量的三角形面片，通过顶点删除、边融合等技术实现轻量化。

2）精度调整

三维 CAD 系统在其转换模块中可以设置转换后的中性格式模型精度，如果设置的精度过高，模型的尺寸急剧增加，选择折中的转换方案较为常见。还可以采用动态的精度调整算法，根据模型的特征，选择较低精度来输出模型，通过差分插补的方法加密或光滑曲面，可以更好满足实际应用需求。

3）遮挡部件删除

采用命名规则等技术，将隐藏在内部、不重要的细微结构整体删除。

4.2.2.2　模型重构技术

1）模型光滑

面法矢在模型渲染时非常关键，不正确的面法矢会导致面渲染显示的朝向出现问题。

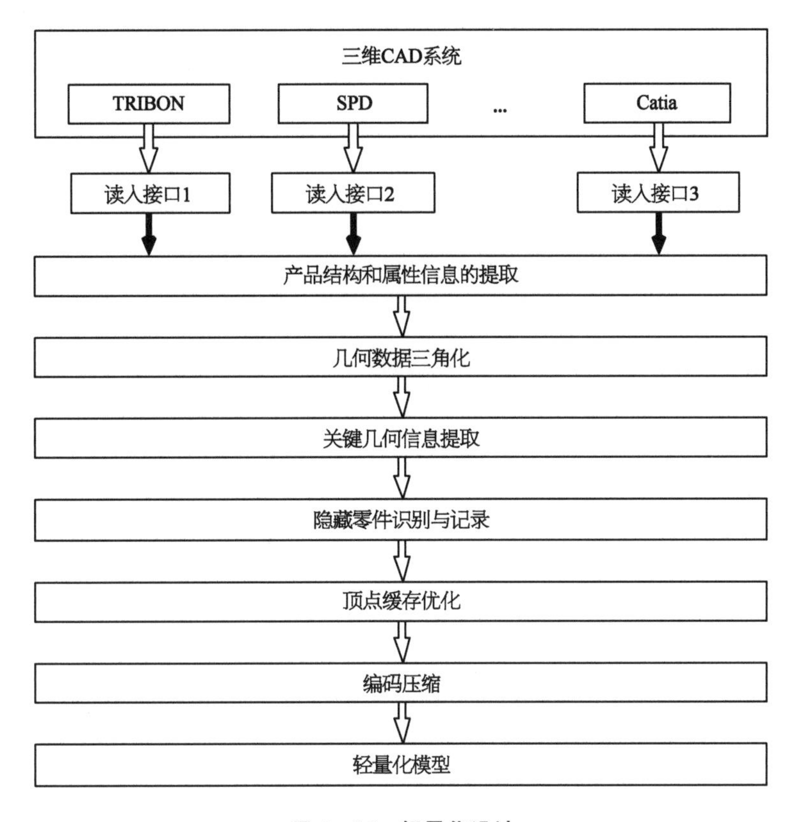

图 4-26　轻量化设计

对于可视化而言，面片模型要求面法矢都指向外，因此处理复杂的具有凹面部件往往会产生法矢混乱问题。

网格不经处理直接三维显示会使面片间有明显的折痕，法矢如图 4-27 所示，效果不好。一般需要进行法向光顺处理，尤其对于船壳体复杂曲面的光滑效果较好，但是增加了计算时间。具体步骤如下：

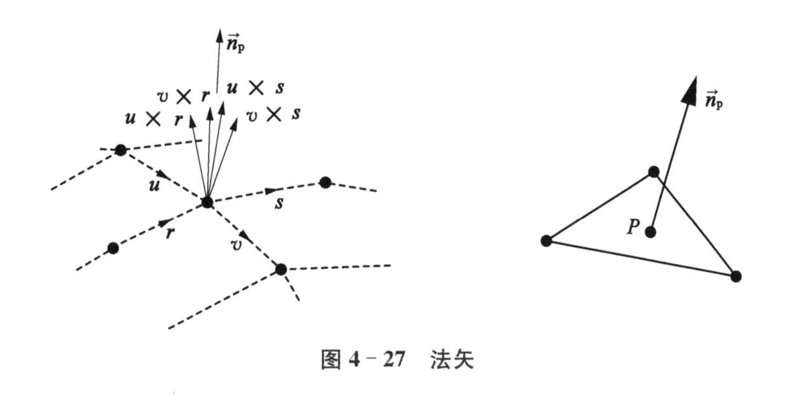

图 4-27　法矢

顶点法向计算。与顶点相邻的所有多边形的法向的平均值近似作为该顶点的近似法向量。取顶点 A 的法向为：

$$N_a = \frac{1}{k}(N_1 + N_2 + \cdots + N_k)$$

顶点平均光强计算。光强插值计算公式：

$$I = I_a K_a + I_p K_d (L \cdot N_a)/(r + k)$$

先通过插入顶点的光强来计算每条边的光强，再通过插入每条边的光强来计算多边形内点的光强。

2）模型细节程度处理

细节程度(level of detail，LOD)技术是将产品几何模型设置为不同的显示精度和显示细节，是当前可视化仿真领域中处理图形显示实时性方面十分流行的技术之一。通过对模型的轻量化处理再进行细节程度渲染，可以实现模型的快速加载。

4.3　海洋装备产品虚拟装配与人因工程仿真

4.3.1　产品虚拟装配与工艺规划

海洋装备产品结构复杂，由多个部门设计而成，通过虚拟装配技术可以提前发现装配干涉，并通过可装配性获得优化的装配路径，用来指导实际生产。

4.3.1.1　装配要素建模

对海洋装备产品装配过程进行场景建模，主要包括作业环境装配对象和专用装配设备等，如图 4-28 所示。

除了对装配环境进行场景建模外，还需要对产品与装配过程进行建模，主要包括装配信息模型的构建和装配仿真模型的构建。

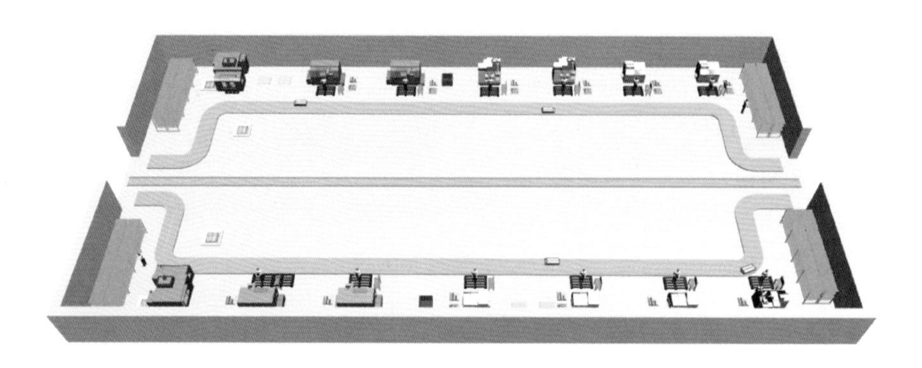

图 4-28　海洋装备产品装配环境模型

理想的虚拟装配模型要求在产品信息得到完整表达，一方面要求能够包含海洋装备结构件装配工艺规划过程中的相关因素及关系，另一方面还要求能够简洁明了地进行模型表达，从而更好地支持装配序列的规划。

装配体是由一系列相互关联的零件组合而成的，装配体的完整描述不仅包含每个零件自身的信息，还包括它们之间彼此联系的结构与性质。

1）特征属性信息

海洋装备产品的特征属性信息可以通过专用 CAD 系统获得，其主要包括零部件的名称、编号、材质、质量与质心位置。

2）装配关系

建立装配模型的关键是对产品零件、部件间的装配关系进行描述。装配关系主要包括两个方面：一方面是零件间的定位关系，可以通过相对位置及方位进行装配尺寸的确定；另一方面是零件间的配合关系，用以装配体中各零件的装配。在海洋装备产品虚拟装配过程中，配合关系一般非常简单，主要为贴合关系。

3）层次关系

产品一般是由多个层次上的子装配体装配而成，而这些子装配体又由若干个更小的子装配体及零件组成。通常可以用一个装配树来表示这三者之间的层次性，这种“树”形表示不仅使装配体实际的装配顺序在一定程度上体现了出来，而且各层次零部件间的父子从属关系也得以表达。

产品具有由上而下的可分解性，自下而上地把一些零件组合成子装配体，在此基础上得出树状结构的层次模型，如图 4 - 29 所示。

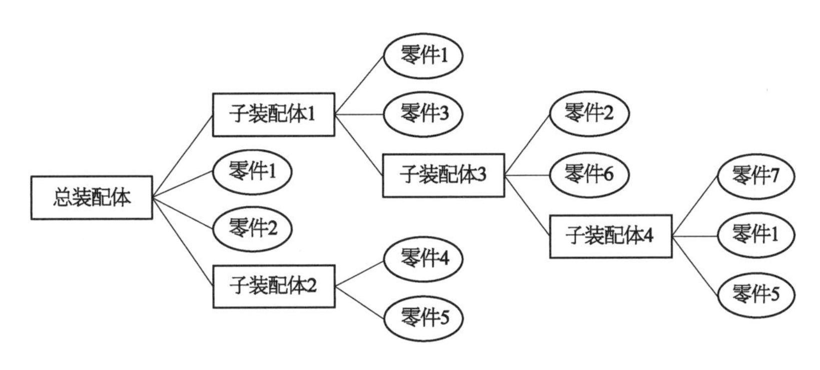

图 4 - 29　装配树模型

前文定义的 MBD 模型中装配树可以通过 BOM 进行演化而来。根据装配序列规划的需求，将装配模型应包含的信息具体分为分段信息、零件各属性信息、零件间连接关系信息。连接关系信息还包括连接的类型、连接的方向等，如图 4 - 30 所示。

4.3.1.2　虚拟装配干涉检查

海洋装备零部件众多，虚拟装配中约束装配是基于零部件的空间位姿变换和运动自由度约束来实现的。通常情况下，基体固定在空间中，位姿不发生变化。待装零部件通过

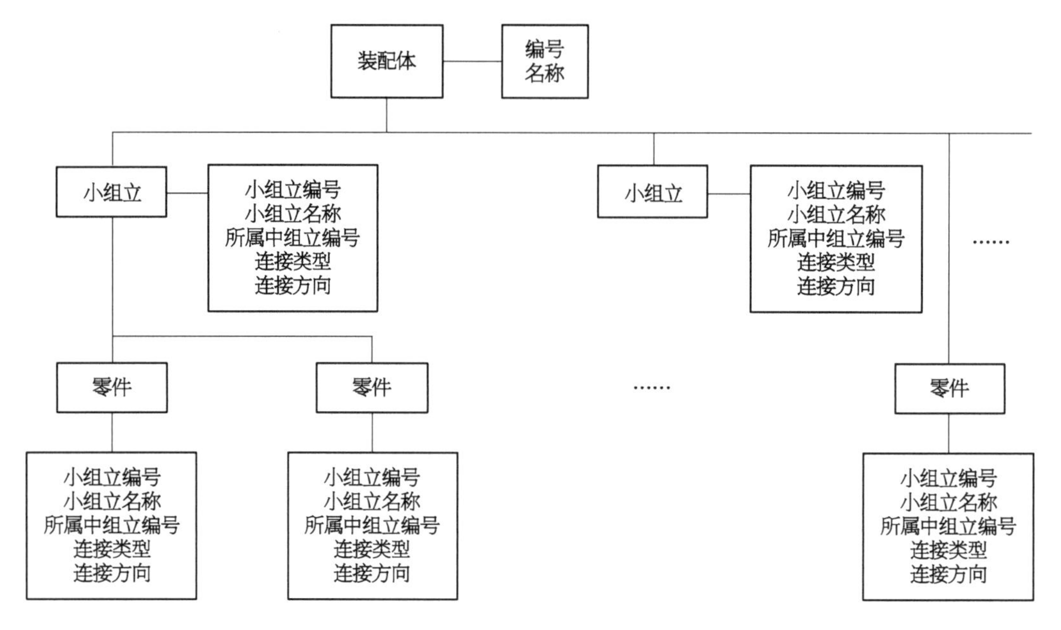

图 4-30　海洋装备结构件装配信息模型

用户的操作，在空间中不断调整其位姿，当其最新位姿与基体的位姿满足一定约束条件后，可实现基于当前约束条件的约束装配，其后的运动须符合已存在的约束运动限制。当零部件间的所有约束均已实现，则完成装配工作。

可通过检测发生碰撞的零部件间约束关系来指导装配，也可事先提示出欲完成装配的两个零部件的约束信息，指导用户装配。对于前者，用户操作待装零部件在虚拟空间中任意运动，并无明显的装配意图，一旦运动速度小于设定阈值且与某一零部件发生了碰撞，则表明用户正在进行装配操作。系统将根据发生碰撞的两个零部件，检测各自模型结构中是否存在对方的约束信息，并依据检测结果进行不同的装配响应。如果存在约束信息，表明当前发生碰撞的零部件可进行装配操作。当碰撞穿透深度在装配特征的公差范围内时，进行约束识别和捕获，并提示用户确认约束。在确认当前约束后，依据约束类型，以最小位姿调整零部件的空间运动，完成当前约束的限定。对于后者，当用户获取待装零部件后，系统提示用户选取基体零部件，只有选定两个零部件，才将它们的约束信息导入约束管理单元中，并判断两者之间是否具有相匹配的装配类型。对于存在相配类型的零部件，深入判断其模型特征层和几何面层是否具有相同约束：如果有，则表明存在约束关系，对约束几何面高亮显示；如果无，则表明模型之间虽然装配类型相配，但并无实际装配元素可约束匹配，提示用户不可装配。

约束装配主要包括三个模块，分别是零部件约束提取和识别模块，约束管理和规约模块，以及约束确认和空间位姿计算模块。其中，约束提取和识别模块负责提取当前范围内的零部件模型层次中的约束信息，并依据装配零部件的位姿信息，进行约束识别准则的判断，以识别出目前零部件所满足的约束类型；约束管理和归约模块负责对零部件的约束状态和不同层次的约束信息进行匹配和管理，并对当前约束施加后零部件的运动自由度进行规约计算，以判断约束是否为过约束，同时按一定的规约准则对零部件的运动自由度进行阪定，保证零部件在完成当前约束时，其运动自由度不与之前所发生的约束矛盾；约束确认和空间位姿计算模块负责针对识别到的约束信息以及当前存在的约束状态，对用户进行交互式的提示，当用户确认存在的约束状态后，对零部件计算可行解空间内的最小位姿变换矩阵，使零部件在经过最小的旋转或平移运动后，能够满足当前施加的约束条件。这三个模块相互配合，协调工作。图 4－31 所示给出了实现约束装配的流程。

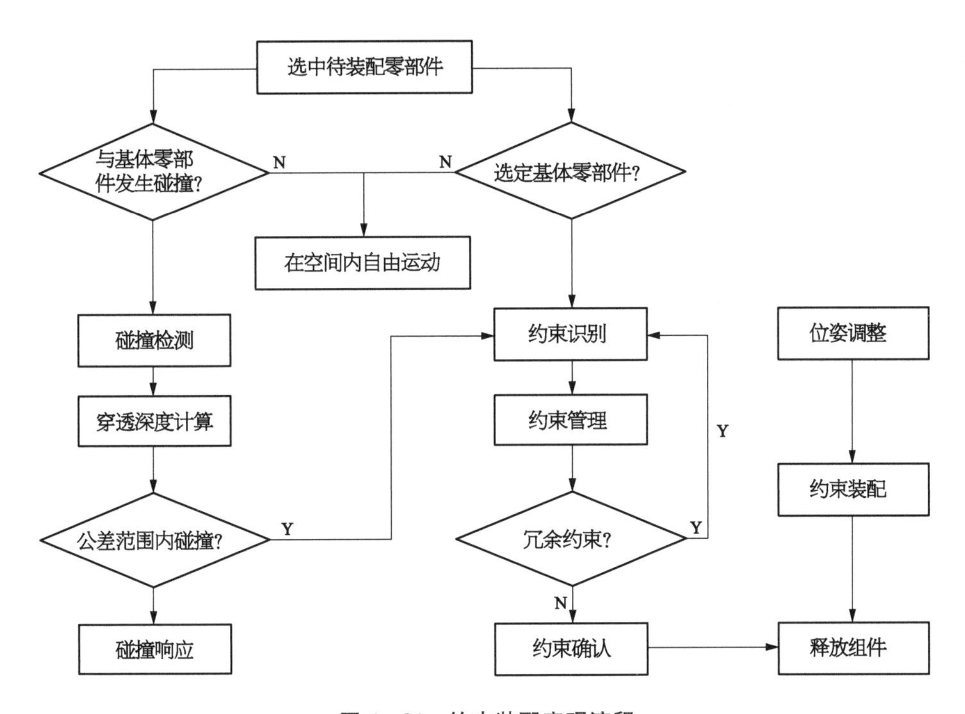

图 4－31　约束装配实现流程

在海洋装配产品中发生的不协调主要出现在零件、组(部)件与工装之间、在装配件与装配件之间，装配工装之间具有协调关系的部位无法按产品设计三维模型进行装配，不能满足海工制造工艺要求。经验表明，装配不协调问题在部件总装或部件、分部件装配完成以后进行对接安装时才发现，查找原因比较困难。因为它涉及从零件制造开始所有的工艺装备和产品制造、装配工序和环节，面广、因素多，泛泛的检查难于收到良好的效果。发生不协调现象的原因包括产品设计、零件制造与装配、工装设备制造与安装等，可用鱼刺图分析，见图 4－32。

解决装配中的不协调问题，是海洋装备产品生产中的主要矛盾，同时也是保证海洋装备制造装配质量的前提。通过 MBD 模型融合数字测量数据，可以模型真实环境下的装配，在搭载过程中称为尺寸精度工程，本书在后文将展开讨论。

4.3.1.3　装配工艺规划与仿真建模

1）工艺语义建模

广义的装配信息模型是产品装配信息的集成体，在面向装配的设计(DFA)模式中，装

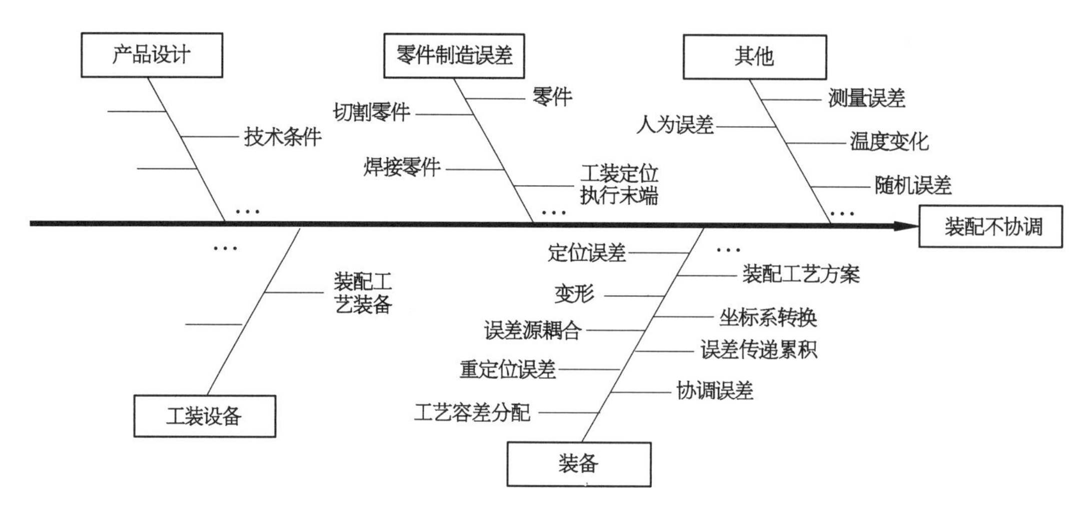

图 4-32　产品装配不协调问题的主要原因

配信息模型必须支持产品生命周期内任何与装配相关的活动，所以产品的装配信息模型必须包含以下装配信息：

(1) 蕴含丰富信息。装配信息模型不仅要求显示产品外轮廓信息，还必须完整地包含装配体内部各零部件的物理属性、几何属性、层次信息、拓扑信息等基本信息。

(2) 支持并行设计。在海洋装备产品并行设计中存在多个不同的设计个体，每一个设计个体对零件参数或者功能的局部修改都必须及时反馈至整体架构。

(3) 支持模型复用。当需求发生变更时，通过修改装配信息模型能快速地实现装配功能的再生。

装配体中含有丰富的工程设计信息，这些丰富的工程设计信息就构成了工程语义(semantic engineering, SE)的所有内容。装配是拆卸活动的逆过程，广义的工程语义是拆卸信息的抽象表达，蕴含了相关零部件的特征信息、属性信息(零部件 ID、质量、体积、材质等)、配合约束类型、拆卸工具、拆卸顺序、拆卸方向等。

根据工程经验，在装配体拆卸过程中，对零部件的拆卸规划有影响的主要因素有零部件的质量、体积、空间相对位置、配合约束类型、零部件结构功能等。CAD 系统的零件特征树是多层次的结构模型，特征树隐约描述了装配体的生成过程。图 4-33 所示为某装

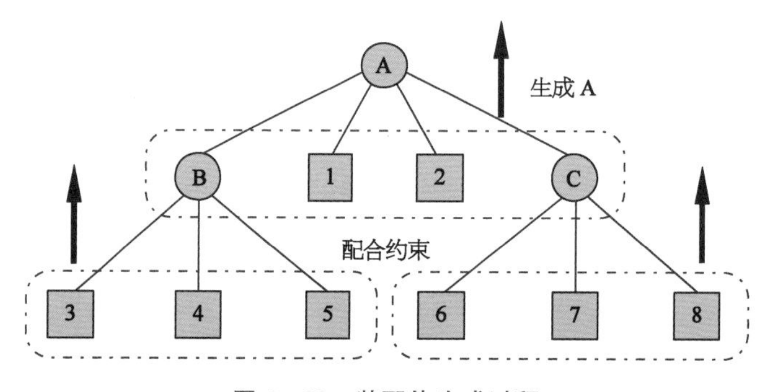

图 4-33　装配体生成过程

配体的生成过程，该装配体由两个子装配体 B、C 和零件 1～8 组成。最底层的零件 3～5 经配合约束后生成子装配体 B，零件 6～8 生成子装配体 C，子装配体 B、C 和零件 1、2 经配合约束后生成顶层装配体 A，形成最终的装配体特征树模型。

装配信息模型分为显示层、碰撞检测层、工程语义层。显示层采用中间格式，碰撞检测层采用虚拟环境下的碰撞检测工具生成，工程语义层利用关系数据库和文档来存储工程语义，工程语义层的生成和存储是重点。图 4－34 所示为在 Catia 系统下分多次提取装配体的相关信息的流程。

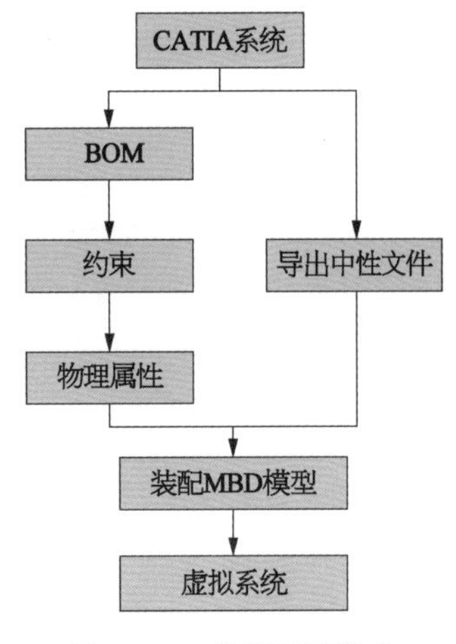

图 4－34　装配模型信息提取流程

2）装配序列规划

装配序列规划是智能装配规划中的关键，在智能装配规划中起着举足轻重的作用。在装配规划时，需要考虑搭载网络的先序约束关系，还要考虑搭载的工艺约束，从装配语义树的各个连接关系寻找对应的装配序列。初步的装配序列规划是采用几何推理，根据装配模型的特点，选择运用有向连接件网络进行装配序列求解方法或者基于子装配体识别的装配序列方法。知识推理算法与几何约束推理算法相结合，大大降低了装配规划的计算复杂度，保证了初步装配顺序的合理性如图 4－35 所示。

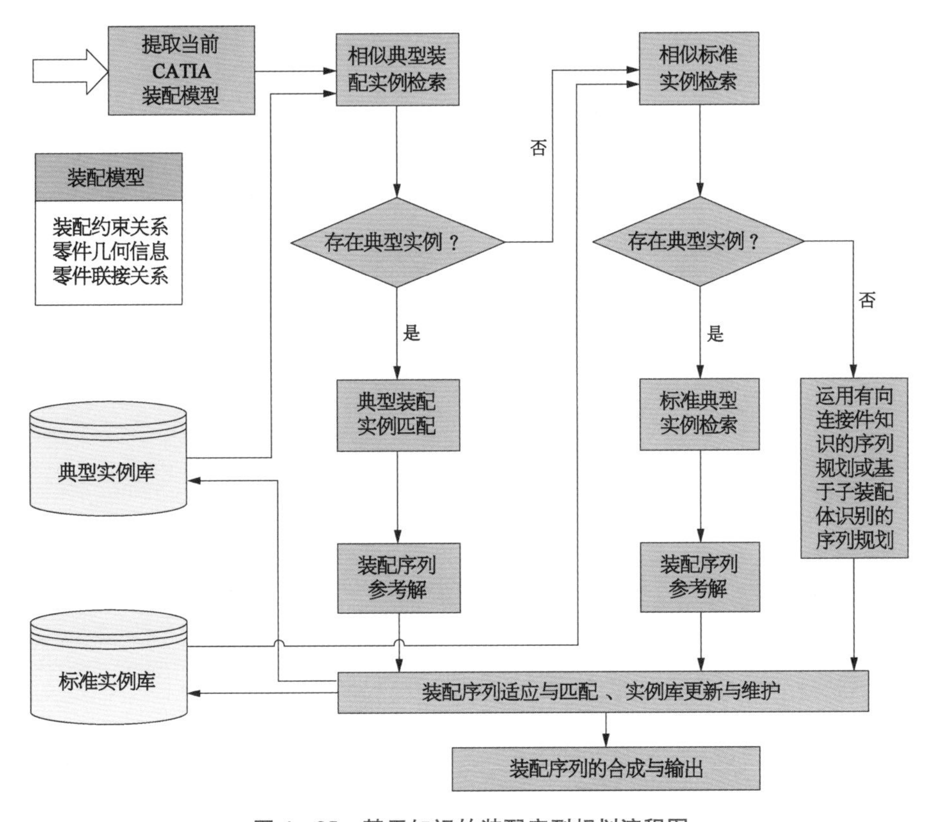

图 4－35　基于知识的装配序列规划流程图

3）智能工艺设计

在传统的CAD系统中，几何特征已经具备一定的工程语义，但这种工程语义主要是在形状特征创建完成后，在形状特征上附加的其他工程属性，如尺寸精度、加工精度等。在零件设计阶段特征的工程语义仅体现在某些参数代表的实际工程语义，并不能支持装配工艺评估。聚合特征是将与零件设计相关属性信息与用户自定义特征融合，形成具有工程语义的特征。

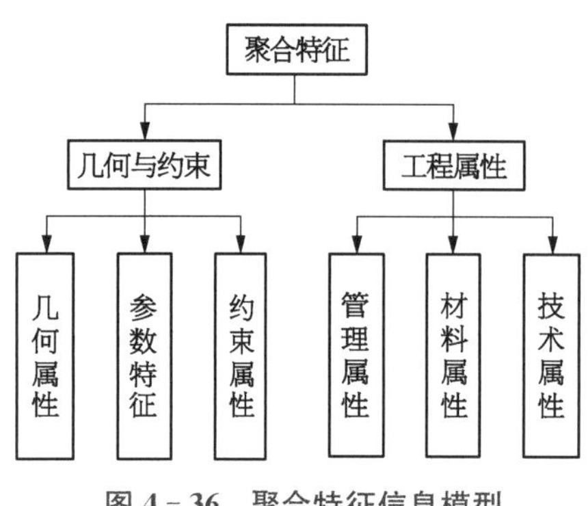

图 4-36 聚合特征信息模型

聚合特征是将工程属性信息与几何和约束融合，使之能够支持零件的装配，如图4-36所示。

智能工艺设计以人机交互设计为基础，以基于案例的推理（CBR），通过虚拟装配实现优化，如图4-37所示。

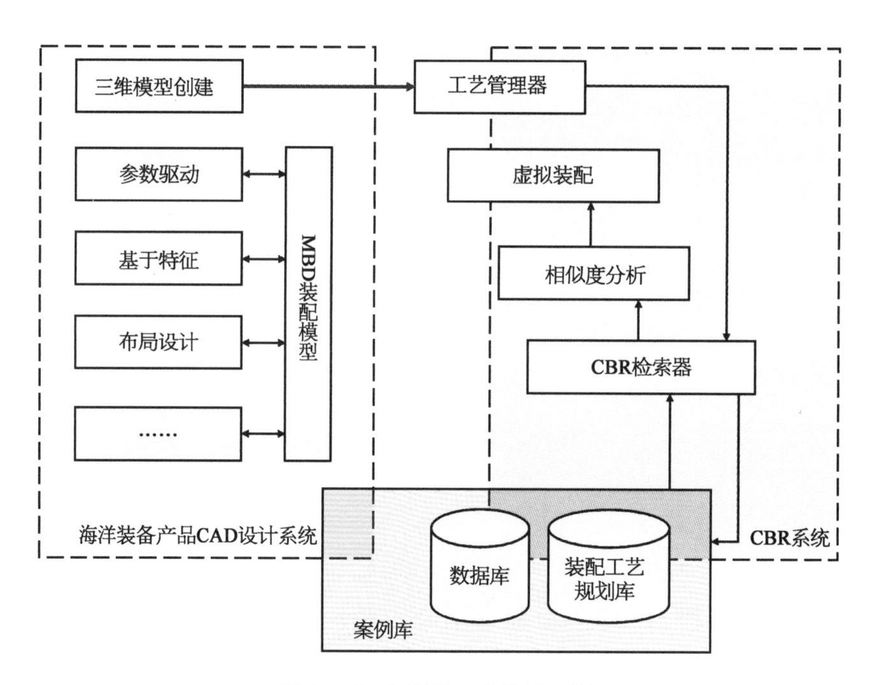

图 4-37 智能化工艺设计系统

4.3.1.4 装配工艺集成

1）基于MBD的产品设计工艺数据管理

对于相同类型的海洋装备零件，在三维零件设计，工艺设计和制造阶段中定义的数据信息也是不同的。面向MBD的模型信息应该在设计和制造的不同阶段建立相应的模型属性，以便于数据信息的管理和交互。

如图4-38所示，为了简化MBD模型的复杂性，促进信息交互，需要对原始的MBD

模型数据进行分类和管理，在不同的设计阶段分配不同的零件模型和模型信息，以便于零件设计、工艺设计和制造设计。在 MBD 模型设计和发布之后，它被传递到生产设计中，从而实现设计模型向生产模型的转换。

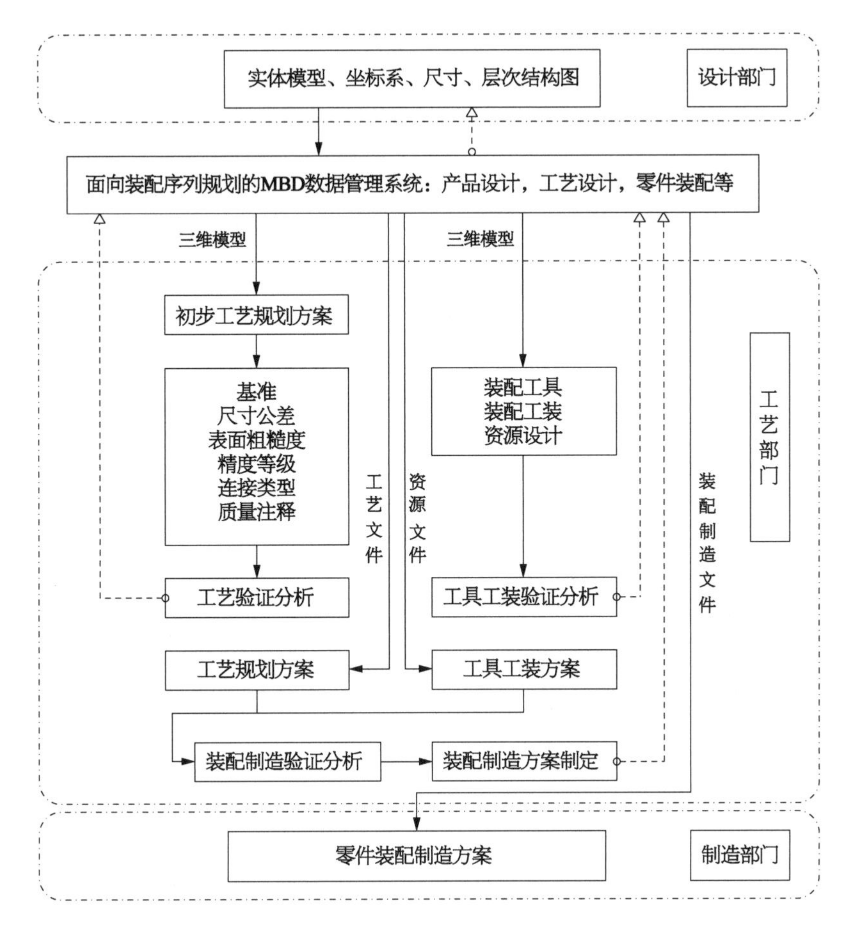

图 4－38　基于 MBD 的装配工艺集成管理

2）海洋装备装配工艺模型的仿真

参考飞机总体装配仿真，海洋装备装配在数字化工艺规划环境下，利用产品结构树和制造资源，设计各工序的装配操作顺序图。在数字化工艺仿真环境下对装配或搭载过程进行实时仿真与优化、优化操作顺序及装配路径、检验工装设计的合理性等，为产品设计、工艺规划、工装设计提供可靠依据。

在数字产品设计阶段，大多数零件和工具都是在参考全局坐标系的基础上设计的。零件和零件、组件和工具之间没有特殊的装配约束关系。产品加工数字模块的每个部分由单个个体输入相应的产品节点。它们之间的正确位置关系由每个部件的位置坐标控制，导入后保持相对坐标关系，以便在装配模拟中零件无法移动到装配约束的位置。所以应采用先拆后装的方法进行装配仿真，获取零件的装配顺序，保证装配时不会因为过装配而发生干涉。

工艺仿真有三种结果：第一，反复迭代后装配仿真仍然无法执行，则需要反馈设计人员，提出修改意见。第二，装配制造仿真通过，则可以固定数据集、工装模型，向相关设计部门提出发放数据的通知。第三，装配制造仿真通过，则可以固定装配工艺模型的内容，装配工艺文件的内容，并走工艺设计发放的流程。

4.3.2 人因工程评估技术

4.3.2.1 虚拟人技术

虚拟仿真技术无需物理模型即可实现装配方案的快速评估和装配过程的优化，有效提高装配工作效率，降低装配成本。通过船舶设备的虚拟装配技术，可以验证装配设计的正确性，找到装配中的问题，并且可以尽早修改模型。

虚拟人技术的引入能够真实反映人在设计回路中直观地分析产品的可制造性、可接近性、可拆卸性和可维护性。比如可以通过虚拟人对装配动作进行可行性评估，如图 4－39 所示。

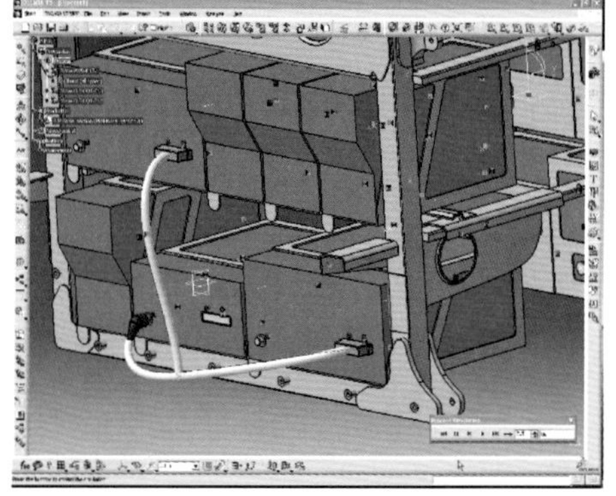

图 4－39　虚拟人与装配动作仿真

4.3.2.2 装配人因工程分析

为了海洋装备产品装配过程的安全，必须要考虑设生产设备和工作环境。因此，人、设备和环境就形成了一个不可分割且彼此紧密相关的生产系统。在海洋装备产品的装配过程中人的影响越来越大，主要有如下几种。

1）装配空间分析

是指在装配的过程中，装配单元（零件和子装配）在空间中的位置和姿态能自由活动的最小空间，从而实现装配单元从初始状态到装配状态的整体装配状态。装配空间的大小直接影响到人进行作业的操作能力。

2）可达性分析

可达性对于海洋装备产品中海洋装备产品管系装配而言，要求装配作业域内能够满足装配路径、顺利完成装配，通常由工作人员的手伸及界面来直观表示可达范围。

3）可视性分析

人体的视野范围是指人眼和头部在正常的活动状态下，眼睛所能看到的空间区域。在人眼的视野中，注视点的视力最高。而为了使处在工作状态的人员观察环境时有清晰的感觉，要求海洋装备产品管系装配中的可视性确保装配产品视野在操作工人的工作范围内。

4.3.2.3 以人为中心的产品布局评估

针对以人为中心的产品布局评估主要包括评估人的通过性、设计是否冲突、布局合理性、人员疏散情况等。

（1）评估人的通过性：人的通过性是指人能够平稳地通过各种平缓路面、狭小过道、含有设备等障碍通道的能力，以此进行评估可满足人的正常活动、故障维修及紧急逃生等活动。

（2）设计冲突：通过评估设备的人为可操作性及可拆装性，评估设计是否发生冲突。

（3）布局合理性：对布局合理性进行评估，主要包括设计空间利用率、设备安装布局合理、人员疏散通道安全性、人的通过性等。

（4）人员疏散情况：参考《消防安全工程》(GB/T 31593)第9部分：人员疏散评估指南。为保证人员生命财产在船舶火灾等灾难中的安全，应该采取必要的消防安全措施，而人员疏散评估是考察船舶结构及其各消防子系统保证人员疏散的安全性能。

4.4 基于Web的三维设计与协同

尽管人们利用CAD工具已有半个多世纪，但是目前CAD软件大都安装在桌面系统中，数据交互与设计协助等问题都未得到有效解决。如今基于Web GL技术的三维设计已经取得巨大进步。

4.4.1 基于云计算的三维设计变革

如同飞机设计研发，海洋装备设计制造团队一起工作的方式也将发生重大改变。传统CAD从未考虑过这种分布式的设计模式，如图4-40所示。

当前计算机技术正处于最大的变革之中，由传统的个人计算机逐渐向基于云端的计算方式发展，从而实现计算更加移动化和智能化，如图4-41所示。

传统CAD系统需要经常安装软件、安装更新、安装海量和安排冗余备份。如今越来越多的场景需要基于云的方式进行协同，传统的安装和存储发生明显的变化，如图4-42所示。

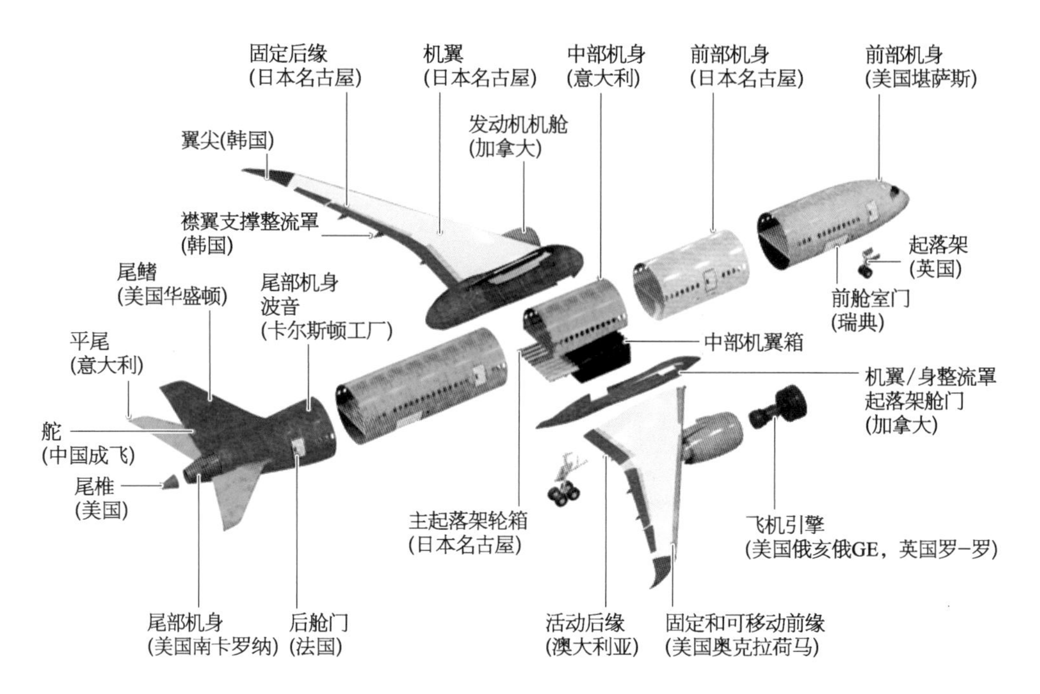

图 4-40　波音 787 全球供应链下的三维设计模式

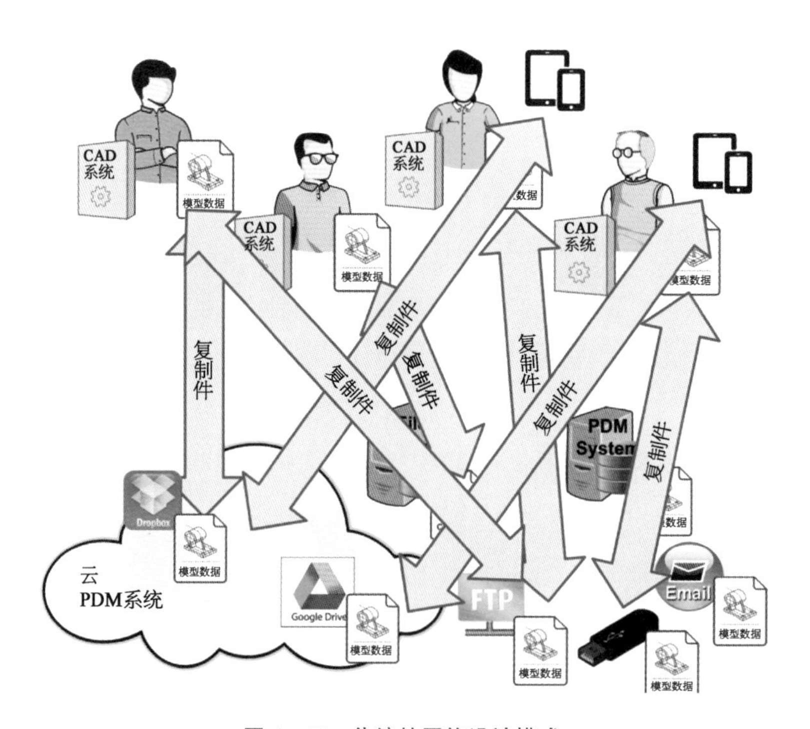

图 4-41　传统的网络设计模式

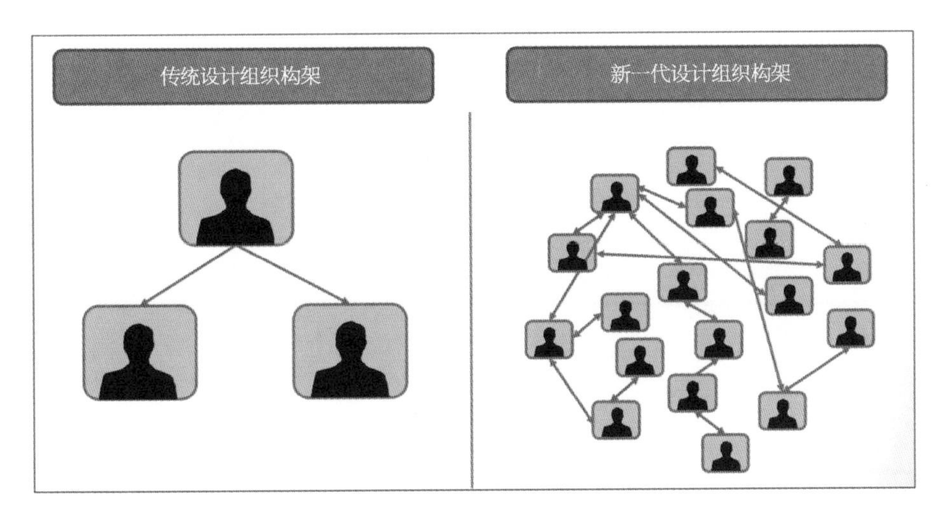

图4-42　传统与新一代设计组织构架对比

4.4.2　关键技术

4.4.2.1　基于分布式的文档对象存储

传统的关系型数据库对于工艺数据存储已经不合适，主要原因在于存储的是非结构化、大尺寸的工艺仿真数据。采用面向对象的非关系型数据库进行几何类数据存储，采用基于键值(K-V)方式进行存储，如图4-43所示。

海洋装备制造由于离散化、文件大、系统多样的特点，可采用文档型数据库(如Mongo DB数据库)，用主数据描述文档对象采用BSON格式进行存储，如图4-44所示。

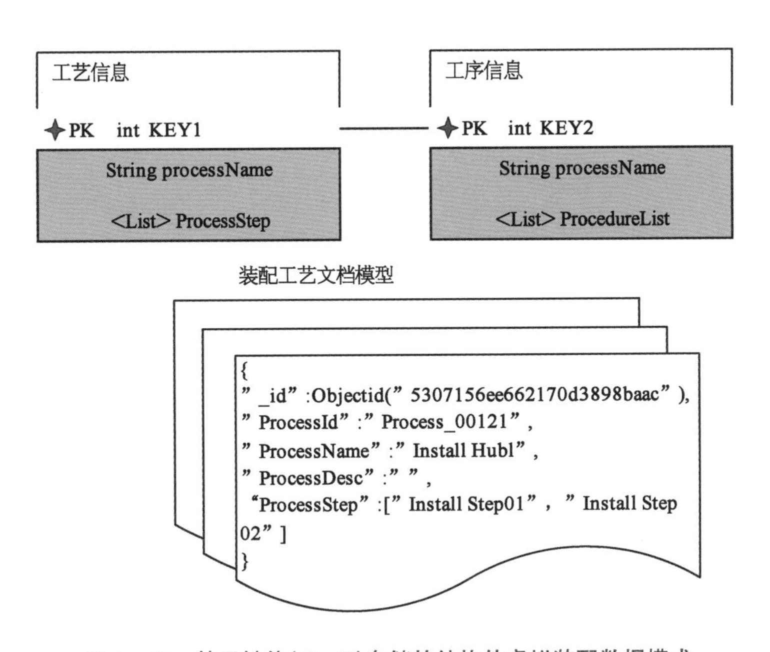

图4-43　基于键值(K-V)存储的结构件虚拟装配数据模式

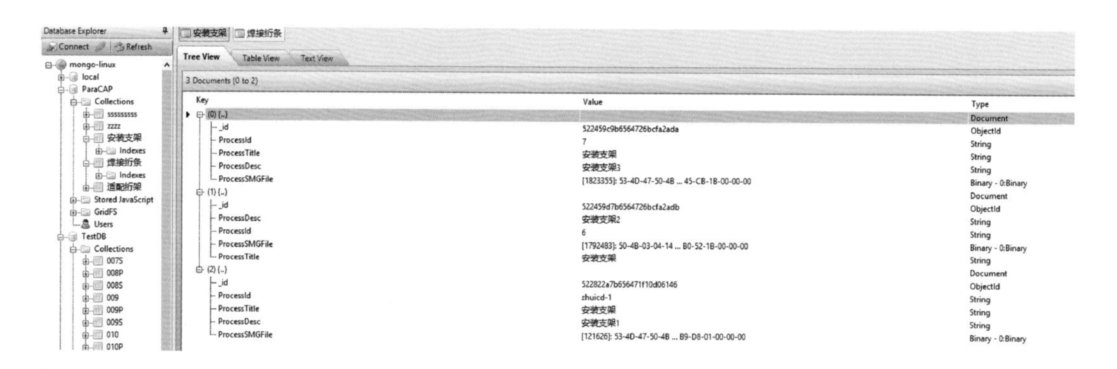

图 4-44　Mongo DB 中的工艺文档对象存储

现场设备时序海量数据与非结构几何模型可融合在一起，实现集中式管理、并发式访问。

采用文档型数据库 Mongo DB，可搭建分布式的海洋装备结构件工艺仿真海量数据平台，如图 4-45 所示。

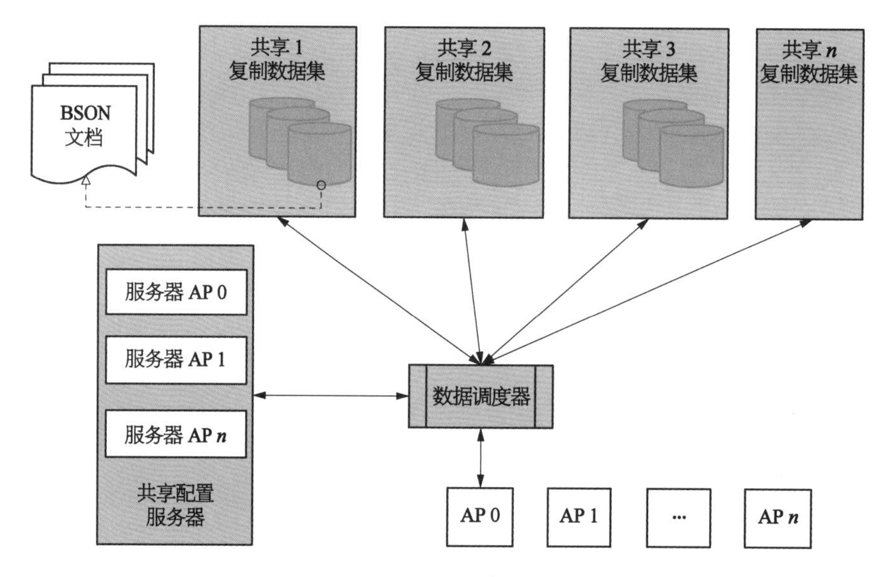

图 4-45　分布式海洋装备结构件工艺仿真数据平台

4.4.2.2　文档对象的细粒度版本控制

传统的三维设计软件如 CATIA、PTC Creo、UG NX 等，在桌面端都包括了文档版本控制。为了保证协同的有效性，几何对象的最小单位被定义为有工程语义的几何对象，是以几何的特征要素作为控制对象，这些特征和建模的作业动作一一对应，对几何模型的版本控制可以转化为对建模作业的动作命令。将三维设计对象进行细粒度版本控制，形成版本控制和历史记录，如图 4-46 所示。

一个海工箱梁的板架建模过程：二维草图→进行三维拉升→通过欧拉操作形成多个孔，如图 4-47 所示，其控制命令是对不同几何特征的操作命令列表(图中的 Face of

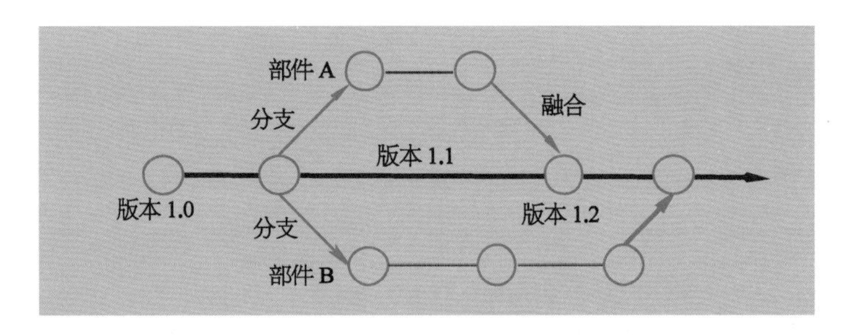

图 4 - 46　细粒度版本控制

Extrude 1 等就是一系列的面拉升操作),该列表存储在一个命令堆栈中,用来进行恢复操作。

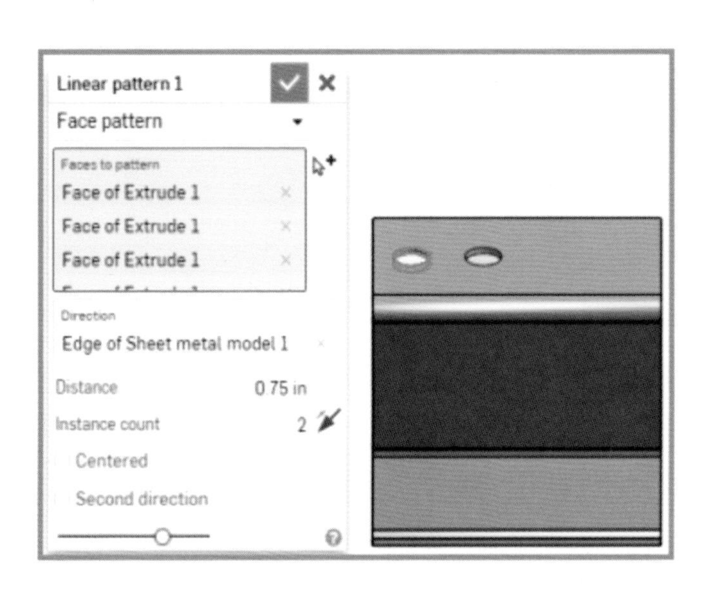

图 4 - 47　海工箱梁的板架建模过程

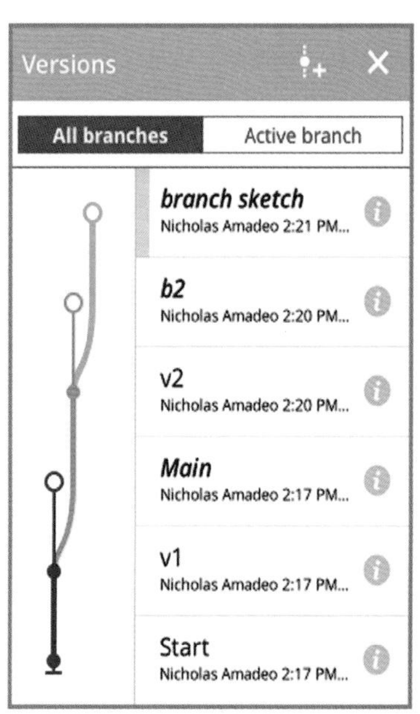

图 4 - 48　Onshape 软件版本控制图

这些指令集根据不同的版本存储在不同的堆栈中,形成类似 Git 的版本控制,如图 4 - 48 所示为 Onshape 软件进行建模的版本控制。

4.4.2.3　三维设计文档数据云访问与动态组装

NoSQL 数据库可以存储结构化和非结构化数据,是当前基于文档的新一代数据库系统。三维工艺可视化系统包含大量的动画数据、动作定义数据、三维模型数据、视频数据,以及结构化或半结构化数据。为结构件三维装配工艺设计数据库模式,制订基于流的三维工艺数据的快速读取和访问接口。存储在分布式数据库中的可视化装配工艺,通过任务分配、权限授权、工程 BOM 等有效组织起来。

海洋装备数字化工程

第 5 章　海洋装备产品性能分析的前后处理技术

海洋装备产品几何尺寸大、单件重量重、在役环境恶劣、运行工况多变，产品对安全和稳定运行的要求非常苛刻，因此海洋装备产品设计必须通过相应的专业性能分析和标准验证程序，比如需要通过各船级社中国船级社(CCS)、美国船级社(ABS)、挪威船级社(DNV)和英国劳氏(LR)的认证。同时在市场的驱动下，为能控制生产、降低操作成本、满足环境规范许可，并提高人员舒适度，海洋装备企业力求在降低材料成本和安全许可间取得平衡。

当前，海洋装备产品性能分析普遍采用计算机辅助分析方法(CAE)，求解各种静态/动态，线性/非线性问题，展开结构/流体/电磁等多学科问题，对产品未来的工作状态和运行行为进行模拟，用以及早发现设计缺陷。CAE 分析了减少实物试验，不仅能节约可观的成本，而且能够使用户更深入地了解产品表现，验证工程、产品功能和性能的可用性和可靠性，并在开始生产之前就可以着手改进设计，是海洋装备产品需求/设计阶段的数字化工程主要工具。

5.1 海洋装备产品性能分析概述

5.1.1 海洋装备产品性能分析种类

海洋装备产品性能分析包括总体结构分析、模态分析、屈曲分析、噪声和振动分析、热分析以及疲劳分析。特殊情况的动力学分析包括撞击，货船晃动，爆炸冲击，波浪载荷等结构动力学、流体动力学以及流固耦合分析。除了结构相关性能分析，还可以有人员疏散、作业安全等多种性能分析，见表 5-1 所示。

表 5-1 海洋装备产品的性能分析种类

类 型	描 述	示 例 图
结构强度分析	整体结构和承受能力是保证装备安全的重要保障，该类型分析在海洋装备产品性能分析中最为常见	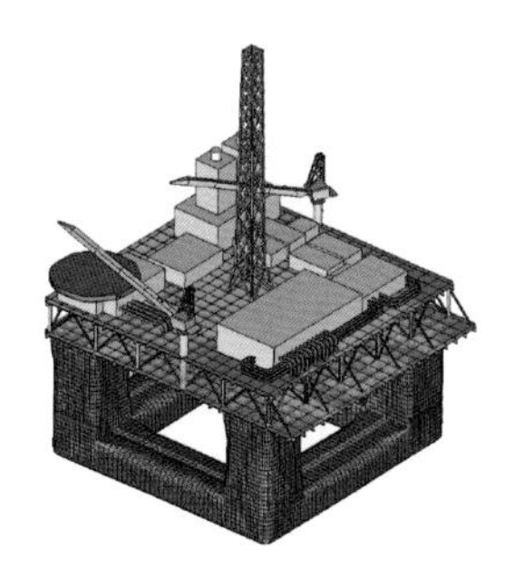

（续表）

类　型	描　　述	示　例　图
耐久性与疲劳分析	在波浪中航行/作业时受载情况经常变化，使构件长期处于交变应力状态。变化载荷的累积效应造成疲劳损坏，成为船舶及海洋工程结构失效最主要的方式之一，对耐久性和疲劳的评估是性能分析的主要类型	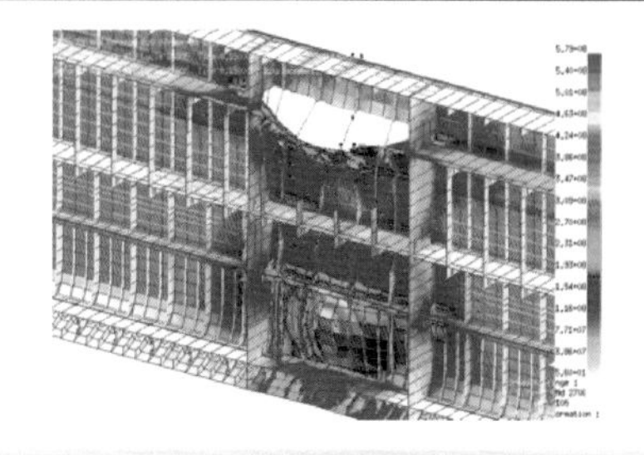
碰撞及搁浅分析	在碰撞和搁浅场景中，船体外板和内板等构件在外载荷作用下会出现弯曲、膜拉伸和撕裂的变形模式，船体桁材构件在外载荷作用下会出现弯曲和褶皱压溃变形模式。船体构件损伤失效所产生的结构变形阻力和能量耗散，对极限安全分析很重要	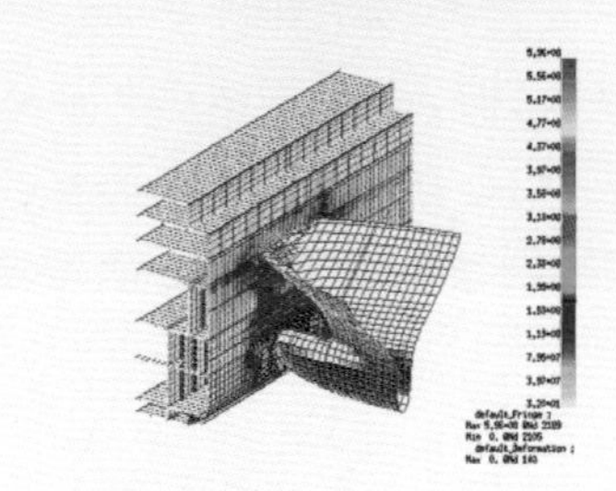
噪声与振动分析	海洋装备在运行期间，需借助于主机、推进系统等动力机械装置，这些机械工作时产生的噪声及振动不仅对结构产生破坏，而且人员在此工作环境下容易出现身体健康问题	
零件与组合件结构分析	对零件与组合件在操作或者振动条件下，需要对焊点的结构和热分析进行计算，在不同工况下进行失效校验	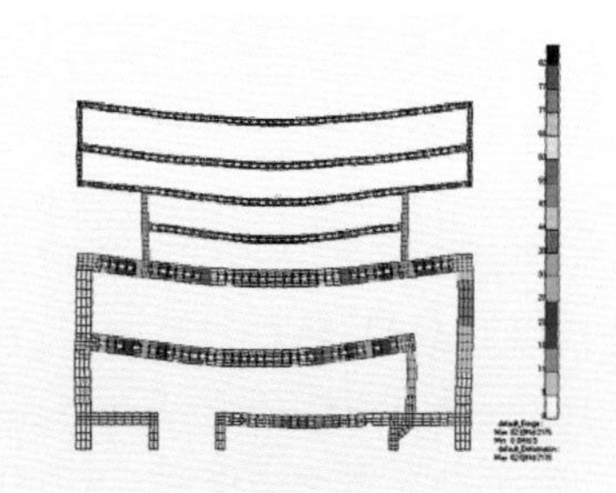
水下冲击分析分析	分析液体、爆炸对船体的撞击，为设计稳定的船体提供指导，通常根据状态方程来模拟水动力学效应	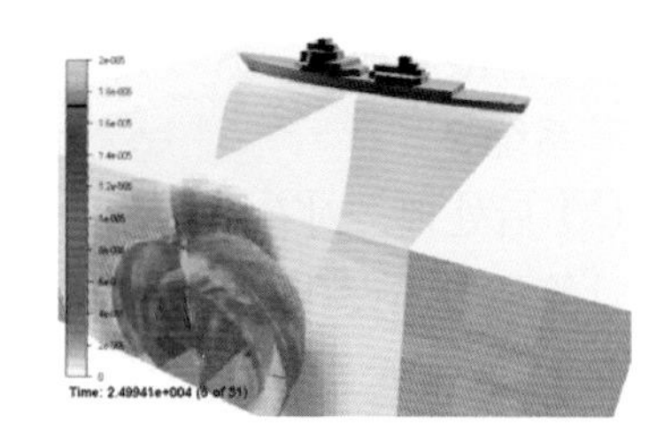
热力特性分析	海洋装备产品的蒸汽系统管网布置错综复杂、管路附件多，分析蒸汽的可压缩性、管路及附件的摩擦阻力以及散热等特性	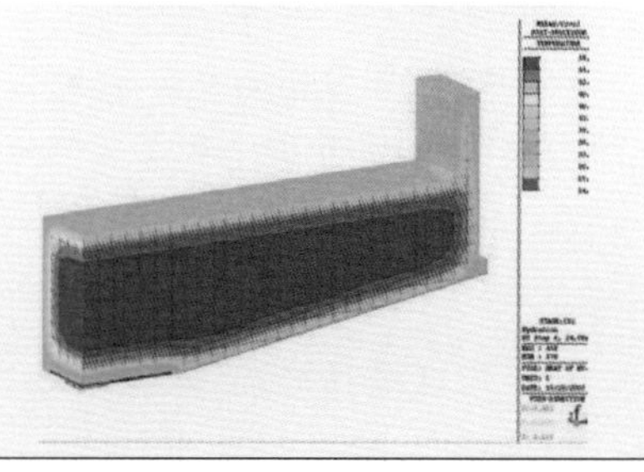

(续表)

类　型	描　述	示 例 图
晃动与船舶动力学分析	在波浪中的阻力、平衡、下沉与动力运动中分析结构的波浪载荷，预测系泊和(或)相连系统对象在随机海洋状况下的行为	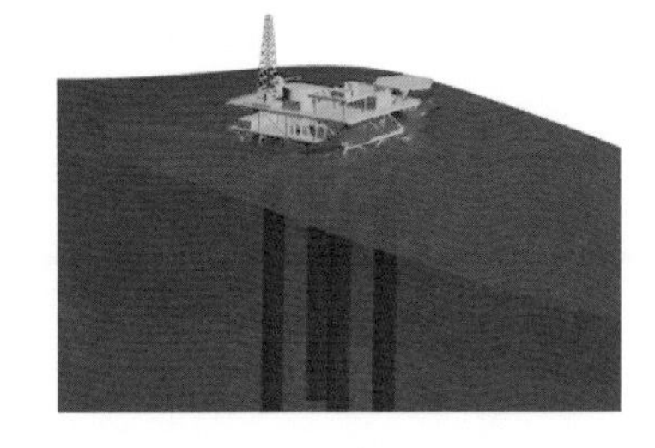
货物装卸载分析	货物装卸载次序的控制，对于船舶的浮态提高船舶压载水的速率及排放能力，保证货物装载过程中压载水与货物操作相适应和装卸载安全作业提供分析指导	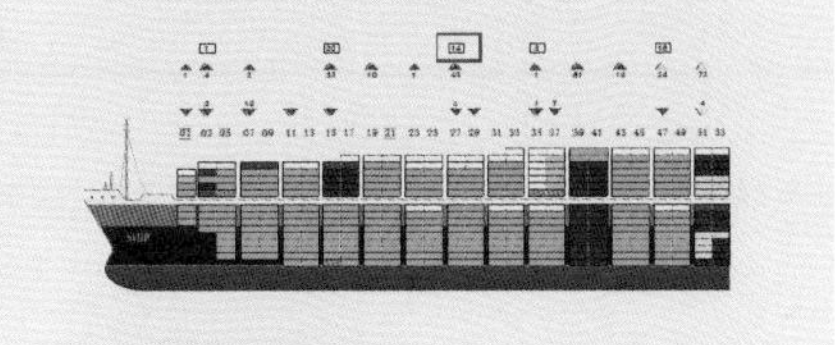
人员疏散分析	海洋平台作为油气勘探开采的主要生产设施，所处环境恶劣，如发生事故，灾害较大。需要仿真事故发生时，人员的应急撤离和保障，对布局进行人因工程分析	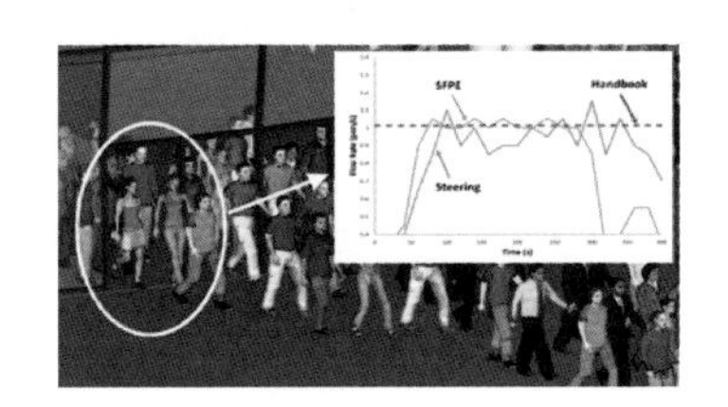

5.1.2　海洋装备产品性能分析流程

应用 CAE 软件对产品进行性能分析和仿真，一般要经历以下三个过程：

(1) 前处理。生成有限元网格，对节点进行编号与参数生成，并输入载荷与材料参数等。

(2) 有限元计算。各种静力分析子系统、动力分析子系统、振动模态分析子系统、热分析子系统等。

(3) 后处理。对有限元分析结果进行可视化展示，以图形方式提供给用户，辅助用户判定计算结果与设计方案的合理性。

其中，有限元计算分析过程是一个迭代的过程，如图 5-1 所示。

海洋装备产品性能分析基本遵循上述流程，但是有其独特性。主要表现在：

(1) 设计和分析有严格的计算规范要求，不同船级社要求不尽相同。

(2) 三维设计工具多样，目前欠缺 CAD/CAE 一体化的软件解决方案。

(3) 模型尺寸大、结构复杂、零部件多，进行性能分析需要花费大量的前处理工作。

(4) 海洋装备产品多学科结合，性能分析往往需要多学科协同。

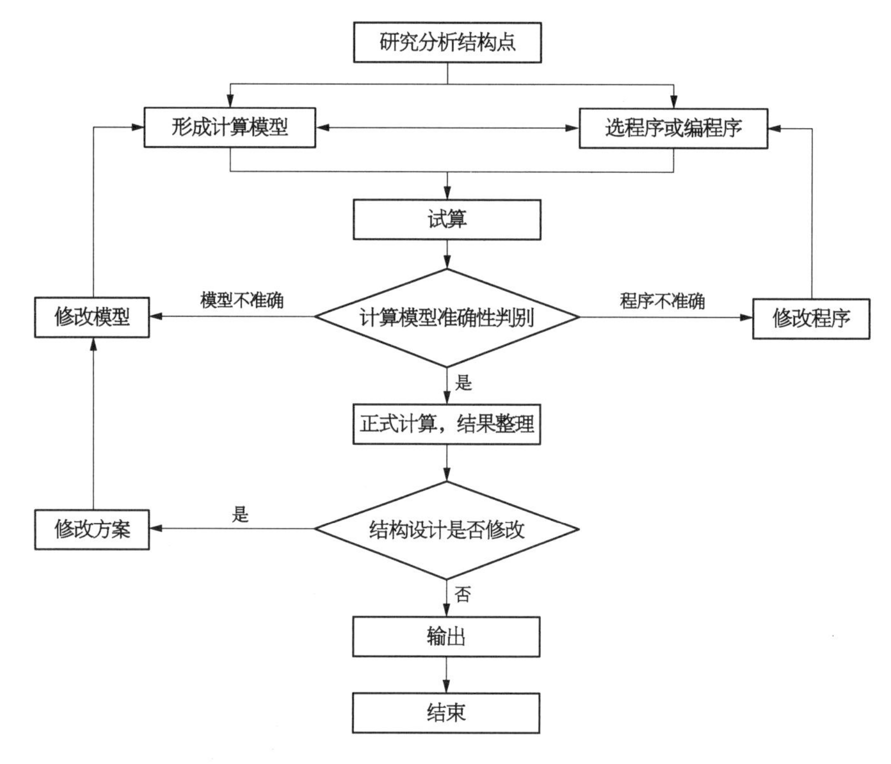

图 5-1　有限元分析通用流程

5.1.3　海洋装备产品多学科分析与优化

海洋装备产品由多个高度相互关联的子系统组成，在对其进行设计的时候，涉及如强度、振动、材料、声音等专业领域，各个学科之间互相关联、相互作用，耦合在一起，构成了复杂系统，获得整体最优方案极为困难。

多学科设计分析与优化(MDAO)是目前普遍应用的方法，MDAO 并不是传统设计分析优化的单向延伸，它是对工程系统设计过程涉及的不同领域(学科)研究成果集成与发展的综合产物，是运用优化原理将这些领域(学科)协调合成为一种工程系统的集成设计方法论。MDAO 将单个学科(子系统)的分析与优化，同整个系统中互为耦合的其他学科的分析与优化结合起来，帮助设计者将并行工程的基本思想贯穿到整个设计阶段。

通常海洋装备产品的设计分析和优化需要自底向上，由零部件到整体系统。在海洋装备零件层面，设计分析与优化大部分只要考虑载荷、结构、工艺、热应力等某一个学科的需求。在海洋装备产品的部件层面，设计分析与优化需要考虑零件组装的功能性、整体应力和强度等来自不同学科的约束。在海洋装备产品的系统层面，要考虑产品的综合使用性能，需要完整考虑来自零件、部件及整体功能要求各方面的约束，每一部分约束可能涉及多学科分析。基于多学科的设计分析与优化内涵，是在子学科内部应遵守来自学科内的局部约束和全局约束，优化目标也应同时兼顾局部目标和全局目标。各子学科内部不断优化，然后再通过系统级的优化器进行全系统的优化，如图 5-2 所示。

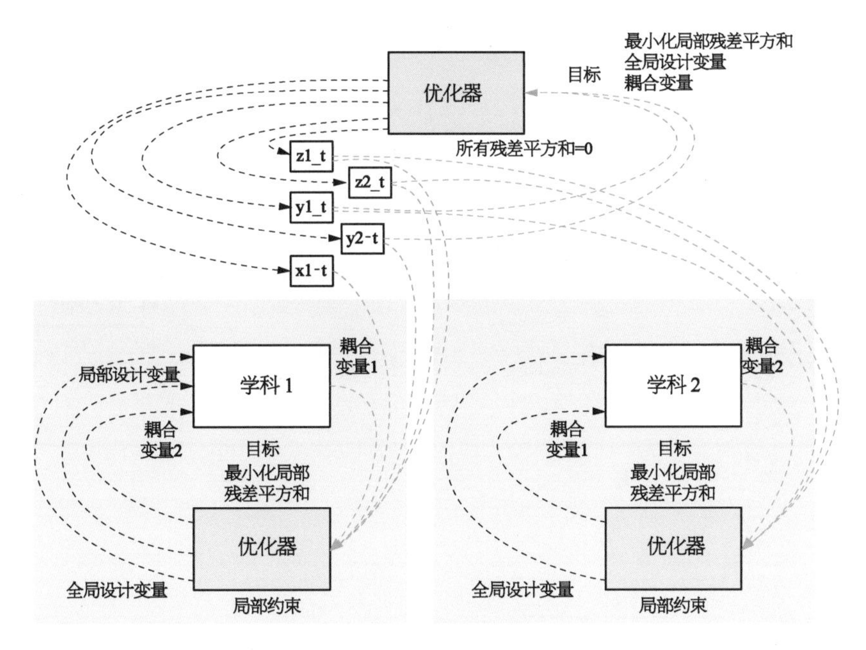

图 5-2　MDAO 优化示意图

多学科仿真系统 Modelica 通过 FMI 标准接口，将不同专业的系统连接在一起，进行整体优化，本书不展开论述。

5.1.4　主流的海洋装备 CAE 软件平台

(1) ANSYS 软件。

ANSYS 软件是工程分析中最常用的软件之一，它可以与大部分 CAD 软件接口，集成了多种求解器，如强度、振动、流体、声场等，如图 5-3 所示。ANSYS Workbench 操作简单化、模块化、流程化，可以满足工程中绝大多数的分析模拟，在多学科耦合能力上领先。

(2) MSC 软件。

MSC 公司的有限元求解器是 MSC Nastran，MSC Patran 是通用的前后处理工具，我国海洋装备产品性能分析采用 MSC 系统较为普遍，其中 Patran 系统界面如图 5-4 所示。

(3) 达索 ABAQUS。

ABAQUS 的特长是解决非线性问题，系统模型库中定义了各种类型的材料，可以用来仿真部件/整体的结构强度，能解决各种结构(应力/位移)分析，软件界面如图 5-5 所示。

(4) Altair HyperWorks。

Altair 公司的 HyperWorks 特长是前处理系统，具备交互式可视化环境，支持用户定义，可以与主流的求解器环境无缝集成。目前 HyperWorks 集成了有限元求解器，可以支持结构强度等分析，软件界面如图 5-6 所示。

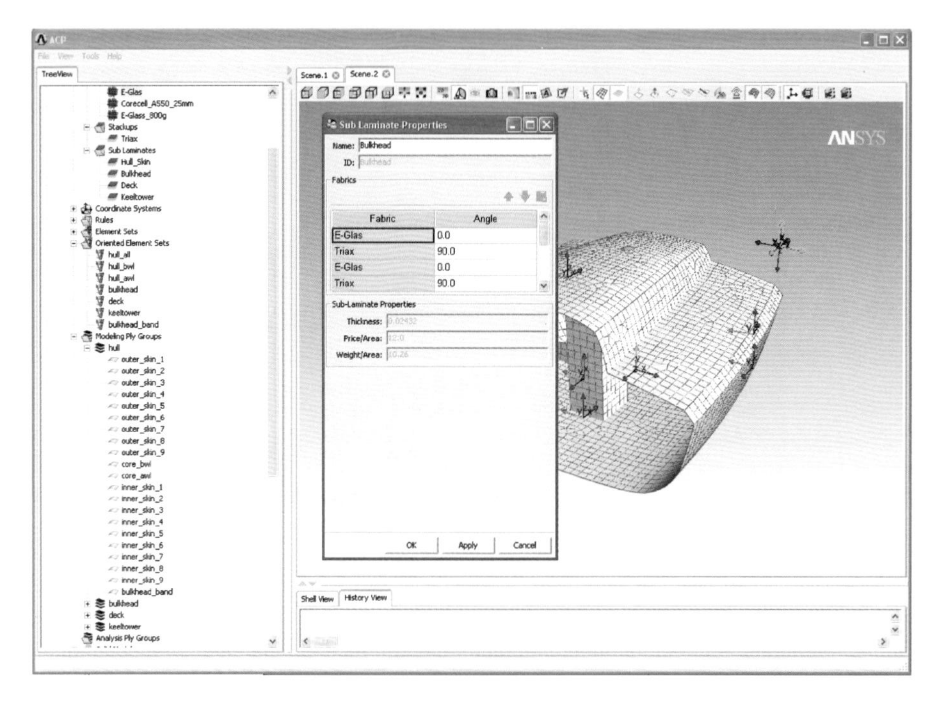

图 5－3　ANSYS 有限元分析软件

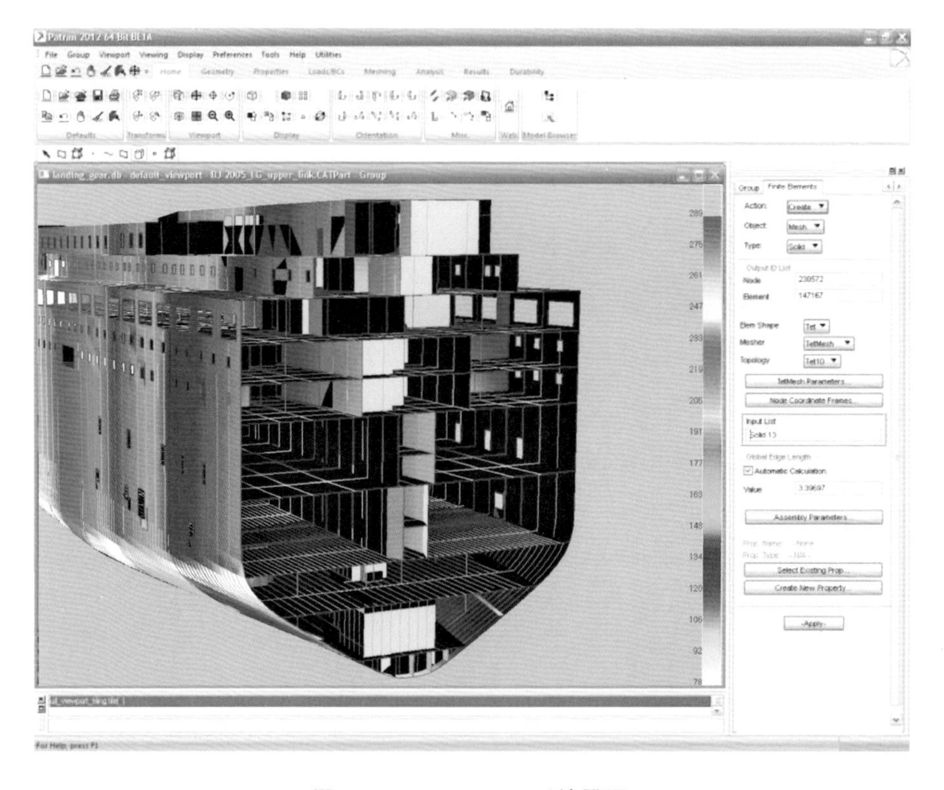

图 5－4　MSC Patran 系统界面

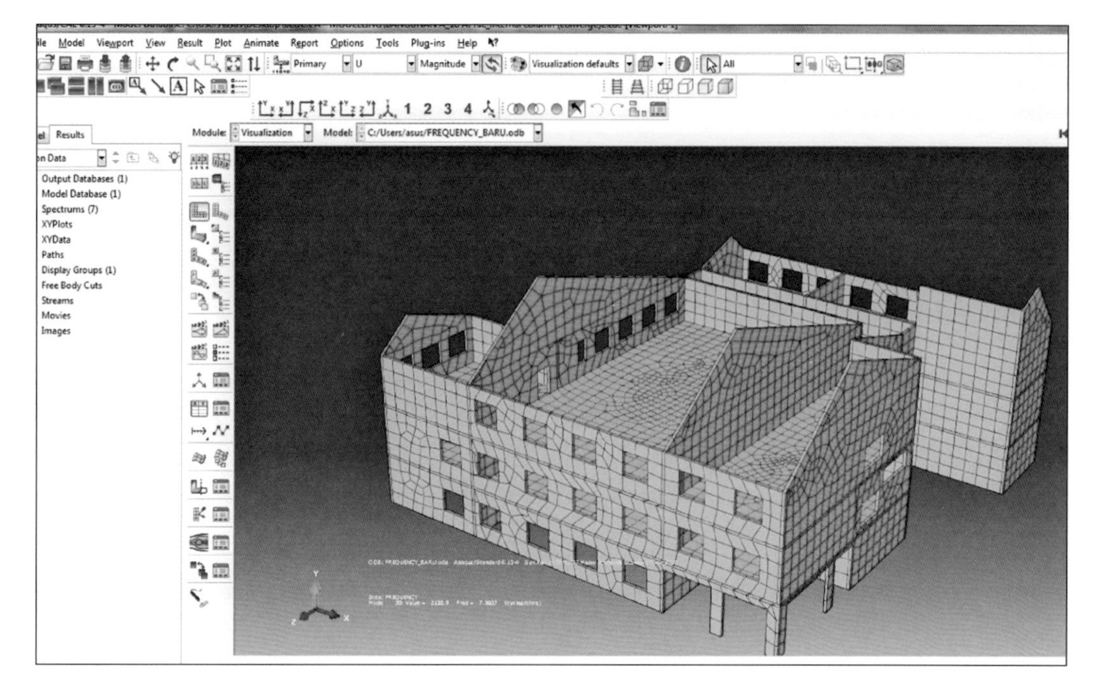

图 5-5　ABAQUS 软件界面

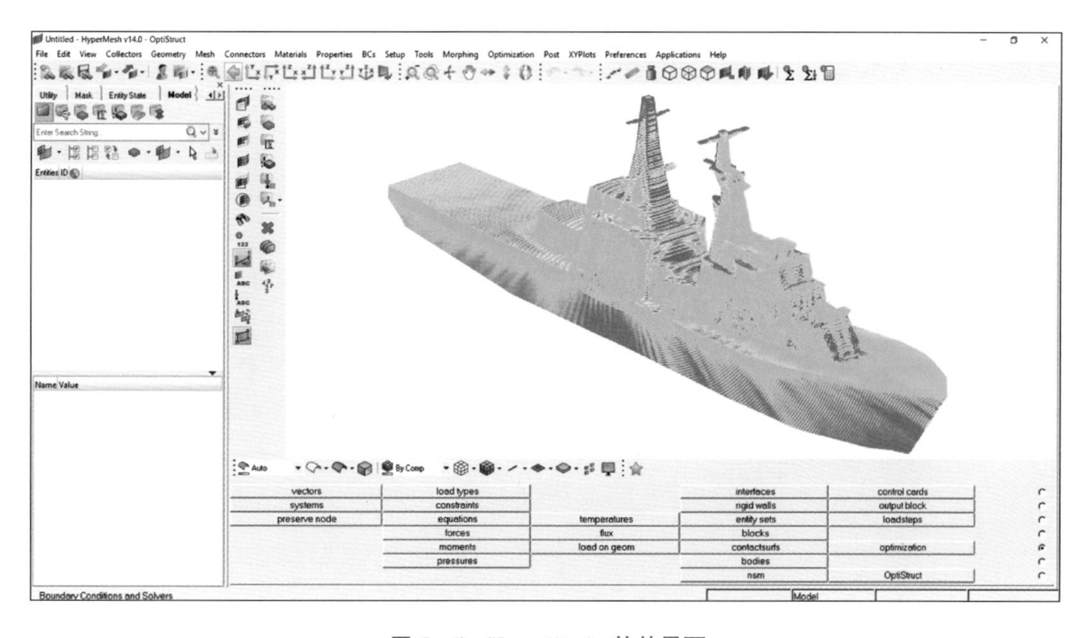

图 5-6　HyperWorks 软件界面

5.2 面向海洋装备产品CAE分析的四边形网格生成技术

5.2.1 海洋装备产品CAE分析特点

有限元分析前处理的非常重要，因为网格划分与计算目标的匹配程度及网格的质量决定了有限元计算的精度和达成度。如果计算对象结构比较简单，可以采用网格直接生成法，直接建立单元模型；如果计算对象结构比较复杂，通常采用几何自动生成法，根据几何模型自动离散生成有限元网格模型。有限元分析所用的单元往往根据计算需要做出选择，海洋装备结构分析的单元拓扑结构常用的有梁单元、杆单元、壳单元、平面四边形单元、平面三角形单元、三维实体单元等。

海洋装备产品的性能分析计算涉及多学科多专业，由于其工程特殊性，网格预处理一直是工程难题，从商用三维设计数模直接转换为满足CAE分析的网格单元，国内外鲜有成功的解决方案，究其原因有以下几个方面。

(1) 海洋装备产品目前普遍使用商用三维CAD系统进行建模，产品结构基本都由各种板架、梁柱等组合而成。由于部件多、结构复杂，主流CAD系统难以直接生成计算网格，部分软件虽然可以生成体单元，但是进行有限元计算时，这种单元类型精度差、计算复杂度高，并不符合当前的海洋装备产品性能分析计算规范。中国船级社计算规范普遍采用板壳、梁单元等，这些单元可以看作是几何上没有厚度的曲面和曲线，因此需要从三维实体模型抽取出中性面，如图5-7所示，当前这种抽取过程靠手工完成，费工费时。

(2) 海洋装备产品的结构纵横交错布置，比如板架上布置了各种加强筋、切口、开孔等，进行有限元网格划分时就较复杂。传统的三角形网格虽然简单、单元协调性好、网格可以划分很密，但试图使用大量细化的三角形网格来达到计算精度的方法还有待商榷，因为这种方法导致计算规模急剧增加。选择合适的单元类型非常重要，四边形单元与三角形单元不同，它是常应力、常应变单元，计算精度高、收敛快，在海洋装备产品

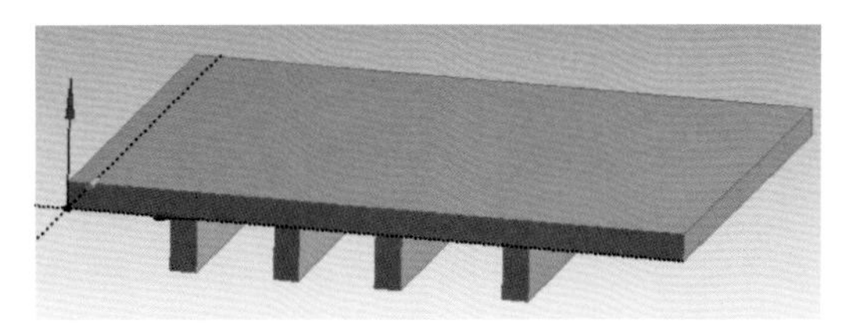

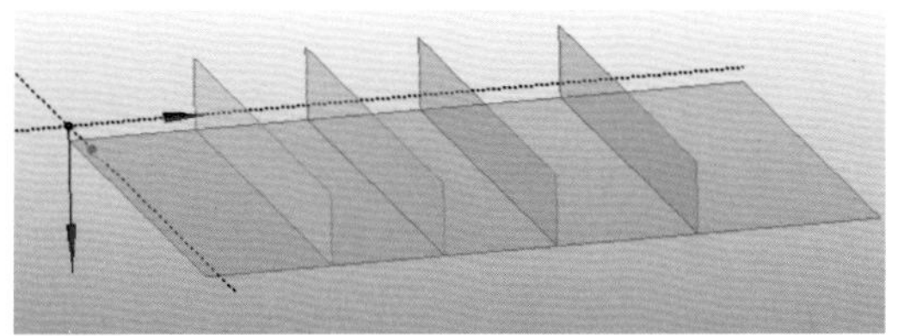

图5-7 实体模型抽取中性面模型

有限元分析中得到广泛使用。但是在生成四边形网格时，面临算法复杂、网格协调性等诸多难题，如图 5－8 所示。

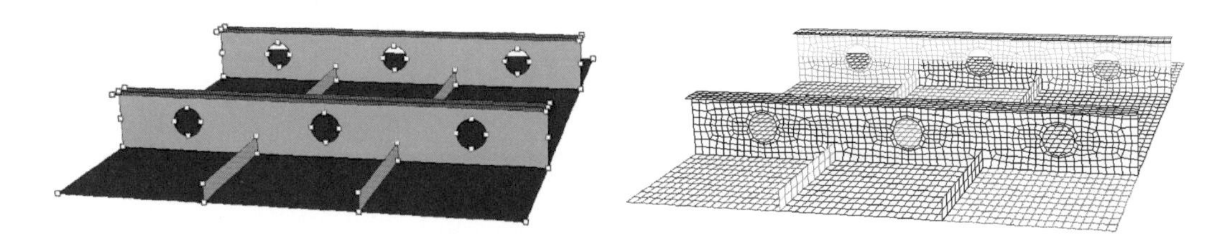

图 5－8　四边形网格协调

(3) 海洋装备产品零部件动辄数百万个，面向不同要求的性能分析，所需要网格的精度不一样，如图 5－9 所示。因此需要根据分析类型进行模型简化，以适合工程分析需求。目前海洋装备产品的三维 CAD 系统，普遍没有满足上述要求的有限元分析模块。

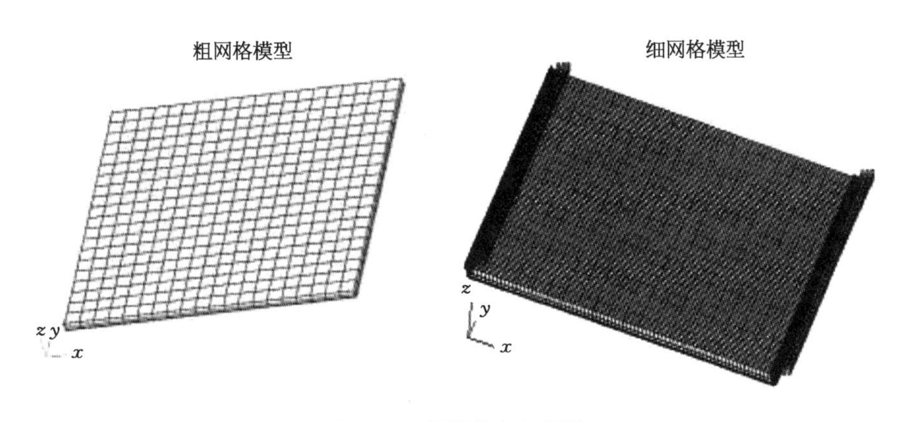

图 5－9　粗网格与细网格

针对上述问题，本书介绍了一种针对 AVEVA TRIBON 和沪东 SPD 的三维模型，可以自动抽取三维模型，进行实体抽取中性面，快速生成全四边形网格，可以集成在 MSC Patran 系统的前处理方法。整个流程主要包括三个步骤：

① 从三维 CAD 系统获得中性面模型，其中模型包括了有限元分析需要的材料属性等；

② 对中性面模型进行四边形网格划分并进行网格协调；

③ 与 Patran 后处理系统进行集成，可实现在 Patran 系统中自动重建网格，并将物理属性添加到网格单元，以便快速生成可计算完整单元，基本流程如图 5－10 所示。

5.2.2　三维中性面模型生成

中性面自动抽取与细小特征快速简化在飞机薄壁结构件中应用比较成熟，成熟的商

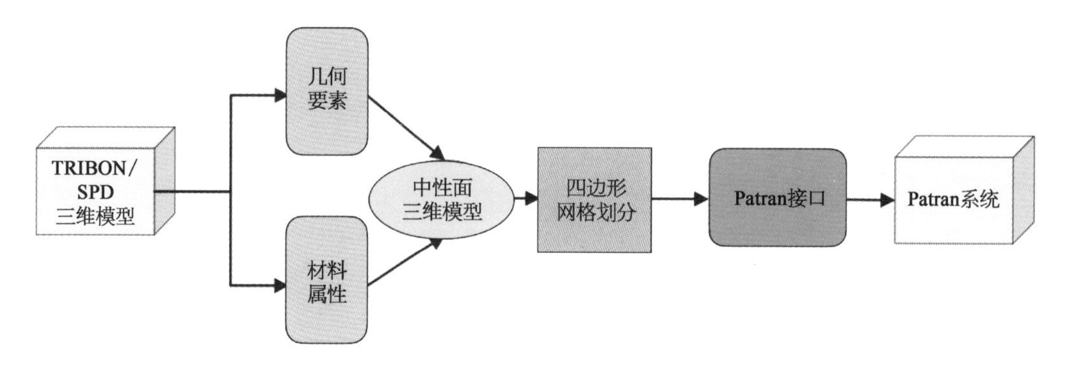

图 5-10　面向海洋装备产品的全四边形单元的前处理流程

业软件已经可以实现快速忽略或修补细节特征。但是，TRIBON 和 SPD 等海洋装备产品设计系统还不能自动进行中性面抽取功能，没有提供适合薄壁构件从实体模型到有限元板壳模型的快速处理。TRIBON 和 SPD 系统具备完善的二次开发接口，系统提供面向对象特性保证了用户可以很容易地获得产品数据模型，通过系统已定义的中性面信息，进行抽取重建。

5.2.2.1　TRIBON 模型转换为中性面模型

TRIBON 具备多种接口实现对系统数据库的访问，主要包括通过关键词交互查询检索、几何宏、API 接口等，见图 5-11。另外还可导出完整的 XML 文件，可以方便实现离线特征提取，这种方式非常高效。

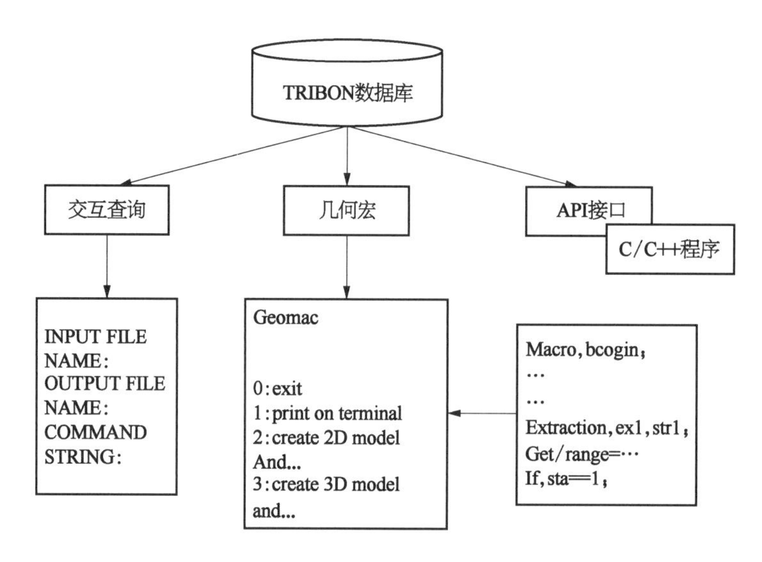

图 5-11　TRIBON 给出的几种数据提取方法

(1) 采用接口进行数据抽取。使用 TRIBON 提供的 Data Extraction 语法、几何宏等，通过关键字列表，采用 API 进行查询，如图 5-12 所示。执行指令后，返回结果结构，该结构的末端存有提取的数据，如图 5-13 所示。

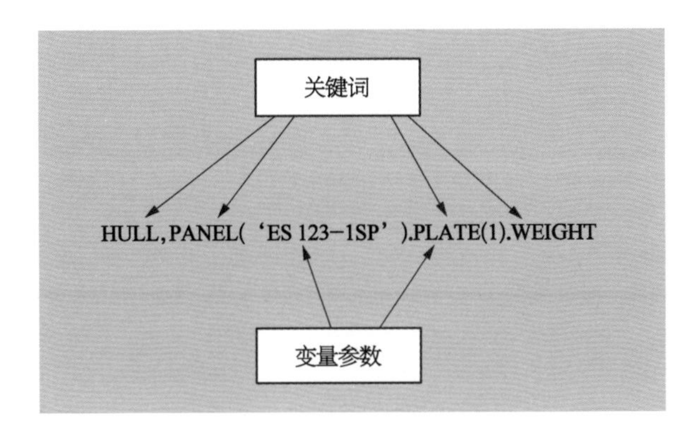

图 5-12　数据提取命令示例

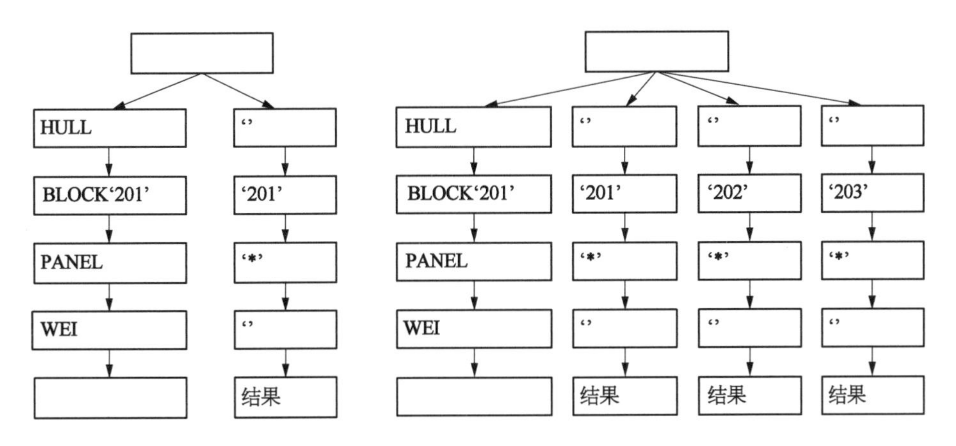

图 5-13　结果数据结构

(2) 基于中间文件离线方式抽取。TRIBON 可以导出 XML 文件,包括了模型的结构、拓扑关系和物理属性等,通过重建可以生成中性模型,如图 5-14 所示。

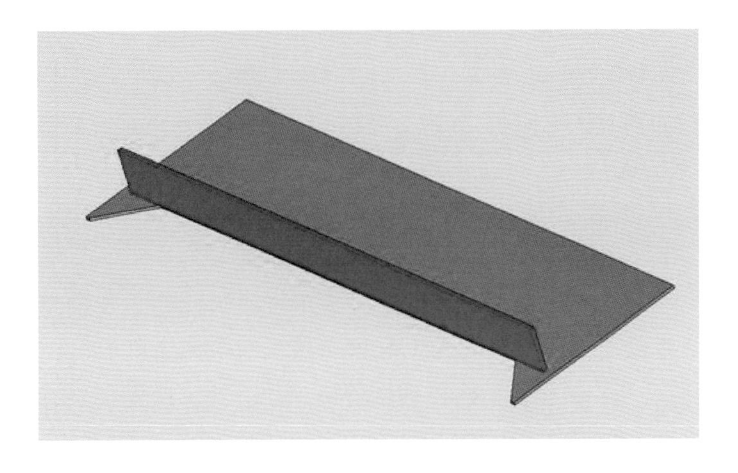

图 5-14　基于 TRIBON XML 模型的中性模型重构

XML 文件如图 5－15 所示(因篇幅有限而做了大幅度删减,仅保留必要的结构)。

```
1  <ShipVersion="1.3">
2  <MaterialGrade="Default"Density="7840"PoissonRatio="0.3"YieldStress="220"UltimateStress="360"/>
3  <BarSectionBarSectionId="BulbFlat240*46*10*12">
4  <BulbFlatHeight="240"Width="46"BulbRadius="10"WebThickness="12"/>
5  </BarSection>
6  <BlockObjId="JUMBO">
7      <PlanePanelObjId="JUMBO-GIR6100"DataType="891"Instance="Both"Tightness="WaterTight">
8      <Extent>
9        <MinX="5.2500000000E004"Y="6.0820000000E003"Z="5.3241571404E-004"/>
10       <MaxX="1.5710000000E005"Y="6.3400000000E003"Z="1.5000008183E003"/>
11     </Extent>
12     <CoordSys>
13       <OriginX="0.0000000000E000"Y="6.1000000000E003"Z="0.0000000000E000"/>
14       <WaxisX="0.0000000000E000"Y="-1.0000000000E000"Z="0.0000000000E000"/>
15       <UaxisX="1.0000000000E000"Y="0.0000000000E000"Z="0.0000000000E000"/>
16     </CoordSys>
17 <Boundary>
18     <LimitCompId="1">
19       <ModelRefObjType="ShellCurve"ObjId="SPY6100"CompType="None"CompId="0"/>
20       <StartPoint2dU="5.2500000000E004"V="5.3241571404E-004"/>
21     </Limit>
22   <SimpleContour>
23     <StartPoint2dU="5.2500000000E004"V="5.3241571404E-004"/>
24     <Segment2d>
25       <Amplitude2dU="0.0000000000E000"V="0.0000000000E000"/>
26       <Node2dU="1.5710000000E005"V="2.0181393575E-003"/>
27     </Segment2d>
28   </SimpleContour>
29   <DetailedContour>
30     <StartPoint2dU="5.2500000000E004"V="5.3241571404E-004"/>
31     <Segment2d>
32       <Amplitude2dU="0.0000000000E000"V="0.0000000000E000"/>
33       <Node2dU="1.5710000000E005"V="2.0181393575E-003"/>
34     </Segment2d>
35   </DetailedContour>
36 </Boundary>
37 </PlanePanel>
38 </Block>
39 </Ship>
```

图 5－15　TRIBON XML 文件结构图

该 XML 结构如图 5－16 所示,其中"<Ship>"节点是一个系统默认的标识,层次关系包含了多种类型信息。

在重建过程中,需要获取 XML 文件下的 Block 组、Material 组、BarSection 组、HoleDef 组、NotchDef 组。

① 主体组——Block 组。Block 组是包括了几何和属性的主要信息,包括板架组节点,如 PlanePanel 组以及 CurvedPanel 组,已经分段的包络体信息 Extent。

② Material 组。Material 组结构包括材料类、密度、杨氏模量、泊松比等,如图 5－17 所示。

③ BarSection 组。在该节点组下主要包括各种梁(T 型梁、L 型梁、工型梁)、加强筋

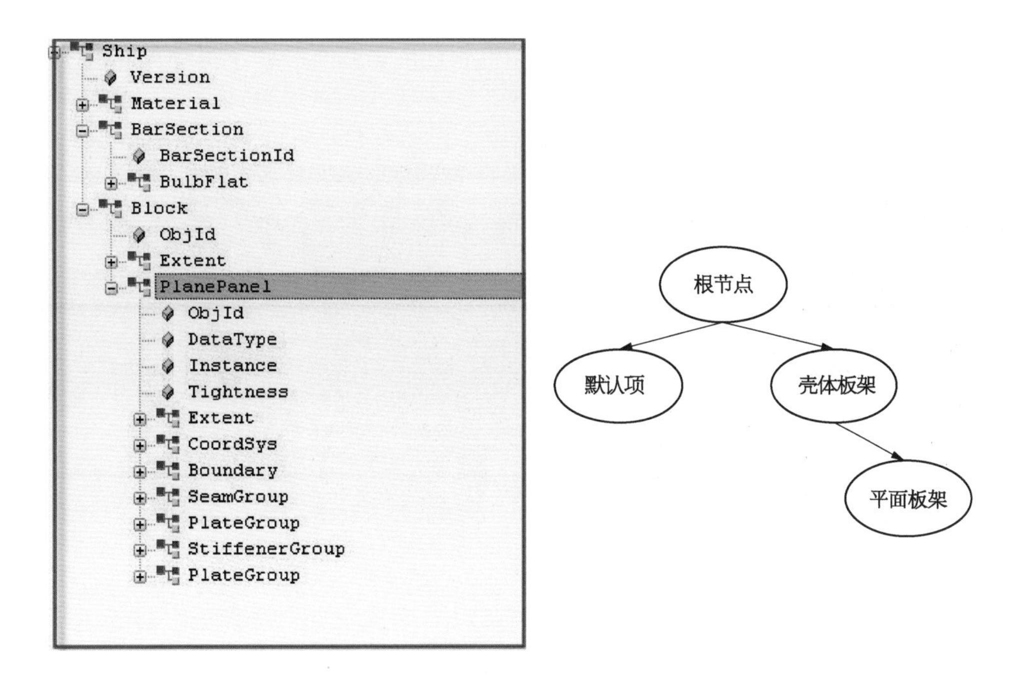

图 5 - 16　TRIBON XML 节点结构

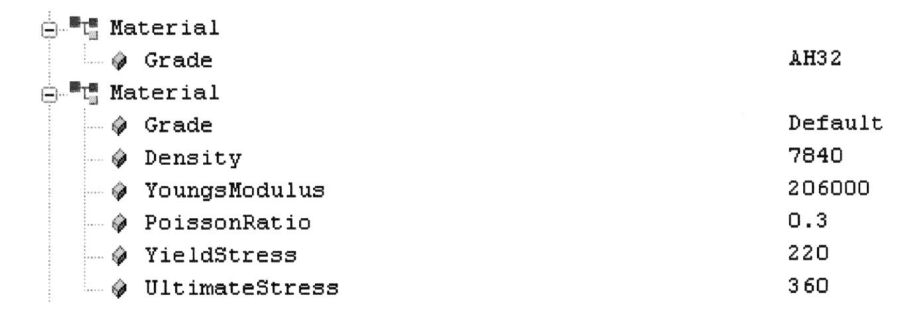

图 5 - 17　Material 组信息

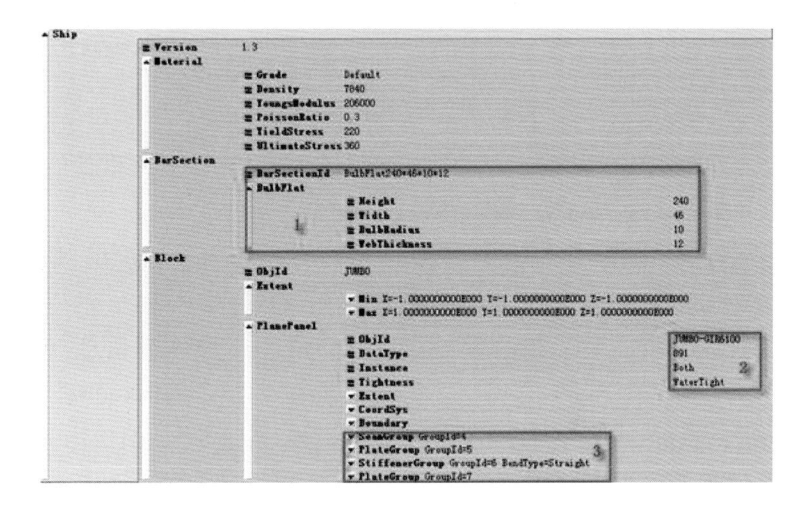

图 5 - 18　BarSection 组信息

等，其中梁定义为：BulbFlat 240×46×10×12，描述的是截面信息，可以通过三维扫掠生成，如图 5-19 所示。

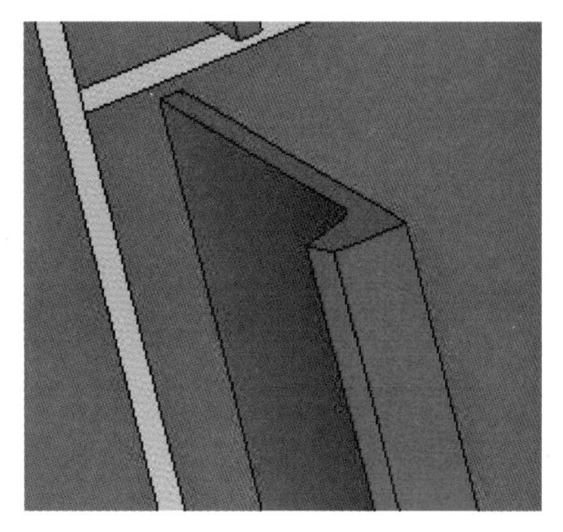
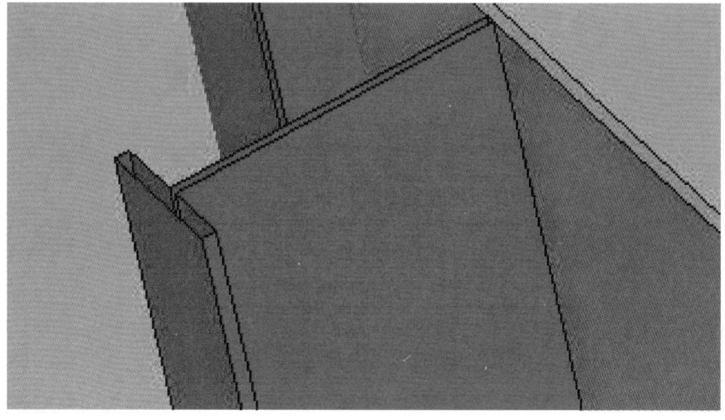

图 5-19　BulbFlat 和 Tbar 梁

④ HoleDef 组。该节点下包括了所有孔的信息(孔类型、大小尺寸和位置)，在划分网格时可利用面积和位置等特征对其进行删除或简化，如图 5-20 所示。

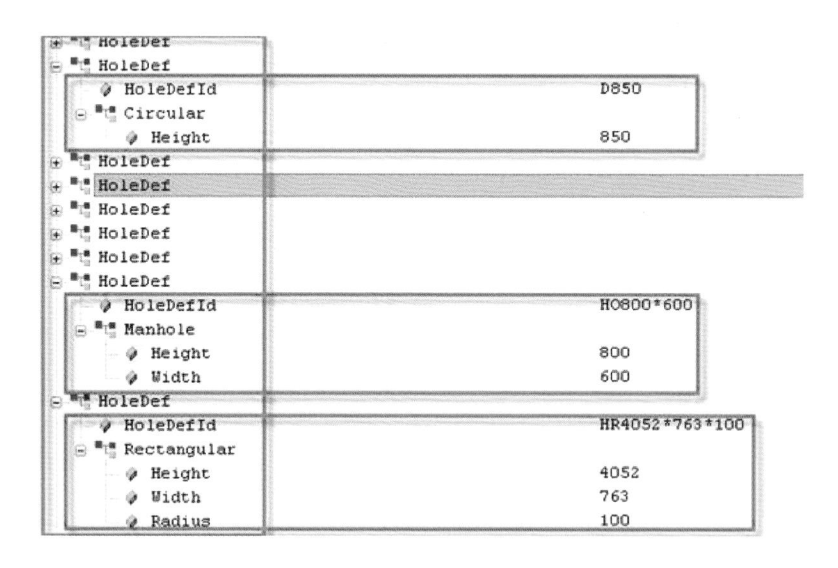

图 5-20　HoleDef 组

⑤ NotchDef 组。该节点包括了槽和切口的定义，在划分粗网格时可根据要求进行简化，如图 5-21 所示。

⑥ 板架组。板架组在 Block 组下，不仅包含了各种平面板架和曲面板架，该板架下包括了各种几何信息和属性信息，同时还包括了焊缝、坐标系组等。

5.2.2.2　沪东 SPD 模型转换为中性面模型

沪东 SPD 是我国自主开发的面向海洋装备产品的优秀软件系统，提供了完整的. Net

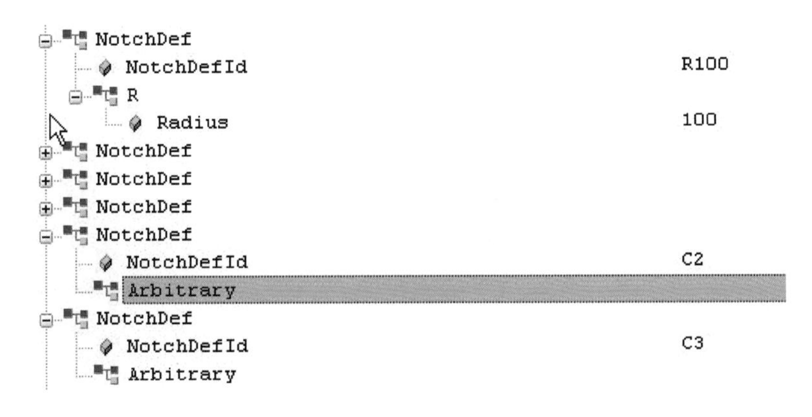

图 5－21　NotchDef 组

接口，对满足有限元分析的中性面模型，可以分为两大部分来进行模型抽取。

① 根据分段名称，获得分段数据结构的头部信息；

② 根据头部信息定义，建立分段链表结构，可以通过递归查询，获得所有板架、板架上的特征(孔、焊缝等)以及板架的中性面空间信息，利用这些几何信息，可以快速生成三维模型；

③ 分段根节点下同时挂载属性信息(材料等)。

重建所需要的基本信息可以获得类似于 TRIBON 系统的 XML 信息，这里不展开叙述。

5.2.3　四边形网格生成

海洋装备产品结构复杂，考虑到计算成本以及计算精度，有限元模型一般采用如下规则：

① 单元尽可能采用四边形单元，在网格协调困难的地方如过渡区域可允许极少的三角形单元存在；

② 结构有限元网格大小沿船体横向按纵骨间距划分，纵向按肋骨间距或参照纵骨间距大小划分，舷侧也参照该尺寸划分；

③ 一般来讲，船体的各类板、壳结构，强框架、纵骨、平面舱壁的扶强材、肋骨等的高腹板以及槽型舱壁用弯曲板壳单元模拟；

④ 对于承受水压力和货物压力的甲板、内外壳板、内外底板、顶底边舱斜板上的纵骨、舱壁的扶强材等用梁单元模拟，并考虑偏心的影响。

5.2.3.1　结构简化与网格约束规则

1) 几何简化规则说明

(1) 精简微细构件。

结构模型中的小肘板，对结构强度影响可以忽略，一般可以简化的结构有：

① 与纵骨、舱壁扶强材、横梁、肋骨、支柱连接的肘板；

② 流水孔；

③ 骨材穿越孔；

④ 通焊孔；

⑤ 小工艺孔、人孔和减轻孔；

⑥ 孔径或孔的长边小于 300 mm；

⑦ 垫板；

⑧ 桁材肘板趾端圆弧。

(2) 板缝处理规则。

根据 CAE 分析有限元模型单元以肋位和构件布置构成的特点，板缝线位置不作为单元边线，可根据生成粗网格或者细网格有限元模型要求，将板缝线移至合适的构件所在位置，如肋位、纵骨、强框所在肋位、桁材、舱壁、隔板、加强筋等构件。

当板缝线两边板厚度一致，板缝忽略不计，对粗网格和细网格有限元模型采用不同处理方法。对于细网格，当板缝线距最近的骨材或者肋位小于或等于骨材或者肋位间距的 1/10，板缝忽略不计；当板缝线距最近的骨材或者肋位大于骨材或者肋位间距的 1/10，按照不同板厚的面积计算等效厚度。对于粗网格，当板缝线距最近的桁材或板小于或等于骨材或者肋位间距，板缝忽略不计；当板缝线距最近的桁材或板大于骨材或者肋位间距，按照不同板厚的面积计算等效厚度。

(3) 开孔处理规则。

对于不可忽略的开孔，粗网格和细网格有限元模型采用不同处理方法。细网格有限元模型生成的单元网格，开孔几何形状保留，但可根据网格尺寸简化几何形状。粗网格有限元模型生成的单元网格，开孔忽略不计。

(4) 筋的处理规则。

细网格有限元模型基本按照筋走向布置单元，但为避免桁材板和强框架板上筋交叉构成远小于筋间距的单元，筋的布置走向或者端点可根据肋位和纵骨位置协调移动。粗网格有限元模型需对筋作较大处理。当纵向桁材之间不再细分单元时，纵骨按照均匀分布合并方式布置到纵向桁材所在的位置；当纵向桁材之间再细分单元时，纵骨按照均匀分布合并方式布置到纵向桁材之间所在单元线位置。其他筋处理时，对两端削斜的筋可忽略不计；其他情况可参照纵骨合并移位处理方法。

(5) 开口处理规则。

对于开口留边宽度小于或等于 100 mm 时，开口边线可移至邻近的构件位置线，长方形或正方形开口的开口角圆弧，根据其大小与单元的匹配性忽略不计或者作折角处理。

2) 规则库定义

采用决策树使用一个树型结构来表达业务规则。每一个非叶子结点都给出了一个决策/决定，而叶子结点执行动作。每一条边表达决策的可选定值，可以理解为判断，如图 5-22 所示。

规则引擎可采用 Jena 通用规则推理机，可以在 RDFS 和 OWL 推理机使用，模型简化的规则通过 Rule 对象来进行定义，主要包含 body terms 列表(premises)、head terms 列表(conclusions)和可选项(name、direction)，示例见图 5-23。

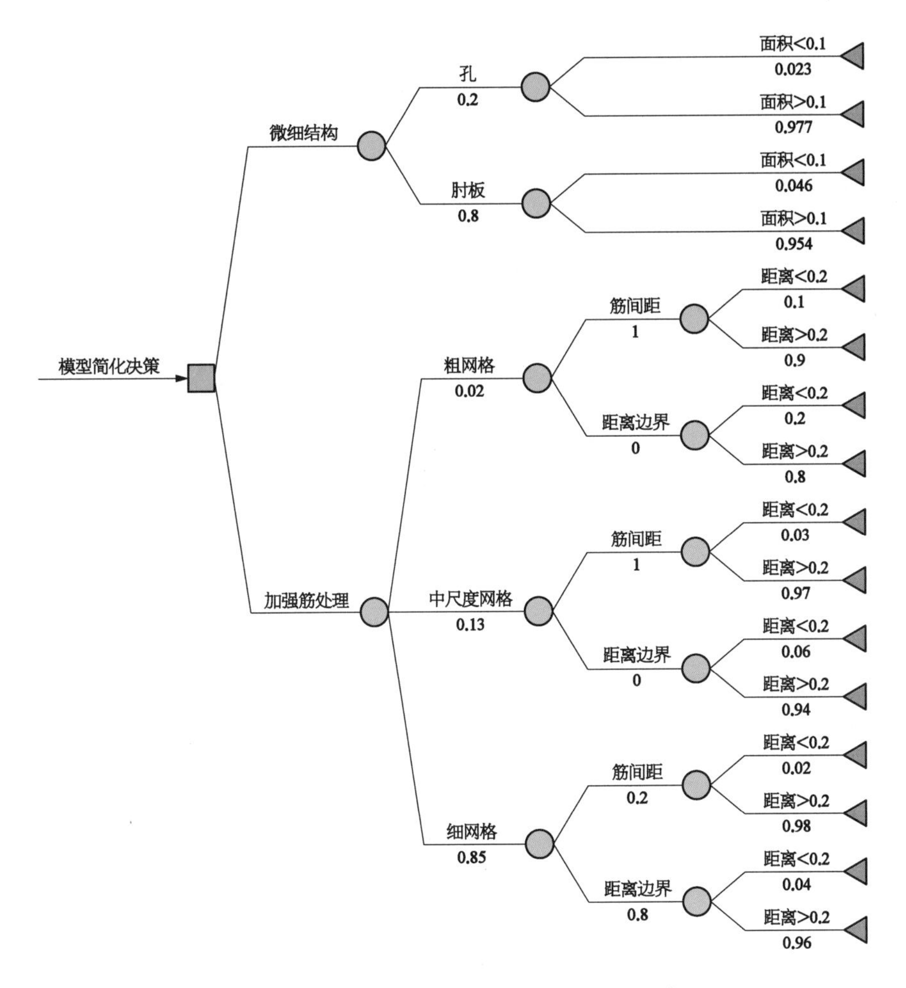

图 5－22　基于决策树的模型简化处理规则

```
[allID:(
        ?C rdf:type owl: Restriction),
        (?C owl: onProperty ?P),
        (?C owl: allValuesFrom ?D)->
        (?C owl: equivalentClass all(?P, ?D))]
[all2:(
        ?C rdfs: subClassOf all(?P, ?D))
        -> print ('Rule for', ?C)
[all1b:(
        ?Y rdf: type ?D) <- (?X ?P ?Y),
        (?X rdf:type ?C)]]
[max1:(
        ?A rdf: type max(?P, 1)),
        (?A ?P ?B),
        (?A ?P ?C)-> (?B owl: sameAs ?C)]
```

图 5－23　Jena 规则引擎使用示例

5.2.3.2　约束求解

根据工程需求确定粗细网格，获取已建立的中性面模型，抽取几何约束、单元网格约束，信息包含板的边界信息、孔的信息、加强筋信息、柱信息等。以一个平面板架作为一个处理最小单元，这里给出主要的几种几何约束求解方法，如图 5 - 24 示。

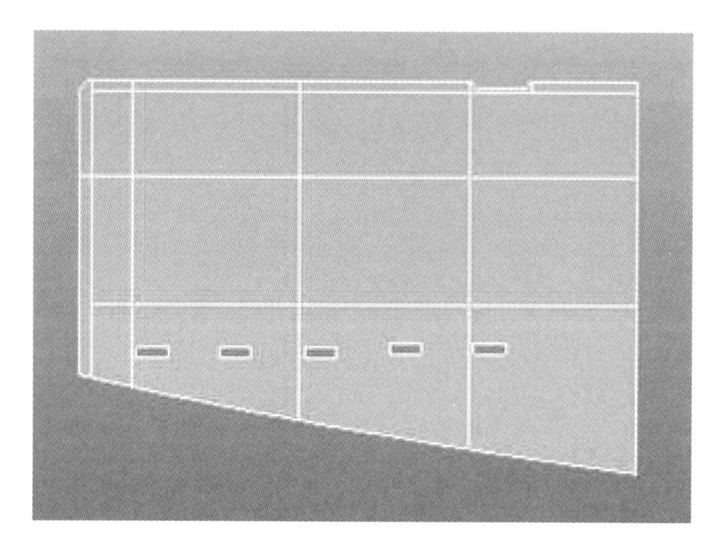

图 5 - 24　平面板架

(1) 边界曲线、孔圆弧离散化求解：应满足单元尺寸大小，见图 5 - 25。

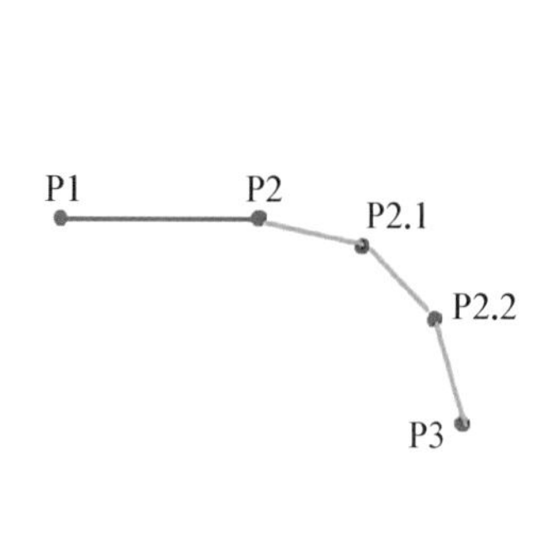

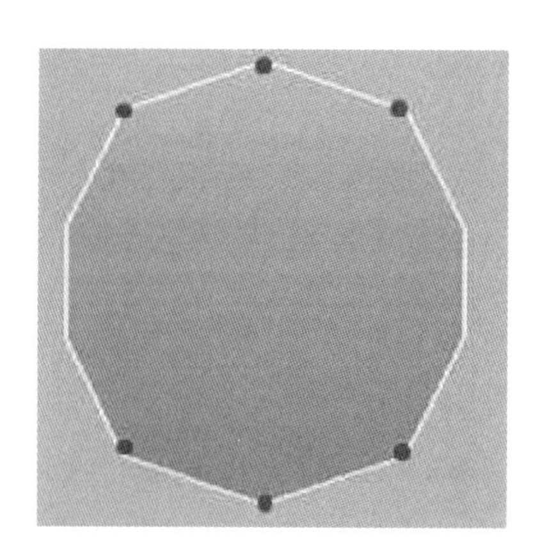

图 5 - 25　孔的圆弧

(2) 几何延伸求解：有两种情况，孔扩展到两块板的交线上和孔扩展到两根加强筋上，如图 5 - 26 所示。

(3) 加强筋稀疏约束求解：对平行排列的加强筋进行稀疏化处理，如图 5 - 27 所示。

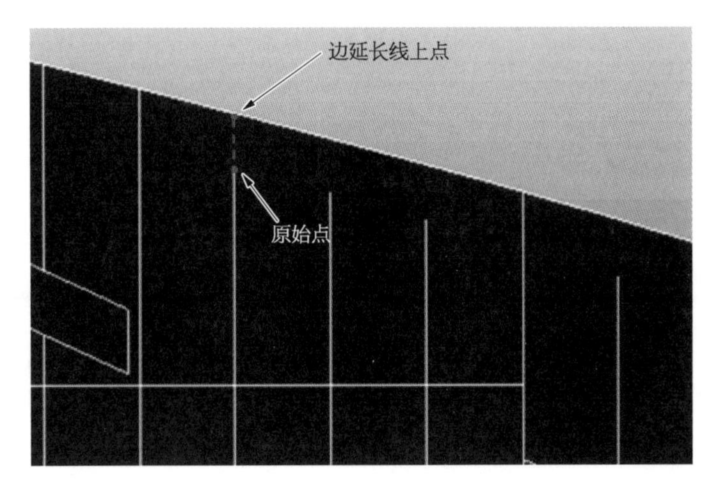

图 5-26　移除非必要平面板

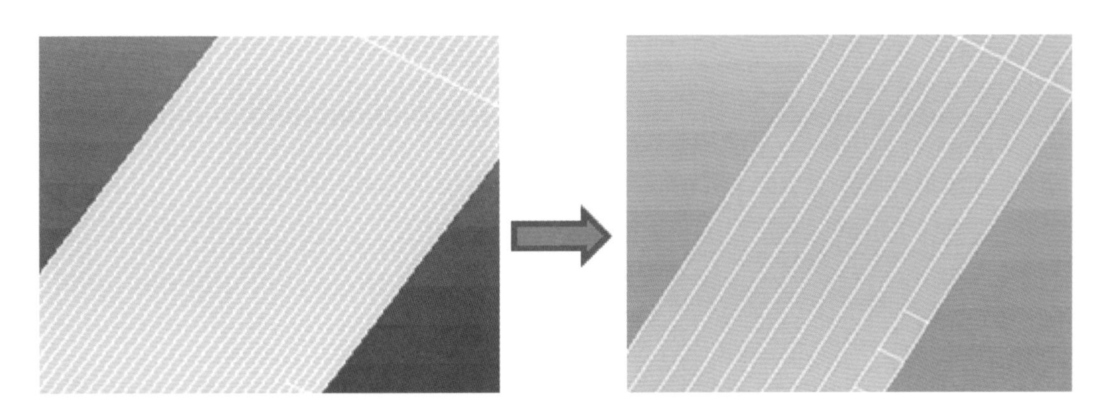

图 5-27　加强筋的融合

5.2.3.3　四边形网格生成方法

在本书提供的四边形网格生成方法是通过逆向建模的方式来生成的，即先生成三角形网格，然后通过把三角形网格转成四边形网格。

(1) Delaunay 三角化算法。

Delaunay 三角化算法非常经典，鲁棒性好、数据结构简单、数据冗余度小，可以表示线性特征和叠加任意形状的区域边界。利用 Delaunay 进行三角化，如果是由一条封闭曲线围成的连通领域(单连通领域或多连通领域)，可以采用 Delaunay 三角形法。这种方法用等边三角形进行离散，既能照顾到计算对象的细微几何特征，又能照顾到仅需稀疏单元网格之处，如图 5-28 所示。读者可延伸阅读，这里不再赘述。

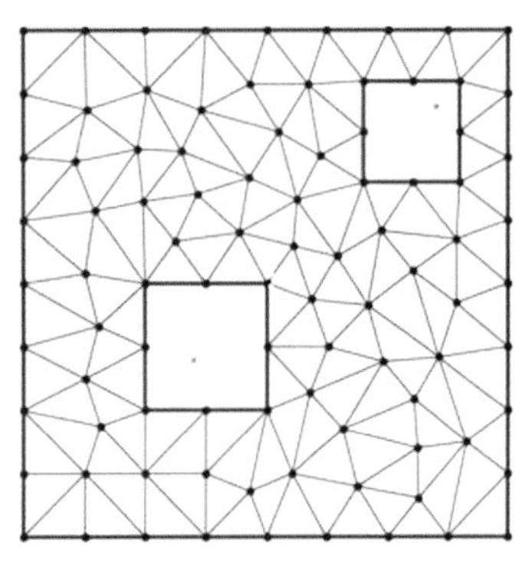

图 5-28　基于 Delaunay 的带孔板架三角化

(2) 基于 Catmull-Clark 的四边形网格生成。

本书采用经典的 Catmull-Clark 方法，通过对中性文件的初始三角形网格，进行细分三角形可以得到一个四边形网格，细分法则是每个面计算生成一个新的顶点，每条边计算生成一个新的顶点，同时每个原始顶点更新位置，如图 5-29 所示。

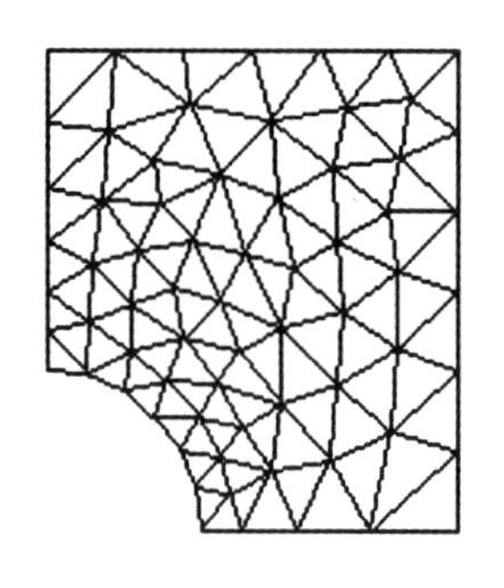
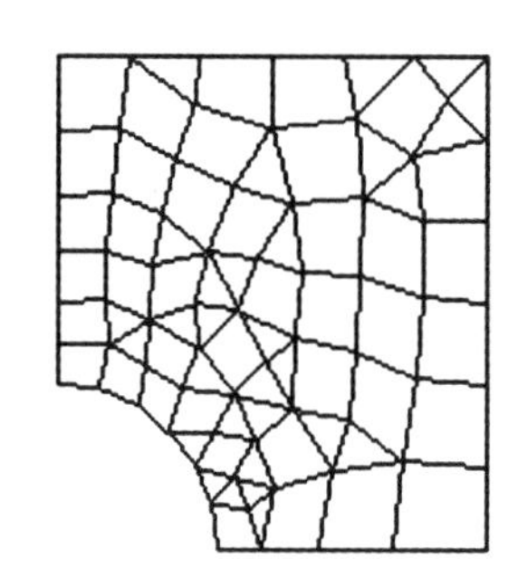
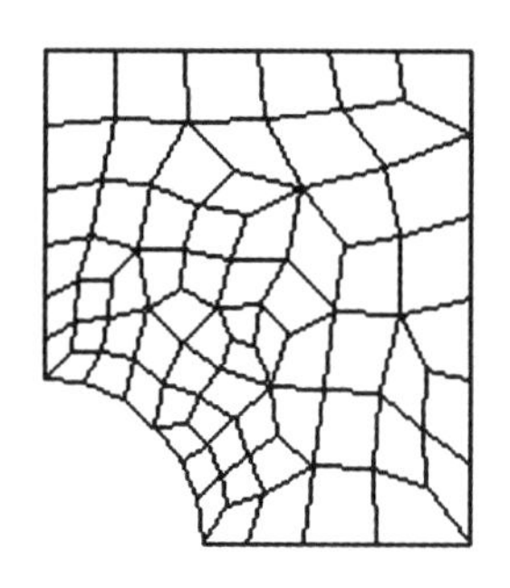

图 5-29 基于 Catmull-Clark 的四边形网格生成流程

主要算法流程如下。

步骤 1：网格内部 F-顶点位置计算

设四边形的四个顶点为 V_0，V_1，V_2，V_3，则新增加的顶点位置为：

$$V=(V_0+V_1+V_2+V_3)/4$$

步骤 2：网格内部 V-顶点位置计算

设内部顶点 V_0 的相邻点为 V_1，V_2，…，V_{2n}，则该顶点更新后位置为：

$$\nu=\alpha\nu_0+\frac{\beta}{n}\sum_{i=1}^{n}\nu_{2i}+\frac{\gamma}{n}\sum_{i=1}^{n}\nu_{2i-1}$$

其中，α、β、γ 为 $\alpha=1-\beta-\gamma$

步骤 3：网格边界 V-顶点位置计算

设边界顶点 V_0 的两个相邻点为 V_1，V_2，则该顶点更新后位置为：

$$V=\frac{3}{4}V_0+\frac{1}{8}(V_1+V_2)$$

步骤 4：网格内部 E 顶点位置计算

设内部边的两个端点为 V_0，V_1，与该边相邻的两个四边形顶点分别为 V_0，V_1，V_2，V_3 和 V_0，V_1，V_4，V_5，则新增加的顶点位置为：

$$V=(V_0+V_1+V_f^1+V_f^2)/4=\frac{3}{8}(V_0+V_1)+\frac{1}{16}(V_2+V_3+V_4+V_5)$$

步骤 5：网格边界 E-顶点位置计算

设边界边的两个端点为 V_0，V_1，则新增加的顶点位置为：

$$V=\frac{1}{2}(V_0+V_1)$$

(3) 多个板架单元网格协调。

采用 QUAD-BUILD 使用上述算法生成网格，将板架间的交线作为边约束条件，这样在组装后单元是协调的，效果如图 5-30 所示。

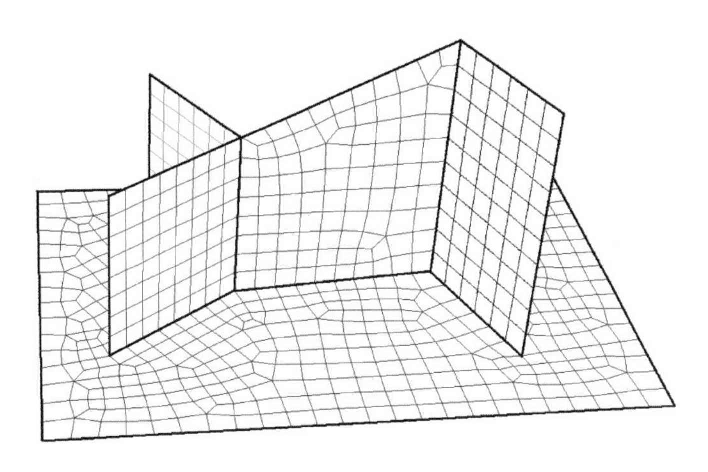

图 5-30　多块板架的单元协调

5.2.4　有限元网格重建与生成

海洋装备产品有限元求解器普遍采用 MSC Nastran，本书给出了中性面模型与前处理器 MSC Patran 的接口，可以自动在 Patran 中重建网格，然后利用 Patran 添加约束条件，并利用 Patran 对网格进行二次细分，可以满足中国船级社设计规范，细网格划分流程如图 5-31 所示。

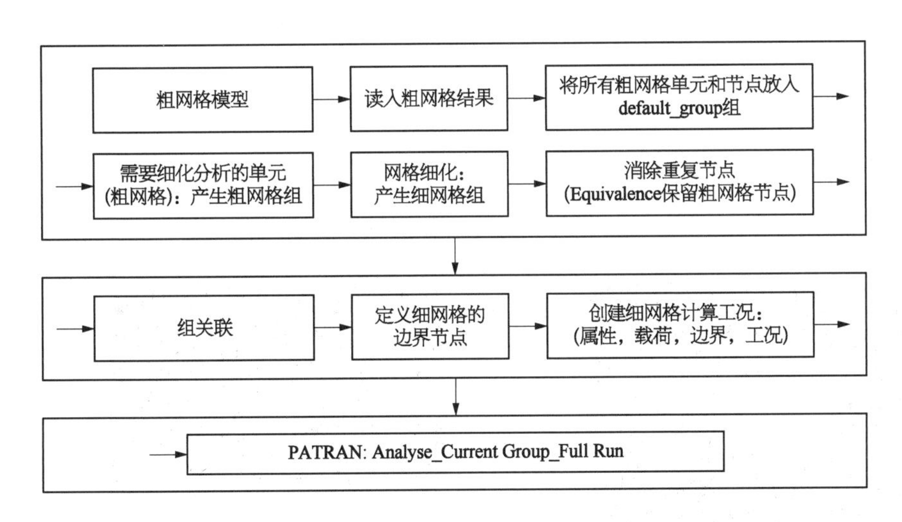

图 5-31　细网格划分流程

5.2.4.1 使用 Patran PCL 进行有限元模型重构

Patran 提供了完整的接口语言 PCL，根据提供的方法读取生成的四边形网格以及其关联的属性，可进行网格自动重建，流程图如 5-32 所示。

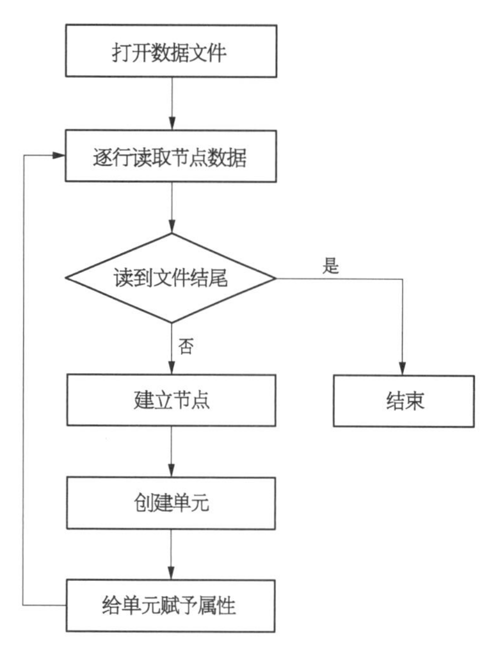

图 5-32 重构流程图

(1) 网格几何属性读入。

读取四边形网格生成后的数据文件，其保存了板架边界起始点三维坐标，根据边界起始点信息由函数 asm_const_line_xyz( )形成板架边界。

确定板架边界类型，并根据边界类型由函数 sgm_create_surface_trimmed_v1( )将每个板架(panel)生成一个面。

逐行读取加强筋起始点三维坐标，这些坐标就是四边形网格的顶点集合。

根据起始点信息由函数 asm_const_line_xyz( )直接创建加强筋模型，生成的加强筋模型和板架模型叠加得到整个几何模型。

(2) 属性创建。

单元需要加载物理属性，才能进行分析计算，主要分为两步：

调用自定义函数 create_material (grade, name)函数创建板架、加强筋等结构所用到的材料。其中参数 STRING grade 表示 SPD 中对应的材料级别，如 Default、AH32。

板架的截面形状是由板厚所确定的，可通过自定义函数 elementProps_create( )实现，而加强筋截面形状的创建需要通过自定义函数 create_section(type, typenumber, para)实现。

这样可以快速生成四边形网格模型，如图 5-33 所示。

5.2.4.2 生成有限元计算模型

在 Patran 中重构的模型通过加载边界约束、载荷布置等，可以输出有限元模型 BDF 格式，如图 5-34 所示，然后即可利用 Nastran 求解器进行分析计算。

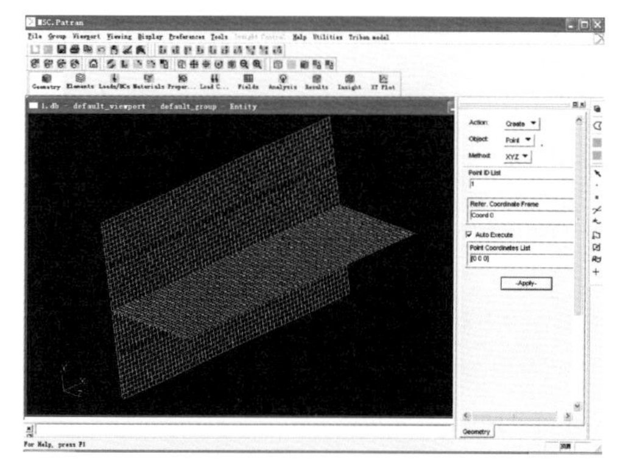

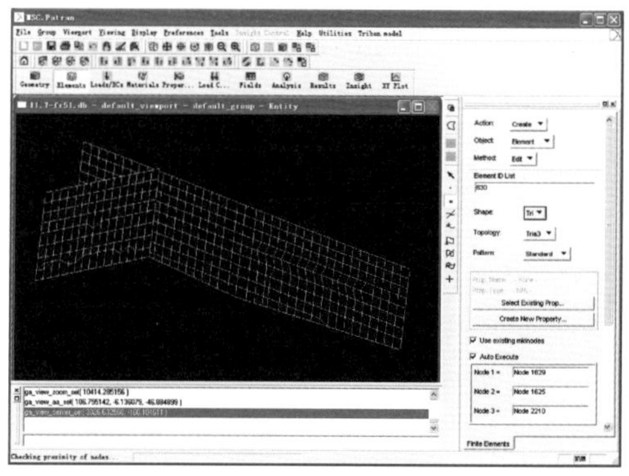

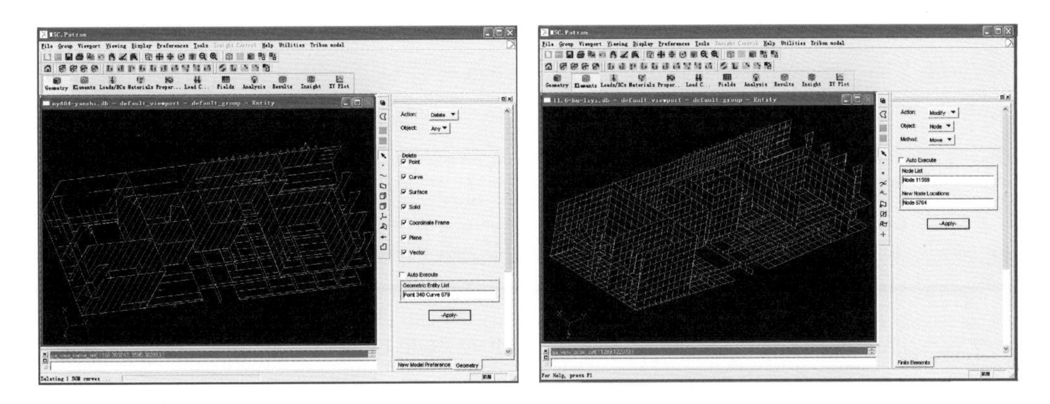

图 5-33　某分段全四边形有限元网格

```
$ NASTRAN input file
ASSIGN OUTPUT2 = 'hull.op2',UNIT = 12
TITLE = MSC.Nastran job
SUBCASE 1
BEGIN BULK

$ Elements and Element Properties for region : 10mm
PSHELL   1        2          .009     2              2
CQUAD4   117      1          413      414      416      415
CQUAD4   118      1          417      418      415      416
CTRIA3   123      1          413      415      438      409
CQUAD4   124      1          438      415      418      442
CQUAD4   127      1          452      438      426      438
…
$ Elements and Element
PBARL    53       2
BAR          .07      .45
CBAR     25480    53         9565     9659     0.       0.       1.     0.       0.
CBEAM    26534    77         3753     1558     0.       0.       1.     0.       0.
CBEAM    26535    77         7179     7267     0.       0.       1.     0.       0.
...
$ Material Record : steel
MAT1     2        2.06+11          .3       7850.

$ Nodes of the Entire Model
GRID     1                  128.82   17.956   29.3
GRID     2                  130.62   17.956   29.3
GRID     3                  128.82   18.6768  29.3
GRID     4                  130.62   18.6768  29.3
GRID     5                  132.2    18.356   29.3
...
PLOAD4   1        108247   120480.
PLOAD4   1        108724   120515.                               THRU     108725
PLOAD4   1        108726   120540.                               THRU     108737
PLOAD4   1        109117   120512.                               THRU     109118
PLOAD4   1        109211   120441.

ENDDATA
```

图 5-34　Nastran BDF 文件的数据结构

5.3 多学科工程分析数据集成可视化

工程数据可视化是利用图形符号、计算机视觉效果以及交互界面展示数据的技术。工程数据可视化技术通过对数据进行分析，根据设计的要求将数据转化为平面或立体图形（包括动画的方式）等多种样式，对数据进行可视化解释和探索，并以可交互方式来展现数据的不同侧面，洞察隐藏在数据中的知识。在海洋装备产品研发过程中，涉及多学科多物理场的融合，对工程分析数据分类可视化其三类数据（包括标量场、矢量场和张量场数据）。多学科海洋装备产品研制数据可视化如图 5-35 所示。

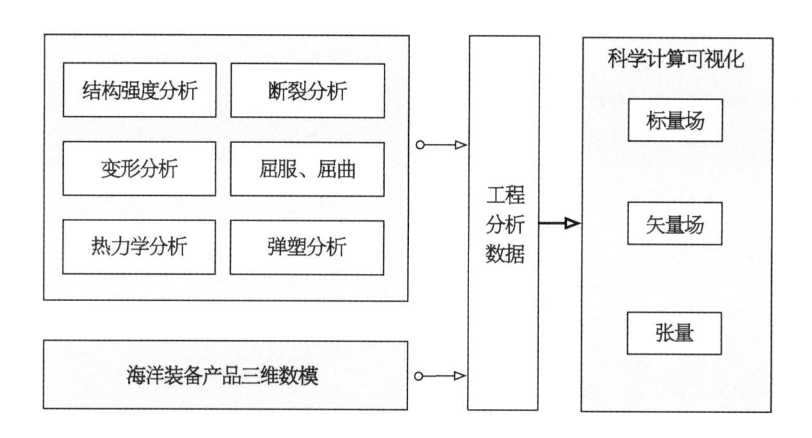

图 5-35　多学科海洋装备产品研制数据可视化

可视化技术最初起源于计算机图形学，被广泛应用于科学计算，并渐渐衍生出“科学计算可视化”的概念。科学计算可视化通过相关手段将数据展示出来，以便于相关工作人员进行进一步的处理。Marching Cube 算法是标量场可视化的经典算法，它对立方体（体素）进行逐一处理，对与等值面相交的立方体进行分类，并通过插值计算等值面与等值面的交点。根据每个立方体顶点的相对位置、等效表面、多维数据集的交集点边缘连接以某种方式生成等值面，如图 5-36 所示。

5.3.1　标量场数据可视化

图 5-37 所示为海况标量场数据可视化表达的物理量是标量，只有大小属性，没有方向属性，如温度、盐度、密度、水汽湿度等。标量场可视化方法可分为二维、三维可视化方法。三维可视化方法主要有空间三维面绘制法和体绘制法两大类。

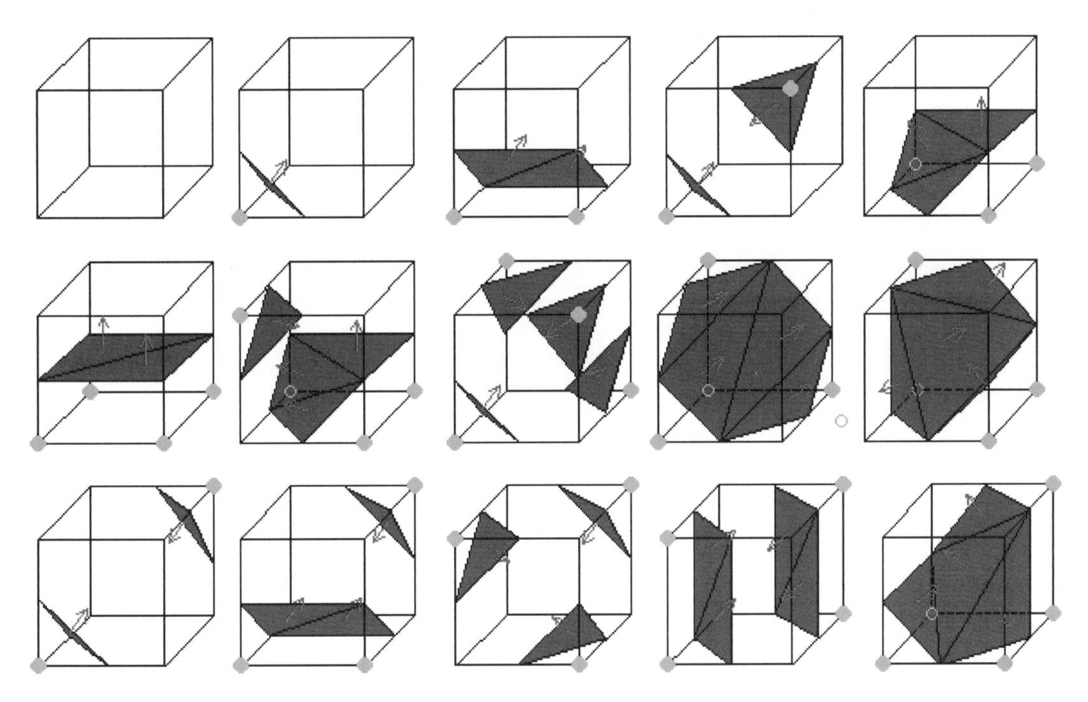

图 5－36　Marching Cube 算法

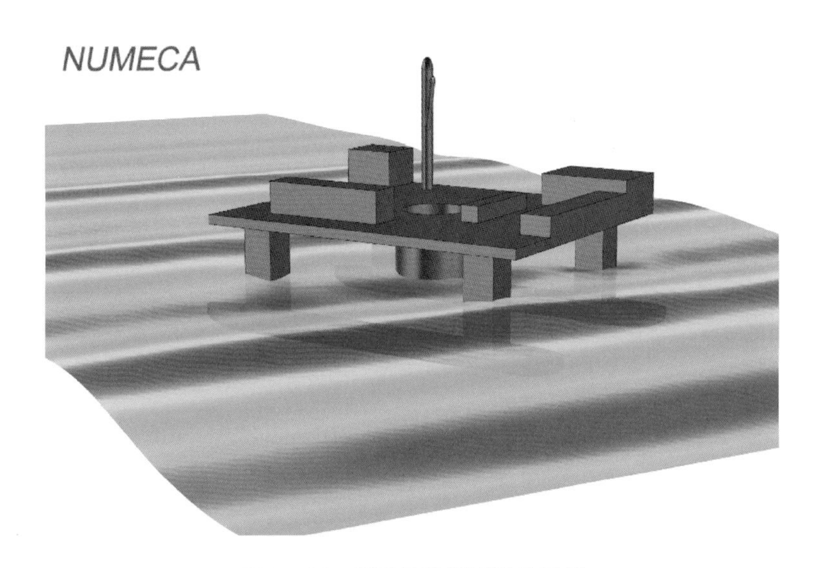

图 5－37　标量场数据可视化示例

1）二维平面可视化

二维可视化的方法主要是运用散点图。用来对数据进行一一对应的颜色标识称为色标(ColorBar)。彩色剖面的生成，首先需要对标量场的采样点插值、网格化，形成规则格网，则每个格网点上都有对应的数据属性值。绘制剖面时，每个像素点上的颜色值由所在网格的四个顶点的数据属性值插值得到像素点对应数据属性值，再用属性值参照色标进行颜色映射，最终确定该像素点显示的颜色值。温度可视化如图 5－38 所示。

图 5-38 温度可视化示意图

等值线是数据场中数值相等的各点连成的一条或多条平滑曲线，常见的有等温线、等压线、等高线、等势线等，如图 5-39 所示。具体绘图过程如下：它对不规则的一些点进行处理，使其规则；确定等值点位置；连接所有等值点，绘制等值线；等值线的渲染，用等值线光滑处理、添加标注、辅以彩色映射的方式显示数据大小等。目前等值线绘制的算法主要有 2 种：一是等值线追踪；二是通过四边形三角函数来生成等值线的算法。

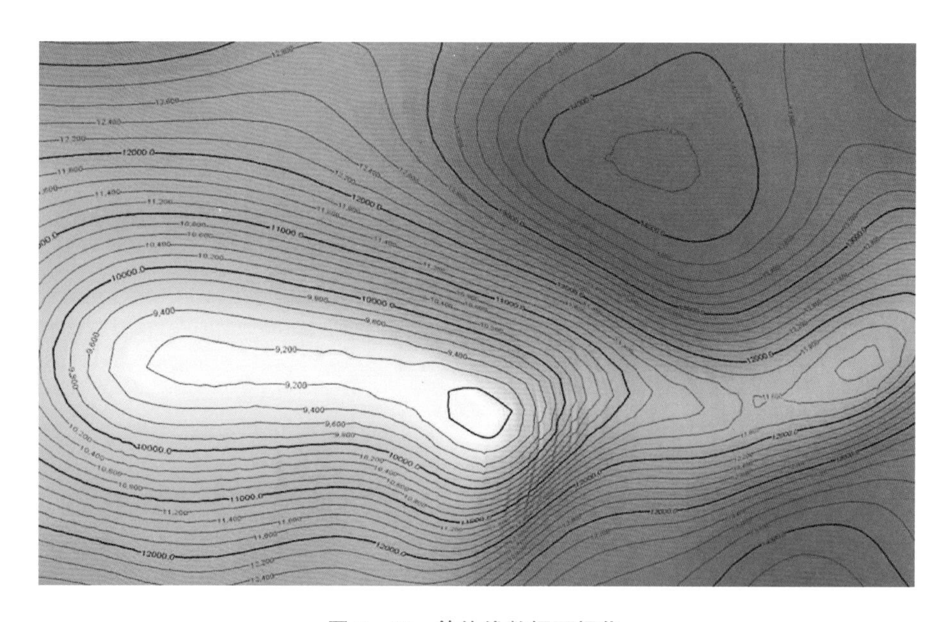

图 5-39 等值线数据可视化

2）空间三维面绘制可视化

空间三维面绘制可视化方法是用空间三维曲面对数据进行表现，主要应用方向有 2 类：一类是从数据体中抽取特征相关的数据，基于这些特征数据绘制曲面，并用曲面表达特征，如等值面绘制；另一类是将数据的属性类比地形的高程属性，利用数字高程模型(DEM)的方法对海洋数据构建规则格网，并规定相关的颜色映射规则对海洋数据进行可视化，以达到三维仿真效果，典型应用如三维云图可视化。

(1) 等值面绘制。等值面绘制是有效的特征提取方法，该方法主要通过对三维标量场中具有相同场量值的等值曲面进行提取，从而有效地展示三维标量场的局部轮廓信息。等值面绘制算法主要有直接绘制模型(Cuberille)、面跟踪算法(Surface Tracking)、MC(Marching Cubes)提取方法、MT(Marching Tetrahedra)提取方法等。其中MC提取方法原理简单，易于实现，是三维数据等值面生成的经典算法，目前各个可视化领域的等值面提取多采用该方法。

MC等值面提取方法指的是以体元为单位提取体元内的近似等值面，对场数据进行遍历生成各个六面体体元的近似等值面，各体元的等值面连接成的曲面为该标量场的等值面。在体元内提取近似等值面的方法是，根据体元各顶点上的属性数据值在六面体各边插值出等值点，连接各等值点形成多变性，则为该体元的近似等值面。

(2) 三维曲面映射绘制。在进行曲面绘制时，首先给标量场的相关采样点画成网格，网格上面又会有不同的三角面片，根据数据的不同，对三角面片进行渲染，则能将平面的规则格网拉伸成空间三维曲面。根据标量场属性变量的实际物理意义不同，映射的方式不同。

3) 体绘制可视化

体绘制可视化是最常用的方法，是指通过对人体的感知和视觉进行仿真，建立相关模型，并进行一系列的处理，使其能在显示器上呈现出一定的三维效果。一些不规则的数据使用这种方法可以使其内部信息能够得到直观的、整体的展示。体绘制技术的优点是可以呈现物体的整体状态及其内部结构，但其缺点是数据存储量大、计算时间较长。该绘制方法的具体过程如下：

(1) 数据处理。对实测获得的或者计算机模式分析产生的海洋数据进行无效值剔除、插值等处理，并以恰当方式将数据组织成体数据，使数据适用于绘制方法。

(2) 对体数据进行重采样获取采样点上的属性值。

(3) 数据值与颜色值的映射。根据一定的颜色映射规则将属性值换算成对应的颜色值，在体绘制中颜色映射主要通过传输函数实现。

(4) 颜色合成。根据光照模型对所有采样点的颜色值进行累计，获得最终屏幕上显示的图像。这种绘制方法中光线投射算法最为重要和通用。

5.3.2　矢量场可视化方法

如图5-40所示，矢量场数据是指数据所代表的物理量是矢量，既有大小，又有方向，有二维的，也有三维的，如海洋风场数据、海洋流场数据等。海洋矢量场可视化方法主要有点图标法、矢量线法、纹理映射法等。

(1) 点图标法。点图标法是矢量场可视化方法中最简单、最易于实现的方法，其思想是针对数据场中的每个采样点，针对矢量场的大小、方向两个属性。点图标法中常用的图

图 5-40　矢量场数据可视化示例图

标是矢量箭头,可用箭头的方向映射矢量场采样点的方向,用箭头的颜色或长度映射采样点处属性值的大小。

点图标法能较好地表现出采样点的大小和方向,且易于实现。但缺点也较为明显,当采样点较为密集时,逐点进行图表化会使图像显得杂乱,不能很好地表达场的信息;图标化的采样点过少,又不能准确反映整个矢量场的状态。

(2) 矢量线法。矢量线法是用线型几何来表达矢量场的方法,这些几何线条包括流线、迹线等场线。根据各类场线的物理意义,从矢量场中抽取线数据,通过处理如平滑处理等,从而进行绘制。得益于线条的连续性优势,矢量线法能够较流畅地表现矢量场,表达出矢量场的连续性。

海洋装备数字化工程

第 6 章　海洋装备产品数据全生命周期管理

海洋装备产品数据生命周期管理(marine product data life-cycle management, MPLM)是指从海洋装备产品需求、设计、生产制造到产品报废的全历程数据管理。海洋装备制造涉及的每个学科都有专门的工具来创建各种图纸、3D模型、仿真数据、制造计划等,需要有完善的体系管理上下文信息和数据。MPLM被认为是一种海工制造先进协作平台,作用体现在以下几个方面:

(1) 数据管理标准化,形成企业的基础信息设施;

(2) 在制造企业的内部和外部,实现基于数字量传递的高效协作模式;

(3) 全过程的工作流监控和进度跟踪,提升准时交付能力;

(4) 实现质量追溯、提升质量工程水平。

由于MPLM涉及的范围相当宽泛,受篇幅限制,本书描述重点偏向于产品数据集成——基于BOM的MPLM,在本章最后部分将介绍国外装备制造业采用的基于OSLC的生命周期开放服务技术。

6.1 海洋装备产品全生命周期数据管理框架

PLM是产品全生命周期管理,而PDM是产品数据管理。PDM是一门用来管理所有与产品相关信息(包括零件信息、配置、文档、CAD文件、结构、权限信息等)和所有与产品相关过程(包括过程定义和管理)的技术。

海洋装备产品全生命周期管理的主要包括研发、协作和控制,通过三者的配合来完成对研发、设计、制造、运维等数字化产品价值链的优化和更新。MPLM是以设计数据为源头传递信息的也是MBD的起点,其中设计-加工制造-装配搭载这三个阶段占据全生命周期的主要部分。在全生命周期的后半部分,包括测试、运维数据可以反馈给设计阶段,形成信息集成的闭环,如图6-1所示。MPLM是连接CAD/CAPP与ERP的核心,它管理与产品相关的"信息(ERP)"和"过程(CAD/CAPP)"技术,承接着由"过程(CAD/CAPP)"技术向"信息(ERP)"转化、"信息(ERP)"向"过程(CAD/CAPP)"技术转化的重要中间过程,统一的平台实现了双向无缝数据传输,避免了大量冗余数据的产生。

文档管理、流程与工作流管理、产品结构管理(BOM)、零部件管理在全生命周期过程中反馈使用、迭代优化正是MPLM的内涵,如图6-2所示。

海洋装备产品全生命周期管理技术架构简化为三个部分:PDM内核(包含各个过程的数据集、工作流引擎以及与PDM建模相关的框架和模板)、PDM模型(包括产品模型和过程模型)和PDM与全生命周期的接口和服务层(负责将数据传递到各个阶段),如图6-3所示。

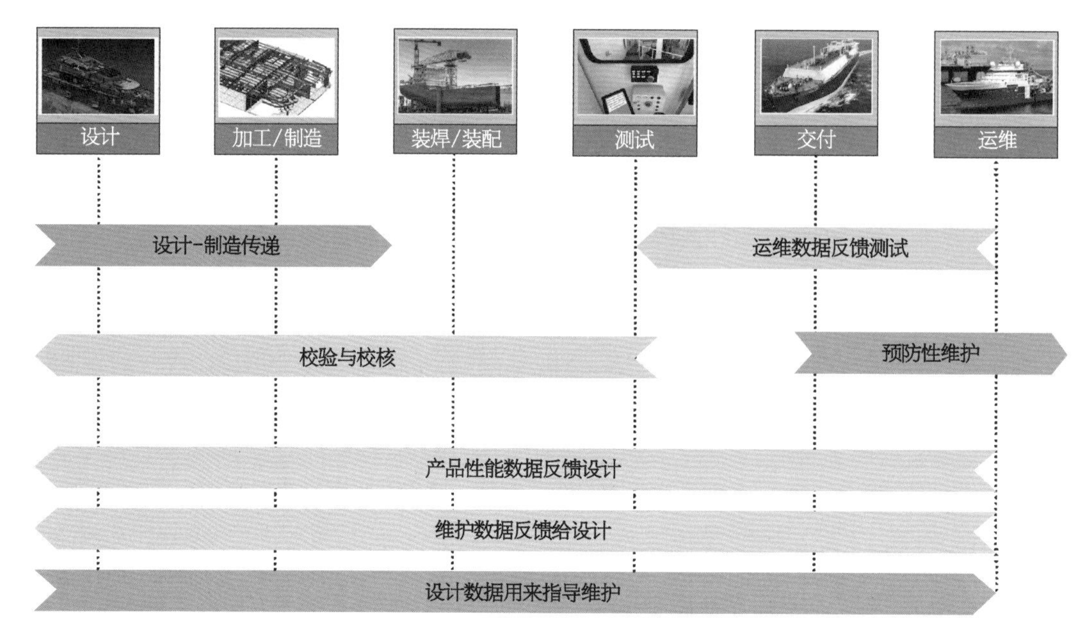

图 6-1　全生命周期数据的作用范围

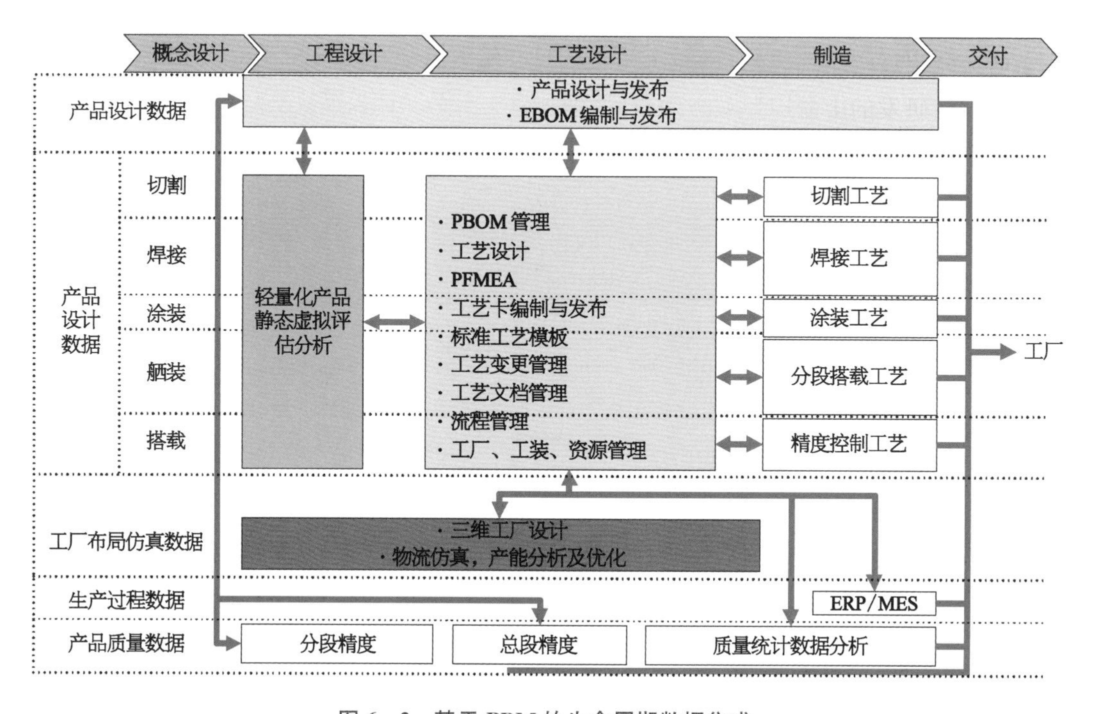

图 6-2　基于 PDM 的生命周期数据集成

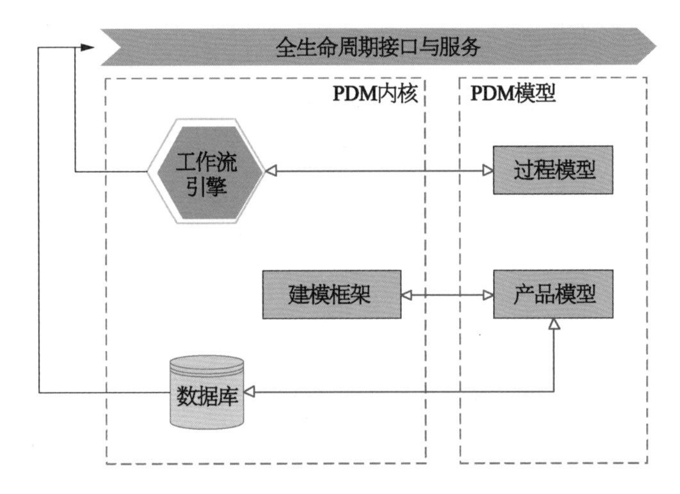

图 6－3　海洋装备产品全生命周期管理体系简化架构

6.2　海洋装备产品全生命周期 BOM 管理

前文介绍过产品的研发过程是从 MBD 过渡到 MBE，其本质是以 MBD 为统一数据，流转在产品研发的生命周期中形成价值链的过程。针对海洋装备产品的研发，为实现这一目标，需要实施基于 MBD 的系统工程、研发流程的数字化和标准化。因为 MBD 是整个组织内部研发流程整合的一种方式，而不仅仅是具体的实现技术，如图 6－4 所示。

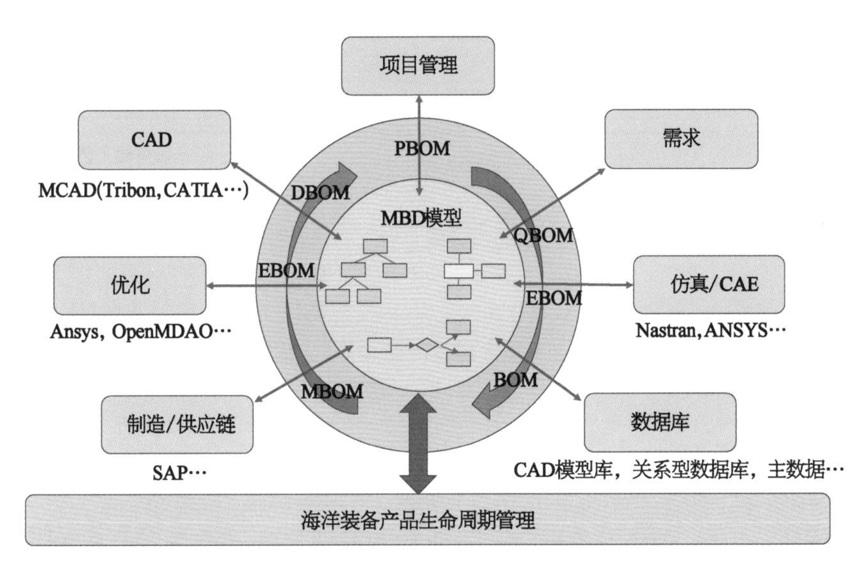

图 6－4　基于 MBD 的全生命周期集成与管理

目前传统制造企业信息集成普遍采用物料清单(bill of material, BOM)来组织,所谓BOM是指制造产品所需的零件、物品、组件和其他材料的综合清单,以及收集和使用所需物料的说明。BOM可以理解为创造最终产品的组成关系和物料清单,其解释了所需材料的内容、方式和地点,并包括如何订购的各种零件组装产品的说明。所有制造产品的制造商,无论其行业如何,都要从创建BOM开始,MBD作为统一数据,BOM是其中核心的信息之一。

大部分海洋装备产品项目是一个依靠采购、内部资源竞争激烈、工艺约束严格、交货期明确、单件小批量的项目。生产过程中对物料信息的管理非常严格,根据物料清单进行采购物料来安排生产。这里的物料有着广泛的含义,指海洋装备产品中所涉及的最终交付品、半成品、在制品、原材料、配套件、协作件和易耗品等与生产有关的物料的统称,如图6-5所示。这些物料的提前采购日期应根据生产日期和采购日期确定,如果太早,增加库存成本;如果太晚,会影响开始日期,从而延迟交货、装运日期。因此,BOM是设计中的核心,在不同阶段将发生不同演变,对其进行有效管理是实现MBE的基础。

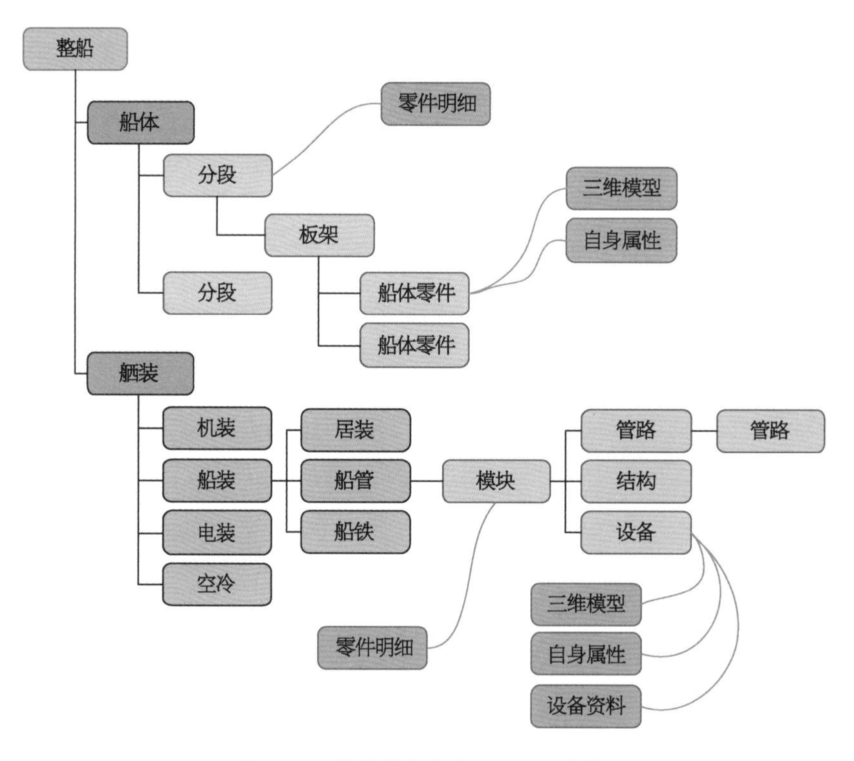

图6-5 海洋装备产品BOM示意图

海洋装备产品制造的全生命周期过程中涉及多种信息,主要有客户订单信息、装配选择信息、生产准备信息、采购计划信息、辅助材料信息、物流跟踪信息、追溯任务信息、成本信息计算、成本信息变更等。如今BOM不再是图纸中的零件清单,而是关于产品和所有相关零件的语义连接信息,引入BOM对海洋装备产品生产管理带来巨大作用,主要见表6-1。

表6-1　BOM在企业中的作用

所在流程	BOM功能描述
管理系统标识物料的依据	BOM可作为制造商创建特定产品所需的所有材料和零件（几乎每个项目）的完整列表。BOM不仅需要包括原材料，还包括任何子装配、子组件和零件以及每个零件的精确数量
编制计划的依据	物料计划根据BOM来进行设计和统计，BOM中的每个零件或组件都必须接收一个数字或排名，以说明它适合BOM层次结构的位置。这使得任何人都可以更轻松地理解BOM
配套和领料的依据	BOM应为每个项目分配一个零件号，这允许参与制造周期的任何人立即参考和识别零件。为避免混淆，每个部件必须只收到一个部件号
进行加工过程跟踪	BOM记录每个部件的生命周期阶段。对于完成过程的部分，使用诸如“生产中”“未发布”或“设计中”可用于尚未批准的部件
采购和外协的依据	记录了指定每个装配中使用的每个零件的数量，以便BOM用作准确的采购工具
进行成本的计算	物料清单必须指定用于量化零件或材料的度量单位。可以使用诸如“每个”“毫米”“米”“立方米”和类似的数量标识符之类的术语。此信息有助于确保购买正确的数量并将其交付到装配线
作为报价参考	每个零件应标识为现成购买或根据项目规格制造的零件，并作为生产要素成本统计的基础
进行物料追溯	在BOM中包含产品制造和包装的整个生命周期中所需的所有信息。通过BOM列表进行索引，可以回溯物料
使设计系列化，标准化，通用化	海洋装备BOM用来记录企业制造过程中最重要的基础数据，包括海洋装备产品整个生命周期中用到的所有产品数据，海洋装备制造企业的设计部门、生产部门、计划生产部门、维修部门等部门用到的数据都是以海洋装备BOM为基础，从海洋装备BOM中演变而来。海洋装备BOM在海洋装备制造企业的各个部门信息交流中起到重要的枢纽作用。由于海洋装备BOM包含的信息除了必要的产品结构外，还有海洋装备建造过程中各个部门的产品数据，数据种类很多，通过对海洋装备引入BOM管理机制，可更好地维护海洋装备产品生命周期中BOM信息数据的正确性、完整性和一致性，使得海洋装备建造行业能够有条不紊进行生产管理

智能制造将依赖于新型的工业软件将数据转化为业务优势的能力，软件工具需要实时协作和网络数据管理系统，以满足工程师、制造和供应链的要求。与此同时，数字化转型首先在管理物料清单方面面临新的挑战。过去，拥有设施和/或建立制造车间是制造业成功的最基本要求。今天，将不再需要拥有一个大型制造工厂，而可以通过网络管理供应商和承包商来“远程”制造产品。与此同时，在分布式制造环境中工程师和其他人面临着如何在制造网络的多个节点上管理物料清单，确保产品在交付时的质量、成本和准备情况。

高效而简洁的BOM管理和配置是成功管理大型海洋装备产品研发和生产的关键，也是实现MBSE、MBD的基础工作。产品为了保证竞争力而不断地创新和迭代，生产管理会日益复杂，BOM的管理随之变得更加困难，需要有完备的前期设计规划和精准的协调，才能满足客户的需求。与此同时，还要和不同的制造、服务以及合作伙伴保持联系。所有这些都意味着产品定义的广度和深度在不断地变化和扩展，可配置、柔性的BOM可以快速实现 MBD 传递。

海洋装备产品生产企业实施 BOM 难度很大：

(1) 基于 BOM 的业务认知。企业对 BOM 管理的认知程度和价值认可，决定了企业级 BOM 实施的力度。

(2) 实施 BOM 会对企业业务产生巨大的冲击和影响。在实施企业层级的 BOM 解决方案时，会对企业所有人员、项目和部门产生影响，需要用户适应和学习不同的流程和软件，牵涉面广泛。

(3) 企业将面临管理规范或技术规范重构考验。大部分海工生产企业数据基础不好，结构化程度不高，数据大量冗余，存在多个遗留应用系统，在软件和管理层面的规范和标准化是比较困难的，往往需要有一个接受的过程。

6.2.1 海洋装备产品集成化 BOM 管理

海洋装备产品经过设计、工艺制造设计、生产制造三个阶段，涉及几个主要的 BOM：工程 BOM、计划 BOM、制造 BOM。

工程 BOM(engineering BOM, EBOM)：指产品工程设计管理中使用的数据结构，它通常精确地描述了产品的设计指标和零件与零件之间的设计关系。对应文件形式主要有产品明细表、图样目录、材料定额明细表、产品各种分类明细表等。工程 BOM 虽然一般用于试产，是用于研发设计的，并非正式的。但海洋装备企业为了提前采购，保证计划执行，EBOM 的部分已用于采购。EBOM 是其他 BOM 的基础，并在此基础之上再设计而成。

计划 BOM(plan BOM, PBOM)：工艺工程师根据工厂的加工水平和能力，对 EBOM 再设计。它用于工艺设计和生产制造管理，以明确地了解零件与零件之间的制造装配关系，跟踪零件是如何制造出来的，在哪里制造、由谁制造、用什么制造等。

制造 BOM(manufacturing BOM, MBOM)：生产部门的 MBOM 是在 EBOM 的基础上，根据产品装配要求重构的，包括加工零部件 BOM 和按工艺要求的原材料、模具、卡具等。对应常见文本格式表现形式包括工艺路线表、关键工序汇总表、重要件关键件明细表、自制件明细表、通用件明细表、通用专用工装明细表、设备明细表等。制造 BOM 信息来源一般工艺部门编制工艺卡片上内容，但是要以 EBOM 作为基础数据内容。

EBOM 是站在设计角度，而 MBOM 是站在制造角度，在 PDM 或 PLM 系统中，主要是在 EBOM,PBOM 和 MBOM。根据类别细分，还有其他的 BOM 定义，见表 6－2。

表 6－2 海洋装备产品 BOM 种类及作用

种类	作用
DBOM	设计 BOM(design BOM)，它主要反映了产品的设计结构和材料项目的设计性能，是设计部门的对 BOM 的要求，是产品的总体信息，常见表现形式包括产品明细表、图样目录、材料定额明细表等。设计结构决定了海洋装备产品需要哪些部件，以及这些部件所看到的结构组成关系。材料项目的设计特性是海洋装备产品功能要求的具体性能要求，如重量要求、寿命要求和外观要求。虽有细微区分，但 DBOM 和 EBOM 经常是通用的

（续表）

种　类	作　　用
CBOM	成本 BOM(costing BOM)，当企业定义了零件的标准成本、建议成本、现行成本的管理标准后，系统通过对 PBOM 和加工设备使用生成 CBOM，它用于制造成本控制和成本差异分析
SBOM	销售 BOM(sale BOM)是按用户要求配置的产品结构部分。常见表现形式包括基本件明细表、通用件明细表、专用件明细表、选装件明细表、替换件明细表、特殊要求更改通知单等。在某些行业，对销售 BOM 提出了更高的要求，要求每个 BOM 可以跟踪每批订单在全生命周期内的物料信息，而且每个客户订单都有一个唯一的或者是根据订单产品种类确定的几个销售 BOM。海洋装备企业往往有船东派驻，SBOM 是他们的关注点

海洋装备生产存在动态性，这就要求海洋装备 BOM 也能够满足其动态性，这种动态性是一种增量性的要求，即对于海洋装备 BOM 进行增量更新。这种更新指的是在确定规范要求下，对于发生变化的数据进行整合。海洋装备 BOM 的增量更新主要包含两个方面的内容：图纸完善和图纸修改。图纸改进意味着增加新的分段图纸信息；图纸修改是指海洋装备企业由于某种原因对原有图纸做出修改，进而改变原图纸。由于海洋装备建造过程链路长，数据种类多，对海洋装备 BOM 的影响呈现“长尾效应”。海洋装备 BOM 的动态性使得所有海洋装备 MBD 模型也体现了动态性，如果使用的方法对于海洋装备生命周期中 BOM 信息数据无法维护其准确性、完备性和统一性，这就会造成制造过程的管理混乱。例如各部门维护自己的独立 BOM 定义会招致诸多后果，数据不一致，无法全面了解更改带来的影响，协调系统间的信息浪费大量时间，代价高昂。因此，如图 6－6 所示，需要有灵活的 BOM 管理策略为所有与 BOM 互动的人员提供准确的统一产品定义，以合理方式查看统一的产品定义并展开互动，保证海洋装备产品生命周期中各种 BOM 数据的准确性、完备性和统一性。

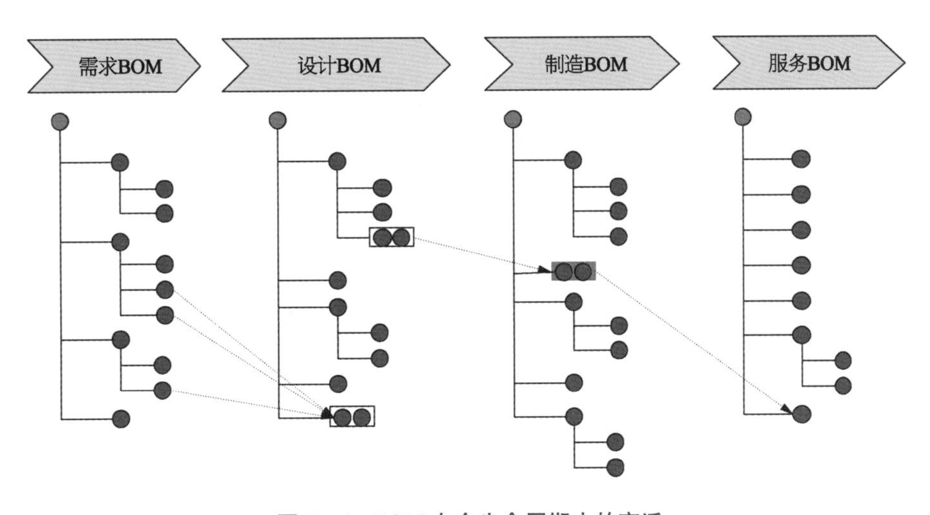

图 6－6　BOM 在全生命周期中的变迁

良好的BOM应包含以下基本要素：

(1) 物料清单级别：物料清单中的每个零件或组件都必须接收一个唯一层级标识，以说明它适合BOM层次结构的位置。

(2) 零件号：BOM应为每个项目分配一个零件号，允许参与制造周期的任何人立即参考和识别零件。为避免混淆，每个部件必须只收到一个部件号，目前标识解析体系在多个行业展开应用。

(3) 零件名称：每个零件，材料或装配体还应包含一个详细、唯一有工程语义的名称，允许任何人轻松识别零件，而无须参考其他来源。

(4) 阶段：确保记录BOM中每个部件的全生命周期阶段。例如，对于完成过程的部分，可以使用诸如“生产中”之类的术语或使用版本号，这些术语在新产品推出期间特别有用，因为它们可以轻松地跟踪进度。

(5) 描述：必须包含对每种材料或部件的全面、丰富的描述。此描述可帮助识别零件并区分相似的零件和材料，逐渐在采用XML方式。

(6) 数量：必须指定每个装配中使用的每个零件的数量，以便BOM用作准确的采购工具。

(7) 计量单位：物料清单必须指定用于量化零件或材料的度量单位。可以使用诸如“每个”“厘米”“米”“千克”和类似的数量标识符之类的术语。此信息有助于确保购买正确的数量并将其交付到生产一线。

(8) 采购类型：每个零件应标识为现成购买或根据项目规格制造的零件。

(9) 参考标志：当产品包括工艺步骤时，BOM应该有参考标志，详细说明零件如何加工和装配。

(10) BOM备注：确保包含将使用BOM的人员所需的任何其他信息。

6.2.1.1 海洋装备产品EBOM管理

EBOM主要由设计部门维护，包含的是产品的设计与工程信息，其格式如图6-7所示。

随着海洋装备产品变得“更智能”和更复杂，跨域管理完整的产品EBOM变得更具挑战性。尤其是产品研发工程师使用各种MCAD、ECAD，软件开发和仿真工具属于不同的供应商，而且在不同的位置工作。因此，需要统一使用数据管理方法，通过使用MCAD、ECAD，软件开发和仿真工具的深度集成，可提供跨域EBOM管理。使用单一、安全的EBOM数据源在世界各地的设计中心管理、查找、共享和重复使用多域数据，可以了解产品所有可能配置中不同设计域的组件之间的复杂关系和依赖关系。即使其关系发生了变化，也可以将产品定义中已断开连接的部分转换为单个跨域EBOM定义。

(1) ECAD设计数据管理。支持与所有主要CAD系统的集成。设计数据管理功能使工作人员能够快速找到正确的数据。企业范围的CAD零件库管理通过消除不一致和不准确的CAD零件数据来降低成本。CAD查看器、CAD版本工具可以促进域内和域之间以及组织功能之间的密切协作。

(2) MCAD的多CAD设计管理。研发设计团队通过支持多CAD的数据管理系统

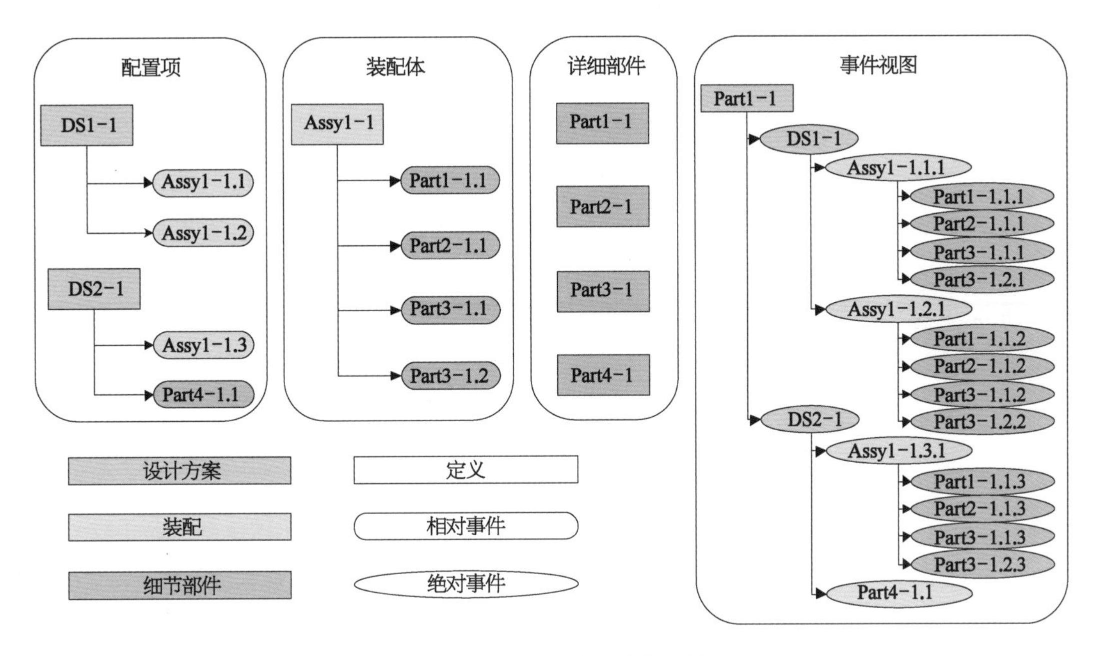

图 6-7　EBOM 的组成与结构

可以跨 MCAD 系统创建、管理、可视化、验证和重复使用统一的 MBD 模型，包括 AutoCAD、CATIA 等。通过 JT 三维可视化标准，来自不同 MCAD 工具的模型都可以被研发和设计人员集成在一起。

（3）模拟仿真数据和流程管理。通过模拟多域和多物理问题来验证性能目标。对于复杂产品，工作人员可以使用数十或数百种不同的仿真工具来验证性能目标并验证，并将结果捕获回，确保它们与原始数据相比对。

6.2.1.2　海洋装备产品 MBOM

从 EBOM 到 MBOM 是 BOM 演化的核心阶段，涉及 BOM 结构重组，这不是一个很容易的过程，不仅包括 BOM 中间层级的移除处理，还涉及三个重要的管理。

1）标准工序库管理

将生产过程中的通用，高复用的工序归纳为基础工序库（标准工序库），包括：

（1）对基础工序实现标准编码和命名管理；

（2）标准工序可被物料、MBOM，以及产品工艺流程进行引用；

（3）通过标准工序号，可将产品工艺流程、MBOM、物料实现关联管理。

2）产品工艺流程管理

通过工艺流程对象管理一个具体产品的相关工艺数据，包括：

（1）通过工艺组管理一个产品涉及的多个工艺子流程，包括产品（后道）工艺流程、前道工艺流程、部件（后道）工艺流程。

（2）产品工艺流程的工序从标准工序库引用与拓展；

（3）实现产品工序和 BOM 中物料的关联管理；

(4) 管理工艺流程和工艺资源、设备程序的关联与链接。

3) 工艺资源管理

(1) 通过工序类型管理适合某种型号设备的工艺资源;

(2) 管理工艺资源库,与 MES 系统实现工艺资源和设备资源的同步。

如图 6-8 所示,工艺流程图在 MBOM 系统以结构化工艺数据呈现,以工艺流程组织的工序、工艺资源、软件程序可通过接口传递给 MES 系统支持生产过程。MBOM 系统管理的工艺资源类型包括工装、设备、程序。这些工艺资源通过工艺资源库进行统一组织。在产品工艺流程中,每道产品工序可根据实际生产设备选用不同的工艺资源。MBOM 系统作为数据生产系统,实现 MBOM、工艺流程的生成和更改管理,包括数据的录入、组织、关联,数据的发布和变更管理。如图 6-9 所示是一个真实的 MBOM 表。

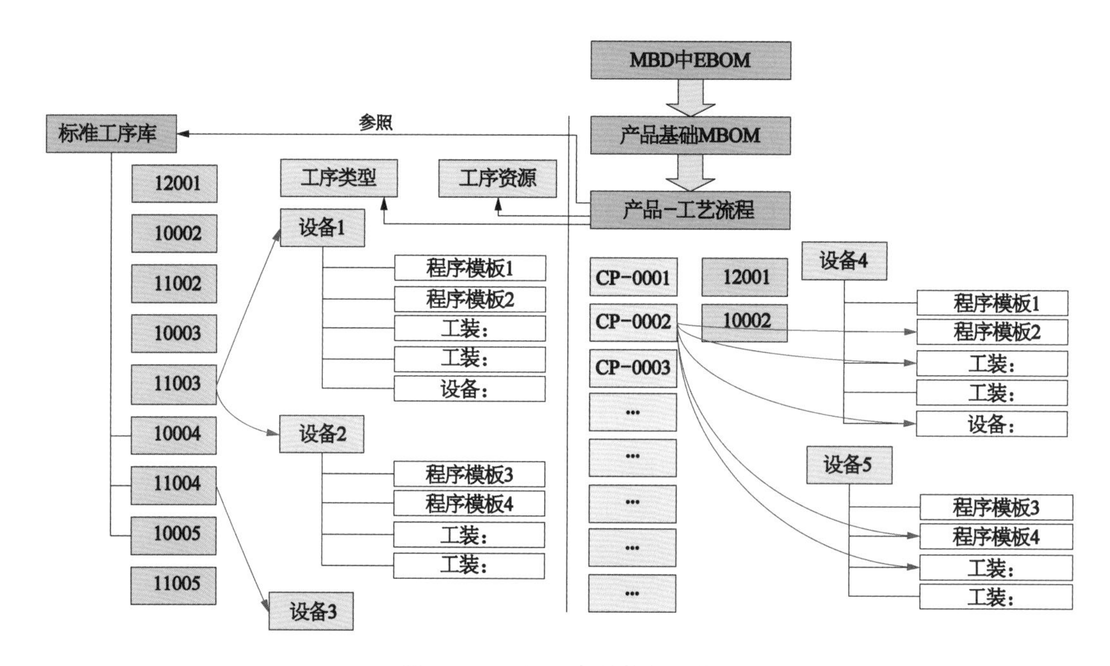

图 6-8 MBOM 与结构化工艺

6.2.1.3 BOP 与 MBOM 桥接

工艺清单(bill of process, BOP)是工程 EBOM 和 MBOM 应用集成后派生结果,其中,EBOM 从设计的角度描述了产品中各组成部分的组成关系和材料项的设计性能。MBOM 是生产时的产品结构,描述了产品的实际装配结构和制造过程。BOP 结构表达了实际装配过程的时序和层次,如图 6-10 所示。

BOP 主要强调生产过程及其顺序、各工艺步骤的规格和参数。多种物料清单需要通过软件进行桥接,配置彼此间独立的产品 BOP 和工厂 BOP,并将其关联到制造 BOM。

产品 BOP 包含构建产品所需的操作与资源的组件、子装配和工艺方法。工厂 BOP 包含车间和生产单元,以及可在特定生产单元上执行的操作列表。该功能可以在构建产

<table>
<tr><th rowspan="2">No</th><th colspan="2">Cut DWG NO.</th><th>T1</th><th>T2</th><th>B1</th><th>B2</th><th>L</th><th>Class1</th><th>Class2</th><th>Class3</th><th>Material</th><th>Unit</th><th>Unit WT</th><th>QTY</th><th>BOM DT</th><th>Est. Line</th></tr>
<tr><th>组</th><th>页</th><th colspan="3">材料代码</th><th colspan="3">POR NO.-Line</th><th colspan="8">描述与规格</th></tr>
<tr><td rowspan="2">1</td><td rowspan="2">APR</td><td rowspan="2">1</td><td>12.0</td><td>0.0</td><td>1.50</td><td>90</td><td>9000</td><td>LR</td><td></td><td></td><td>A</td><td>PC</td><td>193.5</td><td>1</td><td>2007.08.20</td><td>1</td></tr>
<tr><td colspan="3">SSUAA0150G090</td><td colspan="3">3200703001-1</td><td colspan="8">不等边角钢</td></tr>
<tr><td rowspan="2">2</td><td rowspan="2">APR</td><td rowspan="2">2</td><td>12.0</td><td>0.0</td><td>1.50</td><td>90</td><td>9000</td><td>LR</td><td></td><td></td><td>A</td><td>PC</td><td>193.5</td><td>1</td><td>2007.08.20</td><td>1</td></tr>
<tr><td colspan="3">SSUAA0150G090</td><td colspan="3">3200703001-1</td><td colspan="8">不等边角钢</td></tr>
<tr><td rowspan="2">3</td><td rowspan="2">APR</td><td rowspan="2">3</td><td>12.0</td><td>0.0</td><td>1.50</td><td>90</td><td>9000</td><td>LR</td><td></td><td></td><td>A</td><td>PC</td><td>193.5</td><td>1</td><td>2007.08.20</td><td>1</td></tr>
<tr><td colspan="3">SSUAA0150G090</td><td colspan="3">3200703001-1</td><td colspan="8">不等边角钢</td></tr>
<tr><td rowspan="2">4</td><td rowspan="2">APR</td><td rowspan="2">4</td><td>12.0</td><td>0.0</td><td>1.50</td><td>90</td><td>9000</td><td>LR</td><td></td><td></td><td>A</td><td>PC</td><td>193.5</td><td>1</td><td>2007.08.20</td><td>1</td></tr>
<tr><td colspan="3">SSUAA0150G090</td><td colspan="3">3200703001-1</td><td colspan="8">不等边角钢</td></tr>
<tr><td rowspan="2">5</td><td rowspan="2">APR</td><td rowspan="2">5</td><td>12.0</td><td>0.0</td><td>1.50</td><td>90</td><td>9000</td><td>LR</td><td></td><td></td><td>A</td><td>PC</td><td>193.5</td><td>1</td><td>2007.08.20</td><td>1</td></tr>
<tr><td colspan="3">SSUAA0150G090</td><td colspan="3">3200703001-1</td><td colspan="8">不等边角钢</td></tr>
<tr><td rowspan="2">6</td><td rowspan="2">APR</td><td rowspan="2">6</td><td>12.0</td><td>0.0</td><td>1.50</td><td>90</td><td>9000</td><td>LR</td><td></td><td></td><td>A</td><td>PC</td><td>193.5</td><td>1</td><td>2007.08.20</td><td>1</td></tr>
<tr><td colspan="3">SSUAA0150G090</td><td colspan="3">3200703001-1</td><td colspan="8">不等边角钢</td></tr>
<tr><td rowspan="2">7</td><td rowspan="2">APR</td><td rowspan="2">7</td><td>12.0</td><td>0.0</td><td>1.50</td><td>90</td><td>9000</td><td>LR</td><td></td><td></td><td>A</td><td>PC</td><td>193.5</td><td>1</td><td>2007.08.20</td><td>1</td></tr>
<tr><td colspan="3">SSUAA0150G090</td><td colspan="3">3200703001-1</td><td colspan="8">不等边角钢</td></tr>
<tr><td rowspan="2">8</td><td rowspan="2">APR</td><td rowspan="2">8</td><td>12.0</td><td>0.0</td><td>1.50</td><td>90</td><td>9000</td><td>LR</td><td></td><td></td><td>A</td><td>PC</td><td>193.5</td><td>1</td><td>2007.08.20</td><td>1</td></tr>
<tr><td colspan="3">SSUAA0150G090</td><td colspan="3">3200703001-1</td><td colspan="8">不等边角钢</td></tr>
<tr><td rowspan="2">9</td><td rowspan="2">APR</td><td rowspan="2">9</td><td>12.0</td><td>0.0</td><td>1.50</td><td>90</td><td>9000</td><td>LR</td><td></td><td></td><td>A</td><td>PC</td><td>193.5</td><td>1</td><td>2007.08.20</td><td>1</td></tr>
<tr><td colspan="3">SSUAA0150G090</td><td colspan="3">3200703001-1</td><td colspan="8">不等边角钢</td></tr>
<tr><td rowspan="2">10</td><td rowspan="2">APR</td><td rowspan="2">10</td><td>12.0</td><td>0.0</td><td>1.50</td><td>90</td><td>9000</td><td>LR</td><td></td><td></td><td>A</td><td>PC</td><td>193.5</td><td>1</td><td>2007.08.20</td><td>1</td></tr>
<tr><td colspan="3">SSUAA0150G090</td><td colspan="3">3200703001-1</td><td colspan="8">不等边角钢</td></tr>
</table>

图 6-9　某海洋装备产品 MBOM 报表

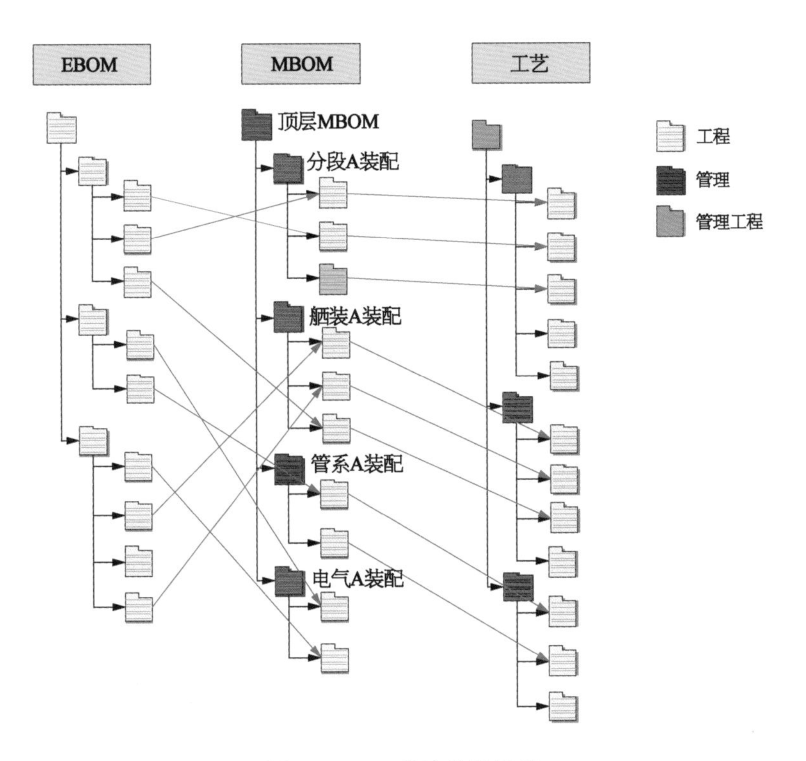

图 6-10　工艺清单的管理

品时，将以产品为中心的视图（产品 BOP）与以工厂为中心的视图（工厂 BOP）进行关联，同时在整个制造规划过程中遵循修订，维持与 MBOM 之间的重要联系。

6.2.2 BOM 演变

在海洋装备产品产品生命周期中，BOM 的形成和变化大致会经历以下复杂的过程，如图 6-11 所示。

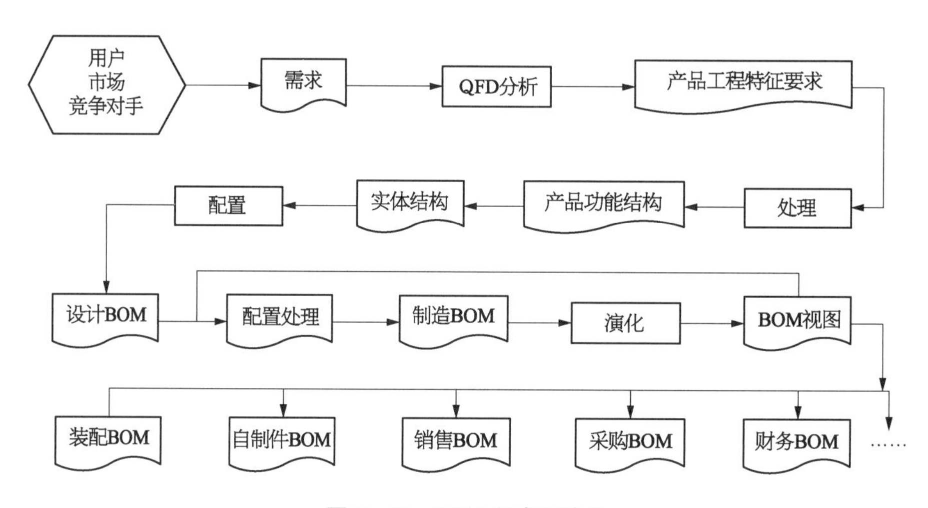

图 6-11 BOM 形成和演化

在多物料清单管理的解决方案中，第一种方法是建立多个物料清单，使这些物料清单之间存在一定的关系；第二种方法是只建立一个或少量的物料清单。此类物料清单通常很大，包含更多信息。多视图是一种管理方法，主要用于表示多个物料清单的。第三种是混合方法，它使用多个物料清单，并且在物料清单上应用过滤条件来生成不同的视图。在构建大型 BOM 的过程中，如果对其选取不同的筛选条件，并通过其产生不同的视图，那就可以转换 BOM。随着 BOM 的不断发展，BOM 越来越难以管理，特别是产品所涉及的专业和供应链变得越来越复杂，产品生命周期也越来越动态变化。如果单纯地使用多个 BOM 管理多个业务，而弱化视图的概念，就会产生转换的问题，这个转换的问题在于我们如何定义多个物料清单之间的连接。如果一个物料清单和另一个物料清单之间存在数据连接，可以轻松地将一个物料清单或视图转换为第二个物料清单或视图。通常而言，数据同步的驱动和管理主要是由产品的研发和制造生产和维护服务流程所决定。BOM 之间的演变和 BOM 数据在不同 BOM 之间的传递和演变，都是由发布流程和更改流程来决定，而这也是跟海洋装备产品装备制造的水平集成相关，如图 6-12 所示。

6.2.2.1 EBOM 的形成

海洋装配产品的 EBOM 是根据订单、根据客户需求来确定产品工程特性要求，采用质量功能配置（QFD）方法，把对产品主观的、模糊的需求转化为清晰的工程特性要求。对产品进行功能分析和功能配置，得到产品的功能结构。EBOM 给出能够实现功能的基本

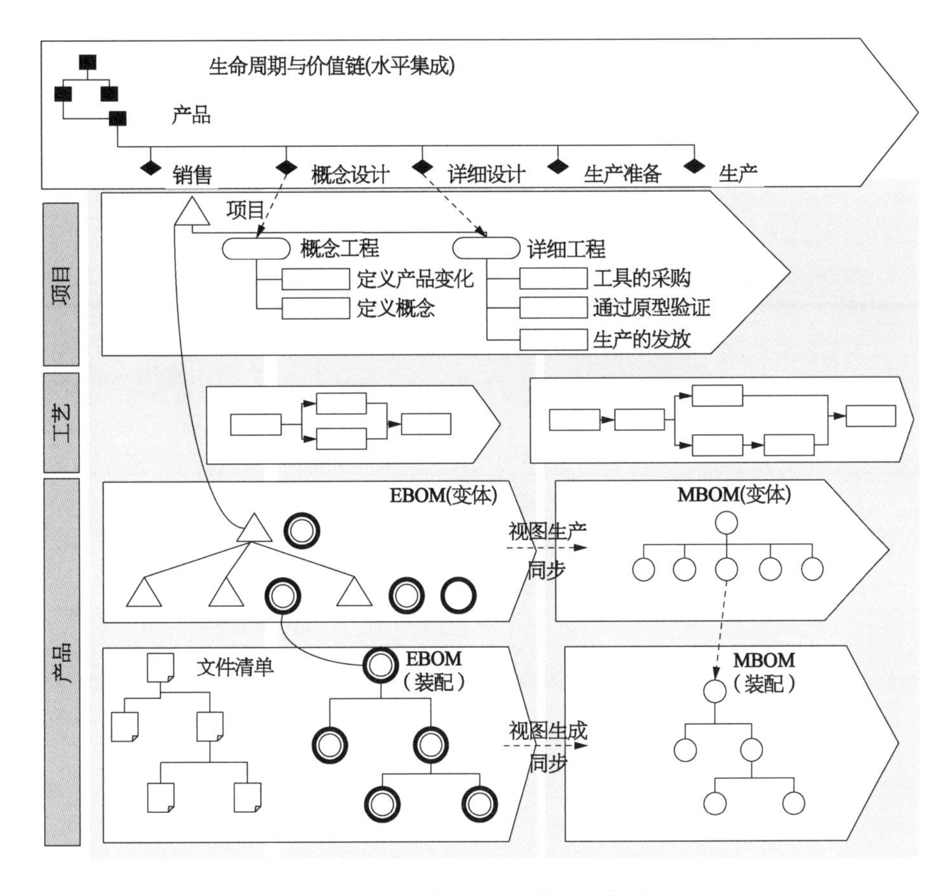

图6-12 基于BOM的水平集成

框架结构,并相应地将工程需求与企业具体工程实施方法结合起来,最终逐步细化和整合设计和制造相关信息而生成。

6.2.2.2 EBOM转化为MBOM

前文已提及将工程物料清单转换为制造物料清单是制造过程中的关键步骤。通常产品生产设计或工程视图与计划中的产品制造视图不同,设计和制造工程师往往修改各自的BOM,需要在两者之间保持BOM链接(等效链接)关联。这可确保对产品设计所做的任何更改都能传达到制造阶段。

将EBOM转换为MBOM的方式有多种,图6-13提供了一个转换示例,步骤如下:

(1) 重命名EBOM部件(新部件号):当EBOM部件和MBOM部件必须具有不同的部件号时,或者当多个MBOM部件用于单个EBOM部件时,在MBD模型中维持了一张映射表,记录EBOM与MBOM节点号映射值。

(2) 在MBOM中重用EBOM部件(添加所选部件):MBOM中使用时不需要更改EBOM部件不需要对部件进行单独管理(例如更改管理、有效性、修订等)。

(3) 创建EBOM部分的新分支:当MBOM部件保留与EBOM部件相同的部件号

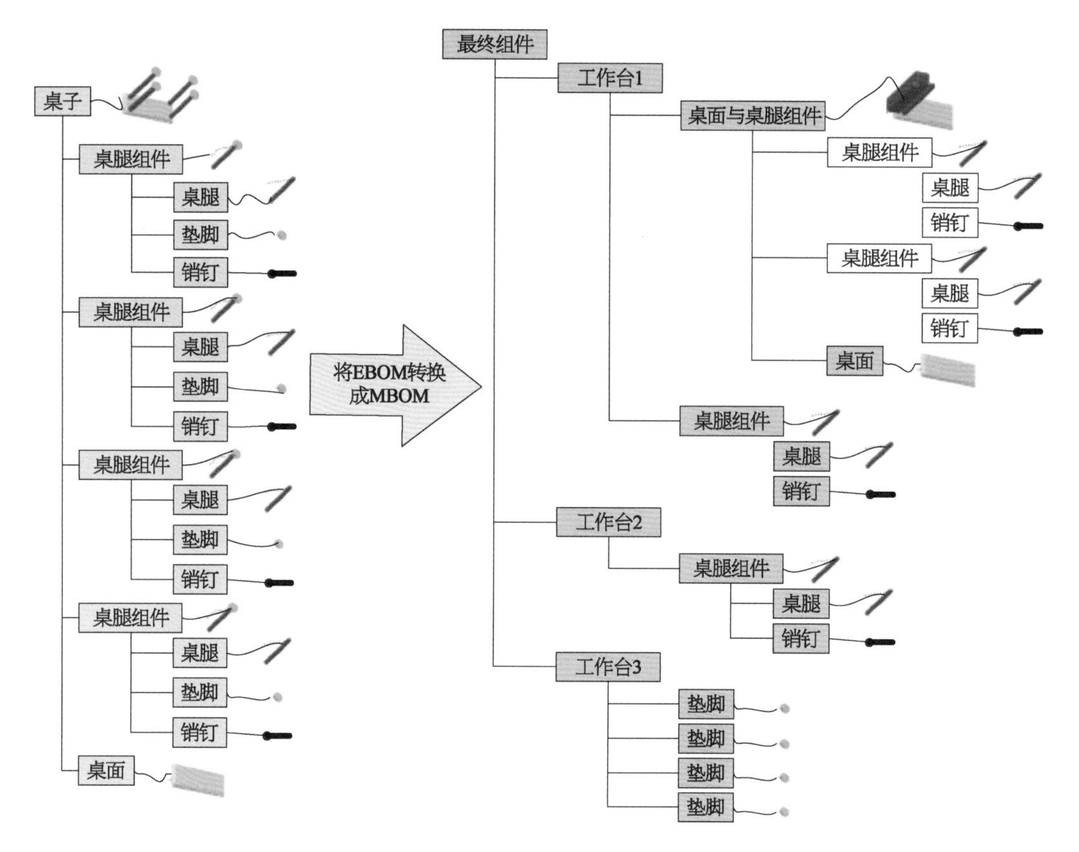

图 6-13　EBOM 到 MBOM 的转换

时,需要单独管理。

需要指出的是:并非所有工程部件在规划制造时都需要转换。在某些情况下,工程零部件可以按原样在总组部件中使用。

6.2.2.3　EBOM 到 PBOM 的转换

海洋装备中的 EBOM 是 PBOM 的基础和依据。EBOM 通过移除外部和采购零件来添加工艺组件(如组装)或调整 EBOM 的结构,最终形成 PBOM。BOM 结构转换的方式可以概括为添加零件、删除零件、调整 BOM 结构和解决 BOM 结构。如图 6-14 所示是从船体 EBOM 得到船体 PBOM 的转换过程。EBOM 和 PBOM 之间的信息存在着密切的对应关系,同时两个 BOM 之间相互关联、实时更新,例如 EBOM 中的信息变化会影响到 PBOM 中的信息,这种密切的关联性保证了系统中数据的统一性。

6.2.2.4　BOM 配置管理

BOM 配置管理能够对 BOM 多样性进行单一定义,从规划到开发,再到制造,乃至其他方面,对多样 BOM 加以充分利用。通常在大多数或所有产品变体中都有绝大多数的物料清单,利用这些知识可直接在 BOM 中正式管理其变化,在新产品或产品生成时重复使用,BOM 配置可实现在产品生命周期内高效地定义和管理产品,如图 6-15 所示。

在 EBOM 中设置产品的组成与结构配置文件,而在 MBOM 设置配置以快速反应

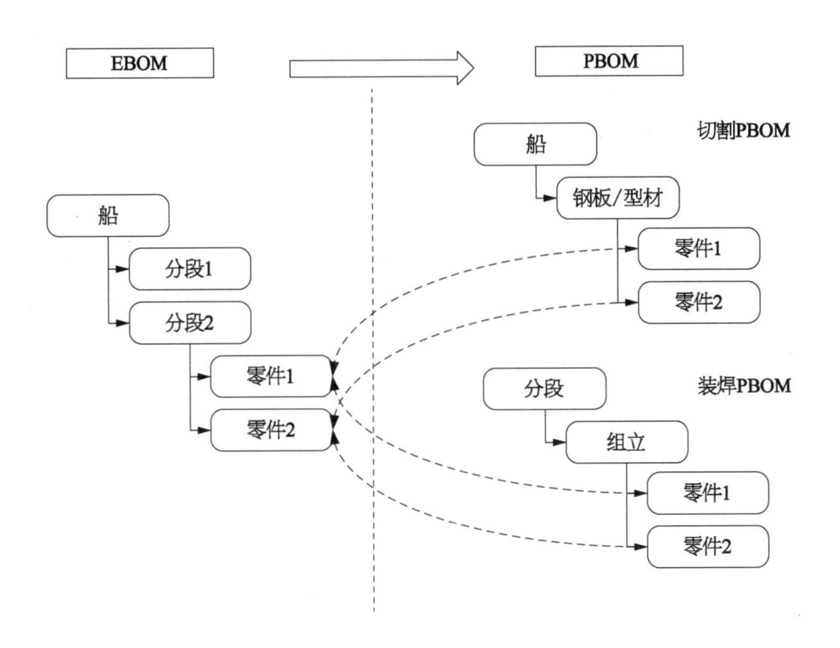

图 6-14　EBOM 到 PBOM 的转换示意图

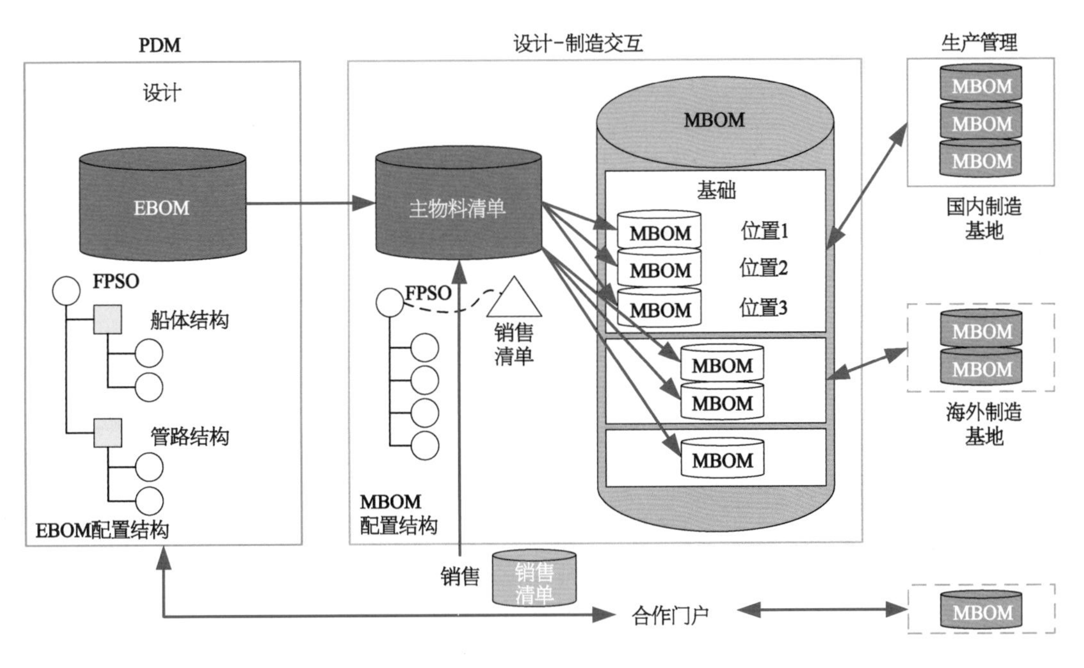

图 6-15　BOM 的配置管理

产品的组装或制造过程。各职能部门只能根据自身需要提取和计算 MBOM 或设计 BOM 信息，通过关联必需的信息获得所需的 BOM 视图。大部分 BOM 中将描述产品生命周期各个方面的产品信息和内在联系，基于数字主线来进行 BOM 配置与变更传播。

BOM 演化与变更的自动化能够实现产品数据之间的可跟踪性，还可以协调架构体系、配置、设计和物理物料清单之间的更改影响。

（1）伴随生命周期演化。将变更管理连接到产品内容的创作时，在产品的整个生命周期中更容易引入新的产品特性和功能，可以支持更高级的并发、并行功能，可以评估和合并更改而不会出现错误，使产品能够快速有效地应对市场变化。

（2）在上下文中变更。当添加或删除零件，更新数量并进行其他更改时，系统会自动跟踪发生的情况，更新受影响的、相关的和目标信息。这极大地简化了变更流程，并确保整个流程的准确性。

6.2.3 基于 BOM 的数据查询与可视化

6.2.3.1 BOM 查询

BOM 数据信息的组成主要是产品的结构信息、生产资料信息以及生产环节中特定的信息。BOM 数据信息的复杂性主要体现在产品结构是不断变化的，为了更合理地管理和查询 BOM 数据，可构建索引式 BOM，如图 6－16 所示。

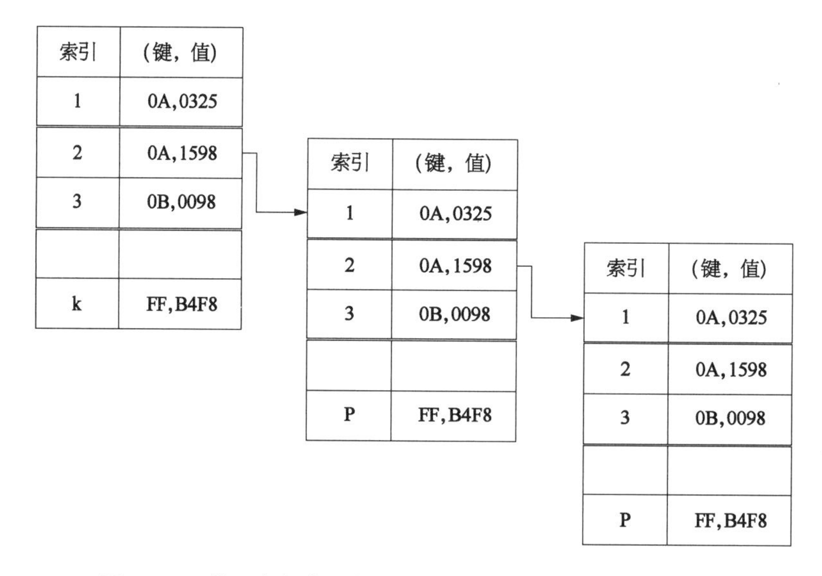

图 6－16 基于多级索引表 DHT 方法的 BOM 信息查询示意图

目前的数据搜索算法主要有 B/B+树检索、哈希检索和分布式哈希表。

6.2.3.2 BOM 可视化

物料清单用来反映与产品或过程管理相关的信息。物料清单反映的关系有三种：一种是数据与对象之间的关系，如编号与对象之间的关系；另一种是数据与数据之间的关系，如关系表中字段与表中字段之间的关系、主键与物料的关系；第三个是对象和对象（包括复合对象）之间的关系，例如组件和描述它的各种文档对象之间的关系。传统的物料清单反映这三种关系的能力有限。BOM 信息的维度会随着计算机计算能力的提升而进一

步增加,可视化的BOM可以更加直接地将信息传达给用户,并且更加友好和丰富。目前常见的可视化格式有以下几种:

1) 表格格式

根据用户问卷调查的结果显示,最大的需求是能够以类似于EXCEL的格式输入BOM,这也是最方便的输入方式,其格式如图6-17所示。

级别					物料编码	物料名称	单位	用量	订单用量
1	2	3	4	5					
1					#00001	A01	PCS	5	250
1					#00002	A02	PCS	8	400
1					#00003	A03	PCS	2	100
1					#00004	A04	PCS	3	150
	2				#00005	A05	PCS	6	900
1					#00006	A06	PCS	2	100
	2				#00007	A07	PCS	5	500
	2				#00008	A08	PCS	6	600
	2				#00009	A09	PCS	9	500
	2				#00010	A10	PCS	4	200
		3			#00011	A11	PCS	2	200
1					#00012	A12	PCS	7	450
	2				#00013	A13	PCS	1	3150
		3			#00014	A14	PCS	4	22050
		3			#00015	A15	PCS	6	3150
		3			#00016	A16	PCS	9	22050
		3			#00017	A17	PCS	6	9450
			4		#00018	A17	PCS	2	18900
			4		#00019	A17	PCS	4	66150
			4		#00020	A17	PCS	5	37800
				5	#00021	A17	PCS	6	151200
1					#00022	A18	PCS	5	450
	2				#00023	A19	PCS	8	3600
	2				#00024	A20	PCS	8	3600
	2				#00025	A21	PCS	9	450
		3			#00026	A22	PCS	5	1350
			4		#00027	A23	PCS	3	1350
				5	#00028	A24	PCS	2	6750
				5	#00029	A25	PCS	4	8100
				5	#00030	A26	PCS	2	6750

图6-17　基于表格的多层次BOM

2) 树状图格式

物料清单(BOM)是列出生产一个成品单元或末端部件所需的所有组件和部件的图表。它通常也可以用树结构来进行表示,反映不同组件和材料之间的层次关系。本书后文介绍将单个和多个BOM转换为网络图的过程,能够利用网络图分析的潜力,在表示和提取方法方面提供新的方法,从而深入了解零件和组件的互相关联性。树状图格式采用节点的形式使BOM实现了可视化,利用这种形式可以更好地可视化BOM,如图6-18所示。

3) 图形结构

在BOM重用或者BOM多个版本回溯时,由于不同产品、不同零部件BOM的节点

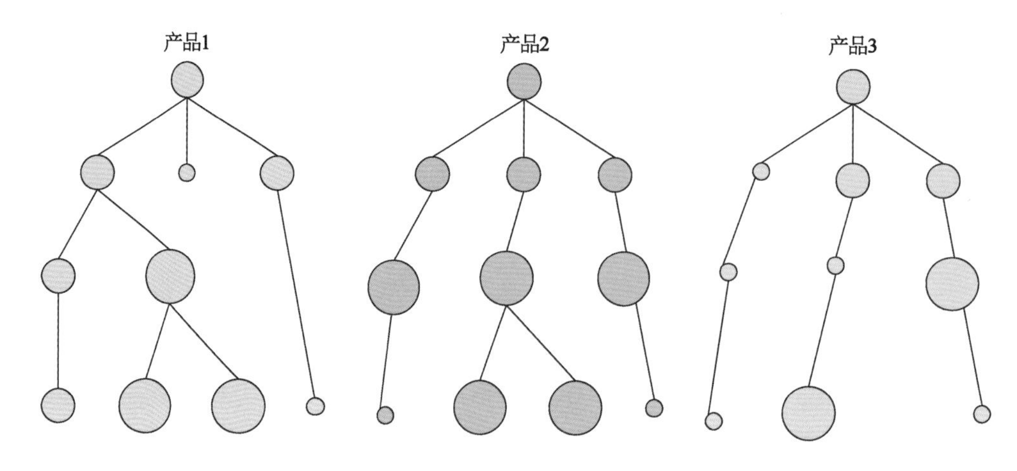

图 6－18　树状 BOM 结构

共享了 1～n 个节点，因此 BOM 树结构变成了图结构。利用树结构进行管理变得非常困难，有时甚至是不可行的。海洋装备产品的节点数量增加时，所考虑产品数量的复杂性也会增加。因此，对 BOM 关键节点的查询和分析往往需要使用节点聚合算法。聚合过程首先检查在多个节点层上信息关系，然后将来自不同层的数据汇总为单层，生成的网络进行加权，两个节点之间的边权重来自权重的线性组合，将图结构转变为树结构，就可以转变为传统的操作，图式(Graph)BOM 结构见图 6－19。

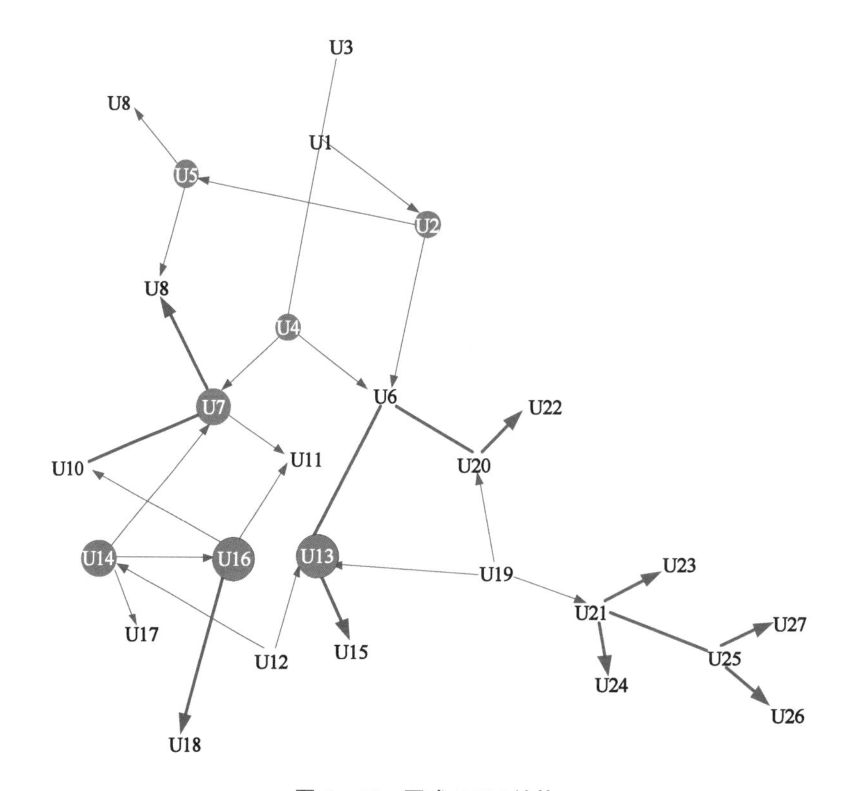

图 6－19　图式 BOM 结构

6.3　海洋装备产品的主数据管理

海洋装备产品研发的长流程特点，基于MBD实现统一，数据集成成为可能。但是，企业的数字主线如果能够畅通运行，还需要主数据管理技术。主数据用来集成企业多个独立的应用，在各应用系统之间构建数据分享链接关系。主数据是指业务概念或实体，从本质上看是数据间的关系，是链接企业系统的总脉络。

6.3.1　主数据管理技术

海洋装备产品主数据框架如图6-20所示。

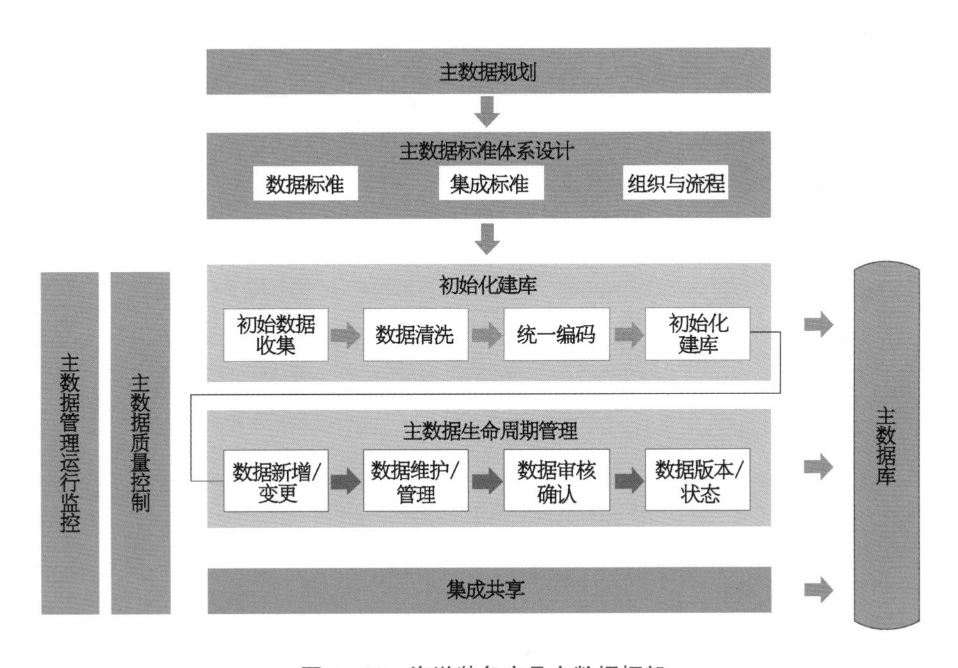

图6-20　海洋装备产品主数据框架

海洋装备产品制造企业设计链路长，数据存储在多个不同的系统中，设计过程的同一类型数据在不同系统都同时存储，数据一致性与版本管理会引起很多问题。主数据管理(master data management，MDM)在日韩先进制造企业已深入应用，主数据要在整个企业中的各个系统之间共享数据，针对制造业场景，PDM中的设计数据需要在整个企业范围内保证海洋装备产品设计各流程的统一管理，保证数据源头的唯一性，这是主数据最佳

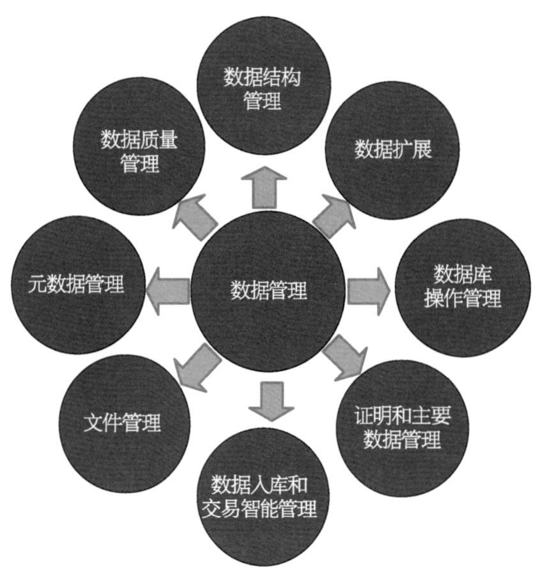

图 6-21　数据治理的内容

的应用场景，将从根本上解决数据不一致的问题，从而实现模型驱动的海洋装备产品数字化工程（MBe，MBEng）。基于 MDM 的数据治理的内容包括元数据管理、文件管理等，如图 6-21 所示。

6.3.2　海洋装备物料主数据信息

海洋装备制造业务希望 MBD 模型在任何时候都是完整的、协调的、可更新的和在线的。为了使其物料清单定期更新，并更新所有原材料、子组件、中间组件、子组件、零件和所有产品的数量清单，需要进行必要的标准化、规范化、合理化，物料主数据信息起到核心作用，如图 6-22 所示。

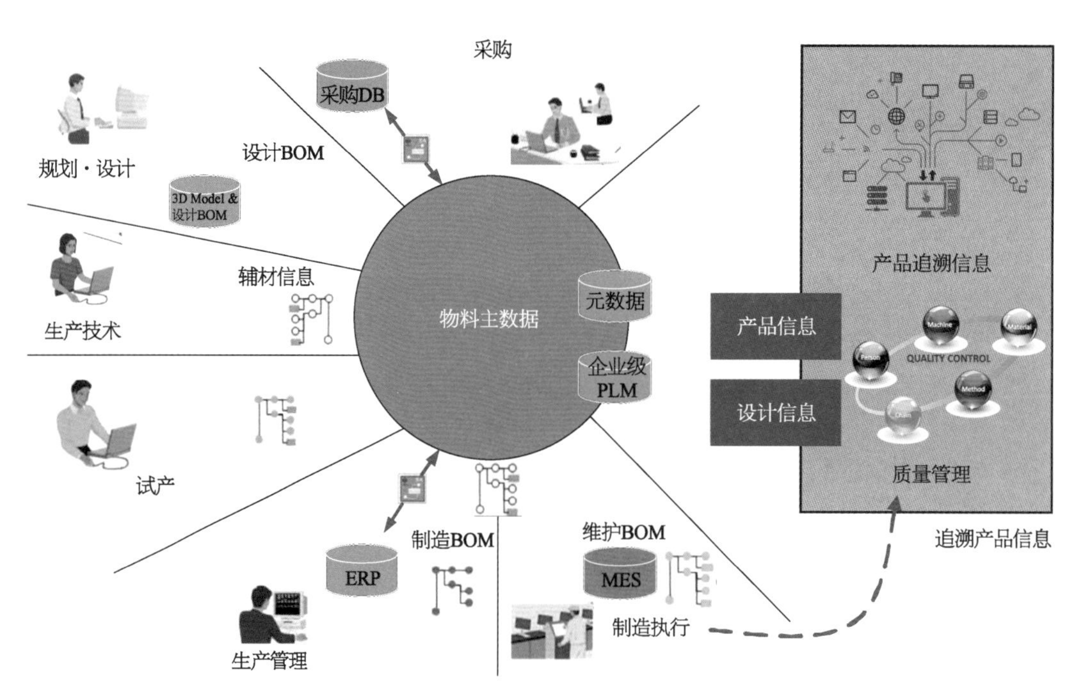

图 6-22　物料主数据信息

EBOM 通常由 CAD 工具驱动，将数据搭载在产品模型之上，具体而言，分别挂在零件或部件 BOM 节点上。多个来源的 BOM 信息，当进行集成时，数据所有者和数据管理员需要对数据及其内容进行重复数据删除、简化和优化。基于数据质量改进和治理措施来优化和维持统一的 EBOM，采用主数据模型（MDM）是降低成本和标准化采购流程的最佳方法之一，有助于识别重复的组件。通过 MDM 的优势是从源头定义 EBOM 的标准，有助于区分需要 EBOM 的资产，并帮助确定 EBOM 上必须包含哪些项目、EBOM 上必须包含哪些数据。

6.3.3　主数据管理

主数据管理的起点各不相同，有的基于物料，有的基于流程，本书只示例一种基于 PBOM 进行的管理方法。所有工艺数据与 PBOM 树的相关节点进行关联，通过 PBOM 树对其进行统一管理。为便于 PBOM 树节点与三维工艺数据进行关联，以及保证各类三维工艺数据之间的逻辑关系，引入了三维工艺数据索引文件，如图 6－23 所示。该文件包含了三维工艺数据文件的存储地址、信息以及各类文件之间的关联关系。通过将 PBOM 树节点与三维工艺数据索引文件进行关联，使得各类三维工艺数据文件能够作为一个逻辑包进行管理和操作，保证了数据的一致性。

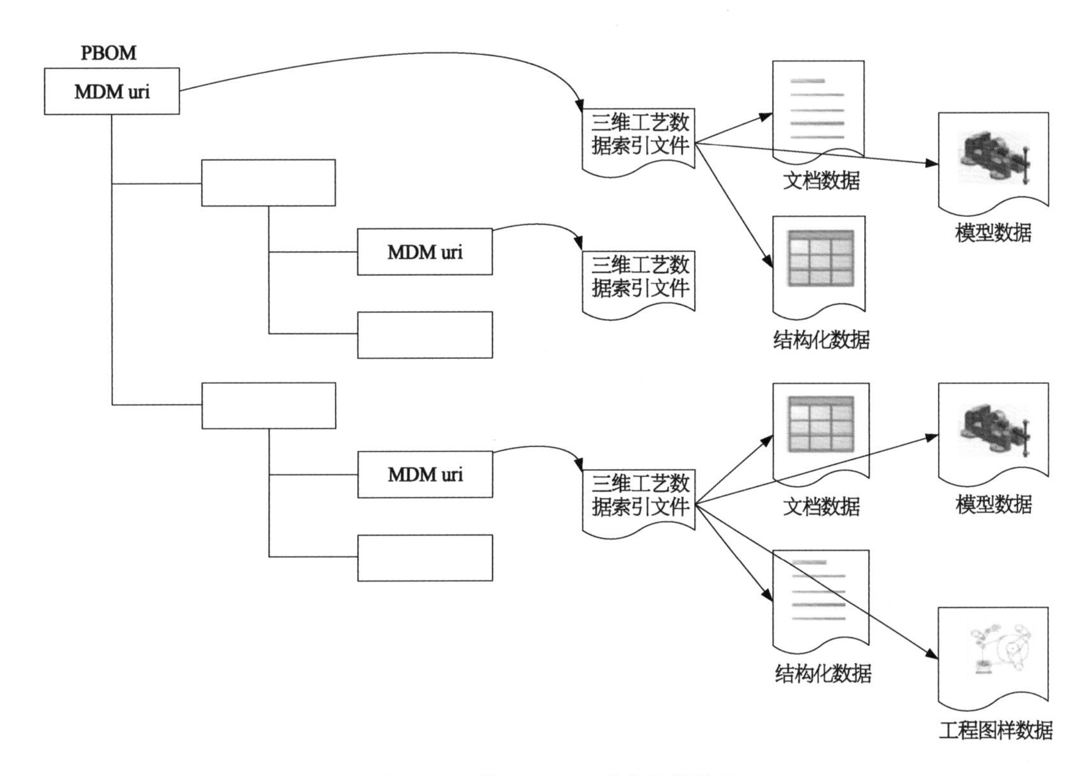

图 6－23　基于 PBOM 的主数据管理

三维工艺索引文件以 XML 进行描述，采用统一资源定位符（Universal Resource Identifier，URI）节点表示三维工艺模型文件、可视化发布模型文件和可视化发布文件的网络位置。此外，三维工艺数据之间的关联关系可通过兄弟节点或节点属性进行表达，如某道工序既包含三维可视化模型文件，又包含二维工序图文件时，可将它们的存储位置 URI 放置于同一工序节点下，使其成为兄弟节点。以 PBOM 进行主数据建模的优点是将数据的组织与管理投射到工艺管理视角，对于工程装备是比较有效的。

6.3.4 主数据管理平台框架

主数据集中统一定义了用于生成和维护企业主数据的规范、技术方案和标准，以保证主数据的完整性、一致性和准确性。采集与集成、共享、数据质量、数据治理是主数据管理的四大要素。面向海洋装备产品研发的主数据管理，需要从制造企业外部和企业内的多个业务系统中采集和整合最核心的、最需要共享的数据集，然后对该数据集进行数据清洗、数据层次梳理，建立应用服务(通常是 API 或者微服务)，实现统一、完整、准确、权威性的主数据分发服务，供全生命周期的研发活动使用这些数据。使用业务流程建模语言(BPMN)描述业务流程，主数据管理平台框架如图 6-24 所示。

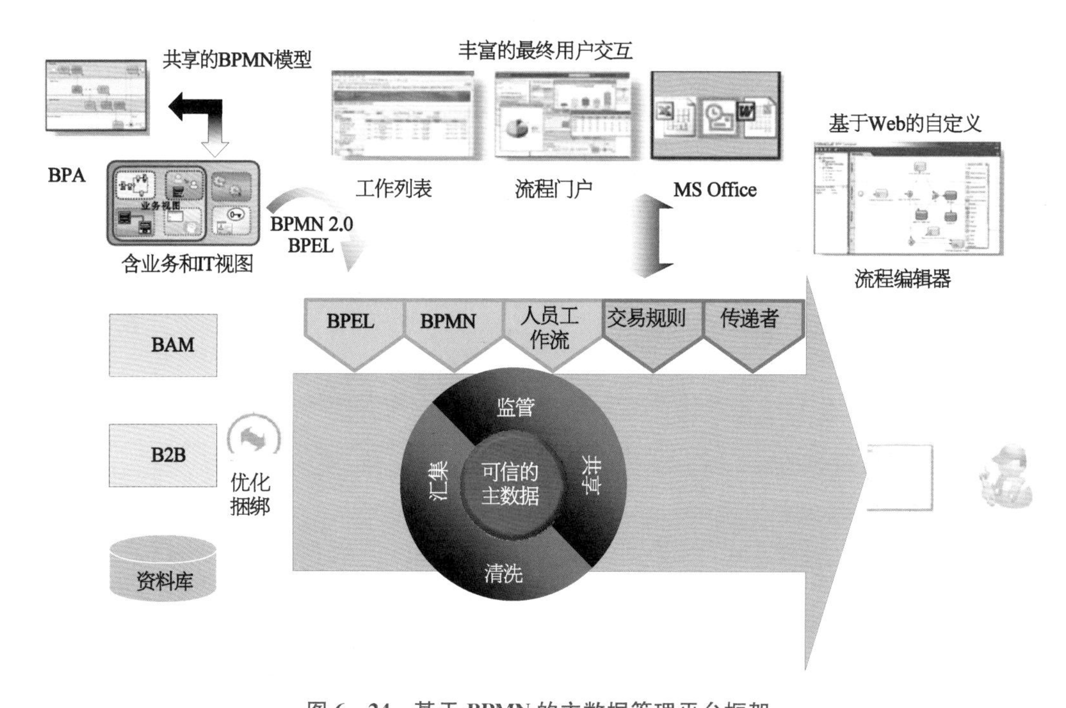

图 6-24 基于 BPMN 的主数据管理平台框架

主数据管理使得企业能够集中化管理数据，在分散的系统间保证主数据的一致性，改进数据合规性，快速部署新应用，充分了解客户，加速推出新产品的速度。从 IT 建设的角度，主数据管理可以增强 IT 结构的灵活性，构建覆盖整个企业范围内的数据管理基础和相应规范，并且更灵活地适应企业业务需求的变化。

在实施主数据中，需要注意以下 5 个问题：

(1) 信息结构问题。MBD 模型集成并驱动着企业服务总线中的数据流，由于主数据模型并不包含实体的所有属性，因此在实施中容易将信息模型和主数据模型混淆起来，会导致信息结构层次混乱。

(2) 数据管理问题。主数据模型必须考虑到最终用户是否方便参与主数据的数据管理，对数据管理进行有效、高效匹配，展开数据合并和重复处理是等基础工作。

(3) 参照领域模型问题。主数据架构师创建了一个通用的主数据模型，必须参考领域模型，将主数据模型作为独立数据源中相关数据之间的桥梁，才能得到正向收益。

(4) 参考数据混淆问题。企业中的参考数据往往是不需要治理的非事务性数据，一旦参考数据需要治理，就应被提升为主数据，成为主数据实体模型和主数据管理流程的一部分。实施过程中往往混淆参考数据和主数据，在后期数据管理中会造成极大的工作量，并导致对业务关键信息缺乏关注。

(5) 主数据共享问题。MBD 模型为企业建立了统一数据模型，而主数据模型为企业提供了一致索引、一致标准化数据定义的方法，应充分考虑主数据的线索化和标准化作业。

6.4　基于 MBD 的海洋装备产品 PDM 集成案例

以某海洋装备企业的 PDM 系统(采用 PTC Windchill)为例，将 BOM 与产品全生命周期关联，海洋装备制造全生命周期管理体系架构如图 6－25 所示。该 PDM 系统管理可

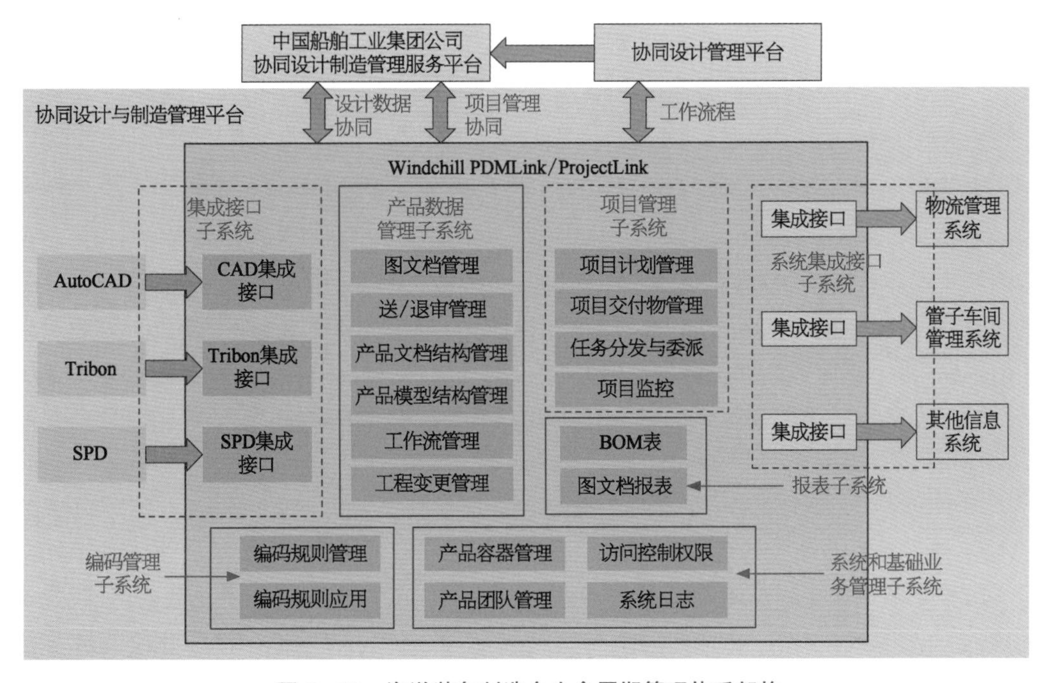

图 6－25　海洋装备制造全生命周期管理体系架构

分为设计平台和制造平台两大部分，主要由CAD集成接口子系统、编码管理子系统、基础业务管理子系统、报表子系统、产品数据管理子系统、项目管理子系统、系统集成接口子系统构成。这些子系统在不同业务部门实施，通过产品数据管控系统进行设计数据协同、项目管理协同以及工作流程的管理，达到对产品整个生命周期中的业务进程的过程优化与所有与产品开发相关信息的管理目的。

6.4.1 产品设计模型与EBOM管理

如图6-26所示，通过产品数据结构导入界面，导入船体的分段数据，同时导入托盘信息，将两者进行数据关联。

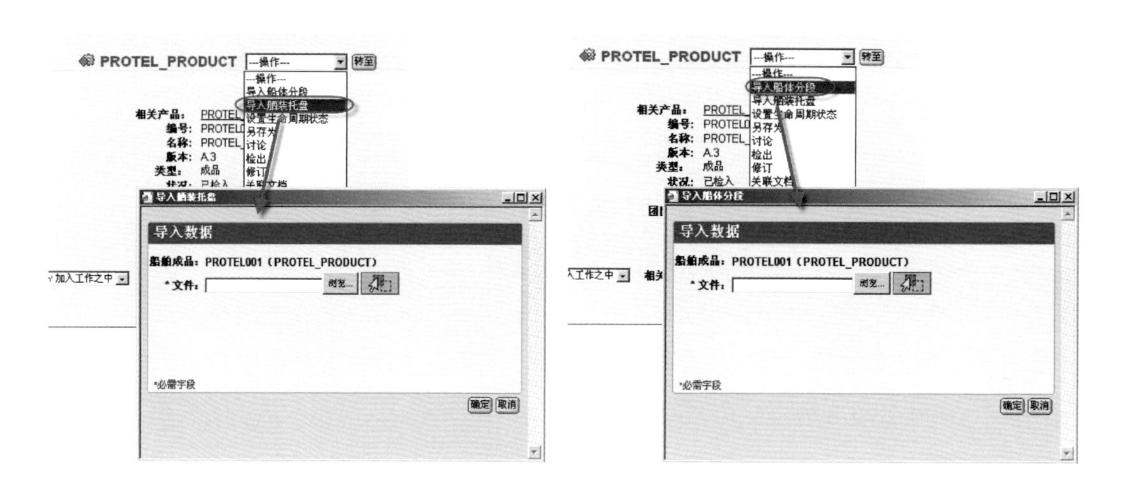

图6-26 导入数据

1）设计数据

零部件导入后存放在“/零部件/Parts”文件夹下，数据导入后处于“零部件生命周期”。

对于动态属性的定义，需要通过配置文件描述属性范围，并且Tribon和SPD需要分别配置；在未来的Windchill系统中，产品结构体现到专业层（子托盘/子分段），专业层以下的管路、管子零件、管子部件等以结构化的XML文件存储，并将XML文件作为专业层部件的内容文件存储在系统中。对于在XML文件中包含的部件，其可视化信息在专业层部件中体现，如图6-27所示。

用于定义动态属性的配置文件格式如图6-28所示。

2）海洋装备产品结构信息

由于未来系统中以标准功能维护的产品结构最底层为子分段或子托盘，子分段或子托盘以下的结构以XML文件的方式与其关联，因此需要在软类型为“子分段”或“子托盘”的部件上定制查看产品结构功能，如图6-29所示。

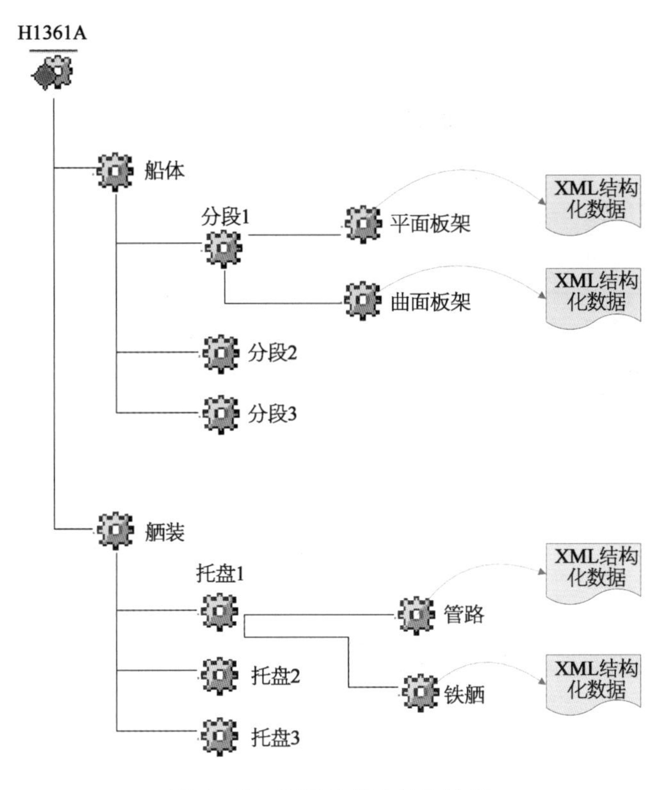

图 6－27　H1361 包含的部件图

```
<?xml version="1.0" encoding="UTF-8"?>
<CADATTRDEF>
    <TRIBON>
        <ATTR value="TUOPANLIANXUHAO" constants="托盘连续号" />
        <ATTR value="GUANZHONG" constants="管种" />
        <ATTR value="CAILIAO" constants="材料" />
        <ATTR value="WAIJING" constants="外径" />
        <ATTR value="CHULI" constants="处理" />
        <ATTR value="NEI_TUZHUANG" constants="内涂装" />
        <ATTR value="WAI_TUZHUANG" constants="外涂装" />
        <ATTR value="JIANCHA" constants="检查" />
        <ATTR value="SHUIYA" constants="水压" />
    </TRIBON>
    <SPD>
    <SPD>
</CADATTRDEF>
```

图 6－28　配置文件格式

6.4.2　BOM 编码规则管理

1）编码规则管理器

编码分类管理如图 6－30 所示，编码分类按从大分类到小分类的树状结构组织，分类仅用于组织编码规则。每个编码分类可以创建多个编码规则，但同时只能有一个编码规

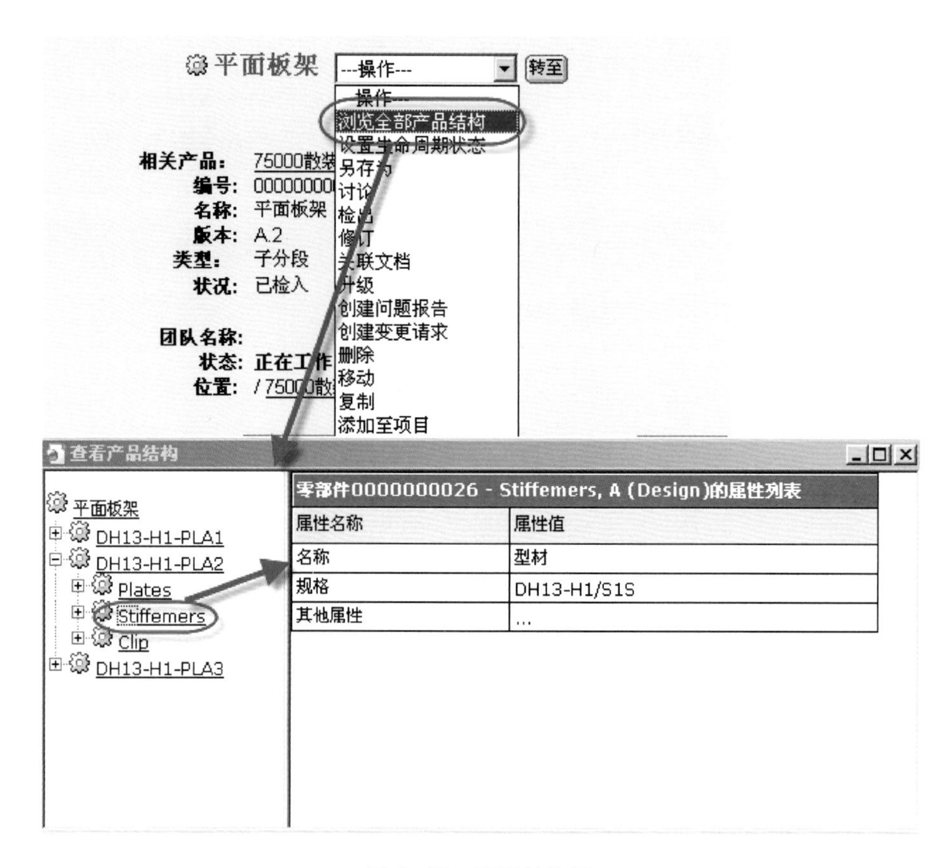

图 6-29　产品结构图

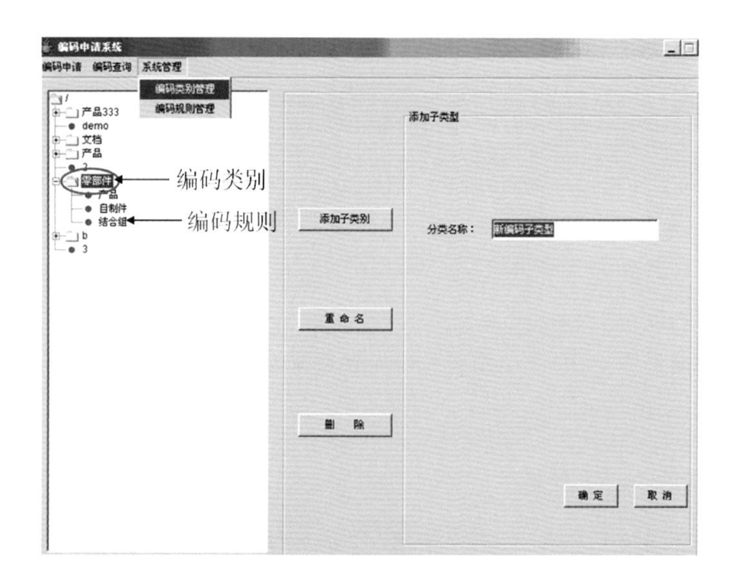

图 6-30　编码分类

则被启用。

如图 6－31 所示，每个编码规则可以有多个码段构成，可以指定一个分隔符或由各码段直接连接。每个码段可以指定为固定码长或不定长，每个码段包括固定码、分类码(多选项可选)、手工输入码、顺序码和日期码五种。分类码可以依赖于其他分类码段的取值。每条编码规则中只允许有一个顺序码段，包含顺序码的编码规则在取号时需要顺序码段前各码段全部确定后才能确定。

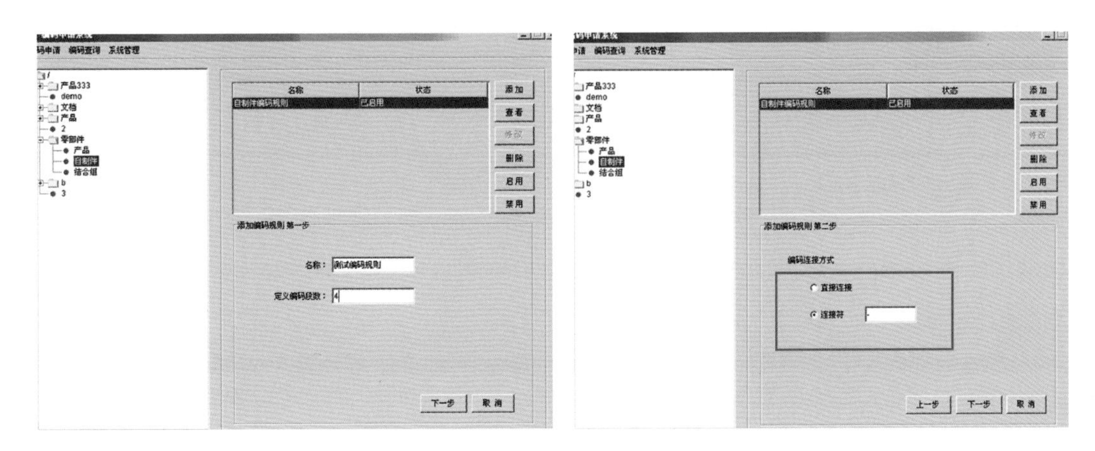

图 6－31　编码连接符与码段规则定义

选中一个定义了已启用编码规则的编码分类，提供一个编码生成界面，按该编码分类定义的编码规则辅助用户生成一个符合编码规则的新编码。每次取号完成后，对含有顺序号的编码需要将本次取号的顺序码值存储到顺序码最大值表中，供下次取号为相同 KEY 值获取顺序码时作为参考依据。

在设计目录导入时，需要对每个导入文档的编号进行分析，对不符合所有编码规则的文档提出警告。对应编码规则中包含顺序码段的编码，需要对编码管理器中的顺序码最大值表进行同步更新，以便下次对含有顺序码段的编号规则取号时能获取正确的最新顺序码。

2）文档编码取号器

文档编号取号器的使用功能入口，在文档创建页面，对需要按规则取号的文档类型，在文档编号的右侧显示“获取编码”的按钮，点击该按钮时启动文档编号取号器。用户可以直接输入文档编号而不使用文档编号取号器获取文档编号，当文档编号栏内容不符合编号规则时，提示当前输入的编码不符合编号规则，用户在收到该警告时可以选择继续创建或改正当前文档编号。

文档编号取号器的使用过程示意，选择一种文档编号规则(对已选中文档类型有唯一一种编号规则时应跳过该步骤)，如图 6－32 所示。

对含有顺序码段的编号规则，在完成其他码段的输入和选择后，需要点击“下一步”获取顺序码。编号生成后，点击“完成/确定”按钮时，将所获编号反填到文档创建页面的文

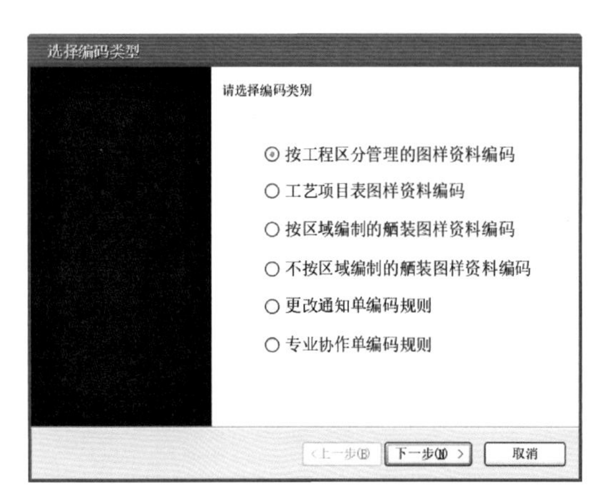

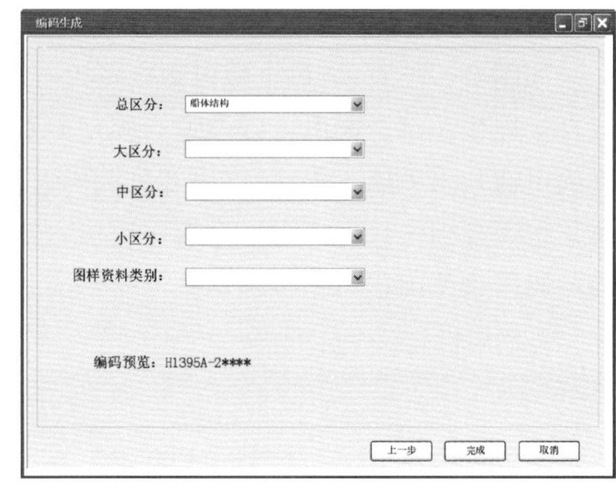

图 6-32　选择编码类型

档编号栏内。对包含顺序码段的编号规则,需根据所取顺序码更新顺序码最大值表中的顺序码最大值。

当编号规则中包含有"工程编号"码段时,需要将当前环境所在产品库的首制船工程编码自动获取并填写到相应码段中。

3) 编码分析功能

编码分析功能:代码需提供根据已定义编码规则对一个给定编码进行分析校验的功能,确定一个编码是否符合某个编码规则。对符合某编码规则的编号,编码分析功能应能正确获取编码规则中各码段的值。

文档创建过程中的编码分析功能:文档创建过程中,需要利用编码分析功能对指定文档编码进行分析。对指定了不符合编码规则的文档,需要对文档创建者发出错误提示信息,在用户确认要创建时再执行文档的创建。

设计目录导入过程中的编码分析功能:在设计目录导入操作过程中,在实际执行导入创建之前,需要对文档图号进行规则符合性验证,当发现不符合规则的文档条目时,需提示用户有问题的文档编号列表,在用户确认仍需要执行导入时,再执行实际的设计目录导入功能。

6.4.3　产品数据文档管理与集成

1) 文档分类定义

图文档分类见表 6-3。

表 6-3　图文档分类

序　号	文　档　分　类
1	图样和技术文件
2	更改通知单

（续表）

序　号	文　档　分　类
3	专业协作单
4	外来文件
5	标准文档

文档属性定义见表6-4。

表6-4　文档属性定义

文档分类	中文名称	属性描述
图样和技术文档	工程编号	说明该文档适用于哪些船(项目)
	专业室	标识文档所属专业室
	专业名称	标识文档对应的专业
	是否送船东审核	选中表示需要送船东审核
	是否送船级社审核	选中表示需要送船级社审核
	是否详细设计	选中表示适用于详细设计的文档
	是否生产设计	选中表示适用于生产设计的文档
	是否完工交付	选中表示需要在完工设计阶段交付
更改通知单	工程编号	说明该文档适用于哪些船(项目)
	更改单类型	说明更改单为临改单还是永改单
专业协作单	工程编号	说明该文档适用于哪些船(项目)
外来文件	工程编号	说明该文档适用于哪些船(项目)
	专业室	标识文档所属专业室
标准文档	标准类型	说明标准的类型 设计标准、设计目录
送审单	送退审单位	说明送退审的单位名称
	专业室	标识文档所属专业室：综合室、船体室、机装室、电装室、甲装室、居装室、定额室
	专业名称	标识文档对应的专业
退审意见单	送退审单位	说明送退审的单位名称
	退审单接收日期	

2）文档生命周期和流程

图文档生命周期如图6-33所示。

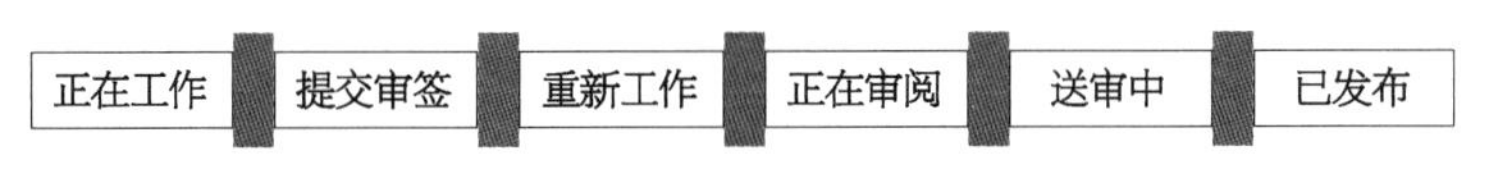

图6-33　图文档生命周期

文档编码：对于编码第一位不为 0 且前两位不为 48、58、68、88、89、98，或前三位为 000，其编码是按照工程区分规则进行管理的，显示内容和界面如图 6-34 所示。

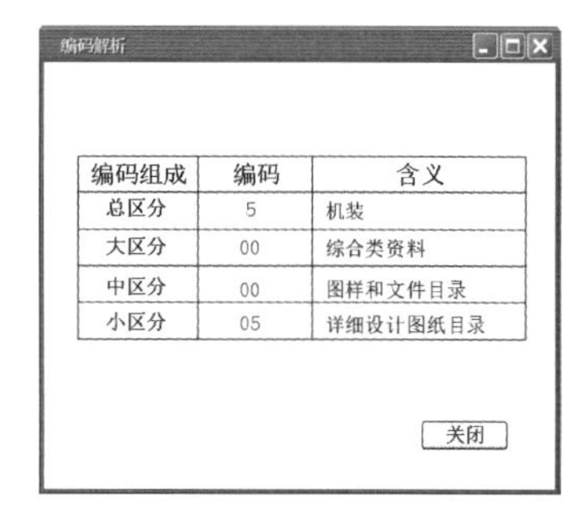

编码解析

编码组成	编码	含义
总区分	5	机装
大区分	00	综合类资料
中区分	00	图样和文件目录
小区分	05	详细设计图纸目录

关闭

编码解析

编码组成	编码	含义
总区分	0	工艺项目、材料定额资料
专业代码	1	船体舾装
定额资料类别	4	船舶产品材料定额
承办单位及工作内容	51	承办单位及工作内容代码为 51

关闭

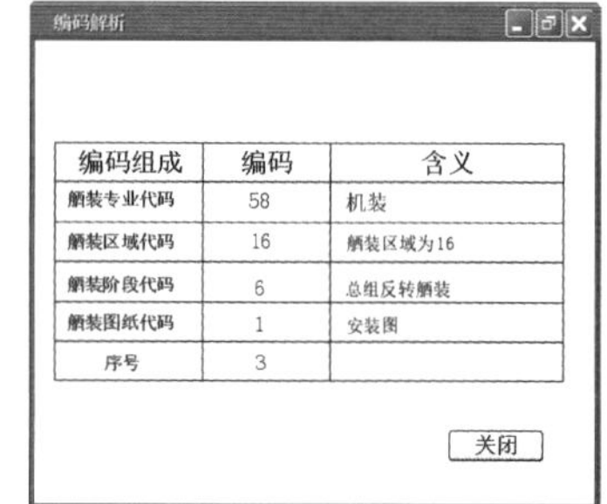

编码解析

编码组成	编码	含义
舾装专业代码	58	机装
舾装区域代码	16	舾装区域为16
舾装阶段代码	6	总组反转舾装
舾装图纸代码	1	安装图
序号	3	

关闭

图 6-34　工程区编码管理显示内容

6.5　基于 OSLC 的海洋装备产品生命周期协同技术

6.5.1　概述

在系统科学中，协同是指“系统中许多子系统或元素之间的交互过程，形成一个有序统一的整体”。协同思想是在 20 世纪 60 年代由德国学者赫尔曼·哈肯提出的，然后很快发展成为系统科学理论-协同理论，它普遍应用于自然科学、工程技术和社会科学领域。就海洋装备产品设备的生命周期管理而言，根据协同思想，各部门可以理解为：企业设备管理部门和其他相关职能部门着眼于实现海洋装备产品设备生命周期管理和服务的目标，通过不同的方式和方法共享信息和资源。

部门协调对于实施海洋装备产品设备生命周期管理至关重要。一方面，它是管理信息标准化和准确性的要求。除了大量的设备信息外，综合海洋设备管理系统还拥有大量其他人员、财务、住房等方面的信息。这些数据和信息的标准化是综合海事设备管理系统中信息共享和业务协作的基本前提。但是，在过去企业开发的各种设备管理系统中，大多数信息依赖于人工输入，各种数据无法标准化。各种数据的统计往往具有一定的困难和不便，而且其统计结果也并非十分可靠。通过部门协作，直接从相关部门管理系统的数据库中获取标准化和更新的信息资源，以确保系统信息的标准化和准确性。另一方面，要求提高管理效率和人性化服务。在海洋装备产品设备管理工作中，许多业务环节需要填写各种报表等，有些需要打印纸质版本，然后将意见签署给单位和多个部门或部门。如果是批准的人出差，这些环节必须被搁置。对于经理和部门管理人员来说，这是一种烦琐且低效的工作方式。因此，从提高管理效率和提供人性化服务的需要出发，综合海洋装备产品设备管理系统将为大多数业务流程实施网络化协同管理和服务。为实现这一目标，系统中的部门协作至关重要。

OSLC是open service for lifecycle collaboration的缩写，亦即面向生命周期协作的开放服务，是为简化软件交付生命周期中的工具集成而开发的一组规范。为了应对生命周期产品有效集成的一些长期障碍，OSLC支持在异构工具环境中创建大规模且易于维护的集成。使用OSLC连接数据并在应用程序，应用程序和组织之间实现数字主线。协同云图如图6-35所示。

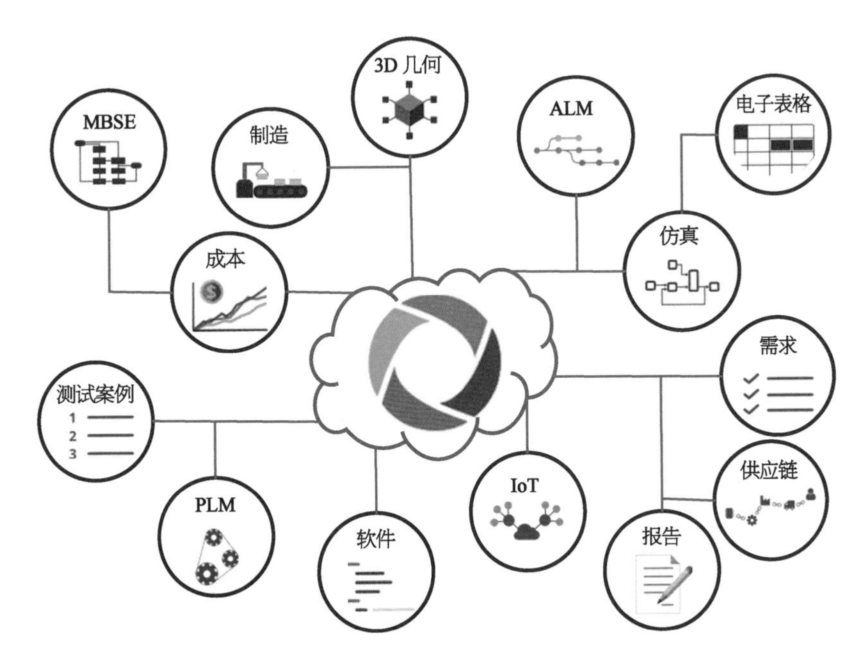

图6-35　基于OSLC的数字化协同

OSLC规范提供了一种独立于产品API构建系统集成的标准方法，从而减少了应用软件的不兼容性，使用户不受特定产品或产品版本的限制。OSLC使用链接数据在应用程序之间映射数据类型，在独立的、特定于集成的数据存储中同步数据。OSLC规范协议消除了工具之间的障碍，允许直接和实时访问产品数据。

使用OSLC规范的工具可以更容易地维护来自不同供应商的工具集成，并更好地在工具之间共享信息。例如，质量管理工具可以更好地与变更管理系统集成，以记录和跟踪软件缺陷。如图6-36所示，在网络协同之前有许多超文本系统，这些系统彼此之间没有兼容性。他们还使用不同的协议来访问和连接文档，这可以防止系统类型1中的文档链接到系统类型2中的文档。在网络协同之后HTML成为Web中文档的标准，与标准协议(HTTP)一起确定如何访问和链接文档，现在文档可以独立于存储位置链接到其他文档。

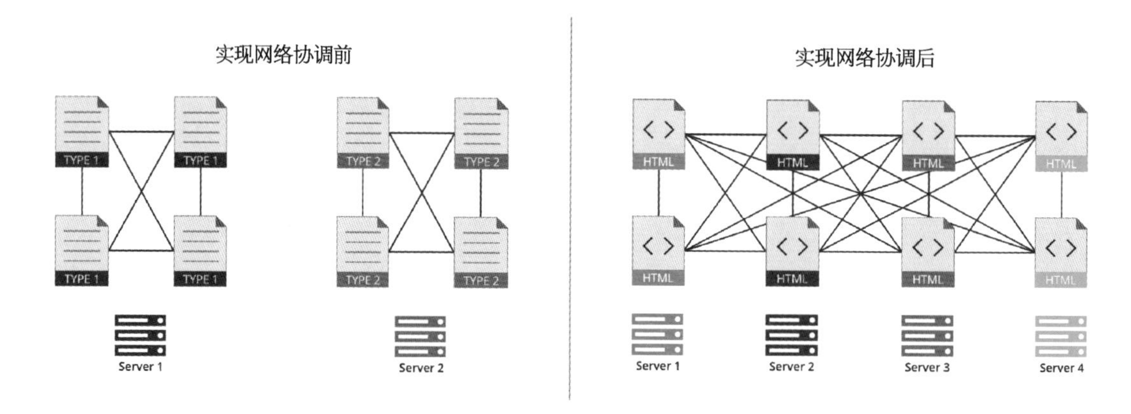

图 6-36　实现网络协调前后对比

OSLC 主要用于解决生命周期工具的集成问题，如图 6-37 所示。OSLC 的核心思想是通过服务接口链接数据和识别事物，并允许事物之间的链接，以便用户可以找到更多信息。

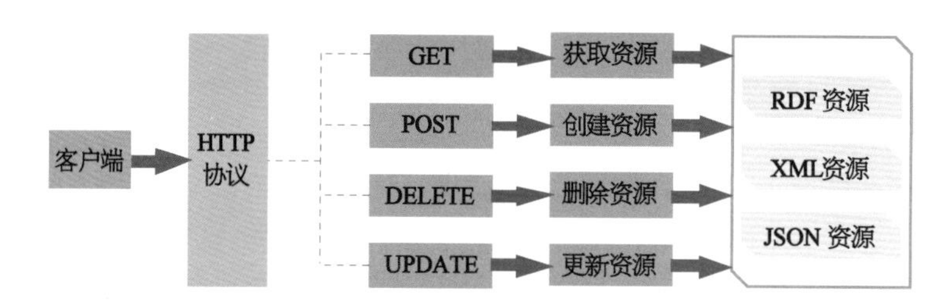

图 6-37　OSLC 系统的服务链接示意图

6.5.2　OSLC 服务集成架构

如图 6-38 所示，OSLC 服务化集成架构包括数据前端平台调用、OSLC 处理、基础组件层。

(1) 基本组件层包括整个产品开发过程中生命周期数据和数字结对程序两部分。生命周期数据是指系统仿真实验数据库，模型数据库(CAD 模型、CAE 模型、CFD 模型、架构模型)，代码，正式文档(类型文件、模拟文件、结果文件、模拟报告和其他文件)，用户权限数据库和文件。

(2) OSLC 处理是数据交互中间件，直接面向数据，模型数据在基本组件与由工业生产的设备管理和传感器硬件 I/O 接口收集的数据被转换为 OSLC 服务，前端调用包括当前生命周期中的数据可视化和分析决策平台以及各种平台客户端。通过 OSLC 形式化数据的统一表达，生命周期数据被分析并显示在数据显示和分析平台上。同样地，其他现有产品开发平台可以调用 OSLC 服务。例如，FMI 是协同仿真过程中的数据交

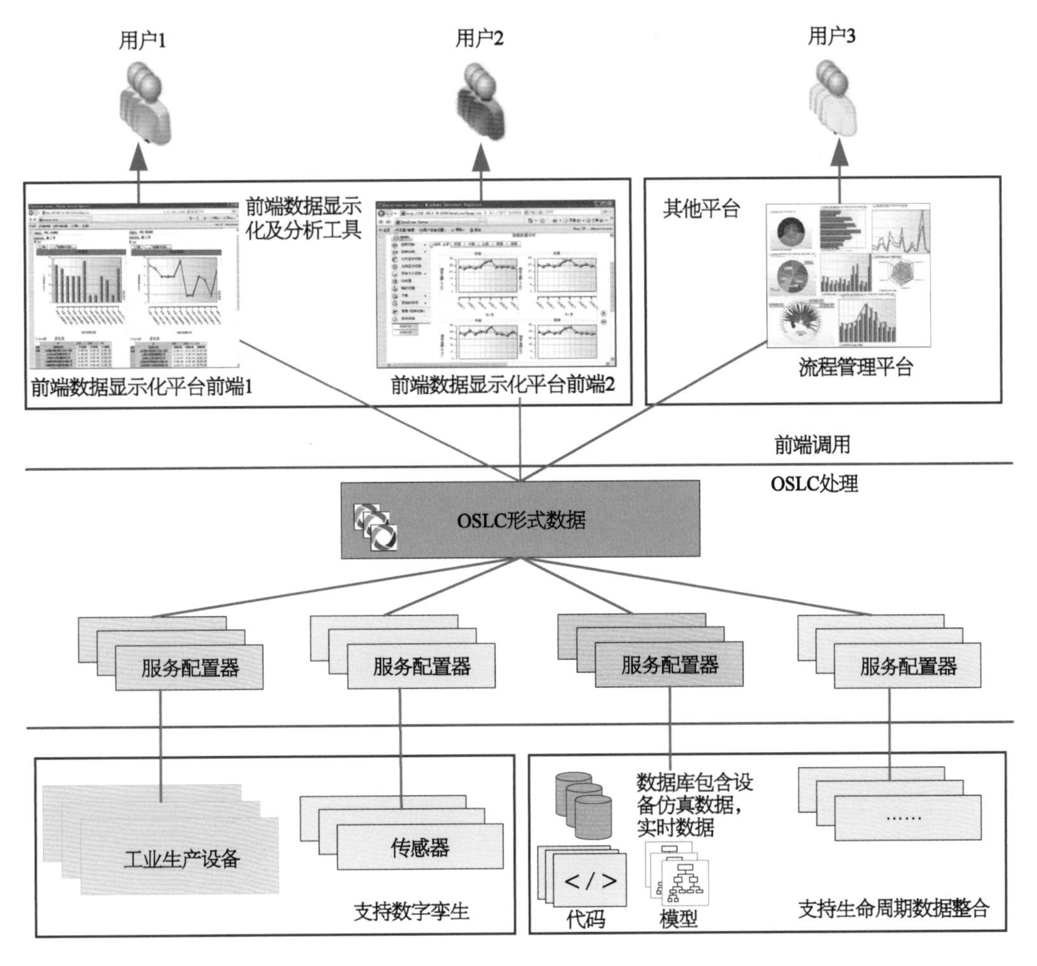

图 6-38　基于 OSLC 的服务化集成架构

互格式。

通过上述 OSLC 服务集成架构，可以统一表达产品生命周期过程中的数据、模型和正式文档以及数据生成中生成的数据，可以实现更方便的集成方法。

6.5.3　OSLC 服务化集成

采用基于模型系统工程方法自动开发 OSLC 服务的解决方案，该方案的原理与 PTC 采用 SysML 实现 Smart City 的 IoT 平台自动开发类似，如图 6-39 所示。

在海洋装备产品设备的生产过程中，它将涉及各个阶段，如产品设计、建模和模拟、软件验证和物理检查，不同领域的工具用于不同阶段。如图 6-40 所示，通过 OSLC 服务，开发人员使用在整个生命周期中用于海洋装备产品设备生产过程的 Simulink 模型、CAD 模型、模拟数据等，这些数据可用于大数据可视化和分析平台 DataVis，以协助分析海洋装备产品设备产品的生命周期管理。系统工程的不同阶段各自都有自己的工程问题需要解决，涉及不同成熟度的不同类型的信息和数据。它们都有业务需要通过系

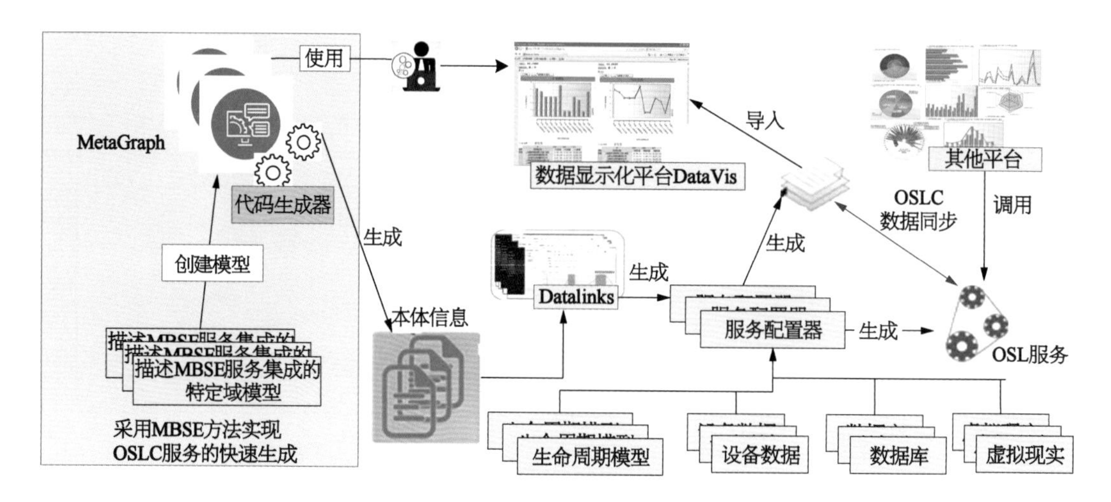

图 6-39 OSLC 服务集成过程

统生命周期和发展来建立数据的可追溯性，市场上有成熟的 PLM 平台来管理复杂系统产品的可追溯性。针对可追溯性业务场景的显著特征是领域团队之间、平台之间和组织之间的可追溯性需求，并为此提供标准，基于 OSLC 标准的 PLM 集成是一个新的思路。

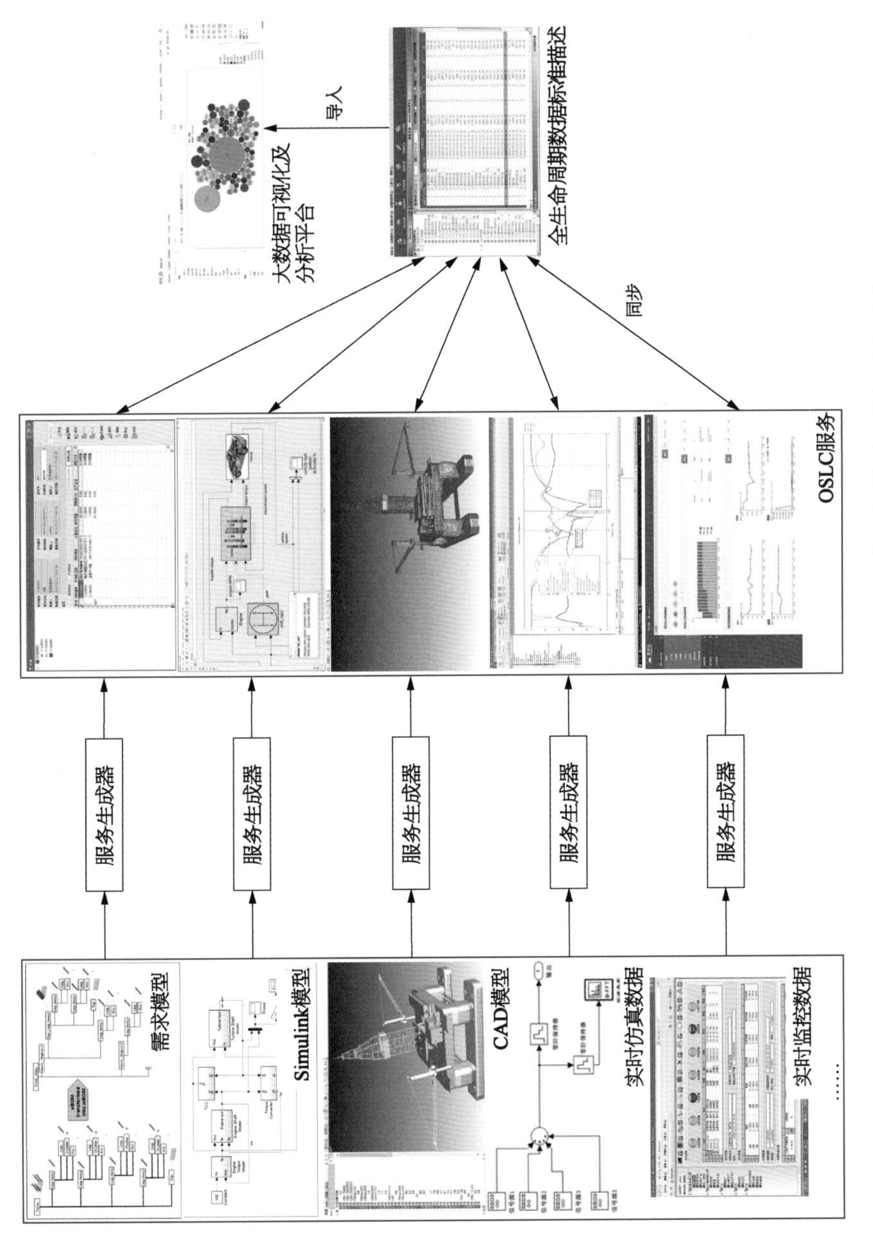

图 6－40　基于 OSLC 的海洋装备全生命周期模型及数据分析流程

海洋装备数字化工程

第 7 章　基于模型的海洋装备产品数字化工程

在本书第1篇综述部分提及数字化工程的内涵是基于系统工程(SE)和基于模型的工程(为区别于基于模型的企业英文缩写MBE,这里缩写为MBEng)来实现。基于模型的工程研发是将研发活动各要素定义为模型而不是文档,所谓模型是对现实世界/系统的结构、行为、操作或其他特征的表示或抽象。被定义的模型作为整个产品生命周期内所有工程活动的数据源,用于传达设计意图,指导物理过程,驱动产品生命周期的所有活动。模型只创建一次,并被所有下游数据消费者重复使用。

发达国家一直在大力推进数字化工程在军工、航天航空、复杂机械装备和电子等工程领域的应用。我国虽然也力推智能制造、工业互联网等示范和应用,但是数字化工程仍然没有到达应有的高度。数字化工程基础不牢靠,智能制造推进的深度和广度恐难达到预期。海洋工程装备属于设计、制造和管理都极端复杂的产品,针对这样大型复杂系统的研制过程,我国目前在数字化工程方面缺乏体系化的理论方法、系列化的技术与工具、由点及面的工程实践,因此企业信息化、网络化和智能化的规划方面面临难题。当前我国海洋装备企业面临数字化工程"新基建"、智能制造落地等具体问题,站在系统的角度开展基于模型的系统工程(model based systems engineering, MBSE)探讨,是非常有必要的。

7.1 基于模型的系统工程概述

7.1.1 MBSE相关定义与特点

7.1.1.1 MBSE相关定义

2011年,美国国防工业协会(NDIA)系统工程分委会给出MBEng定义:一种工程设计方法,将模型作为技术基线的基础组成部分,包括整个采办周期内对能力、系统、产品的要求、分析、设计、实施和核查,整合了项目所有学科(如系统工程、运营分析、软件工程、硬件工程、制造、物流等)的信息共享和重用。

2007年,国际系统工程协会(INCOSE)概括并且给出了MBSE的定义:MBSE是系统建模的形式化手段,以支持从概念设计阶段开始,并贯穿整个开发阶段和生命周期的系统需求、设计、分析、验证和确认的一系列活动。

MBEng是使用模型作为产品、系统基本技术细节的权威定义,目的是让参与项目的每一个人都能分享,这些模型被整合到整个生命周期,并跨越所有技术学科。INCOSE会对MBSE的2025远景规划中可以看出,MBSE的发展是伴随数字化工程的,并不断推动复杂系统数字化工程的进步,是实现基于模型的工程的最主要方法,如图7-1所示。

系统工程的发展经历有三个成熟度阶段:以文档为中心阶段,明确定义的MBSE阶段,MBSE最终成为普遍标准阶段。MBSE使用模型来传达产品定义、产品形式和功能

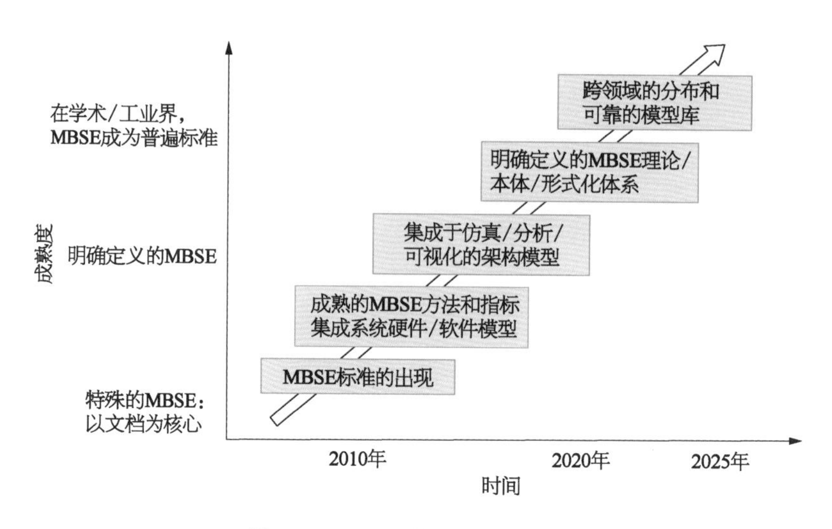

图 7－1　MBSE 的 2025 远景规划

等，从而完成系统的定义。这里的模型可以是计算型的，也可以是描述型的。计算型模型是用于计算机解释，具有机器可读的格式和语法。描述性模型是可被人类解释的，是为人类理解的（符号化的表示和展示）。MBSE 中模型是将描述性模型与计算模型相结合，实现从体系、功能与构架和跨领域的分布式可靠模型库，并围绕用户需求完整定义了系统功能流程，对系统实现全生命周期的可追溯性。

7.1.1.2　MBSE 特点

自 20 世纪 60 年代以来，数字模型在工程中应用普遍。但今天系统的复杂性、对市场响应的敏捷性、研发过程的协同需求都发生了巨大变化。美国率先提出以 MBSE 为方法论，系统地整合 CAD、CAE 等数字模型，形成研发数据环境，有效管理设计意图和实现校验和确认。MBSE 有三个明显特征：

① 对系统进行严谨和精确的描述；

② 使得开发团队和客户之间的沟通是基于的同一模型和视图；

③ 系统的复杂性预先可以得到有效管理和评估。

在 MBSE 指导下，研发团队能够更容易理解设计变更的影响，设计意图的传递不会出现偏差，并在产品物理实现之前进行分析和迭代，可以提高质量、生产率，并降低风险。然而悖论是，我们的企业大都已经习惯于处理文档，而不是模型。实施 MBSE 会给企业带来从数字文档转移到数字模型的巨大冲击，这种冲击是根本性的、全面的，如图 7－2 所示。基于文档和基于模型最明显的区别在于信息组织和方式，详情如表 7－1 所示。

这些改变和数字化冲击事实上已经成为我国数字转型的门槛之一。本书作者强烈推荐基于模型的定义，因为基于模型的本质是数据有效共享！

① MBSE 提供了深度集成更多系统的机制。

② 集成上下游系统，以数据驱动为核心，可以实现系统级的诊断分析、流程优化等自动化过程，将极大降低时间成本。

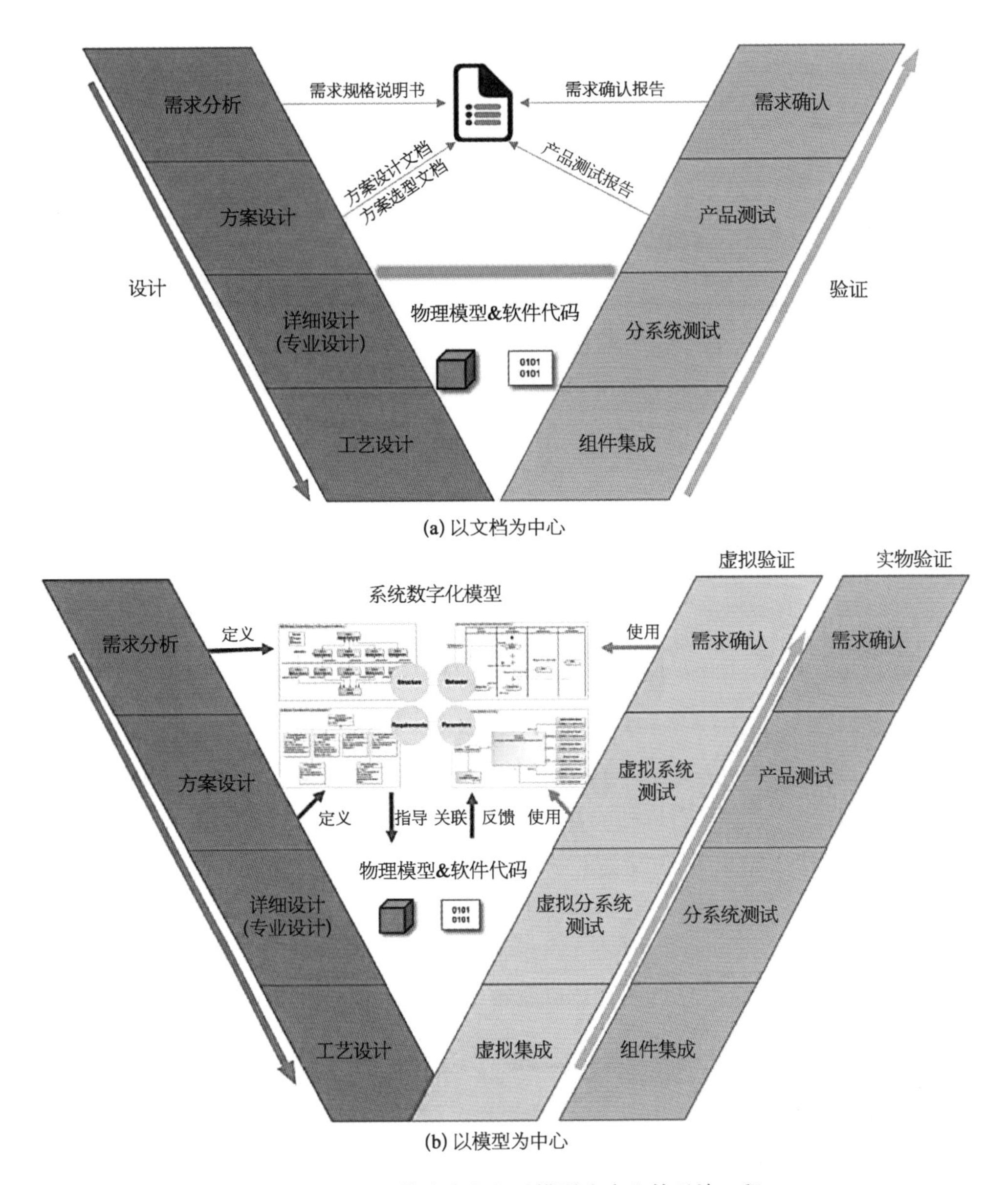

(a) 以文档为中心

(b) 以模型为中心

图 7－2　以文档为中心和以模型为中心的系统工程

表 7－1　两类系统工程方法对比表

项　　目	以文档为中心	以模型为中心
信息类型	● 主要是文本 ● 添加临时图表 ● 松散耦合,在多份文件中重复出现	● 视觉和文字 ● 构造定义一次并重复使用 ● 跨域共享 ● 图中的一致标记 ● 定义的关系
信息表示	● 文档视图	● 提供多视图 ● 可以根据领域、问题来过滤

(续表)

项　目	以文档为中心	以模型为中心
对变更的冲击	● 横跨多个文件 ● 通常情况下,需求文档从结构和行为中分离出来	● 关系定义了可追溯性路径 ● 建模过程中的自然部分 ● 程序化自动化
模型完整性、准确性和质量的测量	● 人工审查	● 程序自动化检查

③ 以模型为中心,可以实现前所未有的系统理解,消除不一致性,降低冲突导致的各种成本。这种数据共享能力比采用非结构化文档进行交流要高效很多。

7.1.2 MBSE 实施三要素

利用 MBSE 实施基于模型的企业(MBE),其规划、管理和建模的工作既是一门艺术,也是一门科学。一般来说 MBSE 实施有三要素,即建模方法论(体系构架、过程)、建模语言和建模工具。

7.1.2.1 建模方法论

尽管建模方法多种多样,面向对象的系统工程方法(OOSEM)是 MBSE 主要的实施方法论。OOSEM 提出一种自顶向下、场景驱动建模过程的方法,使用系统建模语言来描述和定义系统的需求、规范、设计和验证。这个建模过程利用面向对象的概念,包括封装、继承、实例化等,具体应用在系统层级、子系统层级、软件设计层级都不尽相同。采用 OOSEM 还需要包含其他建模技术,如因果分析、逻辑分解、层次划分准则、节点分布、控制策略和参数设置等来处理系统工程关注的专业领域。MBSE 建模的准则是以需求为核心,跟踪管理全过程,OOSEM 就是从需求为核心,不断细化、对象化的系统各要素,分为以下 4 个方面。

① 面向对象的需求分析:对需求进行抽象和定义,分成不同类别,并确定需求与确认的关系和映射,将需求的对象作为基类对象并进行量化描述。

② 面向对象的系统设计:依据专业细分领域,进行逻辑分解,展开系统功能、结构以及参数化属性设置,建立系统间的对象关系、继承和派生等。

③ 面向对象的系统验证:对系统验证的过程进行面向对象设计,包括与系统设计的关联关系、来自设计对象的派生等,建立单元测试、系统测试的逻辑和方法等。

④ 面向对象的需求确认:模型中存储的对象属性、部件和零部件的逻辑关系、确认的原则和规则,基于面向对象进行定义,实现设计参数与量化的需求约束进行验证等。

建模方法因系统工程生命周期的多个阶段可能有所不同,除了面向对象的系统工程方法外,还有 Weilkiens 系统建模、IBM Telelogic Harmony 方法等,企业在实施 MBSE 时,大部分情况下需要引用多种建模方法,并进行适当剪裁,以满足企业特定需求。

7.1.2.2 建模语言

传统的工程实践使用基于文档的方法,不断增强文档规范和设计质量、系统规范和设计构件的重用来适应变化。随着系统复杂性的加大，传统方法越来越不适应企业需求，基于模型的系统建模是必然趋势。对大型复杂系统的建模，系统工程领域需要一个标准的系统建模语言满足以下功能，包括：

① 支持模块化；

② 支持模块间互连和接口；

③ 包括丰富的功能定义；

④ 反应系统的状态行为；

⑤ 可以对系统进行参数化定义；

⑥ 支持需求、设计、分析和验证各研发流程间的逻辑关系定义。

满足上述需求，符合 MBSE 方法论的主流建模语言是系统建模语言（SysML），在本节将展开介绍。

1）SysML 简介

国际对象管理组织（OMG）在 2006 年采用了 SysML 规范，其后由 INCOSE、OMG 和 ISO STEP AP－233 标准工作组共同提出 SysML 语言需求，该规范已经成为国际标准。SysML 被定义为通用的图形化建模语言，用于指定、分析、设计和验证，包括硬件、软件、信息、人员、过程和设备等复杂系统。SysML 使基于模型的系统工程实践得到了广泛的认可和采用，成为 MBSE 的重要使能支撑技术。SysML 是面向系统工程领域，对统一建模语言（UML）的扩充，使用 SysML 可以表示系统、系统组件和系统实体，包括：

① 系统的结构化分解、相互联系和分类；

② 基于功能的、基于消息的、基于状态的系统行为；

③ 对系统的物理属性和性能属性的约束要求；

④ 系统行为、系统结构和系统约束之间的配置关系。

SysML 以模型的方式表达系统概念的能力，可以减少下游设计错误，通过跨项目和贯穿整个生命周期的模型重用来提高设计效率。目前在集成系统级模型与软件设计之间已经有了显著的进展，SysML 广泛地集成了需求管理工具、产品生命周期管理等。MBSE 所用的建模语言并不仅限于 SysML，其他如 AP233、BPMN、UPDM 等也用在 MBSE 建模中，SysML 并不打算取代其他建模语言在各自专业领域的作用。

2）SysML 类型图

SysML 定义了需求、行为图、类图、装配图、活动图、用例图等 9 种基本图形用于表示模型的各个方面。系统模型包含系统的规格说明、设计、分析、和验证信息。模型包含需求、设计、测试用例、设计原理、模型元素以及其内部关系。

SysML 是 UML 2.0 的子集，除了虚线方块表示的图是新增的内容，其余均直接采用或修改自 UML 2，如图 7－3 所示，图中空心三角形箭头线是泛化的意思，按照箭头的方向把它读作“……是……的一种类型”。基于 SysML 建立的模型图描述的不仅仅是模型本身，它只是系统的视图，是抽象。本书参考 OMG 用例，给出了某船舶电力推进系统的各个类图的示例。

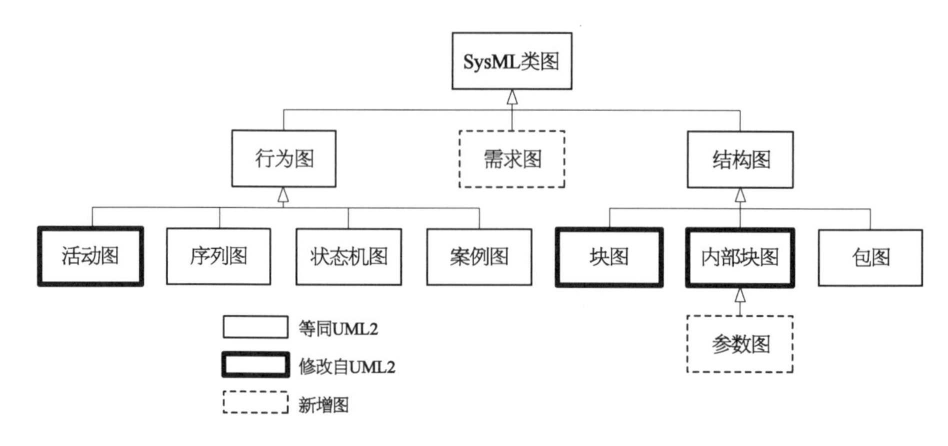

图 7－3　SysML 基本图组成以及与 UML2 关系

（1）模块定义图（block definition diagram，BDD）。

BDD 用于表示模块和值类型之类的元素，以及那些元素之间的关系，包括系统层级关系树以及分类树，如图 7－4 所示。

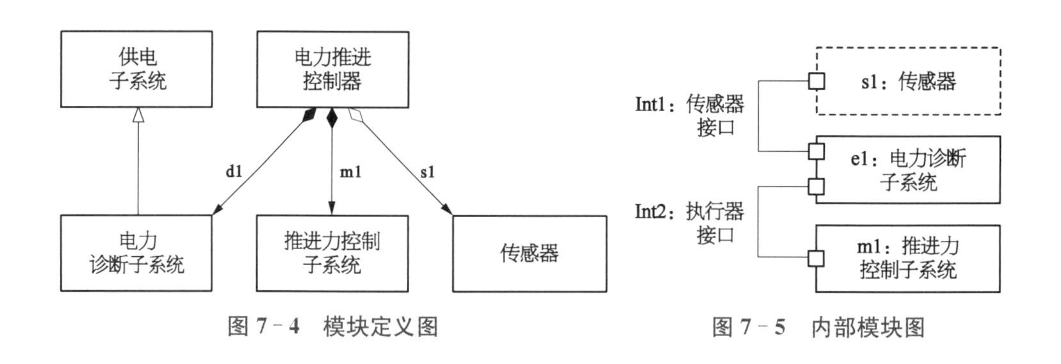

图 7－4　模块定义图　　　　图 7－5　内部模块图

（2）内部模块图（internal block diagram，IBD）。

IBD 用于指定单个模块的内部结构，显示模块内部组成部分之间的关系，以及模块之间的接口，图 7－5 所示为某电力推进系统的电力推进控制器 IBD。

（3）用例图。

和 UML 定义一样，用例图用于表达系统执行的用例，以及用例的行为和其中的参与者。用例图是系统在行为者的协作下所执行服务的黑盒视图，图 7－6 所示为切割计划调度的用例图。

（4）活动图。

活动图用于指定一种行为，主要关注控制流程，以及通过一系列动作转换为输出的过程。活动图一般用作理解和表达系统所需要的行为，图 7－7 所示为某产品质检人员活动图。

（5）序列图。

序列图来自 UML 2，主要关注模块的组成部分如何通过操作调用和异步信号交互。

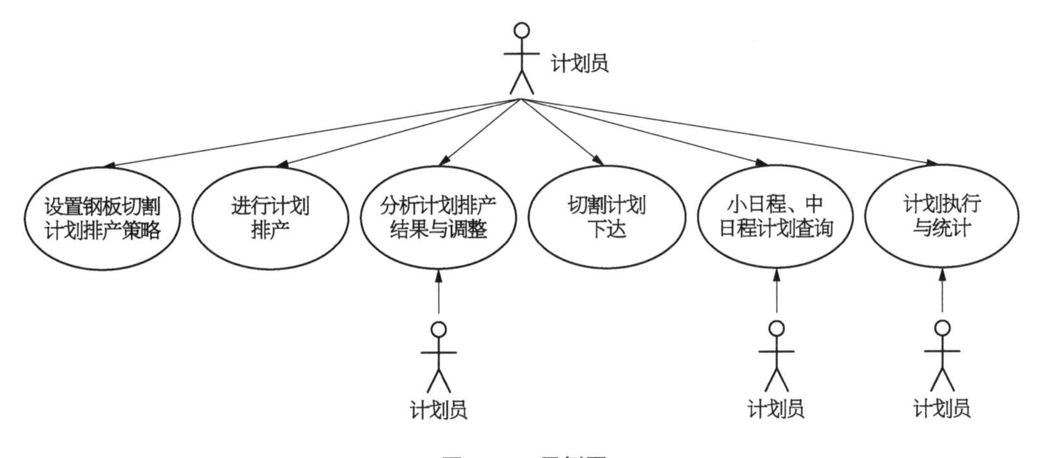

图 7-6　用例图

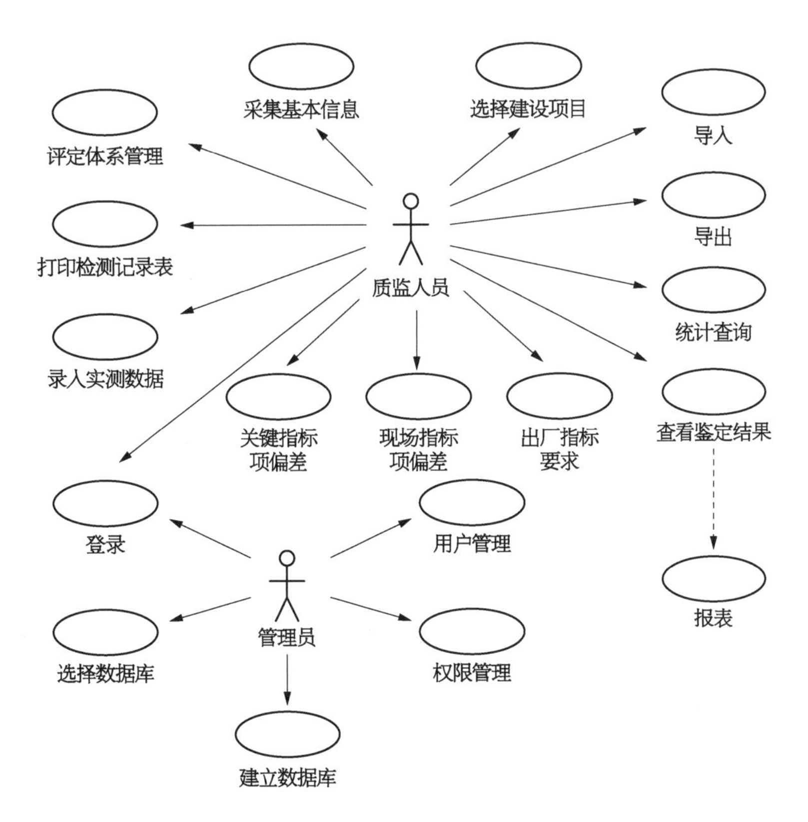

图 7-7　活动图

序列图通常用作详细设计工具，以精确地把一种行为指定为生命周期开发阶段的输入项。序列图也是指定测试案例的一种机制，图 7-8 所示为某焊接过程的序列图。

（6）状态机图。

和 UML 2 定义一样，状态机图主要关注模块的一系列状态，以及响应事件时状态之间可能的转换。状态机图和序列图一样，都可以精确说明一个模块的行为，可以作为生命周期开发阶段的输入项,如图 7-9 所示。

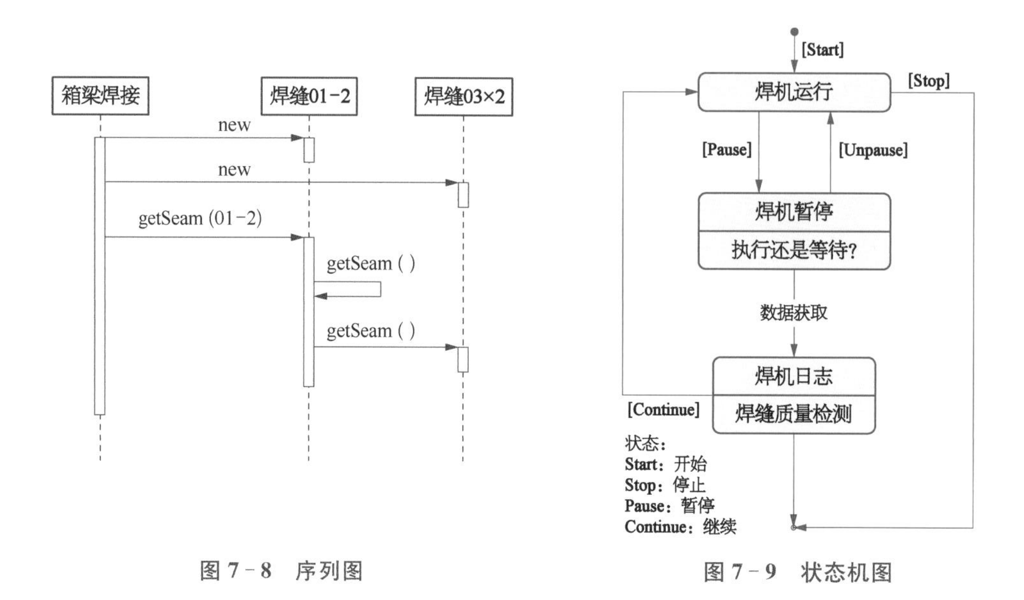

图 7-8　序列图　　　　图 7-9　状态机图

(7) 参数图。

参数图是 SysML 特有的图,用于描述一种或多种约束,以及如何与系统的属性绑定。参数图支持工程分析,包括性能、可靠性、可用性、电力、人力和成本等,图 7-10 所示为焊接质量约束参数图。

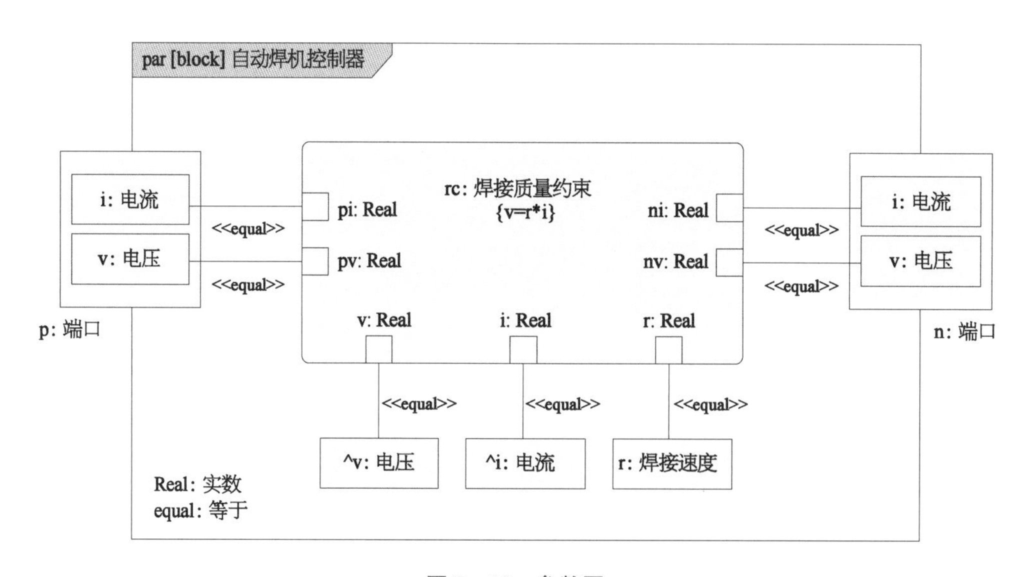

图 7-10　参数图

(8) 包图。

包图用于显示模型相互包含的层级关系,软件系统的组织方式,还可以描述所包含的模型元素，以及包之间的依赖关系和它们包含的模型元素。图 7－11 所示为海洋装备工程尺寸精度控制系统的包图。

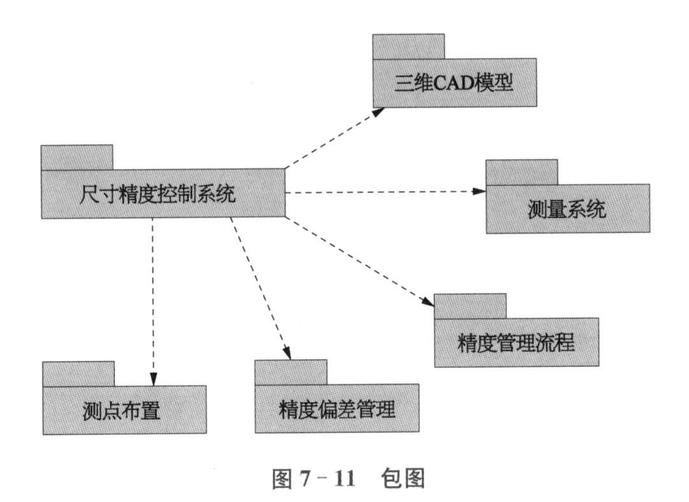

图 7－11　包图

(9) 需求图。

需求图是 SysML 特有的，用于表示基于文字的需求、需求之间的关系(包含关系、继承关系以及复制关系)，以及满足、验证和改善它们的其他模型元素。

3) SysML 建模基本要求

复杂系统的研发应过渡到基于模型的方法，这不仅是国际系统工程协会的战略计划，也是其系统工程愿景 2025 的关键实践。采用 SysML 进行系统建模，包括模型构建、模型可视化、模型分析、模型管理、模型交换和集成，用以支持 MBSE 协作和工作流程。系统建模者使用系统建模环境在 MBEng 范围内实施 MBSE。SysML 对系统建模环境的基本要求如下：

① 模型的表达能力——使用模型表达系统概念的能力；

② 模型的精确性——模型的表达应明确、简洁；

③ 模型的演示/交流——使用模型与不同的利益相关方有效沟通的能力；

④ 模型的构建——能够高效、直观地构建模型；

⑤ 模型的互操作——与其他模型和结构化数据交换和转换数据的能力；

⑥ 模型的可管理——能够有效地对模型的变更进行管理；

⑦ 模型的可用性——能够有效地、直观地创建、维护和使用模型；

⑧ 模型的适应性/可定制——扩展模型以支持特定领域的概念和术语的能力。

由此，采用 SysML 建立的系统模型适用于应用领域，并可以使用互联网链接的知识进行表示，可采用沉浸式技术在虚拟环境中高效共享，实现对系统的理解。

7.1.2.3　系统建模工具

MBSE 实施的第三个要素是系统建模工具，这些工具在系统研发全周期的各个阶段因专业领域不同而采用不同的工具，需要将各种工具进行对接和集成，MBSE 工具集包括：工作流程集成、工程数据集成和工具接口集成工具。根据一定范围调研，海洋工程装备 MBSE 实施大致需要以下工具，如表 7-2 所示。

表 7-2 海洋工程装备 MBSE 实施的建模工具集

工 作	工作内容说明	工 具
基于模型对需求进行管理	把需求模型、设计模型等以条目列表的形式显示，对系统工程的全部模型进行关联、跟踪关联	Office Excel/Word，WPS
需求条目管理	以条目列表的方式登记需求，导入需求文档，对需求进行关联	企业门户系统，OA 系统
系统分析设计与建模	采用系统工程的分析方法，采用 SysML 建模，对海洋装备产品进行设计和建模，分专业分模块设计	SysML 工具
分析设计与建模	结构设计与建模	CATIA，Tribon，SPD
性能分析建模与仿真	对结构和性能进行建模和分析，报送各结构审核	MSC Software，ANSYS，ABAQUS 等
产品数字孪生建模	建模数字孪生产品，对加工过程和运行过程进行在线监控	数字孪生系统定制
生产系统建模	对产品的加工过程进行建模和仿真，确定布局、路径，分析加工效率和瓶颈	emPlant，Delmia 等
生产加工建模	对生产过程单元，产线和执行机构进行仿真，确定作业序列和动作	emPlant，Delmia 等
物流建模	对内场和外场的物料配送进行分析和优化，建立供应链模型	emPlant 等
质量检测建模	对零部件尺寸、表面、内部缺陷等进行质量检测	精度管理软件，计算视觉软件
搭载与总装	进行装配仿真等，作业调度	精度管理系统软件
舾装与涂装	对内装和涂装进行分析和仿真建模	专用软件
总装调试	进行总产品模型集成，分系统和整系统联合调试和验证	多学科集成调试平台，Modelica 等
运输与安装建模	起运和安装建模，进行虚拟仿真	虚拟仿真软件
运维建模	建立传感器数据获取模块，建立运维仿真、故障诊断与预测建模	数据分析系统
ERP	物料、计划与财务、供应链、备品备件安全库存建模	SAP 等 ERP 系统

7.1.3 MBx 相关概念区别

基于模型的技术(MBx)的概念有很多，各种英文缩写也导致了更多的概念混淆。本书作者站在系统工程的"V"模型上研究 MBx，认为 MBx 主要是 MBEng，包括 MBSE、

MBD、基于模型的制造(model based manufacturing, MBM)、基于模型的测试(model based test, MBT)、基于模型的可靠性(model based reliability, MBR)等,如图 7-12 所示。

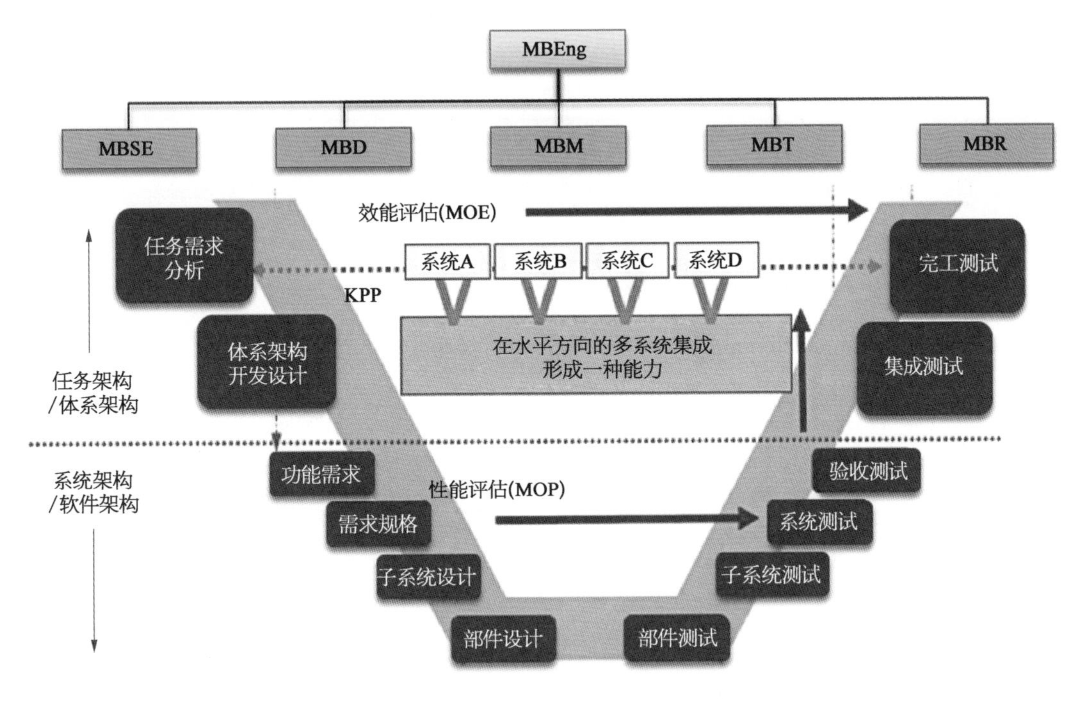

图 7-12　系统工程角度下的 MBx

7.1.3.1　MBSE 与系统工程

MBSE 不是系统工程的一项活动,而是所有系统工程活动都该用到的方法。换言之,MBSE 不是系统工程的一个子集。

MBSE 不是(或不仅是)一个过程,MBSE 有自己的过程,但不取代现有过程,实施 MBSE 可以更高效率、更低成本地改善和提升现有过程。

MBSE 与传统系统工程的根本区别不在于是否建模,而在于是否是形式化建模,即建模过程和方法是否有规范标准,以保证跨领域模型间协同。

7.1.3.2　MBSE、MBEng 与 MBE

MBE 是指在产品开发和决策中,利用模型作为一种动态的"人工制品"形成的组织环境。MBE 注重对生命周期反馈的管理,以快速创建后续产品,并迭代优化。

MBE 在系统工程的帮助下,尤其是在 MBEng 的帮助下,通过 MBSE 创建各个阶段的产品、流程管理等模型,实现一致性视角的模型,实现数字驱动企业。

7.1.3.3　MBSE 和 SysML

MBSE 不等于 SysML,SysML 也不等于 MBSE。SysML 只是一门语言,不是方法学或工具,而且与方法学和软件工具无关;SysML 是一种通用的可视化标准建模语言,是

MBSE 的使能技术，但 MBSE 所用的建模语言并不仅限于 SysML，其他如 AP233、BPMN 等，而且 SysML 并不打算、也无法取代其他建模语言在各自专业领域的贡献。SysML 只是实施 MBSE 的起点，绝非终点。

7.1.3.4 MBSE 和 MBD

认为 MBSE 只适用于概念设计阶段的观点是片面的，MBSE 在系统研发开始就需要进行统一建模和协同仿真，从概念设计阶段就要支持系统需求，并在生命周期各阶段由各个模块执行架构设计。MBSE 中被定义的统一模型就是 MBD，是以三维模型为基础。MBD 模型在设计初期建立，并一直贯穿到研发末期，如图 7－13 所示。

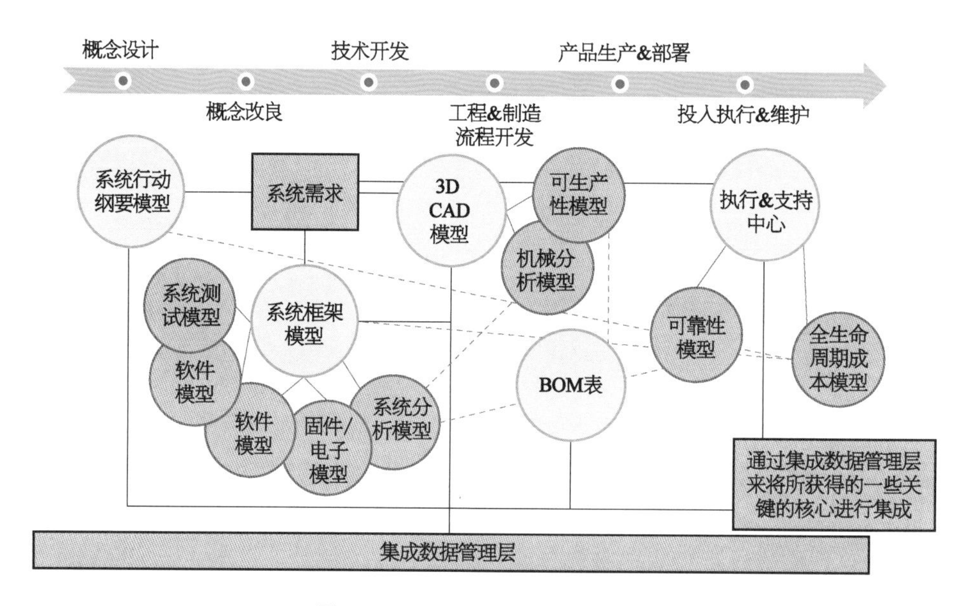

图 7－13　MBSE 贯穿全生命周期

7.2　海洋装备产品研发从 MBD 到 MBE

基于 MBSE 的研发理念在我国还没得到充分认识，一方面国内在 MBSE 的基础研究不够，另一方面是 MBSE 要求企业数字化链路相对比较完备的情况下，逐渐以模型为驱动展开数字化工程。目前我国海洋装备产品的数字化工程实施还远远不够，数字化工程管理方法还很欠缺，导致在研发过程中实施 MBSE 很困难，实施的风险也很高。本书从学术研究的角度、发展的眼光来阐述基于 MBSE 的基本研发方法，探索实现 MBE 的实施路径，为读者提供一些思路。

7.2.1　MBE 的概念

美国国防部(DOD)和美国汽车工业协会(AIAG)对供应链中供应商,进行 MBE 能力等级划分,并给出了 MBE 能力矩阵图。MBE 能力总分 7 个等级,最低为 0 级,最高为 6 级。对于不同等级的供应商赋予不同的权限和合作模式,如图 7-14 所示。

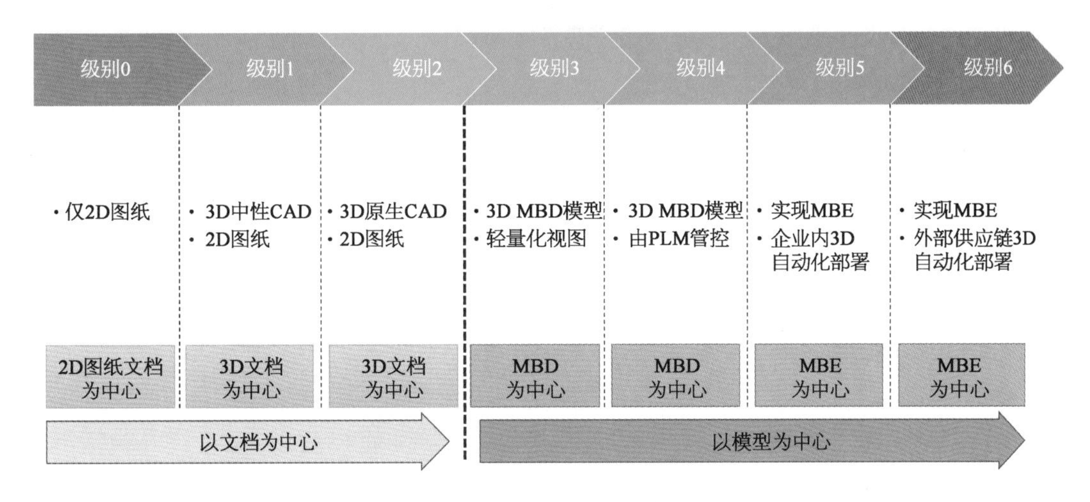

图 7-14　MBE 能力矩阵图

级别 0:以 2D 图纸为中心,没有使用 3D 模型,2D 图纸作为权威文档;
级别 1—2:2D+3D 文档为中心,采用 3D 模型,采用 3D 文档,辅助以 2D 图纸;
级别 3—4:以 3D 模型为中心,全面采用 MBD,3D MBD 模型中包含产品制造信息(PMI);
级别 5—6:实现基于模型的企业,在整个企业及其供应链采用基于模型的设计、制造、检验以及维护。

因此,达到 MBE 需要展开三个方面的工作,分别为 MBEng、MBM 和 MBS。其中 MBD 是核心,是统一模型的容器和载体,后续各种模型都基于此创建并重复使用多次,MBD 不仅保证了数据传递的唯一性,也保证了产品设计和制造的无缝链接。

实施 MBD 为海洋装备产品制造企业建立数字化传递的基础,进而达到基于 MBEng 的海洋装备企业。MBD 模型的使用将大大减少海洋装备产品物理样机的制造,同时 MBM 使用基于 MBD 进行模型的创建,不但重用了 MBD 中的产品几何信息、公差及 PMI,还重用了文本以及元数据。MBM 可以在虚拟环境内部进行工艺规划,包括 3D 零件加工工艺和 3D 装配工艺等,可以在物理建造之前就可以进行产品的功能、行为和性能评价,并和其他工程分析模型结合在一起,从系统上限制或消除出错的概率。同时在早期制造时,可以向设计进行反馈,兼顾传统海洋装备产品制造的“边设计—边制造”的模式。MBS 可以提高在役运营和维护效率,并降低生命周期成本,如图 7-15 所示。

7.2.2　海洋装备产品 3D MBD 建模

产品的 3D MBD 模型描述了与产品相关的绝大部分信息,这些信息由管理者们按照一定的模型方法进行组织管理、显示以及传递。和其他 3D MBD 一样,海洋装备产品的

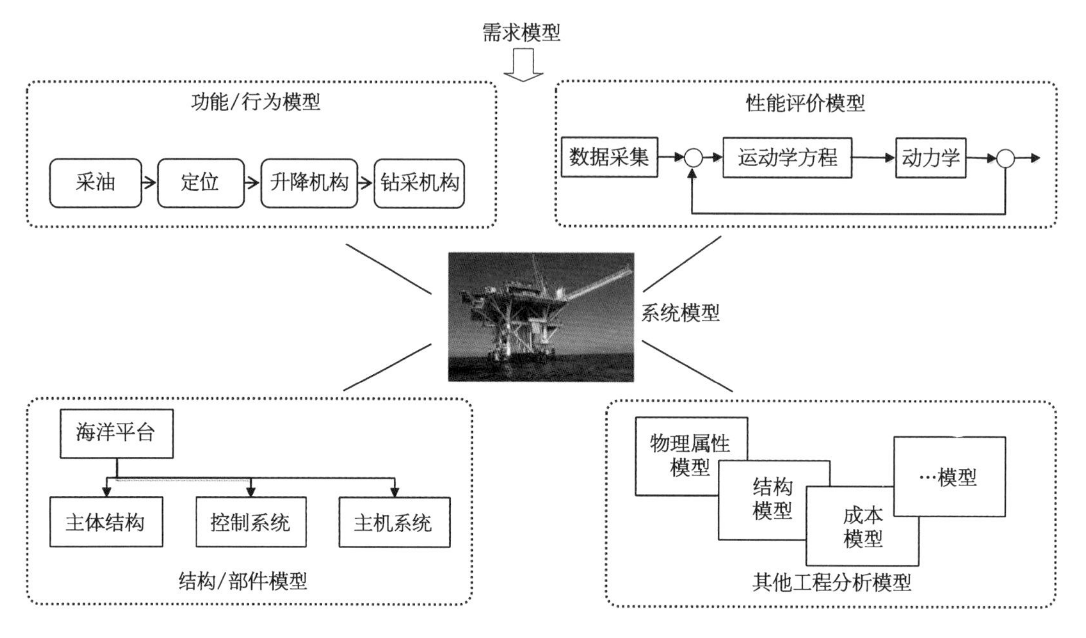

图 7－15　基于模型的海洋装备产品制造

3D MBD 模型也分为几何数据和非几何数据。

7.2.2.1　几何数据

几何模型：描述海洋装备产品的几何形状和拓扑类信息，包括各种零部件、组件等。

几何特征：海洋装备产品的工程图形都有特定的语义，而几何模型上的几何特征被用来定义设计师的设计意图、表达特定语义和设计历史，并传递到制造过程，完成加工实现。

① 草图特征：利用 3D MBD 模型中，可以抽取基于草图的特征，如公差等级、表面粗糙度等公共数据属性；

② 制造特征：待加工特征，或装配制造等特征；

③ 关系定义：通过特征依赖关系来表达特征间的拓扑结构。

7.2.2.2　非几何数据

MBD 模型在数字主线中传递，生命周期中的 PMI 不断关联到 MBD 模型中，形成完整的工程注释或者描述。MBD 数据结构中的非几何数据，可以定义为工程注释父类，根据应用可以展开为零件注释类、标准注释类、材料描述、材料注释类和注释描述注释等。在 3D 环境中定义的 MBD 模型数据集包括下述内容，结构关系如图 7－16 所示。

对 MBD 模型的定义，除了传统数据结构定义之外，利用本体、语义网或者知识图谱也是目前方法之一，MBD 模型中如果包含了制造语义，将大大提升模型的应用能力和范围。

7.2.3　MBD 的信息集成

MBE 能力共分为 7 个阶段，深入应用基于 MBD 模型为中心的数字化传递，企业就过

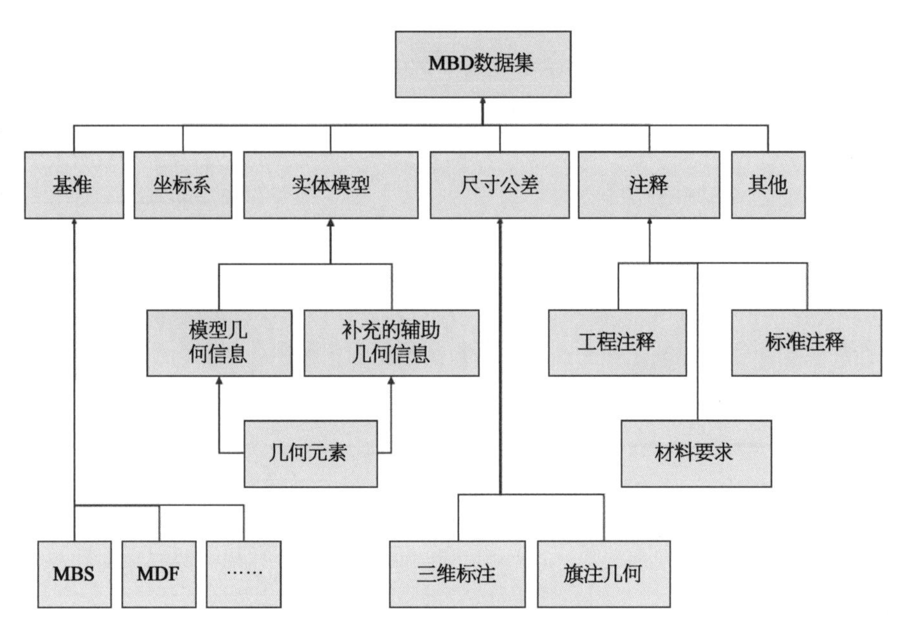

图7-16　MBD模型数据集

标注：描述相关产品尺寸，公差、基准、注释等信息；
属性：记录模型的管理信息，比如设计者、公司，图纸版本等；
视图：可以存储各种视图、刨面图等；
PMI：制造过程的数据、标识或索引。

渡到以MBE为中心的新阶段，在该阶段显著的特征是MBD关联了更多的信息，可以为更广泛的制造过程服务。

7.2.3.1　信息集成框架体系

通过MBD定义了一系列相互关联的模型，对海洋工程装备生产的物理世界进行抽象，分别定义了系统的结构、行为和要求。基于模型的方法与传统的基于文档的方法形成了鲜明对比，在传统以文档为中心的方法中，数据和信息分散在许多不同的文档中，这些文档是在Word、Visio等常见应用程序中创建的。基于模型的方法，系统维护的是模型，并且与其他工程模型和工具集成在一起，如图7-17所示。以文档为中心传统研发流程和MBSE的研发活动其实一致，执行同样的业务活动，创建同样的交付物。MBSE的方法，所有输出的图表和文档都是底层系统模型的视图，都是自动生成的。尤其是系统出现变更请求，这种自动化带来巨大收益。

MBSE没有随着系统建模的创建就结束了，而是需要建立系统架构模型为整个产品生命周期的数据集成和转换提供了一个"枢纽"。特别值得注意的是，通过系统模型将MBD、分析决策联系起来，为架构和系统层面的决策提供洞察力的能力。

系统架构模型强调各部分如何利用MBD组合成一致的整体，以MBD为核心，支持MBSE的相互关系，包括功能、行为、结构、组件与对象；信息流、接口与端口；交互动作与场景。系统架构模型如图7-18所示。

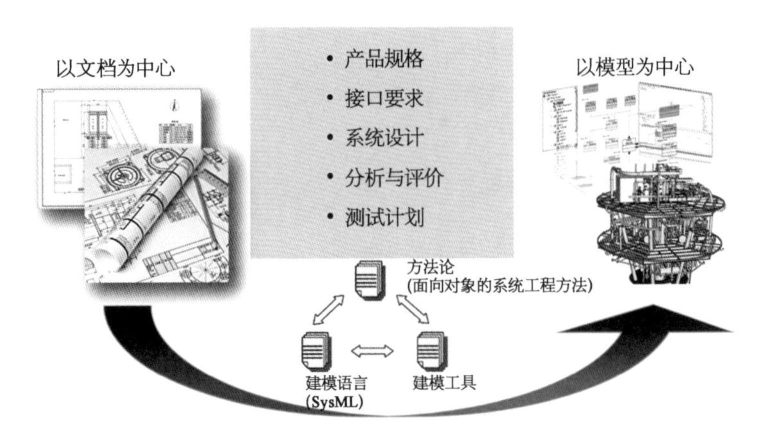

图 7-17　从文档驱动到模型驱动

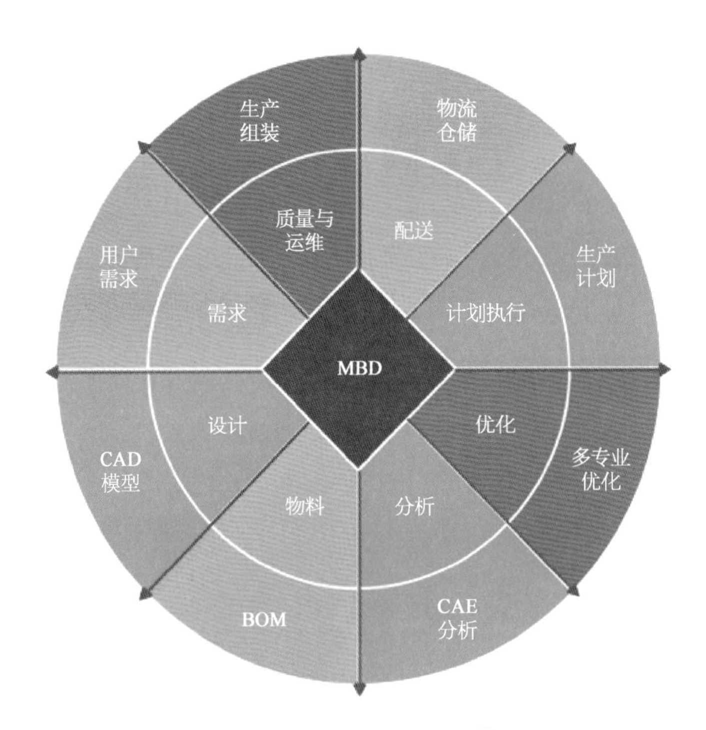

图 7-18　从 MBD 到 MBE 体系

7.2.3.2　MBD 信息集成

以 MBD 为核心的模型贯穿到整个上下文中，并和系统模型整合在一起。系统模型是系统整体要求、行为、结构、属性及相互联系的结构化表示方式，包括：需求模型，主要是目标、要求和规范等；结构和部件模型，主要是 CAD 模型；功能/行为模型，主要是机构仿真、作业过程模型；性能评价模型是针对海洋工程装备的不同性能要求建立的计算和分析模型；还包括产品生命周期中的各种其他分析模型。

具体举例说明，如图 7-19 所示为 MBD 的数字工艺的信息模型，以三维模型为载体，

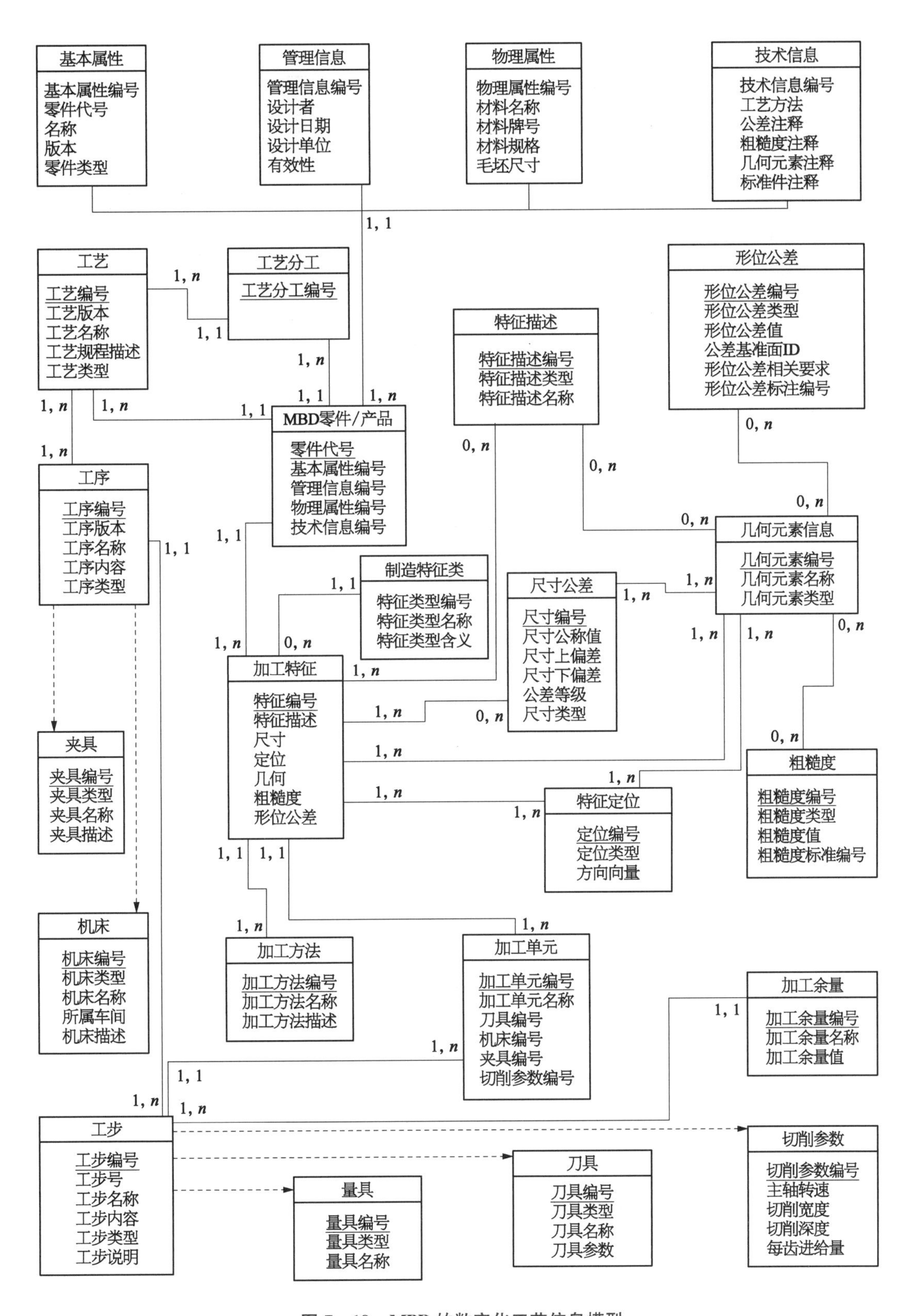

图7-19　MBD的数字化工艺信息模型

其尺寸公差、表面粗糙度、形位公差、基准等信息是与加工特征相互关联的。根据前面对制造特征信息的描述，通过分析加工特征与工艺过程设计内容的关联关系，最终形成三维关联的数字化工艺信息模型框架。因此参考该模型，同样可以定义海洋装备产品中数字工艺信息集成模型。

MBD 数据集一般可以包括：系统结构模型（SAM）、三维几何模型、需求和设计规格文档、元数据或属性数据、BOM 和其他相关产品的描述信息。这些信息大部分属于非结构化文档，如图 7-20 所示。

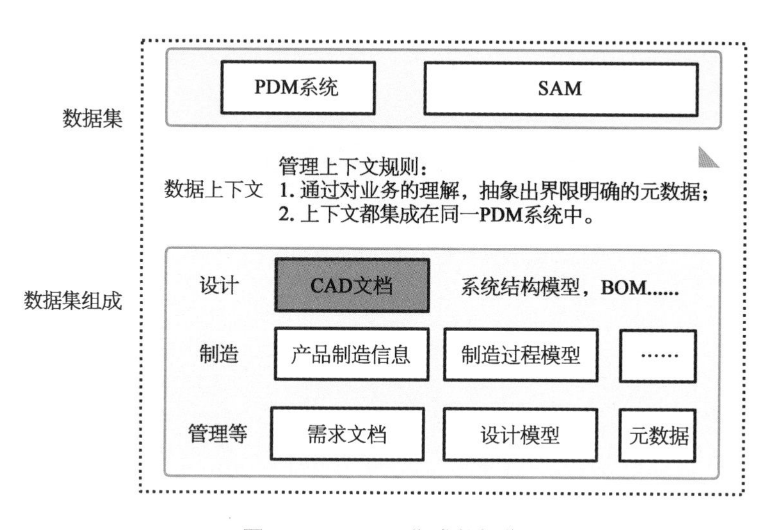

图 7-20　MBD 集成数据集

7.2.3.3　MBD 模型存储与接口

(1) 基于 SysML 建模。

基于模型的企业需要基于 MBSE 建模，目标是为了方便沟通、规范开发、提高设计精度及系统集成度。对 MBD 建模同样需要进行系统建模，SysML 可以用于 MBD 体系的建模，具体实现方法前文已经介绍。

(2) 基于 XML 数据存储。

MBD 模型包括几何信息和非几何信息，使用可扩展标记语言（XML）是主要方法。本质上，XML 文档是保存信息的结构化载体，具有可扩展、自描述性质以及结构、内容和表现分开等特点，并已成为通用的数据格式，而且事实上也是数据交换的标准之一。

在概念层次采用图形化的 SysML 描述数据模型的静态结构（DIV-1），然后使用 XML 模式描述结构与数据类型，完成逻辑数据模型的定义（DIV-2）。XML 模式提供对 XML 文档结构和内容的约束与解释。

(3) 面向服务架构接口。

MBD 模型由于传递在研发各个阶段，统一的接口是非常重要的。基于面向服务架构（SOA）是一种构造分布式系统的方法，它将业务应用功能以服务的形式提供给最终用户应用或其他服务。基于 SOA 定义的 MBD 服务接口可以实现和企业服务总线（ESB）、工业 APP 和业务流程(BPM)等的有效信息交互。

(4) 成熟案例介绍。

虽然面向海洋工程的 MBD 和 MBE 相关标准还没有，但美国 NIST 在航天航空、汽车等行业领域，已经基于 STEP 展开 MBE 实践，并形成一系列国际标准，如 AP202、AP242 等。该系列标准建立了全生命周期价值链上的交换协同、映射关系和工具语言，对海洋工程装备的研发具有较大的启发性。

7.3　MBSE 的海洋平台桩腿焊接应用案例

自升式海洋平台是具备自升能力的功能性平台，它通过一定长度、可以自行升降的桩腿来实现平台高度的变化，以适应不同作业水深的要求。平台一般由钻井模块、船体模块、抬升模块三部分组成，其中钻井模块由各种作业机械组成；船体模块类似于驳船，用于承载机械和生活设施；抬升模块主要负责平台的升降，核心部件就是桩腿，如图 7-21 所示。

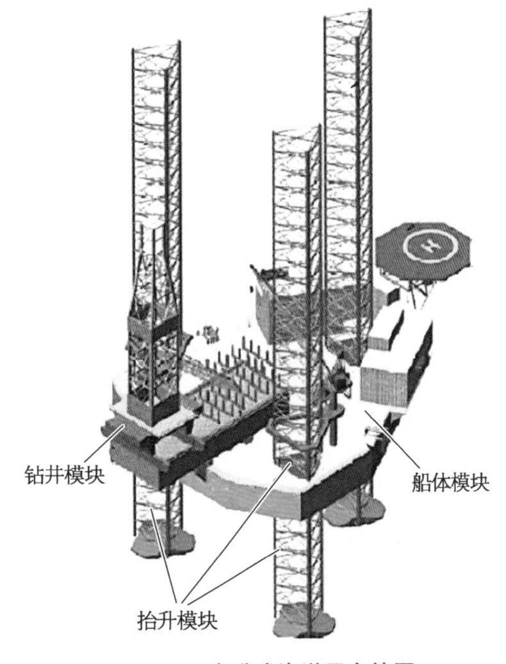

图 7-21　自升式海洋平台简图

桩腿可升降，靠的是齿轮齿条进行传动。在海洋平台的每根桩腿上设置两根齿条，对应于每根齿条上设置若干成对的小齿轮，动力通过桩边马达驱动齿轮减速箱，然后传递给与齿条啮合的小齿轮，从而带动平台升降。相较顶升液压缸式等升降装置，齿轮齿条式可以实现连续升降，速度快，而且操作灵活。在环境条件恶劣的海洋中，平台升降快、所需时间短，就意味着平台更安全，而且时间越短，平台就位费用就越低。因而，现在新造的自升式平台多数都采用齿轮齿条升降方式，如图 7-22 所示。

国内建造的主力自升式海洋平台作业深度可达 120 m(400 ft)，桩腿长度达到 170 m 以上。对于 150 m(500 ft)海洋平台，桩腿长度则更要超过 200 m。作为桩腿的核心部分，齿条也要达到同样的长度。自升式钻井平台一般都有三条以上可以上下移动的桩腿支撑着庞大的海洋平台，承受恶劣的作业环境。在实际建造过程都采用分段加工，焊接成小部件，再组装为完整桩腿，焊接是其中主要的工作。本节以某海洋装备企业自升式海洋平台桩腿的焊接过程为对象，采用 MBSE 的方法进行系统集成研发的

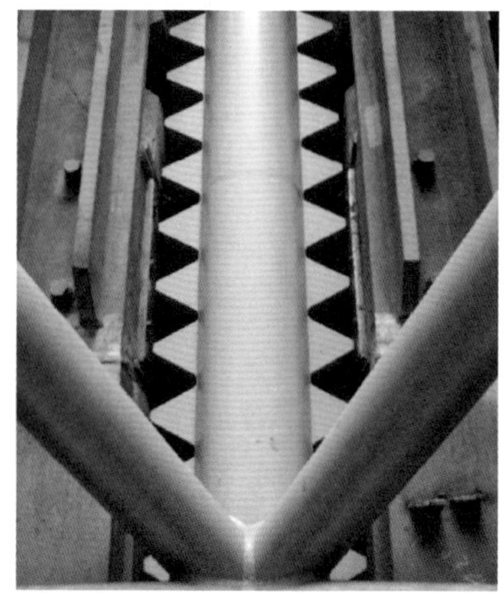

图 7－22　桩腿的齿轮齿条结构

探索性案例。

7.3.1　系统建模

桩腿焊接集成系统分为 PDM 系统、焊接工艺设计系统、焊接工艺专家库系统、MES 系统，由 PDM 数据库、焊接供应数据库、MES 系统数据库以及焊接专家数据库组成，在信息集成系统中统一集成，实现焊接数字化工程应用，如图 7－23 所示。

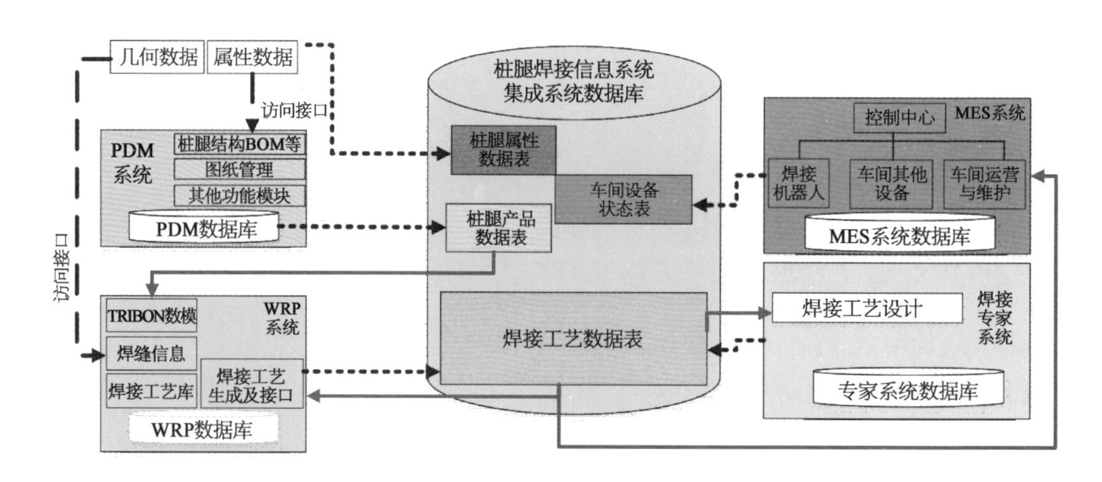

图 7－23　桩腿焊接系统组成

在整个系统进行设计，采用 SysML 对系统进行建模，分为需求、行为图、结构 3 部分类图，分别包括块图、内部块图、包图、参数图；活动图、用例图、序列图、状态机图；需求图共 9 个类图，如图 7－24 所示为主要的几个类图。

根据用户需求，对系统进行设计后，可以将集成系统分为应用层、服务层和数据层 3

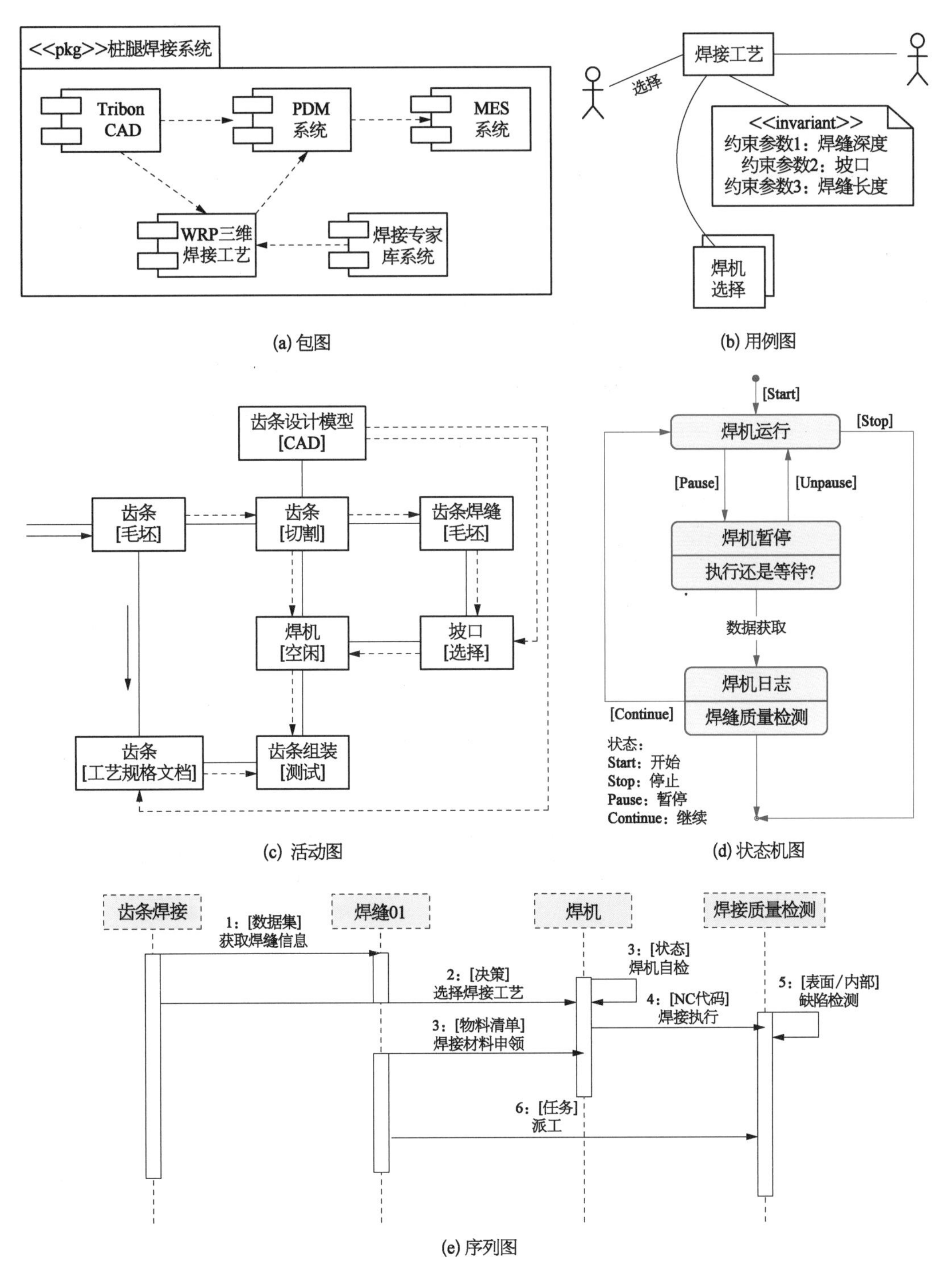

(a) 包图　(b) 用例图　(c) 活动图　(d) 状态机图　(e) 序列图

图 7 - 24　桩腿焊接 SysML 类图

个层次，如图 7－25 所示。其中，应用层主要指的是系统主要用户，即研发单位、设计单位以及制造单位；服务层主要指的是集成系统所直接集成的子系统，包括海洋装备产品研发设计子系统、海洋装备产品焊接工艺管理子系统、焊接工艺专家系统以及车间管理信息化子系统等，这些子系统通过海洋装备产品智能焊接车间设计工艺生产信息集成与管理平台进行统一的集成与管理；数据层主要指的是集成平台数据库、海洋装备产品研发设计数据库、海洋装备产品生产工艺数据库、车间生产数据库等，集成平台数据库与各个子系统的数据库之间通过数据接口进行连通。

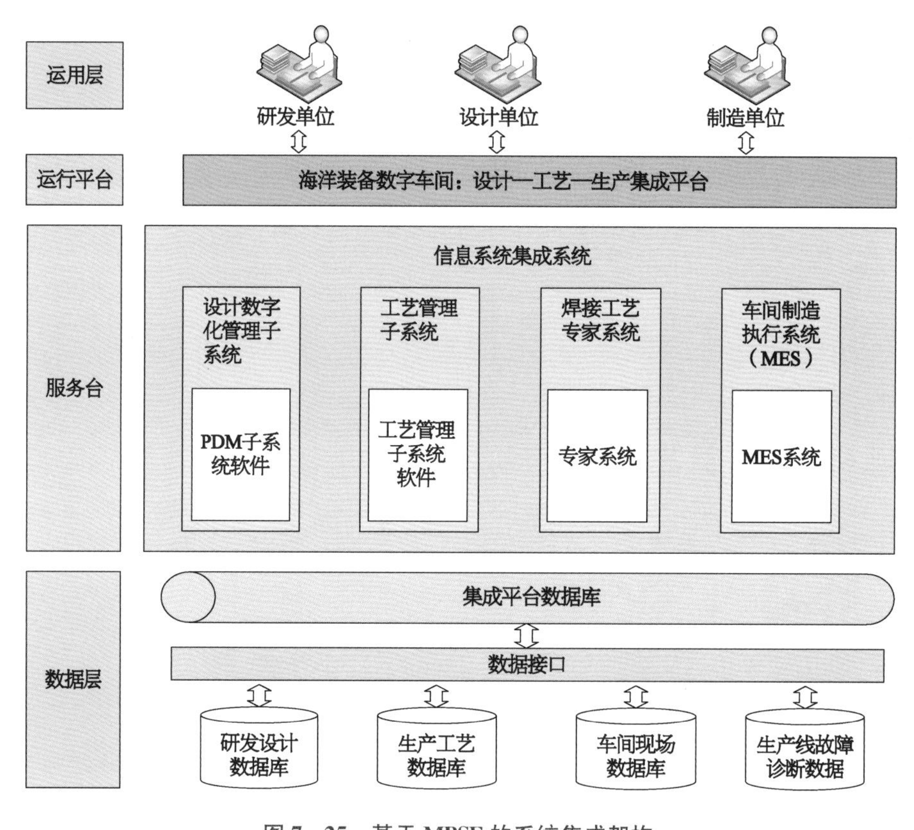

图 7－25　基于 MBSE 的系统集成架构

7.3.2　桩腿 MBD 模型及传递

（1）桩腿 MBD 模型。

海洋装备产品 3D 模型数据等信息是来自 TRIBON 系统，MBD 的非几何信息包括：海洋装备产品项目信息、海洋装备产品功能 BOM、图纸等。各个系统功能模块按照生产工艺关系，通过 MBD 联通在一起。几何数据通过访问接口流向焊接专家系统焊接工艺设计子系统，通过访问接口流向 PDM 系统，通过数据接口访问并获取 PDM 系统中相应的项目属性数据，并将工程编号流转到焊接专家系统系统，焊接专家系统系统根据集成平台下发的工程编号，从 TRIBON 系统中获取相信的模型信息，将需要焊接的焊缝详细信息通过集成平台的数据接口传送到焊接专家系统进行焊接工艺系统的编码及焊接工艺设计工作,专家系统的工作完成之后,将带有返回值的数据返回到焊接专家系统系统并写入焊接工艺数据表,最终都集成到 MBD 模型上。

(2) MBD 模型传递。

MBD 进行信息传递,从海洋装备产品的设计、工艺、生产计划、车间制造执行到焊接工艺专家系统。模型传递采用 B/S 架构,如图 7-26 所示,接口采用 Web Service 服务,通过数据模型的调用,实现从 TRIBON 端的模型数据到 MES 端的生产制造全过程集成与管理,以及数据分析。

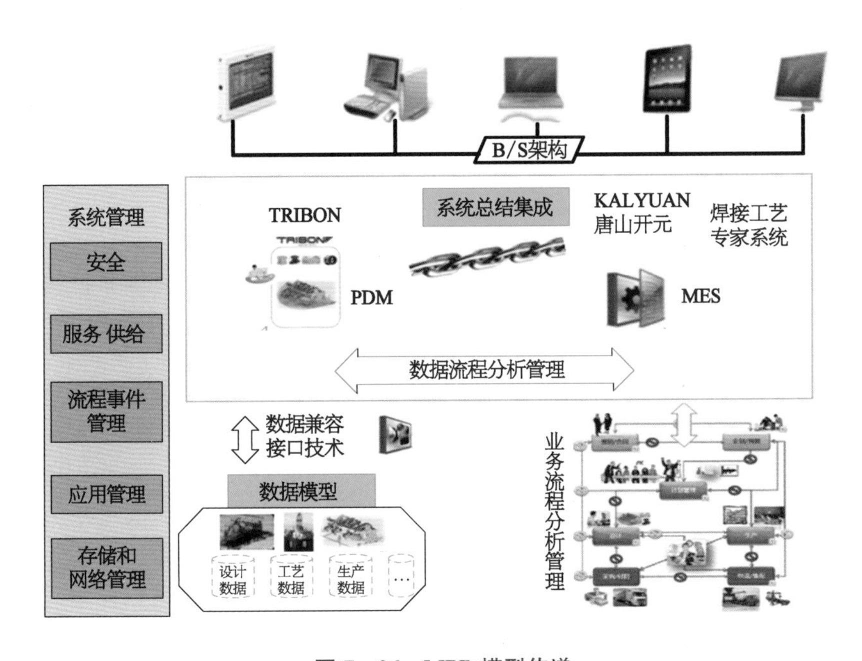

图 7-26　MBD 模型传递

7.3.3　MBD 进行 PDM 和 MES 集成

PDM 在焊接设计系统中有着重要的地位,MBD 模型对 PDM 模型库进行重构,包括基础几何模型、设计计划管理、图文档管理、设计变更管理和报表分析六个模块,如图 7-27 所示。

MBD 模型数据库包括 BOM 表数据库、BOM 更改信息数据库、图文档目录数据库、图文档使用信息数据库等;功能模块层主要包括:基础模块、海洋装备产品项目管理模块、海洋装备产品工程 BOM 管理、工时登记、设计数据管理、设计计划管理、设计变更管理、图纸审批推送、图纸目录、图文档信息管理、设计派工管理以及报表分析等功能。

通过 Tribon 系统将 3D 模型重构为 MBD 模型,流转到 PDM 系统之中,设计部门人员在 PDM 系统中,进行海洋装备产品项目信息管理、图纸目录管理、结构 BOM 管理以及

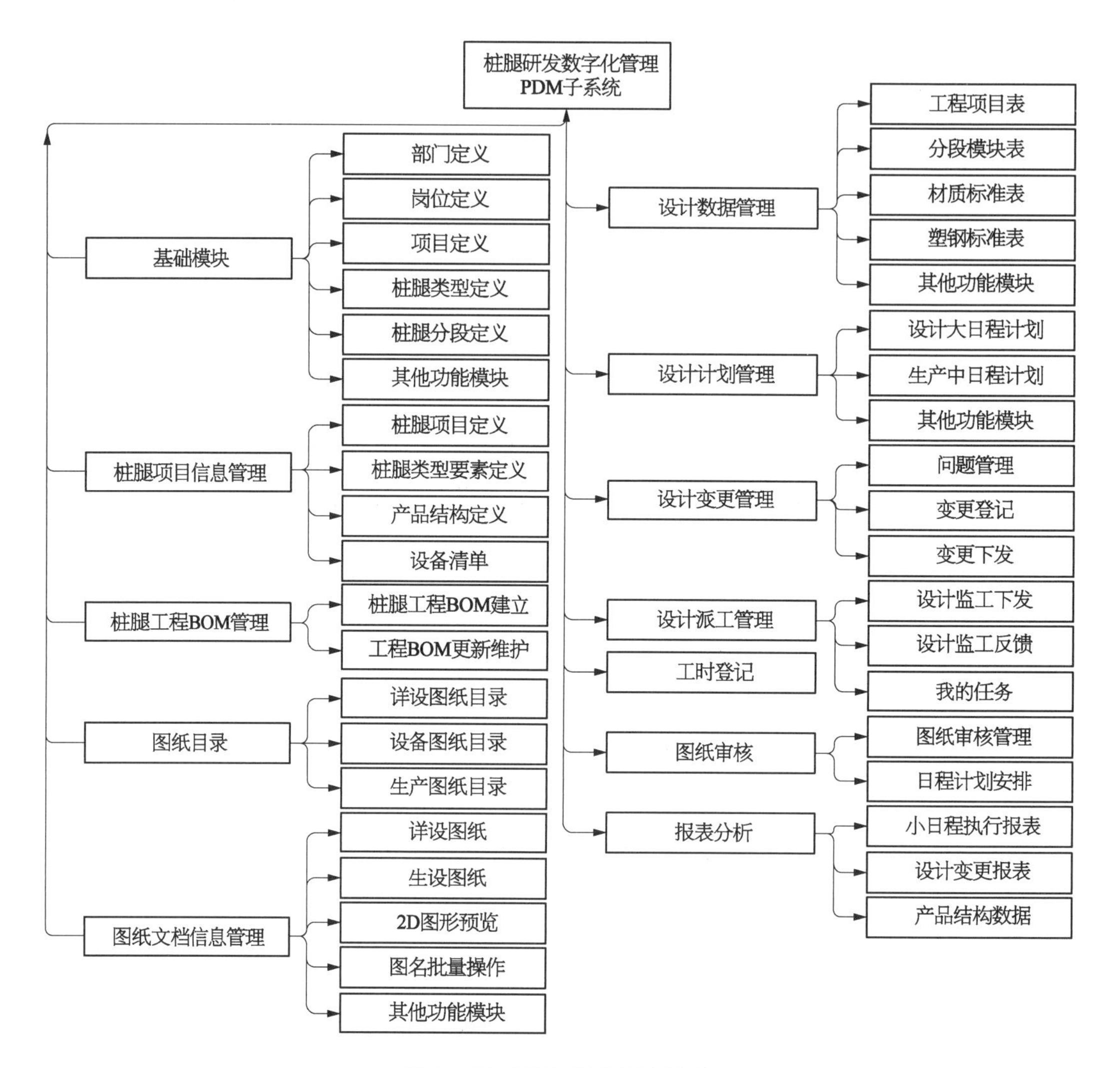

图 7－27　PDM 集成模块组成

图纸文档信息管理等工作，在该阶段的工作完成之后，生成与生产相关的工程信息，并流转到生产部门，以指导生产部门进行物料的准备以及生产计划的安排与执行，如图 7－28 所示。

制造执行系统是生产最重要的系统，MBD 集成焊接设计系统，并直接下发焊接指令给焊机，完成焊接任务。

首先，通过 PDM 系统获取工程编号，按照工程编号从 Tribon 系统中获取数据模型信息等；通过焊接工艺生成及接口功能，将需要生成焊接工艺参数的焊缝详细信息，传递给焊接专家系统，在焊接专家系统中生成每条焊缝对应的 WPS 焊接编码以及焊接详细参数设计，之后，将获取到的信息返回到焊接设计系统数据库中；同理，在完成以上信息流转之后，通过焊接工艺生成及接口将焊缝信息、WPS 编码等信息，传递到车间管理系统中，这

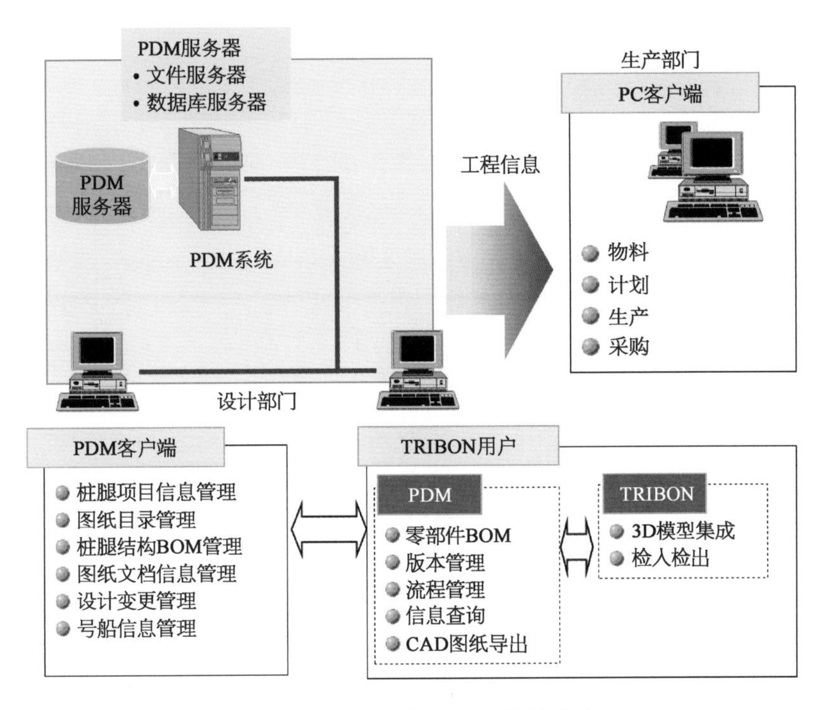

图 7-28　MBD 的 PDM 系统信息流

里传递的都是 MBD 模型，几何信息和非几何信息集成在一起，通过接口实现和 MES 的集成，并以此来指导车间的生产焊接。

第3篇

数字化制造篇

数字化工程的落地在于制造，数字化工程的难点是在制造阶段。

海洋装备产品制造过程极为离散，零部件百万件，物料管理难度高；自动化作业程度较低，零件加工和部件焊接等尺寸一致性控制难，全面尺寸精度管理需求迫切；海洋装备产品尺寸大、生产制造空间跨度大，设备和堆场资源有限，对资源配置要求高；海洋装备产品系小批量、个性化、订单式生产，生产组织经常重组和调整，受环境动态变化，生产黑箱式管理；同时，生产供应链长、供应商多，生产计划和供应链计划难以匹配，需要跨部门、跨企业协同。这些问题正是数字化工程应用不够，不彻底造成的。

在本书第 2 篇最后，介绍了海洋装备产品数字化工程从设计到制造过程过渡的方法，引入基于模型的系统工程概念，探讨了数字主线在产品全生命周期的集成方法。从第 3 篇开始，将介绍 MBD 的数字化设计模型正式转移到制造阶段，以海洋装备产品的工艺路线来展开，从零部件切割、装配精度控制，到堆场物流，再到总装的数字化建造技术，并给出了常用的数字制造支撑技术，包括虚拟工厂、工业大数据和网络化协同制造等。

第 3 篇共分为 6 章，包括基于工业物联标识的零部件切割与识别、组立和分段的尺寸精度控制、物流与堆场管理；另外介绍数字制造的虚拟工厂、工业大数据、网络化协同制造系统等支撑技术。

第 8 章　海洋装备在制品工业物联标识与信息集成

离散化的海洋装备产品加工过程，因为加工场地分散、区域广，对物料的管控难度极大。当前，企业现场生产中的数字化不充分，制造现场信息传递主要是依赖纸质文档。海洋装备产品通过钢材切割加工，产生大量的板管零件，零件通过焊接组装成组立部件，组立部件再焊接组装成分段等大部件，这些中间在制品的堆放和流转成为企业难题。本章将介绍基于工业物联标识的海洋装备在制品的标识与信息集成技术，探索工业物联网的标识体系，将在制品赋码，通过标识解析联通形成网络，并对接企业的业务系统。

8.1　海洋装备产品制造工业物联框架

8.1.1　工业物联网概念

前文已经介绍过工业互联网相关概念，工业物联网相比而言是较小的概念。工业物联网是指将具有感知、监控能力的各类传感器或控制器以及移动通信、智能分析等技术融入工业生产各个环节，实现制造要素万物互联，从而大幅提高生产效率、降低生产成本和资源的信息获取和监控，是传统工业提升到智能化的“新基建”。海洋装备产品制造过程的工业物联网，简而言之，就是将制造过程要素通过传感器连成网络；设备连成网络，可以用来进行预测分析；人员连成网络可以进行人员管控；在制品连成网络，可以将制造过程和作业状态透明化，使生产效率得到提高。

海洋装备智能制造的基础在于海洋装备生产过程中的设计、工艺、制造、设备和人员的信息互联互通。当前海洋装备的生产制造过程中数字化传递不充分，信息利用率还比较低下，数字价值还没有产生应有的作用，许多问题一直难以得到切实解决，参见表 8－1。

其他领域也有的类似问题，常见的解决方法是使用工业物联网技术，利用物联标识将物料要素标识起来，并与加工工艺信息和制造信息建立关联，随时调用、实时控制，便于掌控和调度。利用物联网技术可在多个异构数据源的生产过程中进行采集，分析和处理，实现对生产过程的全面实时监控，达到提高现场管理与整体计划管控的目的。

海洋装备的在制品流转流程如图 8－1 所示，主要包括放样、预处理、下料、钢结构生产、小组立组装、预焊、油漆、电气部件安装、总装等，海洋装备制造过程中的在制品包括钢板、分段等，在此环节中流转。本书给出了一种基于 HANDLE 标识系统的海洋装备在制品工业物联体系，如图 8－2 所示。

表 8-1　海洋装备制造过程生产现状

序号	问　题	描　　述	后　果
1	产品制造过程中生产信息滞后	大量的生产数据需要对人进行统计、汇总和分析，统计的数据存在延迟问题，无法及时解决	效率低下，可能导致生产空白
2	信息缺失	人工统计使得信息缺失、不完整，数据噪点大，数据质量是严重问题	生产执行不到位
3	部件配送不及时或不准确	船用设备产品，往往是在装配的同一时间和地点，而且需要对零件和零件进行及时交货，安装时要费时寻找，严重阻碍了进度	生产效率低下，导致生产缓滞
4	物料清点困难	零部件堆放在托盘里，现场工人需要再花费大量时间进行清点	作业效率极低
5	物料丢失严重	对零部件缺乏数字化管理手段，零部件存储散乱、查询和寻找零部件困难，丢失现象严重	补料成本高、对宝贵的生产资源造成重复浪费

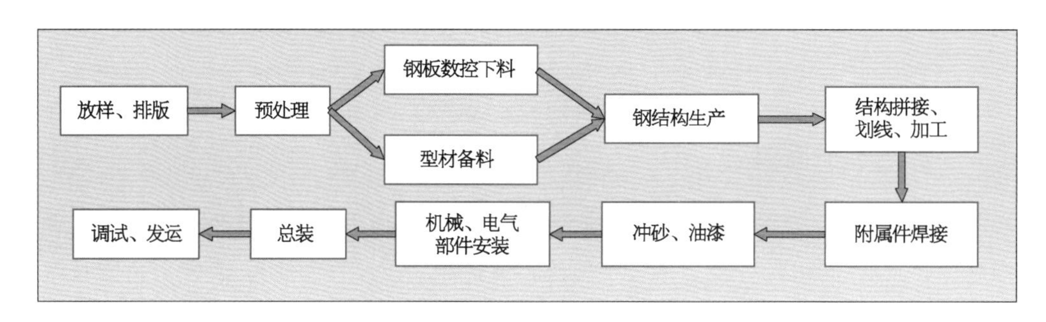

图 8-1　海洋装备在制品的流转过程

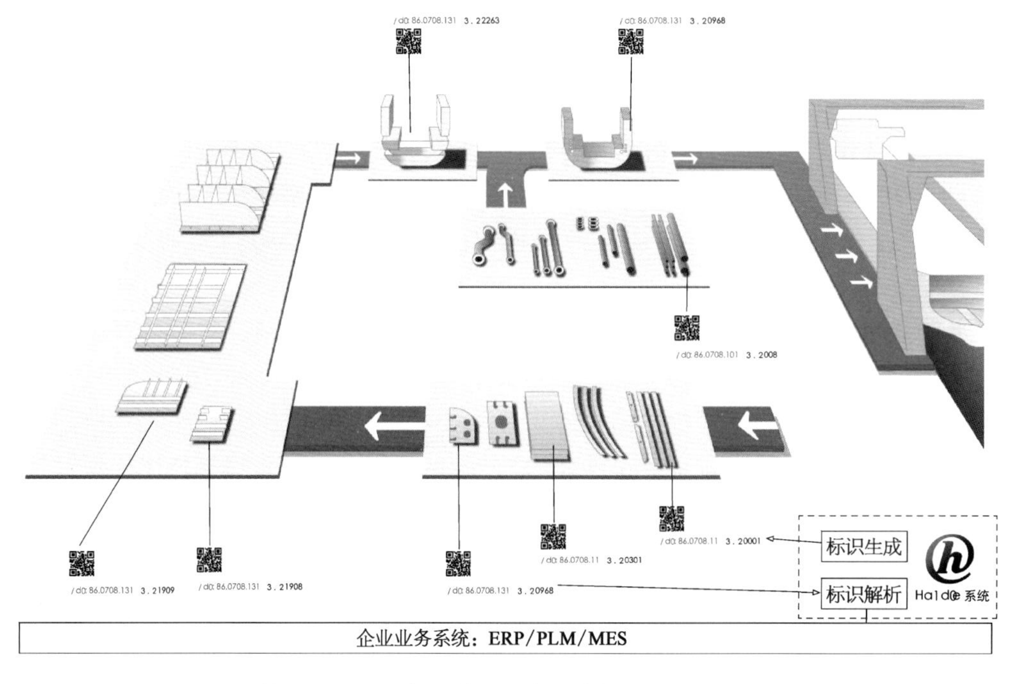

图 8-2　基于 HANDLE 标识体系的海洋装备在制品工业物联示意图

8.1.2　工业物联网框架

海洋装备工业物联体系采用ISA 95/ISO 62264自动化集成要素为主体，集成框架如图8-3所示，由三个层次构成，在制品的物联、设备的物联、与应用层的互联互通和信息集成。

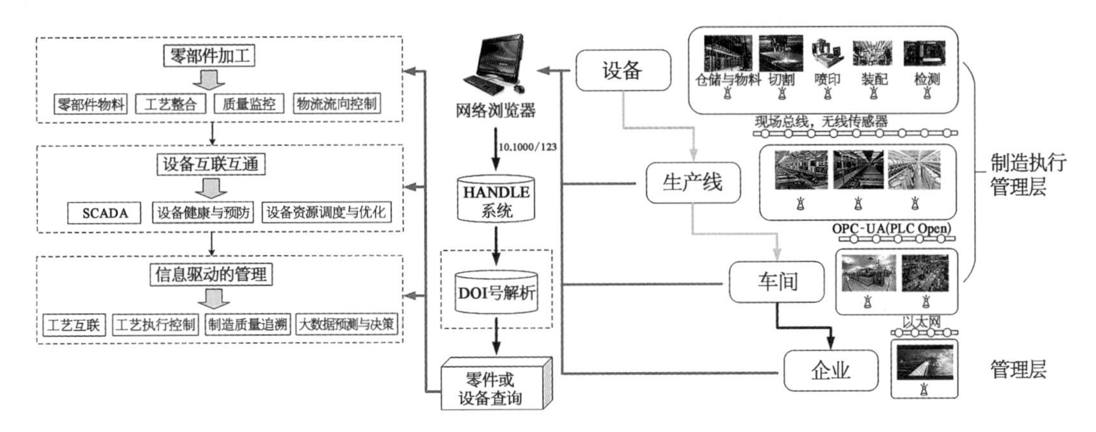

图8-3　海洋装备制造的工业物联网集成架构

(1) 在制品(包括与在制品相关的搬运要素，如托盘)物联：位于体系的底层，描述了海洋装备产品对象在不同生命周期的中间状态的物联，是工业物联的主体，也是各种结构件制造信息的载体，物联标识附着在其上，流转在各个阶段。

(2) 设备物联：设备物联是海洋装备产品制造过程的设备集互相联通，设备间大部分通过工业总线连接在一起，实现对设备的执行能力和状态监控。海洋装备物联是通过设备间的接口来进行识别和信息采集的，接口主要是OPC UA、专用接口等，提供信息交换服务、事务处理服务和流程控制服务等各种通用服务。目前现状海洋装备产品生产中各种设备接口种类繁多、交互协议各不相同、互联互通的语义不一致。

(3) 与应用层互联互通与信息集成：物联标识发挥作用是靠应用紧密支撑。各种在制品物联标识通过解析，获得标签索引，连接各类业务处理系统和数据处理系统。物联标识不仅读取之前的完成状态，也写入当前的加工信息等，将制造过程的信息存储到数据系统中，成为制造大数据的主要来源。对工业物联标识的末端实时解析和信息处理服务，也是边缘计算的重要场景之一。

中国电子标准化技术研究院将工业物联网发展步骤分为四个层次：感知控制、互联互通、数据应用和服务模式，如图8-4所示。

其中感知控制是基础，用于获取RFID，传感器和2D代码对象的信息；网络层实现实时和准确的集成对象的信息传递；数据应用层则是通过标识解析体系进行系统集成，用于处理感知的信息；服务模式指在某个领域应用，本书用在海洋装备产品在制品的识别、定

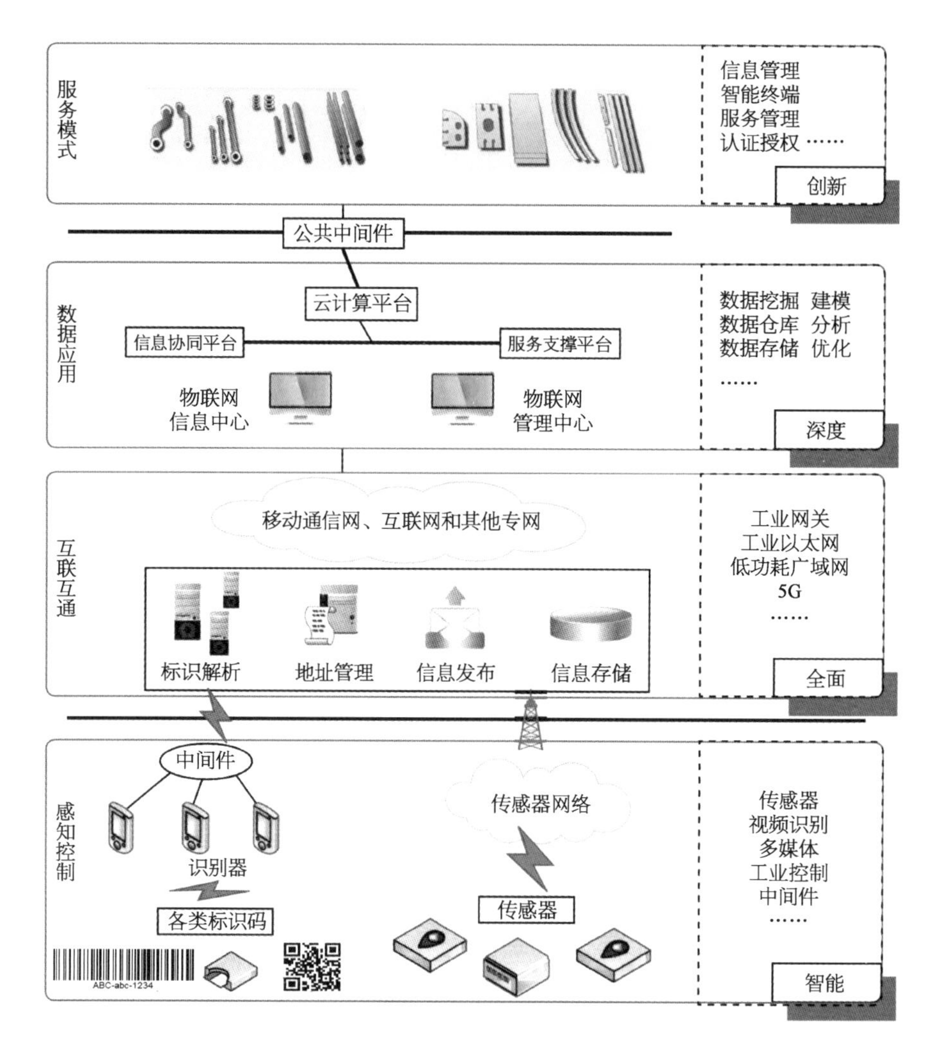

图 8-4　工业物联网应用的典型架构

位、跟踪、监控。

区别于传统网络架构，工业物联网有两个主要差异。一是传感层，上传大部分传感器数据，以及实时发布的工业控制指令。传统的物联网架构传输数据需要经由网络层传送至应用层，应用层将数据处理后再传出进行决策，控制指令在下发之后需要再次经过网络层传送至感知层进行指令执行过程。工业物联网是扁平结构，传递的数据会迅速得到处理。二是在现有的工业系统中，边缘端处理被提升到更重要地位，在某些构架中甚至构架边缘云（或称为雾），数据都可以是双向交互。

实现工业物联网的基础是标识，其应用是可分为对象识别、通信和应用识别。这三个类别给出了全套物联网应用程序流程标识，见表 8-2。

表 8－2　物联网标识分类

物联网标识分类	举　例
物联网应用标识	URI，DOI
物联网通信标识	IPv4、IPv6
物联网对象标识	EPC，Handle/DOI，UPC，UUID，MAC，URI，URL

1）对象标识

对象标识通常由一系列数字、字符、标记或任何其他形式的数据，按照一定的编码规则组成。这种标记形式可以是一维条码作为载体的 EAN 码、UPC 码，也可以由二维码实现载波数字写入标记，如 RFID 标签 EPC、uCode、OID 等承载。

2）通信标识

通信识别主要用于物联网的网络节点通信能力，例如物联网端节点、业务平台、数据库，以及其他网络设备（读写设备、传感器）等。对于具有通信能力的对象，如物联网终端对象身份，还具有通信能力，可适用于不同的应用场景，支持 IPv4 和 IPv6。

3）应用标识

应用标识是人们容易识别出的特有 ID，表现为 URI 和数字对象标识符等。

目前我国正在大力推进工业互联网标识解析体系，以统一的内容识别服务平台，在海洋装备产品的工业互联网二级标识解析已经进行研发。

8.2　工业物联统一标识

8.2.1　工业物联标识概述

工业物联标识的研究和应用由来已久，在 20 世纪 90 年代末就已被应用在航天航空、汽车制造领域。美国宇航局（NASA）、国际航空运输协会（ATA）和美国汽车工业行动委员会（AIAG）联合工业界代表（包括波音公司、空中客车公司、通用电气公司、福特汽车公司、丰田汽车公司等）推动物联标识的工业标准制订与应用，目前工业物联标识已经在多个行业深入推广。

1）应用领域与标准

（1）航天航空制造。

NASA、波音公司和空中客车公司在零部件表面使用直接标识方法（direct part

marking, DPM),采用点撞击、激光标刻、喷码等手段。DPM 使用数据矩阵符号(即 DM 码)作为唯一标识码,直接标刻在零件、部件和产品上,实现其全生命周期内的唯一永久标识。该方法随后制订了航天航空零件的 DM 与 DPM 标准——《NASA STD 6002/NASA - HDBK - 6003》《国际航空运输协会(ATA)规范 2000》。

(2) 汽车制造。

美国汽车工业行动委员会制订了《B - 4: 部件标识和跟踪应用标准》,应用 DM 码对汽车和重型装备小部件进行标识,福特汽车公司使用该标准对变速箱和其他零部件追溯,而丰田公司采用该标准展开发动机组和底盘的追溯。

(3) 半导体与电子元件制造。

电子工业协会提出《EIA 706》《EIA 802》标准,使用 DM 码在电子元件和产品。半导体设备制造协会(SEMI)制订《T2 - 0298E》等系列标准作为半导体晶片的标识标准,同时也用于镜片包装盒、平板显示器和铅框带等。

(4) 军事产品制造。

美国国防部选定 DM 码标准作为强制标准,关键零部件都必须遵守《MIL - STD - 130 标准》,并作为标刻唯一永久符号。从 2004 年开始要求超过 5 000 美元的航空零部件必须用 DM 码作为唯一标识和 DPM 方法。从 2010 年 1 月 1 日起,要求对所有零件采用唯一标识准确跟踪。美国国防部每年召开 UID 技术论坛,推动军事装备的可追踪性和透明性,实现全生命周期的实时追踪,促使业务模式改变。

另外,针对通用制造应用,国际上也颁布了多种形式的 DM 码标准体系,目前普遍使用的是国际标准《ISO/IEC 16022: 2000, Information technology-International symbology specification-Data Matrix》。

2) 在海洋装备生产的挑战

海洋装备生产环境恶劣,经常在开放作业空间生产,其次生产管控比较粗放,对零部件的管控缺乏数字方法,还没有实施工业物联标识体系。随着海洋装备智能制造和数字化转型升级,建立完善的工业物联标识体系势在必行,但也面临严峻挑战。

(1) 直接打码应用困难。

海洋装备产品零部件尺寸大、部件复杂、所在生产作业环境复杂等因素,使得自动 DPM 打码不仅需要专门装备,而且需要企业应用数字化现场实现技术。

(2) 物联标识附着困难。

纸质编码标签在钢铁等零部件上无法长时间粘贴,比如二维条码标签易脱落。另外,在生产现场,纸质标签对环境的适应性差,容易污染、破损等导致无法识读,长期使用不可靠。采用 DPM 喷印或蚀刻的编码方式,因为钢铁表面容易锈蚀等原因,识别经常失效。采用射频识别(RFID)标签,附着方式和纸质标签有相同的难题,部分采用嵌入式 RFID 标签,在零部件上制孔或者焊接,费时费力。

(3) 标识识别困难。

由于现场光照环境不佳、金属表面锈蚀、油污等情况,对于采用纸质和喷印标识进行识别时，准确率受到很大影响。而采用 RFID 的电子标签，容易受金属干扰，识别率波动大。

(4) 制造工艺的影响。

海洋装备零部件需要经过除锈、热处理、水洗等多个工艺，经过焊接、组装为分段或组件，这些工艺过程可能使得各种标识去除或失效，面临不断补码等工作。

海洋装备装配生产的工业物联标识应用虽然面临巨大挑战，但和打通数字化工程带来的巨大收益相比，是非常值得进行投入和持续展开工作的。

8.2.2　物联编码体系

物联标识编码是将加工对象或要素，按一定规律、由容易被人或机器识别和处理的数字/符号/文字的混合信息符号组成的。对生产要素进行编码是制造信息系统中统一认识、统一观点、交换信息的基本技术手段。编码可以按照人可读性进行编码，也可以按照人不可读性。随着传感技术的进步，当前物联标识编码已经不再要求满足人的可读性，主要满足机器识别或者系统处理的方便性。但是，标识编码体系存在不同标识体系、各种编码规则不统一、信息的互操作性差、“信息孤岛”，以及信息融合等问题，目前主流的编码体系主要有 UID，EPC，ECode，OID 和 HANDLE 码等。

1) UID 编码

UID 编码是美国国防部规范(MIL－STD－BO)，基本代码长度是 128 字节，提供了 340×1036 个编码空间，可以以 128 字节为单位进行扩充，具有 256 字节、384 字节和 512 字节的结构。编码的内容(长度可变)作为物品的唯一标识，其可兼容各种已有 ID 编码体系，包括使用条形码的 JAN 代码、UPC 代码、EAN 代码、因特网的 IPv4/IPv6 地址等。UID 编码标签附在包括条形码、RFID、智能卡和主动性芯片等之上，分为 9 类安全性。

2) EPC 编码

产品电子代码 EPC 编码体系是与 GTIN 兼容的编码标准，它是全球统一标识系统的延伸和拓展，是全球统一标识系统的重要组成部分。目前已有的 EPC 编码体系有 EPC－64、EPC－96 和 EPC－2563。目前主要的 EPC 标签采用 EPC－96 编码体系，如图 8－5 所示，可以支持 7.9×10^{28} 个唯一标识。

3) ECode

ECode 即 Entity Code，是我国自主研发的编码体系，以满足跨行业、跨系统、跨平台之间信息互通需求为目的，按照逻辑集中、物理分散的模式，对接管理各行业、区域和大型应用。Ecode 识别码数据结构由版本、编码系统 ID 和 Body Code 三个组成，见表 8－3。Ecode 识别码数据结构用于指示特定行业和应用系统中的代码识别码的主体，代码主体的结构和分布由编码系统来管理和维护。某大学给出了基于 ECode 的冷链物流单品追溯的系统架构，如图 8－6 所示。

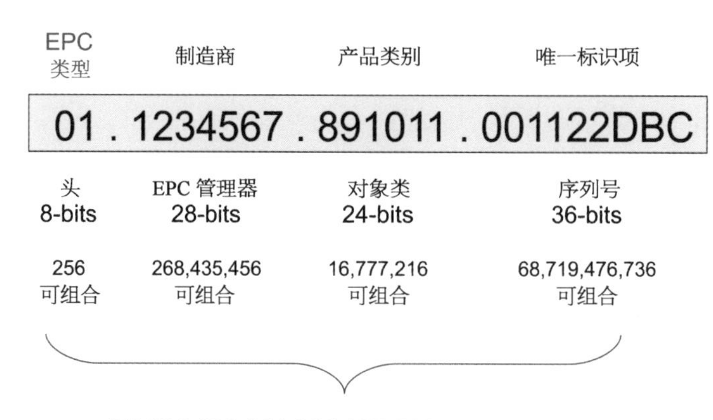

图 8-5　EPC 基本数据结构式

表 8-3　ECode 编码结构

物联网同意编码			备　注	
版本	编码体系标识	主体代码	最大总长度	代码类型
ECode-V0	(0000)2	小于等于 244 比特	256 比特	二进制
ECode-V1	1	小于等于 20 位	25 位	十进制
ECode-V2	2	小于等于 28 位	33 位	十进制
ECode-V3	3	小于等于 39 位	45 位	字母数字型
ECode-V4	4	不定长	不定长	Unicode 编码
(0101)2～(1001)2		预留		
(1010)2～(1111)2		禁用		

注：1. 版本和编码体系标识定义了主题代码的结构和长度。
　　2. 最大总长度为版本的长度、编码体系标识的长度和主体代码的长度之和。

4) OID 编码

对象标识符(object identifier, OID)编码由 ISO/IEC、ITU 国际标准组织共同提出的标识机制，用于对实体及数字等对象、概念或者“事物”进行全球无歧义、唯一命名。OID 解析系统采用 DNS 技术实现连接物联网中不同的应用服务器，OID 解析系统保持必要的 DNS 域文件来支持查找、使用 OID-IRI 的值。OID 编码结构为树状结构，不同层次之间用“.”分隔，层次无限制。在标识对象时，标识符为由从树根到叶子全部路径上的结点顺序组合而成的一个字符串。OID 解析应提供足够的服务、安全保障机制，满足物联网应用的要求，构成项见表 8-4。

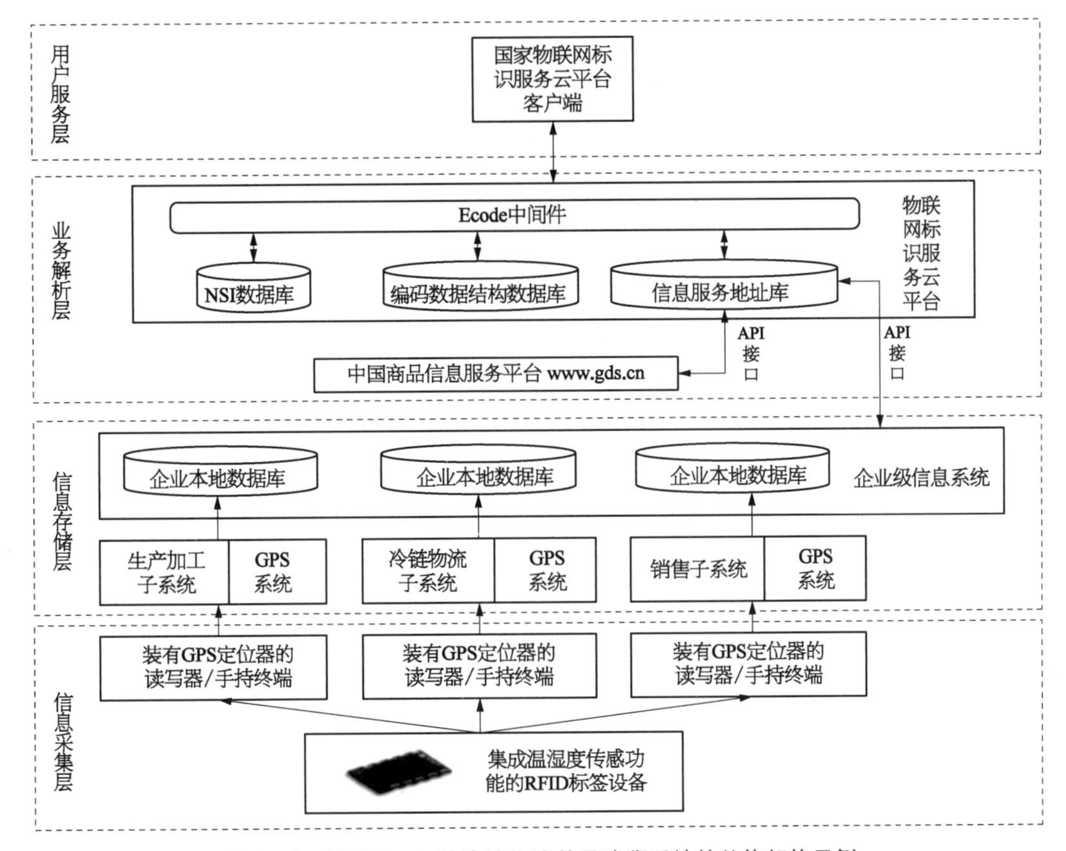

图8-6　基于Ecode的冷链物流单品追溯系统的总体架构示例

表8-4　基本物联网中对象的OID编码基本结构中的构成项

构　成　项	包含层级数
行业/管理机构码	≥1
对象分类码	≥1
对象标识码	≥1

5）Handle编码

Handle编码由TCP/IP的联合发明人、有“互联网之父”之称的Robert Kahn博士发明。Handle在全球设立若干的根节点，根节点之间平等互通，其提供部分用户自定义的编码能力。Handle编码分为前缀和后缀，其中后缀编码用户可以根据实际需求在编码体系的部分字段自定义编码规则，见表8-5。

表 8-5 Handle 编码说明及使用规范

<table>
<tr><th colspan="4">Handle 编码说明及使用规范</th></tr>
<tr><td colspan="2">Handle 码 = Handle 前缀/Handle 后缀
（前缀后缀以分隔号“/”作为区分）</td><td colspan="2">例：86. 1009. 2000/0001. 1234567
86. 100. 11/abcdefg
86. 100. 11. 11/中文后缀+abc
10. 12345/abcefg12345
（86. 1009. 200 为前缀，0001. 1234567 为用户自定义后缀）</td></tr>
<tr><th colspan="4">Handle 码前缀、后缀说明</th></tr>
<tr><td colspan="2" rowspan="3">前缀
Handle 前缀=数字串 0.
数字串 1. 数字串 2. …. 数字串 n
（每个等级前缀以分隔符“·”进行区分）</td><td>中国顶级前缀</td><td>86.</td></tr>
<tr><td>一级前缀可选区间</td><td>86. 126 - 86. 299
86. 1000 - 86. 1500
86. 10000 - 86. 15000</td></tr>
<tr><td>二级前缀可选区间</td><td>86. XXXX. 11 - 86. XXXX. 999999</td></tr>
<tr><td colspan="2">后缀
Handle 后缀=用户自定义任意个
UTF-8 字符组成字符串
（建议不超过 256 个字节。）</td><td colspan="2">例：12345678
原有的编码，不需要改变
Abcdef. 1234. 456 编码
行业代码+企业代码+日期</td></tr>
<tr><th colspan="4">前缀举例说明</th></tr>
<tr><td>顶级前缀
（数字串 0）</td><td>一级前缀
（数字串 0.
数字串 1）</td><td>二级前缀
（数字串 0. 数字串 1.
数字串 2）</td><td>三级前缀
（数字串 0. 数字串 1. 数字串
2. 数字串 3）</td></tr>
<tr><td>“数字串 0”为顶级前缀，由 DONA 授权给全球各个根节点管理机构(MPA)
“86.” MPA 中国联合体
(CIC - CDI - CHC)
“21.”德国(DWDG)
“20.”美国(CNRI)</td><td>“数字串 1”是从“11”到“999999”的任一自然数，和上级前缀组成 1 级前缀，由 MPA 授权给次级管理机构。
86. 11
86. 110
86. 1000
86. 999999</td><td>“数字串 2”是从“11”到“999999”的任一自然数，和上级前缀组成 2 级前缀，由其上一级管理机构授权给次级管理机构。
86. 11. 123
86. 110. 123
86. 1000. 123
86. 999999. 123</td><td>“数字串 2”是从“11”到“999999”的任一自然数，和上级前缀组成 2 级前缀，由其上一级管理机构授权给次级管理机构。
86. 11. 123. 11
86. 110. 123. 11
86. 1000. 123. 11
86. 999999. 123. 11</td></tr>
</table>

8.2.3 工业物联标识解析体系

1) ONS

对象名解析服务(object naming service，ONS)属于对现有互联网 DNS 进行改进来实现标识解析的改良方案。作为 EPC 物联网组成技术的重要一环，EPC 信息发现服务包括对象命名服务(object naming service，ONS)以及配套服务，其作用就是通过电子产品码，获取 EPC 数据访问通道信息。ONS 运用 Internet 域名服务器(DNS)来查找关于 EPC 的信息，查询和应答的格式符合 DNS 的标准。比如 RFID 码将会转化为一个域名，而结果是有效的 DNS 资源记录。DNS 解析示意图如图 8-7 所示。

图 8-7　DNS 解析示意图

ONS 通过电子产品码获取 EPC 数据访问通道信息。此外，其记录存储是授权的，只有电子产品码的拥有者可以对其进行更新、添加或删除等操作。

2) HANDLE

Handle 系统对所指对象进行解析，将 DOI 号(例如 10.1000/140)解析为一条或多条(称为“多重”)格式化数据。解析是一种用于维持两个数据实体之间关系的机制；元数据被声明存在于两个实体之间的关系，通过解析可以清晰自动地表达实体之间的这种元数据关系。使用多重解析，DOI 号可以被解析为任意数量的不同关联值——多个 URL、其他 DOI 号，或其他代表元数据项目的数据类型。解析请求可返回当前信息的所有相关值，或者一个数据类型的所有值。这些返回值之后将在特定的“客户端”软件应用中做进一步处理。用户只须根据需要选择系统返回的一条数据，如图 8-8 所示。

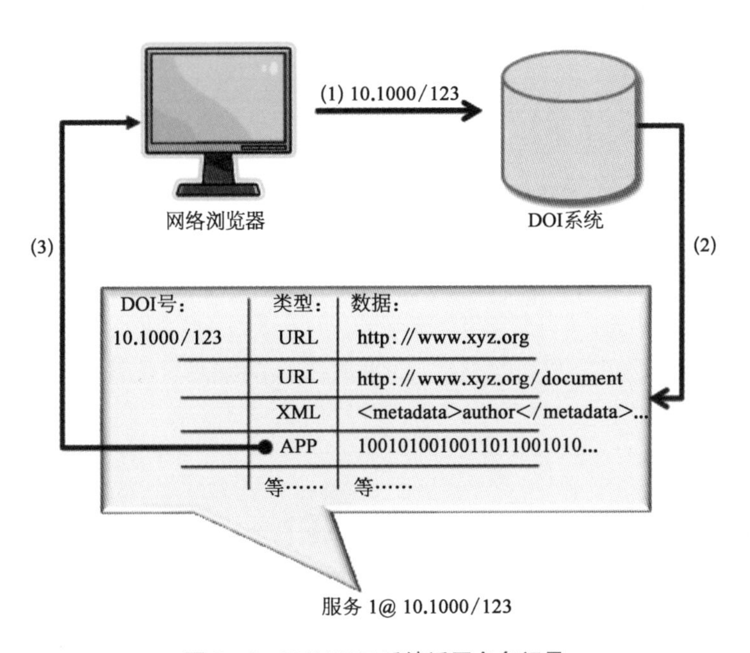

图 8-8　HANDLE 系统返回多条记录

8.2.4　工业物联标识载体

标识载体就是标识数据在“载体”上以何种形式存储和读取，离线载体有条形码、二维码、RFID、NFC 等，在线载体则以各种文本或二进制数字信息存在。需要说明的是，数字对象，如 CAD 模型、CAPP 工艺等也有标识，但在数字空间中通常不需要物理世界的标识载体。海洋装备产品的物联标识中对各类产品及零件的赋码方式有多种，根据不同产品采用的赋码方式也是不同的。

1）Data Matrix 码

Data Matrix 码（DM 码）是一种由 ID Matrix 公司于 1987 年开发的矩阵二维码，在 2000 年成为 ISO/IEC 标准。DM 码包括多个版本，ECC200 是目前使用的最新版本。DM 码为正方形或矩形，数据区域四周为 L 形框（称为"对准图案"）和点线（称为"时钟图案"）的位置信息，通过图像处理技术实现在任何方向上读取 DM 码。DM 码共有 24 种代码尺寸，范围为从 10×10 模块到 144×144 模块，当某个代码的模块数目超过 26×26（对于数据，模块数目超过 24×24）时，它会划分为区块，每侧不超过 24 个模块，用来防止代码失真，如图 8－9 所示。另外，GS1 Data Matrix 也是一种常用的 DM 码，该码是由 GS1 标准化，以 ECC200 标准为基础，在很多领域广泛使用。

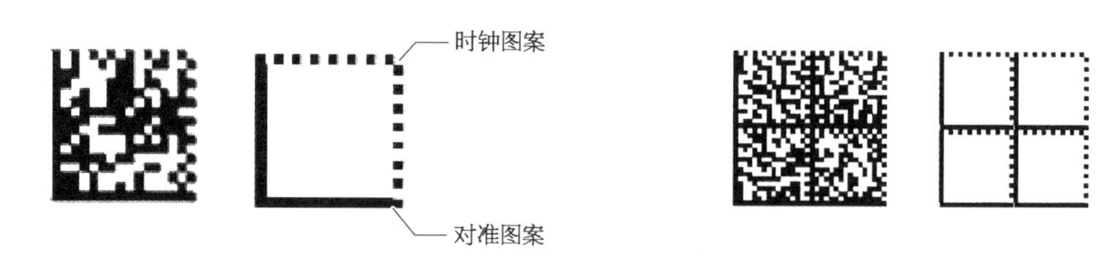

图 8－9　DM 码结构与分区

2）二维码

QR 码是二维条码的一种，原本是为了汽车制造厂便于追踪零件而设计，现有 40 个标准版本，4 个微版本，目前普遍使用 ISO/IEC 18004。其各部分内容含义如图 8－10 所示。数字最多 7 089 字元，字母最多 4 296 字元。该码有 4 种容错，其中 L 水平 7%的字码可被修正，M 水平 15%的字码可被修正，Q 水平 25%的字码可被修正，H 水平 30%的字码可被修正。

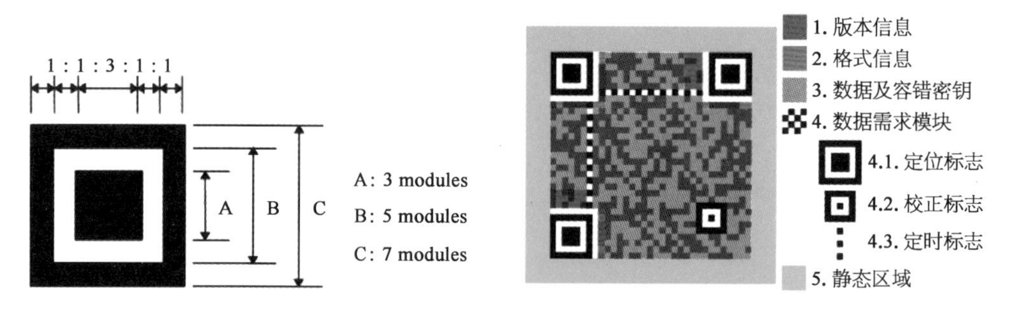

图 8－10　二维码标准与各部分内容

3）RFID

RFID 是无线射频识别缩写，数据存储在电子标签里，可加密、容量大，存取采用非接触方式，只要将其放置在电磁场的读取设备中即可准确读取，更适合与各种自动化处理设备。

对不通频段、不同协议的标签，其存储数据的方式是不一样的。国标电子标签的主体标识注册号与数据格式编制规则规定了电子标签信息载体应该存储的信息，包括电子标签主体的唯一标识和对所标识物品的唯一标识两部分内容。

(1) 电子标签主体的唯一标识：包括电子标签本身的唯一标识(标签 ID)、电子标签制造厂商代码；电子标签硬件类型码，定义电子标签命令结构、存储器大小、块大小、加密方式和数据协议等；存储器规划包括采用的编码机制，应用类别标识(AFI)等。

(2) 电子标签所标识商品和物品的唯一标识：包括商品和物品生产厂商代码、商品和物品唯一序列码和扩展码。

RFID 原理如图 8－11 所示。RFID 每秒一次可以读取数千次，可以处理多个标签，高效且准确。缺点是由于金属屏蔽、贴码困难以及成本高等实际问题，海洋装备生产过程中，RFID 只用在托盘上，在零部件上大部分采用二维码或条码等非 RFID 标签。

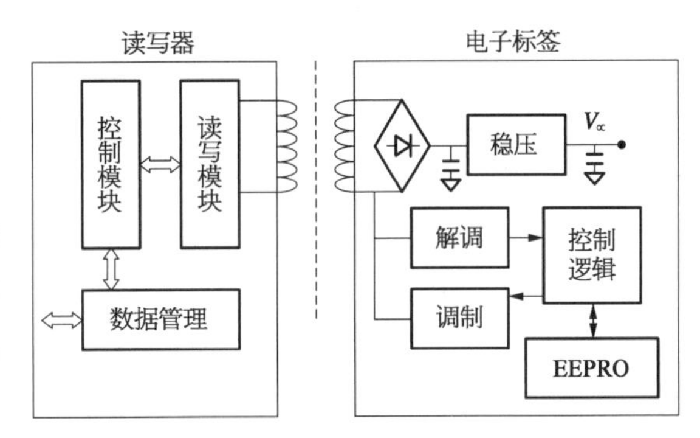

图 8－11　RFID 工作原理

8.2.5　海洋装备产品工业物联标识的赋码方式

1) 纸质粘贴(或吊牌)

纸质粘贴(或吊牌)的特点是便宜，但容易破损和丢失。

2) 激光烧结

激光雕刻赋码适应各种材质，可实现在线高速打印，激光打标属于永久性打标，比传统效果更好，如图 8－12 所示。特点是精度高，效率快，激光标识无法改变、去除，环保无污染，无耗材，但早期投资成本高。

图 8－12　激光烧结

3) 冲击点阵

冲击点阵采用冲击针打印，类似于激光烧结，冲击力较大，标识保存时间长久，如图 8－13 所示。

4) RFID 嵌入(物理连接)

RFID 嵌入具有非接触式的自动快速识别，永久存储一定数量的数据的特点，可以通过装配的方式和标识物连接，但存在成本高，耗费时间长等缺陷，图 8－14 所示为 RFID 螺钉。

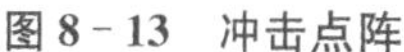
图 8-13　冲击点阵

图 8-14　RFID 螺钉

8.2.6　海洋装备产品生产标识解析应用方式

将对象标识映射至海洋装备生产实际信息服务过程，如地址、物品、空间位置等。例如，通过对某小组立的标识进行解析，可获得所在加工单元。标识解析是在复杂网络环境中，能够准确而高效地获取对象标识对应信息的“信息转变”的技术过程，海洋装备产品小组立统一物联编码如图 8-15 所示。

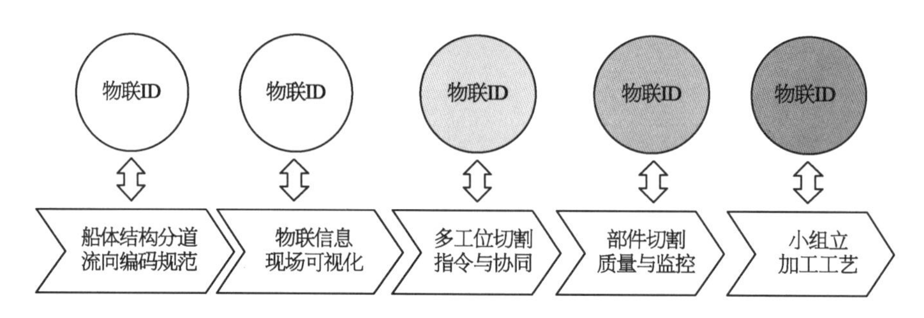

图 8-15　海洋装备产品小组立统一物联编码

识别解析系统不仅是工业互联网体系的重要部分，甚至可以认为是工业互联网的神经中枢。通过赋予每个产品、备件、机器和其他生产要素以“身份证”，将使得其与所有网络资源进行联通，从而实现灵活的信息管理，和前文介绍的 BOM 形成数字主线。目前，在海洋装备产品的应用中，对在制品进行管控是非常重要的，其物联标识溯源应用包括：

(1) 各个生产环节的关联性建立。大量包含标识的原料、设计、设备，生产出来的产品带有标识信息，在生产过程中对各种标识的资源进行加工、控制等，需要建立各要素标识之间的关联性，通过这些标识获得生产过程中的数据，还可以设定生产过程中的相关参数，达到信息全流程记录和自动化作业的目的。其必须通过标识之间的关联才能将海量的数据信息维护起来，管理标识与 BOM 管理，可建立制造要素间信息的关联性。

(2) 在制品与设备状态的跟踪定位。在制品和设备信息数据采集可实现对在制品和设备在生产过程中的状态监控，跟踪产品处于生产流水线的环节、处理时长统一起来等，实现全面的生产监控。在线监测设备状态，与服务器进行通信，可进行设备的在线监测、健康风险评估和预警、早期故障诊断。

（3）高效的生产追溯。利用标识数据实现生产溯源是工业智能化的重要应用，产品的生产任务和有关信息都被记录在以标识为索引的数据系统中，通过读取标识信息，可以获取产品所使用的加工生产设备，参与生产的工人等。在制品物联标识溯源的应用模式如图 8－16 所示。

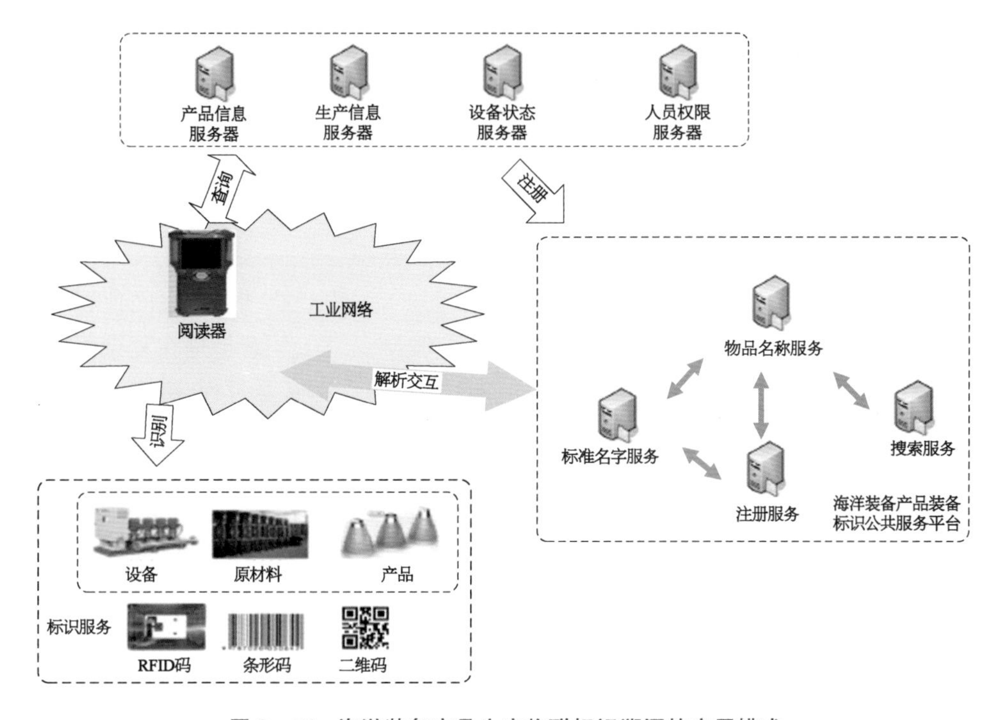

图 8－16　海洋装备产品生产物联标识溯源的应用模式

8.3　海洋装备产品 DM 码、DPM 和识别方法

除了传统的纸质二维码和 RFID 标识之外，根据 ISO/ETC 16022：2000 国际标准，在海洋装备产品中宜采用机械、激光、电化学和喷码这四种 DPM 标刻方法。本书着重介绍适用金属材料、在不同生产环境要求的 DPM 标刻/识读方法，主要包括 DM 码设计、DPM 工艺试验以及 DM 码的识别和解析。

8.3.1　DM 码设计

前文已经提到 DM 码可以采用正方形和长方形，这两种在实际中应用并没有什么不同。基于 ECC200 标准设计，根据海洋装备产品大小和应用场景，可以设计标识尺寸规格，如表 8－6 所示。

表 8－6　DM 码属性表

形　状	示　例	属　性	
正方形		尺寸： ● 最小尺寸：10×10 模块 ● 最大尺寸：144×144 模块	共 24 种，范围从 10×10 模块到 144×144 模块； 当模块数目超过 24×24 时，代码将分成区块，每侧不会超过 24 个模块，此结构可防止代码失真
		最大数据容量： ● 数值：3 116 个字符 ● 字母数字：2 335 个字符 ● 二进制：1 557 个字符	
长方形		尺寸： ● 最小尺寸：8×16 模块 ● 最大尺寸：16×48 模块	对于矩形，共有下列 6 种： ● 8×18 模块(1 个区块) ● 12×26 模块(1 个区块) ● 16×36 模块(1 个区块) ● 8×32 模块(2 个区块) ● 12×36 模块(2 个区块) ● 16×48 模块(2 个区块)
		最大数据容量： ● 数值：98 个字符 ● 字母数字：72 个字符 ● 二进制：47 个字符	

从表 8－6 可以看出，正方形 DM 码的存储内容(ASCII 字符数字)可达到 2 000 多字符，因此可以在一定程度上实现离线信息处理。比如，可在 DM 码中存储 MBD 的 BOM 索引 ID，同时还可以存储部分工艺要求。当存储的信息达不到现场信息要求时，即可通过 ID 号，通过远程服务器查询，返回更完整的信息，实现信息互联互通。

8.3.2　DPM 的工艺试验

海洋装备产品包括多种金属材料，由于材质不一致，进行 DPM 赋码后的 DM 码，最终的识别结果是不一样。因此首先需要根据材料和赋码位置等，进行不同 DPM 试验，并进行打码位置，DM 码尺寸大小、零部件材质和 DPM 类型，在不同照度下的识别分析，表 8－7 给出了一部分试验对比。

针对海洋装备产品的钢结构、板架、管系、舾装等，根据工艺方式，优先采用喷墨 DPM 方式，其生成的码容易擦除，喷头可安装在龙门架上，并可以和切割等设备集成在一起，实现高效快速和批量的 DM 生成。喷墨的缺点是需要投入专用设备，成本高。激光标刻方式操作方便、标刻尺寸及定位控制精度高、UID 识读质量好等，但是激光标刻速度慢，需要专用激光设备，执行大批量 DPM 比较困难，可作为各种材料的次优先推荐方式，其适合小部件的精细 DM 生成；机械标刻方式可作为再次级推荐的标刻方式，其需要特定的空间来布置。

表 8-7　不同材料属性下 DPM 工艺方法对比试验

材　料	牌　号	DPM 优先推荐等级			等级改善方法
		激光	机械	喷墨	
铝合金	2A12、2A14、LY12	★	■	◎	平整面,不易锈蚀
不锈钢	30CrMnSiA、1Cr18Ni9Ti、20、4Cr13、ML-15、NL-2	★	▲	▲	喷码可采用增大表面粗糙度方法改善或涂覆特定颜料后再进行喷码
各类钢铁	碳钢	■	■	★	与 DM 码颜色形成明显对比度区域

注：★=1,优先推荐;■=2,次级推荐;▲=3,较差推荐

8.3.3　DM 码的识别

由于海洋装备产品宜采用 DPM 方式直接蚀刻/喷印在零件上形成物联标识,与传统打印在白色背景上的黑色条形码相比,DM 码的对比度非常低。加上作业环境比较复杂,生产现场的光线照度不足,DM 码和金属表面的铁锈等特征融合在一起,且 DM 码也受反光、弯曲或不平坦的表面上,尤其是包含颗粒、条纹或其他不规则金属表面,形成复杂的噪声背景会严重影响 DM 码的可读性。目前有两种方法可以提高识别率。

(1) 基于成像仪的识别。

采用先进的成像仪,使用低照度多颜色 DPM 读码算法,对反光表面进行低对比度变换。在低照度环境中,可以选择具有暗场照明功能的读码器,比如采用蓝色 LED 灯,使代码看起来比周围区域更暗。这些设备对某一类场景效果非常好,但是其他场景的适应性较差。

(2) 基于计算视觉的识别。

深度学习在图形识别领域取得了巨大的成功,但因为计算视觉等复杂识别算法难以嵌入到手持 DM 码阅读器中,在制造现场可以使用云计算技术,将计算视觉识别算法驻留在云端,DM 阅读器嵌入移动应用,就可以使用强大的计算视觉算法来提高识别率。针对 DM 码智能识别的算法目前有多种,这里给出了一种集成学习的框架,如图 8-17 所示。

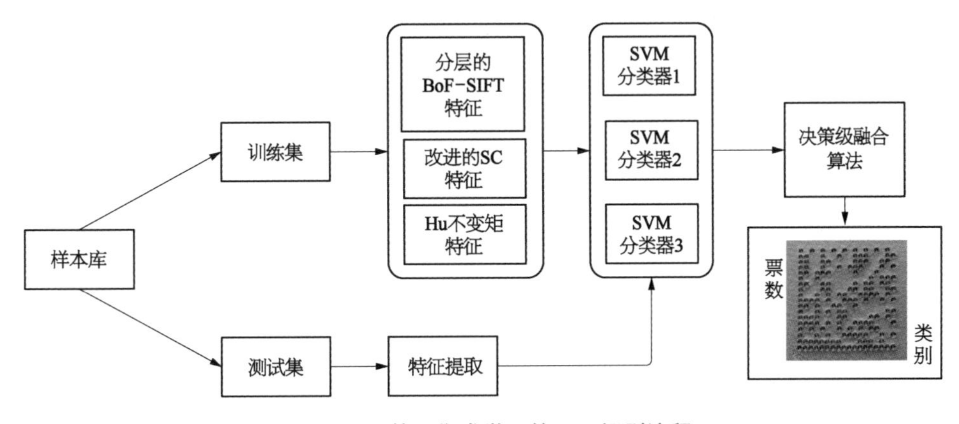

图 8-17　基于集成学习的 DM 识别流程

① 特征提取。

捕捉的DM码图像集分为训练集和测试集，提取分层BoF-SIFT特征、改进SC特征和胡不变矩特征，这些提取的特征以满足泛化的目标，保持缩放和旋转不变化，作为分类器输入。

② 分类器训练。

利用提取的3个特征，在基于径向基核函数的交叉验证方法训练中，一对一采用SVM分类器。按照决策层次的概率集成学习策略，输入相应的支持向量机分类器，对决策水平进行分类。

③ 决策融合。

这里给出了是同一类算法的集成学习方法，其实还可以使用不同类学习模型的Boosting算法，以实现更好的分类器精度。

(3) 结合设计信息的精确估计。

另外虽然在现场，使用通用方法识别结果不好，只有部分数据或特征被捕获，但是可以根据每块板架的设计信息和DM码背后的索引等信息来进行补充，这样也可以实现即使只有部分信息被捕获，也可以"猜测"到条码的信息。这种方法称为估计方法，但是需要现场识别过程和设计系统信息贯通，其实这也是MBD模型的优势。

8.4 基于工业物联标识解析的在制品信息集成

标识解析体系是实现工业全要素、各环节信息互通的关键枢纽。通过给每一个对象赋予标识，并借助工业互联网标识解析系统，实现跨地域、跨行业、跨企业的信息查询和共享，工业物联标识解析的信息集成体系如图8-18所示。

8.4.1 物联标识解析与设计系统(CAD/PLM)信息集成

PLM系统记录了设计过程的所有物料和文档信息，具备了对所有物料和文档的历史追溯功能。通过解析在制品的编码标识，可以和PLM系统进行整合，匹配存储在PLM系统中的产品结构，可方便查询和检索各类数据信息。同时，基于标识的BOM管理器能够实现单级BOM、多层次BOM等的动态生成，如图8-19所示。

通过标识解析，驱动数据查询的过程，可获得如下信息：海洋装备产品的零件设置树状(层次)分类、特征属性分类、标准化分类、相似件查询、模糊查询、特征参数查询、标准化特征查询。统计组件的使用包括使用模型，用于报告统计的零件使用。

此外，生产信息数据也通过相应的编码进行关联，使得生产过程的用户可以浏览研发阶段的设计信息，包括零件类型、产品结构等各种类型文档。生产过程中的设备装备、制

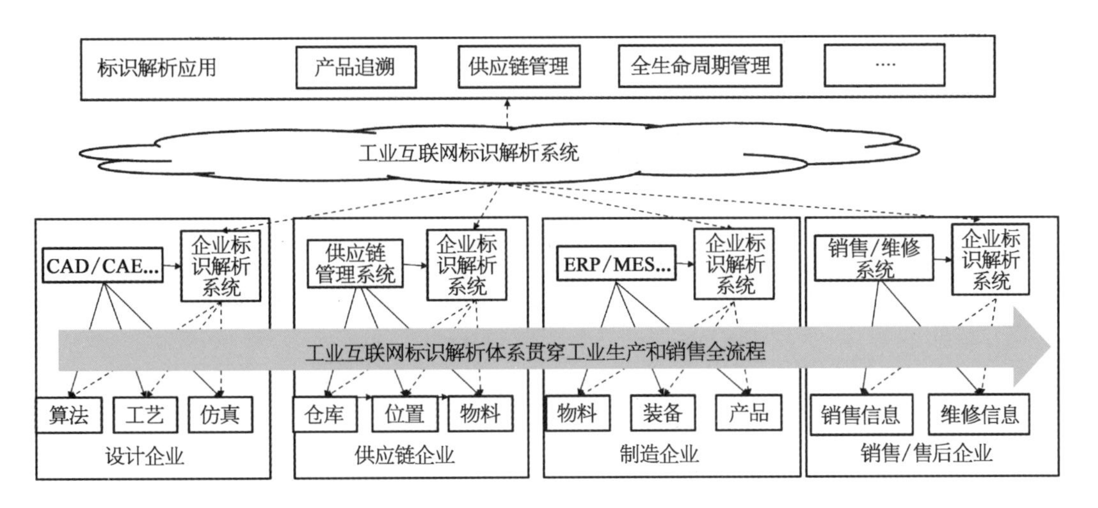

图 8－18　工业物联标识解析的信息集成体系图

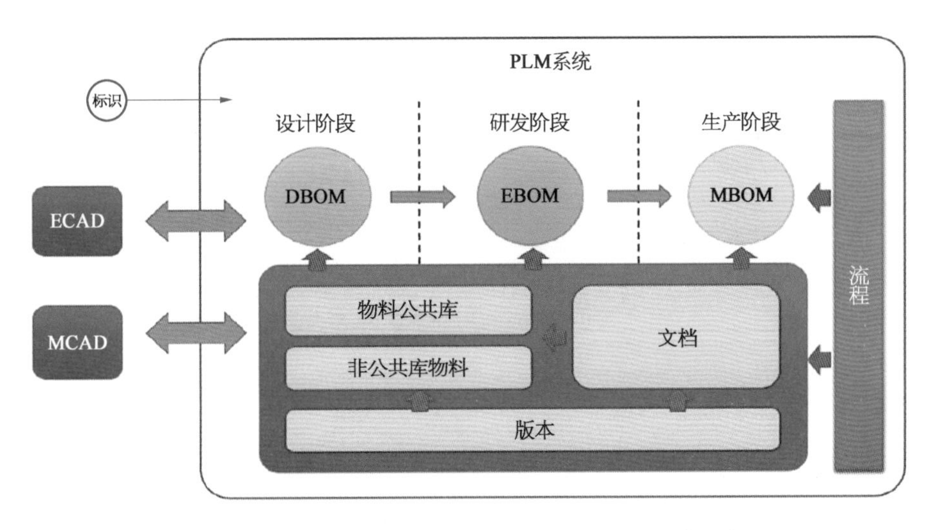

图 8－19　标识解析与 PLM 互联实现与设计系统集成

造执行情况、物料使用和物流等信息，直接接到系统中。在这个意义上，标识解析系统桥接了 PLM 和 MES 系统，实现了业务层向制造层的双向互联互通。

8.4.2　物联标识解析与制造信息系统集成

物联标识发挥作用的主要场景是在制造阶段，通过标识获取将设计意图和图纸流转到制造现场，从而提升管理能力，如图 8－20 所示。

MES 系统消除了企业业务规划和生产过程控制系统的隔阂，在现代制造业中不可或缺。标识与 MES 集成信息流向模型如图 8－21 所示。

(1) 从 PLM 获得的产品定义信息包括三个主要的信息区域：调度、物料信息和生产规则的信息。

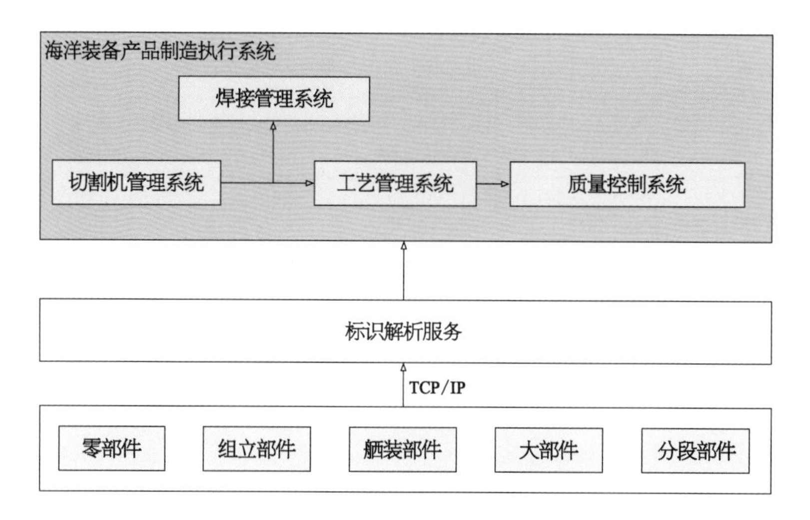

图 8-20 标识解析与 MES 互联实现与制造系统集成

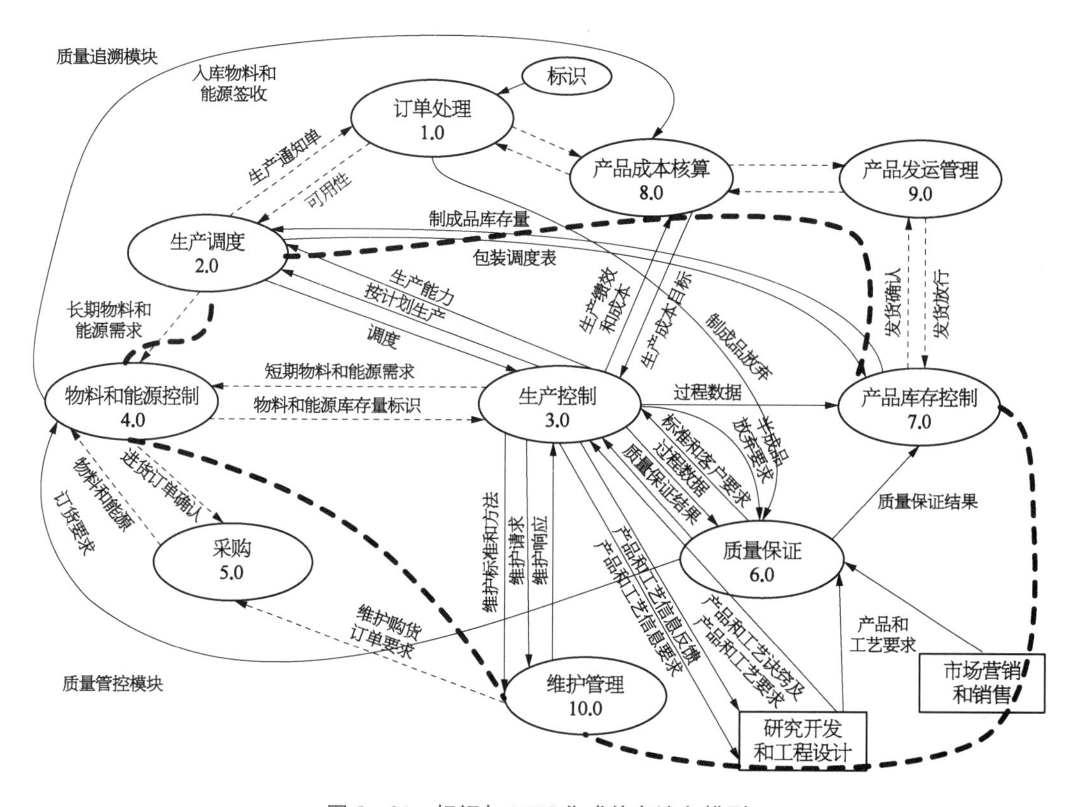

图 8-21 标识与 MES 集成信息流向模型

① 产品生产工艺信息。产品和工艺要求信息从设计流向生产控制(3.0)功能和质量保证(6.0)功能。产品生产工艺用于指导如何生产一种产品的生产操作信息。

② 物料信息。短期物质和能源需求信息来自生产控制(3.0)导向材料和能源控制流程(4.0);长期物料和能源需求信息从生产调度(2.0)功能流向物料和能源控制(4.0)功

能;物料清单是特定产品的物料信息,这些物料包括原材料、中间物料等,也包括与生产无关的信息(如发货用物料)标识从这里楔入系统,流转在整个流程中。

③ 调度信息。从生产调度(2.0)功能流向产品库存控制(7.0)功能。资源清单是特定产品的调度信息,包括物料、人员、设备、能源以及消耗品,也包括与生产无关的信息(如物料订单)。

(2) 有关生产能力的信息有三个主要信息区域:生产能力信息、维护信息和产能调度信息。三个区域两两重叠。

① 生产能力信息。生产能力信息从生产控制(3.0)功能流向生产调度(2.0)功能。它是指当前承担的可提供的以及不可达到的生产设施的产能,通常包括物料、设备、劳动力和能源。

② 维护信息。维护信息主要是维护请求信息、维护响应信息、维护标准和方法信息以及维护技术反馈信息;维护请求信息和维护标准和方法信息从生产控制(3.0)功能流向维护管理(10.0)功能,维护响应信息和维护技术反馈信息从维护管理(10.0)功能流向生产控制(3.0)功能。维护信息包括设备的当前维护现状。

③ 产能调度信息。从生产控制(3.0)功能流向生产调度(2.0)功能。产能调度信息包括可控生产单元、流程段或生产线用的过程段。

(3) 在实际生产中生产信息主要包含三个区域:生产历史信息、库存量信息和生产调度信息。

① 生产历史信息。生产历史信息及过程数据信息,主要从生产控制(3.0)功能流向产品库存量控制(7.0)功能。生产历史信息是有关产品生产的所有信息的记录。

② 库存量信息。材料和能源库存信息从材料和能源控制(4.0)到生产控制(3.0)。制成品库存量信息从产品库存量(3.0)功能流向生产调度(2.0)功能。库存量信息包括物料当前状况在内的有关已盘存物料的所有信息。所有消耗物料和生产物料信息都保存在生产库存信息内。

③ 生产调度信息。生产调度信息传送过程从生产调度(2.0)到产品库存量控制(7.0)。包括关于执行预定生产运作的所有信息。

车间制造执行系统,主要承接从订单下达到作业报告的生产制造执行管理;ERP 系统 PP 模块承接生产订单、领料、退料以及产成品入库环节。构建企业集成信息集成系统,使系统能够自动提取数据以消除信息孤岛,有效解决各业务系统间数据分散、数据源分散等造成的数据一致性、准确性、时效性等问题,为信息资源有效利用提供保证。物联标识将在制造的各个环节,和不同的 MES 模块进行完全信息集成整合,如图 8-22 所示。

8.4.3　物联标识解析与管理信息系统集成

企业资源计划(ERP)系统注重"人—财—物—计划",而 MES 系统更注重"生产—质量—计划执行",两个系统是企业管理的核心。企业的 ERP 和 MES 系统信息集成的水平一定程度上决定了企业的管理水平和生产效率。

物联标识解析使得两个系统在垂直维度集成起来,如图 8-23 所示。ERP 首先

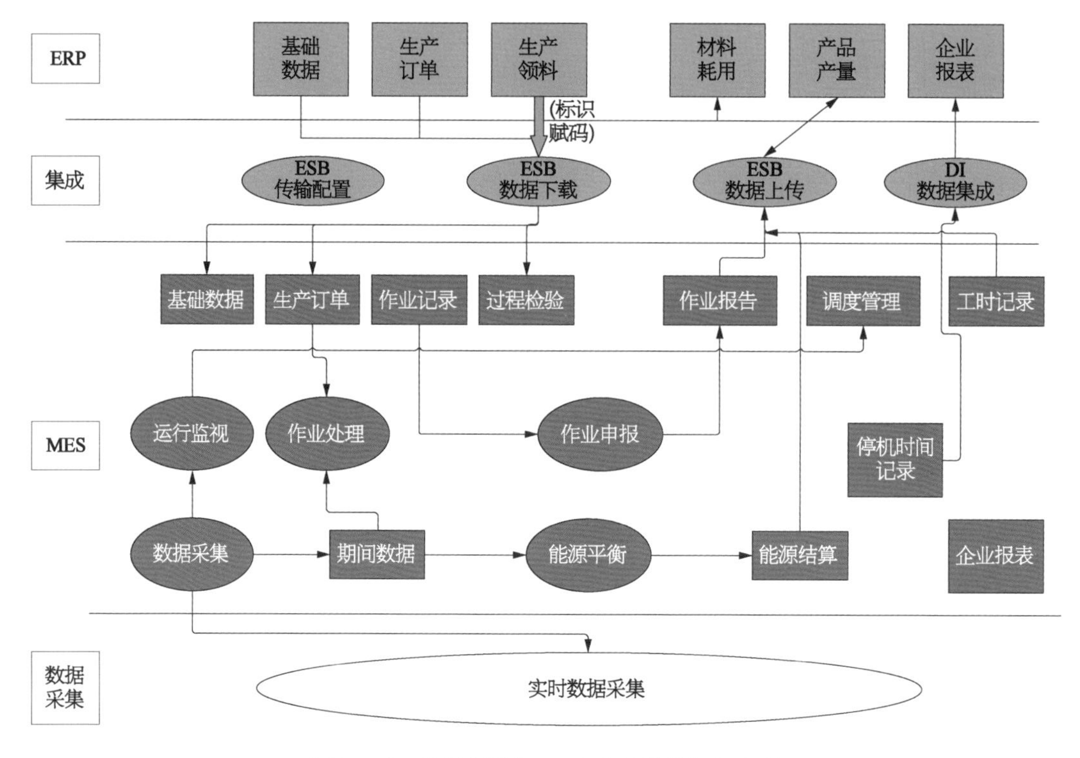

图 8-22　物联标识与 MES 全过程的信息集成

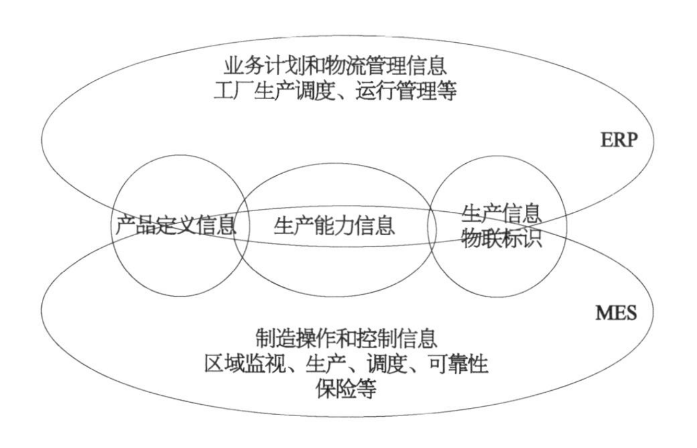

图 8-23　基于物联标识的 MES 与 ERP 信息集成架构

根据业务计划,进行物料采购,并进行标识的初始化。一旦进行制造,交由 MES 进行管控,其首先获得的是执行计划标识,然后获得物料标识,进行组织生产。接着,生产领料信息集成在 MES 系统中输入生产订单批次信息,选择物料清单触发领料出库申请传送事件,新的收购出库单进入 ERP 系统,根据生产物料计划收购 MES 在 ERP 中扣除出库动作,MES 负责执行完成出库指令,来对物料质量模块先进行抽样。随着制造执行的展开,在制品的标识可能会发生变化,但一直记录到制造结束,如图 8-24 所示。

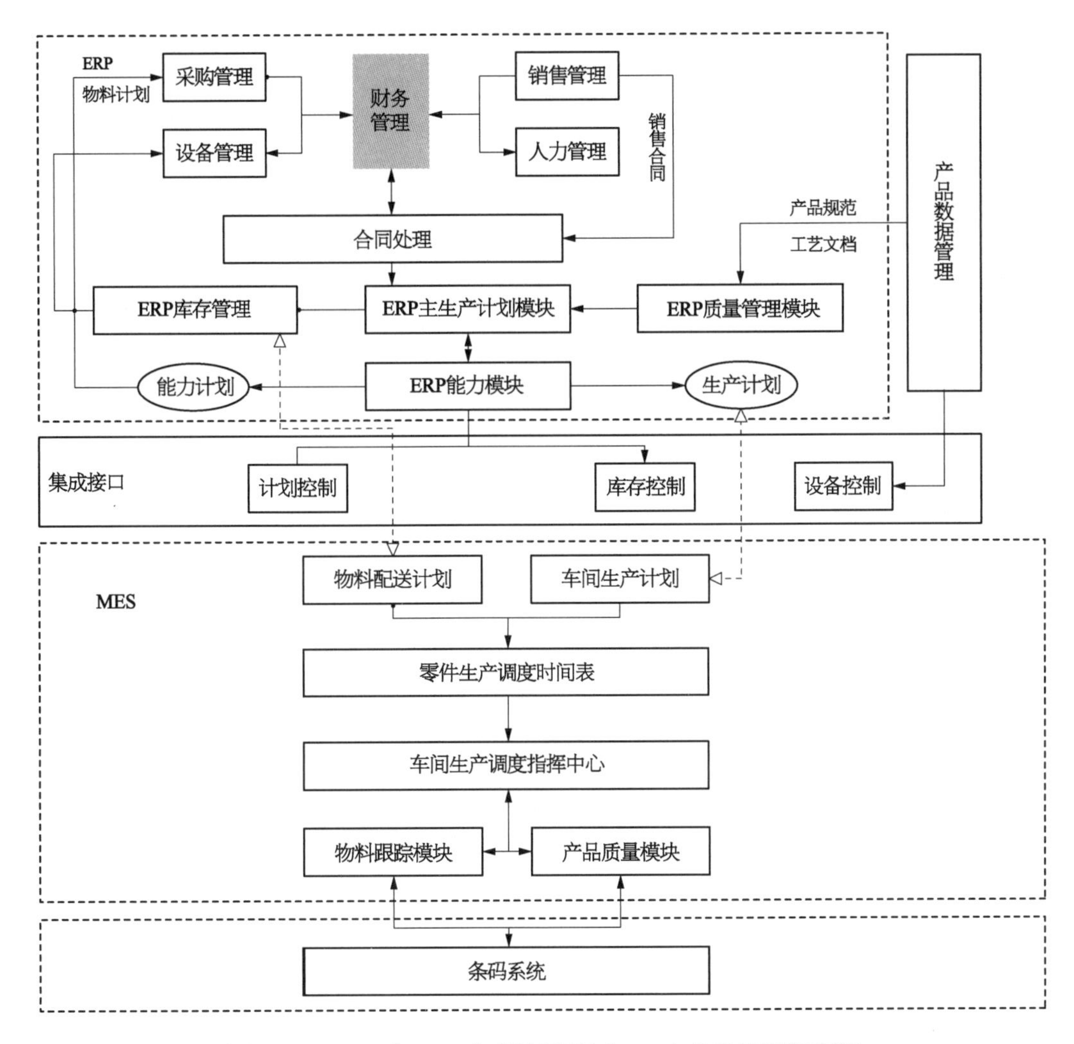

图8-24　MES与ERP集成流程图(◁……▷物联标识关联线)

在传统制造企业中，ERP和MES往往还是两个相对独立的系统，没有利用系统整合的优势，仅完成各自的管理功能。主要原因是因为标识没有上升到应有的高度，使得企业的标识体系没有真正建立起来，缺乏企业编码标准，更没有执行统一编码的坚定决心。智能制造或者工业互联网，实现互联互通是基本要求，智能标识编码是第一步。

海洋装备在制品物联平台，其针对制造数字化、网络化和智能化需求，通过物联网标识技术，大规模采集在制品的中间过程信息，使得制造过程透明化，以实现制造资源的高效率动态配置、弹性的物料供应，如图8-25所示。

第一层是标识需求分析：在生产的末梢(边缘)，分析企业互联互通的需求，包括实现设备接入、并对边缘数据进行采集和边缘计算处理等。

第二层是标识规则与定义：建设实现在制品管控的生产要素资产的标识定义，这些标识充分使用企业现有的信息系统，比如后缀可以直接使用ERP系统中的主

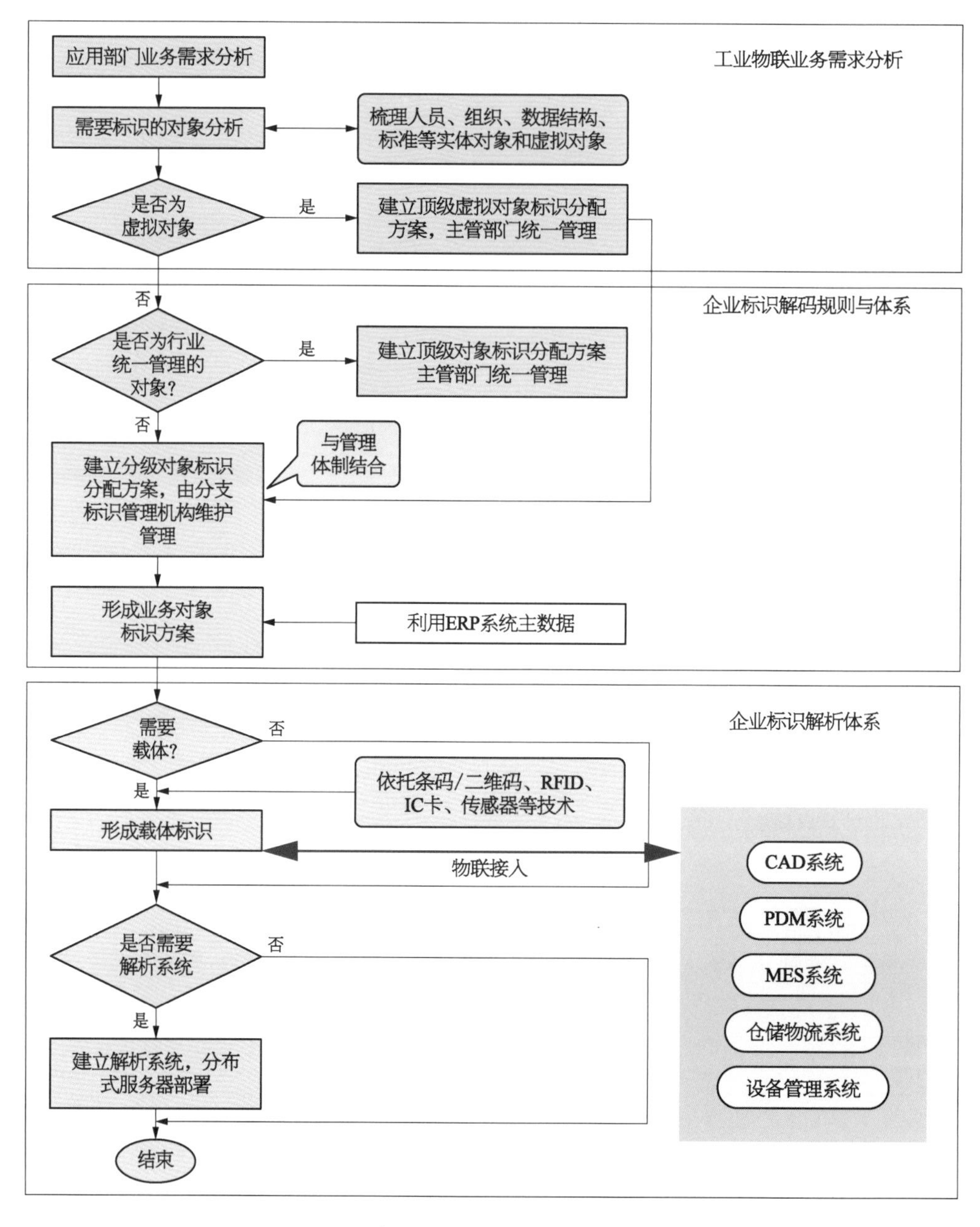

图 8-25　海洋装备产品在制品信息平台架构

数据。

第三层是标识解析层：边缘采集的数据通过统一编码标识，和 ERP、MES 中关于在制品的信息、工艺知识库，将数据科学与海洋装备产品生产制造相结合，帮助构建在制品制造质量的数据分析。

8.5　基于工业物联网的小组立制造系统案例

小组立加工过程中，物料编码其实牵动了整个企业上下游的信息。小组立的板架由整块钢板切割而成，钢板信息来自 ERP 系统。切割后的板架流到后道，进行焊接为小组立部件，变成中间产品，MES 系统开始产生作用。

本节根据某海洋装备企业工程案例，介绍一种基于物联标识的小组立制造系统。

8.5.1　系统框架

该小组立智能制造系统包括小组立制造执行系统、标识印码系统、数控等离子切割系统、小组立装配系统和物联配运与流向控制系统，如图 8－26 所示。

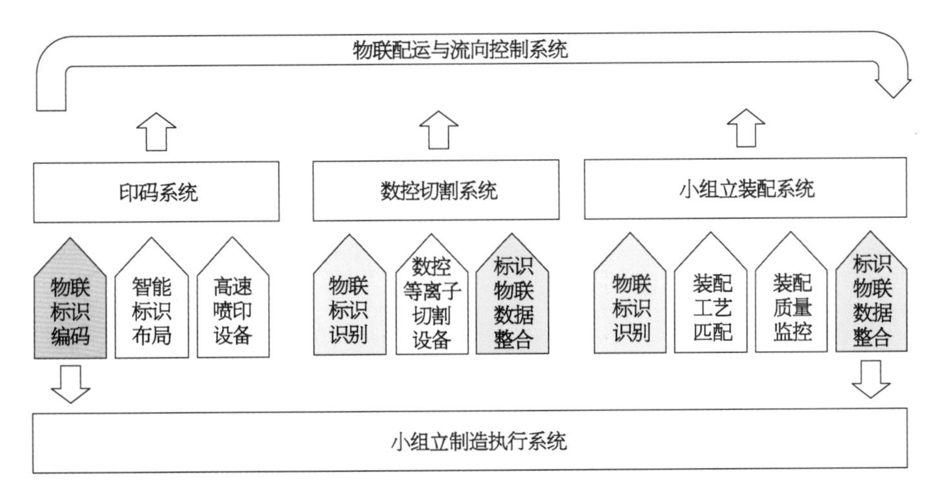

图 8－26　船舶小组立智能制造系统体系

将物联网标识(HANDLE 编码)技术应用在智能制造系统中，将其各个系统的信息孤岛和应用孤岛进行联通，形成以产品物联标识为核心的智能物联系统如图 8－27 所示。

8.5.2　船舶小组立板料统一物联编码

在海洋装备产品制造过程中，板料切割是实际物联标识的“起始点”。随着后道工序不断进行，围绕在这个标识上的制造过程信息不断像滚雪球一样逐渐变“胖”，本书作者研究了一种“胖模型”——基于智能标识的制造信息集成模型，满足钢板从喷印开始到装配的全过程信息演化，如图 8－28 所示。

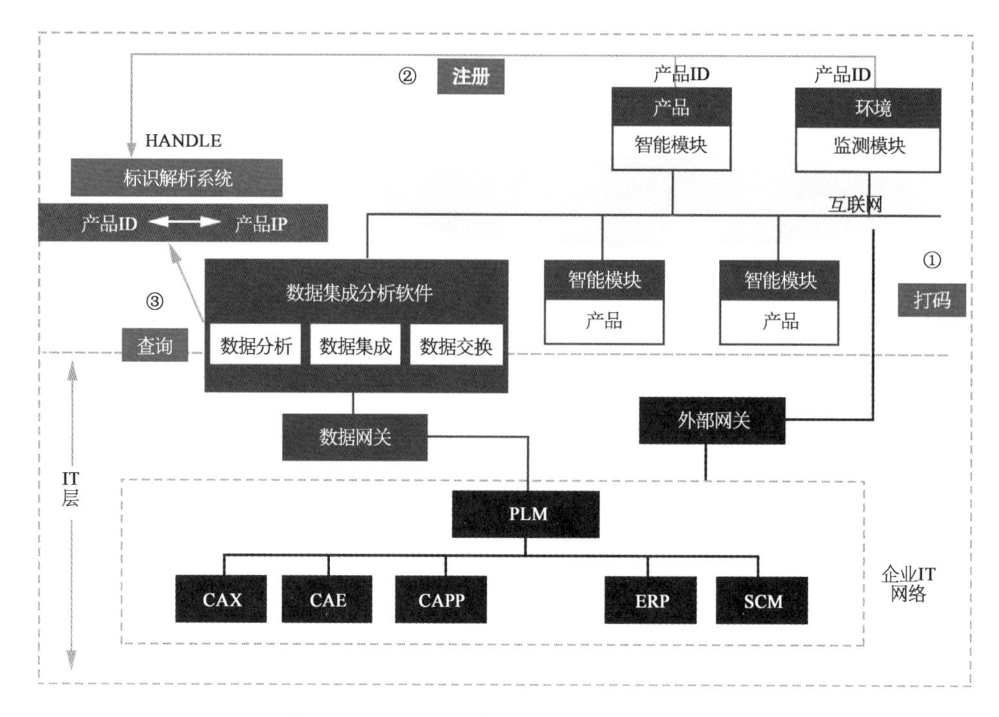

图 8-27　基于 HANDLE 的船舶零部件标识解析与信息集成框架

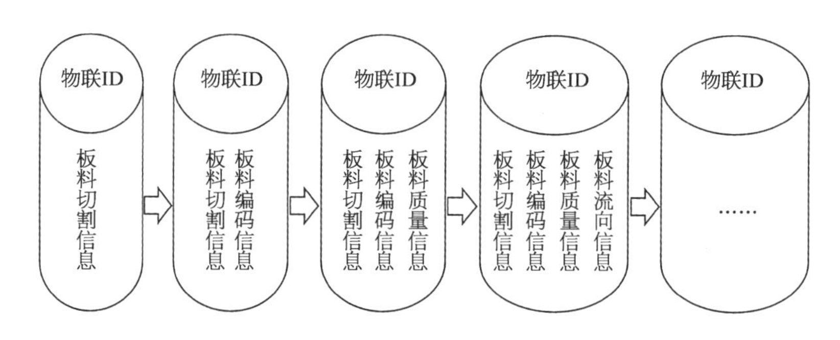

图 8-28　基于胖模型的船舶小组立统一物联编码

8.5.3　板架自动化智能印码系统

根据小组立制造工艺、焊接工艺和装配工艺，形成各种装配线、流向线、切割线网络；并通过启发式智能优化算法，优化切割路径；通过全局避碰智能算法，自动分析各种线、设计信息、套料信息、二维码图形在任意复杂钢板(凹凸、空洞)上的无碰、美观布局。进一步完善和优化小组立生产的自零件物料信息生产到自动化切割下来再到构件装配焊接的流水线生产作业，实现设计信息、坡口信息、装配信息、套料信息、轮廓信息、二维码(HANDLE 码)的位置信息的生成。

1) 各种信息定义

(1) 设计信息关键内容：船名、零件编码、数量、零件流向、材质、船级社、厚度、版图号、加工代码信息 9 项属性。前 8 项属性缺一不可，加工代码如果有也需要喷印，这 9 项属性不仅喷印率要高，而且不允许与其他任何线、字干涉。该组合文字喷写在靠近零件中心空白处，不同类型信息之间用“/”分割，具体排列格式如下：

船名，零件编码，零件流向，材质，厚度，数量，船级社，版图号，加工代码信息。

(2) 坡口信息：包括 V 型、Y 型，包含刨斜信息，具体格式如下：

V 型/Y 型，刨斜。

(3) 装配信息：在装配线附近添加待装配零件名称。

(4) 套料信息：套料信息应用在材料准备作业区和切割作业区使用，主要目的是确保材质规格与切割版图一致。该信息与设计信息同等重要。套料信息包含 6 项属性：船名、分段、板材规格、材质、船级社、切割指令。这些属性是作为复检用途，所以允许被后续的线、字覆盖或局部干涉。喷写位置在钢板短边靠近边缘处，具体格式如下：

船名，分段，规格，材质，船级社，切割指令。

板材套料如图 8－29 所示。

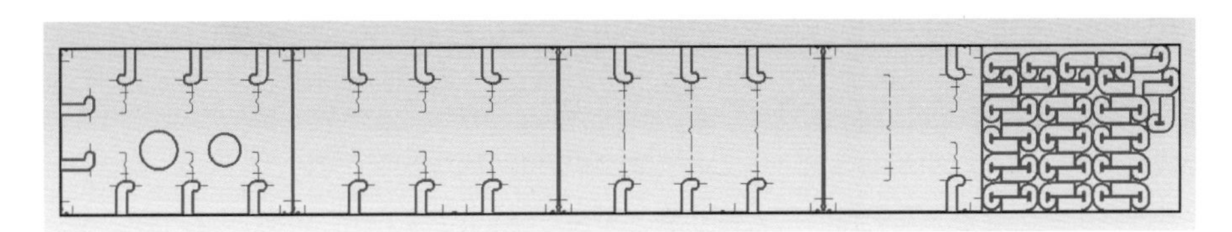

图 8－29　板材套料

上述每一个黑色方框代表一个属性，属性与属性之间采用空格。

(5) 轮廓信息。将轮廓线转化为划线功能，有两种类型：一是 GEN 文件中的轮廓信息；二是 CAD 生成的 DXF 文件中的轮廓信息。GEN 文件中的轮廓信息，以配置文件的形式，预设哪类版图执行此功能(通过判断文件名中的相关标识)。CAD 生成的 DXF 文件中的轮廓信息，需要通过解析由 CAD 软件生成的 DXF 文件并转换轮廓信息和孔的信息，将 CAD 生成的 DXF 文件中的轮廓信息转换为 GEN 格式文件。

(6) 二维码信息。给每个零件生成二维码，能够配置二维码信息是否生成。如果生成，形成二维码打印的位置信息。

(7) 切割精度检测。为了确保转化后的 NC 文件，在精度上的可视。要求每一张版图第一个零件或第一个内孔的切割线自动转化为喷码线。等离子切割第一刀就可以确认精度情况。切割机是按照 GEN 的顺序来切割，所以只需提取 GEN 最高前的那个切割的孔或者零件轮廓转化为线。

(8) GEN 文件检查。为了确保在转换过程中信息无丢失现象，需要在转换前对 GEN 文件进行自动检查。检查的规范依据转换中需要的信息内容包括：原 GEN 文件是否有信息丢失；零件是否封闭。

实现包括移动、缩放、旋转、删除等文本和图形编辑功能；将编辑的文字信息以及图形信息写入 GEN 文件中。添加文字信息：首先设置文字大小，并能连续添加，对常用文字实现可维护功能。图形窗口有调整图形大小、图形位置的功能，并能选择图形进行局部缩放。在批量导出过程中，出现不能转换情况，形成错误类型的识别功能，并以日志（不限于日志）的方式呈现，便于用户进行错误的查询。

2）界面设计

可视化界面菜单设计如图 8－30 所示。

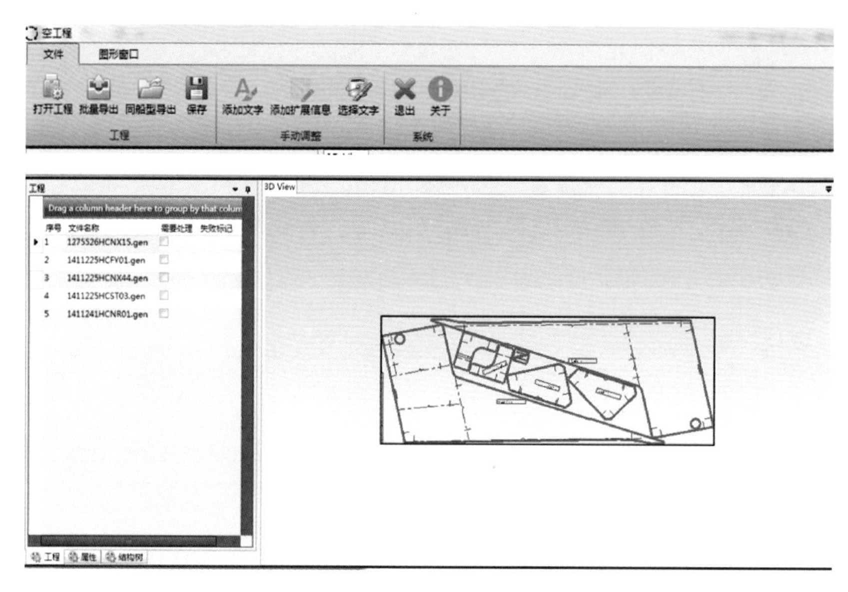

图 8－30　可视化界面图

3）算法设计

使用粒子群算法对标识的包络方块找到合适位置。打开工程选择工程目录，如图 8－31 所示。

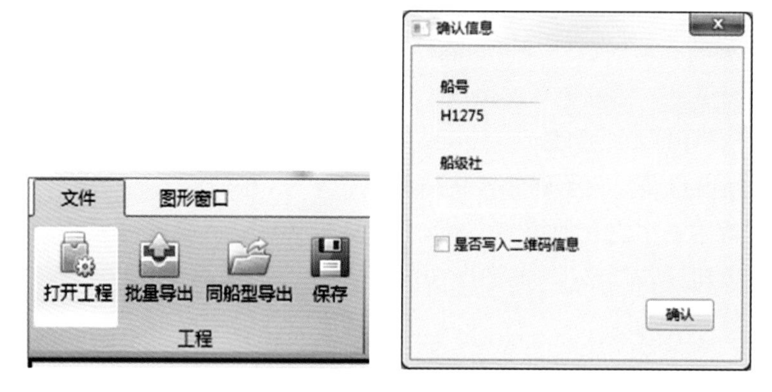

图 8－31　确认信息图

在批量处理前需要对工程中船号和船级社信息进行确认，以及是否在导出过程中写入二维码信息，如图 8－32 所示。批量处理：批量导出处理过程中，有进度条提示。

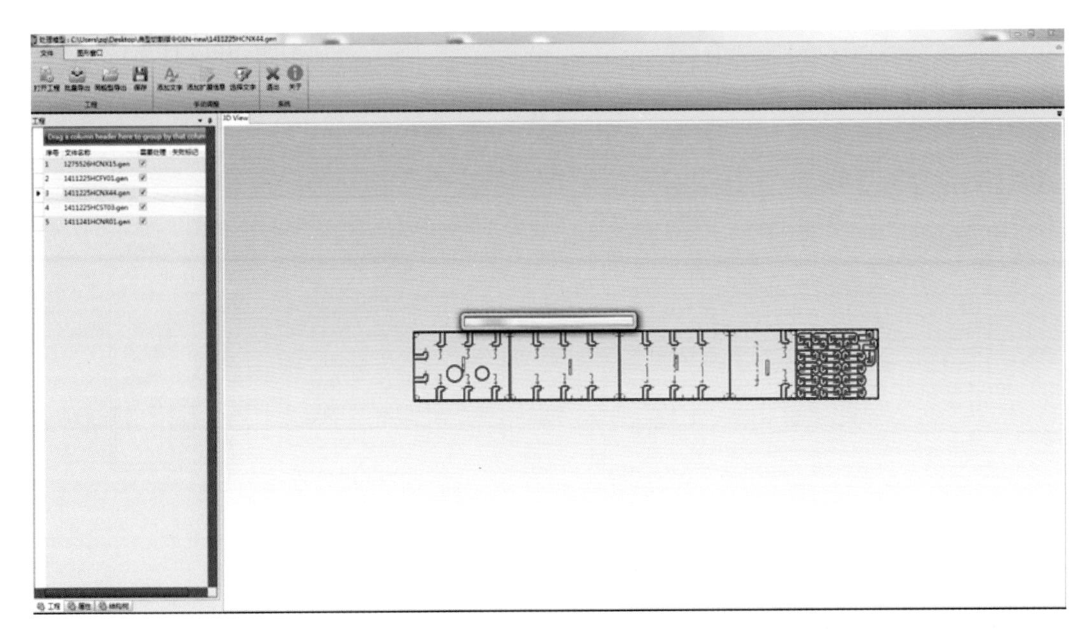

图 8 - 32　处理过程图

批量导出结束后，提示导出成功，如图 8 - 33 所示。

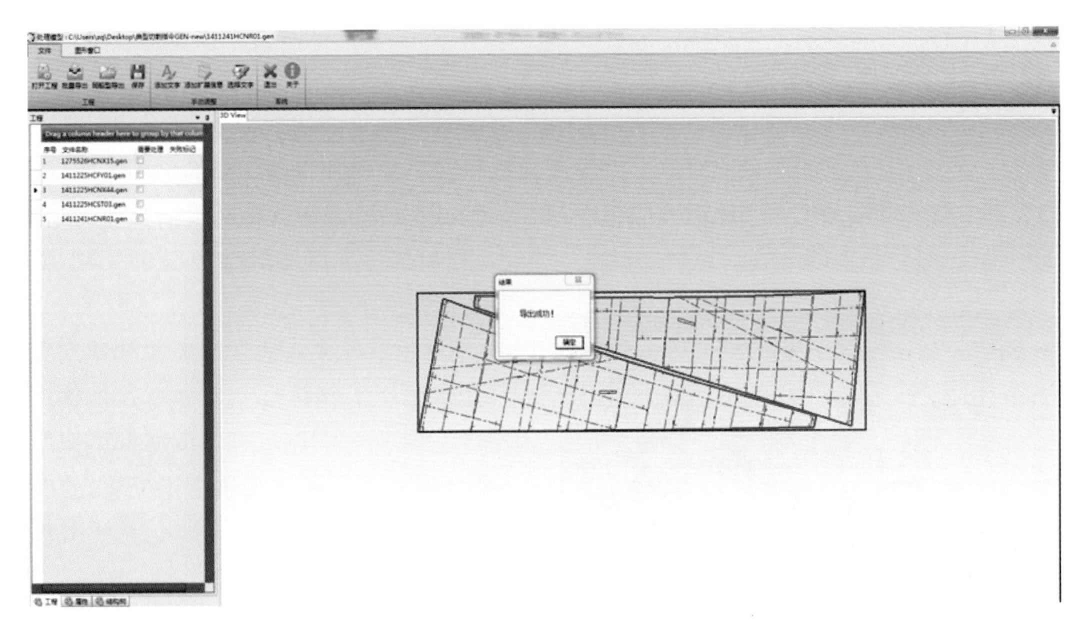

图 8 - 33　处理结果提示图

在处理完一个工程后，对同类船型进行船号填写后，可进行同船型文件导出。赋码系统框架图如图 8 - 34 所示。

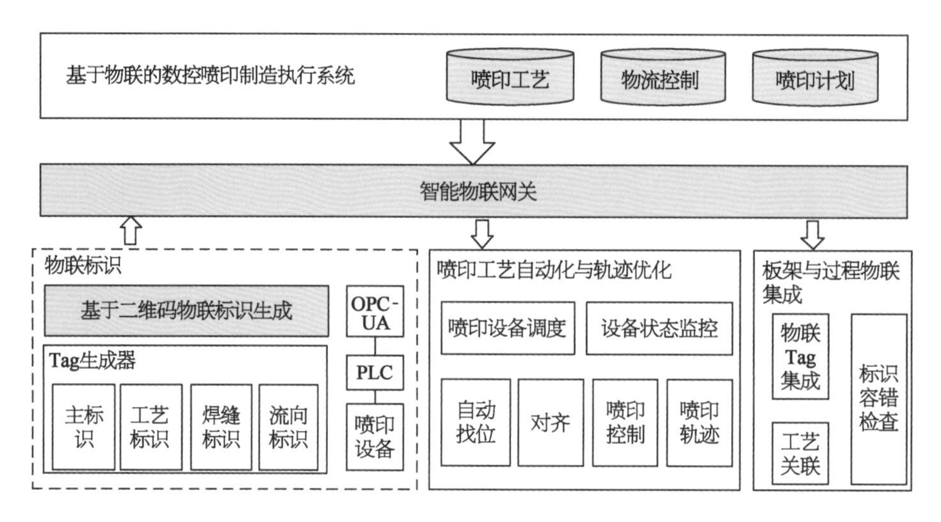

图 8－34　赋码系统框架图

8.5.4　板架自动下料设备集成

海洋装备产品结构件钢板的切割方法有氧乙炔切割、激光切割和等离子切割等，精细等离子切割技术的加工质量可与激光材料加工质量相媲美，在实际生产中，这几种切割方式都在不同场景应用，图 8－35a 所示为等离子切割机。目前数控切割方法已经大量应用在海工结构件的柔性生产中，在降低操作人员劳动强度的同时，实现整体面板材料减少材料浪费。

数控切割设备可以通过联网获得存储在生产设计系统里的切割指令，从而进行切割作业。本书作者在某船舶企业研发了一套融合板料智能套料和自动下料的切割系统，通过套料系统生成切割代码和标识喷印指令，联网到数控设备上，首先运行喷码设备，执行喷印指令，对板料上的工艺信息和标识进行喷印。然后执行下道切割指令，进行切割，如

图 8－35b 所示。

理论上实现无人值守的喷印和切割是可行的，但在实际执行上还存在各种各样的问题。比如在切割过程中如何根据切割对象不一样，选择最合适的切割电流、高度控制、速度等。来保证切割精度，其中的控制参数有非常多的设置。

与喷码设备一样，基于 OPC UA 实现设备互联互通，如图 8－36 所示。OPC DA 的 Pc UA 架构是 C/S 模式，OPC 服务器和客户端可以是服务器或客户端。但是，OPC UA 通信基于消息机制，其内部工作

(a) 等离子切割机

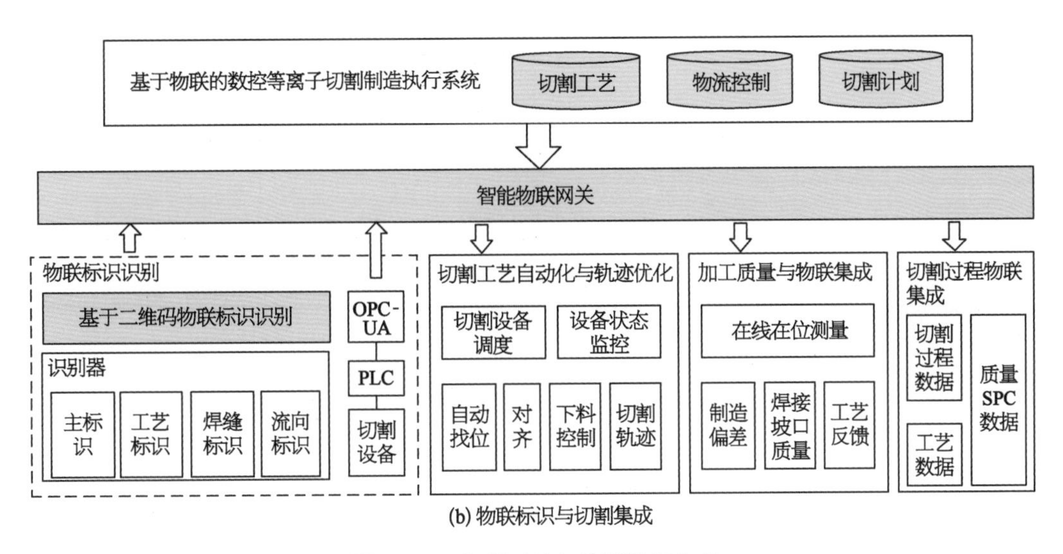

(b) 物联标识与切割集成

图 8－35　切割系统与物联标识集成

机制也不同。OPC UA 客户端结构包括 OPC UA 客户端应用程序、OPC UA 通信堆栈、OPC UA 客户端 API。

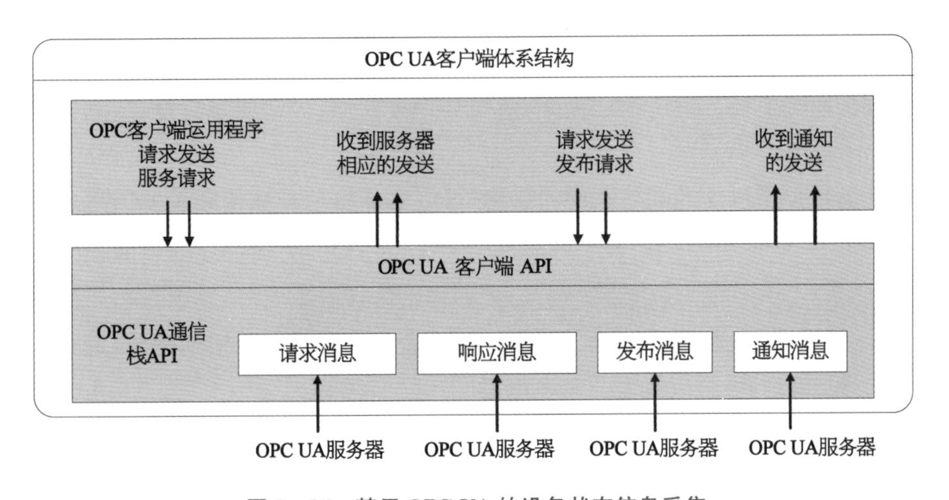

图 8－36　基于 OPC UA 的设备状态信息采集

8.5.5　基于工业物联的在制品装焊一体化

在船舶系统的情况下，需要处理产品的数量和信息流是惊人的，因此需要使用信息技术进行有效和安全的数据处理和维护。信息技术是指系统的软件集成技术，是数据库技术的核心。同时，显示信息集成技术代表了一种分割船体车间信息集成框架的方法，如图 8－37 所示。

(1) 物联标识智能识别。每块板架形状及其上喷印的多种物联标识，通过光学、形状

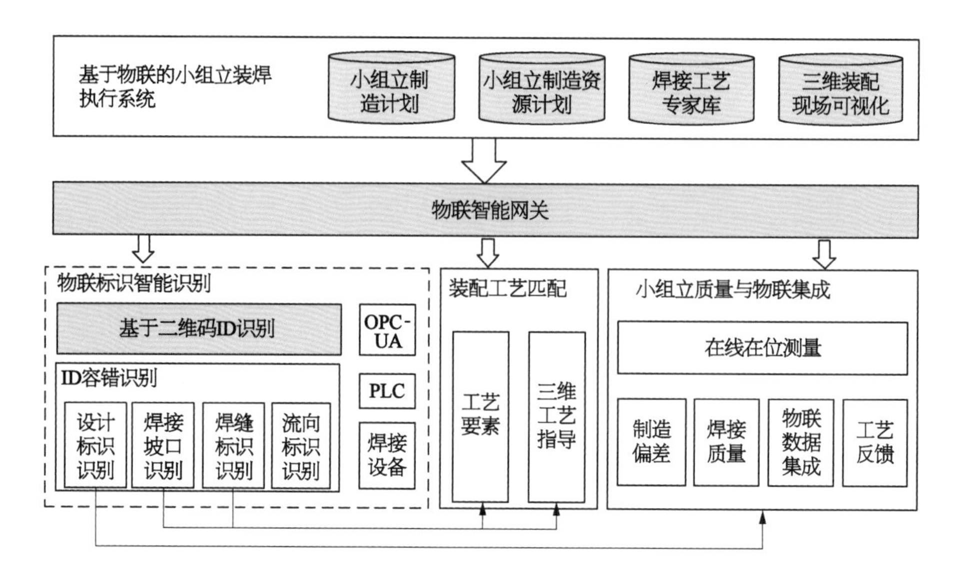

图 8－37　工业物联标识与装焊集成

基因进行智能识别，精确获取当前板架的标识。

（2）装配工艺匹配。通过物联标识，自动进行装配工艺匹配，自动寻找当前装配工艺的要素、坡口信息、焊接设备等。同时通过物联识别技术，自动寻找相关板架位置、装配对齐特征等。

（3）装配质量监控。对装配后板架，监控其焊接变形、焊接质量信息，根据工艺要求，自动判断焊接质量等级。

（4）物联信息集成。装配后获得的数据特征，自动添加到板架胖模型信息中，进行未来大数据分析准备，用来进行焊接设备监控预测、板料加工质量追溯、小组立焊接质量 SPC。

第 9 章　海洋装备产品制造的尺寸精度工程技术

大尺寸海洋装备产品的尺寸偏差，不仅仅包括加工过程中造成的制造尺寸偏差，而且还包括因焊接、搭载等过程造成的变形尺寸偏差，如图 9-1 所示。这些尺寸偏差在制造过程中产生，不可避免，难以测量、控制困难。对尺寸精度控制不良的影响广泛且具有破坏性，对海洋装备产品制造的周期和施工质量有着深远的影响。数字化测量是海洋装备产品数字化工程的新手段，本章主要介绍面向尺寸精度的数字化工程技术，并介绍一些工程实践方法。

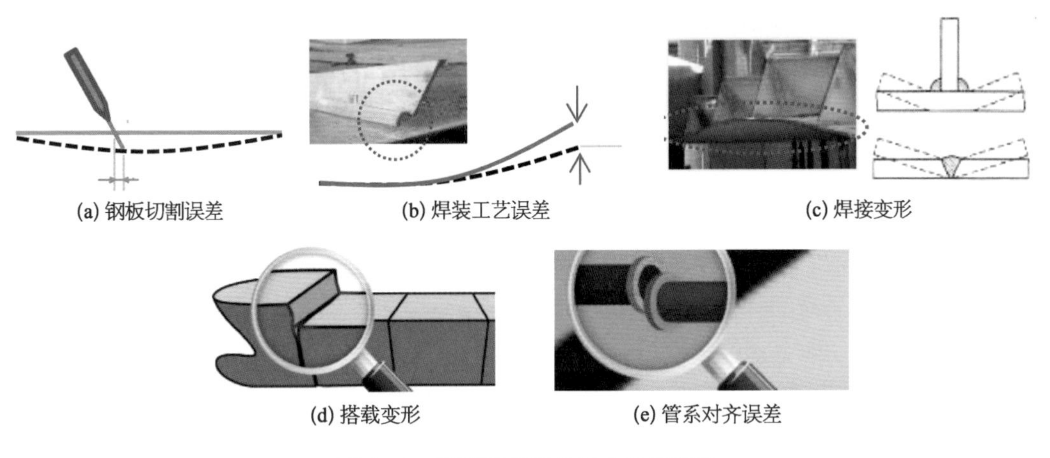
(a) 钢板切割误差　(b) 焊装工艺误差　(c) 焊接变形

(d) 搭载变形　(e) 管系对齐误差

图 9-1　海洋装备产品尺寸偏差类型

9.1　尺寸精度工程概述

9.1.1　海洋装备产品制造中的精度控制概述

所谓尺寸精度工程是指对零部件加工或装配后的实际几何尺寸参数与理想设计几何参数相符合的测量、分析与控制等工程活动总称。

海洋装备产品的尺寸精度控制不良有可能导致多种问题，例如搭载工作的反复进行、修整工作量增加、吊机占用时间增长、坞期增加、工期延迟等。对尺寸精度的控制工艺主要有三个：分段部件的测量精度控制、分段总组的精度控制、合拢搭载的精度控制。

1）分段部件的测量精度控制

由于自动化测量技术还不够普及，海洋装备产品的测量对象的粒度不易太小，一般对零部件（主要是分段部件等）进行测量即可，如图 9-2 所示。

目前大部分采用非数字化的方式进行测量，钢尺量距的准确性不稳定，且非常不方便，尤其是对于大型结构件，钢尺无法完成准确的测量；数据采集需要的人员较多，工作效率低下。测量结果需要手工记录，不便于与现在的造船设计软件及现代的数据处理分析

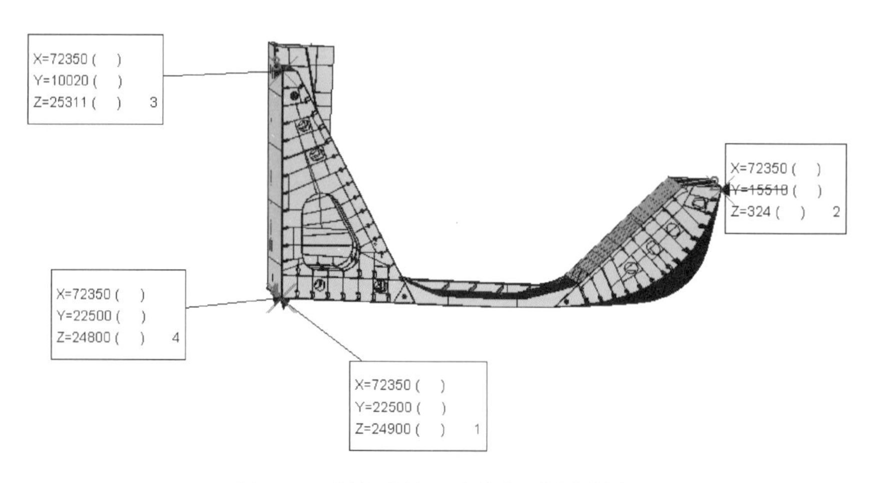

图 9-2 零部件的尺寸精度测量与控制

方法结合，从而不能形成有效的数据库来进行质量追溯和统计。分段部件的尺寸测量是整个海洋装备产品尺寸精度工程的基础，不仅要求效率，还需要可靠性、精确性和准确性。

2）分段总组的精度控制

多个分段合并在一起，形成总组部件，大的总组部件经过焊接等工艺，变形往往不可忽略，需要进行测量，如图 9-3 所示。一般分段体必须按照特定要求摆放，否则不容易进行测量；传统非数字化手段，所获得的结果数据报表需要人工计算，不方便与设计数据进行直接对比；分段总组测量控制点多，容易出现错误和遗漏；测量手段及数据处理方式的落后，无法形成有效的精度管理机制及精度数据循环利用。

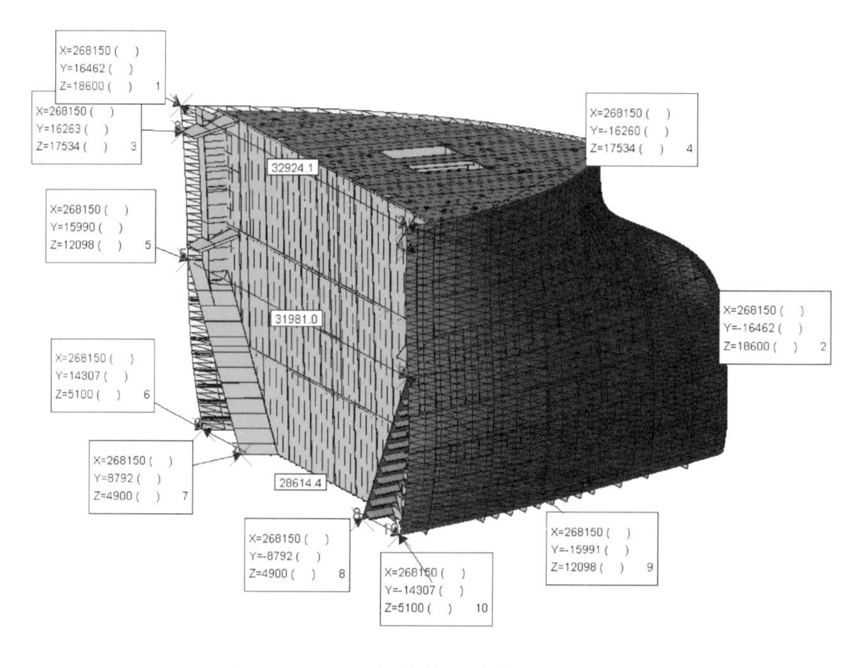

图 9-3 总组部件的尺寸精度与控制

3）产品合拢搭载的精度控制

在海洋装备产品搭载合拢作业中，尺寸超限的分段或总段需要在现场对余量进行切割，因此需要对分段进行复位作业，导致占用吊机时间较长，也导致很多分段需要进行二次定位，影响船台周期。采用数字化测量技术，可以事先获得所有需要搭载的分段精度尺寸信息，从而在计算机上进行搭载模拟，计算需要切割的余量，搭载的位姿，实现一次搭载成功(one time setup，OTS)，并且为反变形的处理及余量切割提供数据支持。合拢搭载精度控制如图 9－4 所示。

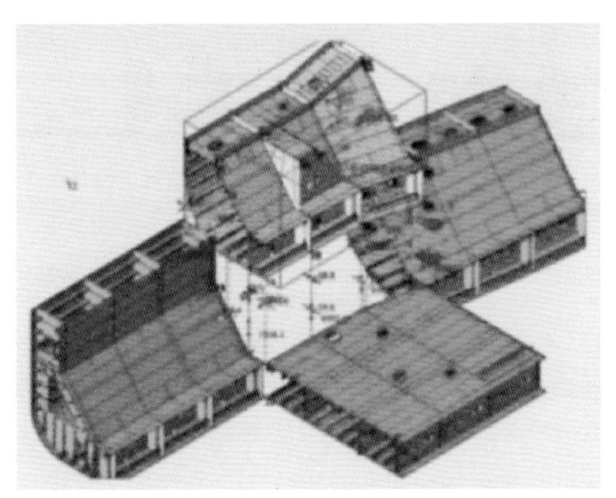

图 9－4　搭载精度控制

9.1.2　尺寸精度控制流程与现状

9.1.2.1　尺寸精度数字化流程

海洋装备产品的尺寸精度工程带来巨大的价值，国内某海洋装备企业应用尺寸精度系统，对比统计结果，可以看到尺寸精度控制能够有效地降低尺寸误差率，如图 9－5 所示。

	项	应用前		应用后	
		目标	成果	目标	成果
材料准备	精度误差(±1 mm)	28%	43.7%	15%	25%
装配	没对齐误差(±2 mm)	30%	52.3%	20%	37.6%
	尺寸误差(±5 mm)	20%	34.1%	10%	13.4%
	水平误差(±5 mm)	20%	35.4%	10%	17.4%
	垂直误差(±5 mm)	15%	25%	10%	12.5%
搭载	精度误差(±5 mm)	30%	60%	20%	40%
平均值			44.3%		26.1%

图 9－5　尺寸精度控制降低尺寸误差率

尺寸精度数字化工程是个系统工程，包括海洋装备产品制造全生命周期的各种尺寸状态，在各个阶段产生不同的尺寸偏差都需要测量并记录，尺寸控制流程从钢材切割开始，一直到安装合拢，如图 9－6 所示。

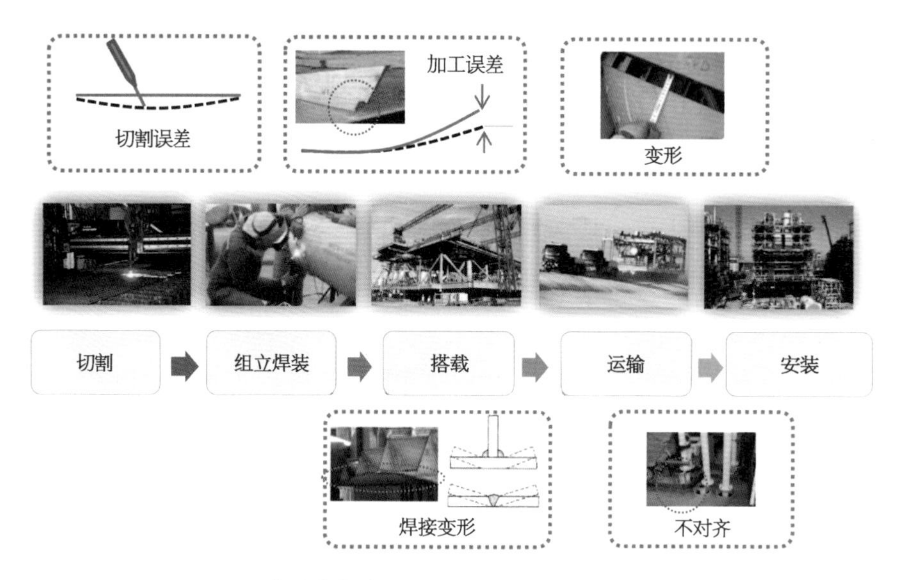

图 9－6　海洋装备产品加工全生命周期的尺寸控制流程

尺寸精度数字化工程的流程包括数字化测量与尺寸分析与控制：全面对部件数字化测量，并和三维理论模型的比对；存储在数据库中形成尺寸精度模型库，用来进行单模型的尺寸精度分析；总组装配尺寸分析，在安装之前仿真，预测对接的分段，使得可以校正总组分段之间的间隙；一次性完成搭载。数字化尺寸精度流程如图 9－7 所示。

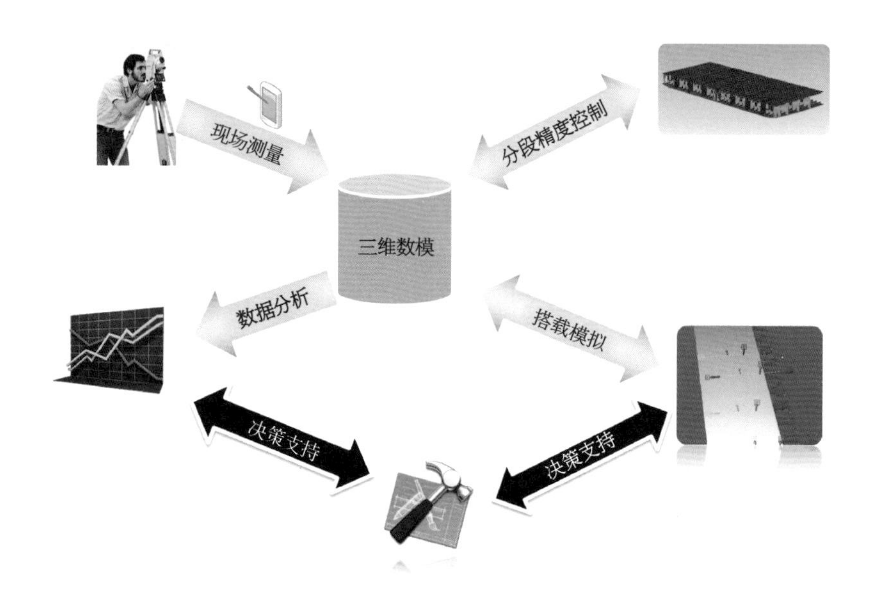

图 9－7　数字化尺寸精度流程图

在海洋装备产品交付安装之前，尺寸精度系统在多个工艺阶段发挥作用。如图9-8所示为基于尺寸精度仿真的启运决策，在海洋装备产品启运到客户区域安装之前，对各制造部件进行测量，并进行搭载仿真，生成干涉报告。如果报告显示没有问题，进行启运到现场进行安装；反之需要将干涉部件解决后，再启运。振华重工是在制造现场完成完整产品组装，并进行整机运输。这种海洋装备产品遵循“制造—运输—安装”模式，其测量和搭载是在制造现场完成的，总体安装在用户现场安装，因此尺寸精度控制具有重要作用。

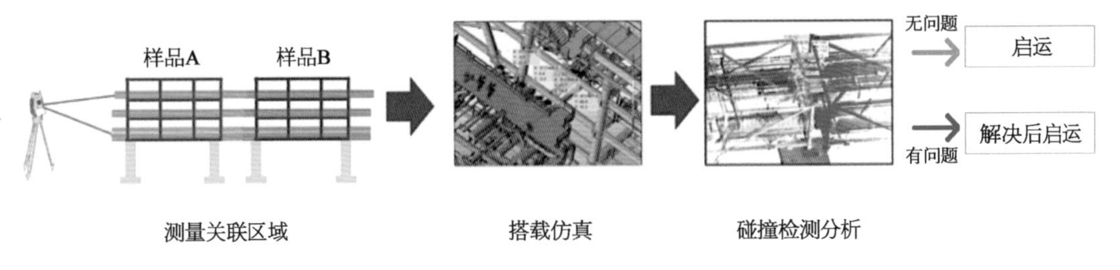

图9-8　基于尺寸精度仿真的启运决策

尺寸精度控制是基于模型定义的典型应用，基于三维模型，辅助先进的数字测量技术与工艺数据，为促进数字化技术的发展起到关键作用，极大地提升了整体制造效率和质量。

9.1.2.2　国内外精度工程现状

日本和韩国已经率先进入了精度造船的时代，在设备使用方面，我国海洋装备企业仍然较少使用全站仪表，韩国、日本、中国船坞建造产业竞争对比见表9-1。

表9-1　三国船坞建造技术水平对比表

	分　类	韩　国	日　本	中　国
设计水平	基础设计	100	100	85
	细节设计	100	95	75
	生产设计	100	95	65
生产技术水平	切割	100	100	80
	焊接	100	100	80
	外观	100	100	70
	搭载	100	100	70
管理水平	价格管理	100	100	60
	材料管理	100	100	60
	生产管理	100	100	60
	人力管理	100	100	65

国外先进精度管理模式主要依靠全站仪和精密软件优化数据测量和分析方法，以及精度管理工作流程。韩国主要海洋装备企业精度管理设备现状见表9-2。

表 9-2　韩国精度管理设备保有量现状(2015 年统计)

船　厂	精 度 仪 器	主　要　事　项
现代重工	SOKKIA 2130R SOKKIA Monmos	精度管理人员：约 150 人 全站仪器，Monmos 装备约 70 台
三星重工	SOKKIA 2130R SOKKIA Monmos	精度管理人员：约 100 人(造船 80，海工 20)， 全站仪器约 100 台，劳务队 80 余台
大宇造船海洋	PENTAX TOPCON TRIMBL(NIKON)	精度管理人力约 100 人(不包括搭载管理) 使用大量的 PENTAX 全站仪 全站仪器约 120 台
现代尾浦造船	SOKKIA 2130R	精度管理人力约 40 人，全站仪器约 30 台
现代三湖重工	PENTAX R322	全站仪器 60 余台
STX 造船	PENTAX R322	全站仪器约 40 台
韩进重工	SOKKIA 2430R	全站仪器约 40 台
成东造船海洋	SOKKIA 2130R	精度管理人力约 20 人全站仪器约 30 台

20 世纪 90 年代，除了日韩全站仪等数字化测量系统的广泛使用之外，由于 GPS 测量技术不断发展，高精度、高可靠性和高效率的数字室内 GPS(iGPS)系统由美国 Arcsecond 公司研发成功，解决了飞机、船体等大型物体难以精确测量的问题，在国外高端船体建造过程中已得到应用。例如三星重工通过构建大尺度的 iGPS 测量场，实现对拼板装配、分段装配、水火弯板、板材定位、曲板型面检测、总组搭载等多个环节的监测与指导，如图 9-9 所示。

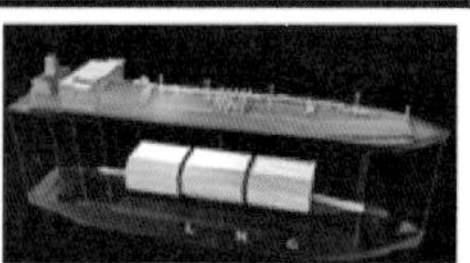

• 三星重工的LNG船体的装配
• 三个TANK内腔钢板的配接

图 9-9　iGPS 测量系统的应用

我国海洋装备产品的尺寸精度与日本、韩国相比，差距主要表现在以下两个方面：

1）基于数字量的测量手段应用不广泛

在分段装配的胎架制造环节，船体等大型曲面分段的胎架制造一般采用立柱式角铁结合大量胎板的多结构形式胎架。其相应建造工装也较为简陋，作业过程复杂，人为干预程度大。制作过程中要不断地采取常规的辅助建造手段（如样板、拉线等人工方式）来确保其制作精度，仅胎架制作周期就长达 1 个月之久。胎架制作现场如图 9－10 所示。

图 9－10　胎架制作现场

在分段装配完工检测环节，国内部分船厂虽利用全站仪三维测量技术对分段制造完工进行测量，如图 9－11 所示，但还存在以下不足。

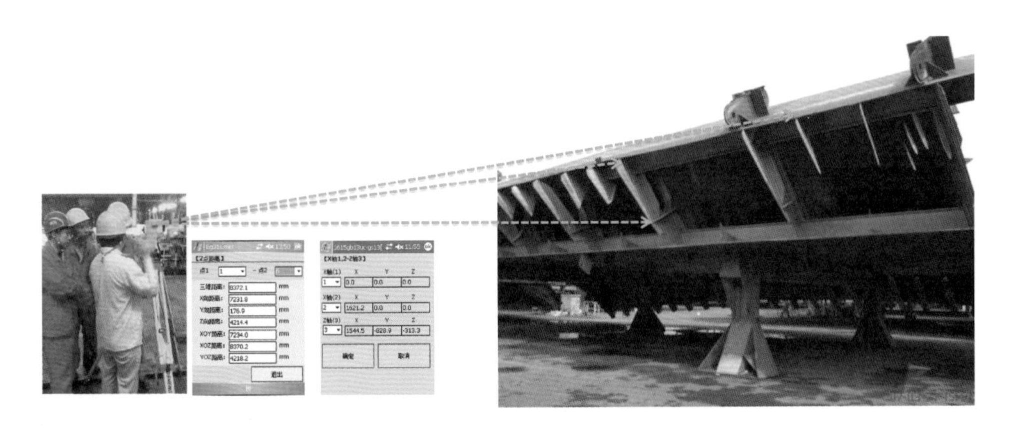

图 9－11　基于全站仪进行测量

（1）测量的部件不完全：有选择地对部分分段进行测量，没有实现所有部件的数字化测量；同时测量的粒度较粗。

（2）基于 MBD 的数字测量方法欠缺：测量数据利用后期处理软件计算分析，测量点和模型点须人工或半自动对应。现场测量终端支持 MBD 可视化的程度较弱，测量人员和计算人员不一致时容易出错。

2）缺乏标准化的数字测量与精度控制工艺

部分企业在分段建造过程中虽使用数字测量方法，但测量的数字化、标准化还远远不够，没有标准工艺，也没有标准的数据格式。

另外，船体结构存在大量不同类型的曲面型面，尤其是船体的艏部和艉部，该区域板材形状多样，曲面板曲率复杂多变，曲面型面的成型困难。在曲板加工过程中不能一次到位，需多次加工、反复检测。传统的测量方法无法对上述的难点进行有效的、全方位的检测，因此容易导致板材装配后出现结构对接超差、线型不一致等一系列精度问题。目前没有针对此类工艺的精度控制标准，在测量不同类型曲面型面依然存在效率不高、后期处理麻烦等问题。

3）曲板测量自动化能力欠缺

曲板加工过程（图 9－12）中，经弯曲后的船体钢板表面不允许有裂纹、起泡、起鳞、凹坑、折叠划痕、劈痕等缺陷。目前主要是依靠有经验的工人通过卡样板、样箱的方式来直接判断加工钢板与目标形状所存在的差异。该方法成型精度难以控制，整个生产效率低，对工人技术水平要求也相对较高，不能满足数字化建造需求。

图 9－12　曲板加工过程

4）国产软件系统不够成熟

在船体设计和基于数字量的精度控制方面，国外广泛应用三维模型设计软件和精度管理软件，如日本三菱自主研发的 MATES 系统、川崎重工则以 TRIBON 为技术核心，建立各自独特的软件系统；韩国主流海洋装备企业采用三铭 EcoSystem 软件来实现精确管理流程的标准化共享。

笔者研发的尺寸精度 OTS 系统也在部分企业展开了应用，基于 MBD 的精度管理软件集成的生产加工和管理，船体建造工艺与技术水平的提升提供了支持，但仍需要不断迎合企业需求，逐渐成熟，如图 9－13 所示。

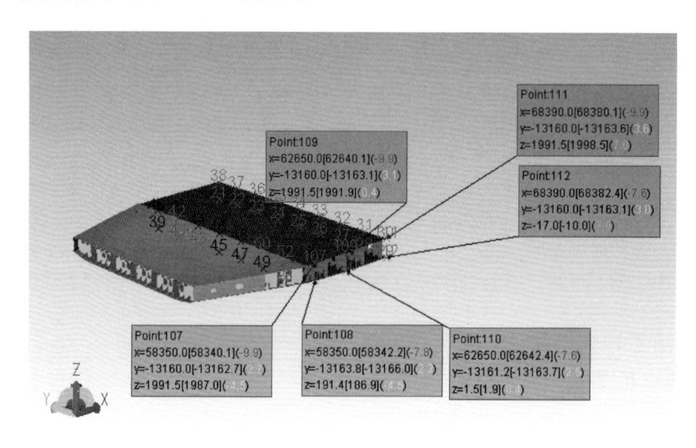

图 9－13　尺寸精度 OTS 系统之模拟搭载仿真模块

9.1.2.3　主要的测量设备

1) 数字测量设备

用于数字化测量的主要设备有很多种，主要见表 9-3。

表 9-3　数字化测量设备一览

名　称	描　　述	典型设备
三坐标测量机	三坐标测量设备(CMM)是传统通用三维坐标测量仪器的代表，通过测头沿导轨的直线运动来实现精确的坐标测量。其优点是测量准确、效率高、通用性好；不足是接触式测量方式，不便携、测量范围小	龙门式巨型坐标测量机
数字摄影三坐标测量系统	数字摄影测量是通过在不同的位置和方向获取同一物体的 2 幅以上的数字图像，经计算机图像匹配等处理及相关数学计算后得到待测点精确的三维坐标。测量原理是三角形交会法。具有精度高、非接触测量和便携等特点	美国 GSI 的 V-STARS 系统
经纬仪测量系统	经纬仪测量系统是由 2 台以上的高精度电子经纬仪构成的空间角度前方交会测量系统，在大尺寸测量领域应用最早和最广，由经纬仪、基准尺、通信接口和联机电缆及微机等组成，测量范围较大(2～100 m)，是光学、非接触式测量方式，测量精度比较高	Leica T3000； Leica TM5100A
全站仪测量系统	全站仪是兼有电子测角和电子测距的测量仪器，采用空间极(球)坐标测量的原理，是测绘行业应用最广和最通用的一种“坐标测量机”。只需单台仪器即可测量，测程较远，特别适合于测量范围大的情况，在 120 m 范围内使用精密角偶棱镜(CCR)的测距精度能达到 0.2 mm	Leica 全站仪 TC2002 TDA5005
激光跟踪测量系统	激光跟踪测量系统是由单台激光跟踪仪构成的球坐标测量系统，其测量原理和全站仪一样，仅仅是测距的方式(单频激光干涉测距)的不同。实际测量时又可以分为单站距离、角度法和多站纯距离法。采用干涉法距离测量的精度高，测量速度快，激光跟踪仪的整体测量性能和精度要优于全站仪，测量范围也比全站仪要小	徕卡公司的 LTD800
激光扫描测量系统	采用非干涉法测距方式，实现距离的测量，测距原理包括三种：脉冲法激光测距、激光相位法测距、激光三角法测距。目前采用线轮廓扫描，生成目标对象的形貌点云。类似于 CMM，测量范围小	MetriVision 公司的 LR200
关节臂测量机	关节式坐标测量机是便携的接触式测量仪器，对空间不同位置待测点的接触实际上是模拟人手臂的运动方式。仪器由测量臂、码盘、测头等组成，各关节之间测量臂的长度是固定的，测量臂之间的转动角可通过光栅编码度盘实时得到，转角读数的分辨力极高，用于高精度测量。对于精密部件测量较常用，而海洋装备产品测量使用极少	法如公司的 ARM 系列

（续表）

名　称	描　　述	典型设备
室内 GPS	与 GPS 不同，室内 GPS 采用室内激光发射器来模拟卫星，不是通过距离交会，而是用角度交会的方法。利用室内的激光发射器（基站）不停地向外发射单向的带有位置信息的红外激光，接收器接收到信号后，从中得到发射器与接收器间的两个角度值（类似于经纬仪的水平角和垂直角），在已知了基站的位置和方位信息后，只要有两个以上的基站就可以通过角度交会的方法计算出接收器的三维坐标。精度高，测量自动化程度高，成本昂贵，常用于飞机等柔性对接	Arc Second 公司生产的室内 GPS

2）数字测量方法

（1）从静态测量到动态测量。

从非现场测量到现场在线静态测量使科学研究从定性科学走向定量科学，实现了人类认识的一次飞跃。现在乃至今后，各种运动状态下、制造过程中、物理化学反应进程中等动态物理量测量将越来越普及，促使测量方式由静态向动态的转变。现代制造业已呈现出和传统制造不同的设计理念、制造技术，测量已不仅仅是最终产品质量评定的手段，更重要的是为产品设计、制造服务，以及为制造过程提供完备的过程参数和环境参数。这使产品设计、制造过程和检测手段充分集成，形成一体的具备自主感知一定内外环境参数（状态），并作相应调整的“智能制造系统”，这要求测量技术从传统的非现场、事后测量，进入制造现场，参与到制造过程，实现现场在线测量。

（2）从单一信息获取到多源信息融合。

如果测量的信息种类比较单一，则先进的测量系统可以获得多源信息，包括多种类型的被测量，如尺寸、体积、直线度、坐标数据等，这些信息被统称为简单类型信息。数据量大是这类数据的特点之一，比如在工业生产中的在线测量系统每天获得测量点云数据达 100 G。这些数据如果和企业信息系统集成，那么在产品数字化设计与制造过程中，就很难发挥作用。单一信息的获取非常简单，将单一类型数据进行升维或数据增强操作，主要是要和数字化工程系统进行紧密集成，比如测量的数据属于产品制造信息，如果和产品的设计信息（几何特征）关联在一起，就可以分析制造偏差。如何实现多源信息融合，实现数据驱动是制造业面临的难题之一。

（3）几何量和非几何量集成。

传统机械制造中的测量问题，主要针对几何量测量。当前复杂测量系统功能扩展，精确度提高，测量问题已不仅限于几何量。其他物理量包括力学性能参数、振动、时变参数等。

（4）测量对象复杂化、测量条件极端化。

海洋装备现场测量出现测量对象复杂化，测量条件极端化的趋势。有时候需要测量的是整个装置，参数多样且定义复杂；有时候需要在开放空间场合等中进行测量，使得测量条件极端化。

海洋装备产品的数字化测量属于大尺寸测量，主要用于测量几米至几百米范围内物体的空间坐标(位置)、尺寸。获得的几何量可以分析包括角度、距离、位移、直线度和空间位置等量。根据海洋装备产品的尺寸、工作环境、造价和精度要求，目前普遍采用的是全站仪测量系统。对于小尺寸的钢板或者小组立，使用全站仪测量较麻烦，基于线激光或结构光的测量系统是比较常用的。

9.2　海洋装备产品分段部件的测量精度控制

“十一五”以来，我国海洋装备产品的数字精度控制需求迫切，本书作者开展了基于数字测量的大尺寸部件建造技术研究，认识到在建造过程由模拟量传递向数字量传递的转变，将大大促进数字化发展与应用。

9.2.1　大尺寸部件测量关键技术

9.2.1.1　基于全站仪进行关键点测量

设定测站点的三维坐标，然后设定后视点的坐标或设定后视方向的水平度盘读数为其方位角，当设定后视点的坐标时，全站仪会自动计算后视方向的方位角，并设定后视方向的水平度盘读数为其方位角，为全站仪精准工作做好准备。导入所选船体分段精度测量模型，通过全站仪选取测量点依次逐点测量。

精度测量模型中包括待测点，是结构外轮廓线上的点或结构交错点。船体分段合拢测量中较为复杂的一道工序，通常在船舶设计模型上交互式选取所生成。设计师要为全站仪操作人员提供对应位置坐标的理论值，并将相关理论数据生成表格，以供现场测量使用。然后操作人员再根据所选测量点的理论数据，结合船体构造特点，去选择适当的基准点。通常都会以船坞壁、分段肋骨等固定物为基准点。选取好基准点之后，接下来要科学地设定测量方案，根据所选的理论测量点建立坐标系，在现场分段上放置标靶，即可进行现场测量，并可获取测量点的实际值和相关数据。

全站仪建站一般步骤：输入测站点的数据，输入后视点的数据，建站校核，至此，全站仪可以借助建站与坐标测量获取施工放样等各尺寸数据。基于全站仪对关键点测量流程如图 9－14 所示。

9.2.1.2　基于结构光对曲板型面快速测量

舰船船体结构存在大量不同类型的曲面型面，尤其是舰船的艏部和艉部，该区域板材形状多样，曲面板曲率复杂多变，曲面型面的成型加工困难。曲板在加工过程中一般不能一次到位，需要多次冷压加工、反复检测型面尺寸，流程如图 9－15 所示。传统的测量方法无法对上述对象进行有效、全方位的检测，容易导致板材装配后出现结构对接超差、线

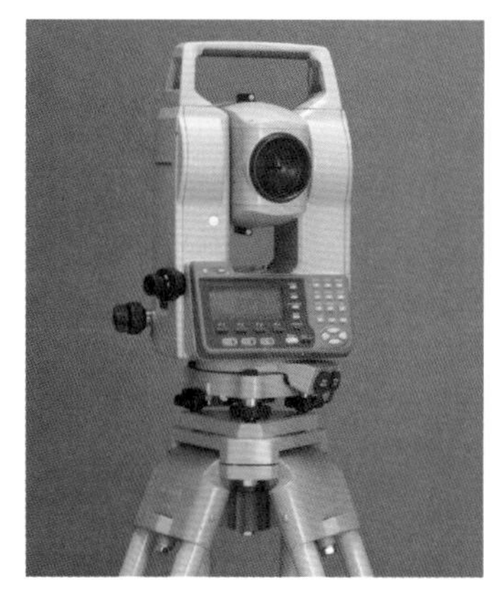

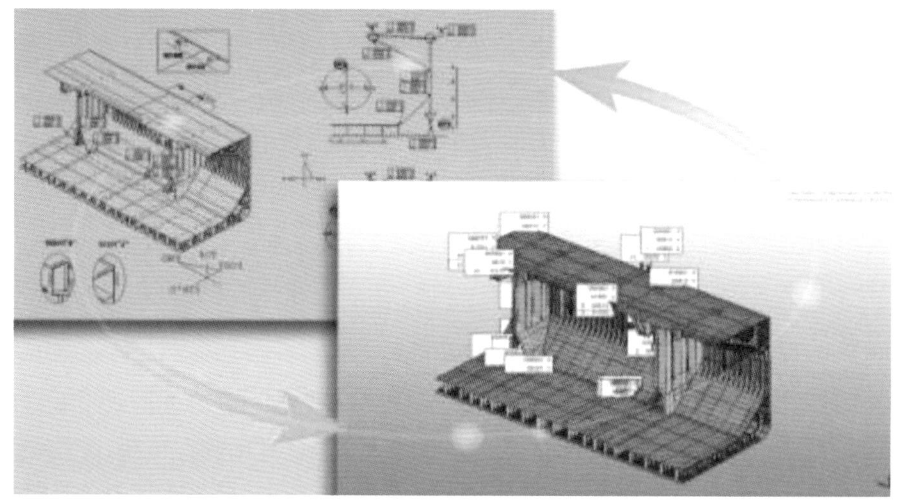

图 9-14　基于全站仪对关键点测量

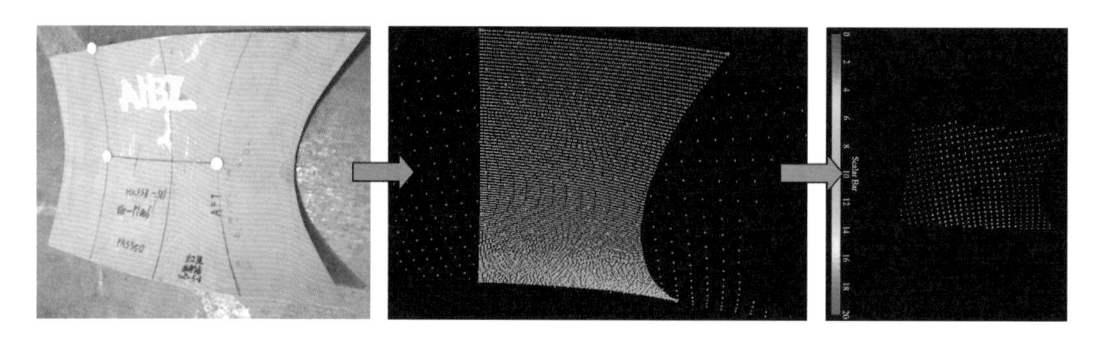

图 9-15　曲板型面检测流程

型不一致等一系列精度问题。因此，迫切需要突破曲面型面的测量技术瓶颈。通过采用数字测量辅助技术，实现不同类型曲面型面快速检测，改变传统测量手段带来的低效率，并提高测量的精确度。

本书介绍一种由基于三维模型的曲面型面快速检测技术，如图 9-16 所示。针对曲

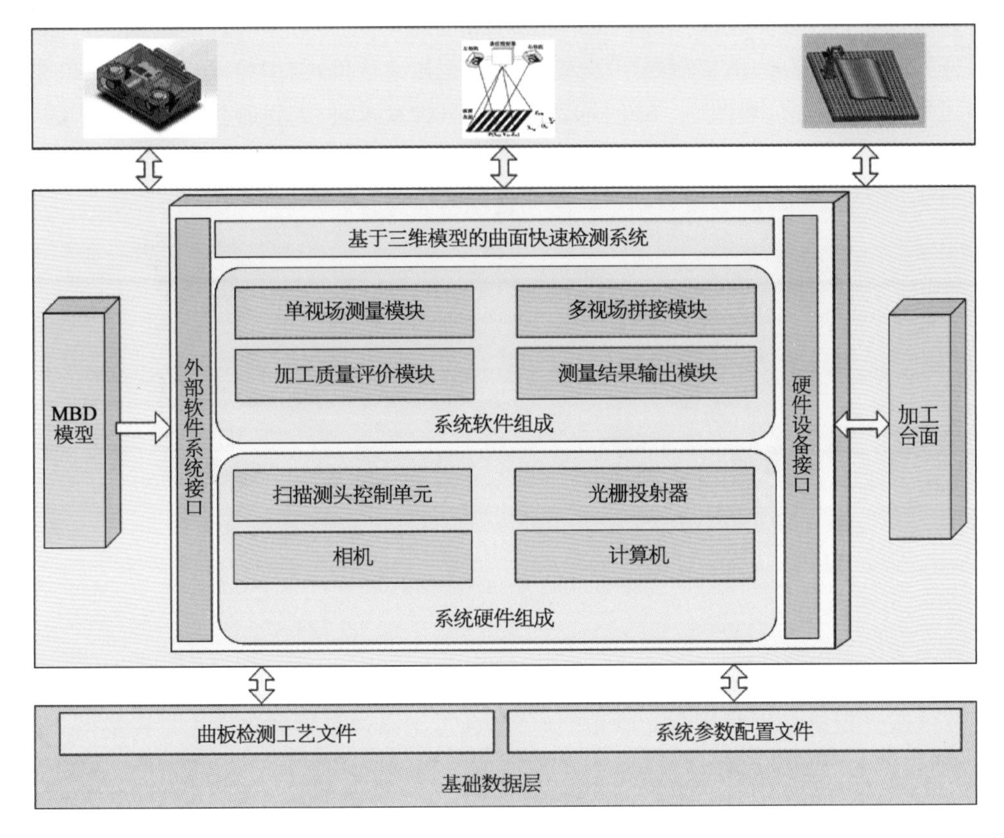

图 9-16　三维模型的曲面快速检测系统

面型面检测需求，构建局部快速测量系统；通过采集曲面板的三维坐标，形成点云数据，经过三维坐标转换，与曲面板理论模型进行对比，对曲面板横向、纵向、扭曲以及光顺性等进行有效判别；通过曲面匹配建立实测曲面与实际船板的对应关系，实时计算并反馈偏差，为矫正工作提供理论数据依据。

硬件部分主要功能是获取大型水火弯板的三维形貌，便于后续软件进行图像处理和加工质量评价，由三维扫描测头和计算机系统构成，如图 9-17 所示。

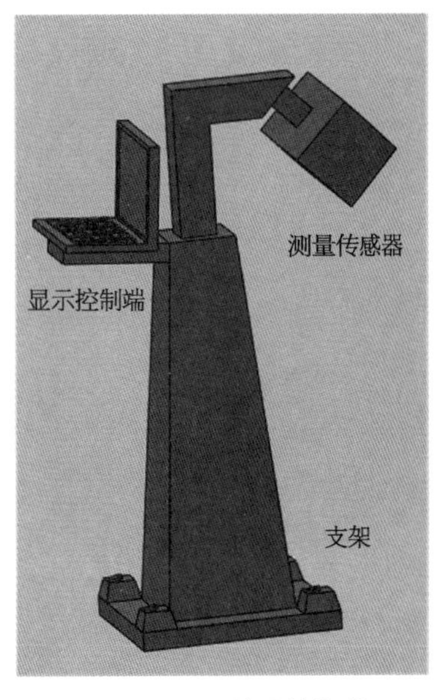

图 9-17　系统硬件构成

三维扫描获得物体表面的三维形状需要使用投影光栅相位法获得由投影光栅调制的物体表面的图像信息。测头由光栅投射器、相机以及控制单元组成，其中，控制单元负责光栅投射器与相机的协同工作，同时与计算机进行数据通信。计算机系统实现对图像的分析与处理、多视场测量结果的拼接、测量结果的显示与输出、加工质量评价。

软件部分主要功能是获取实时监控数据并传输到

处理终端，利用处理终端进行数据处理，由测距传感器与手持数据处理终端构成。测距传感器分为收、发两部分，由超声测距传感器模块、无线通信模块、主控模块、直流供电模块、安装固定模块等组成，如图 9-18 所示。其中超声收发模块、无线通信模块集成于主控模块，完成收(发)超声信号、实时与上位机通信的功能，直流供电模块则提供能量支持，最终统一封装于外壳之中，通过安装固定模块与被测船体连接。

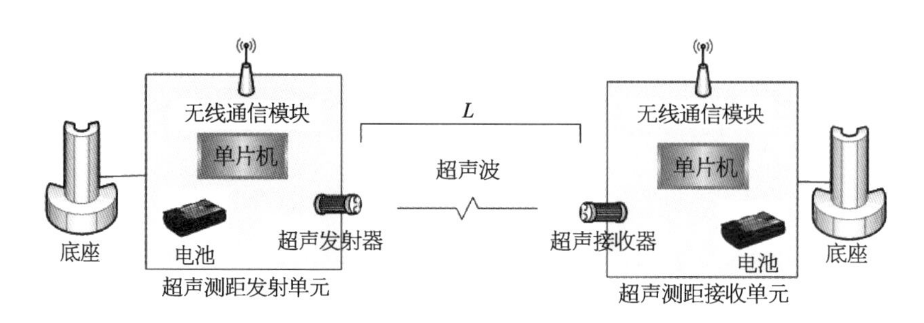

图 9-18　测距传感器组成

9.2.1.3　基于三维激光扫描的快速测量

三维激光扫描技术利用激光测距的原理，通过记录被测物体表面大量密集的点三维坐标、反射率和纹理等信息，可快速重建出被测目标的三维模型。相对于传统的单点测量，三维激光扫描技术从单点测量进化到线轮廓、面测量，基于激光扫描的点云可以与理论模型进行三维比对，如图 9-19 所示。目前三维激光扫描已经历经三代：第一代逐点扫描，速度慢，如三坐标测量机 CMM；第二代逐线扫描，如激光线扫描仪精度丝级；第三代的特点是面扫描，速度非常快。

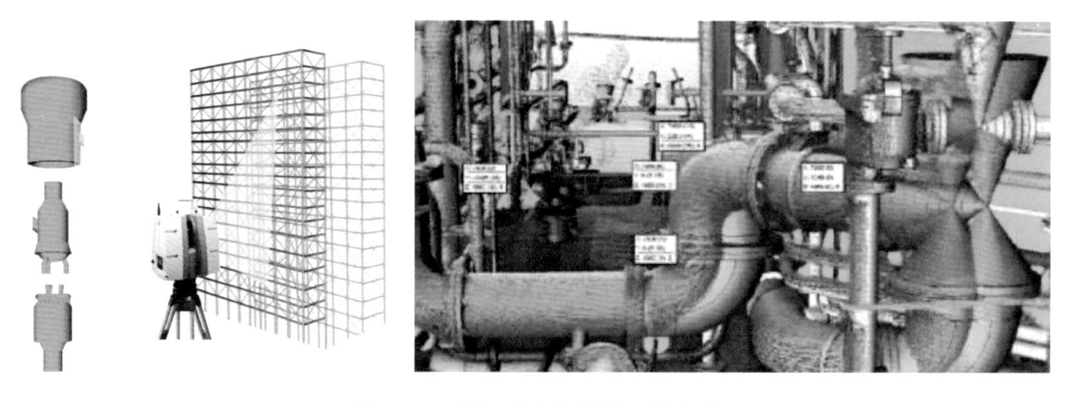

图 9-19　基于激光扫描的三维比对

另外，在大型海洋装备产品安装之前，需要根据实际环境和场地要求，可以通过室外三维扫描设备进行激光点云获取，然后进行虚拟安装，判断布局情况，检测干涉部件，进行仿真安装、做到一次安装成功，如图 9-20 所示。

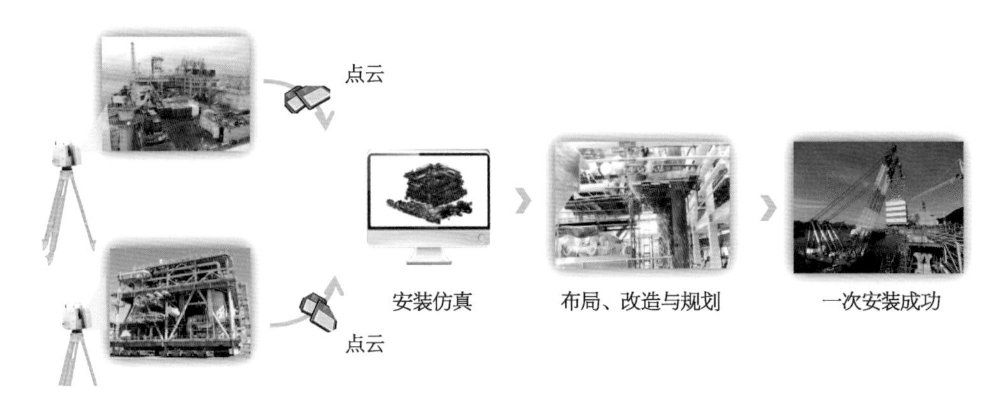

图 9-20　基于三维扫描点云的现场安装

9.2.2　大尺寸部件精度管理测量技术

9.2.2.1　测量场设置与系统组成

测量系统软件分为数据采集模块、数据处理模块、数据管理模块、测量仪器管理模块、位姿可视化模块以及系统交互界面模块六部分，通过人机交互、软件与测量系统集成、软件与船体简化模型数据源集成，支持用户实现基于数字量的海洋装备尺寸精度控制，如图 9-21 所示。

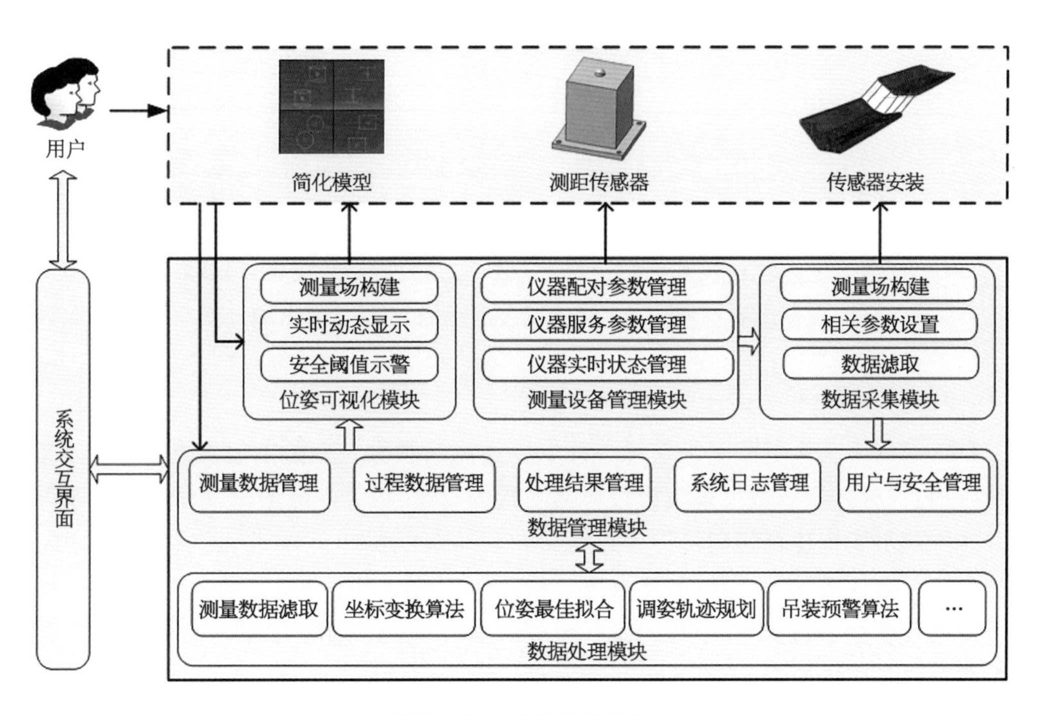

图 9-21　系统功能架构

根据测量要求，测距传感器采用绝缘外壳，保证在舱体搭载过程中，发射与接收点的间距为 10 m 以内有距离显示，5 m 以内距离精度优于 0.7 mm，采样频率不低于 2 次/s。手持数据处理终端采用 10.8 英寸平板电脑，根据软件功能需求，软件系统包括 4 个功能模块。

（1）单视场测量模块：计算机控制三维扫描测头进行测量，获得三维测量结果。

（2）多视场拼接模块：根据单视场测量结果进行数据拼接，并根据弯板表面标志点等信息进行多个加工部位的整体拼接。

（3）加工质量评价模块：通过测量结果与设计模型的比对，评定弯板的加工质量。

（4）测量结果输出模块：将三维测量结果以报表和图像等多种结果输出和存储，可根据用户要求进行定制。

9.2.2.2　模型轻量化技术

海洋产品模型数据量大，为了实现数字测量以及总组搭载监控从模拟量向数字量的转变，需要解决 CAD 模型的轻量化。在模型轻量化过程中，一般仅保持 CAD 模型在接合面的几何特征和模型属性特征。轻量化模型实例如图 9－22 所示。

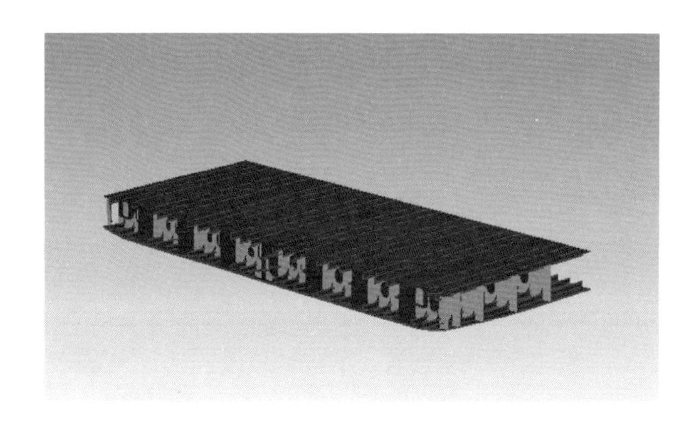
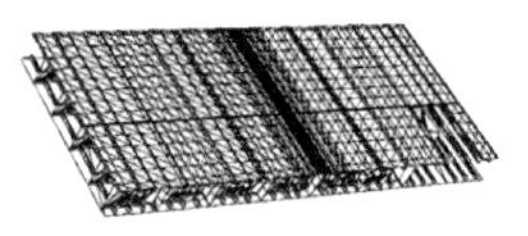

图 9－22　轻量化模型实例

对 CAD 模型进行轻量化几何特征表达以及模型数据格式定义，可实现三维模型的轻量化与重构，并与数字化测量系统进行整体融合，以满足快速检测和分段总组搭载监控的要求。

9.2.2.3　数据采集模块

数据采集模块从跟踪测距系统中读取原始测量数据，遵循相关的测量技术标准与规范，进行坐标转换。数据采集模块包括测量场构建、相关参数的设置和数据滤取等功能。其中测量场构建是指通过设置设备接口后与跟踪测距硬件系统建立连接，同时判定当前工艺点选取是否合理；数据滤取是指从一小段时间中获得的数据进行筛选，剔除不合理跳变数据，取得平均值作为某一时刻测量值；相关参数的设置主要包括采样方式选择和采样频率的设置，可分为推送式和抓取式。

（1）推送式：信号接收端接收到信号后处理得出所测距离，但信号并不马上送至上位机，而是按照一定的频率，每隔一段时间将采集数据推送至上位机进行下一步计算。

(2) 抓取式：信号接收端接收到信号后，一旦处理得出所测距离便送至上位机，上位机可获得每一次测量值，根据具体需要选用部分测量数据进行下一步计算。

9.2.2.4　数据管理模块

数据管理模块是基础模块，统一管理系统各类数据、协调各模块间的逻辑交互和数据交互。主要包括测量数据管理、过程数据管理、处理结果管理、系统运行日志管理、用户与安全管理等。

测量数据是指从测距系统直接获取的测距值；过程数据是指系统各模块的基本参数、初始化参数等；处理结果数据指计算出的位姿、速度、加速度等参数；系统日志管理会记录搭载过程中所有的软件操作，方便进行过程的记录与问题的追溯，起到对系统的监测作用；用户与安全管理主要是由于搭载过程中涉及的数据信息十分重要，而软件系统的维护和使用涉及方方面面的人员，所以对系统进行严格的权限管理，确保信息的安全、稳定。

9.3　尺寸精度控制系统与应用

9.3.1　尺寸精度控制系统

9.3.1.1　系统组成与功能

整个系统由硬件和软件两大部分组成，其中硬件方面包括测量子系统和计算机控制与应用子系统，主要由计算机和扫描测头两大组成部分，其中扫描测头由光栅投射器、相机、控制单元组成；软件方面包括数据采集子系统、设计模型处理子系统、尺寸精度数据融合分析子系统、模拟搭载子系统、测量与搭载方案结果输出模块，包括工艺文件、系统参数配置文件、三维海工模型库、测量点集/点云库。软件接口负责接收模型定义系统输出模型；硬件接口负责连接扫描测头与测量平台。尺寸精度控制系统如图 9-23 所示。

系统是在三维实体模型环境下定义海洋装备建造关键特征、关键尺寸、装配结构、装配工艺要求等属性，保持 CAD 模型的几何特征和模型属性特征，实现模型的重构，并与数字化测量系统进行整体融合，添加数字检测的几何特征，实现快速检测和分段总组搭载监控的要求。其中，软件系统由 5 大部分构成。

(1) 数据采集子系统见表 9-4。

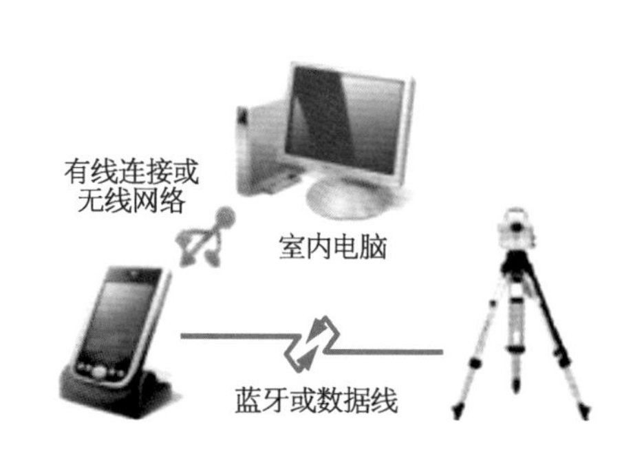

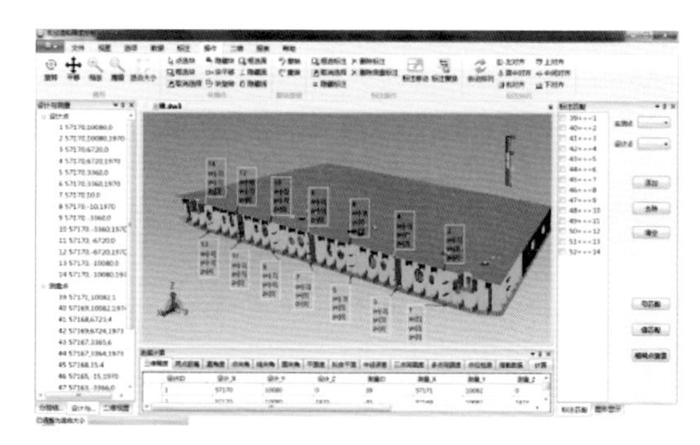

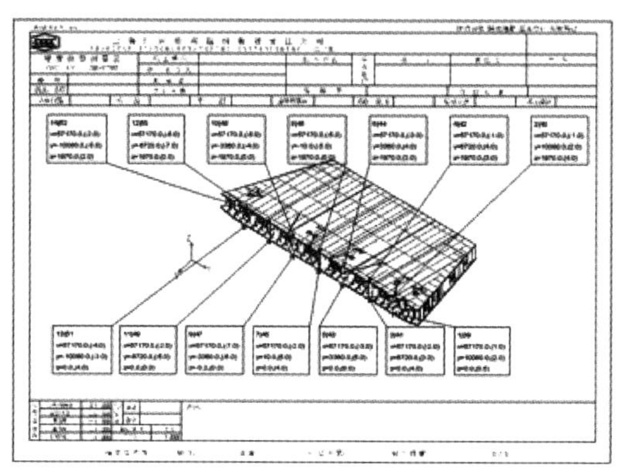

图 9-23　尺寸精度控制系统组成

表 9-4　数据采集子系统功能和参数

主功能	子 功 能	参　　数
测量	1 点 2 点标靶测量	因外部结构问题，无法看见测量点可使用 2 点标靶测量
	仪器移动测量	使用(2 点/3 点基准)仪器移动功能，可连续测量分段的背面
	划线/检查水线	使用水线划线测量/计算功能计算出准确的水线，也可检查精度
	轴再设置	测量途中可使用基准点再设置功能，可重新设置基准测量点也可连续测量
	标准测量	即使没有设计点，也可使用标准测量功能进行分段测量
	连续测量	设计数据和测定数据可通过 2 点，3 点连接功能，直接分析偏差，无须进行坐标变换
设置	选择全站仪	选择主流的全站仪
	通信设置	蓝牙，无线或者 SD 卡
	列表过滤	过滤相关信息
文件	导入	导入模块 2 的模型，用于显示
	轻量化	对不参与测量的部件进行人工或者条件过滤
	保存	保存测量工程
变换	移动和旋转	坐标轴变换(2 点或 3 点)
	重复和撤销	支持回退和重复

（2）设计模型处理子系统见表的 9－5。

表 9－5　设计模型处理子系统功能和参数

主功能	子 功 能	参　　数
三维设计数据互换	三维模型导入	支持 AVEVA TRIBON、CATIA 的 3DXML、沪东 SPD 系统、鹰图系统
	轻量化处理	（基于规则的自动处理）孔洞删除与缝合；小面积肘板自动删除；冗余边、面删除
	保存数据库	可随时中途保存工程，重新打开后，继续工作

（3）尺寸精度数据融合分析子系统见表 9－6。

表 9－6　尺寸精度数据融合分析子系统功能和参数

主功能	子 功 能	参　　数
数模导入	导入	可随时中途保存工程，重新打开后，继续工作
管理测量点	任意点	模型面上靠近鼠标位置的点
	端点	模型中线段的端点，主要用于定义自由端和板缝线端点
	中点	模型中线段的中点
	最近点	模型中线段上靠近鼠标位置的点
	线线交点	模型中线与线的交点
	线面交点	模型中线与面的交点
	点面垂足	端点到垂面的投影点坐标
	延长线点	选择一端点，然后选择延长线
	曲线延长线点	首先选择延长曲线，然后选择曲线上已定义的设计点
	圆管中心	捕捉特定模型的圆心面圆点
	3 点圆心	捕捉圆周上的 3 个点，得到圆心点坐标
	单点编辑	对单个设计点进行编辑，可以用 x，y，z 镜像，x，y，z 偏移设置
	多点编辑	对多个设计点进行编辑，可以用 x，y，z 镜像，x，y，z 偏移设置
	距离标注	可以标出任意 2 个测量点设计点的长度
	曲线长标注	选取曲线和曲线上的 2 个标注，测出距离
测量点与设计点融合	号匹配	根据 ID 进行匹配
	值匹配	自动将最近的测量，设计点一一匹配
	手动添加/去除	可以手动编辑匹配信息，添加删除或者清空
	1 点移动	选择某个测量点，所有测量点做矩阵变换
	2 点移动	直接选择 2 个初始测量点和 2 个目标设计点，做矩阵变换
	3 点移动	直接选择 3 个初始测量点和 3 个目标设计点，做矩阵变换

（续表）

主功能	子功能	参数
测量点与设计点融合	多点移动	选择匹配后的点，自动算出最优偏差矩阵，做矩阵变换
	1点轴旋转距离	选择基准点和旋转点，设置旋转方向距离，做矩阵变换
	1点轴旋转角度	选择基准点、旋转点，设置角度，所有测量点做矩阵变换
	2点轴旋转距离	选择2个基准点旋转点，设置旋转方向距离，做矩阵变换
	2点轴旋转角度	选择2个基准点旋转点，设置角度，测量点做矩阵变换
分段变形分析	直角度	选择顶点、参考点、检测点，求对应角度、偏角度、偏距
	点夹角	选择1个顶点和2个其他点，计算出对应的内角、外角
	线夹角	选择2条直线对应的4个点，计算出对应的内角、外角
	拟合平面	选择多个不同的点，可以拟合出最接近的平面
	面夹角	选择2个不同的拟合平面，计算出面夹角
	平面度	选择1个平面上的3个点和1个检测点，计算出高度差
	半径误差	选择1个圆心和检测点，计算出半径、半径差、*XYZ* 向差
	3点同圆度	计算出平面高度差，投影半径差
标注显示控制	显示所有测量点	显示所有的测量标注，默认在屏幕上方自动排列
	显示所有设计点	显示所有的设计标注，默认在屏幕下方自动排列
	显示匹配标注	显示所有的匹配标注，默认在屏幕上下方自动排列
	过滤的匹配标注	显示所有过滤后的匹配标注，默认在屏幕上下方自动排列
	模型标注	模型名称标注
	点选标注	交互选择要显示的设计/测量标注
	点选匹配标注	交互选择要显示的匹配标注
	组合显示 *XYZ* 项	可以分别对标注的 *XYZ* 项设置显示/隐藏
	组合显示	可以分别对标注(匹配)的设计/测量/误差值设置显示/隐藏
	自动排列	自动排列所有显示的标注
	手动排列	对选择的标注排列
辅助工具	智能拾取曲线	可以拾取连续的直线生成新的曲线。
	生成空间线	捕捉2个线段端点，生成空间线
	自定义坐标系	多种方式定义1个新的坐标系
	胎架坐标系转换	设置新的胎架坐标系
	XYZ 切面	可以生成 *XYZ* 切面
二维视图	生成二维面	生成任意方向的投影面
	文本标记	插入自定义文本
	偏移标记	在标注投影面中，插入不同点之间的偏移值标记
	符号标记	插入一些自定义符号
	模型标注	插入某个模型名称
	生成数据标注	二维视图中插入标注
	修改标注大小	选择标注后，改变标注大小

（续表）

主功能	子 功 能	参　　数
二维视图	操作各种要素	可以对各种标记，标注，进行移动，放缩，旋转操作
	删除各种要素	删除各种标记
	距离标注	二维中交互选择 2 个点，生成距离标注
	曲线标注	交互选择曲线和多个点，生成多段曲线长标注
	标注自动排列	自动排列所有显示的标注
	标注手动排列	对选择的标注排列
报表视图	生成报表	选择相应的报表模板，生成报表视图
	插入二维视图	可以选择插入多个二维视图
	插入表格	可以自定义插入表格
	选择/删除表格	可以自定义删除表格
	选择操作二维面	可以对报表视图中的二维视图选择，缩放和平移
	加载基础模板	加载基础模板，可以做后续修改
	导出/保存模板	保存为新的基础模板
	插入文本	模板中插入文字
	操作文本	模板中操作文字

（4）模拟分段搭载子系统见表 9－7。

表 9－7　模拟分段搭载子系统功能和参数

主功能	子 功 能	参　　数
管　理	导入分段工程	可以连续导入多个分段工程
	自动模拟搭载	选择任意 2 个分段，设置基准，开始模拟搭载
分　析	自动分段连接	根据误差值自动连接基准分段和搭载分段，自动分析间隙
	手动分段连接	手动连接基准分段和搭载分段
	设置搭载类型	分段连接时，每个匹配的搭载基准点的方向和显示方式
	分段偏差保证值	设置保证值来计算确认偏差
	虚化显示	模型显示变成线框模式，连接/偏差要素正常显示
	工况点坐标	交互选择显示某个点的工况信息标注
	组合显示 *XYZ* 项	可以分别对标注的 *XYZ* 项设置显示/隐藏
	组合显示误差	可以分别对标注(匹配)的设计/测量/误差值设置显示/隐藏
	1 点移动	交互或者直接选择某个搭载点，所有搭载点做矩阵变换
	2 点移动	交互选择初始测量点和目标设计点，做矩阵变换
	3 点移动	交互选择 3 个初始搭载点和目标基准点，做矩阵变换
	多点移动	选择匹配后点，自动算出最优偏差矩阵，做矩阵变换
	1 点轴旋转距离	选择基准点、旋转点，设置旋转方向距离，做矩阵变换

（续表）

主功能	子功能	参　　数
分　析	1点轴旋转角度	选择基准点、旋转点，设置角度，所有搭载点做矩阵变换
	2点轴旋转距离	选择2个基准点、旋转点，设置旋转方向距离，做矩阵变换
	2点轴旋转角度	选择2个基准点、旋转点，设置角度，做矩阵变换
辅助工具	*XYZ* 切面	可以生成 *XYZ* 切面
二维视图	生成二维面	生成 *XY*,*YX*,*XZ*,*ZX*,*YZ*,*ZY* 和任意方向的投影面
	文本标记	插入自定义文本
	偏移标记	在标注投影面中，插入不同点之间的偏移值标记
	符号标记	插入一些自定义符号
	模型标注	插入某个模型名称
	生成数据标注	二维视图中插入标注
	修改标注大小	选择标注后，改变标注大小
	操作各种要素	可以对各种标记、标注，进行移动、防缩、旋转操作
	删除各种要素	删除各种标记
	距离标注	二维中交互选择2个点，生成距离标注
	曲线标注	交互选择曲线和多个点，生成多段曲线长标注
	标注自动排列	自动排列所有显示的标注
	标注手动排列	标注排列

（5）测量与搭载方案结果输出模块见表9-8。

表9-8　测量与搭载方案结果输出模块功能和参数

主功能	子功能	参　　数
生产报表导出	生成报表	选择相应的报表模板，生成报表视图
	插入二维视图	可以选择插入多个二维视图
	插入表格	可以自定义插入表格
	选择/删除表格	可以自定义删除表格
	选择操作二维面	可以对报表视图中的二维视图选择缩放和平移
	加载基础模板	加载基础模板，可以做后续修改
	导出/保存模板	保存为新的基础模板
	插入文本	模板中插入文字
	操作文本	模板中操作文字
控制参数导出	控制矩阵序列	输出文本类型，根据吊机(序列控制矩阵)
	吊装设备接口	OPC UA 接口设置
	控制参数转换	根据吊装设备，进行指定控制命令
	控制状态获取	OPC UA 数据获取，进行显示
余量切割图	输出余量控制	按控制点输出余量切割

9.3.1.2　人机交互选点

1) 精度控制点的人机交互选取

通过交互方式，捕捉模型上需要测量的精度控制点，得到这些控制点的设计坐标，这些设计坐标点被用于现场测量和比对使用。尺寸控制点的选择与布置如图 9 - 24 所示。

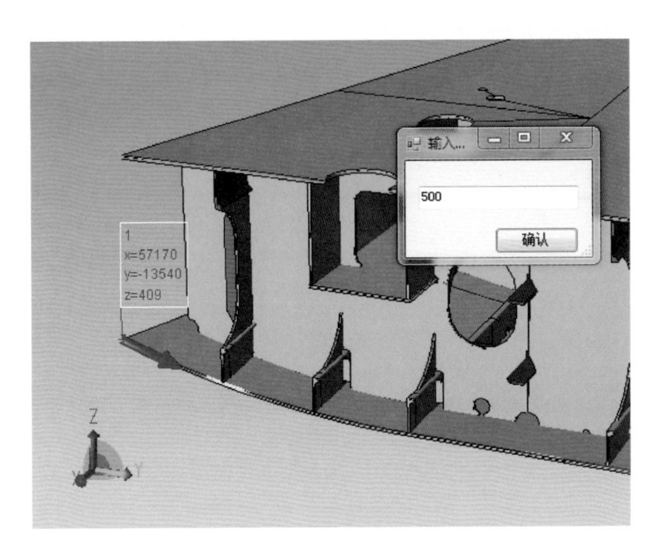

图 9 - 24　尺寸控制点的选择与布置

2) 设计点标注的人机交互

设计点标注格式的交互设置界面如图 9 - 25 所示。

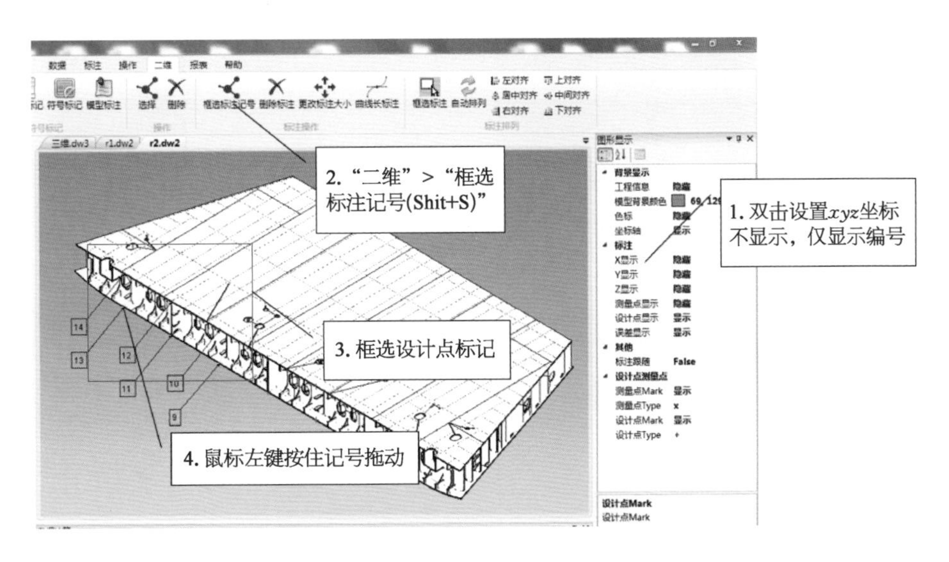

图 9 - 25　设计点标注格式设置

3）坐标标注对齐的人机交互操作

对标注信息进行布局排列如图 9－26 所示。

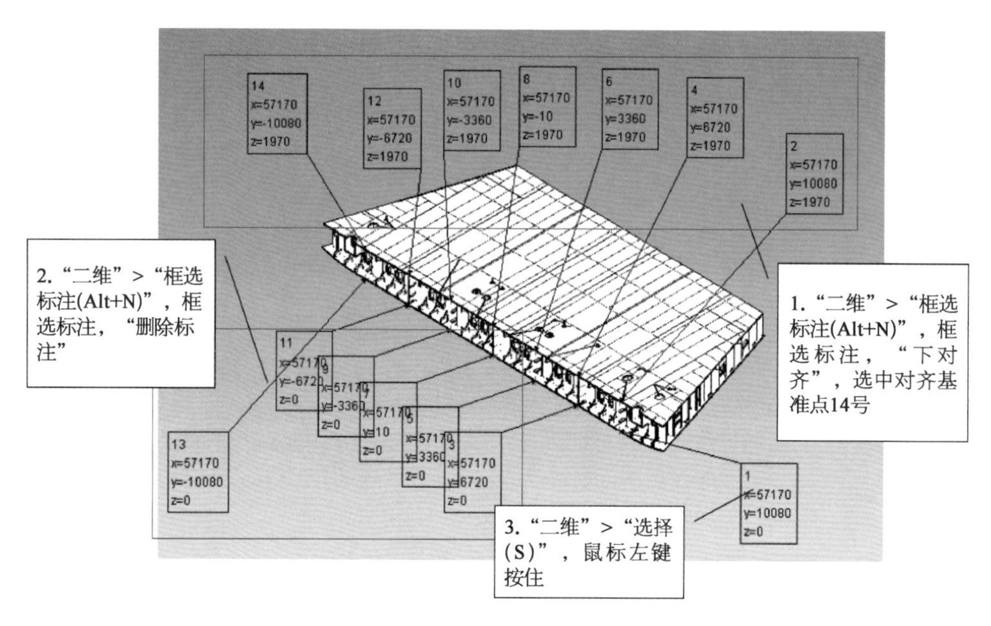

图 9－26　对标注信息进行布局排列

4）二维施工图工艺标注人机交互

添加工艺信息的交互设置界面如图 9－27 所示。

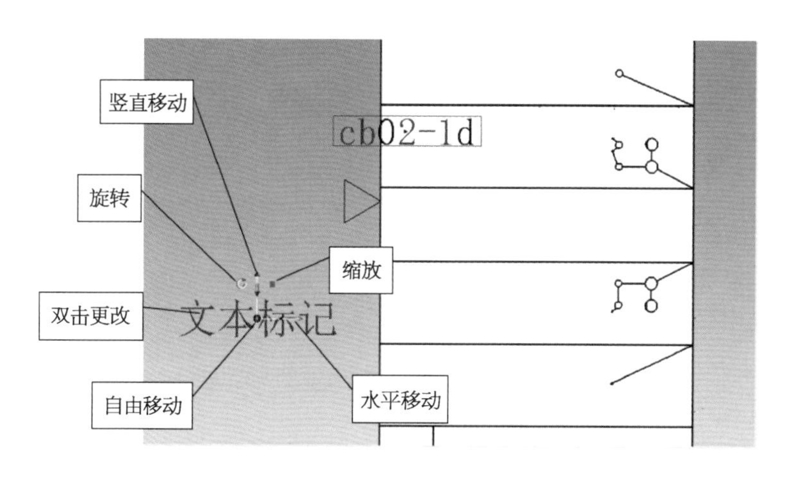

图 9－27　添加工艺信息

5）尺寸精度选择的人机交互

尺寸精度控制系统中，需要大量的人机交互操作。这些人机交互操作都是在三维环境下，所以一个简单易用的人机交互系统至关重要。选择尺寸精度控制点如图 9－28 所示。

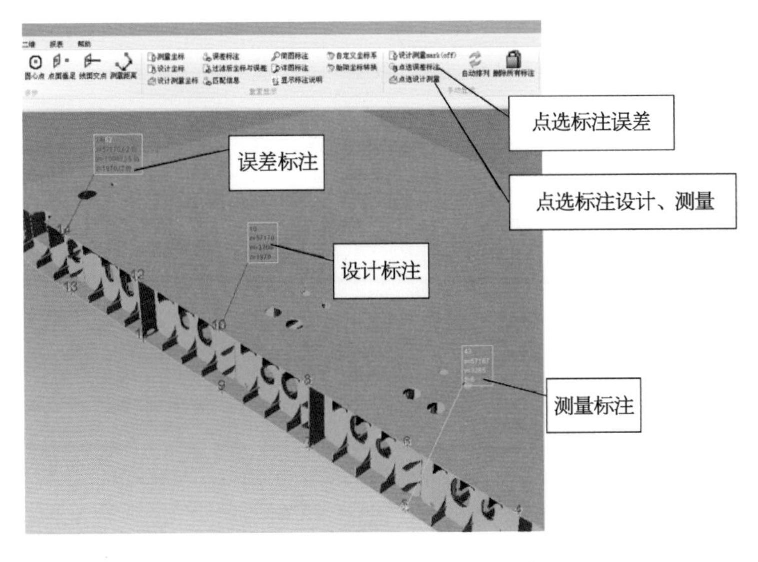

图 9－28　选择尺寸精度控制点

9.3.1.3　检测数据分析系统

在建造过程中，大量数据快速采集、分析与处理等舰船建造技术的实施，不仅依赖于高精度、高效率的数字化测量硬件设备，还需要与之相应软件系统的支持。数据处理模块是软件系统的核心模块，封装了数据处理算法，主要包括测量数据滤取、坐标变换算法、位姿最佳拟合、调姿轨迹规划、搭载预警算法等，为测量数据的分析和反馈提供支持。测量数据滤取是指数据处理模块对从测距传感器获得的数据进行初步的分析，判断测量数据有无明显的错误，保证系统具有一定的纠错能力；坐标变换算法是指测量坐标系、装配坐标系、部件坐标系之间的转换算法；位姿最佳拟合算法用于计算出对接部件的初始位姿和目标位姿，作为部件对接和仿真的基础；搭载预警算法结合船体理论尺寸结构与测量数据，计算出安全运动空间的范围，对超过阈值的情况进行报警，保证搭载过程的安全。

1) 位姿可视化

位姿可视化模块利用船体简化模型，实现在虚拟环境下实时仿真船体搭载，并对运动过程中可能到达安全阈值的情况进行示警，辅助搭载过程，位姿的可视化如图 9－29 所示。

位姿可视化模块主要有搭载船体的实时仿真和实时仿真的安全阈值示警等功能。在对接过程中，基于跟踪测距系统的实时监测数据解算模型位姿，在图形化界面中实现对接模型的实时运动，并对对接过程的安全阈值进行示警。即在对接过程中，当对接部件与周围环境的最小值小于某个给定的安全阈值后，系统会进行示警，以保证对接的安全性。

图 9－29　位姿的可视化

2）设计点的余量、补偿量分析

对测量的结果可以计算多种偏差，如平面度、直线度等，如图 9-30 所示。

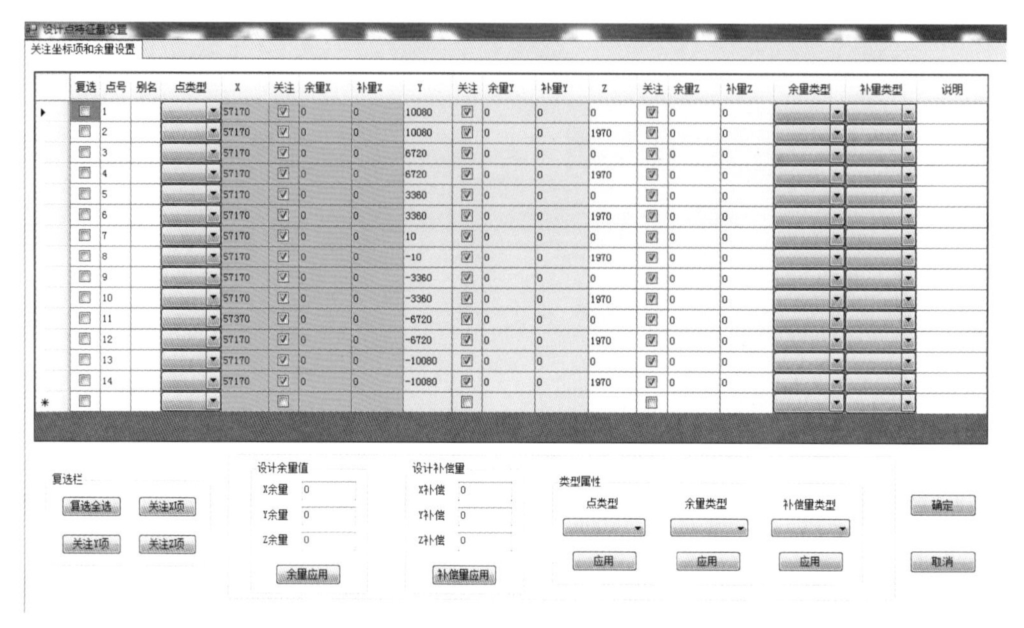

复选	点号	别名	点类型	X	关注	余量X	补量X	Y	关注	余量Y	补量Y	Z	关注	余量Z	补量Z	余量类型	补量类型	说明
☐	1			57170	☑	0	0	10080	☑	0	0	0	☑	0	0			
☐	2			57170	☑	0	0	10080	☑	0	0	1970	☑	0	0			
☐	3			57170	☑	0	0	6720	☑	0	0	0	☑	0	0			
☐	4			57170	☑	0	0	6720	☑	0	0	1970	☑	0	0			
☐	5			57170	☑	0	0	3360	☑	0	0	0	☑	0	0			
☐	6			57170	☑	0	0	3360	☑	0	0	1970	☑	0	0			
☐	7			57170	☑	0	0	10	☑	0	0	0	☑	0	0			
☐	8			57170	☑	0	0	-10	☑	0	0	1970	☑	0	0			
☐	9			57170	☑	0	0	-3360	☑	0	0	0	☑	0	0			
☐	10			57170	☑	0	0	-3360	☑	0	0	1970	☑	0	0			
☐	11			57370	☑	0	0	-6720	☑	0	0	0	☑	0	0			
☐	12			57170	☑	0	0	-6720	☑	0	0	1970	☑	0	0			
☐	13			57170	☑	0	0	-10080	☑	0	0	0	☑	0	0			
☐	14			57170	☑	0	0	-10080	☑	0	0	1970	☑	0	0			
☐					☐				☐				☐					

图 9-30　数据分析

9.3.2　海洋装备产品总组精度控制

在总体精度管理中结合分段精度和安装精度是全部桥梁船舶设备组精准控制的焦点。在控制总组精度时，不但需要考虑到对后续搭载的影响，还必须考虑分割精度部分偏差的校正。这是码头精度控制的前提和保证。在精度控制的严重性和控制级别，它比底座高一级。因此平台精度控制是整体船体结构精度管理中非常重要的一部分。

9.3.2.1　总组工具和工装优化前后分析

现场平台提升前预先调整工具的高度，传统的工具是木板的组合，需要用手动油泵进行调整，涉及多个部分调整，过程复杂。采用数字化控制系统，可以快速对平台总组进行调整，如图 9-31 所示。

由于水泥码头成为螺旋刚性平台的特点，在整组定位结束后不受重力增加的影响，避免水平度的动态变化是非常好的。即使存在部分下沉变化，螺旋支撑转数及其高度变化是一个固定值以便于调整，也始终处于 1～2 mm 的水平，以确保静态管理水平。如果局部水平偏差与电动油泵一起调整。

9.3.2.2　总组定位精度数据表优化前后分析

余量切割需要考虑搭载对接面在三个维度上的精度保证，传统的现场控制表格采用了二维表格，加上测量工具局限性和现场测量的安全性，搭载现场效率低下，准确率低。通过利用全站仪进行数字化测量，可以形成三维可总组搭载精度调整表，如图 9-32 所示。

图 9 - 31　优化方案

图 9 - 32　总组定位偏差分析

9.3.2.3　总组精度控制基准优化分析

总组精度控制基准是搭载尺寸精度控制过程的基础，为了提高整体组精度控制水平，在制定总组精度控制基准时还必须考虑焊接变形和焊缝收缩，图 9 - 33、图 9 - 34 为某公司对某总组进行搭载精度控制的现场控制过程，通过对总组精度控制基准进行设置，依次搭载 101、102 旁板，接着搭载 FR46、FR47，可以看出搭载精度控制效果好。

1) 101～102 总组精度控制基准

(1) 101 分段落墩后，做好肋骨检验线。

(2) 划出 FR25～FR40 肋骨理论线尺寸为 12 000 mm 加(＋3～＋5 mm)。

(3) 划出中心搭载基准线，以及 100 MK 检验线。

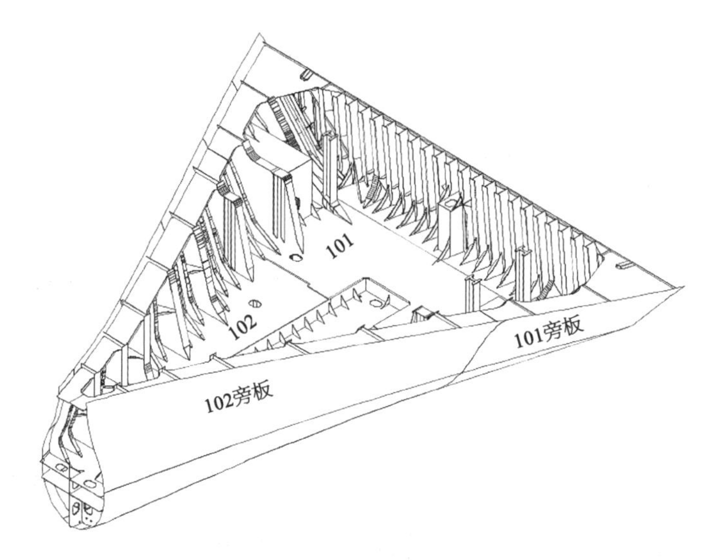

图 9-33　101 及 102 旁板定位总组图

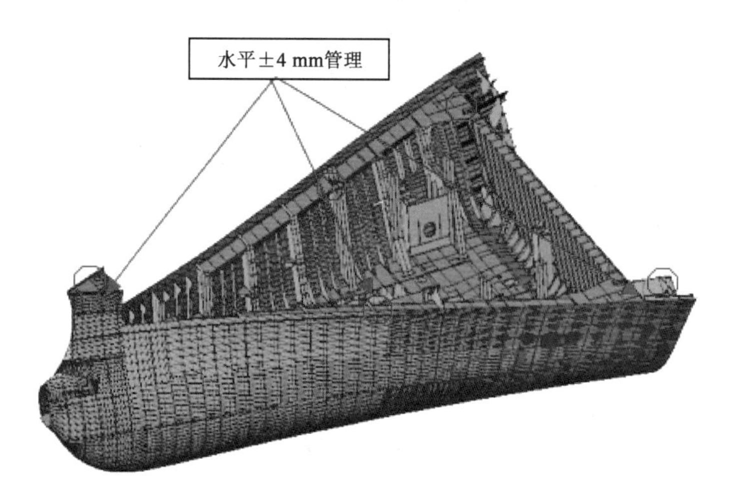

图 9-34　总装精度控制图

(4) 调整四周水平,复查中心线。

(5) 机座水平±2 mm 以内管理。

(6) 整体水平在尾端加放 5 mm 反变形。

2) FR46、FR47 总组精度控制基准

(1) 旁板定位 FR46 半宽加(+3～4 mm),7 000A/B。

(2) FR47 横隔舱中心线,半宽确认。

(3) 旁边上部水平±4 mm 管理。

(4) 先进行内外底板对接焊,然后进行纵桁、纵骨的对接焊,再进行构架与内、外底板间的角焊接。

(5) 施工时必须偶数焊工对称施焊,尽量消除焊接变形。

9.3.3　海洋装备产品搭载精度控制

搭载对接是海洋装备建造过程中最重要的一步，是一个需要精确控制的过程，根据搭载网络图依次搭载，搭载准确度水平受细分段和总组的影响较大。一般来说总组搭载控制难，因为总组提升重量大(大多数总组分段约为 200～600 t)，空中姿态调整困难。在吊机资源有限的情况下，如何快速实现总组的一次性搭载，是提升船坞使用率的关键之一。

9.3.3.1　搭载精度测量数据表的优化

图 9－35 分别按照两种方式给出搭载数据表。上方图采用的是三维几何图形加上数

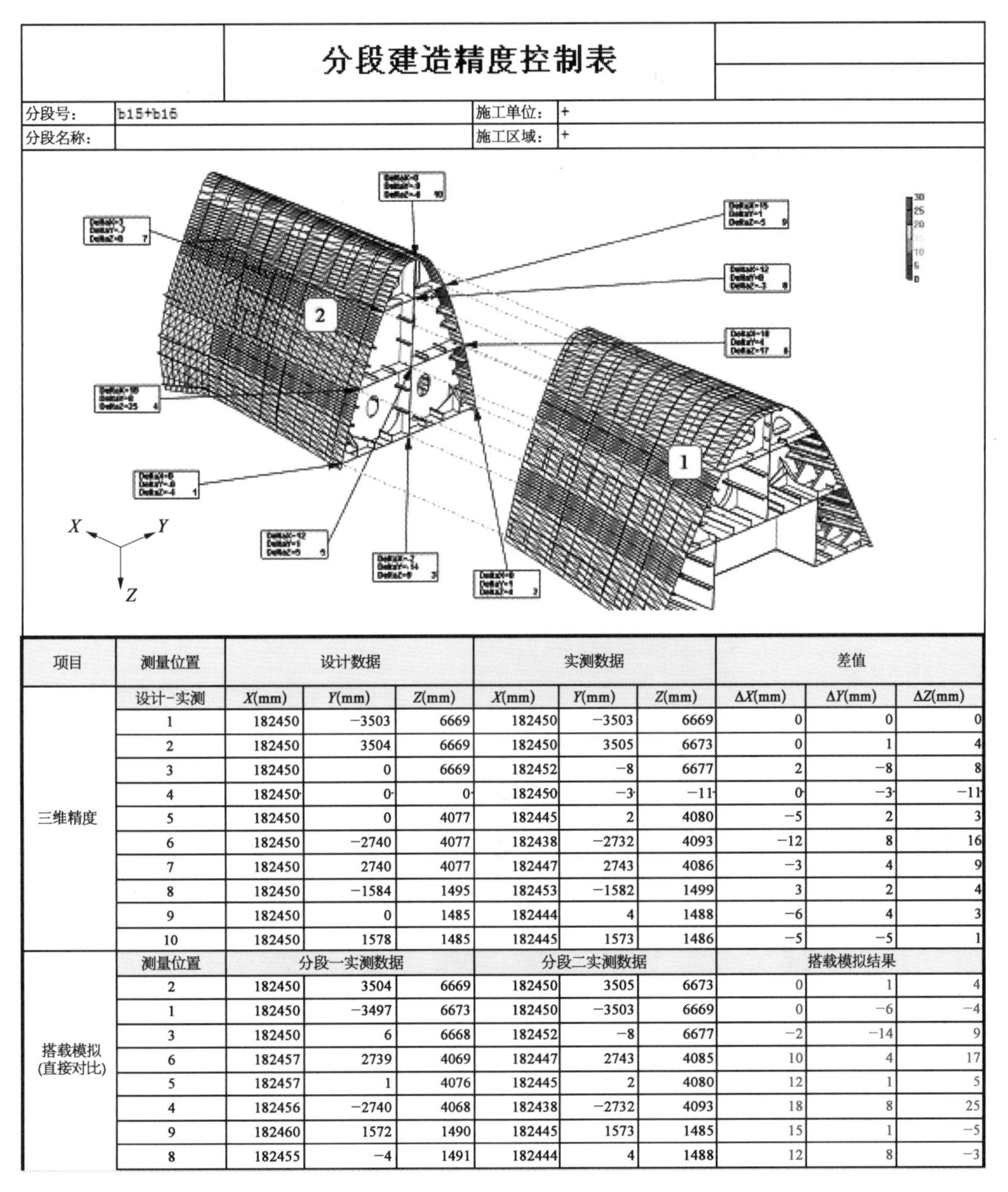

分段建造精度控制表

分段号：	b15+b16	施工单位：	+
分段名称：		施工区域：	+

项目	测量位置	设计数据			实测数据			差值		
	设计－实测	X(mm)	Y(mm)	Z(mm)	X(mm)	Y(mm)	Z(mm)	ΔX(mm)	ΔY(mm)	ΔZ(mm)
三维精度	1	182450	−3503	6669	182450	−3503	6669	0	0	0
	2	182450	3504	6669	182450	3505	6673	0	1	4
	3	182450	0	6669	182452	−8	6677	2	−8	8
	4	182450	0	0	182450	−3	−11	0	−3	−11
	5	182450	0	4077	182445	2	4080	−5	2	3
	6	182450	−2740	4077	182438	−2732	4093	−12	8	16
	7	182450	2740	4077	182447	2743	4086	−3	4	9
	8	182450	−1584	1495	182453	−1582	1499	3	2	4
	9	182450	0	1485	182444	4	1488	−6	4	3
	10	182450	1578	1485	182445	1573	1486	−5	−5	1
搭载模拟(直接对比)	测量位置	分段一实测数据			分段二实测数据			搭载模拟结果		
	2	182450	3504	6669	182450	3505	6673	0	1	4
	1	182450	−3497	6673	182450	−3503	6669	0	−6	−4
	3	182450	6	6668	182452	−8	6677	−2	−14	9
	6	182457	2739	4069	182447	2743	4085	10	4	17
	5	182457	1	4076	182445	2	4080	12	1	5
	4	182456	−2740	4068	182438	−2732	4093	18	8	25
	9	182460	1572	1490	182445	1573	1485	15	1	−5
	8	182455	−4	1491	182444	4	1488	12	8	−3

图 9－35　某型船上边舱总段搭载优化数据测量表

据标注，非常直观，数据从二维数据变为三维数据，所有需要测量的数据都清晰；相对而言，图 9-35 中的表格数据，没有三维可视化具体直观。在现场搭载过程中，基于这种 3D+2D 的方式比较实用。

9.3.3.2 搭载精度控制基准优化

如图 9-36 所示，显示优化的定位数据。作为现场施工的技术文件，确保所有精密管理人员的思想和建设标准的统一，大大提高了现场精度控制水平。

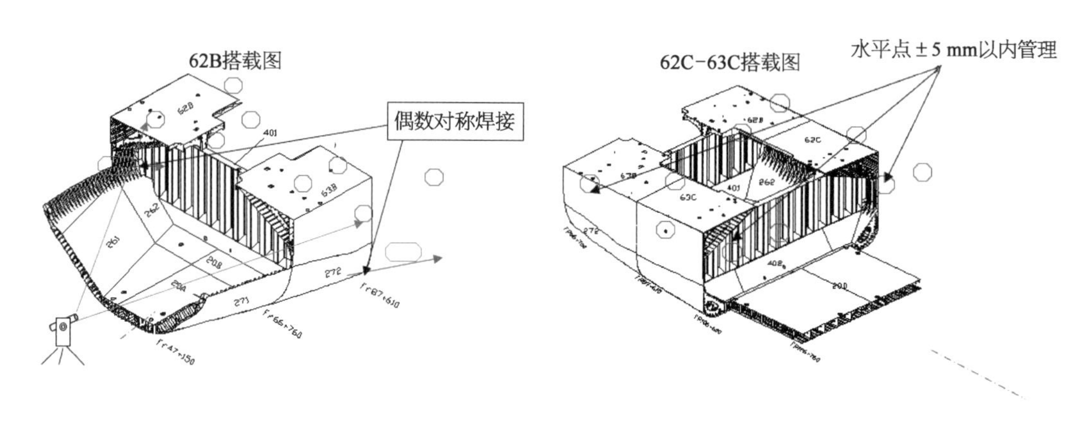

图 9-36 优化后某船货舱区域的搭载精度控制

9.3.3.3 搭载系统的模拟仿真

基于所有数据的 3D 测量来执行模拟。这包含测量数据，在输入计算机后分析数据，以及确定最终总连接器的余量，以在系统中实现模拟。最后反转数据以校正接缝余量，以实现现场定位。现场实物测量方式如图 9-37 所示。

(1) 导入分段搭载。如图 9-38 所示，按顺序导入分段搭载。

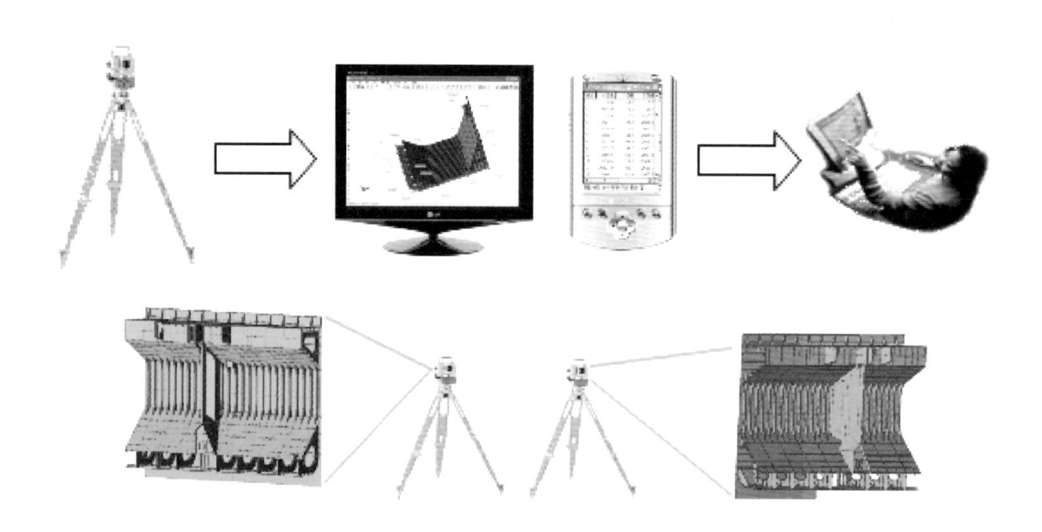

图 9-37 现场实物测量方式

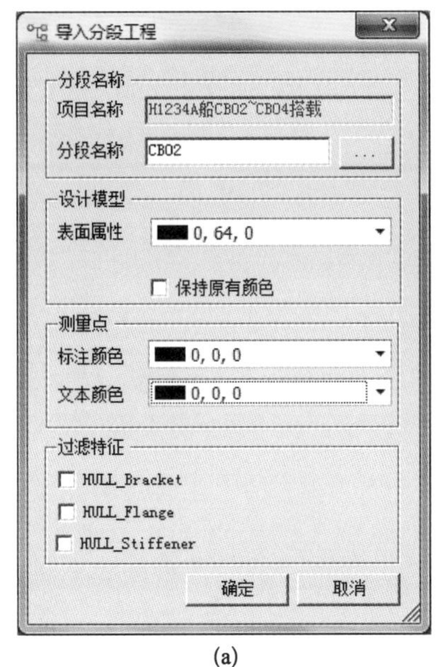
导入分段工程
分段名称
项目名称 H1234A船CB02~CB04搭载
分段名称 CB02
设计模型
表面属性 0, 64, 0
保持原有颜色
测量点
标注颜色 0, 0, 0
文本颜色 0, 0, 0
过滤特征
HULL_Bracket
HULL_Flange
HULL_Stiffener
确定
取消

(a)

搭载设置
分段选择
基准分段 CB02
搭载分段 cb03
范围
范围(mm) 100
搭载
关闭

(b)

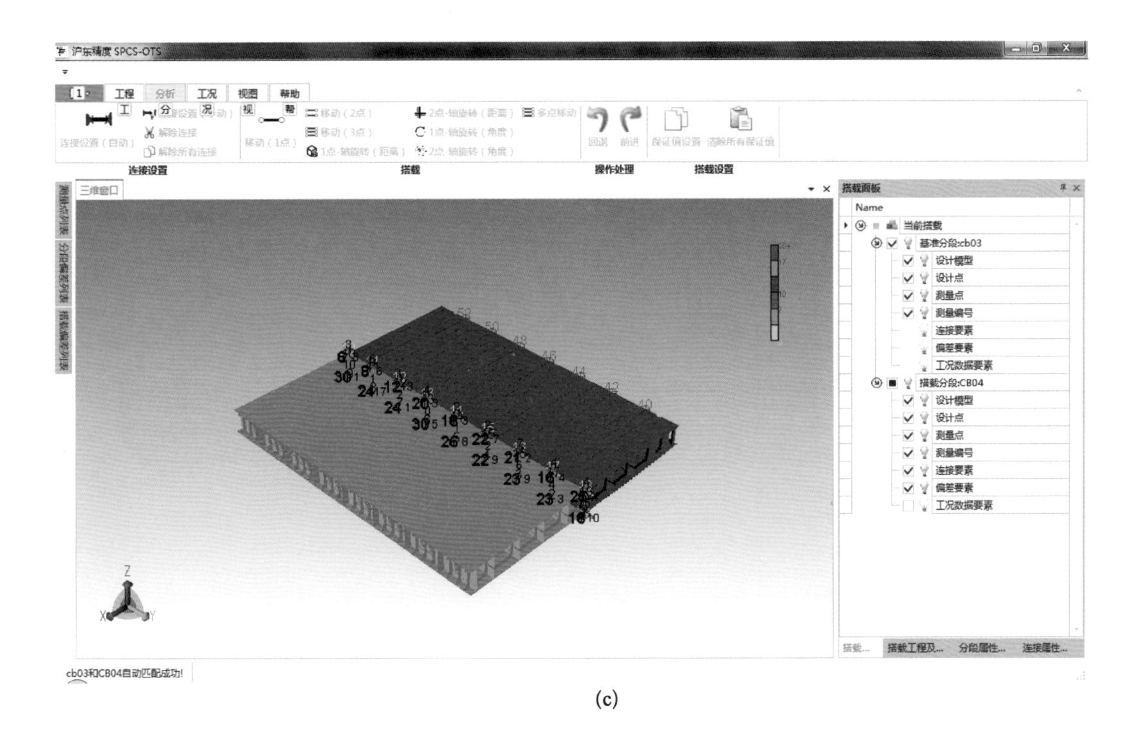
沪东精度 SPCS-OTS
工程
分析
工况
视图
帮助
连接设置
搭载
操作处理
搭载设置
回退
前进
三维窗口
搭载面板
Name
当前搭载
基准分段:cb03
设计模型
设计点
测量点
测量编号
连接要素
偏差要素
工况数据要素
搭载分段:CB04
cb03和CB04自动匹配成功!

(c)

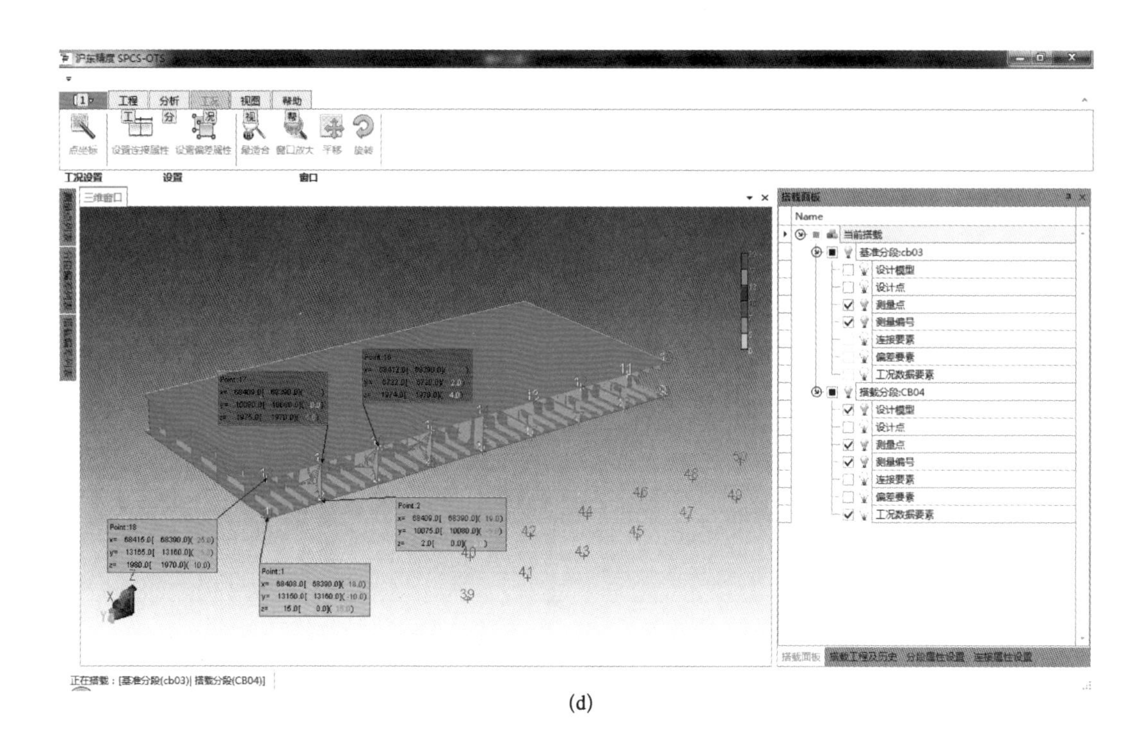

(d)

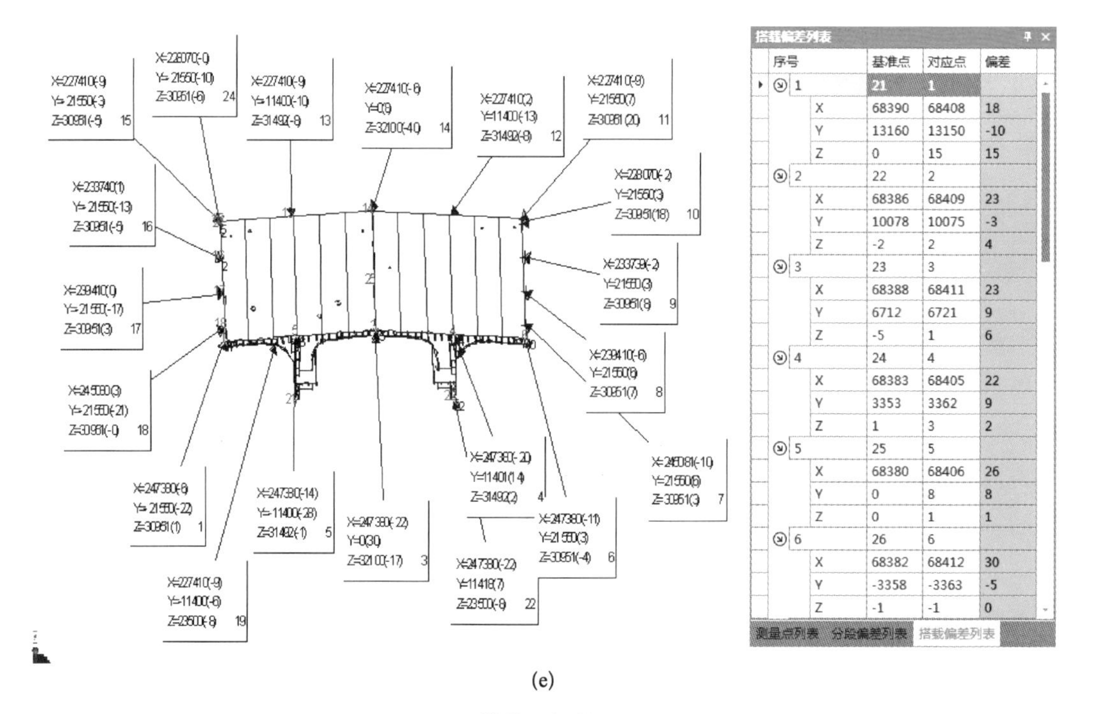

搭载偏差列表

序号		基准点	对应点	偏差
1		21	1	
	X	68390	68408	18
	Y	13160	13150	-10
	Z	0	15	15
2		22	2	
	X	68386	68409	23
	Y	10078	10075	-3
	Z	-2	2	4
3		23	3	
	X	68388	68411	23
	Y	6712	6721	9
	Z	-5	1	6
4		24	4	
	X	68383	68405	22
	Y	3353	3362	9
	Z	1	3	2
5		25	5	
	X	68380	68406	26
	Y	0	8	8
	Z	0	1	1
6		26	6	
	X	68382	68412	30
	Y	-3358	-3363	-5
	Z	-1	-1	0

(e)

图 9-38　搭载甲板精度数据测量

(2) 数据导入程序后分析，通过计算来得出最终余量修割量，如图 9 - 39 所示。

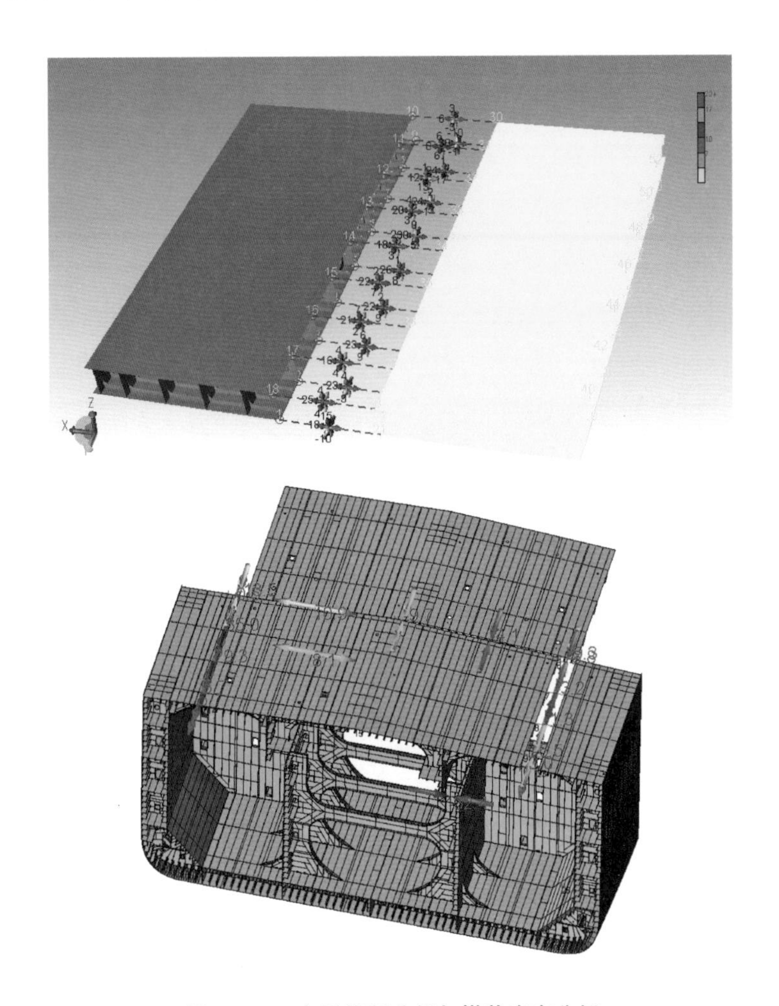

图 9 - 39　余量修割分析与搭载姿态分析

由上可得，预加载的总截面及其相应的接头需要在预加载之前进行校正。同时可以获得主要部件的错位，分析预先安装总段时的结构不对准信息，便于及时调整。

9.3.3.4　基于跟踪测距的搭载过程实时监控与预警

目前海洋装备总组搭载的定位主要依靠传统的人工观察，经验作业，二维定位。通过基于跟踪测距的总组搭载过程实时监控与预警技术，对搭载过程实时监控与预警。在搭载过程中，实现高精度的搭载实时位姿监测对提高搭载效率及精度具有重要意义。

系统可由硬件和软件两大部分组成，硬件方面包括跟踪测距传感器、无线通信模块、手持数据处理终端以及测量辅助工装；软件方面包括相对位姿解算算法、搭载过程三维可视化显示模块、多传感器数据融合模块、安全阈值设定模块、监测点管理模块、传感器标定模块、无线通信管理模块以及多传感器协同控制模块。系统以搭载过程测量文件、系统配置文件为基础数据层;同时拥有多个软硬件开放接口,完成与搭载工艺系统、产品设计系统、跟踪测距模块、船用吊车的信息交互,如图9-40所示。

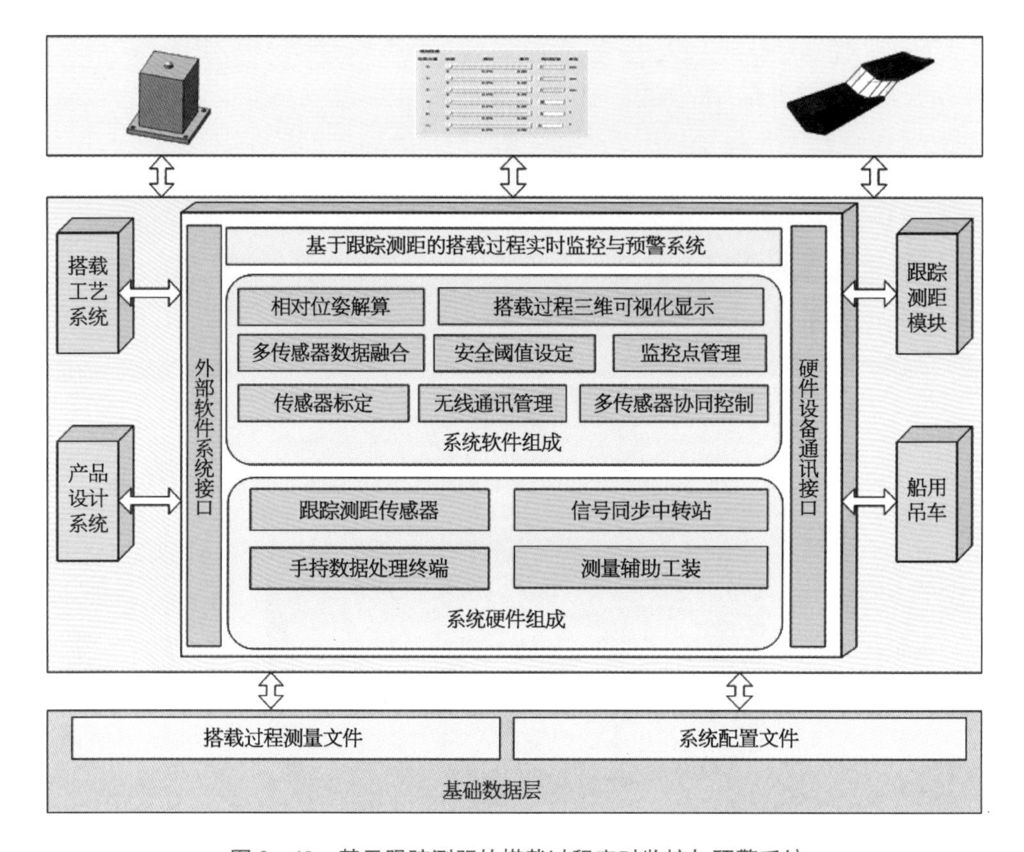

图9-40　基于跟踪测距的搭载过程实时监控与预警系统

9.4　尺寸精度数字化工程的管理

为了实现海洋装备产品搭载的尺寸精度可控管理,实现数字化工程的管理至关重要。在需要搭载协调调整时,不仅需要协调精度管理部门,甚至还要调整、分割总组设计,并指导安装作业的所有尺寸均在理论范围内。精度管理作业需要完全遵守数据管理,在完成测量后,对偏差需要进行复检。并在相应位置必须标记匹配线,由精度设备完成,以便于定位等级的构建,同步记录到精度数据库中,并定期对数据进行复核审计。实现尺寸精度的数字化控制,除了具备基于MBD的三维建模,还要有完善的组织机构、标准的作业流程。

1）成立专业精度事业部

（1）定位人员专业化后加强了对数据的控制。中国传统造船谁施工谁控制的方式对施工人员的劳动技能和管理有更高的要求。

（2）确保了松钩的安全。在定位等专业化之后，松散钩前定位焊接等相关工作更加熟练，人员不断提高对日常操作安全操作的理解。

（3）保证搭载事业部人员稳定。因为产品搭载吊装部是企业核心的生产部门，该部门启动和确保码头周期，其重要性是不言而喻的。

（4）定位课程实施后，现场数据得到有效控制，避免了劳务团队任意性和管理水平造成的分割精度控制水平的不均衡。

2）标准化精度管理流程

建立标准化精度管理流程，实现分段、总组两大类的流程控制，如图 9－41 所示。

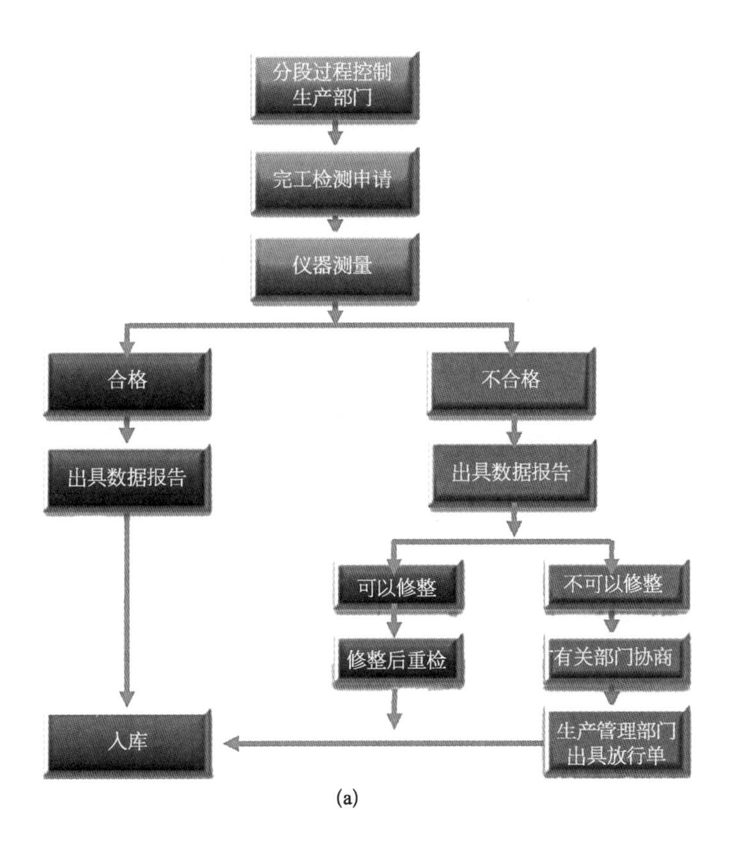

(a)

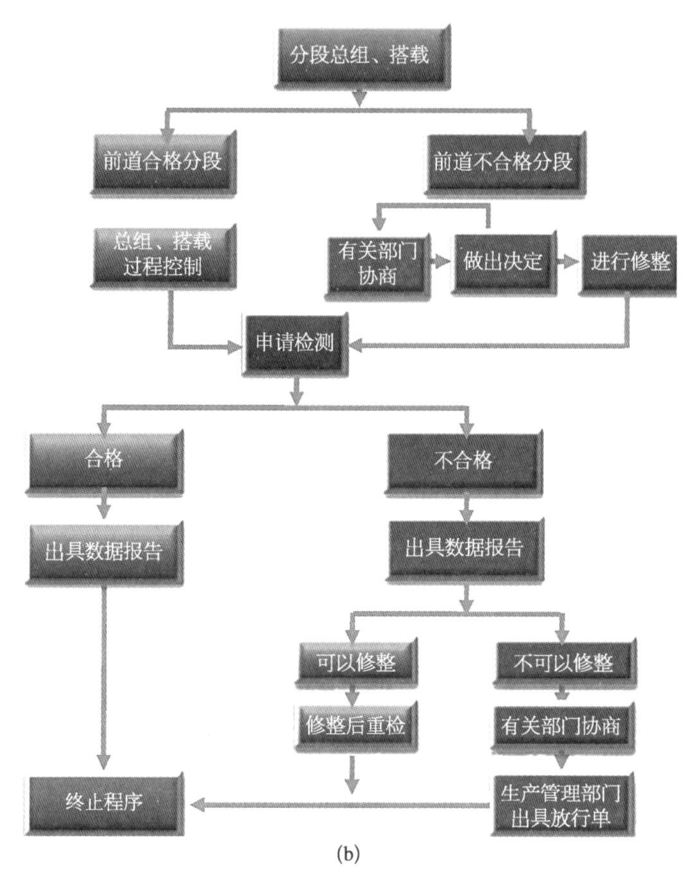

(b)

图 9-41　尺寸精度标准流程图

(a) 分段精度控制流程图;(b) 段总组、搭载精度控制流程图

第 10 章　海洋装备制造的堆场布局与物流

海洋装备制造过程离散、装配自动化程度低、生产场所环境空间分布较广，制造过程中的物料配送任务极为复杂，因物料配送不及时导致的计划延期、配送出错等严重打乱车间作业正常计划的执行，生产过程等待常见、作业中断现象常发，一直是影响交货期的最主要因素。调研发现，堆场物流问题占据海洋装备企业总物料配送问题近50%，因此本章介绍大型堆场的数字化物流布局优化和配送管理技术。

10.1 海洋装备制造的堆场布局

海洋装备产品种类较多，应用在多个领域，如海洋资源探测、开采、加工、运输以及后勤服务、救助、管理等方面。最近国际著名咨询机构分析指出，海上需求潜力巨大，投资规模将与世界海洋装备市场相当，海洋装备产品市场发展前景十分可观，但也存在激烈的竞争。

在当前海洋装备产品制造的模式结构中，大多数海洋装备产品建造过程是将中间产品作为生产的基本单元。由于结构件数量众多、形状不一且尺寸较大，通常需要先在建造车间将中间产品建造成型后，经过各种制造工艺在船坞将其拼装完成，再对整个海洋装备进行一些整修工作，才算完成整个建造流程。

由于海洋装备较为庞大，同时中间产品的体积和质量也较大，远远超过了一般车间生产的工件，如图10-1所示，而且在建造和存放的过程中不能叠放中间产品，所以这些中间产品在成型和拼装这两步中的存放要占据很大的场地空间，这种划分出来临时放置中

图10-1 海洋装备产品成品示意图

间产品的区域即称为“堆场”。堆场承担了中间产品的存放和一些后期的建造工作，对于海洋装备产品的建造具有重要作用。进行堆场空间布局的研究，提升其吞吐率，实现在制品的快速流转，提升海洋装备制造企业的物流。一个典型的海洋装备场地如图 10-2 所示。

图 10-2　堆场示意图

随着建造工艺水平的不断提高和建造规模的不断扩大，海洋装备中间产品的堆场空间资源紧缺、堆场布局不合理已成为影响海洋装备产品建造生产效率的重要因素。针对实际生产过程中存在的这一问题，研究海洋装备产品堆场布局的优化方法是非常必要的。由于这一问题较为复杂，不同生产过程的约束条件也大不相同，导致堆场结构件在布局中无法达到最优。

在实际的海洋装备产品建造过程中，中间产品堆场中的结构件形状不规则，存在一些非凸几何形状的结构件，增加了堆场布局的难度。假如能对这些非凸结构件进行更为合理的摆放，对提高海洋装备中间产品的堆场空间资源利用率、减少资源浪费将是十分有利的。除此之外，海洋装备中间产品还有形状各异的三维形貌特征，这些特征也为堆场的布局优化过程带来了难题，目前的研究都是将结构件的形状简化，进行简单投影变为二维规则形状，当成二维排样问题来解决，未考虑其三维形貌特征，这与真实的生产加工过程存在很大出入。结构件的三维形貌特征包含了大量的有用信息，如果将其随意简化，最终结果是建立的模型不符合实际，不能为堆场布局优化提供更多的指导。在此基础上，提出考虑海洋装备中间产品的三维形貌特征来进行堆场布局，如三维形貌特征中包括几何形状、高度、质量和吊装点的位置信息等，如果将这些特征加以考虑，进行深入研究，必将为堆场布局优化工作带来重要影响。

10.1.1　海洋装备中间产品堆场布局建模

10.1.1.1　海洋装备产品的堆场布局问题

堆场在海洋装备的建造流程中占有重要地位。堆场是工厂专门划分出一定的区域用于堆放海洋装备产品建造过程中的材料、零部件等，如材料堆场专门用于放置生产海洋装备的原材料，而中间产品堆场用于存放从车间建造完成后的分段。按照功能上的区别，可将海洋装备中间产品堆场分为加工堆场和暂存堆场两类。由于各中间产品在车间加工过程中存在多种不确定性因素，导致某些中间产品结构件的加工精度并不能满足预期值，其中一部分中间产品为了满足建造作业的要求，会将这些产品搬运至中间产品堆场，对其进行修补、打磨等补充工作。除此之外，在模块化建造模式下，为了提高建造效率，一些小结构件、舾装件需要提前进行安装，中间产品堆场则承担此部分的工作。当然堆场中也存在一些中间产品只是暂存在堆场中，到建造搭载计划时间后，即被运往船坞进行拼接搭载工作。

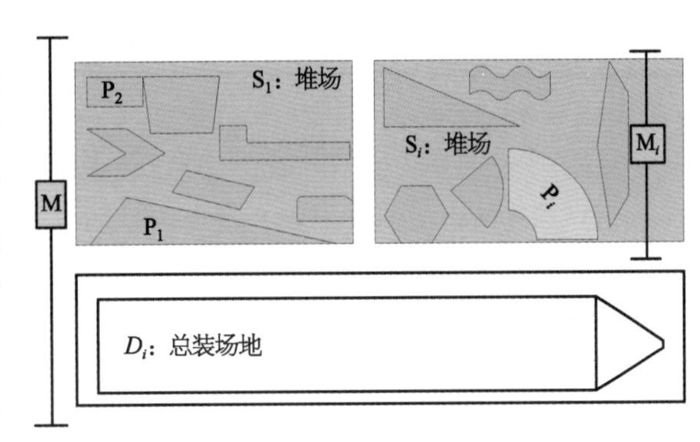

图 10-3　海洋装备产品建造过程示意图

对于海洋装备产品建造过程，可以简化为中间零部件 P_i 的生产制造，然后存储到堆场 S_i，通过各种搬运设备 M_i，到总装场地 D_i 进行总装的过程，如图 10-3 所示。

1) *海洋装备产品堆场布局目标及原则*

堆场布局指的是在固定的堆场空间范围中，对占据空间资源的各种生产单元的位置进行规划，其中的生产单元指的是堆场中的全部实体物体，例如中间产品存储区、通道、平板车、结构件、吊装车等。从本质上来讲，通过将中间产品存放区域、结构件、搬运设备等所有占用场地空间的制造类资源整合到一起就是堆场布局，从而实现空间资源利用率的最大化，以及搬运效率的最大化。

堆场布局目标如下：

(1) 在保证满足工艺流程要求的前提下，最大限度地减少中间产品结构件的搬运次数，尽可能地消除或者减少各结构件间的停滞、交叉和迂回，从而使生产效率达到最大化。

(2) 对堆场场地空间更为合理的排布，尽可能提升空间资源的利用率。

(3) 最大限度地缩短产品建造周期，增大产能，降低成本。

(4) 保持足够的灵活性，以便能更快地适应生产需求的变化，也可以实现加工过程中的实时调整。

(5) 实现搬运设备的流动便捷化。

为了实现上述目标，则在堆场布局优化设计过程中需要遵照以下原则：

(1) 需遵循工艺流程的原则。在进行结构件的放置和加工过程中，以工艺流程的要求顺序为基础，在规划设计的全过程中，要以流动的观点贯穿始终。

(2) 需遵循最大限度地简化搬运过程以及防止重复作业的原则。以先进的搬运设备为基础，以科学的方法为手段，实现中间产品结构件搬运的效率和可靠性的提高，这是进行合理布局、降低生产成本最为根本且高效的方法。

$$\min \sum_{i=1}^{n} move\_times_i \tag{10-1}$$

式中　$move\_times_i$——第 i 个零部件移动的次数。

(3) 需遵循最小移动距离原则。为了保证结构件在生产过程中的搬运距离是最经济有效的，就必须尽量缩短搬运设备的移动距离及其所花费的时间，尽量避免吊装搬运过程的停滞、迂回和交叉等额外操作，这是节省物流成本的最为直接的方法。

$$\min \sum_{i=1}^{n} distance\_router_i \tag{10-2}$$

式中　$distance\_router_i$——第 i 个零部件搬运出堆场的距离。

(4) 需遵循直线前进原则。其要求是加工过程严格遵守工艺要求的流程顺序。这个原则可作为对原则(3)的补充，即不同方案的搬运移动距离相同时，能使设备直线运行的方案应优先考虑。

(5) 需遵循生产均衡原则。生产均衡的含义是各加工建造工序应时刻保持正常运行，作为对原则(1)的补充说明，即物料的供给要合理安排，定量且准时，既不可因供货不足而停工，也不可因供货过量而导致在制品滞留。

(6) 需遵循最大化空间利用率的原则。在本书中堆场布局中的空间利用指的是在满足生产要求的前提条件下，用最少的场地空间资源放置最多的结构件和各种物料以及搬运设备，从而实现空间资源的最大化利用，并且满足合理布局的基本要求。

$$\max \sum_{i=1}^{n} part\_area_i / storage\_area \tag{10-3}$$

式中　$part\_area_i$——第 i 个零部件的面积；

$storage\_area$——堆场的总面积。

(7) 需遵循柔性化的原则。关于堆场布局的设计首先要符合当前生产的需要，其次也要考虑留有一定余地。这是因为社会、企业都是处在一个不断发展的过程中，所以导致了产品结构、市场需求、工艺水平等方面也会不断地变化，从而对现有的堆场布局提出不同的、变化的要求。这就要求我们在进行堆场布局设计时要遵循柔性化的原则，为充满未知因素的发展变化做好充分准备，尽量提高资源的利用率。

进行堆场布局优化的过程中，全面综合考虑各种相关因素是十分必要的。从宏观到微观，再回到宏观，在反复过程中不断优化系统布局，使堆场空间得到最优的配置利用。

2) 考虑约束的堆场布局

堆场布局问题属于多约束问题，可将其简单描述为加工过程中 t 时刻有 N 个待布局的结构件，其中每个待布局结构件有其相对应的属性，分别包括结构件的长度、中间产品结构件宽度、中间产品结构件重量、可使用平板车的数量、空余堆场场地的数量，研究每个具体中间产品结构件选择何种类型平板车且放置某个堆场场地位置中，使得平板车使用效率及堆场场地的利用率最高。

在中间产品结构件堆场建造作业过程中，堆场布局需要考虑以下三类对象：

(1) 中间产品结构件。中间产品结构件是同时具有时间和空间属性的资源，时间属性包括设备型号日程计划表中中间产品结构件的最早进场、最晚进场时间以及中间产品结构件的最晚出场时间，中间产品结构件的空间属性包括中间产品结构件的长度、宽度、高度，如何根据中间产品结构件的基本属性(时间、空间属性)信息确定中间产品结构件具体的进出场时间，是中间产品结构件堆场布局优化难题。

(2) 平板车资源。中间产品结构件建造完成后的尺寸一般是长 10～30 m，宽 8～15 m，高 5 m 左右，而重量一般在 50～150 t 左右，一般运输工具无法使用。船厂有专为运输中间产品结构件设计的平板车(flat transporter, FT)，平板车是堆场作业建造过程中的关键设备约束，如图 10 - 4 所示。

图 10 - 4　平板车示意图

在中间产品结构件堆场调度过程中，船厂由于平板车设备资源有限，常常出现待进场的中间产品结构件由于没有合适的平板车而不得不将此类中间产品结构件延期进场的现象，影响中间产品结构件堆场生产计划，因此不得不考虑中间产品结构件堆场布局优化过程中平板车合理使用性，使其能负载均衡。

(3) 场地资源。海洋装备产品在生产建造过程中划分有若干块堆场地专门用于堆放从车间建造完成后的中间产品结构件，每块堆场地有其相应的空间属性信息，包括堆场地的长度、宽度以及场地在船厂的相对位置。

在实际生产过程中，堆场存在着许多约束因素，其约束因素包括结构件、吊装车和堆场场地三个方面。这些约束的具体对象和影响效果如图 10 - 5 所示。这些因素都将对布局产生重要影响，最终制约着海洋装备产品生产的整体效率。

10.1.1.2　堆场三维场景几何建模

构建场景环境模型主要包括两个方面：视觉建模和听觉建模。视觉建模是通过眼睛进行直观观察的模型。听觉建模是指在视觉建模的基础上，加入用户与对象的声音交互，来让对象做出声音响应。

几何建模的含义是利用点、线、面、图形等信息来对几何对象进行表述，这些信息在利用过程中需要考虑存储和计算开销。从存储的角度来看，抽象地表示对象中各种点线面是有利的；通过具体的表示优势在于可以节省生成时的计算时间，缺点是在存储和访问存

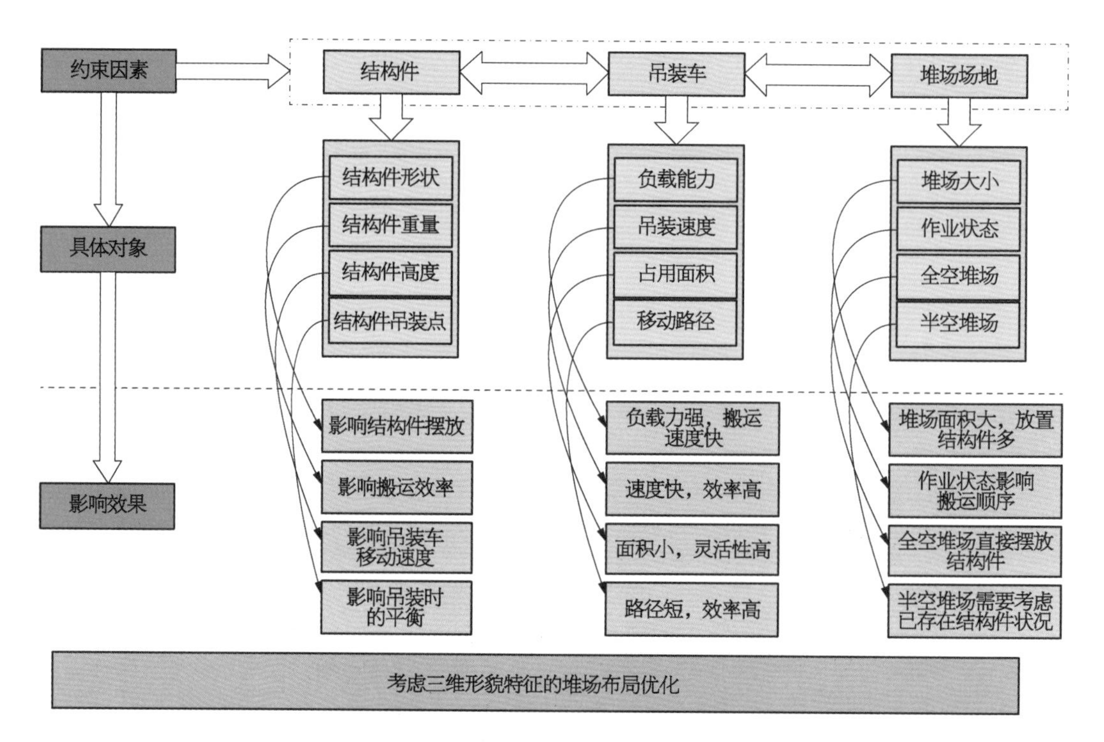

图 10-5　考虑约束因素的堆场布局

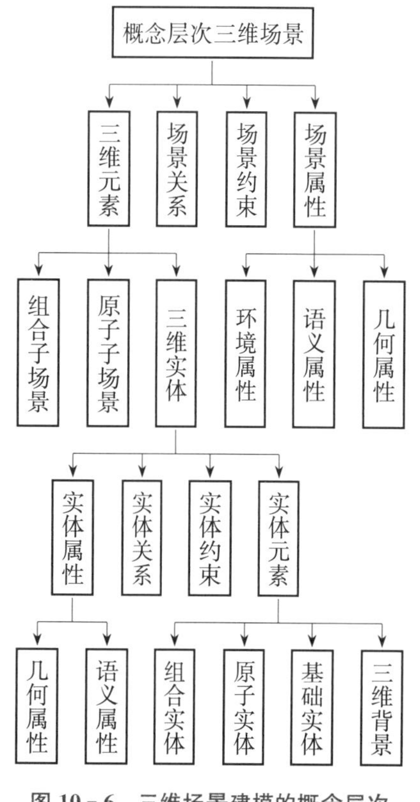

图 10-6　三维场景建模的概念层次

储时，时间复杂度和空间开销比较大。对象的外观描述的内容主要有表面颜色、表面光强度和表面纹理等。

三维场景将几何轮廓和边缘联系在一起进行勾勒，从而形成一个封闭空间，描述内容有空间背景、光线、色调等组成元素，以及它们之间的关联关系。三维场景建模概念层次如图 10-6 所示。

结构件的三维形貌特征为布局优化过程带来许多约束信息，其中包括结构件的约束信息和吊装车的约束信息，约束信息如图 10-7 所示。

结构件的约束信息包括结构件的形状、重量、高度和吊装位置点。通常情况下，根据结构件的形状可以先采取初步分类，将对称和相似形状的结构件放在一起，这种相似对称性的结构件节省空间，同时方便做动态调整。结构件质量较大的放在堆场外围位置，在吊装车进行吊运时可以方便搬运，在负载力相同的情况下减少移动。结构件作为三维模型进行建模主要是考虑到其高度特征，高度越高吊装移动高度相对也高，花费的吊装

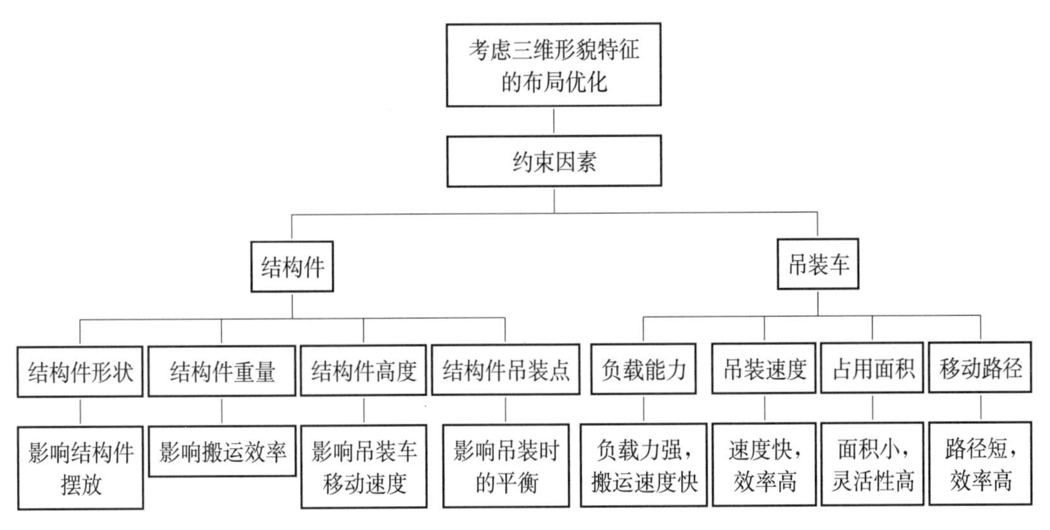

图 10－7　约束信息示意图

时间增加，因此将较高的结构件摆放在边缘外围位置，高度较小的放在中间位置，方便搬运和动态调整，调度计划将变得更加灵活。结构件上还有吊装点的位置设计，对于形状不规则的结构件，吊装点的位置也不尽相同，吊装点应考虑吊装能力，在符合负载的前提下，搬运过程尽量保证效率，同时使结构件在搬运过程中尽量保持平衡，这样可以大大提升搬运速度，缩短搬运时间。

10.1.1.3　考虑三维形貌特征的结构件数学建模

海洋装备中间产品结构件普遍具有复杂的几何外形轮廓，从而导致其几何投影一般为凸多边形，如梯形、三角形和四边形等。少部分情况下，也有结构件存在凹陷的部分，如果能将这些凹陷部分实现合理利用，必然会大幅度提高空间资源利用率。首先我们将结构件进行几何投影，并且缩小几何投影比例，从而获得结构件的外形轮廓，最后以外形的各个端点坐标按照逆时针的方向建立中间产品结构件外形轮廓数据结构，通过投影的高度生成一个三维包络体。同时包括一个用于吊装的特征点集。可以用一个有序点集来描述：

$$P=\{P_i(x_i,\ y_i,\ z_i),\ Height\}\cup\{F_i(x_i,\ y_i,\ z_i)\} \tag{10-4}$$

式中　P_i——构成三维外轮廓的点集合；

$Height$——在投影面的高度；

F_i——吊装特征点集合。

如图 10－8 所示，利用端点的坐标集合可以将中间产品结构件的几何轮廓表述为：

$$\{A(x_0,\ y_0),\ B(x_1,\ y_1),\ C(x_2,\ y_2),\ D(x_3,\ y_3),\ E(x_4,\ y_4),\ F(x_5,\ y_5)\} \tag{10-5}$$

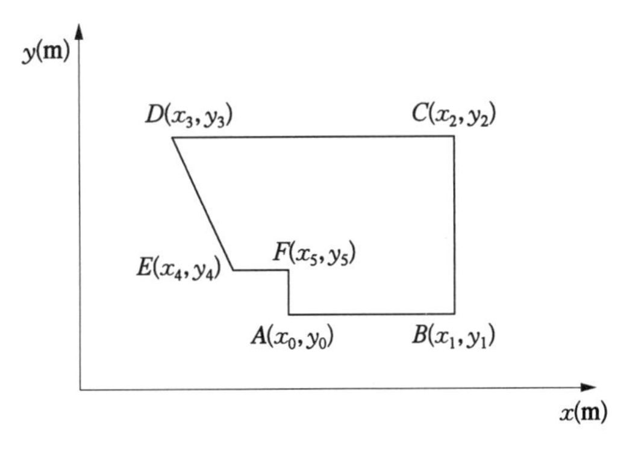

图 10－8　不规则结构件的二维轮廓模型

由于中间产品在堆场场地内存放需要

确定一个安全距离，因此需要扩大处理其几何轮廓每个端点的坐标，在本书中，x 和 y 坐标各增加 0.5，这可以防止由于摆放距离过近而影响正常生产。

在结构件建模的过程中，不但要考虑结构件的几何特征，对其凹陷部分进行充分利用，而且也要充分考虑结构件的吊装点位置，对堆场布局优化进行指导最大化。

结构件吊点位置的确定，是实施吊装工序的重要前提，合理的吊点位置能很大程度上保障吊装工作的顺利有序进行。有些中间产品结构件在其原始设计阶段就已经考虑好了吊点的位置，在建造过程中开始吊装工序时，直接将吊点和吊钩相连接即可。而在大多数场合中，结构件在设计时并没有考虑吊点的位置安排，在现场需要由人工来确定吊点位置。在这种情况下，如果位置的确定不够合理，使得吊具中心和结构件重心重合度过低、偏移过大而出现失稳，极易导致结构件的失衡翻落，带来严重工程问题。因此在考虑三维形貌特征进行结构件的建模，应该充分考虑其吊点的位置，从而为堆场的布局优化过程提供方便。吊装设备的示意模型如图 10－9 所示。

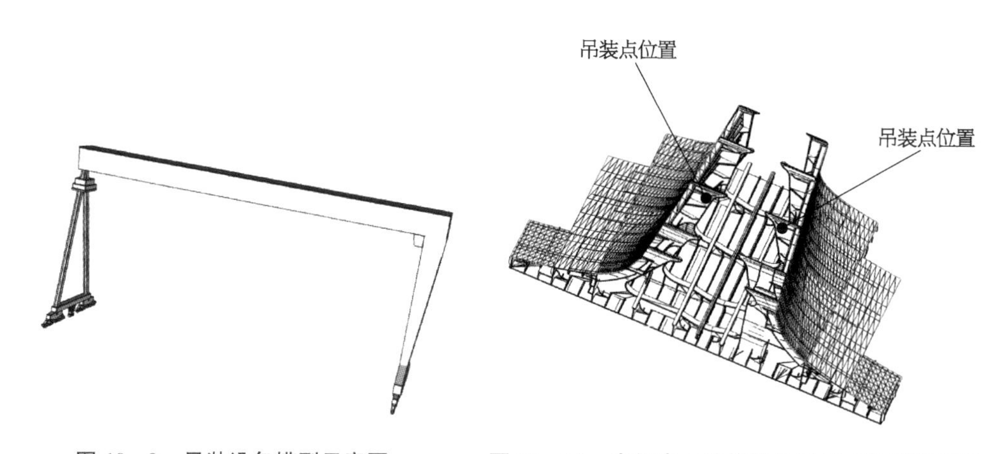

图 10－9　吊装设备模型示意图　　图 10－10　中间产品结构件的吊装点位置示意图

在进行设计时，结构件的吊装位置是以某中间产品结构件作为设计对象，根据结构件的几何特征和重量重心，参考起吊过程中设备和堆场场地等参数，从而在吊装眼板上合理设计吊点的位置。

合理性和安全性原则是吊装设计过程中需满足的两个原则。其中合理性原则包括：吊点应均匀合理地分布在重心周围区域，防止出现中拱或中垂等较严重现象；吊点尽量设置在强结构件上；吊点位置应便于装拆和焊接；吊点间的距离需合理设计，尽量减小吊索与竖直方向的夹角等。安全性原则包括：保证分段吊运过程中的各结构平稳性；单个吊钩的载荷、单个眼板的载荷以及吊车的整装吊运载荷均需要严格小于各自最大额定载荷；关键部位如眼板焊接处，需使用高强度板材或辅装加强结构等。中间产品结构件的吊装点位置如图 10－10 所示。

10.1.1.4　基于几何轮廓特征的堆场数学建模

1）堆场几何轮廓建模

空的堆场一般比较规则，为长方形轮廓，描述其几何特征非常简单，不需要考虑三维特征，可以用四个点来描述：

$$S:\{P_0(x_0, y_0), P_1(x_1, y_1), P_2(x_2, y_2), P_3(x_3, y_3)\} \tag{10-6}$$

然而，随着堆场逐渐放置零部件，该区域将不断被分割，如图 10－11 所示。

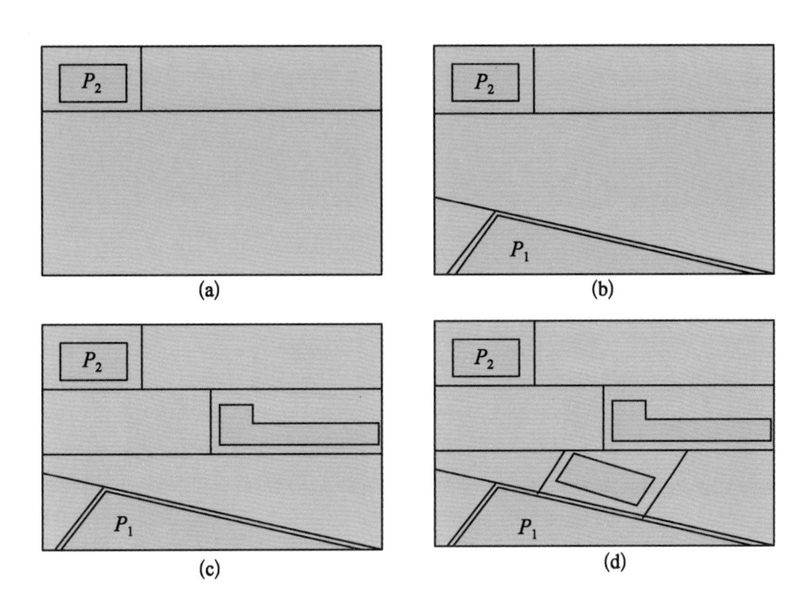

图 10－11　堆场区域被分割模型示意图

因此，堆场的几何描述可以用公式来表达：

$$S=\sum_{i=1}^{m} Sp_i \cap \sum_{i=1}^{n} P_i \tag{10-7}$$

式中　P_i——零件轮廓模型，$\{P_i(x_i, y_i), \text{Height}\}$；

Sp_i——分割的区域，在图 10－11(a)中，包括 2 个联通区域；而图 10－11(d)分割为 4 个联通区域和 1 个不联通区域。

2）堆场布局建模

堆场布局建模过程是将不规则结构件的信息、吊装车的三维模型信息、堆场的二维信息整合到一起，合理分配布置来完成堆场模型的建立。对于包含许多约束因素复杂的堆场场景，三维场景实体模型主要是通过场景约束、场景关系、实体约束、实体形状等相关属性信息来建立。结构件包含几种基本实体，模型中包括场景的背景、色调、光线和结构件的材质等，将几种属性特征信息进行组合，建立三维堆场场景模型。构建三维堆场场景时，通过建立三维模型库和二维模型库，将结构件、吊装车建立三维模型，放入到二维平面堆场中，结构件的各种形体摆放在堆场中，从而构建三维堆场场景。三维堆场场景布局建模结构如图 10－12 所示。

在海洋装备产品建造过程中，根据一定加工过程要求，把形状不规则的结构件放置于面积一定的堆场空间内，使得利用率达到最高，图 10－13 所示为某堆场场地二维布局示意图。

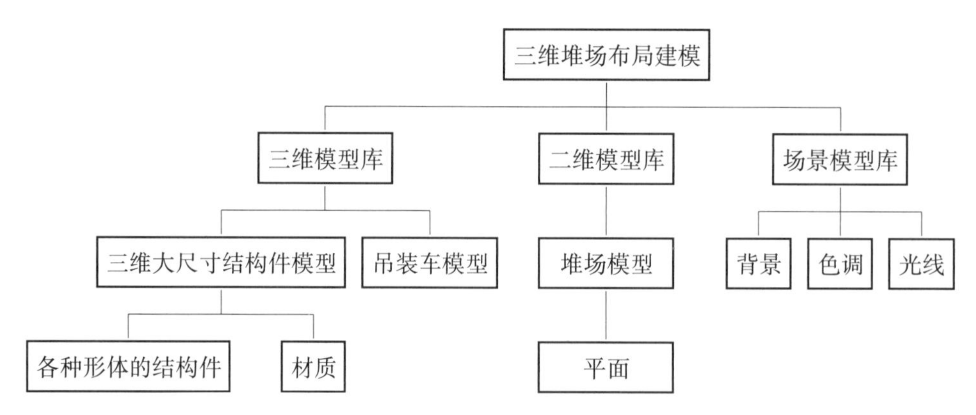

图 10-12　三维堆场场景布局建模结构示意图

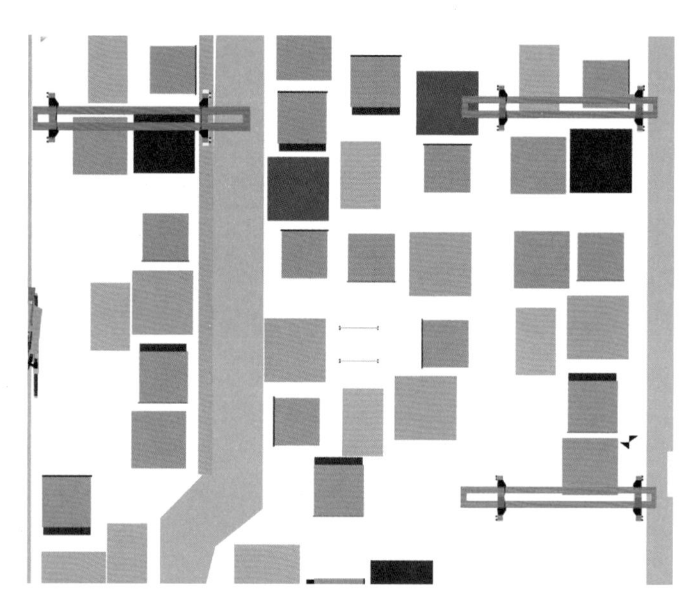

图 10-13　堆场场地二维布局示意图

道路

$$\begin{Bmatrix} 1 & 1 & 1 & 1 & 1 & 1 & 1 & 0 & 1 \\ 1 & 1 & 1 & 0 & 1 & 1 & 1 & 1 & 0 \\ 1 & 1 & 1 & 1 & 0 & 1 & 0 & 1 & 1 \\ 0 & 1 & 1 & 1 & 1 & 0 & 1 & 1 & 1 \\ 1 & 1 & 0 & 1 & 1 & 1 & 0 & 1 & 1 \end{Bmatrix}$$

图 10-14　堆场状态矩阵

对于结构件在堆场中的状态来说，为了将其建立模型进行描述，构建图 10-14 所示的堆场结构件放置状态矩阵，矩阵元素的二分值(值为 0 或 1)表示堆场场地上是否放有结构件，1 表示此作业堆场场地上已放置中间产品结构件，0 则表示无结构件。通过这样可由矩阵图表示一个作业场地的堆场状况。

不规则结构件堆场布局要求的数学描述如式(10-8)所示：

$$\begin{cases} P_i \cap P_j = \phi, & \text{各个结构件之间不能重叠} \\ P_i \in P, & \text{结构件 } P_i \text{ 位于堆场内部} \\ i \neq j \end{cases} \tag{10-8}$$

目标函数：Max(Utilization)，Utilization 为堆场的空间利用率。

布局过程中应满足以下四个约束条件：结构件位于堆场内部；结构件与结构件之间互不重叠；结构件在搬运过程不能产生碰撞；满足实际生产过程中工艺要求。

堆场布局信息模型表述如下：

(1) 海洋装备产品工厂有 M 块堆场场地，堆场场地集合如式(10-9)所示：

$$F=\{F_1,\ F_2,\ \cdots,\ F_M\} \tag{10-9}$$

每块堆场建立平面坐标系，并在坐标系中设置定位点，定位点根据其使用情况分成"可用"和"占用"两种状态，对于第 j 块场地来说，其属性可用式(10-10)表示。

$$F_j=\{L_j,\ W_j,\ P^j_{可用},\ P^j_{占用}\} \tag{10-10}$$

其中：L_j 和 W_j 分别为场地 j 的长度和宽度；$P^j_{可用}$ 和 $P^j_{占用}$ 分别为堆场 j 的相关定位点集合。

(2) 待布局结构件数量为 N，其集合为：

$$B=\{B_1,\ B_2,\ \cdots,\ B_i,\ \cdots,\ B_N\} \tag{10-11}$$

结构件 B_i 所考虑的属性为$\{O_i,\ C^S_i,\ C^L_i,\ H^h_i\}$，其中 O_i 为结构件 B_i 占用定位点集合，C^S_i 为结构件 B_i 的轮廓坐标信息，C^L_i 为结构件 B_i 的吊装点位置坐标信息，H^h_i 为结构件最高点的高度信息。

10.1.2　堆场布局优化

10.1.2.1　堆场布局优化问题

在海洋装备产品生产建造过程中，中间产品的堆场在其中具有重要作用，堆场用于存放结构件和进行中间产品的整修处理工作。由于船体比较庞大，结构件尺寸较大，数目繁多，海洋装备产品建造时需要占据较大的堆场空间，而堆场的场地资源十分有限，这对海洋装备产品建造过程的顺利运转造成了重大影响。针对实际生产过程中存在的此类现象，进行合理的堆场布局优化是十分必要的，既有利于提高空间资源利用率，也有益于生产效率的提高。

目前针对堆场布局优化的研究还比较少，主要是海洋装备产品堆场中的约束条件众多，优化过程相对复杂，且效果不明显。将中间产品堆场中存放的不规则结构件加以合理布局设计，首先可以忽略三维结构件的高度信息，投影到二维平面中，简化为二维排样问题，从而降低研究难度。对于形状较为规则的结构件的优化已达到一定程度，而对于形状不规则尤其是非凸几何的结构件，布局过程很复杂，优化效果不太理想，还存在一定提升空间且具有较大的研究价值。对于此类结构件，可以采用求解其临界多边形的方法来进行处理。

遗传算法是一种智能算法，它属于启发式随机搜索优化算法大类，其借鉴了自然界的生物进化法则，通过设定目标函数从而查找到最优解。遗传算法是依靠达尔文的生物进化理论产生的，主要是遗传学机理和自然选择机理。遗传算法具有很明显的特点，首先其通用性很强；其次，遗传算法在运用时不需要使用基于具体问题的专业知识，可以自适应地调整搜索方向，从而避免了复杂烦琐的确定性规划。遗传算法对于求解二维排样问题有很好的效果，将其与 NFP 理论相结合，可以解决中间产品在堆场中的布局问题。

10.1.2.2　堆场的 NFP 生成

摆放海洋装备中间产品的堆场有两种状态。一种是全空堆场，无任何结构件存放，可以直接在堆场中放置中间产品，放置序列用遗传算法进行优化即可完成。另一种状态是半空堆场，在加工生产的堆场中已有部分结构件存在，可将此问题进行抽象，转化为有孔洞的 NFP 问题，在原有结构件放置固定不动的基础上，再对生产过程中的堆场进行布局优化，减少空间资源的浪费。这两种状态来说，全空堆场的布局优化较为简便，如图 10－15 所示的长 295 m，宽 150 m 的全空堆场。无复杂形状的结构件对布局过程进行干扰，可直接用智能算法进行布局优化。对于半空堆场，如图 10－16 所示，已存在有部分结构件，需要对这些结构件作为孔洞来处理，运用视觉识别提取孔洞轮廓特征。将其保持

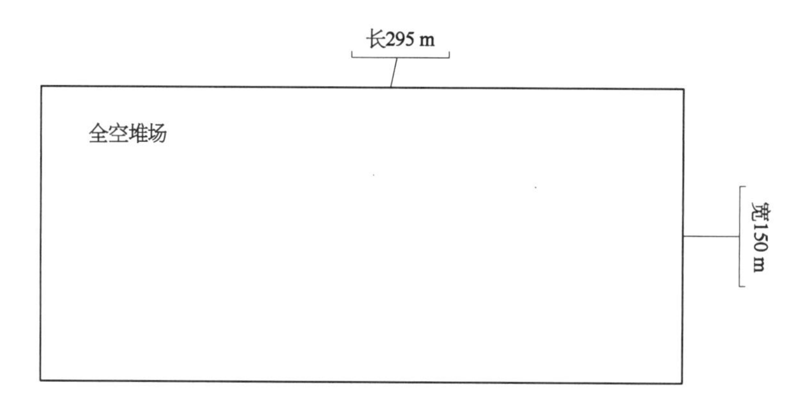

图 10－15　全空堆场示意图

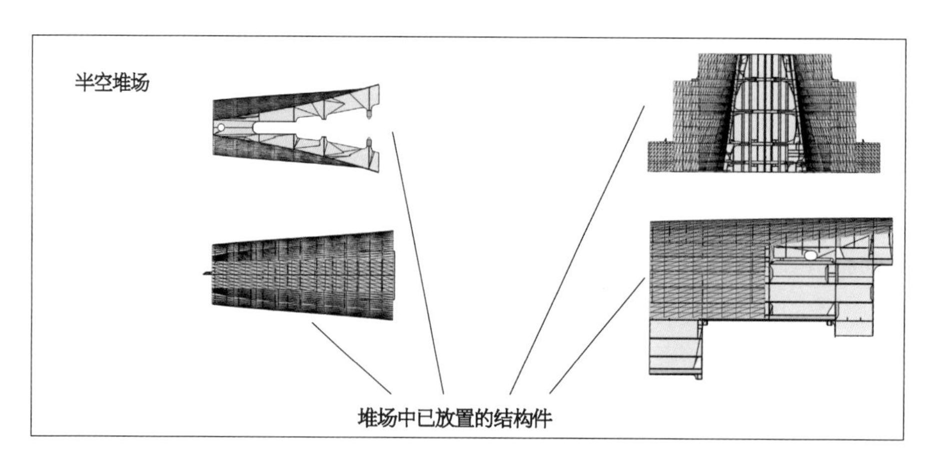

图 10－16　半空堆场示意图

不动,生成凹多边形的 NFP,生成凹多边形的 NFP 如图 10－17 所示,外轮廓部分即为两个多边形的 NFP。

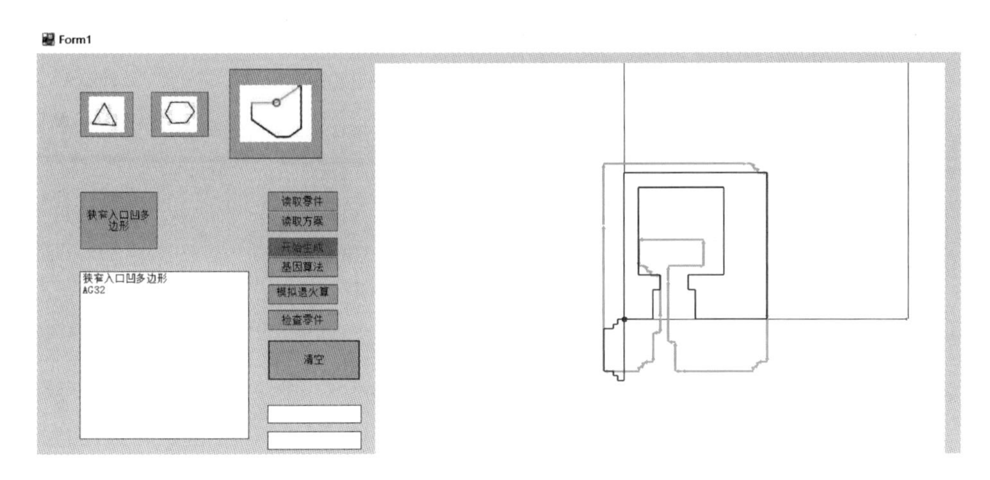

图 10－17　生成凹多边形 NFP 的程序界面

在排样问题当中,NFP 可以给出接触但不重叠的可能位置,这已成为一种处理二维不规则多边形的基本方法。同样地,针对堆场布局问题,NFP 方法同样适用。对于堆场中形状不规则的结构件,尤其是非凸几何形状的多边形,给堆场布局优化带来了很大难度。非凸的部分空间不能被利用,从而造成空间资源浪费,若能对这些空间合理布局,则利用率将能得到提升。具体处理过程是:首先判断是否为非凸几何形状,若是,进行上文的凸化处理,分割为凸多边形;然后计算两个结构件的 NFP,这样可以保证两个结构件在堆场中不重叠,依次计算随后放入的结构件与之前多边形的 NFP,直到所有结构件放入为止。对于计算出的 NFP,确定其所占面积足够小,这样布局出来的结构件就可以占用更小的空间,相当于提高了堆场空间的利用率。将 NFP 方法运用于堆场布局过程,这种处理方法是十分有效的,也有利于提高海洋装备产品建造的生产效率。

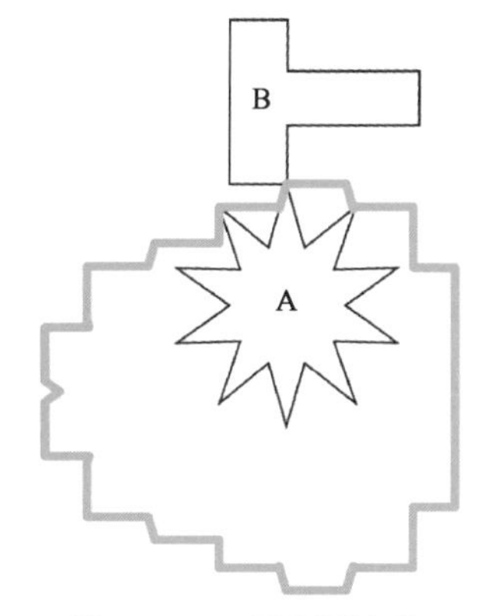

图 10－18　不规则多边形的 NFP

如图 10－18 所示,任意不规则形状的多边形都可生成其 NFP,确定的可能位置让两个多边形正好接触而不重叠,运用于堆场布局中,符合实际加工过程堆场的使用要求,同时有利于堆场布局优化的研究。

10.1.2.3　堆场布局优化过程

通过前文对堆场布局优化问题的描述,探寻 NFP 理论与遗传算法结合解决堆场布局优化问题的可能性,设计下文所述的优化方法来对海洋装备产品的中间产品堆场进行布局优化。将结构件放入堆场中进行摆放,最终将使得堆场的空间资源利用率达到最优。堆场布局优化流程,如图 10－19 所示。

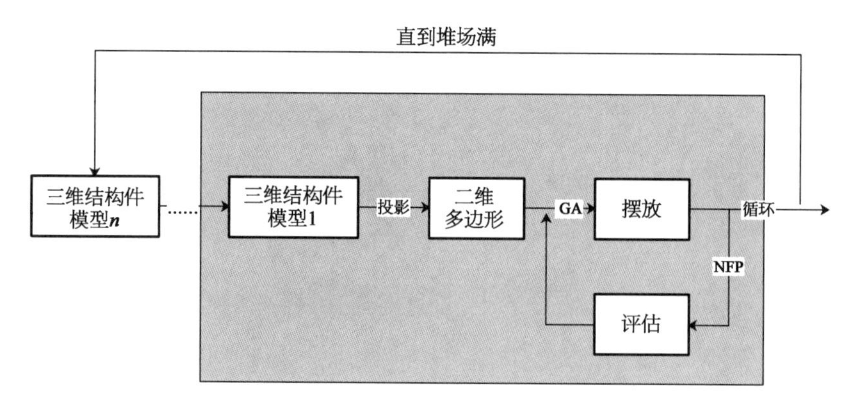

图 10-19　堆场布局优化流程

考虑非凸几何结构件进行布局优化可按照以下步骤来完成：

步骤 1：对结构件进行预处理，将不规则的几何形状（包括非凸几何）转化为简单多边形。

步骤 2：通过使用遗传算法，对堆场布局进行优化，产生一个接近最优的结构件摆放顺序，这一步非常重要，摆放次序的合理与否对堆场的空间利用率产生直接影响。

步骤 3：将摆放顺序中的第一个结构件摆放于堆场中，并根据左下原则置于堆场的左下角，然后按顺序取第二个结构件，并计算出这两个结构件之间的临界多边形 NFP。

步骤 4：对 NFP 上的位置是否最优进行评估，计算上步骤得到的 NFP 的面积，使其尽量小，确定最优的布局摆放方法。

步骤 5：对前两个结构件进行整理优化，合成一个新的多边形，再取第三个结构件与那个新的多边形计算它们之间的 NFP。

步骤 6：继续按顺序取下一个结构件，重复上述过程直到在堆场中将所有结构件摆放完毕。

1）结构件编码

编码是遗传算法进行的第一步。编码指的是参数到染色体的转换过程，之所以进行编码是因为所求问题的参数不能包含所需条件，需要将其进行转换，使之以问题参数形式来呈现出来。这种参数形式也就是染色体或者个体，染色体或个体又是由基因按一定结构组成，编码是从表现型到基因型的映射。

一条染色体代表一种布局方案，在进行染色体编码设计时，采用十进制编码，将需要布局的结构件的顺序号作为染色体的编码。假设待布局结构件有 9 个，则随机选择的其中一条染色体编码可为〈6，2，3，9，5，1，8，4，7〉。

2）种群初始化与适应度函数的设计

种群中包含多个染色体个体，遗传操作过程需要对全部个体来进行变动。对初始群体进行设定，是遗传算法整个流程中编码操作之后的步骤，下一步即以设定好的种群进行处理，不断迭代。当满足遗传操作过程自我设置的停止条件时，遗传算法就将停止进化过程，同时可得到相对后面的一代种群，此种群中可能包含有最优解。

遗传算法的应用需要根据实际问题来确定适应度函数，每一代群体演化过程中，用一些与最优化问题的目标函数相关的适应度函数来评价这些染色体，染色体串的适应度函数值决定着自身是继续繁衍还是灭亡，甚至决定着繁衍的规模。适应度函数相当于个体对周围生存环境的适应能力评价，好的个体才能在自然环境中存活下来，符合自然规律。

假设给定 n 个结构件，随机产生 Pop_size 个染色体来产生初始群体，运用式(10－12)计算所有个体的适应度值。设计适应度函数时采用以结构件的布局顺序进行堆场布局，将布局后的总面积利用率作为评价染色体的适应度，即适应度函数为：

$$f_k = \sum_{i=1}^{n} Area_i / Area_Y \tag{10-12}$$

式中，为第 i 个已布局结构件的面积，为需要进行布局的堆场面积；n 为已布局结构件的个数。

3) 遗传算子的设计

(1) 选择算子。选择算子就是从整个群体中筛选出优良个体，同时根据适应度函数淘汰掉劣势个体。从父代种群中选择优胜个体作为下一代种群个体需要选择算子提供方法。选择的目的是挑选优胜的个体直接进入下一代，或者将挑选的优良个体进行互相配对交叉产生新的个体再进入下一代，从而将好的基因保留，提高全局的收敛性。本书设计方法进行选择算子操作时采用轮盘赌选择法，随机选择来产生新种群，在此过程中，每个染色体被选中的概率与适应度值成反比关系。

假设某个染色体 k，其适应度值为 f_k，则其选择概率 c_k 可按式(10－13)进行计算：

$$c_k = \frac{f_k}{\sum_{i=1}^{pop\_size} f_i} \tag{10-13}$$

然后依照概率分布值构建一个轮盘，将轮盘旋转 pop_size（即种群规模）次，每选中一个个体就放入其中作为新种群。

轮盘赌选择法可分为以下三步：

步骤 1：对种群中所有个体的适应度值进行求和，如式(10－14)所示：

$$F = \sum_{i=1}^{pop\_size} f_i \tag{10-14}$$

步骤 2：然后对于各个染色体，计算它们的选择概率：

$$c_k = \frac{f_k}{F} \tag{10-15}$$

步骤 3：再对各染色体，计算其累积概率：

$$t_k = \sum_{i=1}^{pop\_size} c_i \tag{10-16}$$

(2) 交叉算子。生物遗传基因的重组(其中包括变异)在自然界生物进化过程中发挥着至关重要的作用。交叉就是将两个个体进行重组的过程。遗传算法的搜索能力本来一般,经过了交叉操作,便会提到巨大的提升。在遗传算法中,要想产生新个体,最主要途径就是通过交叉算子,新的个体是通过交换两个互不相同的体串中的部分基因而产生,其中两个个体是在当前种群中的优良个体中随机选出的。交叉操作发生之前,会随机产生概率数与交叉概率进行比较,如果交叉概率大,则进行交叉操作;否则不进行,直接保留父类至下代种群。两个个体进行交叉操作后,就完成了重组的步骤,拥有了新的基因型。

常用交叉算子包括:

① 一点交叉。一点交叉的含义是先在两个体串通过随机的方式产生一个位置交叉点,新的个体串由交换交叉位置点前或者后的基因组形成。

② 二点交叉。二点交叉通过随机的方式产生两个位置交叉点,两交叉点位置之间的基因组为交换部分。

③ 多点交叉。多点交叉就是通过随机的方式产生多个交叉点,将父类染色体分隔成多个区域再进行互换。但是该方法由于打乱了父类染色体的原有模式,原有较好的模式可能会被丢失,从而影响算法性能。

本书中在进行交叉算子设计时采用线性顺序交叉方法(linear-order crossover, LOC)来实现交叉过程,该方法的优点是对染色体片段间的相对位置可较好保留。两条染色体的交叉过程如图 10-20 所示。

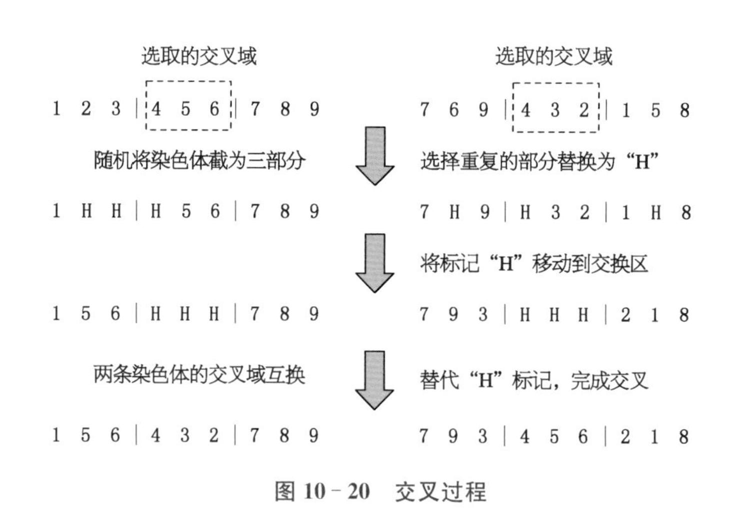

图 10-20　交叉过程

(3) 变异算子。生物的某些基因在进化过程中发生突变的现象通过变异算子来进行模拟。生物基因突变发生的概率一般在 1/1 000～1/10 的范围内,概率还是比较小的,如果变异概率过大,则会破坏种群中的优秀个体,无法获得最优解。执行变异操作时,首先选择需变异的个体,然后根据设定的变异概率反运算选择个体中的随机基因位。交叉算子和变异算子在遗传算法中分别起到主要作用和辅助作用，这是因为交叉算子在全局搜索的过程中表现较好，而变异算子在局部搜索时表现更优。通过交叉和变异操作的结合，最终使遗传算法同时具备了全局和局部的搜索能力，变得更为均衡。

在进行变异时，随机选取染色体中的 2 个互不相同的位置，对这两个位置的数字进行交换完成变异操作。对于〈6,2,3,9,5,1,8,4,7〉这条染色体，互换第二个和最后一个位置，则变异之后的染色体变为〈6,7,3,9,5,1,8,4,2〉。

4）堆场布局优化结果分析

为证明本书所述堆场布局优化方法的有效性，通过以下实例进行验证。选取一个矩形堆场空间，将实际生产过程中的几个海洋装备产品中间产品放入堆场中，进行堆场布局，首先需保证所有中间产品均能放入堆场中，如图 10－21 所示，有 9 个中间产品将要放入堆场中。

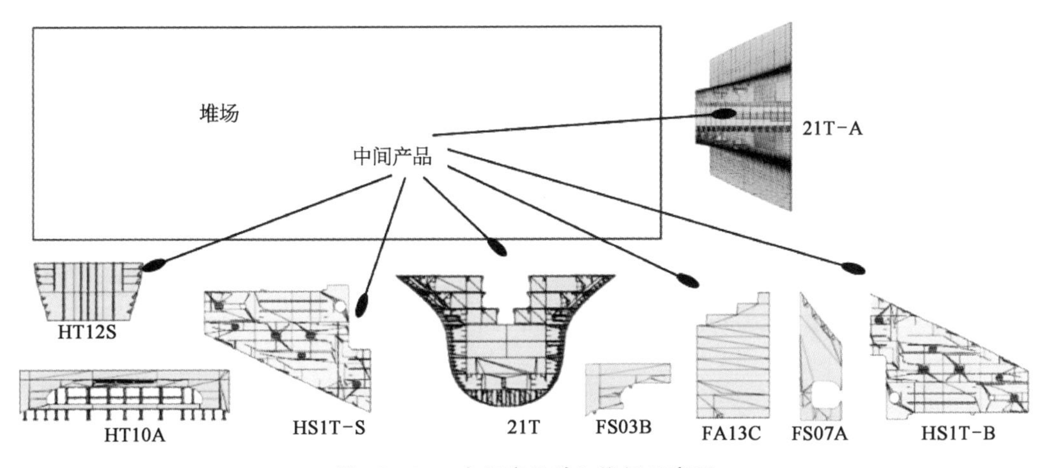

图 10－21　中间产品放入堆场示意图

方法 1：采用最小包络矩形法，布局优化结果如图 10－22 所示。

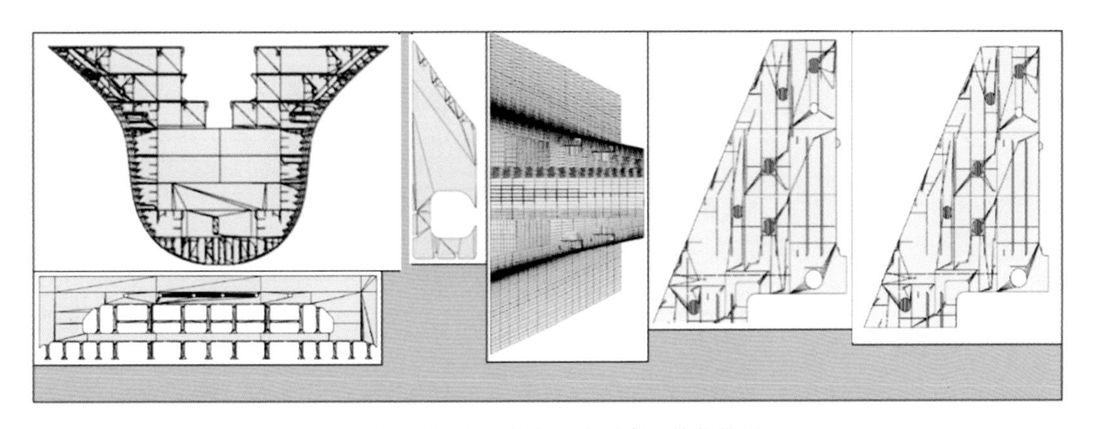

图 10－22　最小包络矩形法布局优化结果

方法 2：采用只考虑凸多边形的方法，布局优化结果如图 10－23 所示。

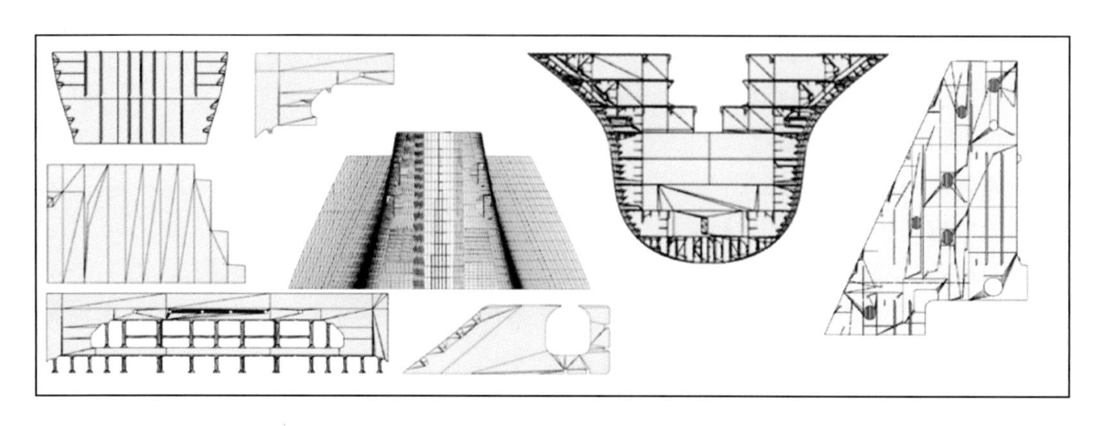

图 10－23　只考虑凸多边形的布局优化结果

方法 3：采用考虑非凸多边形的方法，布局优化结果如图 10－24 所示。

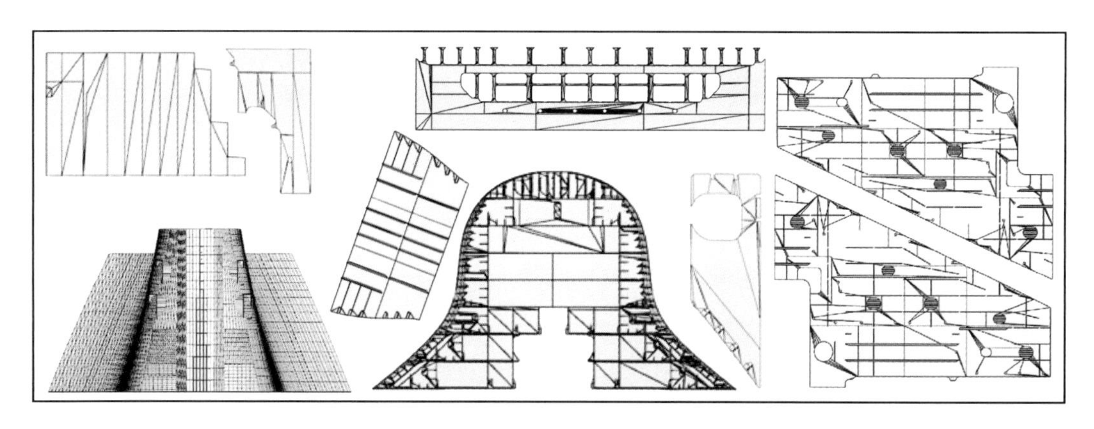

图 10－24　考虑非凸形状的布局优化结果

上述三种方法的结果分析见表 10－1。

表 10－1　布局结果对比

方法	布局结果	与方法 3 的区别	空间利用率(%)
1	布局松散，仅放入 6 个结构件	最小包络矩形浪费边角空间	57
2	HS1T－B 没有布局	未对非凸多边形加以利用	71
3	9 个结构件全部布局	—	82

从表 10－2 可以看出，方法 3 在堆场空间利用率上得到了大幅提升。同时对于方法 3 来说，迭代过程如图 10－25 所示，随着迭代次数的不断增加，其场地利用率呈现上升趋

势，在迭代 40 次之后渐渐趋于稳定。相对于方法 1，最小包络矩形处理过程简单，但对于大尺寸不规则结构件，包络矩形中的边角空间有很大浪费，空间利用率不高。方法 2 的空间利用率要稍好一些，处理过程相对方法 3 简单，但未能对非凸多边形合理利用。方法 3 将非凸多边形凸化处理，用遗传算法对布局的结构件序列进行优化，得到了合理的堆场布局，且空间利用率大大提升。案例分析发现，基于 NFP 的非凸几何将对堆场布局优化过程产生重大影响，并对空间资源紧缺的海洋装备产品堆场提供帮助。

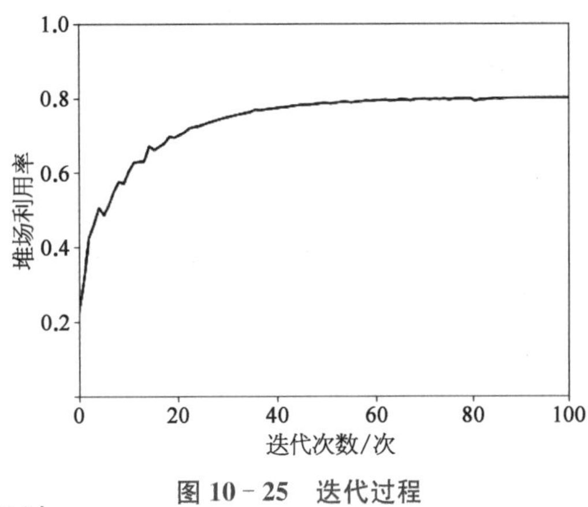

图 10－25　迭代过程

10.1.2.4　布局结果可视化与人机交互设计

1）堆场布局结果的可视化

在堆场布局优化完成之后，要将布局结果直观显示出来。本书对于二维布局优化之后形成平面布局图，找到相应的结构件，合理摆放之后显示结果如图 10－26 所示，可以显示结构件和吊装设备的三维视图，方便直观。

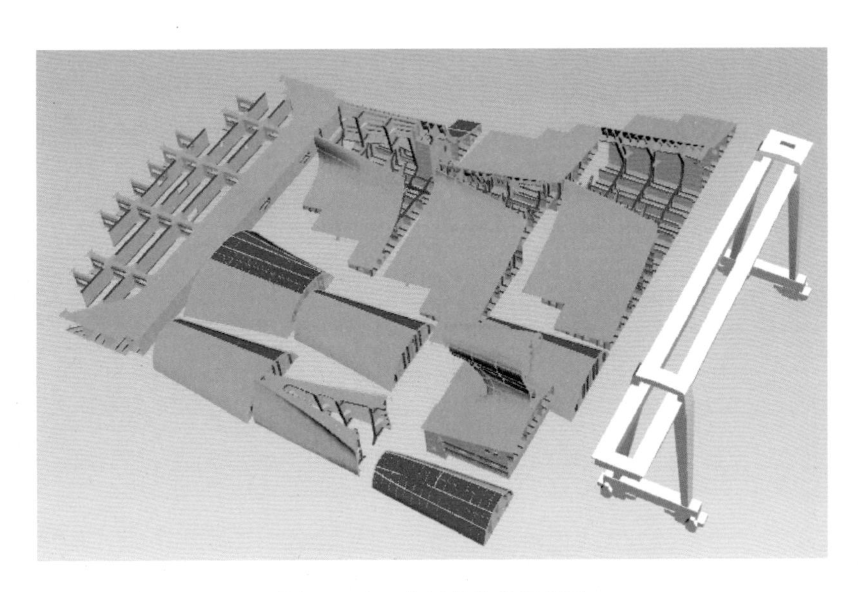

图 10－26　布局优化结果显示

2）堆场布局优化的人机交互设计

当布局结果不符合用户预期时，用户可通过工厂布局系统的操作面板对堆场布局进行动态调整。操作面板是用户和系统进行交互的主要方式，可以对显示界面细微调整，同时也具备放大、缩小、平移和旋转功能，便于用户对布局结果有更大的可操作性，便于修改。如图 10－27 所示是三维模型库，可手动导入三维模型。

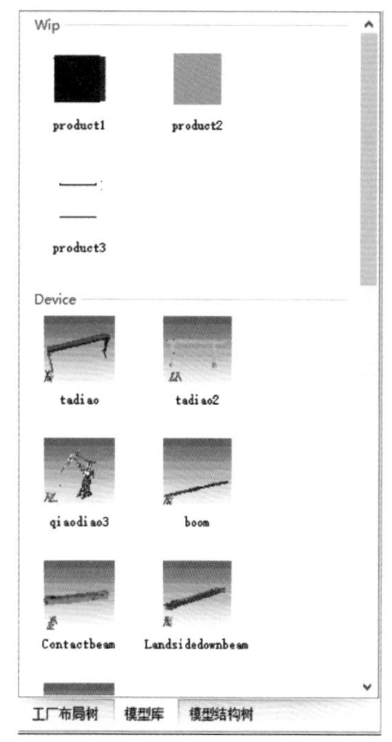

图 10－27　三维模型库

图 10－28　堆场信息编辑图

图 10－28 所示是堆场信息编辑图,可实现对堆场信息的实时编辑。

图 10－29 所示为工厂的某个堆场,对堆场空间进行了划分,可以实现对堆场内设备的调整摆放。

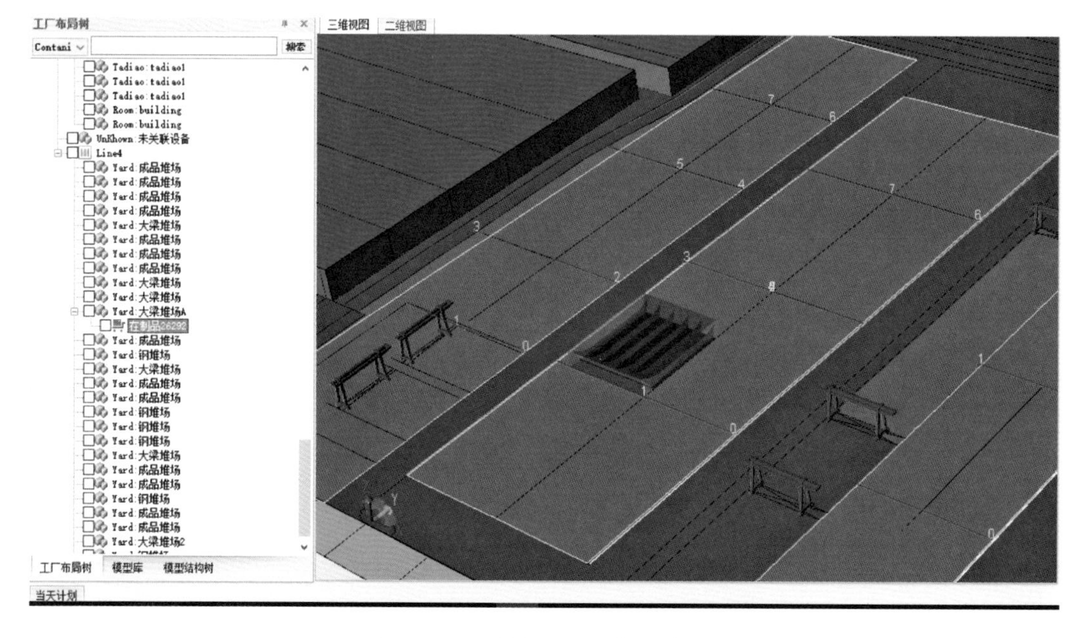

图 10－29　堆场布局调整示意图

10.1.2.5　应用结果分析

为了验证所提方法的有效性，基于某工厂的生产数据进行分析比较。具体数据如下：

堆场空间为长 295 m，宽 150 m 的矩形，平板车的基本信息见表 10 - 2，吊装车的信息见表 10 - 3，部分结构件的几何数据信息见表 10 - 4。

表 10 - 2　平板车基本信息

平板车 ID	平板车编号	额定载重(kg)	自重(kg)
1	2601 - 001	380	76
2	2601 - 002	250	52
3	2601 - 003	300	63

表 10 - 3　吊装车的信息

序　号	承载能力(t)	相邻吊点最小间距 D_{min}(m)	相邻吊点最大间距 D_{max}(m)
1	900	1.25	3.5
2	300	1.25	3.5

表 10 - 4　结构件几何数据信息

序　号	结构件代号	投影面积(长×宽)(m^2)	高度(m)
1	AB02/13	9×9	12
2	AB03/82	12×5	5
3	AB04/92	12×7	4
4	AB05/54	11×6	6
5	AB08/22	15×4	4
6	AG32/03	33×8	9
7	AG34/07	30×10	8
8	AG42/35	25×9	10
9	AG43/47	22×12	9.5
10	AG45/31	19×6	7
11	AS12/03	12×7	6
12	AS13/09	15×6	7
13	AS14/18	13×5	3
14	AS22/39	11×9	4.5
15	AS23/89	12×7	5
16	AS24/52	16×5	3
17	AS33/63	19×3	2.5
18	AT11/49	9×7	6

(续表)

序　号	结构件代号	投影面积(长×宽)(m^2)	高度(m)
19	AT12/26	12×3	5
20	AT17/45	14×4	6

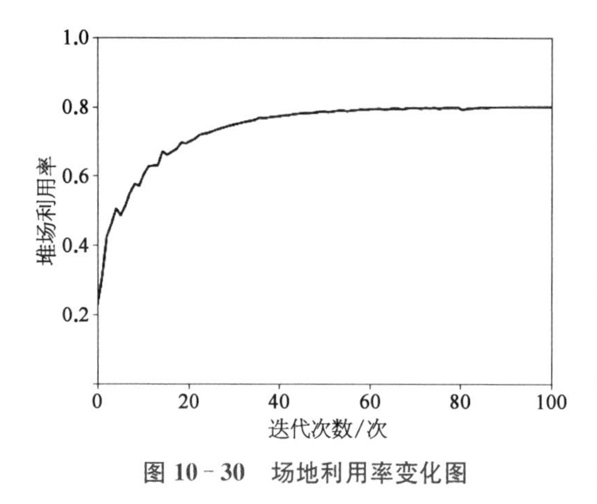

图 10－30　场地利用率变化图

通过设计的遗传算法进行布局优化,其优化结果如图 10－30 所示,场地空间利用率随着迭代次数的增加逐渐提高,最终利用率趋于 80%。

堆场空间资源十分有限,且布局优化过程约束众多,在考虑结构件三维形貌特征的基础上进行优化,必然伴随着诸多困难。在考虑吊装点位置的基础上进行布局优化,尽可能提高结构件搬运效率,可以缩短生产周期,同时满足占地面积最小的要求。

10.2　堆场间物流配送与调度

10.2.1　堆场物流配送与调度背景

某海洋装备产品企业在用流动机械为 500 余辆,其中配备专职司机 500 余人,流动机械作业在整个海洋装备产品工厂基地约 5 km 岸线、300 万 m^2 的区域内,工厂布局如图 10－31 所示。传统流动机械作业调度的申请、作业调度方案、配送过程的监控、结束反馈,以及相关数据记录、统计全部依靠人力资源进行完成,效率低下而且成本高昂。同时,管理层叠交叉、紊乱,调度不统一,设备利用率低、管理成本高企,年运营费用达到亿元级别。

如何协调工厂内流动机械各部分资源、对车辆进行有效的作业调度,从而快速高效地完成复杂任务下的物资配送请求是研究重点。在本章将通过对流动机械作业过程的分析,进一步明确流动机械作业的作业特点,对调度中的各部分资源进行介绍并对作业调度问题进行数学定义,建立其数学模型。

10.2.1.1　流动机械作业调度过程及特点

流动机械的作业调度作为工厂内进行物流配送的主要手段,是保障海洋装备产品正

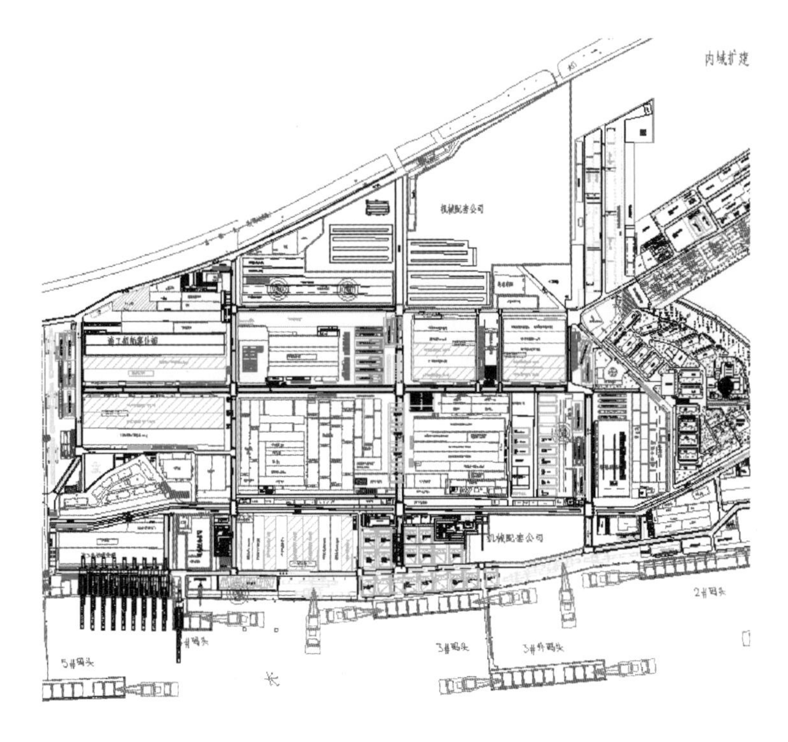

图 10－31　某大型海洋装备工厂部分场地布局图

常生产的重要组成部分。作业调度系统是连接流动机械与生产车间网络的信息和集散中心，通过对构件的运输、装卸等一系列操作进而保障构件的及时转移。图 10－32 所示为工厂内流动机械的调度过程。

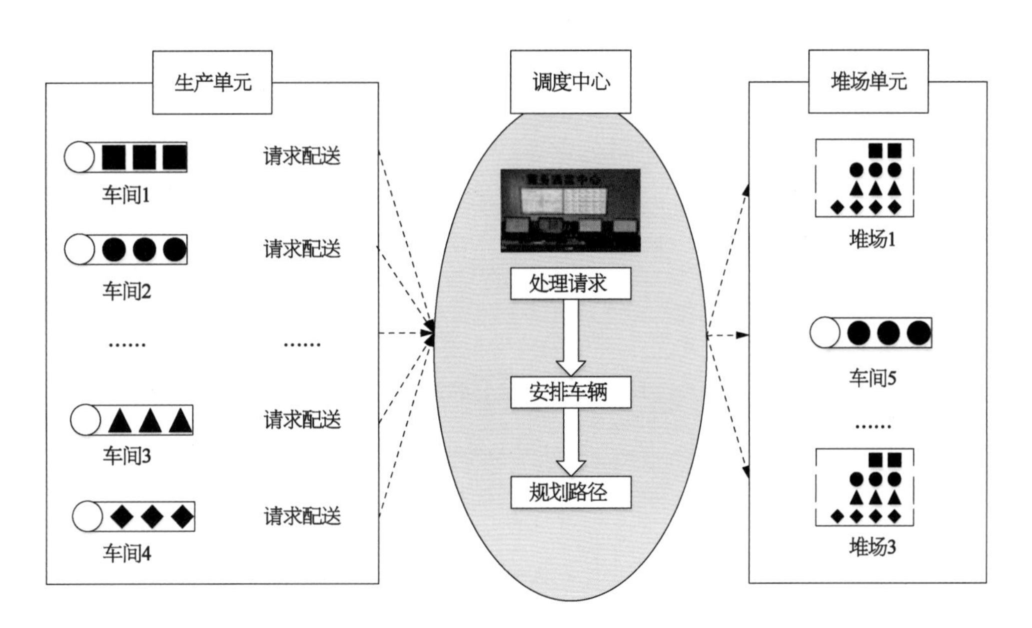

图 10－32　流动机械作业调度示意图

如图 10－32 所示，流动机械调度的整体是一个信息单向流通的过程，即申请端—调度中心—配送终端。其中涉及的调度资源主要是工厂内的流动机械，流动机械配备专门的驾驶人员。

调度中心接收用户端发来的配送请求，通过智能算法的调度求解多任务多约束下的配送方案，从而获取该配送方案下的多目标近似最优解。多目标可以是配送时间最短、车辆行驶时间最短或者车辆运行负载时间均衡等。然后调度中心智能分配符合要求的配送车辆前往指定地点取货，其中采用的智能算法可以求解多目标优化下的最优解。

配送车辆司机接通车载终端收到调度中心发送的配送任务。按照车载终端给出的路径前往指定地点装取货物，装取货物后司机同样按照车载终端给出的指定送货路径进行送货。送货过程中，流动机械车载终端 GPS 模块和各类传感器工作，负责定位流动机械的位置、监控流动机械的实时速度、采集发动机运行状态以及监控驾驶员的操作状态和操作规范程度并自动上传至集控平台，这些数据为流动机械作业调度过程中的控制环节提供数据支持。

要构建基于数字孪生的海洋装备产品工厂流动机械作业调度系统，首先需要分析其流动机械调度的整体业务流程，然后根据现有的数字孪生系统架构进行流动机械作业调度解决方案的详细设计。

图 10－33 描述的是海洋装备产品流动机械调度的整体流程。整个流程分为 8 个步骤，可划分为 5 个模块。图 10－34 是流动机械作业调度系统运行控制模块示意图。

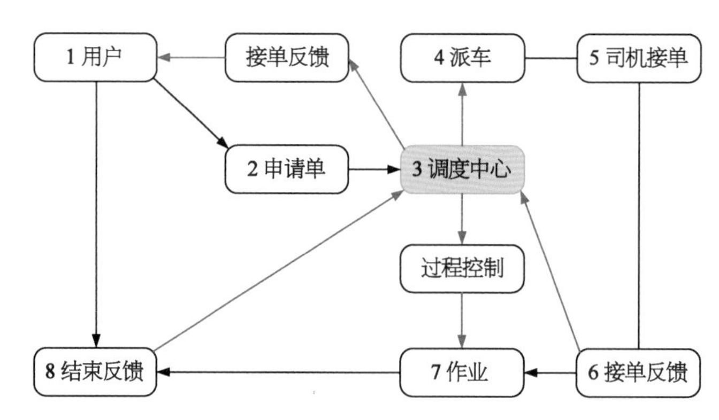

图 10－33　流动机械作业调度业务流程

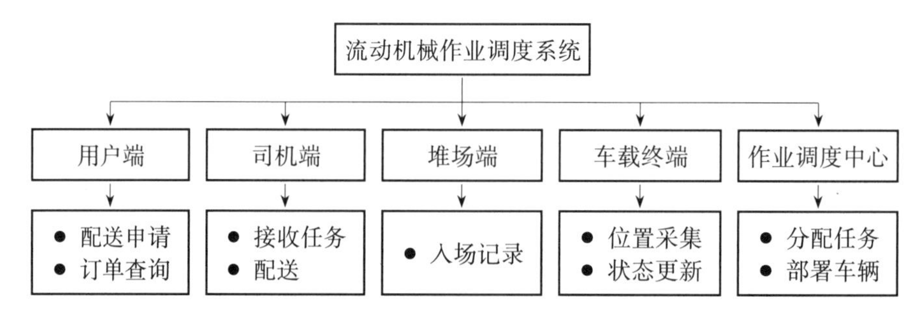

图 10－34　作业调度系统模块图

作业调度系统中各主要模块介绍如下：

(1) 用户端。用户端的主要功能有：

① 申请订单配送：用户在手持终端登录到流动机械配送平台，可以查询流动机械的使用情况、工作状态，接收到平台的实时消息推送以及配送车辆司机的工作评价等内容。根据以上内容，用户端结合需要配送的构件选择下达构件配送申请单，申请单的内容包括配送车辆型号、构件配送的地点、构件配送的目标堆场。

② 申请单状态查询：用户在提交申请单成功之后可以实时查看申请单的当前进度情况，其中包括分配的流动机械具体车辆编号、配送的具体路线、配送车辆司机的编号和联系方式以及预期配送车辆的预计到达时间。

(2) 配送车辆端/司机端。配送车辆端/司机端的主要功能有：

① 配送工作状态：配送中、空闲中和维修中。配送中表示此车辆正在执行构件的配送任务过程中；空闲表示此车辆停留在车辆等待区等待接收配送任务；维修中表示车辆正在检修不能正常工作。此外，司机还可以进行车辆点检、运行记录查询、车辆维保、物资领用发起、接收超速警报、进行文件、通知、学习资料浏览、对用户进行评价等。

② 接收配送任务：在车辆工作状态为空闲时司机会实时注意终端消息的状态，并且保持实时移动通信，同时发出配送任务信息。司机接收消息后确认接收任务，车辆工作状态由空闲转换为工作。

(3) 堆场端。构件到达目的地后，卸载构件进入相应堆场并且记录到堆场管理系统，配送相关消息传送至调度中心。

① 车载终端：负责定位车辆位置、采集发动机运行状态并自动上传至作业调度集控平台。

② 作业调度中心端：作业调度中心在接到数个配送请求后，经过信息层的数据处理后，给出相应的作业调度方案。通过智能算法和过程迭代运行为每个配送请求分配合适的配送车辆并且做好相应的路径规划，然后将配送部署方案直接发送给司机端。司机端接收任务，配送请求开始执行，过程中会由车载终端对配送车辆进行实时监控，对违规操作向司机发出警告。

整体来看，工厂内的流动机械调度过程比较直接，但是由于流动机械调度资源数量多、种类多，并且配送任务的复杂，造成各种资源间存在着相互制约和相互依赖的关系，因此有效地对各种配送任务和各类流动调度资源进行合理的安排和调度是提高工厂内生产物流配送的主要研究点所在。

工厂流动机械作业调度问题所具有的特点包括：

(1) 作业调度的连续性：由于产品加工过程中构件的转移、吊装等工序密集，通常流动机械的作业是在工作时间内连续作业的。

(2) 作业调度的动态性：受到具体作业调度情况的影响，在流动机械实际的作业调度过程中可能会面临插单调度、并单调度或者由于司机驾驶原因出现的其他问题等不确定因素，所以流动机械的作业调度计划需要根据实际的情况进行相应的动态调整。

(3) 作业调度任务的不平衡性：由于海洋装备产品生产中构件的生产运输占据了生

产物流的很大一部分,并且构件生产车间分布地点的原因会造成流动机械资源在使用工时上的不平衡。

(4) 作业调度的协调性：由于装卸流动机械资源、运输流动机械资源以及功能性流动机械资源是在作业调度中相互配合使用的关系,所以要求在已有资源的基础上综合考虑各流动机械资源部分之间的协调关系。

流动机械作业调度中,资源配置和调度策略是影响作业调度效率的关键因素,见表10-5。由表10-5可知流动机械作业调度既受到流动机械各部分资源的影响,还一定程度上受到环境、驾驶人员和作业调度计划合理性等因素的影响。目前对堆场约束条件不做考虑,在调度资源固定影响指标的前提条件下,将柔性影响指标作为主要考虑的优化指标来进行作业调度问题的优化研究。

表10-5　流动机械作业调度影响因素

影响因素	固定影响指标	柔性影响指标
堆场资源	(1) 堆场布局 (2) 堆场面积	(1) 堆场周转周期 (2) 堆场堆放规则
装卸机械资源	(1) 装卸机械种类 (2) 装卸机械数量 (3) 装卸机械处理效率	(1) 移动距离 (2) 移动时间 (3) 停等时间
运输机械资源	(1) 运输机械种类 (2) 运输机械数量 (3) 运输机械装载量	(1) 运输距离 (2) 停等时间 (3) 空载时间
功能性机械资源	(1) 装卸机械种类 (2) 装卸机械数量 (3) 装卸机械处理效率	(1) 移动距离 (2) 移动时间 (3) 停等时间
其他因素(环境、驾驶员、计划合理性)	(1) 天气情况 (2) 驾驶员情况	(1) 配合天气的作业调整 (2) 驾驶员操作规范水平

工厂内的流动机械负责整个生产基地的拼装、转运、吊装、总装、整改等工作,在工厂基地中起到了一个承上启下的关键作用,但同时由于流动机械的作业调度涉及的人员多、车辆多以及区域广,导致流动机械作业调度模块是一个风险度较高的环节,合理的作业调度安排以及严格执行控制是必需的。针对工厂内的流动机械资源按照不同的功能可以进行以下的分类：

(1) 装卸流动机械资源。装卸流动机械是在构件生产车间处或者部件中间处理工序后对部件进行搬运、装卸的专用设备,装卸流动机械一般集中在生产车间附近或者海洋装备产品装配的沿岸附近,其主要功能是进行部件的短距离搬运和装卸。在本书中,海洋装备产品工厂内装卸流动机械资源主要包括门机、叉车、吊车以及轮道式起重机等,这些都是在构件或者部件装卸过程中常用到的流动装卸机械设备。当进行整个产品的移动时,还需要用到浮吊,这也属于流动机械资源。

(2) 运输流动机械资源。工厂内作业面积数十万平方米，部件的转移是一个复杂的过程，装卸流动机械只适合短距离的活动，并且装卸机械装卸对象很大一部分落脚处是运输流动机械资源，因此需要运输流动机械来进行构件以及部件的转移。主要的运输流动机械资源有内部集装箱卡车以及液压平板车等，在作业调度的过程中需要考虑车辆的装载能力，提高效率。

(3) 功能性流动机械资源。作为流动机械资源里辅助性设备，功能性流动机械资源主要是辅助装卸流动机械资源和运输流动机械资源的使用，主要的功能性流动机械资源有牵引车和登高车等设备。

由于工厂中流动机械资源的流动量和流动距离比较大，且主要分布在工厂中的车辆停放区，对于调用需要提前进行调度安排，装卸和功能性流动机械停放分散，对于其需求的话基本可以做到"随叫随到"。所以主要考虑多种运输流动机械资源的调用，对其他作业调度资源进行实时监控。

10.2.1.2　流动机械作业调度问题定义

本书中的流动机械作业调度问题是建立在多个配送任务请求条件下、多个构件配送地点的基础之上，属于典型的 NP－Hard 难题，对于大规模求解和快速求解要求比较高。

工厂内的流动机械调度模型问题可以归纳描述为：在海洋装备产品工厂内，有多个车间进行构件的生产、喷涂和吊装等工序，还有一个流动机械调度管理中心进行流动机械的调度安排。调度管理中心提前收集配送任务要求，从而组织安排多车辆同时向多个配送申请车间进行取货，按照配送请求和调度安排在规定的时间内将构件送到相应的堆场或者是其他工序车间。结束配送请求后，各流动机械根据任务安排继续执行任务或者是就近停放在流动机械停放区，等待下一次的任务调配。由于流动机械数量比较多、工厂基地面积较大且路径复杂，需要得到一组解决方案能够满足以下要求：

(1) 在流动机械作业调度分过程中应该重点考虑配送任务所需车辆的数目，在保证能完成任务的情况下应该尽量减少车辆的使用数量，做到车辆使用的有序可控。

(2) 流动机械调度一个很重要的问题就是如何协调众多参与调度车辆的使用工时均衡率，在调度过程中使用工时存在两极化现象造成了资源的浪费，所以在作业调度安排中应尽可能做能参与作业的流动机械作业工时具备一定的均衡性。

(3) 在流动机械作业调度配送过程中，确保接收配送请求的车辆从取货点到卸货点的路径是最优的。

对于配送任务，单个任务完成后方可执行下一个任务；对于配送货物较多的任务，车辆可以进行折返多次配送，折返路径不变化。

另外，在配送过程中可能会出现许多不确定因素，如紧急插单、订单取消以及车辆故障等引起的订单需要重新分配的情况。由于人为操作或者道路情况等导致车辆不能按照预定的行驶路线进行配送，需要重新规划路线。以上情况需要算法对配送过程进行动态调整。

在面对配送任务调整、车辆状况变化或者道路情况变化的情况下需要启动作业调度动态调整机制。本书采用即时调度策略，即在物理环境出现动态变化的情况下，将出现的动态因素与原有的配送请求合并为新的整体，并在此基础上使用静态调度算法进行重新作业调度，生成新的作业调度安排和路径规划方案。

10.2.2 物流配送与调度建模

10.2.2.1 条件假设

通过对流动机械作业调度问题的分析，可以知道流动机械的作业调度实质是合理分配调度资源并且制定优化的路径规划路线，高效率完成配送任务的过程。在该过程中，各个配送点的位置已知，配送订单的目的地已知，调度资源流动机械的装载能力和行驶速度等已知。为了达到目标函数的最优解，需要对调度资源流动机械进行合理分配并且制定行驶路线。为了解决流动机械作业调度多目标优化问题，考虑如下假设条件：

(1) 配送申请订单取货点和配送目的地已知，流动机械的在工厂内的各个停放区域已知；

(2) 工厂内的调度资源——流动机械的数量、类型和装载能力以及行驶速度限制等均已知；

(3) 不考虑堆场的入库堆放规则；

(4) 流动机械驾驶人员操作除速度控制凭主观操作，其他操作符合工厂规定的驾驶人员操作规范。

10.2.2.2 数学模型

配送申请发出后要达到的派送车辆最少、派送车辆使用工时均衡和派送车辆路径最优的目标，在以上对该模型设立的假设条件成立的前提下，建立流动机械作业调度的数学模型如下：现假设有 n 个配送申请点，$A=\{a_1, \cdots, a_n\}$，配送申请订单的目的地有 m 个，$B=\{b_1, \cdots, b_m\}$，配送申请点和配送目的地根据配送请求具有对应映射的关系，流动机械的可用送数量为 M，L 表示车辆单次的最大续航里程。

定义 $G\equiv(N, E)$ 表示工厂内的无向路网结构图，其中 N 代表的是道路交叉点集合，E 代表的是各个道路交叉点之间的路段。如果两交叉点 n_p 和 n_q 之间有且仅有一条路段则用 $e(p, q)\in E$ 表示。假设交叉点 $S\in N$ 为配送申请的道路起始点，道路终点为交叉点 $D\in N$，则交叉点 S 至 D 的路径可以用多个连续的交叉点序列进行表示：

$$P(S, D)=\{n_1, \cdots, n_m \mid n_1\equiv S, n_m\equiv D, m>1, e(n_k, n_{k+1})\in E, 1\leqslant k<m\} \tag{10-17}$$

定义 $l(e(p, q))$ 作为路段 $e(p, q)$ 的长度，表示路段 $e(p, q)$ 上车辆的行驶距离。从而对应可知，$l(P(S, D))=\sum_{k=1}^{m-1} l(e(n_k, n_{k+1}))$，$n_1\equiv S$，$n_m\equiv D$ 代表的是路径 $P(S, D)$ 之间的车辆行驶距离。

定义 $N(a_i)\in N$ 表示距离配送取货点最近的道路交叉点 a_i，$N(b_j)\in N$ 表示距离配送卸货点最近的道路交叉点 b_j。从配送请求取货点至配送卸货点的距离，可以用距离取货地点和卸货地点最近的道路交叉点来进行表示：$l(P(N(a_i), N(b_j)))$。

定义 给定任务安排下，在约定时间内能够完成任务的情况下，作业调度中使用车辆

的数目为有 c 个，$C=\{c_1^s, \cdots, c_k^s\}$，$s$ 代表车辆的工作状态，g_c 表示车辆的任务量，Q_c 表示车辆的装载能力。假设每辆车对应的平均速度为 $\{v_1, \cdots, v_c\}$。

综上，涉及多配送取货点、多配送卸货点和多种流动机械的作业调度问题，是面向多个取货点 $a_1, \cdots, a_n$ 和多个卸货点 $b_1, \cdots, b_m$ 进行流动机械的调度，同时以最小化流动机械使用数量、最大限度地均衡各流动机械使用工时和最小化单个流动机械最大行驶路程为目标，具体模型：

$$\min f_1(x)=\min T=\min(P(N(a_i), N(b_j))), i=1, 2, \cdots, n \tag{10-18}$$

$$\min f_2(x)=\min M=\min\{k\} \tag{10-19}$$

$$\max f_3(x)=\max B=\min\left\{\sqrt{\sum_{i=1}^{k}\frac{(t_i-(\sum_{i=1}^{k}t_i)/k)^2}{k}}\right\} \tag{10-20}$$

决策变量如下：

$$x_{ijk}=\begin{cases}1, & \text{车辆 } k \text{ 从车间 } i \text{ 行驶到车间 } j\\ 0, & \text{其他}\end{cases} \tag{10-21}$$

$$u_{ik}=\begin{cases}1, & \text{车间 } i \text{ 由运输车 } k \text{ 进行配送}\\ 0, & \text{其他}\end{cases} \tag{10-22}$$

$$y_i=\begin{cases}1, & \text{货物装入车辆}\\ 0, & \text{其他}\end{cases} \tag{10-23}$$

同时需要满足以下约束条件：

$$g_c u_{ik}\leqslant Q_c, c=1, 2, \cdots, k \tag{10-24}$$

$$c_c^s=1, c=1, 2, \cdots, k \tag{10-25}$$

$$k\leqslant M \tag{10-26}$$

$$\sum_{c=1}^{k} l(P(N(a_i), N(b_j)))\leqslant L \tag{10-27}$$

$$\sum_{l=0, i\neq 1}^{n} x_{ijk}=\sum_{j=0, i\neq j}^{n} x_{ijk}=u_{ik} \tag{10-28}$$

$$\sum_{i=1}^{n} l_i j_i h_i y_i\leqslant V \tag{10-29}$$

$$\sum_{i=1}^{n} g_i y_i\leqslant G \tag{10-30}$$

$$\sum_{i=0}^{n}\sum_{k=1}^{m} x_{ijk}=1, j=0, \cdots, n \tag{10-31}$$

$$\sum_{j=0}^{n}\sum_{k=1}^{m} x_{jik}=1, i=0, \cdots, n \tag{10-32}$$

上述模型中的目标函数式(10-18)表示从 n 个配送申请点到 m 个配送目的中最小化单个流动机械最大行驶路程，目标函数式(10-19)表示最小化使用的流动机械数量，目标函数式(10－23)表示最大化各个作业调度机械使用工时的均衡率。约束函数式(10－24)表示流动机械的装载能力约束;约束函数式(10－25)表示流动机械的状态约束,只有状态为空闲的时候才可以执行下一次作业调度安排,约束函数式(10－26)表示作业调度的车辆约束,作业的车辆数目应小于总的车辆数,约束函数式(10－27)表示单个车辆单词行驶里程小于车辆续航里程的约束。约束函数式(10－28)表示进入配送申请点 i 的流动机械必须从该申请点离开;约束函数式(10－29)表示装载时的体积容量约束,约束函数式(10－30)表示装载时的重量容量约束;约束函数式(10－31)和式(10－32)表示每个需求点一个时间点只有同一类型的一辆车对此进行服务。

在需要动态调整的情况下分为两种情况进行模型的建立。

(1) 订单任务的重新分配。有新订单或者取消订单情况的发生情况下需要对订单进行重分配,当车辆发生故障时也可以看作是新订单的产生。这时候建立的优化目标模型和静态情况下的优化目标相同,同样是单个流动机械行驶路路程最短、车辆数最少以及车辆使用公式均衡率最大。

(2) 行驶路径的重新规划。当遇到道路故障或者操作人员驾驶偏离路线的时候需要对车辆的行驶路径重新进行规划。此时的目标函数只有一个行驶路径最短,

$$\min f(x)=\min T=P(N(a_i),\ N(b_j))\quad i=1,\ 2,\ \cdots,\ n \tag{10-33}$$

在动态调度调整中也存在诸多约束,其约束基本和静态调度的约束条件类似,具体不同的编码约束在动态调度流程的时候提出。

10.2.3 物流配送与调度优化算法

10.2.3.1 染色体编码

常用的一维自然数编码方式在本书中不适合使用,针对本书的实质性问题需求,不采用一维的染色体编码方式,采用数字和字母相结合的编码方式。对于任务中的 n 个配送申请点和 m 个配送目的地以及变化的车辆数,本书采用基于随机的编解码方式,此种编码方式在表现上更加简单、易于理解,更加适用于本书问题模型的求解。本书的染色体分为编码、解码和整合三个阶段,由于本书优化目标中有最小化车辆数,所以随机生成的染色体中会有一位介于1至最大可用车辆数之间的随机数表示此染色体方案下使用的车辆数目,具体步骤如下:

1) 步骤1:编码

假设随机生成的使用的车辆总数目为 k,并且已知配送申请点为 n 个,配送申请点为 m 个,则:

(1) 编码阶段1的长度为 $n+1$,其中染色体中除车辆数目基因位外各个基因的取值范围为 $1\sim n+1$。其中第 $1\sim n$ 位基因表示的是配送申请点的编号,第 $n+1$ 位基因表示的是随机生成的车辆数目。当使用的车辆种类数目为 w 种时,车辆数目整体 k 被分为 w 段,每一段的长度为 w_i, $i=1,\ 2,\ \cdots,\ w$, w_i 介于 $1\sim w$ 之间,随后将 w_i, $i=1,\ 2,\ \cdots,\ w$ 随机分配给 w 种车辆类型。

(2) 编码阶段 2 的长度为 n，表示的配送申请点需要的车辆类型，从 $1\sim n$ 位与编码阶段 1 的基因位一一对应。

(3) 编码阶段 3 的长度为 n，表示的是和配送申请点相对应的配送目的地，从 $1\sim n$ 位与编码阶段 1 的基因位一一对应。

编码阶段主要是确定总的车辆数目以及分配到每种类型车辆的数目。

2) 步骤 2：解码

步骤 2 的主要工作是对步骤 1 中的编码进行解码操作具体如下：

(1) 解码阶段 1。以车辆类型为分类标准，以染色体的原始排列为顺序，将编码分为 w 个模块，每个模块的内容形式和染色体相同。当使用的车辆种类数目为 w 种时，车辆数目整体 k 被分为 w 段，每一段的长度为 w_i，$i=1, 2, \cdots, w$，w_i 介于 $1\sim w$ 之间，随后将 w_i，$i=1, 2, \cdots, w$ 随机分配给 w 种车辆类型。

(2) 解码阶段 2。在解码阶段 1，每种类型的车辆被随机分配了一定数量的车辆数 w_i，$i=1, 2, \cdots, w$，将每一个模块中使用的车辆数目这里记为 k_i，$i=1, 2, \cdots, w$，将每种类型车辆承担的总任务数量 C 分为 k_i 份，其中 k_i 是介于 $1\sim C$ 之间的整数，之后将 k_i 个任务集合分配给 k_i 个车辆。其他模块按同样的方式进行车辆任务的分配。

(3) 解码阶段 3。按照解码阶段 1 和阶段 2 的结果得到各个车辆服务的配送点序列集合。

3) 步骤 3：整合

配送目的地编码添加。由解码阶段得到了每种类型中每个车辆被分配的任务集合，按照编码的顺序确定了每辆车所负责的任务集合对应下各个配送点的配送线路。由于每个配送申请点已经具有确定的目的地，按照建立模型的条件，所以从配送申请点至目的地的路径选择根据染色体编码已经可以确定，其基本形式是车辆从配送申请点—送货点—配送申请点—申请点的路径模式。所以把每个配送点的目的地添加到解码中，方便后面路径优化。

下面举例说明染色体编码和解码的具体过程，工厂内有 3 个车辆停放区，假设配送申请任务有 10 个即配送点有 10 个，其编号顺序为 1～10，配送目的地有 5 个，其编号顺序为 1～5，染色体随机生成车辆数目为 5 辆。根据编码规则，制定编码阶段 1 的长度为 11 位，其中 1 ～ 10 位为配送申请点基因位，第 11 位为随机生成的车辆数目基因位，编码阶段 2 的基因位长度为 10 位，每一个基因位的元素代表对应编码阶段 1 中配送申请点需要的车辆类型。编码阶段 3 中含有 11 个基因位，每一个基因位的元素代表对应编码阶段 1 中配送申请点需要配送至目的地的序号。由假设的配送任务申请数量、配送目的地可得到染色体编码{(2, 9, 3, 1, 7, 5, 4, 10, 8, 6), (A, C, C, A, B, C, A, B, C, C), (5, 2, 1, 2, 1, 3, 4, 5, 2, 1)}，关于编码的具体编码和解码步骤如图 10 - 35 所示。

从染色体可以知道使用的总的车辆数目为 5 辆，使用到的车辆种类有 3 种。由图解码阶段 1 可以得知，车辆 A、B 和车辆 C 被随机分配到的车辆数目分别为 2、1 和 2 辆。从解码阶段 2 可以知道车辆 A 负责的任务数量为 3，并且任务被分成了 2 个集合，分别为 C1=1 和 C2=2。同样的道理，车辆 B 负责的任务数量为 2，并且任务被分成了 1 个集合，

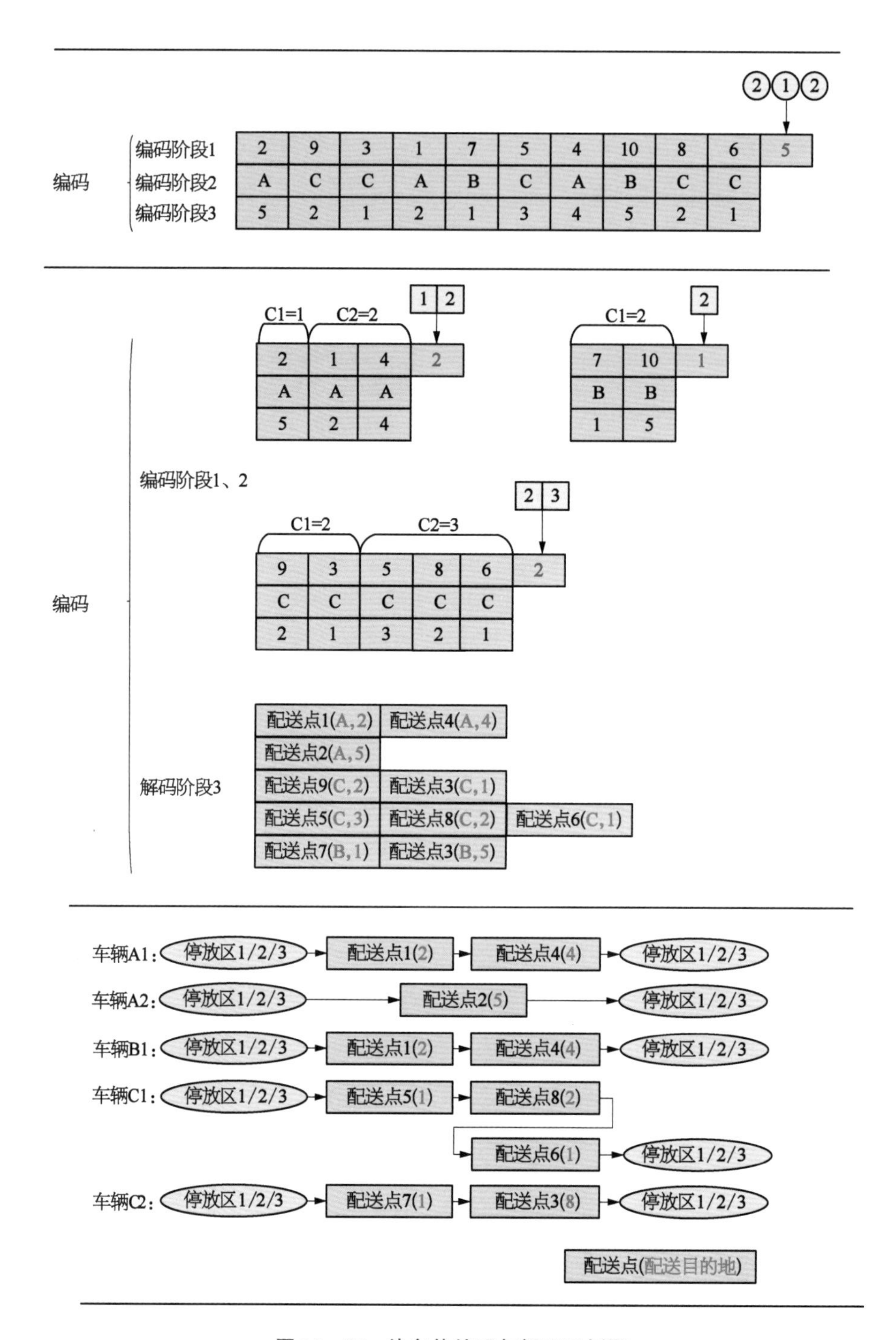

图 10-35　染色体编码与解码示例图

为 C1=2。车辆 C 负责的任务数量为 5,并且任务被分成了 2 个集合,分别为 C1=2 和 C2=3。

根据解码阶段 3 以及最后的整合可以得到,车辆 A1 负责的配送申请点集合为{1,4},车辆 A2 负责的配送申请点集合为{2},车辆 B1 负责的配送申请点集合为{7,10},

车辆 C1 负责的配送申请点集合为{9,3},车辆 C2 负责的配送申请点集合为{5,8,6}。可知车辆 A1 的配送申请点服务顺序为：停放区 1/2/3→配送点 2(目的地 5)→停放区 1/2/3;车辆 A2 的配送申请点服务顺序为：停放区 1/2/3→配送点 1(目的地 2)→配送点 4(目的地 4)→停放区 1/2/3;依次类推,车辆 C2 的配送服务顺序为：停放区 1/2/3→配送点 7(目的地 1)→配送点 3(目的地 5)→停放区 1/2/3。

10.2.3.2　染色体交叉与变异

1）染色体交叉

此书中的交叉操作在 PMX 交叉算子的基础上,根据具体的问题模型稍作修改,由于染色体编码中有车辆数目这一基因位,对这一基因位作变动也有利于保证种群的多样性。

具体的交叉操作发生在染色体解码的第一阶段,在两条父代染色体的前 n 位选取两个交叉点,将两个父代染色体交叉点之间的基因位进行互换,同时定义一个映射,然后根据映射规则替换交叉点之外的基因位序号。具体的交叉操作如图 10－36 所示,图 10－36 中只描述了编码阶段 1 中各基因位的交叉,需要注意的是与编码阶段 1 对应的编码阶段 2 和编码阶段 3 同时进行交叉。

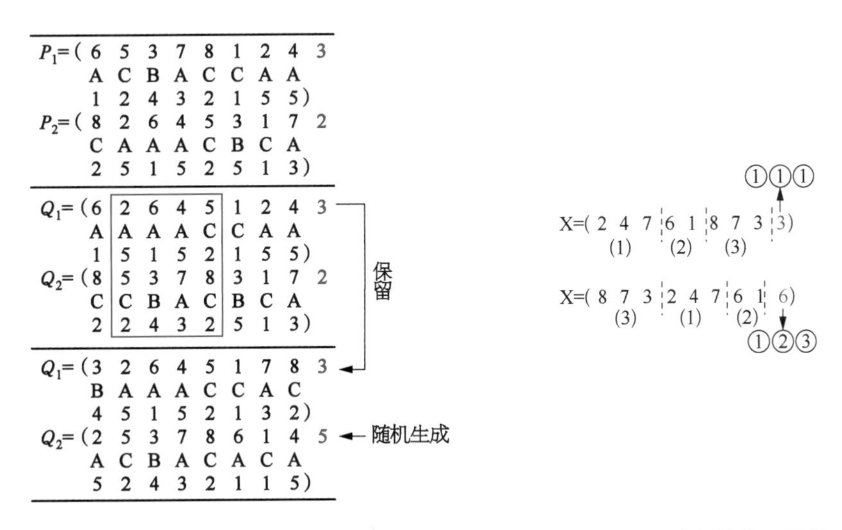

图 10－36　染色体交叉操作　　图 10－37　染色体变异操作

2）染色体变异

对染色体的变异操作主要针对车辆数目的变异、车辆服务配送申请点的变异进行操作,首先根据原始染色体总的车辆数将配送点集合分为(1)(2)(3)个集合,将 3 个集合调换位置,确保每个集合不是原来的顺序。再次,随机生成车辆数目总数目按照车辆种类分成相应段数并随机分配给不同类型的车辆。根据车辆数目重新随机生成每辆车负责的配送申请点集合数量,具体变异操作如图 10－37 所示。图 10－37 中只描述了编码阶段 1 中各基因位,需要注意的是与编码阶段 1 对应的编码阶段 2 和编码阶段 3 同时进行相应的操作。

算法根据一定的变异概率对个体进行变异操作，过低和过高的变异概率都会破坏种群的多样性和优良特性，选择合适的变异概率对算法至关重要。

10.2.3.3　蚁群算法

蚁群算法部分主要是针对多目标优化中单个车辆行驶里程最短的目标函数求解，该算法主要是由启发式信息、信息素更新以及节点转移策略三个部分组成。

1）工厂无向路网结构图

图 10－38 所示是海洋装备产品工厂的无向路网结构图 $G \equiv (N, E)$，该图清晰地显示了各个节点之间的连通状况和节点位置状况。

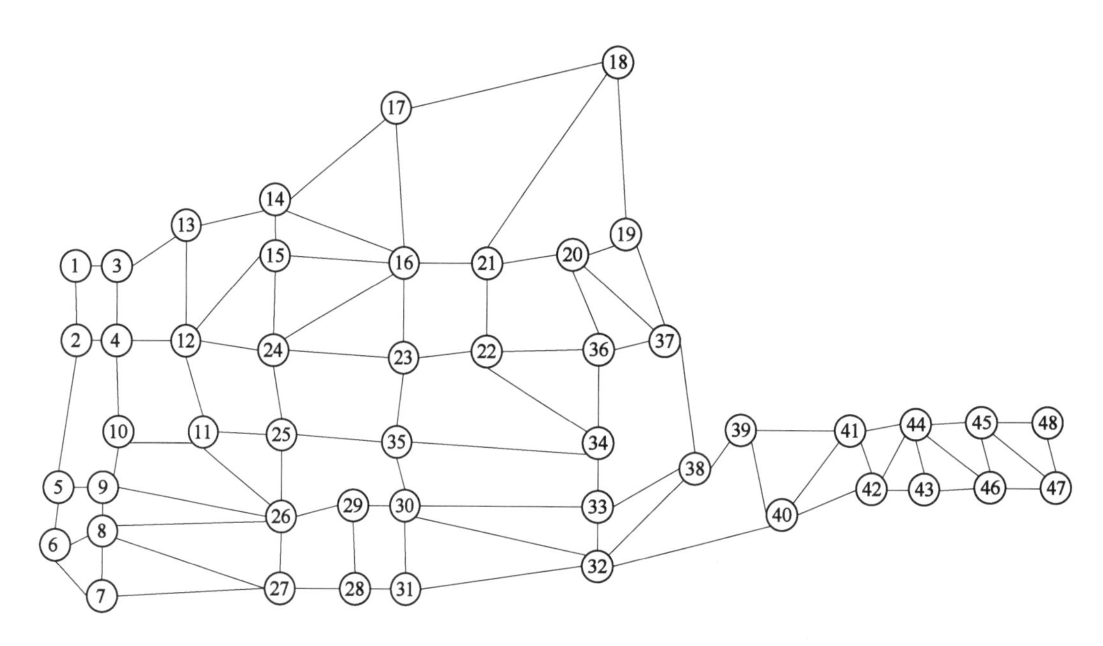

图 10－38　工厂路网结构图

2）启发式信息

在车辆行驶过程中选择路径节点时，距离目的地最近的节点是被优先选择的，换而言之，启发式信息与距离目的地的路程成反比关系。由此可得路径段(p, q)上的启发式信息可以用公式 $\eta_{pq} = 1/l(P(N(q), N))$ 来进行表示。

3）信息素局部和全局更新

如图所示，用矩阵表示路径节点之间的信息素，其中 τ_{pq} 代表的是路径段 $e(p, q)$之间的期望度值。每当蚂蚁完成一次路径寻优搜索以后，信息素将进行局部更新，方式如下：

$$\tau_{pq}(t) = (1 - \xi)\tau_{pq}(t) + \xi\tau_0 \tag{10-34}$$

新的种群通过非支配排序以及精英策略产生以后，此时需要对各条路段进行信息素浓度的全局更新，更新方式如下：

$$\tau_{pq}=\begin{cases}(1-\rho)*\tau_{pq}(t)+\rho\Delta\tau,\ rank=1;\\ \tau_{pq}(t)-t*\delta,\ \text{else}\end{cases} \tag{10-35}$$

式中，$rank=1$ 表示的是遍历整个染色体种群，确定每个染色体在非支配排序后所处的层数，层数为 1，即代表其目标值是非支配解。为了确保此路径在之后的迭代中增加被选中的概率，按照上述公式第一段函数增加对应路径的信息素浓度，否则按第二段函数减少其信息素。

4）节点转移策略

$$q=\begin{cases}\arg\max\limits_{s\notin Tabu()}\{(\tau_{ps})^{\alpha}*(\eta_{ps})^{\beta}\}, & rand()\leqslant q_0\\ Q, & \text{else}\end{cases} \tag{10-36}$$

$$Q:P_q=\begin{cases}\dfrac{(\tau_{pq})^{\alpha}*(\eta_{pq})^{\beta}}{\sum\limits_{s\notin Tabu()}(\tau_{ps})^{\alpha}*(\eta_{ps})^{\beta}}, & q\notin Tabu()\\ 0, & \text{else}\end{cases} \tag{10-37}$$

式中，$Tabu()$ 表示该蚂蚁已经路过节点的集合，$rand()$ 表示产生的随机数，当满足 $rand()\leqslant q_0$ 的时候，执行公式(10 - 37)，即把满足最大信息量的节点 s 赋给 q，否则利用轮盘赌方法在可选的范围内选取节点 q。

10.2.3.4　精英个体选择策略

NSGA - Ⅱ精英个体选择策略是隐性精英保留策略，虽然可以在很大程度上提高算法的收敛速度，但是其保留策略也会经常导致种群提前收敛或收敛于局部最优现象的发生。针对此情况提出改进策略，对于改进前后的精英个体选择策略如图 10 - 39 所示。

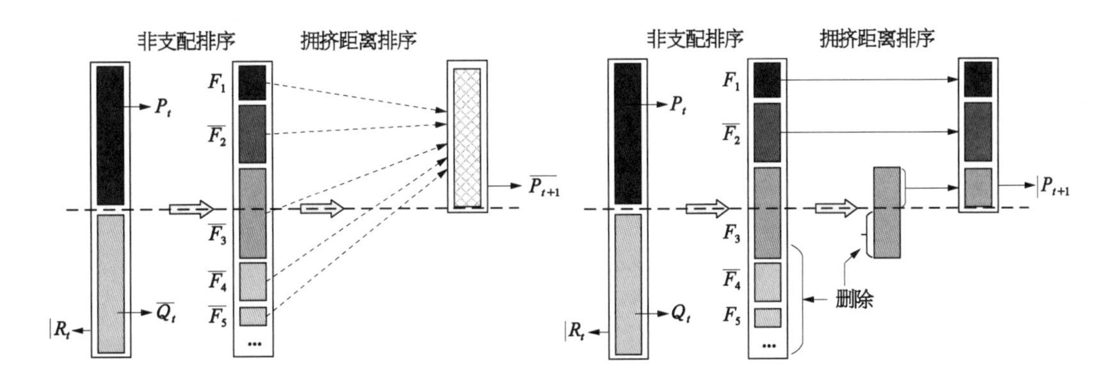

图 10 - 39　改进前后精英个体选择策略

目前引入一种精英个体选择方法，该方法的优势是可以将大多数的精英个体保存下来，与此同时将少部分的精英舍弃，解决了原算法选择策略存在的问题。该方法基本思想为：使用非支配排序方法对 R_t 进行排序，然后得到 F_1，F_2，…，F_n 各个 Pareto 前沿，之后以某一分布函数选取个体进化父代种群 P_{t+1}，选取的部分为每一级非支配前沿的部分：

$$n_i = |F_i| * e^{-i^2/2} \tag{10-38}$$

10.2.3.5 选择近似最优解

在本书的作业调度优化问题中，优化的目标有三个：所有车辆行驶路程最短、使用车辆数最少以及最大化调度车辆的使用工时均衡率。通过 NSGA-Ⅱ 和蚁群算法相结合的混合智能算法迭代寻优，可以得到一组 Pareto 最优解集 $\{X^*\}$，则对应最优边界为：

$$PF^* = \{f(x) = (f_1(x),\ f_2(x),\ f_3(x)) \mid X \in \{X^*\}\} \tag{10-39}$$

采用以下步骤来选择 Pareto 解集中的近似最优解：

(1) 依次对每个目标函数的值进行求和：$\mathrm{sum}_i = \sum f_i(X)$，$X \in \{X^*\}$，$i = 1$，2，3。

(2) 定义并计算每个目标函数值对应的权重系数：$\lambda_i = \dfrac{1}{\mathrm{sum}_i}$，定义并计算标准化目标函数值：$f_{\mathrm{nor}i}(X) = \lambda_i * f_i(X)$，$X \in \{X^*\}$，$i = 1$，2，3。

(3) 按照目标函数求出标准化后的函数中的理想最值点：$M(\min f_{\mathrm{nor1}}(X),\ \min f_{\mathrm{nor2}}(X),\ \max f_{\mathrm{nor3}}(X))$。

(4) 定义并计算：$Dis_i(X) = | f_{\mathrm{nor}i}(X) - \min f_i(X) / \max f_i(X) |$。

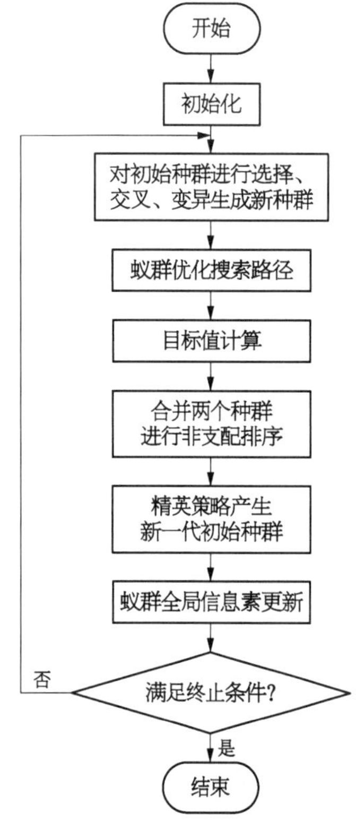

图 10-40 混合算法流程

(5) 定义并计算经过三个优化目标函数标准化处理后的目标函数值与其对应处理后的理想最值点之间的距离之和：$\sum_{i=1}^{3} Dis_i$。

(6) 求解出距离和最小所对应的解 X。

初始求得的三个目标函数值之间因为量纲和大小的原因不具备可比性，通过上述标准化处理可以使得理想化最值与每个函数值的距离具备量化比较的条件，由此种方式可以求出一个相对来说性能最好的解。

10.2.3.6 混合算法流程

本章提出基于改进 NSGA-Ⅱ和蚁群算法的混合智能算法求解车辆调度问题，主要是染色体编码的设计，染色体的交叉和变异，蚁群算法的路径寻优，精英个体选择策略以及近似最优解选择的过程。混合算法的主要流程如图 10-40 所示。

算法的基本过程包括：首先进行染色体编码，初始化种群并通过选择、交叉和变异生成新的种群，接着利用蚁群算法对每个染色体进行路径寻优，接着进行优化指标目标函数的计算，根据精英选择策略选择部分个体进入新一代初始种群，接着更新路径全局信息素。循环执行以上步骤，直到达到迭代终止条件。

10.2.3.7　动态混合算法调度流程

动态调度算法步骤，由于采用即时调度动态调整策略，动态调整算法如图 10－41 所示，主要分为以下步骤。

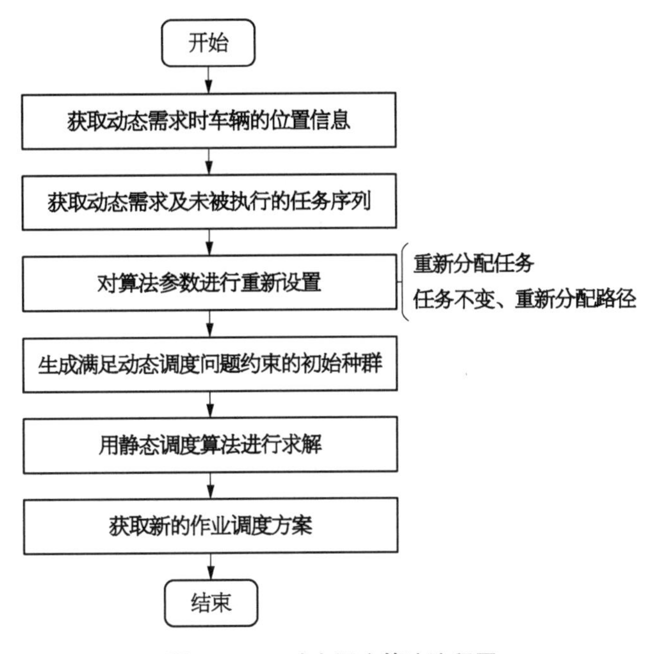

图 10－41　动态调度算法流程图

(1) 首先获取动态调整需求，同时获得未被执行的任务序列。

(2) 染色体重新编码以及染色体交叉和变异时设立约束。

① 重新分配任务：将已执行的配送点基因位按照执行完的顺序放在新配送任务基因位以及未被执行任务序列的前面，染色体编码新的配送点基因位和未执行任务的基因位序列顺序不变，从而生成约束下的染色体编码。

② 任务不变，重新分配路径：获取当前车辆的位置以及未执行的序列重新生成染色体编码，使用算法进行路径规划。

(3) 将动态调度问题转化为静态调度问题，利用静态调度方法求解。

(4) 得到调整后的新的作业调度安排。

采用的即时调度策略，即在物理环境出现动态变化的情况下，将出现的动态因素与原有的配送请求合并为新的整体，在重新进行任务优化或者路径优化时，制定相应的染色体编码约束，在此基础上使用静态调度算法进行重新作业调度，生成新的作业调度安排和路径规划方案。

10.2.4　某海洋装备企业物流配送与调度实例

10.2.4.1　案例数据

平台在统一接收配送请求后，根据车辆的配送位置、数量以车型进行作业调度分配，选用工厂某一天的订单配送请求，订单详细信息见表10－6。假设流动机械的数量足够使用，订单的时间窗约束统一为当天配送即可，所以中心第一时间接收到订单后不需要立即派遣车辆，而是先进行信息统一合并与筛选。

表 10－6 案例数据表

订单编号	配送申请点	配送点	配送量	配送要求
1	a2	t1	2	当天送达
2	a2	t5	1	当天送达
3	a2	t6	1	当天送达
4	a2	t8	1	当天送达
5	a2	t10	2	当天送达
6	a2	t11	1	当天送达
7	a3	t2	2	当天送达
8	a3	t3	1	当天送达
9	a3	t4	1	当天送达
10	a3	t13	2	当天送达
11	a3	t16	1	当天送达
12	a4	t3	1	当天送达
13	a4	t6	2	当天送达
14	a4	t7	2	当天送达
15	a4	t9	2	当天送达
16	a4	t16	1	当天送达
17	a5	t6	1	当天送达
18	a6	t11	1	当天送达
19	a7	t5	1	当天送达
20	a8	t2	1	当天送达
21	a8	t6	1	当天送达
22	a8	t7	2	当天送达
23	a8	t11	1	当天送达
24	a8	t5	1	当天送达
25	a8	t15	2	当天送达
26	a8	t16	1	当天送达
27	a9	t1	2	当天送达
28	a10	t1	1	当天送达
29	a10	t4	2	当天送达
30	a10	t6	1	当天送达
31	a10	t8	2	当天送达
32	a10	t10	1	当天送达

（续表）

订单编号	配送申请点	配送点	配送量	配送要求
33	a10	t7	2	当天送达
34	a11	t3	1	当天送达
35	a11	t5	2	当天送达
36	a11	t7	2	当天送达
37	a11	t9	1	当天送达
38	a11	t11	2	当天送达
39	a12	t6	1	当天送达

工厂内有三个流动机械聚集停放区，在任务过程中车辆可以就近停放在配送点或者配送终点附近的临时停车区，当每天任务完成后车辆都会就近停放在三个配送区内以便于统计和管理，三个车辆聚集停放区分别布置在路网节点 15、26 和 38 处，假设每个停放区有足够多车辆以供调用，除运输流动机械资源装载量为 3 以外其他两种类型装载量为 1。流动机械停放区如图 10－42 所示。

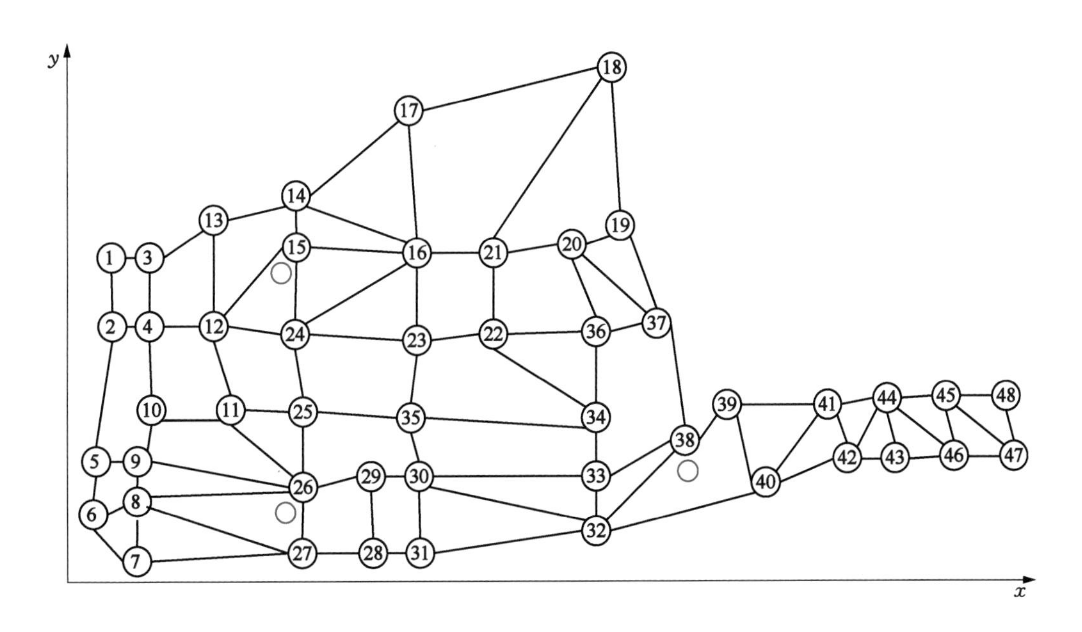

图 10－42　流动机械停放区示意图

10.2.4.2　NSGA－Ⅱ算法计算结果分析

使用 NSGA－Ⅱ算法计算时，染色体编码方式相同，路径采用人工经验中使用率最高的方案，其参数设置具体为：种群数目设置为 100，最大迭代次数设置为 500 次，染色体的交叉和变异概率分别为 0.6 和 0.05。采用 MATLAB 软件进行计算，最终得到一组 Pareto 最优边界，输出结果见表 10－7。

表 10-7　NSGA-Ⅱ计算所得 Pareto 最优边界

F_1	F_2	F_3	F_{nor1}	F_{nor2}	F_{nor3}	MD
24	11 330	1.35	0.056	0.089	0.038	0.084
21	13 726	1.74	0.049	0.108	0.049	0.107
28	9 680	1.9	0.066	0.076	0.054	0.096
15	9 150	2.56	0.035	0.072	0.073	0.080
30	13 224	1.02	0.071	0.104	0.029	0.103
29	11 680	2.05	0.068	0.092	0.058	0.118
21	9 966	1.89	0.049	0.078	0.054	0.081
17	12 894	2.09	0.040	0.101	0.059	0.101
15	11 248	2.67	0.035	0.088	0.076	0.099
20	9 160	1.58	0.047	0.072	0.045	0.064
29	14 328	1.21	0.068	0.113	0.034	0.115
18	9 796	1.67	0.042	0.077	0.047	0.067
29	13 414	1.34	0.068	0.106	0.038	0.112
17	9 870	1.97	0.040	0.078	0.056	0.073
17	16 678	2.05	0.040	0.131	0.058	0.129
18	15 832	1.56	0.042	0.125	0.044	0.111
20	15 672	1.68	0.047	0.123	0.048	0.118
16	15 440	1.32	0.038	0.121	0.037	0.096
25	12 062	2.45	0.059	0.095	0.070	0.123
16	19 066	1.15	0.038	0.150	0.033	0.120

表 10-7 中，F_1、F_2 和 F_3 分别代表使用的车辆数量、所有车辆总的行驶路程以及车辆使用工时的均衡率，其中 F_{nor1}、F_{nor2} 和 F_{nor3} 表示的是经过标准化处理后的值。MD 代表计算经过三个优化目标函数标准化处理后的目标函数值与其对应处理后的理想最值点之间的距离之和，用来确定 Pareto 解集中的相对最优解。从表 10-7 中可以看出当车辆数为 18 辆时，通过选择近似最优解过程计算可得(18, 4 898, 1.67)，此方案为所有 Pareto 解中的近似最优解。

10.2.4.3　混合算法计算结果分析

使用混合智能算法计算时，由于使用了蚁群算法，参数选取不同会影响算法的性能。这里结合众多学者的研究工作，在海量实验测试得到的参数组合中，选取其中较优的一组，具体的参数设置如下：种群数目设置为 100，最大迭代次数设置为 500 次，染色体的交叉和变异概率分别为 0.6 和 0.05。其中在蚁群算法中，$q_0 = 0.6$，$\alpha = 1$，$\beta = 3$，$\xi = 0.1$，$\rho = 1$，$\delta = 0.01$，$\tau_0 = 1$，$\Delta\tau = 5$。混合算法计算所得 Pareto 最优边界见表 10-8。

表10－8　混合算法计算所得Pareto最优边界

F_1	F_2	F_3	F_{nor1}	F_{nor2}	F_{nor3}	MD
17	7 416	2.19	0.053	0.088	0.065	0.089
21	11 592	1.56	0.066	0.137	0.047	0.132
19	7 080	1.85	0.059	0.084	0.055	0.081
14	9 340	1.73	0.044	0.110	0.052	0.089
11	6 400	2.26	0.034	0.076	0.068	0.061
27	11 230	2.01	0.084	0.133	0.060	0.160
16	6 904	1.56	0.050	0.082	0.047	0.061
26	6 340	2.09	0.081	0.075	0.062	0.102
20	8 960	2.36	0.063	0.106	0.071	0.122
15	7 200	1.51	0.047	0.085	0.045	0.060
19	8 600	1.63	0.059	0.102	0.049	0.093
18	11 720	1.91	0.056	0.138	0.057	0.135
13	13 024	2.04	0.041	0.154	0.061	0.138
17	11 860	1.55	0.053	0.140	0.046	0.123
16	9 360	2.13	0.050	0.110	0.064	0.107
15	11 224	1.83	0.047	0.132	0.055	0.117
25	7 370	1.63	0.078	0.087	0.049	0.097
11	13 440	2.26	0.034	0.159	0.068	0.144

从混合算法计算的Pareto解集表格中可以看出当车辆数为15辆时通过选择近似最优解过程计算可得(15，7 200，1.51)，此方案为所有Pareto解中的近似最优解，需要的车辆数为15辆，单车最大行驶路程7 200 m，均衡率为1.51。从近似最优方案的选择上来看，本书中的混合算法的选择犹胜一筹。

10.2.4.4　对比分析

通过使用NSGA－Ⅱ和混合算法分别对配送案例数据进行了分析求解，从输出的近似最优方面来看，混合算法明显优于NSGA－Ⅱ算法；从优选出的方案数量来看，混合算法的优选方案数量要少于NSGA－Ⅱ算法，减少了选取近似最优解的复杂度。

两种算法下生成的Pareto解集如图10－43所示，从生成的Pareto解集上来可以看出采用混合算法Paretoz最优解集支配的体积大小明显大于NSGA－Ⅱ最优解集支配的体积；从超体积的评价标准角度，混合智能算法在收敛性和多样性方面要优胜于NSGA－Ⅱ算法。

从计算时间上来看，混合智能算法是改进NSGA－Ⅱ与蚁群算法两种算法的结合，在运行时间方面比NSGA－Ⅱ缩短了许多。平均超体积和平均运行时间对比见表10－9。

综上所述，在相同的案例数据下，设置两种算法的相应参数对问题模型进行求解，经过结果对比分析可以得出，运用混合智能算法在求解多目标模型作业调度问题相对于传统NSGA－Ⅱ可以取得较优解。

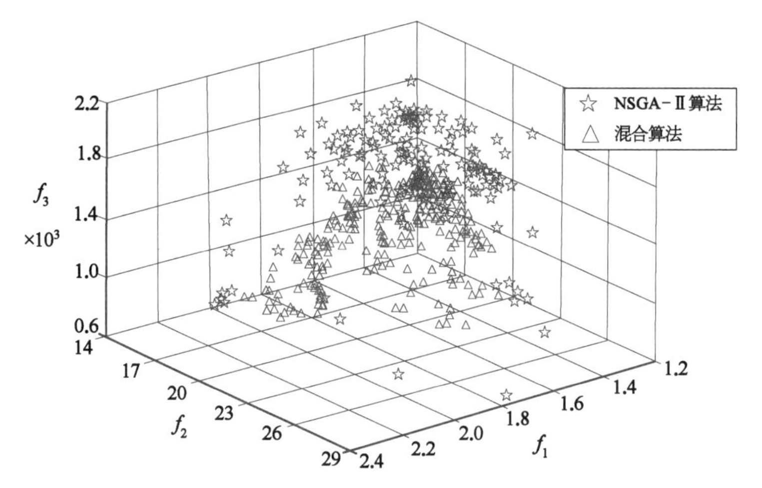

图 10-43　两种算法下的 Pareto 解集示意图

表 10-9　平均超体积和平均运行时间对比

平均超体积(E+06)		平均运行时间(s)	
混合算法	NSGA-Ⅱ	混合算法	NSGA-Ⅱ
2.96	2.54	8.62	10.54

10.2.5　作业调度系统开发与验证

本节介绍海洋装备产品工厂流动机械作业调度系统的开发工作。首先分析系统的逻辑与功能需求，具体阐述系统设计与开发实现，应用工厂实际作业案例进行测试，从而验证了调度方法以及系统的应用价值。

10.2.5.1　作业调度系统设计

1）系统整体框架

根据车辆作业调度的业务流程分析，完成对流动机械作业调度系统整体框架的设计，其整体框架图如图 10-44 所示。

整个系统框架分为三个层次，分别为系统支撑层、系统决策层和系统服务层：

(1) 支撑层。此层次对支撑整个系统的软件、硬件和系统间的通信，以及数据库等作了简要介绍。主要有四个支撑模块，其中包括系统中用到的可视化内核、系统的开发环境、系统之间的接口配置，以及需要与系统进行集成的软件。

(2) 决策层。决策层为整个系统的核心层，也体现了作业调度系统的数字孪生驱动的核心理念。决策层的具体功能是进行系统输入任务的处理，首先借助系统的支撑层要素进行输入数据的处理，通过设计的算法配置计算获得输出方案，将输出的方案通过仿真和实际作业获得仿真数据和实况数据，最后通过数据的虚实融合形成反馈优化作为系统输出，与上层的服务层进行交互。

(3) 服务层。服务层是整个作业调度系统的可视化门户，具体的功能是为用户端、司机

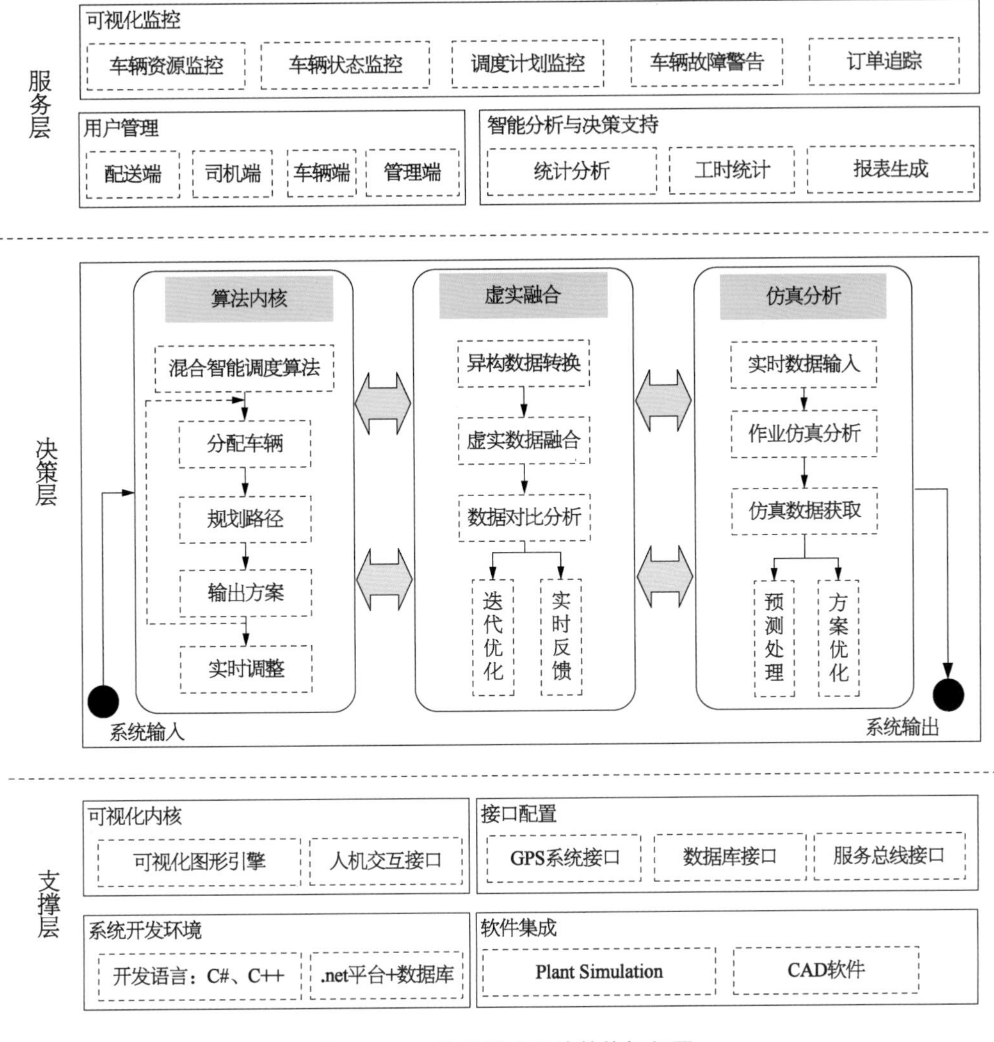

图 10－44　作业调度系统整体框架图

端、车辆端以及管理端提供一个交互的平台，同时可以对作业调度的执行进行一个全面透明的监控。另外，服务层也可以提供统计分析、工时记录和生成报表等智能分析与决策支持。

2）*核心功能设计*

本书旨在建设工厂流动机械的智能化作业调度系统，要求可以实现流动机械作业调度的智能化、物流配送过程的透明化。系统建成后可以大大提高作业调度的效率以及物流配送过程的透明化程度。智能调度系统的整体业务流程如下：

（1）智能作业调度系统统一接收用户端发送的配送申请。

（2）孪生系统接收作业调度系统的配送申请订单，经过智能混合算法配置生成配送申请的作业调度方案，将作业调度方案数据输送给仿真分析系统进行仿真，经过仿真分析确定作业调度方案可行后，孪生系统将调度方案输送给智能作业调度系统应用层。

（3）用户端获取配送申请接收反馈通知，司机端和车辆端按照调度方案执行。

(4) GPS系统和数据采集系统将作业调度过程中采集到的实况数据反馈给孪生系统,相应的数据赋值给数字孪生模型,系统根据接收的配送过程实时数据对整个配送过程进行可视化监控。

系统内有三个主要功能模块,各个模块的具体功能为:

(1) 任务智能调度模块。数字孪生驱动下的算法内核是实现流动机械智能调度的核心模块,通过算法内核实现作业调度迭代反馈优化的效果。主要有以下核心功能:

① 实现对汇总任务的组合优化和路径规划。

② 可以对任务的动态变化做出及时的调整。

③ 可以对突发的情况重新进行路径的规划。

(2) 配送过程监控模块。通过可视化图形引擎和集成GPS系统实现对配送过程的可视化监控,监控的内容包括:

① 流动机械调度资源的实时状态信息。包含各种流动机械类型,获取其物理信息、位置信息以及工作状态信息等,便于决策系统调用。

② 物料的实时状态信息。其中包括物料的位置信息、物料所需的装载方式或者物料的编号等。

③ 驾驶人员信息。主要包含驾驶人员的驾驶技能和评价反馈等,对驾驶人员的相关信息进行统一整理,并显示当前人员的可承担任务状态。

(3) 仿真分析模块。仿真分析系统为数字孪生系统提供预测和辅助决策的支持,仿真的过程尽可能覆盖整个作业调度以及配送过程。

① 对决策后的调度方案进行仿真,模拟配送过程。

② 对配送过程中的干涉情况进行预测并分析。

③ 对配送过程中调度资源的可达性进行分析。

④ 对调度车辆和人员的工作负荷进行统计分析。

⑤ 分析预测突发状况下的配送流程。

3) 数据库设计

在建立流动机械作业智能调度系统的数据库时,需要全面考虑作业调度过程中涉及的数据内容,根据系统架构设计和作业调度流程可知,系统内主要包含的数据表有配送任务表、流动机械基础数据表、配送车辆表、车辆行驶路径表、孪生体模型信息表、仿真模型信息表、算法表、路径节点表、调度方案表、配送人员表。以流动机械基础数据表为例,主要存储的是车辆的状态信息,方便调度系统根据现有车辆的信息制定调度方案,根据系统需求,确定了表中的应具备的字段见表10-10。

表10-10　流动机械数据表

字　段	含　义	字段类型	是否为空	约　束
vehicle_type	类型	nvchar(32)	否	
vehicle_state	状态	nvchar(32)	否	
vehicle_number	车牌	string	否	主键

在流动机械智能调度系统数据库中主要的核心数据库表结构如图 10－45 所示，结构图中只列出了核心数据库表及关系，为配送过程可视化提供有力数据支撑。

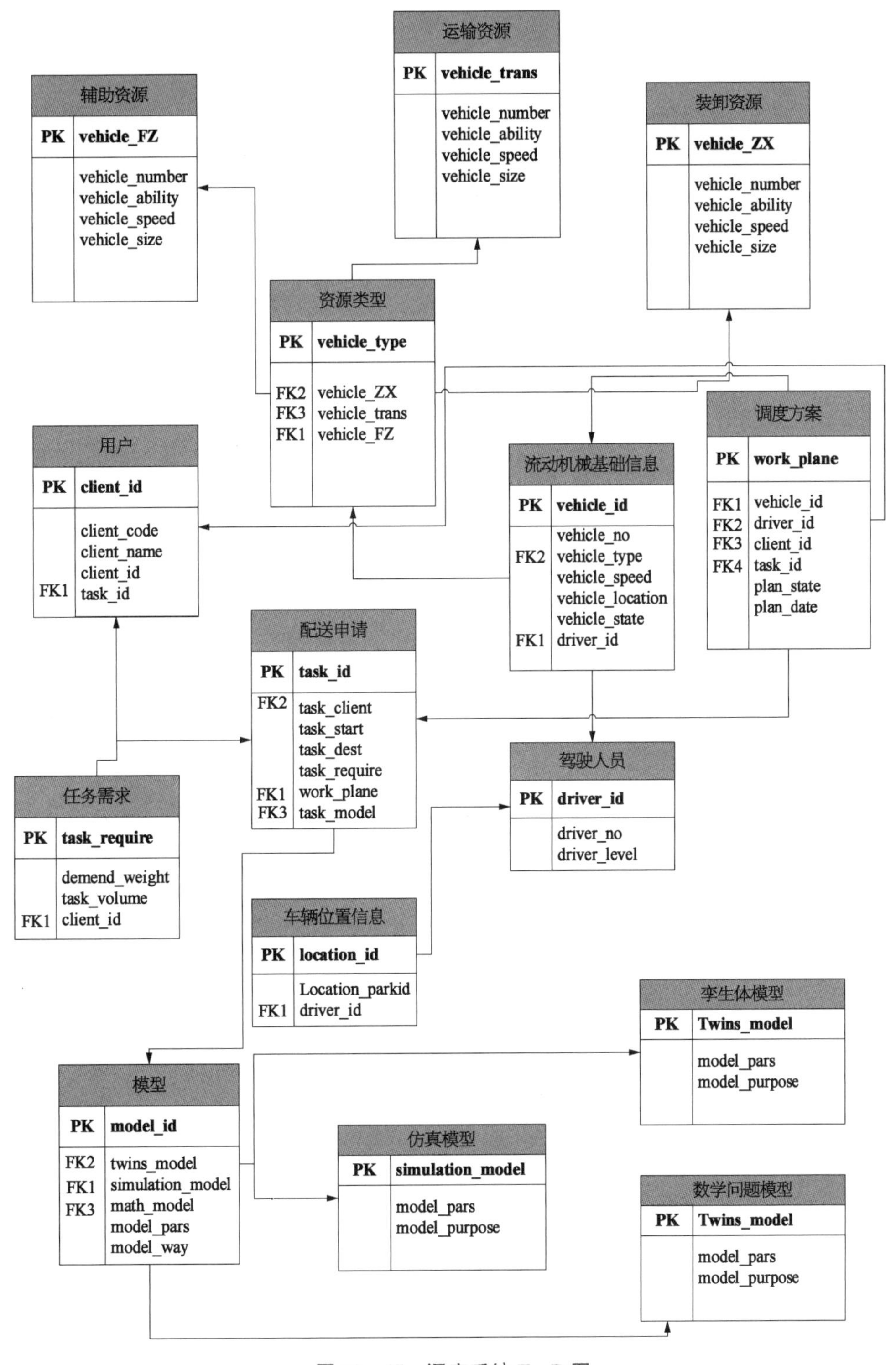

图 10－45　调度系统 E－R 图

10.2.5.2 系统实现

系统开发采用面向对象的编程语言 C# 和 C++,系统开发平台采用 Microsoft.NET Framework 框架,基于 B/S(浏览器/服务器)架构,使用 SQLServer 数据库对系统中用到的资源信息、各种模型信息以及涉及的算法信息进行存储。系统主要分为六个模块,以下将详细介绍其中的实时监控模块、任务调度模块和智能调度系统内的仿真分析系统。

1) 任务调度模块

如图 10-46 所示是智能调度系统任务调度模块的流程示意图,接收到配送订单以后,系统首先根据订单信息统一进行整合,主要是用户、配送货物重量以及配送地点的整理,并且同时获取调度资源的实时状态信息为调度方案做好准备。将整合好的订单参数以及优化参数输入系统,同时数字孪生系统内核中的混合算法对其进行计算处理,完成车辆配送序列的生成以及车辆行驶路径的规划,最后生成作业调度方案。

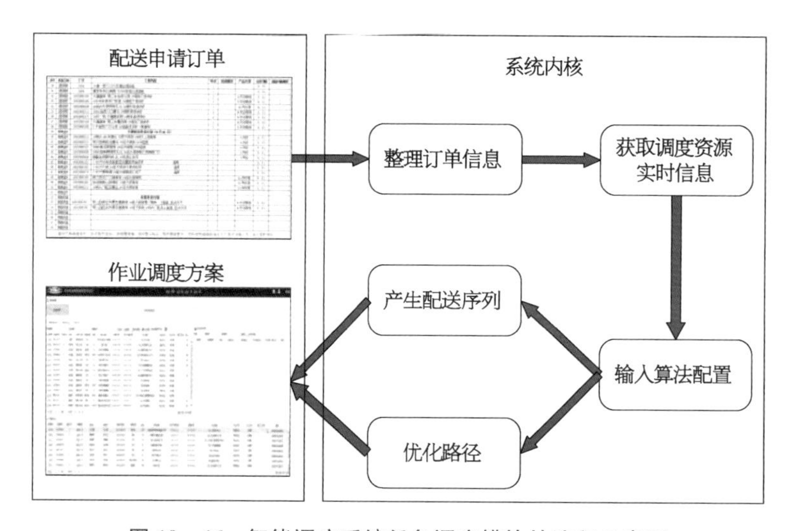

图 10-46 智能调度系统任务调度模块的流程示意图

任务调度模块的部分伪代码如图 10-47 所示。

```
(1) FatTree roadNet=new FatTree(p,q);    //初始化工厂路网结构
(2) roadNet.loadFatTree( );
    … …
(3) Initcars= k(1,m);    //初始化使用车辆数
(4) getTrafficInformation( );  //获取路网信息
    … …
(4) CalculateOptimizeGoals( );    //计算优化目标
    … …
```

图 10-47 任务调度模块伪代码

通过数字孪生驱动下的算法内核实现任务的调度安排，在该模块中系统根据订单信息、调度资源信息，按照 10.2.4 设计的混合智能算法进行作业调度方案的配置。

系统根据用户提交的配送请求，进行流动机械的调度。从页面中可以看到配送订单的申请部门、需要的车辆类型、配送的构件以及配送的目的地。界面的上半部分显示的是正在申请的作业请求，界面下方显示的是已经安排的配送请求，已经安排的配送请求点击会显示配送的详情包括配送车辆编号、驾驶人员、行驶路径以及作业的进度等。当点击其中一个作业任务的“行驶路径”选项时，系统会根据上文的混合智能算法进行优化调度方案路径，产生此次配送任务的路径选择，点击刷新按钮更新配送的进度，如图 10－48 所示是某个正在配送过程中的车辆行驶路线以及车辆的有关信息，图 10－48 显示了用混合调度算法进行计算后的车辆实际行驶路线。

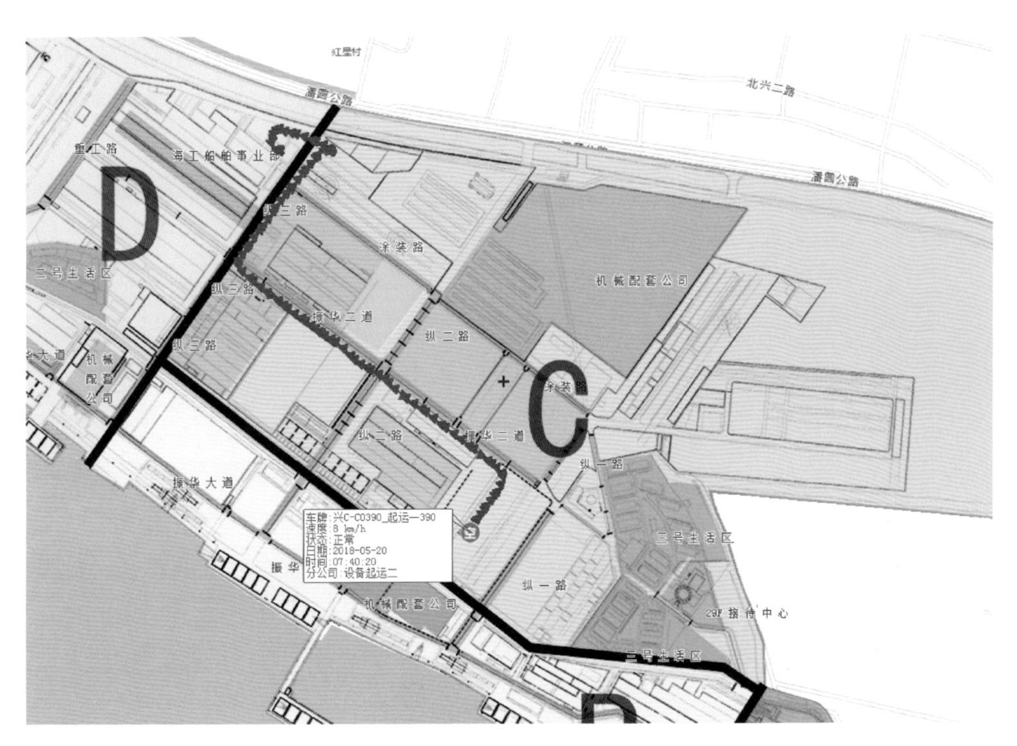

图 10－48　车辆行驶路线

2) *仿真分析模块*

基于建立的 Petri 网模型为基础，对车辆调度的作业过程进行仿真分析，通过仿真数据与真实作业调度数据进行分析对比反馈给孪生系统，系统输出再优化后的作业调度策略。使用软件进行作业调度仿真和智能算法迭代寻优，都是数字孪生系统内必不可缺少的关键环节。

(1) 仿真平台。为了实现效果较好、速度较快的仿真分析，采用了西门子 Tecnomatix 下的生产系统仿真软件 Plant Simulation。该软件针对仿真场景的建模、仿真数据的分析提供了必要有效的功能手段，在输入数据接近真实的情况下，仿真准确率可以达到 99%。

Plant Simulation 还提供了在二维和 3D 虚拟场景下的仿真效果，在保证仿真准确率的情况下还具备了再现 3D 模拟真实场景的功能。在 3D 场景下可以将孪生体模型导入 Plant Simulation 软件中，使 3D 场景下的作业调度过程仿真从视觉角度更加形象逼真。

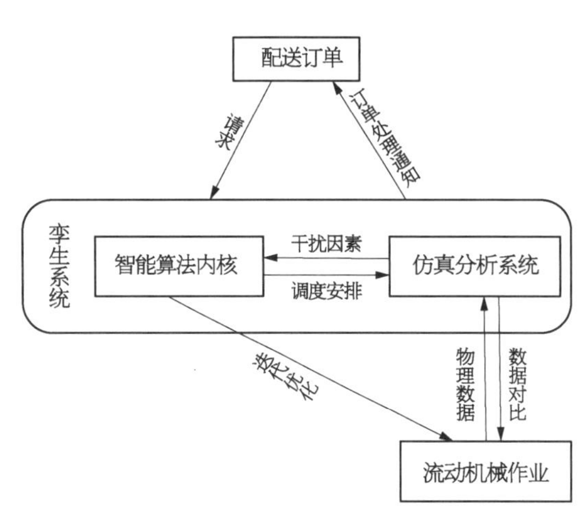

图 10-49　作业调度仿真运行过程

（2）仿真系统运行流程。如图 10-49 所示为流动机械作业调度的仿真运行过程。首先孪生系统接收到来自客户的配送订单请求，孪生系统依靠系统内的智能算法内核对配送订单进行组合分配制定优化的流动机械作业调度安排方案。然后将制定的方案下达给流动机械车载客户端以及仿真分析系统，仿真过程和流动机械作业同时执行作业调度方案。收集仿真数据和物理运行的数据进行分析对比，发现物理运行过程出现不正常时，仿真分析系统提取异常将干扰因素反馈给智能算法内核，算法根据扰动因素制定相应的优化措施对作业调度进行迭代优化。

（3）仿真分析系统搭建。针对海洋装备产品的路网结构图、生产车间和堆场的位置，使用 Plant Simulation 软件对工厂进行了仿真分析系统环境的搭建，仿真系统界面如图 10-50 所示。由于研究的流动机械的作业调度，属于生产物流的精准配送，对于流程的运行仿真至关重要，对于 3D 场景中的逼真显示不做要求，所以主要是以二维仿真为主要搭建内容。

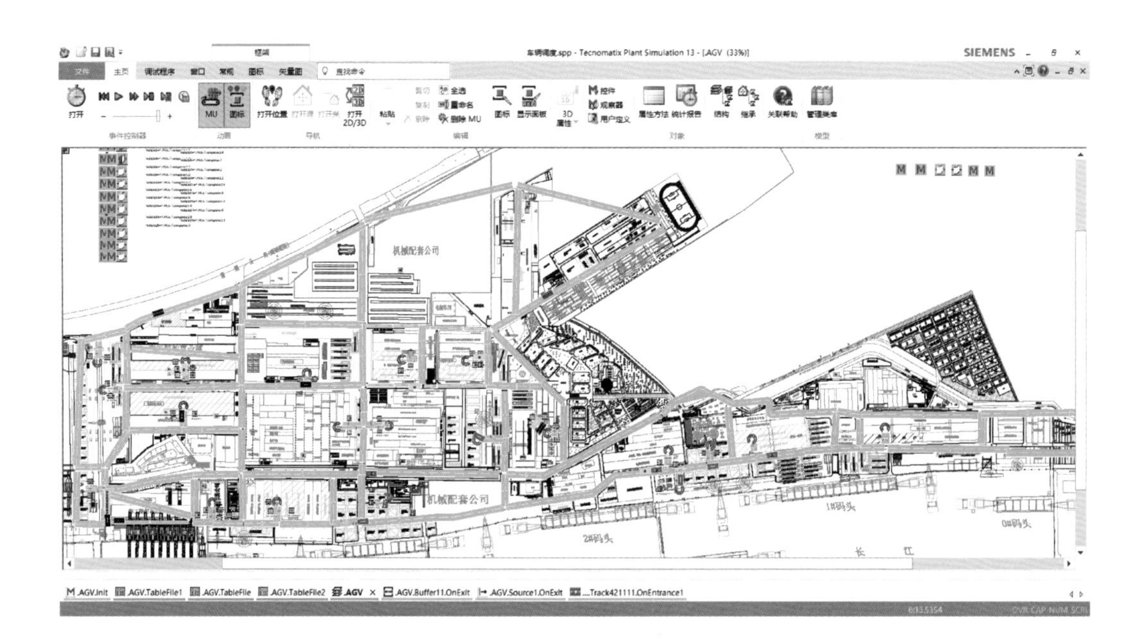

图 10-50　仿真系统界面图

仿真分析系统显示了工厂的生产车间、堆场以及道路的布局图，仿真过程中以事件为驱动方式带动仿真过程的运行，根据实际情况，定义 Twolanetrack 来表示双行道路，使用 Transporter 代表流动机械，在 Method 中进行 Simtalk 代码的编写。

3）实时监控模块

车辆在执行配送任务的过程中需要对实况过程进行可视化的监控，监控的对象包括车辆和订单，车辆的运行状态会影响到订单能否被正确地完成。对于车辆的监控包括车辆的位置信息、车辆的行驶速度信息、车辆的行驶路径信息以及车辆的使用工时、车辆的工作状态等信息，如图 10－51 所示是系统的流动机械业务监控系统的界面图。

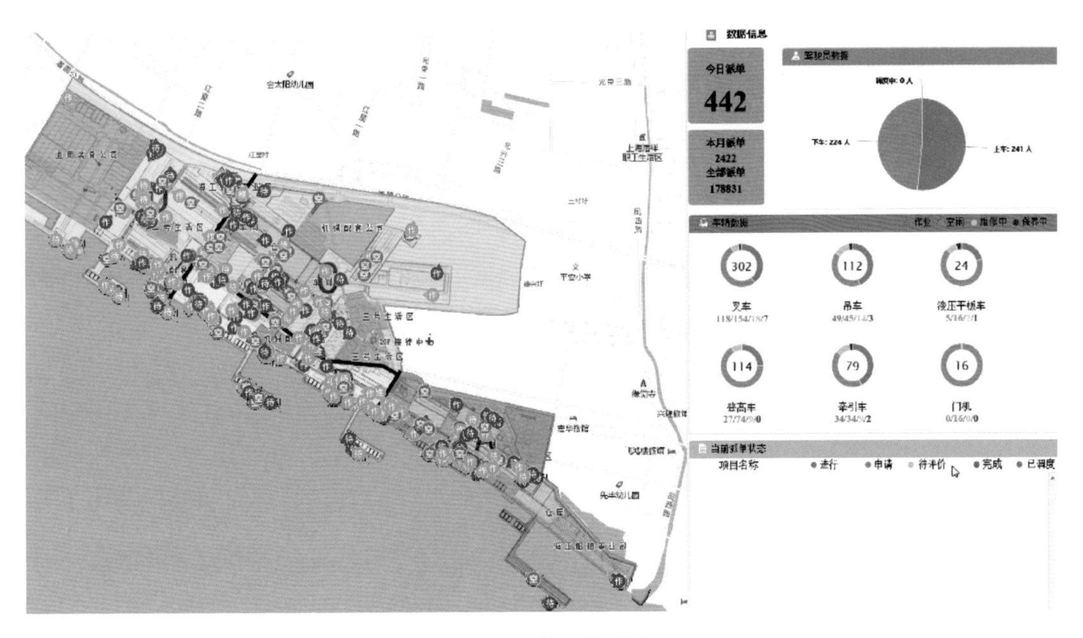

图 10－51　车辆监控界面

图 10－51 显示了监控系统下的派单信息以及车辆的基础数据和当前订单的派单状态，左边第一部分是数据信息，主要展示当日、当月累计配送订单的数量以及驾驶人员的上车情况；中间部分展示了车辆的基础信息，包括车辆的种类、数量以及工作状态；左下部分展示了当日的派单状态。为了监控车辆的位置、速度以及可视化其工作状态等信息，集成了 GPS 系统。

车辆的位置信息、状态信息和路径信息等通过可视化的方式呈现在用户面前，选中某一车辆后，还可以具体显示车辆的配送任务、工时等详细信息。

针对配送过程中遇到的超速、车辆故障等行为，监控系统会及时给出警告或报警信息，并及时更新出车辆配送过程中的信息报表，如图 10－52 所示。

10.2.5.3　系统测试

为了对设计系统的有效性进行验证测试，基于工厂内某一天的订单数据进行系统的性能测试，通过和原有配送情况下的各项统计数据进行对比分析，验证系统和方法的有效性。工厂内某天的订单数据具体见表 10－11。

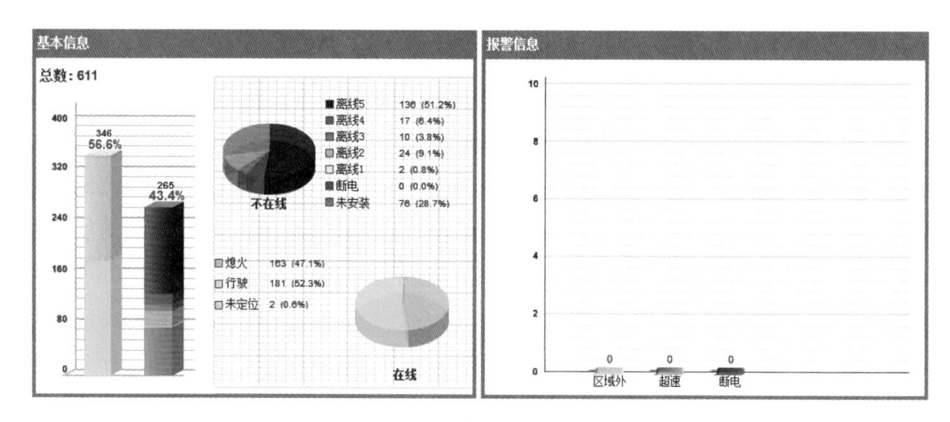

正常：	有CDMA信号	离线I：	未收到CDMA信号8 min~1 h
熄火：	收到熄火信号	离线II：	未收到CDMA信号1~12 h
未安装：	车辆的ID与设备的ID还未匹配	离线III：	未收到CDMA信号12~24 h
断电：	收到断电信号，说明电源线被断开	离线IV：	未收到CDMA信号24~72 h
未定位：	收到CDMA信号，无正确的经纬度	离线V：	未收到CDMA信号72 h以上
超速：	收到的速度≥限速		
区域外：	当前位置在限定区域外		

图 10－52　监控系统统计信息面板

表 10－11　某日物料配送表

序　号	工　　作　　内　　容	日　期
1	重型车间钢一＊＊6＃前大梁到250米东门口上胎架	8.18
2	重型车间西门口＊＊＊一根到镀锌车间西门口	8.18
3	0.2 km^2 东门口＊＊＊＃联系梁一根到涂装路	8.18
4	海洋装备场地120T门机下＊＊＊＃联系梁一根到涂装路	8.18
5	0.2 km^2 北跨＊＊1＃后大梁(冲砂间未好)	8.18
6	1＃码头上游通道＊＊＃前大梁向西移位	8.18
7	0.2 km^2 南跨＊＊＊＃后大梁到钢三西南跨门口	8.18
8	30 000 m^2 ＊＊＊＃机房移至十万平方	8.18
9	1＃码头门机东＊＊＊＃后大梁移至上游通道	8.18
10	示范线路西中间前大梁移至＊＊＊＃	8.18
11	示范线路西南一＊＊＊＃前大梁移至制氧车间前1023	8.18
12	示范线路西北一＊＊＊＃前大梁进0.2 km^2 南跨冲砂	8.18
13	小长兴＊＊＊＃前大梁移至门机下　通用	8.18
14	小长兴＊＊＊＃机房出车间　通用	8.18
15	钢五机杰出＊＊＊＃联系梁移至120T门机下	8.18
16	重南＊＊＊＊＃陆上移至钢二东门口	8.18
17	250 m南跨东门口＊＊＊＃后大梁移至老门机东上胎架	8.18

（续表）

序　号	工　作　内　容	日　期
18	0.2 km^2 中跨 *** 1#陆立(升合 1#)一根到后场 17#位	8.18
19	30 000 m^2 南跨 *** 2#海立(*** 2#)一根到后场 17#位	8.18
20	0.2 km^2 南跨 *** 2#陆立(通多 2#)到后场 11#位	8.18
21	4#码头 20 m *** 1#海立(*** 1#)一根到重西	8.18
22	30 000 m^2 北跨 *** 2#海立(真拿 2#)到重西	8.18
23	30 000 m^2 南跨 *** 平台到大通二西门口	8.18
24	1#码头 20 m *** 4#联系梁(** 4#)到 3#码头	8.18
25	1#码头 40 m 南卡 1#海下到钢三东门口	8.18
26	0.2 km^2 中跨 *** 2#梯形架到 2#3#凹档	8.18
27	4#码头 20 m *** 1#联系梁到镀锌车间西	8.18
28	1#码头 40 m *** 2#海陆下到海洋装备场地	8.18
29	1#码头 20 m *** 5#联系梁到 3#码头	8.18
30	镀锌车间西 *** 2#海立(*** 2#)一根进冲砂	8.18
31	30 000 m^2 后场 9#位 *** 4#海立(*** 4#)翻身进冲砂	8.18
32	30 000 m^2 后场 1#位 *** 5#海立(*** 5#)翻身进冲砂	8.18
33	重西 *** 5#陆立(*** 2#)翻身进冲砂	8.18
34	小长兴门口 *** 3#海陆下进冲砂(返冲砂)	8.18
35	小长兴门口 *** 5#联系梁(*** 1#)进冲砂	8.18
36	大通通道/钢三东 *** 2#海陆下进冲砂	8.18
37	0.2 km^2 西门口 *** 5#梯形架进冲砂	8.18
38	250 m 东门口 *** 5#联系梁进冲砂	8.18
39	30 000 m^2 后场 *** 2#海立(*** 2#)翻身进冲砂	8.18
	大梁转运作业计划(8 月 18 日)	8.18
40	1#码头 40 m *** 2#后大梁到上游落驳口，铰点向东	8.18
41	1#码头上游通道 *** 1#前大梁移位到大梁广场东	8.18
42	0.2 km^2 北跨 *** 3#后大梁到 2#3#凹档，铰点向东	8.18
43	钢二东门口 *** 1#后大梁抬高	8.18
44	1#码头门机南面 *** 3#后大梁进 40 m 冲砂	8.18
45	1#码头 400 m 南 *** 2#前大梁进 20 m 冲砂	8.18
46	1#码头上游通道 *** 1#前大梁到 400 m 南	8.18
47	装配车间 *** 4#机房出车间	8.18
	吊装作业计划	8.18
48	镀锌车间西 *** 2#海立(*** 2#)一根进冲砂	8.18
49	30 000 m^2 后场 9#位 *** 4#海立(*** 4#)翻身进冲砂	8.18
50	30 000 m^2 后场 1#位 *** 5#海立(*** 5#)翻身进冲砂	8.18
51	重西 *** 5#陆立(*** 2#)翻身进冲砂	8.18

（续表）

序　号	工　　作　　内　　容	日　期
52	1#码头门机东 *** 3#后大梁吊装大梁水平撑	8.18
53	250 m 东门口钢一 *** 1#后大梁上胎架	8.18
54	钢二梯形架场地 *** 5#梯形架到 0.2 km² 西门口	8.18
55	5#码头 *** 3#机门框拆钩	8.18
56	1#码头冲砂间 *** 1#机构件进出冲砂	8.18

根据实际的配送过程信息采集的记录，实际订单配送过程中的超速统计记录和订单变化情况以及车辆的行驶路径情况等配送过程中出现的动态扰动情况均已知。

为了使用系统对案例进行性能测试，搭建系统所需的运行环境见表 10－12。

表 10－12　运行环境

内　容	环　　　境
硬　件	Intel Core i5 @2.5GHZ，RAM 3
软　件	64－bit Windows10 Plant Simulation，VS2015 Microsoft Edge 等
网　络	百兆带宽

根据 10.2.2 和 10.2.3 的物流配送与调度模型和作业调度方法实现系统的作业调度安排和配送过程监控。系统运行的思想和整体流程已经在前文中具体阐述，具体系统测试的过程这里不再赘述。

在当天作业调度过程中的扰动因素见表 10－13。

表 10－13　扰动因素

扰动因素	插单	2 单
	路径调整	若干
	车辆超速	20 次共计 3 h
	道路故障	无
	其他	无

根据当天的订单任务和运行过程中的扰动因素数据，使用系统对当天的配送过程进行模拟仿真运行，通过实际数据和仿真数据的融合，使用算法内核对物理配送过程不断迭代优化，最终获取在数字孪生驱动下的作业调度系统中订单完成后的数据统计。和当天的实际运行数据相对比如图 10－53 所示。

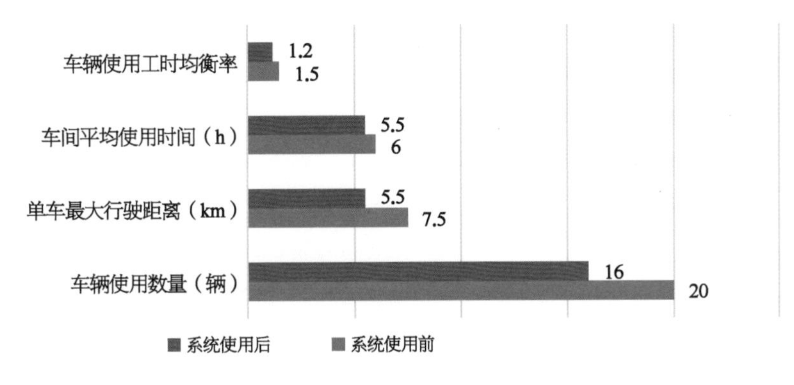

图 10－53　系统运行前后数据对比

可以看出，当天为了完成任务的实际使用车辆数量为 20 辆，其中液压平板车 8 辆，叉车 10.0 t 型号 5 辆，牵引车 45.0 KN 型号 5 辆，叉车 6.0 t 型号 2 辆。经过系统算法计算方案并且对插单任务进行优化后需要使用的车辆数目为 16 辆，其中液压平板车 7 辆，叉车 10.0 t 型号 3 辆，牵引车 45.0 KN 型号 4 辆，叉车 6.0 t 型号 2 辆。

关于其他数据的对比，经过系统的迭代优化后，单车最大行驶里程从 7.5 km 降低到 5.5 km；车辆的平均使用工时由 6 h 降低到 5.5 h；车辆的使用工时均衡率从 1.5 降低到 1.2。

从配送过程监控来看，在系统模拟运行下的车辆配送过程无超速现象的发生。

从案例测试来看，作业调度系统效率有适当提升。

第 11 章　海洋装备产品生产虚拟工厂

海洋装备产品生产自然要遵循先数字化后智能化的顺序，但是这不意味要完全等数字化完成后，才能去做智能化。发挥后发优势，以智能化手段去促进数字化建设，或许是我国大型离散制造业转型升级的可行路径。本章介绍基于信息物理系统的虚拟工厂的概念、组成、关键技术和实施方法，从海洋装备虚拟工厂全貌，到以涵盖生产、质量、物流等环节的虚拟仿真、与物理工厂的信息交互与计算实现虚实融合，以达到智能制造的初级阶段——数字化、虚拟化。

11.1 虚拟工厂技术

11.1.1 虚拟工厂的内涵

虚拟工厂是一个以三维虚拟模型为基础的，以三维可视化技术为媒介，集成生产设计、生产运营、机械设备状态监控、物流配送等各种静态动态数据，是软件定义下的新型应用。虚拟工厂可以看作是真实工厂的一个镜像、一个数字孪生，它提供高度可配置化，与企业资源管理系统、制造执行系统、全生命周期管理系统等紧密集成，如图11－1所示。

从广义上讲，虚拟工厂是一种基于数字化和网络化的动态组织方法，是使用各种数字化技术提供对物理工厂映射的技术，实现生产策略评估并对产品生命周期和价值链进行优化的动态组织模式。

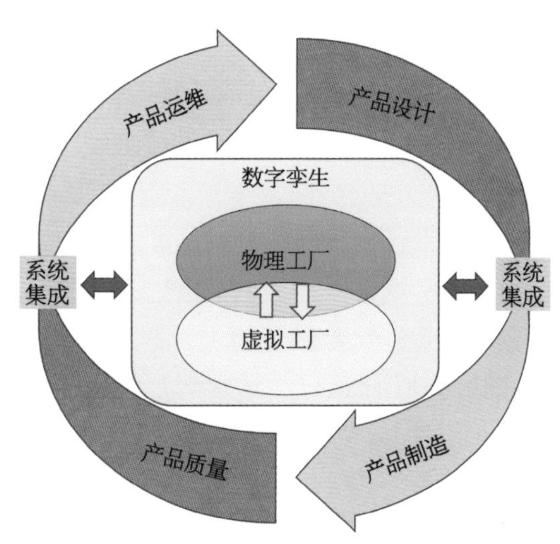

图11－1　虚拟工厂与产品全生命周期

从狭义上讲，虚拟工厂是一种生产资源、经营和最终产品的执行过程以数字化为主要方法和手段的制造工厂，将物理产品的整个生产过程转化为数字化数据，将真实制造系统和虚拟制造系统相互映射，其核心是基于信息物理系统的虚拟制造方式。对应海洋工程装备产品的虚拟工厂，整个生产过程采用虚拟仿真技术来对整个生产过程进行预先仿真生产计划、制造流程、工厂布局以进行动态优化和重组。

11.1.2 信息物理系统

11.1.2.1 信息物理系统概念

智能智造和虚拟工厂的核心都是CPS。CPS通过集成先进的感知、计算、通信、控制等信息技术和自动控制技术，构建了物理空间与信息空间中人、机、物、环境、信息等要素相互映射、实时交互、高效协同的复杂系统，实现系统内资源配置和运行的按需响应、快速迭代、动态优化。

2006年美国国家科学基金会(NSF)组织召开了国际上第一个关于信息物理系统的研讨会，并对CPS这一概念做出详细描述。此后美国政府、学术界和产业界高度重视CPS的研究和应用推广，并将CPS作为美国抢占全球新一轮产业竞争制高点的优先议题。2013年德国《工业4.0实施建议》将CPS作为工业4.0的核心技术，并在标准制定、技术研发、验证测试平台建设等方面做出了一系列战略部署。CPS因控制技术而起、信息技术而兴，随着制造业与互联网融合迅速发展壮大，正成为支撑和引领全球新一轮产业变革的核心技术体系。

《中国制造2025》提出，“基于信息物理系统的智能装备、智能工厂等智能制造正在引领制造方式变革”，要围绕控制系统、工业软件、工业网络、工业云服务和工业大数据平台等，加强信息物理系统的研发与应用。《国务院关于深化制造业与互联网融合发展的指导意见》明确提出，“构建信息物理系统参考模型和综合技术标准体系，建设测试验证平台和综合验证试验床，支持开展兼容适配、互联互通和互操作测试验证”。

对CPS的概念、定义不尽相同，但总体来看，其本质就是构建一套信息空间与物理空间之间基于数据自动流动的状态感知、实时分析、科学决策、精准执行的闭环赋能体系，解决生产制造、应用服务过程中的复杂性和不确定性问题，提高资源配置效率，实现资源优化。

CPS的内涵归结为communication、computing、control(3C)，即：状态感知(通过各种各样的传感器感知物质世界的运行状态)、实时分析(通过工业软件实现数据、信息、知识的转化)、科学决策(通过大数据平台实现异构系统数据的流动与知识的分享)、精准执行(通过控制器、执行器等机械硬件实现对决策的反馈响应)。

2019年，工信部发布CPS白皮书，提出信息物理系统分为三个层次体系：单元级、系统级、系统之系统级。基于CPS的虚拟工厂建设的过程就是从单一部件、单机设备、单一环节、单一场景的局部小系统不断向大系统演进的过程。完整的CPS系统则是从部门级到企业级、再到产业链级，乃至产业生态级演进的过程，是数据流闭环体系不断延伸和扩展的过程，并逐步形成相互作用的复杂系统网络，突破地域、组织、机制的界限，实现对人才、技术、资金等资源和要素的高效整合，从而带动产品、模式和业态创新。CPS的层次演进如图11-2所示。

1) 单元级

单元级是具有不可分割性的信息物理系统最小单元，具备了可感知、可计算、可交互、

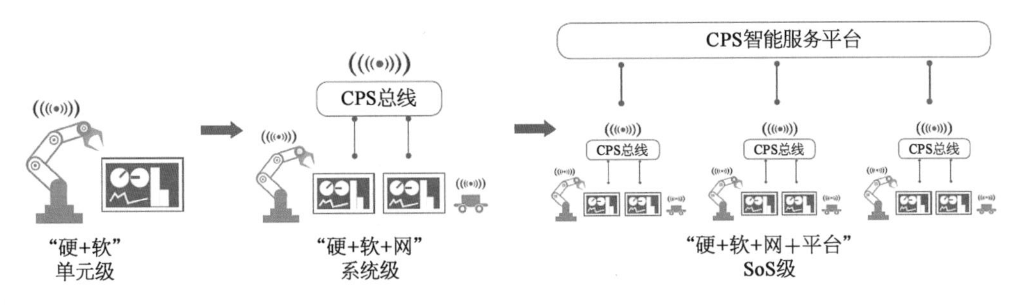

图 11-2　CPS 的层次演进

可延展、自决策的功能。每个最小单元都是一个可被识别、定位、访问、联网的信息载体，通过在信息空间中对物理实体的身份信息、几何形状、功能信息、运行状态等进行描述和建模，在虚拟空间也可以映射形成一个最小的数字化单元，并伴随着物理实体单元的加工、组装、集成不断叠加、扩展、升级，这一过程也是最小单元在虚拟和实体两个空间不断向系统级和系统之系统级同步演进的过程。

2）系统级

信息物理系统的多个最小单元（单元级）通过工业网络，实现更大范围、更宽领域的数据自动流动，就可构成智能生产线、智能车间、智能工厂，实现了多个单元级 CPS 的互联、互通和互操作，进一步提高制造资源优化配置的广度、深度和精度。由传感器、控制终端、组态软件、工业网络等构成的分布式控制系统（distributed control system，DCS）和数据采集与监控系统（supervisory control and data acquisition，SCADA）是系统级 CPS；由数控机床、机器人、AGV 小车、传送带等构成的智能生产线是系统级 CPS；通过制造执行系统（MES）对人、机、物、料、环等生产要素进行生产调度、设备管理、物料配送、计划排产和质量监控而构成的智能车间也是系统级 CPS。

3）系统之系统级（SoS）

系统之系统（SoS）是多个系统级 CPS 的有机组合，通过大数据平台，实现了跨系统、跨平台的互联、互通和互操作，促成了多源异构数据的集成、交换和共享的闭环自动流动，在全局范围内实现信息全面感知、深度分析、科学决策和精准执行。

11.1.2.2　信息物理生产系统（CPPS）

CPS 的概念很大，我们常说的 CPS 其实是特指面向生产制造的信息物理系统，即信息物理生产系统（cyber-physical production system，CPPS）。以离散制造车间为例，制造过程描述的是通过对原材料进行加工及装配，使其转化为产品的一系列运行过程，涉及设备、工装、物料、人员、配送车辆等多种生产要素及生产、质检、监测、管理、控制等多项活动，针对车间资源管理、生产调度、物流优化、质量控制等不同的应用目标，虽然专家和学者提出的各种制造物联网架构层次不一、覆盖内容不同，但都可以描述为以离散车间制造数据“感知—传输—处理—应用”为主线的体系结构，基本架构如图 11-3 所示。

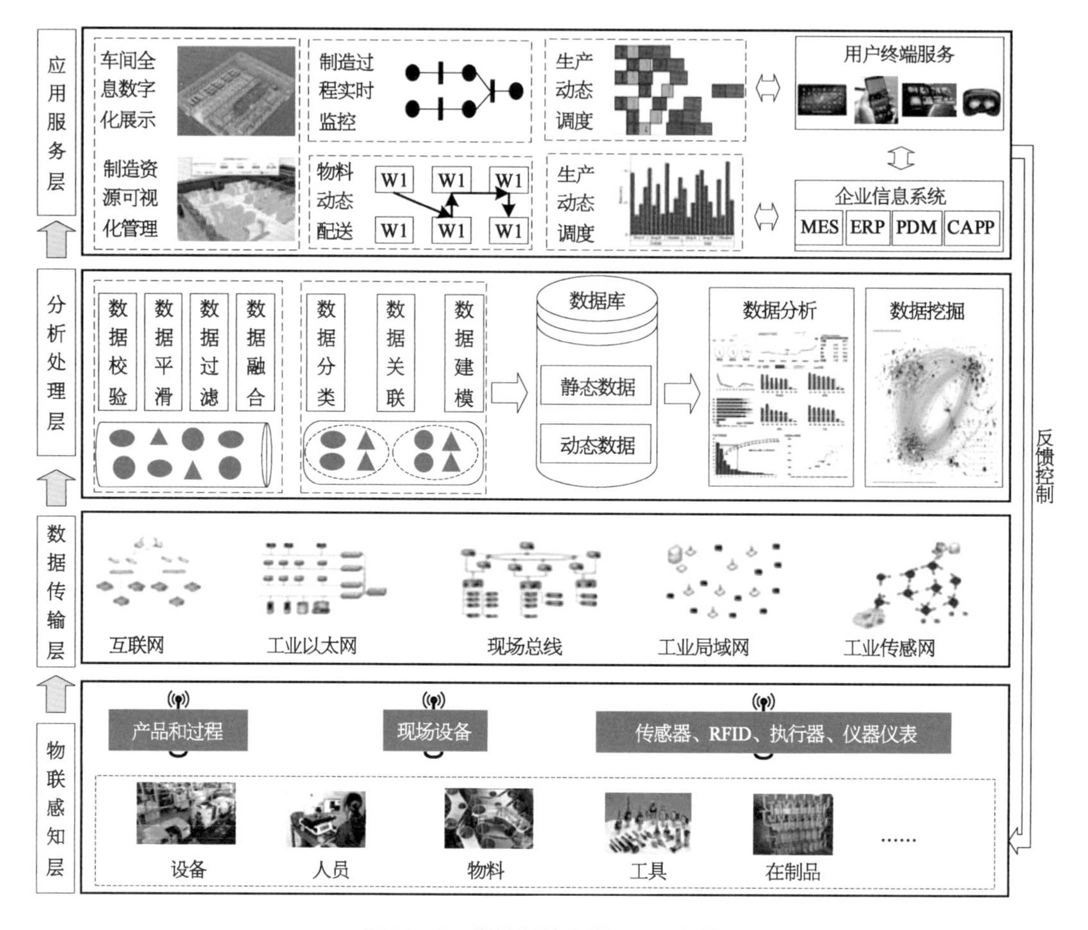

图 11－3　离散制造车间 CPPS 架构

(1) 物联感知层：车间中设备、人员、物料、工具、在制品等各类生产要素及组成的生产活动所产生的状态、运行、过程等实时多源数据是生产过程优化与控制的基础，针对不同生产要素的特点和数据采集与应用需求，通过在车间现场配置各种传感器，实现对各类生产要素的互联互感与数据采集，确保制造车间多源信息的实时可靠获取。

(2) 数据传输层：生产状态、物料流转、环境参数、设备运转、质量检测等数据分布广、来源多，针对不同的传感设备所具有的不同的数据传输特点与需求，通过互联网、工业以太网、现场总线、工业局域网、工业传感网等实现感知信息，选择有效传递和交换链路，确保车间现场生产数据的稳定传输与应用，5G 的推广可能使得传输层会发生重大变革。

(3) 分析处理层：离散制造车间具有强金属干扰、遮挡与覆盖等复杂环境特性以及多品种变批量混线生产、生产工况多变、生产要素移动等复杂生产特性，由此导致制造数据的冗余性、乱序性和强不确定性，针对具有容量大、价值密度低等典型特征的制造数据进行数据校验、平滑、过滤、融合、分类、关联等处理操作，转化为可被生产与管理应用的有效数据，并进行分类存储，通过多种智能计算与分析方法实现海量数据的增值应用。

(4) 应用服务层：将感知数据用于制造车间管理与生产过程控制优化，提供车间全息数字化展示、制造资源可视化管理、制造过程实时监控、物料动态配送、生产动态调度、质量诊断与追溯等功能服务，并通过统一的数据集成接口实现与制造执行系统、企业资源计划、产品数据管理等信息系统的紧密集成，在多种可视化终端上实现制造现场的透明化、实时化和精准化管理、反馈控制与优化。

11.1.3　虚拟工厂体系与标准

11.1.3.1　虚拟工厂国际标准(IEC 62832)

1) 层次构架

虚拟工厂目前已有国际标准 IEC 62832，其给出了 4 层构架图，如图 11-4 所示。

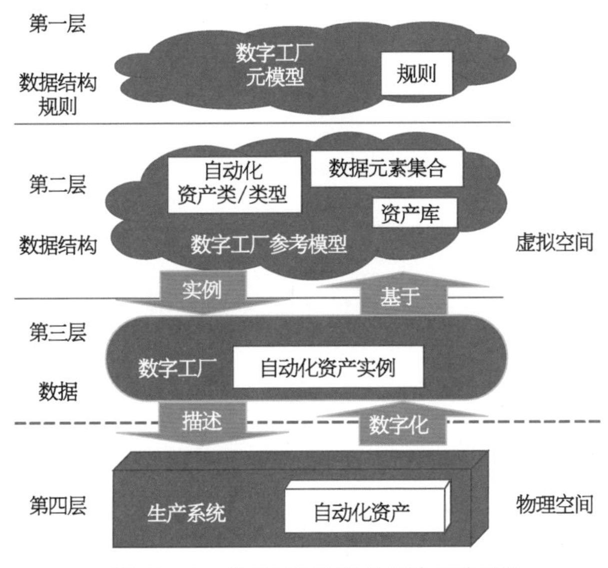

图 11-4　虚拟工厂框架的概念层次结构

虚拟空间共分为 3 层，分别为：

(1) 元模型层，给出了虚拟工厂的数据结构规则。

(2) 数据结构层，包括参考模型层，给出了虚拟工厂的自动化资产类/类型，数据元素集合、库等。

(3) 数据层，描述了自动化资产实例，给出了虚拟工厂的数据描述。

物理空间即生产系统，作为第四层。

2) 虚拟工厂虚实映射

IEC 62832 标准中描述的生产系统生命周期，虚拟工厂的数据被不同的活动增加、删除、更新，所以建立虚拟工厂的第一个步骤就是要将工厂中所用到的每一个设备的属性根据 IEC 标准属性库进行数字化；第二步要建立各个设备间的关联关系，关联关系分为组成关系和功能关系。例如 PLC 由支架、I/O 模块、CPU 等组成；伺服驱动器和伺服电机匹配时，要检查额定电流和电压，伺服驱动器的额定电流要大于等于伺服电机的额定电流，伺服驱动器的输出电压要和伺服电机的额定电压一致才可以，这是功能关系。第三步将设备的地理位置信息添加到虚拟工厂数据库；最后建立产品全生命周期中工具与数据库之间的信息交换。如图 11-5 所示，虚拟工厂数据库中的信息在产品全生命周期中被各种工具所使用，并进行信息交换。

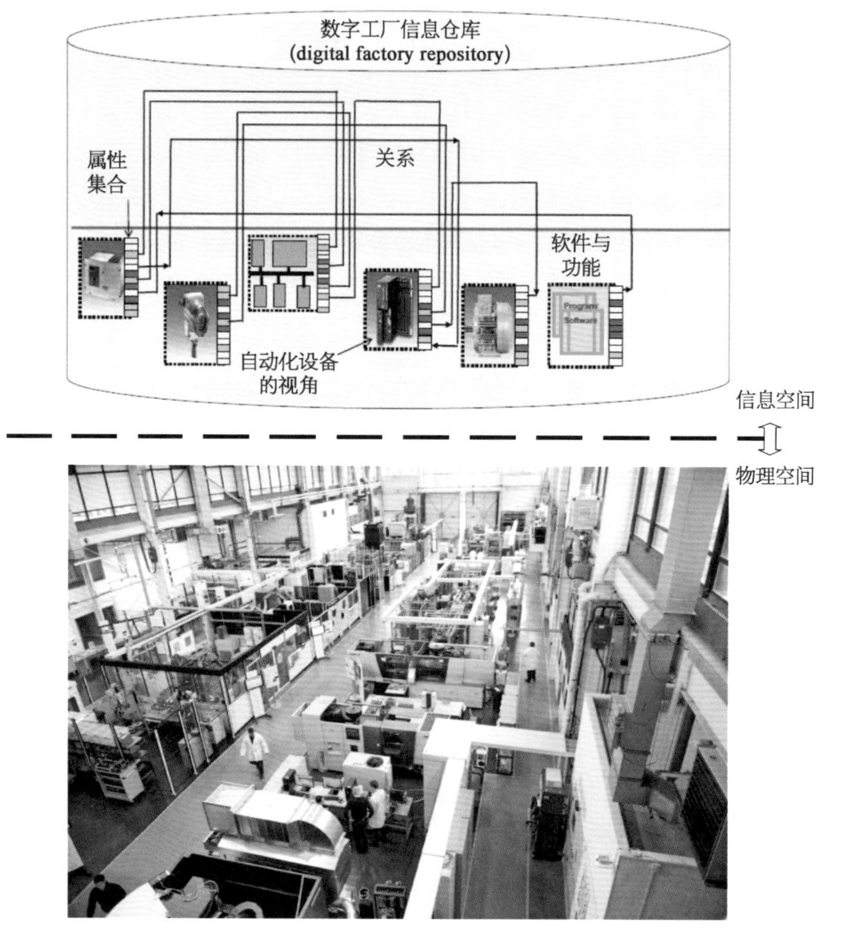

图 11-5　虚拟工厂概念图

3）数据与信息交换

虚拟工厂的数据交互方法如图 11-6 所示。

11.1.3.2　面向虚拟工厂的自动化集成框架

国际标准 ISO 62264（或 ISA 95）给出了自动化集成框架（金字塔模型），在虚拟工厂建设过程中，同样可以参考按照 ISO 62264 进行工厂的垂直集成，如图 11-7 所示。

工厂中包含的各种设备分类如图 11-8 所示。

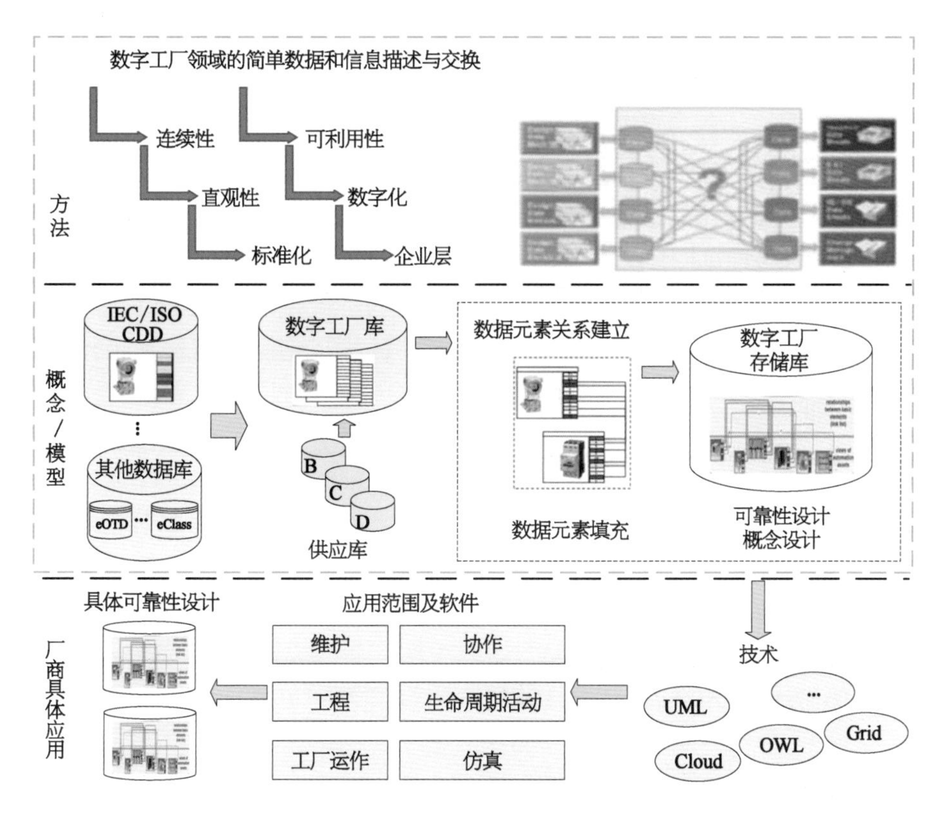

图 11－6　虚拟工厂的数据交互方法

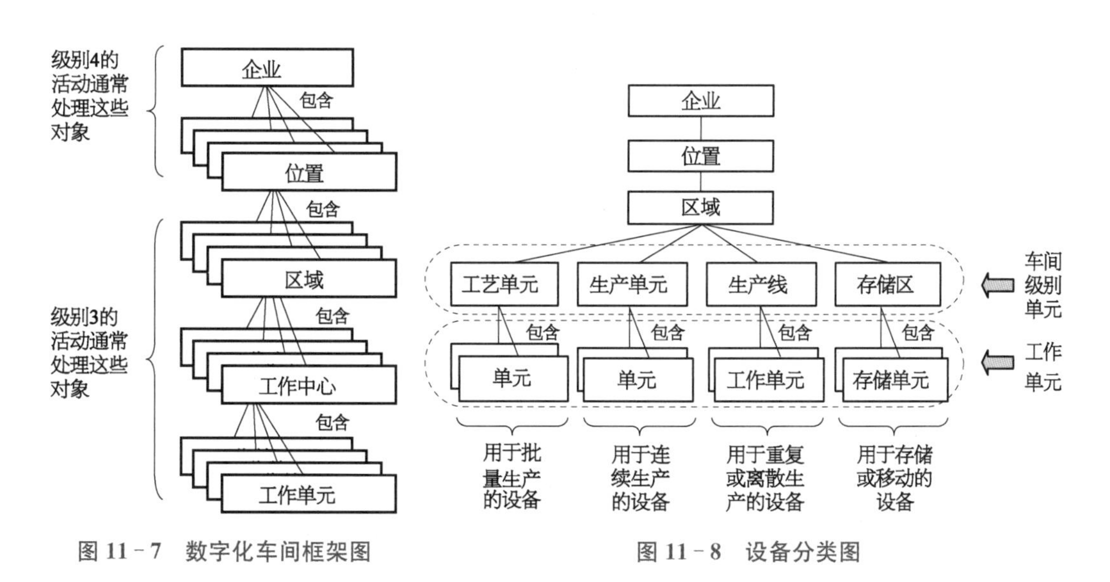

图 11－7　数字化车间框架图　　　　图 11－8　设备分类图

按照数字化车间集成框架，可以基于 ISO 62264 标准分为工作单元，车间级别单元。设备层次与物理设备映射如图 11－9 所示。

11.1.3.3　海洋装备生产虚拟工厂体系

类似于其他虚拟工厂，本书面向海洋装备生产过程，提出一种海洋装备虚拟工厂数据

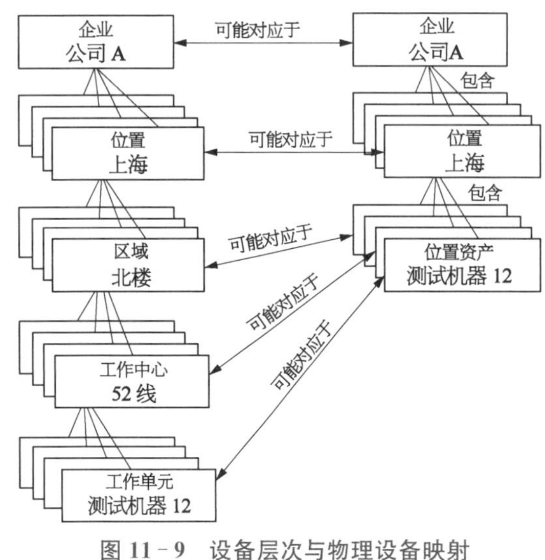

图 11-9　设备层次与物理设备映射

库，优化并建立适应于海洋装备业务现状的标准管理模式和业务流程，提升控制能力和工作效率，并可快速进行推广应用。实现海洋装备信息数据的管理，为需求分析、产品设计、工艺设计、成本管理、质量监控、采购管理、计划协同、出厂/车间管理、售后/安装服务等过程提供数据支持。海洋装备数字化制造的虚拟工厂体系如图 11-10 所示，是基于 CPPS 为核心的，为管理人员建立管理生产、物流和质量等相关业务运作数字化工程体系，提高各部门的协同工作的能力，通过系统实施降低制造成本和缩短交付时间。

图 11-10　海洋装备虚拟工厂简图

海洋装备虚拟工厂考虑系统的可集成性、可配置性、适应性、可扩展性和可靠性，对软硬件组合、网络结构、车间设备、通信路由、系统规模和性能进行深入分析，不同模块之间的接口，建立一种在海洋装备系统软件与数据采集硬件设备之间的层次关系，完成总体架构的建设。

11.1.4　虚拟工厂关键技术

虚拟工厂是在数字化建模技术基础上，建立工艺过程模型设备、设备模型、生产环境模型，以及生产管理模型等，应用优化仿真技术对生产系统的装置设备布置、加工能力以及生产加工路线进行优化分析。根据数字化的融合程度，虚拟工厂分为两个阶段：数字工厂与数字孪生工厂。随着逐渐采用沉浸技术，使用户身临其境地感受工厂的生产过程，从而对现场过程有更全面、更准确、更便捷地了解，虚拟工厂发展阶段如图 11－11 所示。

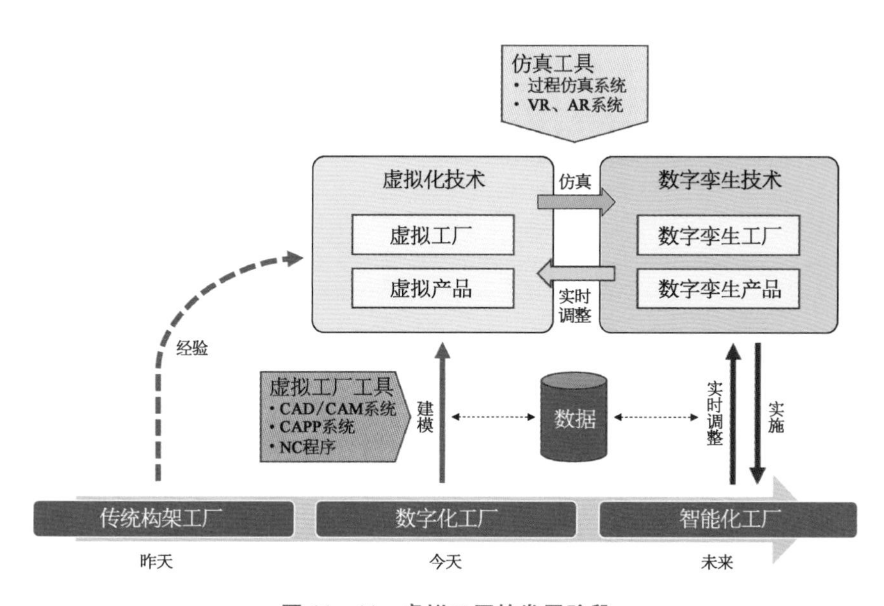

图 11－11　虚拟工厂的发展阶段

虚拟工厂的目的是实现透明工厂，透明工厂并不是指厂房透明、设备透明，所谓“透明化”，实质上就是在制造工业物联技术基础上，使企业中各职能部门在规定的要求下，按高效互动的方式运行，从而体现了智能化制造的基本特征。将传感器采集到的数据在虚拟的三维车间中实时展现出来，构建出能够感知生产环境的数字化车间。从制造过程中机械设备的作业状态、工况监测数据到产品的装配、调试环节，整个生产系统都能通过 VR/AR 工厂，真实地呈现在人们眼前。用户实现对工厂设备的远程监控，实时了解数字化车间的生产状况，在线获取工厂设备的运行数据，甚至通过交互技术实现远程操作维护、设备管理，或对现场人员进行远程维护指导和培训，这种技术可有效推动工业生产组织方式的变革。其中，沉浸可视化技术，如 VR/AR 等作为虚拟工厂的表示层，提供了三维现实和交互，如图 11－12 所示。

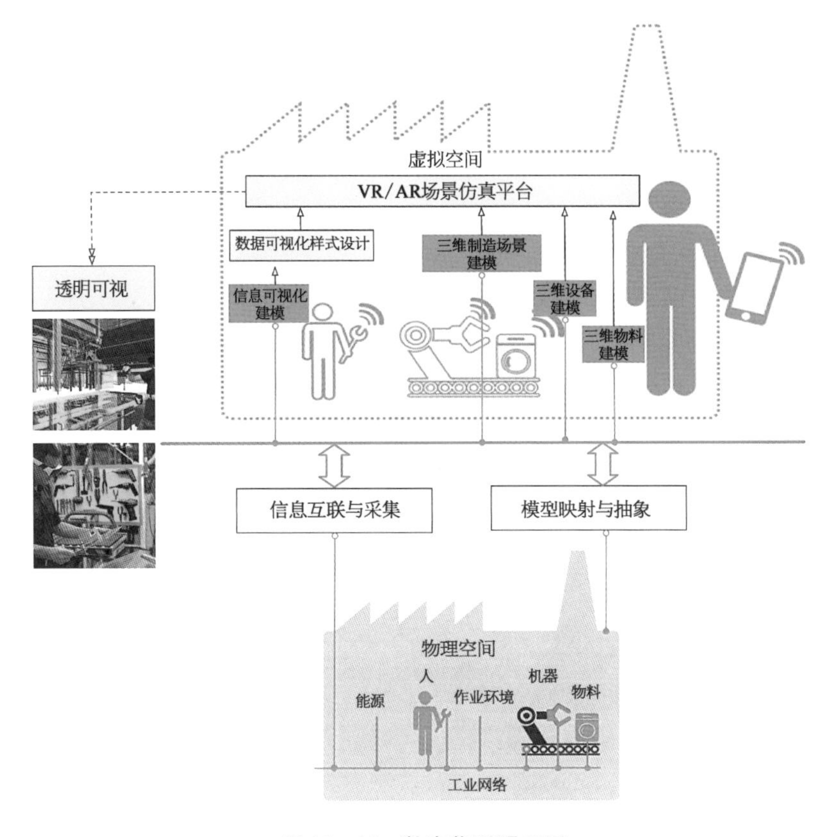

图 11-12　数字化透明工厂

11.1.4.1　虚拟工厂建模技术

虚拟工厂建模分为数据建模和过程建模。数据建模包括连续建模和离散建模。过程建模包括分形建模、图像建模、图形建模、几何建模、混合建模等。

1）几何建模

几何建模是虚拟工厂的基础，虚拟环境中的几何建模是物体几何信息的表示，每个物体包含形状和外观两个方面。物体的形状由构造物体的各个多边形、三角形和顶点等来确定，物体的外观则由表面纹理、颜色、光照系数等来确定，虚拟工厂的几何建模往往是商业三维系统建模后，通过接口转换而来。

2）物理建模

物理建模指的是虚拟对象的质量、重量、惯性、表面纹理（粗糙度）、硬度、变形模式（弹性或可塑性）等特征的建模，这些特征与几何建模和行为规则结合起来，形成更真实的虚拟物理模型。物理建模是虚拟现实系统中比较高层次的建模，它需要物理学与计算机图形学配合，涉及重量建模、运动关系等物理属性的表现。

3）运动建模

在虚拟环境中，仅仅建立静态的三维几何体还是不够的，物体的特性还涉及位置改变、碰撞、捕获、缩放、表面变形等。制造对象和生产要素在生产过程中，其位置不断变化，需要碰撞检测，有合理的运动路径，主要包括：

(1) 对象位置：对象位置包括对象的移动、旋转和缩放，坐标系统的位置随物体的移动而改变，在建模过程中往往需要多个坐标系来表征对象位置，如绝对坐标系、相对坐标系等。

(2) 碰撞检测：碰撞检测技术是虚拟环境中对象与对象之间碰撞的一种识别技术，碰撞检测需要计算两个物体的相对位置。

4) 行为建模

行为建模就是在创建模型的同时，不仅赋予模型外形、质感等表观特征，同时也赋予模型物理属性和“与生俱来”的行为与反应能力，并且服从一定的客观规律。加工设备的几何建模与物理建模相结合，可以部分实现仿真过程“看起来真实，动起来真实”的特征，行为建模方法建立了类似智能代理的方式，自适应处理物体的运动和行为的描述。

11.1.4.2　制造过程信息融合技术

前文反复强调智能制造的核心就是 CPPS，其中包含了将来无处不在的环境感知、嵌入式计算、网络通信和网络控制等系统工程，使物理系统具有计算、通信、精确控制、远程协作和自治功能，它注重计算资源与物理资源的紧密结合与协调。虚实的深度融合，数据融合是关键，这些数据流转在设计、制造和运维的各个阶段，这些有机组成的、有相互逻辑关系、强关联的数据体就是数字主线。数字主线支持的虚拟工厂信息融合如图 11 - 13 所示。

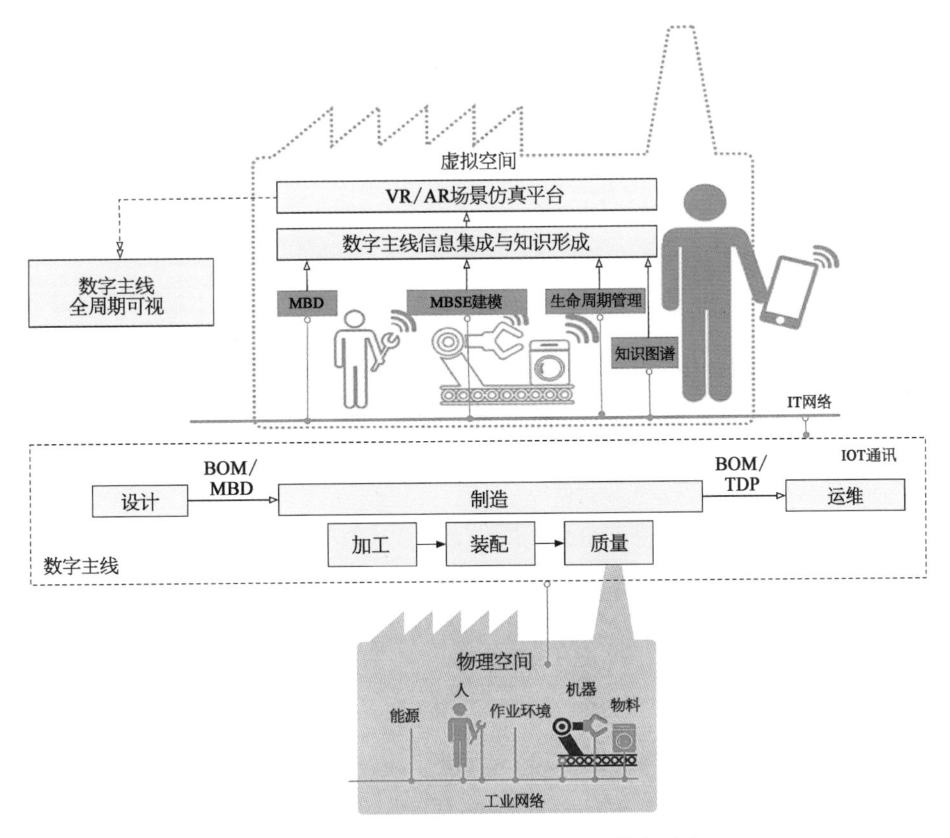

图 11 - 13　数字主线下的虚拟工厂信息融合

1）“人-机-物”信息深度融合

CPS 系统的本质就是以“人-机-物”的融合为目标的计算技术，以实现人的控制在时间、空间等方面的延伸，其在物与物互联的基础上，还强调对物的实时、动态的信息控制与信息服务，形成以人为核心，人在环路（human-in-loop）的融合系统。人机物的信息融合，需要合适的计算构架，如图 11－14 所示。

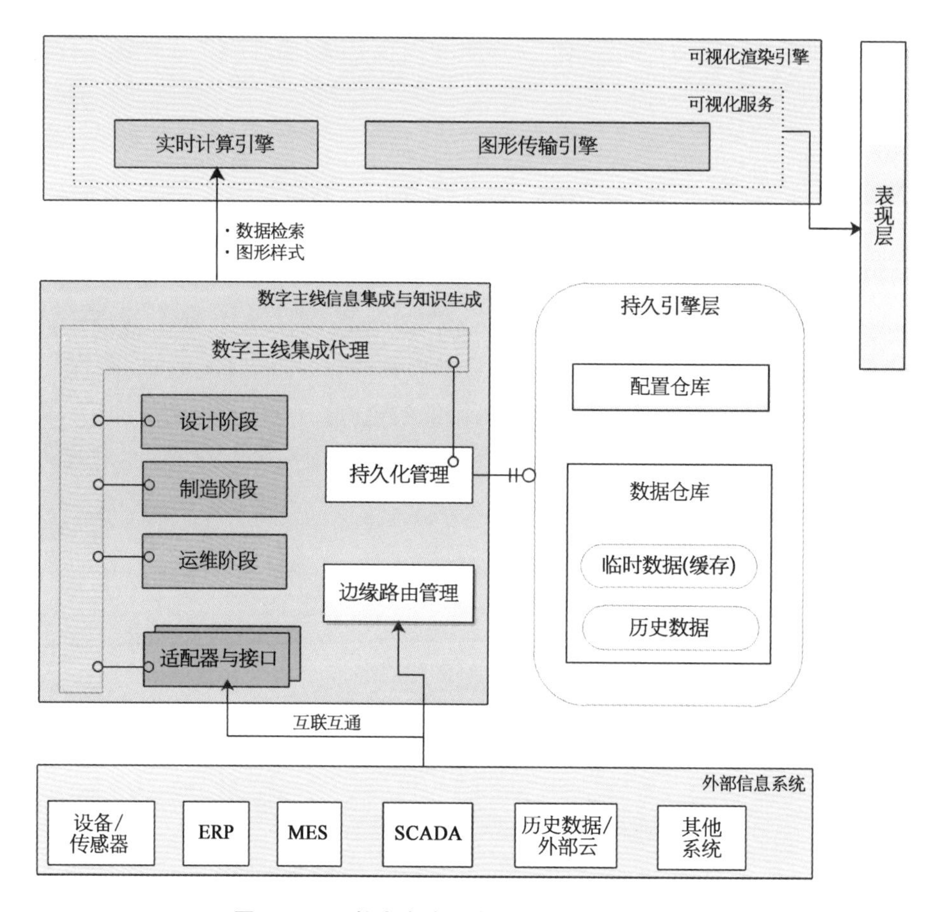

图 11－14　数字主线集成下的信息与控制模型

2）“3C”与物理设备信息深度融合

CPS 的“3C”特征的有机融合与深度协作，实现对制造系统的实时感知、动态控制和信息服务。CPS 是将计算和通信能力嵌入传统的物理制造系统之中，造成计算对象的变化，将计算对象从数字的变为模拟的，从离散的变为连续的，从静态的变为动态的。CPS 作为计算进程和物理进程的统一体，是集计算、通信与控制于一体的下一代智能系统。

3）制造过程上下文价值链深度融合

制造过程上下文价值链中的数据相互融合。前道工序数据支撑并约束后道工序的制造工艺参数、质量要求等；后道工序数据反馈到前道工序，实现自适应和自律调整。这种深度融合是未来智能制造的关键。当前 5G 快速发展 M2M 技术，使得车间端到端连接、实现深度数据驱动。除了上述的自动化执行过程，获得上下文价值链中的数据，直接帮助人在制造过程中的决策能力，如实现在线在位的设备故障判断、质量预测和加工工艺干预。

11.1.4.3　虚拟仿真与可视化技术

虚拟仿真与可视化技术对制造过程的数据理解至关重要，可让设计者以更自然和更直观的方式理解和分析数据，如图 11－15 所示。

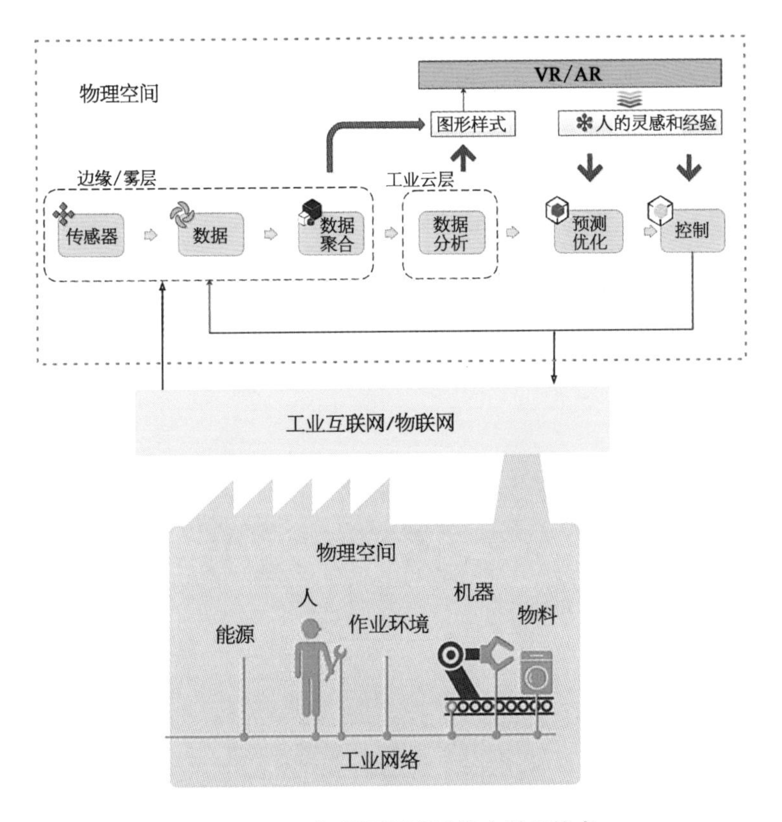

图 11－15　沉浸可视驱动的大数据技术

(1) 制造过程的大数据将变为沉浸式：在 2D 屏幕可视化大量数据几乎是不可能完成的任务，但 VR/AR 提供了一种替代方法：多视角的数据钻取与三维可视化，让你可以以不同的角度查看数据。

(2) 分析将变成交互式：交互性是理解大数据的关键。如果没有动态处理数据的能力，拟实显示的意义将大大降低。使用静态数据模型来了解动态数据的能力在 VR/AR 技术中将产生飞跃，这为我们提供了动态处理数据的能力，使对数据的切片、操作、分析参数输入成为可视化交互的新方式。

(3) 更快速地了解更多信息：一图胜千言，当制造过程的数据以更自然和拟实方式呈现时，制造的过程更容易理解。这甚至可提高我们在特定时间内处理的数据量，以及提高数据发现能力，以更"同理"方式组织数据。

11.1.4.4 虚实融合技术

数字孪生是以数字化的形式对某一物理实体过去和目前的行为或流程进行动态呈现，其真正功能在于能够在物理世界和数字世界之间全面建立准实时联系，实现虚实融合。站在CPPS角度，数字孪生和信息物理生产系统不谋而合，核心的问题是在虚拟空间中建立模型，来实时驱动制造过程，达到自动化、自感知、自适应、自决策等智能化行为，从而节能增效，同时提升产品质量。数字孪生面临不少技术挑战：

(1) 对实际物理过程获取的数据实时分析困难。

(2) 建立高可信的数字孪生模型困难。

(3) 数字孪生实现智能控制困难，在虚拟空间和物理空间之间存在数字孪生互操作层，实现工厂/车间的人机协同和共融，需要高度的自然人机交互，如图11-16所示。

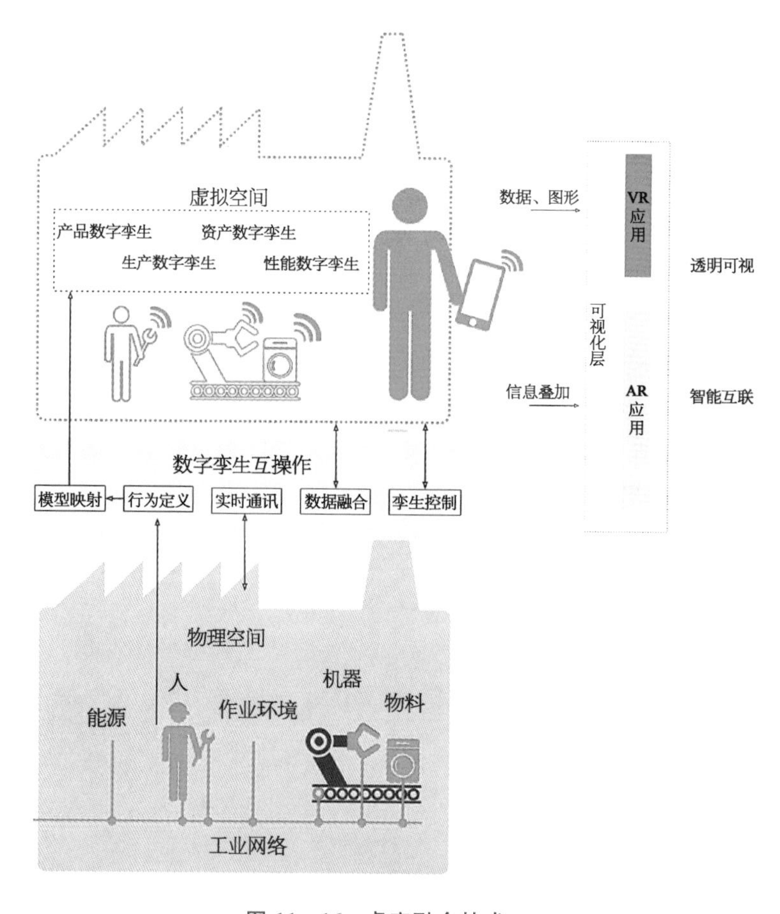

图11-16 虚实融合技术

11.2　虚拟工厂三维建模

虚拟工厂可用来进行工厂布局规划，工厂包括制造单元，根据工艺要求与规划，组成产线，形成工厂，如图 11－17 所示。

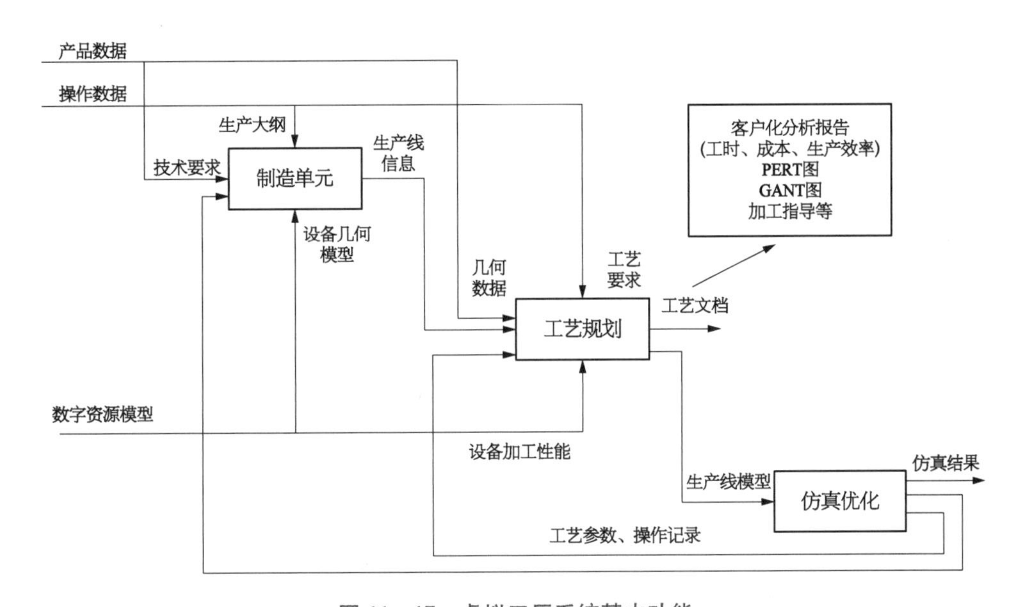

图 11－17　虚拟工厂系统基本功能

虚拟工厂模型包括工厂布局仿真、工艺规划、系统仿真优化三大模型，自顶而下进行布局规划，对规划的结果进行仿真优化，将优化的结果反馈到规划不同阶段，包括生产线布局、单元布局与设置、人机工程等设计阶段进行调整，如图 11－18 所示。

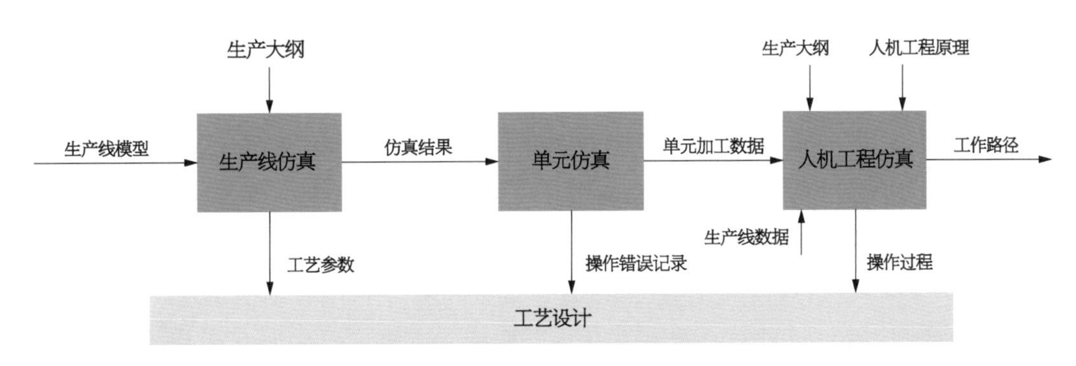

图 11－18　仿真优化功能结构

11.2.1 工厂场景几何建模

三维工厂仿真是基于制造场景图展开的，将场景进行分块，确定模型存储方法、使用的建模工具、纹理工具等；然后对场景对象的材料、纹理、光照等进行渲染，确定用户与虚拟场景中对象的交互粒度；同时几何模型三维场景的建模还需要考虑硬件设备，来进行真实感取舍，否则会导致比较复杂的场景模型，因为计算量较大，使用户与虚拟场景无法实时交互。

11.2.1.1 三维工业设备建模

进行系统设计是自顶向下，而建模则正好反过来，首先建基本模型，然后组装成整体虚拟工厂。机器等工业设备等是工业生产过程中的主体部分，也是最重要的场景内容。几何建模包括建立对象的形状和外表。由于工业中的机器等都是真实存在的，所以三维数字机器模型的构建是在此基础上建立。工业设备的模型首先要建立起机器等的三维几何模型(用多边形表示)，然后根据真实感要求进行纹理贴图。

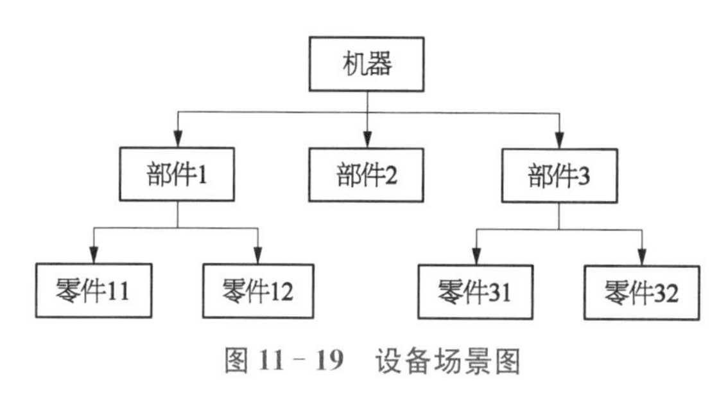

图 11 - 19 设备场景图

工业设备一般采用树场景组织，如图 11 - 19 所示。

根据仿真的需求，设备模型的细节(包括内部机构)一般不用建模，对于仪表等复杂部件可通过贴图来进行。模型可直接由三维软件一次完成，常见软件如 3D Max 等，大吨位起重机数字化模型如图 11 - 20 所示。

图 11 - 20 大吨位起重机三维数字化模型

11.2.1.2 组件/零件/在制产品建模

与上述的工业设备类似，组件/零件在制产品需要建立几何模型，除此之外还根据应用需要附加其他属性：如用于装配约束的点线面特征、用于装配层次关系表达的父子结点关系、用于动力学计算的质心/惯性矩/密度/摩擦系数等属性。在一般的虚拟工厂应用中，动力学属性通常较少见。

组件模型节点是子部件或零件关系，来自 EBOM。

在仿真对象的行为动作时，比如装配过程，就需要装配约束。装配约束包括“装配语义”和“几何约束”，装配语义是在几何约束基础上添加具体装配操作而成。它具有明确的装配含义，但不同类型制造、不同工艺的装配语义可能有差异。目前大部分 CAD 设计软件不能支持虚拟工厂的仿真，需要导出 CAD 模型中的装配约束。编程将 BOM 与几何约束创建如图 11－21 所示。

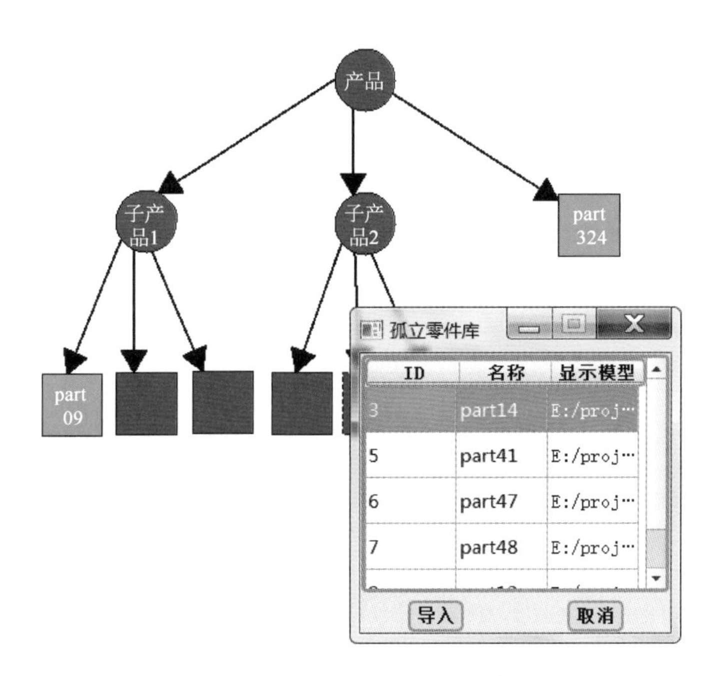

图 11－21　组件 BOM 与装配约束融合

商品化软件建立的模型（如 3D Max，各种 CAD 软件等）直接导出的几何模型包含大量的三角形面片，从而导致 3D 场景的数据量过大而计算机无法仿真运行。因此，需要对模型进行简化减小零件的三角形数目，并且以贴图等方法减少零部件。另一方面，经常应用实例化技术，同类零件仅导入一次，在 3D 场景中以实例引用方式来处理同类零件的 3D 几何模型。

场景建模还包括自然环境（比如天空、树木等），同时也包括一些特效，比如烟、火花等，在本书不一一展开论述。

11.2.1.3　虚拟工厂场景建模

工业场景中需要对工厂中的厂房如建筑物等，包括楼梯、过道、管道之类的场景进行图像建模。对近景用几何建模，对远景使用图像建模，保证漫游过程的畅通，进行实时漫游。虚拟工厂场景通过前文的模型，根据布局图，类似搭积木一样组装起来，形成一张大的场景图，如图 11－22 所示。

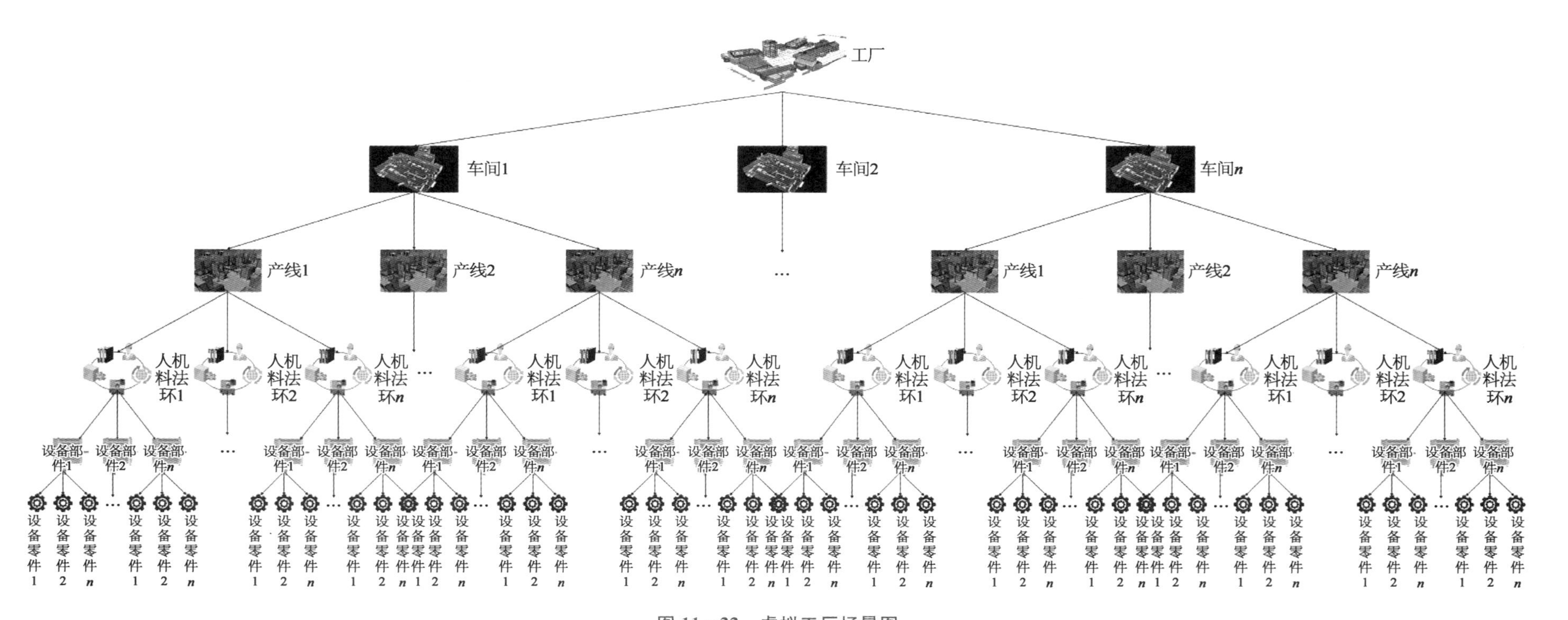

图 11－22　虚拟工厂场景图

11.2.2　三维工厂虚拟布局建模

针对新工厂的设计评估,虚拟工厂还可以进行三维可视化布局分析。工厂虚拟布局包括厂房布局设计、设备布局、工装夹具布局。在设备布局模块中,主要实现生产线设备的建模和摆放。以厂房布局的结果作为参考,根据设备规划的要求,对制造设备的数字模型合理布局。

11.2.2.1　工厂虚拟布局方法

工厂布局是指将加工设备、工装夹具和货架等各类生产资源,合理地放置到有限的厂房空间内的过程,合理的工厂布局可以提高空间利用率、节省成本、缩短物流路径和提高设备使用效率。系统布局设计(SLP)方法的切入点为 P(产品)、Q(产量)、R(工艺过程)、S(辅助部门)、T(时间)5 个基本要素。运用 SLP 来进行平面布局规划的流程如图 11 - 23 所示。

运用 SLP 进行平面布局的步骤如下:

(1) 活动域。在车间布局设计之前需要收集相关原始信息。如空间面积、车间作业单元的划分、车间生产系统的工艺流程等。细致且完整的原始信息是顺利进行布局设计的保证。

(2) 物流关系分析。就是要对布局车间的生产系统中的与物流相关的活动进行分析,主要包括产品和原材料依工艺流程在不同的作业单元之间的流动。通常进行新方案设计时,我们用作业单元之间的物流量来表示他们之间的物流强度。

(3) 非物流关系分析(活动域关系、活动关系)。即对布局车间的生产系统中与物流无关的活动进行分析。根据实际情况这些活动应满足现场工人通行、现场设备管理的方便等。在进行布局设计时根据产品的生产活动来确定物流活动和非物流活动的重要性。

(4) 空间关系分析。完成了物流关系分析和非物流关系分析之后,需要确定所研究的布局系统中作业单元的综合关系。该过程实质上是对物流活动和非物流活动按重要性进行加权。

(5) 布局方案计算。根据综合关系得到的布置图,结合布局空间面积和作业单元的面积绘制出初始的布局方案。

(6) 方案仿真与调整。步骤(5)中生成的布局方案往往会存在一些与实际不符的或者不合常规的地方,这时就需要根据实际情况对这些布局方案进行调整。

(7) 方案选择与性能仿真。完成步骤(6)的方案均能满足实际需求,但需要评估优化方案,找到其中综合性能最高的。

传统工厂的布局计算是基于二维图纸和公式计算,效率较低,虚拟工厂布局仿真,在上述各个过程均可以辅助分析。布局优化不仅仅考虑几何空间约束,还要考虑生产工艺约束,这是关键。

1) 产品和产量约束

产品和产量约束是车间设施规划布局的第一个步骤。产量的期望决定了产品的材料、零部件、资源的使用和消耗状况。

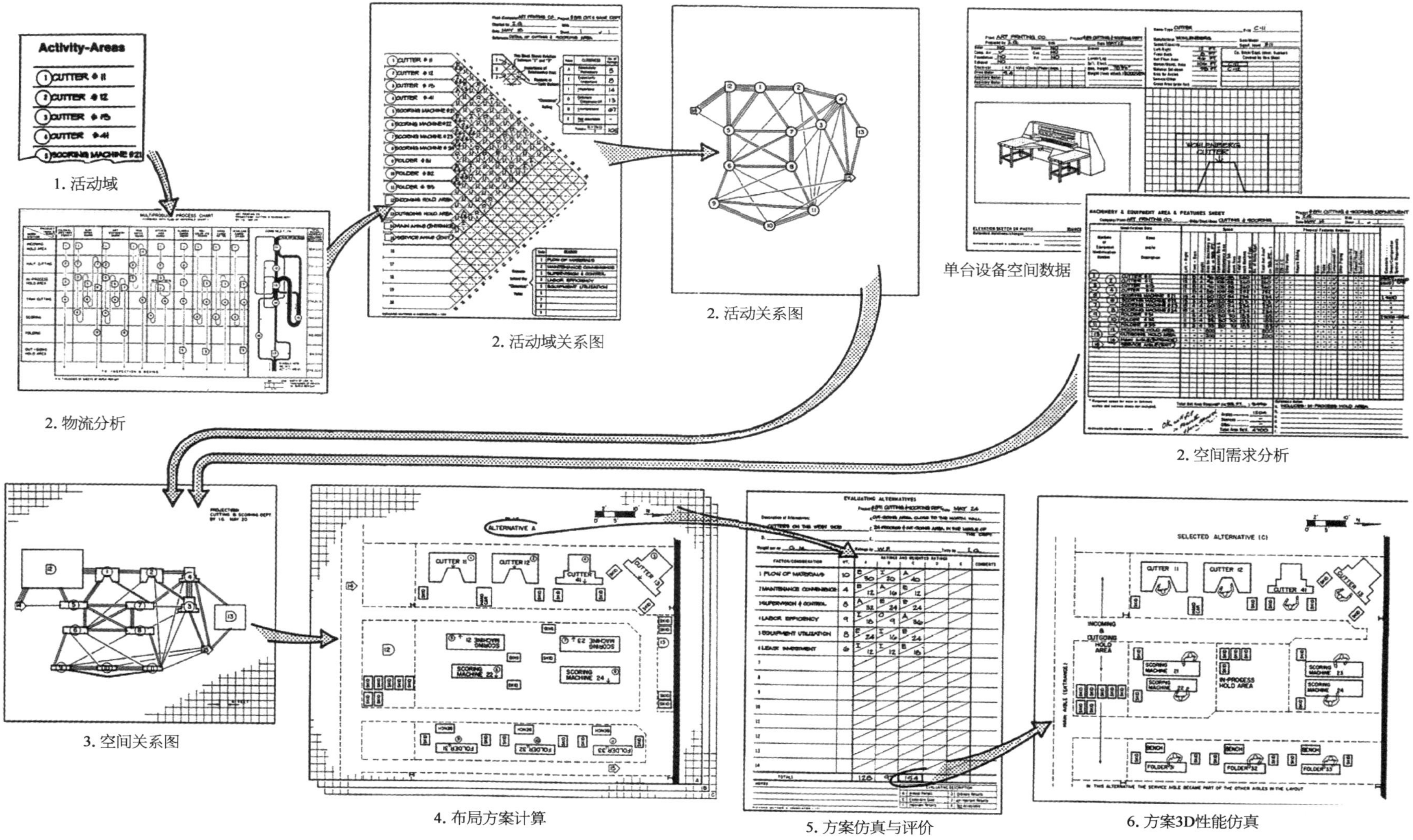

Activity-Areas

1 CUTTER #11

2 CUTTER #12

3 CUTTER #15

4 CUTTER #41

5 SCORING MACHINE #21

1. 活动域

2. 物流分析

2. 活动域关系图

2. 活动关系图

单台设备空间数据

2. 空间需求分析

3. 空间关系图

4. 布局方案计算

5. 方案仿真与评价

6. 方案3D性能仿真

图 11－23　SLP 布置方法流程图

在虚拟工厂车间设施规划布局在实际案例分析的基础上，提取车间设施规划布局所需的产品、产量构成要素如图 11 - 24 所示。核心参数是产量与加工能力，批量生产企业一般采用计划年产量，进一步决定了每一种零件的年需求量。对于海洋装备生产的小批量、单件生产而言，生产来源分为本厂自制和外购，若为自制，则需要参与之后生产工艺设计；设备的外购零件则只设计仓储策略及空间需求。产品需求量、材料、尺寸和零件单件重量提供了计算物流强度的基本参数。

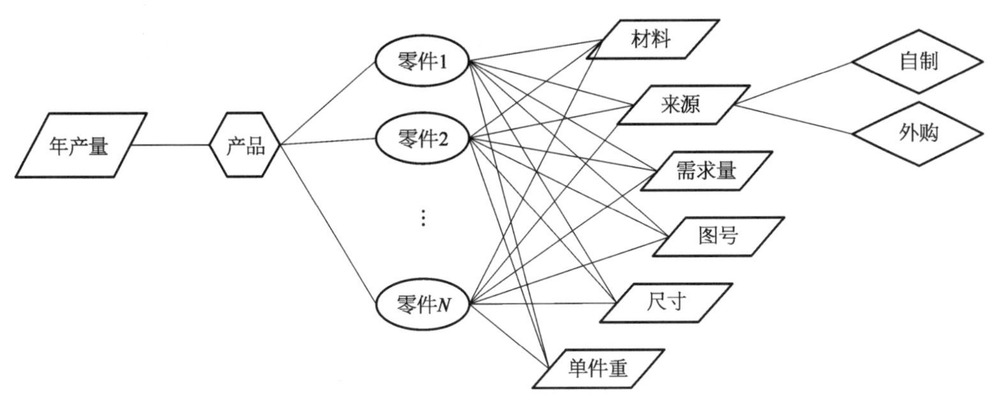

图 11 - 24　设备、产量构成要素

2）工艺流程分析

车间布局的规划和车间生产的工艺的顺序有十分紧密的联系，工序决定了产品生产过程中的所有细节。设备生产车间实施布局在设备制造过程中主要涉及的参数信息有所需的材料、单件产品的重量、单件产品的体积、计划的产量和产品实际产量。为了提供精确计算车间实施布局的物流量数据，需要依据工厂的实际生产情况，提前分析设备实际加工、组装、维护、检验等不同阶段以及不同的工艺过程路线。

3）空间分析

空间分析指生产车间及车间附属的有关作业单元的空间分析等。在生产车间中这些部门包括主要工具室、行政管理区域等，这些辅助部门能够维持和辅助正常生产，确保车间正常且有效地运作。

4）生产工时要素分析

车间的产品生产时间在生产中的地位是特别重要的，因为一切有效的和必需的车间作业工序与工位都需要合理的时间分配，这些合理的时间分配必须贯穿车间生产的始末，包括具体的开工时间点、各个单独工序的时间长度以及加工装配等的作业时间频率，涉及加工车间时间因素的作业单元通常都是属于细化的车间作业单元的范畴。把这些设备生产时间因素较早地运用于车间内的设计分析，然后可以通过车间各工序作业时间的推算，并结合车间机器设备产能，可以得到总体统筹的指导性资料。在此基础上，车间设计规划人员依此制定不同机器设备数、各工序的作业人员数、车间不同作业单元所需空间、不同作业工序平衡措施及辅助机器设备数量等。

11.2.2.2 生产线与制造单元布局

生产线与制造单元级别的布局,需要考虑生产线与制造单元周边的人机料法环资源配置、生产过程、作业活动等,如图 11-25 所示是西门子基于 eM-Plant 的布局。优化还需要考虑物品、人员等要素的空间合理性,人因工程和安全等要素。

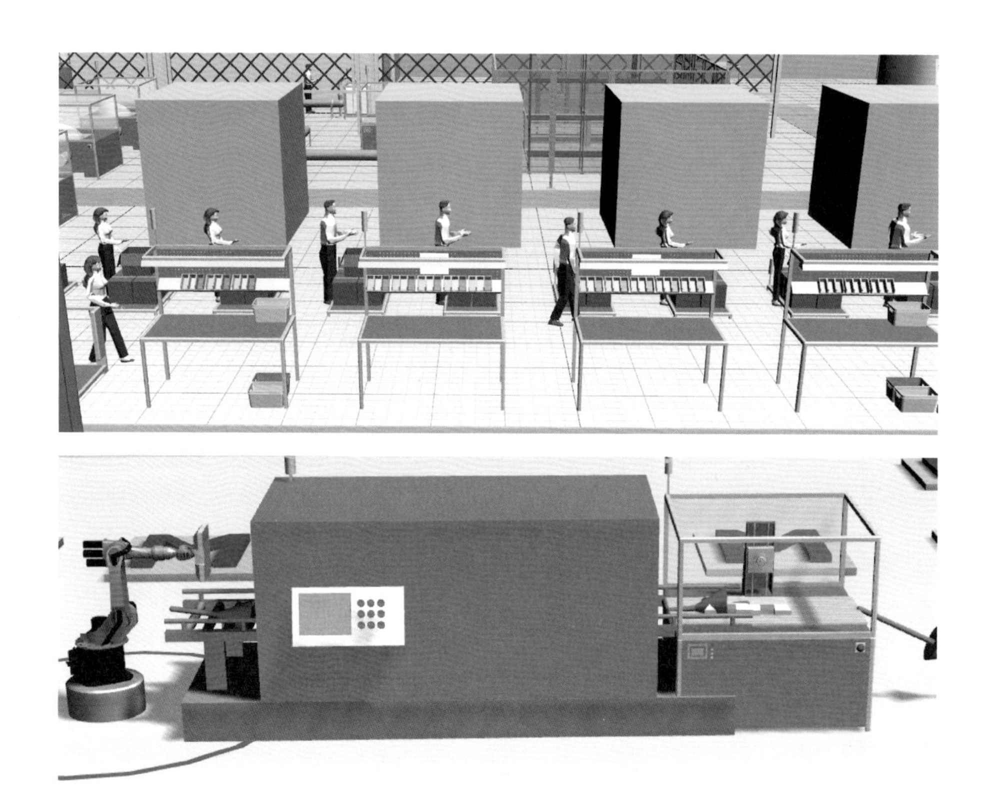

图 11-25 基于 eM-Plant 的制造单元布局

数字化强调整个制造活动的数字化控制与管理,以及内外部资源的合理应用与优化配置,涵盖了数字化加工、数字化装配、数字化生产准备、生产线仿真和重组以及虚拟企业等概念。在新建或改造生产线中采用虚拟布局技术,设计人员可对产品及其生产过程进行建模、仿真及优化,以加快研发效率,减少失误、降低成本。生产线数字化建模仿真是通过构建物理生产线的数学模型,通过相应仿真算法模拟实际生产线活动和状态,从而为生产线与制造单元布局设计及调度决策提供科学依据。具体包括:

(1) 三维可视化生产线建模。实现基于三维可视化产品、资源、工装、设备、人员模型,并依据生产路径和制造、输送时间搭建其虚拟生产线模型。

(2) 开放的输出接口。输出仿真和分析结果到如电子表格(Excel)等软件中。

(3) 多层次分析手段。利用图形化用户界面快速构建生产线仿真模型。

(4) 生产线优化。通过工艺规划仿真结果,对动态物流过程进行验证,包含多物流方案及排班的验证,更新生产线布局;对复杂的生产过程寻优,通过仿真优化快速寻求可行的替代方案;根据工艺过程,在预算、设备能力、工时、周期、最大/小批量、库存等不同布局方案,提供最优布局建议。

(5) 生产线逻辑模型。生产线由工位、物流设施、共用设备组成,含有工位之间的逻辑关系、工位在车间内的布局关系,如图 11－26 所示。而工位又是由一个或多个设备、设施、工装、夹具、器具等对象组成的一个完成特定制造工序任务的单元体,它是生产线的基本组成要素之一。工位布局建模只需要按照工位布局设计方案来布置设备、设施模型即可,如果有 2D 设计图,则可将 2D 设计图按照 1∶1 比例布置在虚拟车间的地板上,然后将设备、工装的 3D 数字化模型直接摆放在对应的位置即可。工位模型将记录工位内部设备和工装之间的固定位置关系,但不维护非固定的工具、设备、工装、夹具的相对位置关系。工位模型具有工位中各设备对象运行逻辑的描述,可以驱动工位内设备按照预定的时序进行运行仿真。

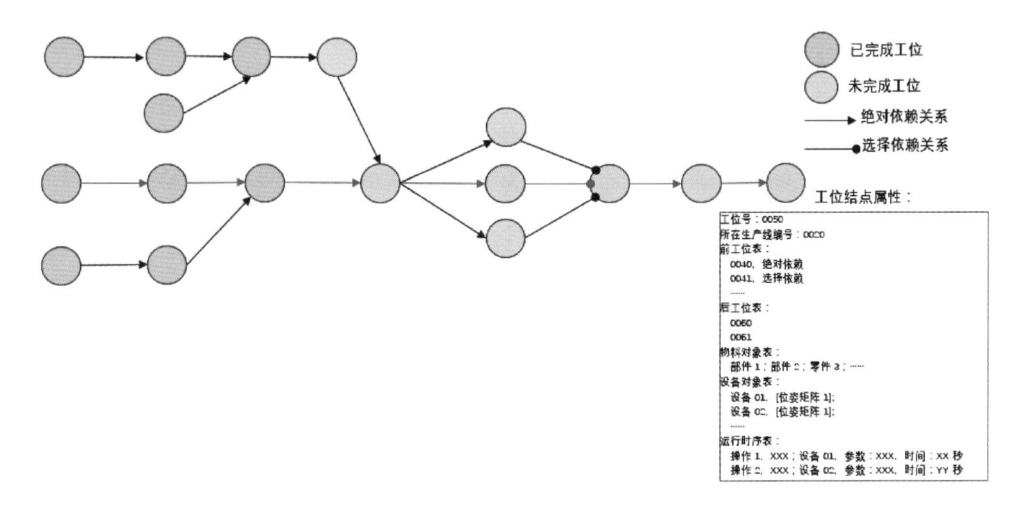

图 11－26　生产线逻辑模型

生产线具有描述工位之间顺序和依赖关系的逻辑模型。基于离散系统仿真的方法,可以驱动生产线运行,可以驱动所包含的各工位和设备,按照预定工艺流程进行完整的运行仿真。基于 eM-Plant 的生产线布局(U 型)如图 11－27 所示。

11.2.2.3　虚拟工厂布局

1) 布局流程

工厂与产线在布局仿真上相比并没有大的不同,无非是更大规模的建模,将物理工厂的业务和实体转化为数字化的虚拟工厂,并建立虚拟工厂与物理工厂之间实时、紧密的映射链接,充分利用虚拟工厂强大的仿真计算能力,评估物理工厂的现状,并仿真模拟未来的运营状态。其仿真最优结果用来组织工厂的制造资源,开展相应的生产活动。在产品设计阶段,利用虚拟化仿真,在订单投产之前就可完成产品的评估、验证和生产优化。合理的车间设备布局可以节约大量的物料运输费用,提高设备使用效率。工厂布局仿真主要是建立厂房的布局模型,包括设备、工装夹具、物流运输设备、标准作业流程的标识等,对以上元素进行空间布置并进行干涉分析。工厂布局流程如图 11－28 所示。

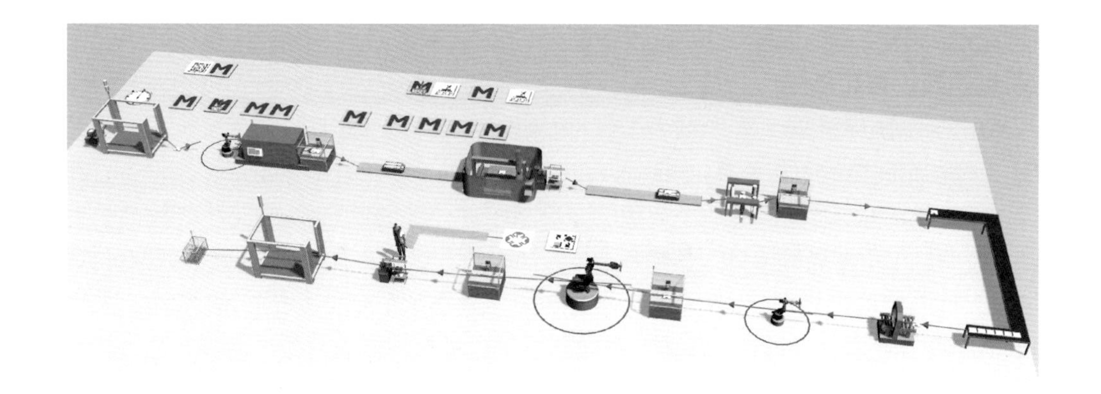

图 11－27　基于 eM-Plant 的生产线布局(U 型)

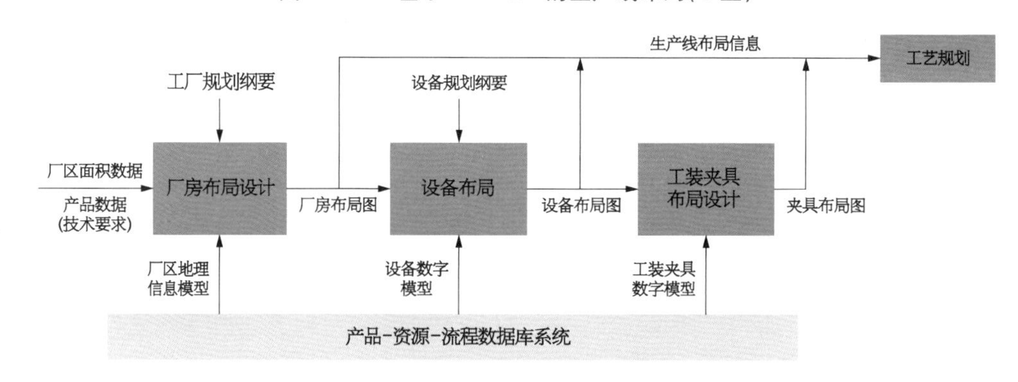

图 11－28　工厂布局流程图

虚拟工厂模型需要在生产全过程进行维护，以确保模型与工厂及车间有效连接。一方面，利用模拟工具，重新配置的生产过程可以在虚拟工厂中进行测试和验证，以便在物理工厂中快速实施；另一方面，对物理工厂进行完善的方案可以在工厂虚拟模型上得到反馈和保存。eM-Plant 工厂布局如图 11－29 所示。

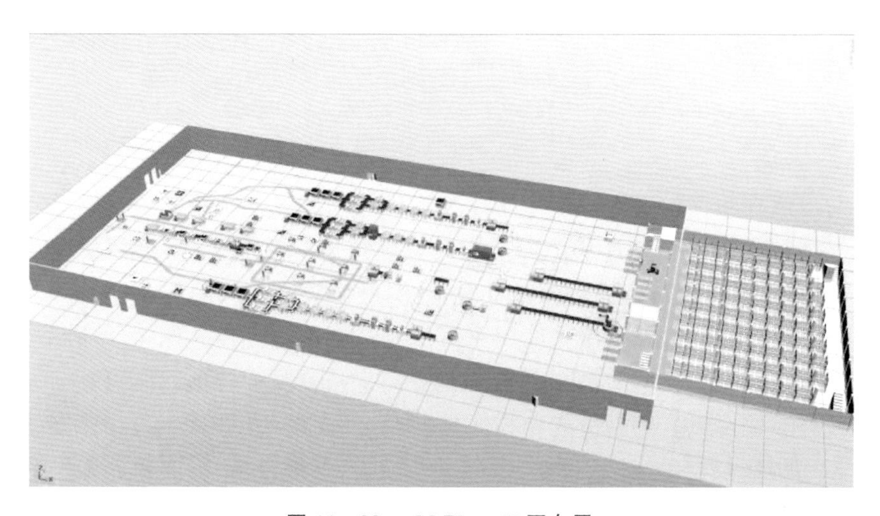

图 11－29　eM-Plant 工厂布局

2）商用布局仿真系统

目前主流的商用布局仿真系统主要有西门子 eM-Plant(图 11 - 30a)、Flexsim(图 11 - 30b)、Witness(图 11 - 30c)，以及达索 Delmia Quest(图 11 - 30d)。

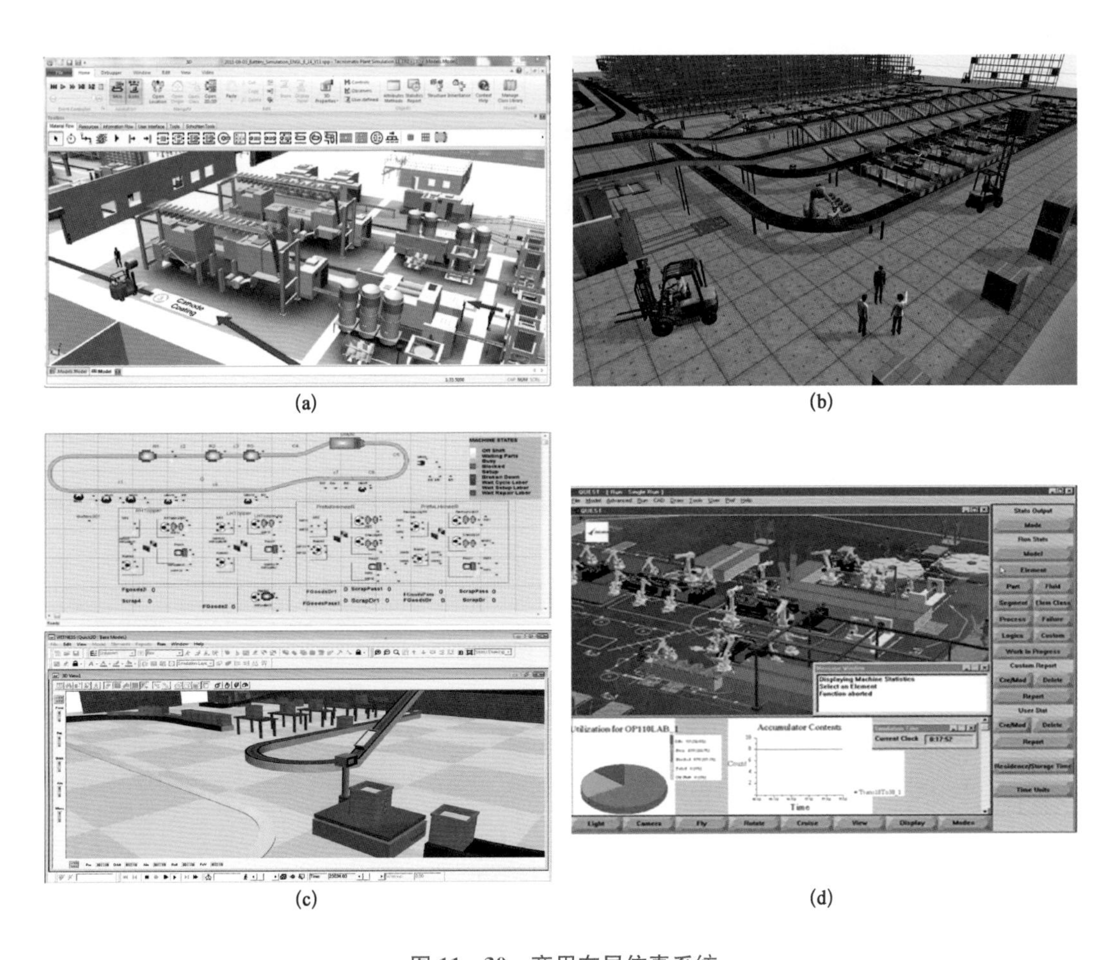

图 11 - 30　商用布局仿真系统

(a) eM-Plant；(b) Flexsim；(c) Witness；(d) Delmia Quest

11.3　虚拟工厂仿真

前文已建立了设备、物料、车间、厂房的 3D 数字化模型，以及虚拟工厂的生产状态布局逻辑模型。据此可进行工厂和车间的静态空间评价、生产过程运动仿真和分析，并能与生产过程物流仿真联合执行，实现数字孪生生产系统。真实模拟真实系统，需要体现动态,本节主要介绍虚拟仿真的动作仿真方法。

11.3.1 移动设备的运动仿真

设备/工装的运动仿真是虚拟工厂环境中生产系统仿真的重要功能,设备工装在生产过程的运动一般包括两类:设备工装作为一个整体的移动和转动;设备和工装内部机构运动。

1) 设备整体沿路径的运动

这种运动动画经常采用路径动画方法,它使用一条曲线作为其输入,和传统的设置From、To或By属性(像对From/To/By动画)或使用关键帧(如用于关键帧动画),定义一个几何路径并使用它来设置路径动画的属性。路径动画运行时,会从路径中读取途经点和运动方向信息并使用该信息生成其输出。

2) 设备自身部件的动作

由于设备模型采用轻量化的网格模型,缺少用于定义运动副的特征要素,需要重构设备/工装的机构运动约束模型。

在进行运动仿真时,往往采用直接移动部件几何模型的方法来近似实现设备/工装的运动仿真,采用类似3D动画制作的方法,即设置一系列位姿状态关键帧,对中间过程进行插值运算获得中间状态位姿。

(1) 运动副定义。运动副建立在两个构件模型之间,用来表达两个构件之间的运动约束关系。在虚拟环境中,设备和工装的运动副需要添加更加完整的属性:用于定义运动副的基本要素(运动副类型、构件、构件上的点线面)、用于运动副驱动的属性(0位置、上界、下界、主从关系等)。运动副的构件模型采用轻量化的面片模型,包含了用于定义约束或运动副的点线面特征模型,它们处于同一个构件坐标系中,这些轻量化的模型具有了数学定义和三维显示模型,见图11-31。

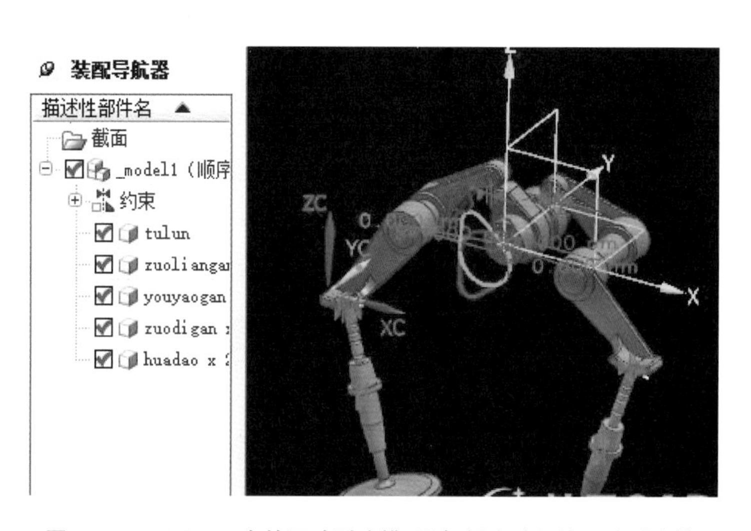

图11-31 UG NX中的运动副建模、设备创建过程的运动副建模

(2) 运动求解。3D 虚拟环境中，设备运动是设备机构驱动和设备整体运动的合成。虚拟工厂有一个根坐标系，也就是世界坐标系，每台设备又具有自己的设备坐标系，设备中各构件也具有自己的局部坐标系，构件之间又可能存在多级运动关联。此外，设备可能属于某个工位，则工位也有自己的工位坐标系、包含该工位生产线也有自己的局部坐标系，这样就形成了非常复杂的坐标系关联关系。

无论是设备整体还是其中一个构件，最终在 3D 场景中显示出来都是以场景坐标系(即场景的世界坐标系)为参考的，设备对象应能够自动维护其内部构件的坐标系关系，同时能够维护自身坐标系在场景坐标系中的位姿关系。在上述的运动副定义中，允许设置主从关系，即一个是主的(机架)，一个在机架上运动。如果存在这种关系，当机架构件发生整体移动时，从构件应在保持与主构件正确位姿关系的前提下与主构件一起联动，也就是说通过牵连运动带动从构件移动。此过程中如果还同时存在机构运动(运动副参数发生改变)，则还要将从构件相对于主构件的运动叠加到牵连运动上，这个过程表达如下：

设备整体运动：$M_{设备}=M_{设,0}\cdot T_{设}$

构件牵连运动：$M_{构}=M_{设备}\cdot T_{构\text{-}设}$

上式中，$T_{构\text{-}设}$是构件在设备坐标系中的表达，当构件又发生运动时，$T_{构\text{-}设}$也随之发生变化，这是由与它相关的运动副求解来处理的。场景坐标系、设备坐标系和构建坐标系如图 11 - 32 所示。

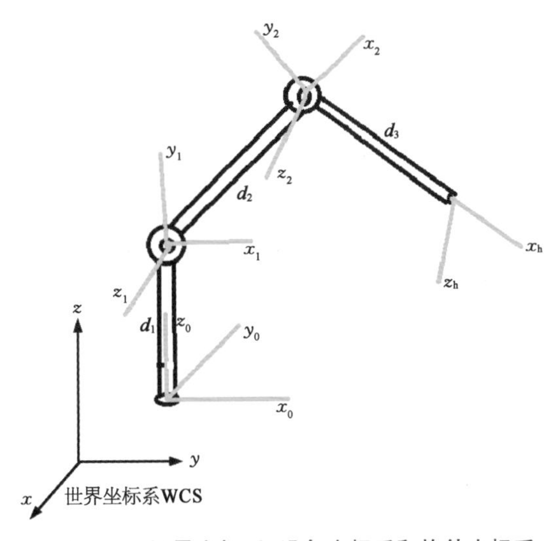

图 11 - 32　场景坐标系、设备坐标系和构件坐标系

11.3.2　虚拟人作业动作仿真

虚拟工厂环境中以虚拟人来代替真实操作者进行操作仿真和人机工效评估，因此虚拟人应具备运动仿真能力来模拟真实操作者在制造过程中的各种操作行为。

1) 多刚体虚拟人模型

虚拟工厂环境中一般采用多刚体的虚拟人模型，最常用的是 15 刚体模型，人体被分为 15 个刚体组成部分：头部，上躯干，下躯干，左右上臂，左右小臂，左右手，左右大腿，左右小腿，左右脚。刚体直接的运动副按照实际情况设置，主要为球形铰接、两向铰接和单轴旋转三类。软件系统实现时采用面向对象的方法来构建虚拟人模型对象，该对象含有虚拟人的 15 刚体模型的各种参数、刚体间运动副等属性，并封装了虚拟人的各种行为——从简单的关节驱动到复杂的下蹲、行走、跳跃等方法，用户只需要输入相关参数即可通过这些方法来驱动虚拟人完成各种行为仿真。人因工程软件 JACK 系统的虚拟人模型如图 11 - 33 所示。

2) 虚拟工厂环境中虚拟人的驱动

虚拟人多刚体模型具有非常多的自由度，在进行虚拟人操作仿真时，要给这些自由度均提供运动参数才能实现虚拟人动作。根据给虚拟提供参数方式的不同，可以分为预设

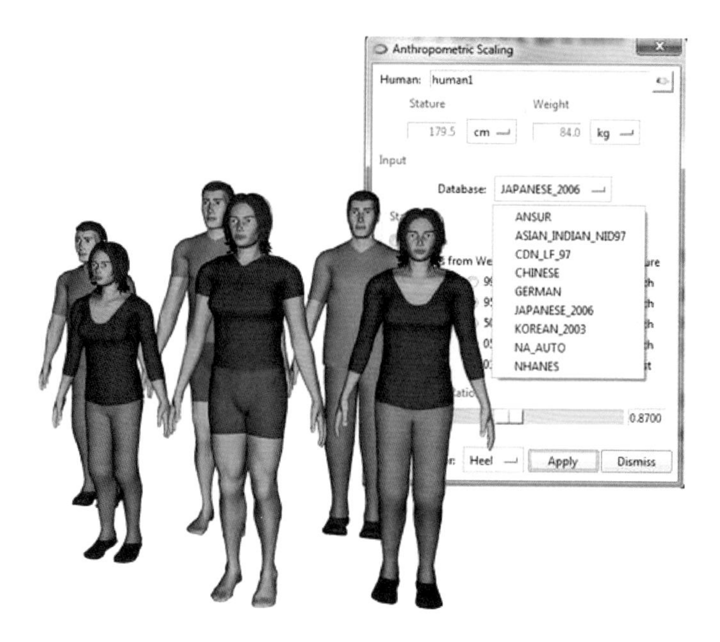

图 11－33　JACK 系统的虚拟人模型

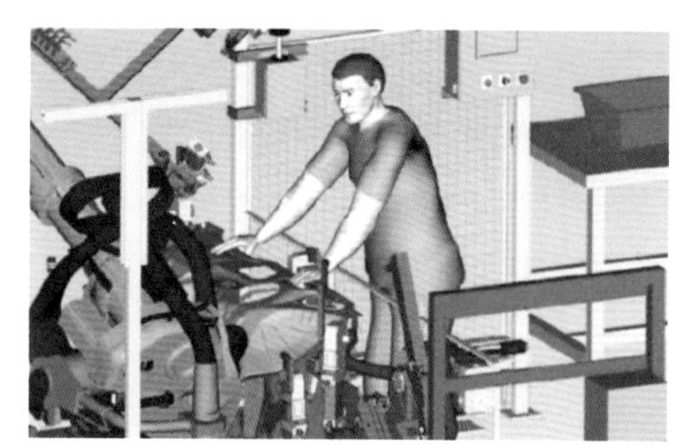

图 11－34　装配过程中的动作仿真与人因工程

参数驱动和交互式驱动两种方式。预设参数驱动就是直接设置各关节的运动副参数、或给虚拟人的预定义动作提供参数。装配过程中的动作仿真与人因工程如图 11－34 所示。

3）人机功效指标计算与显示

虚拟工厂建模与仿真软件一般都有人机功效分析模块，可以计算可达性、视野、疲劳情况(舒适度)。

可达性一般是利用虚拟人的运动可达性来评估，静态分析时往往使用虚拟人的活动空间来评估可达性。如图 11－35 所示为达索 DELMIA 软件中的人体操作空间分析，图中显示虚拟人站立姿态右手向下的理论可达空间，该人机分析模块是目前最常用的。

可视性(视野)一般利用虚拟人模拟观察来实现，即在虚拟人头部附加一个模拟视锥，当虚拟人处于某个姿势时，可以获得它的观察范围，考虑到人眼在不同视角上的敏感度不同，虚拟视锥也具有不同的敏感区域，图 11－35 中给出了视野显示，左上角椭圆区域是虚拟人的可视区域，椭圆中的小区域是人眼的敏感区域。

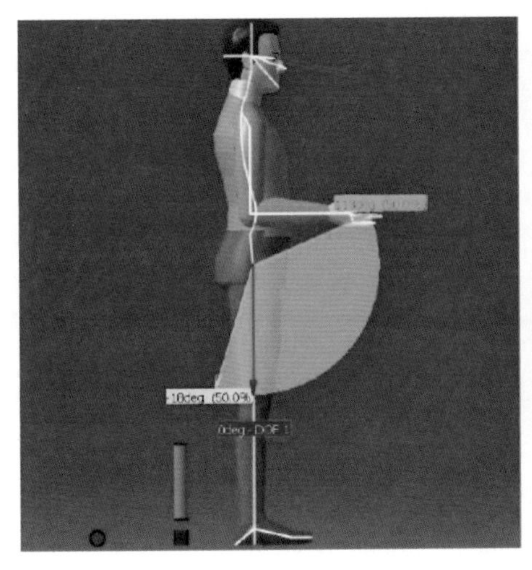
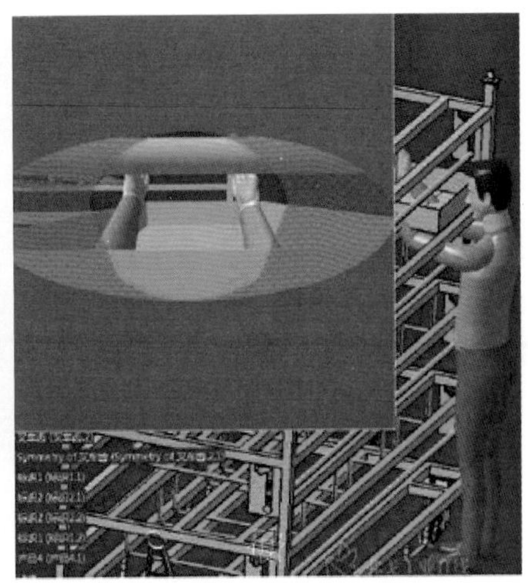

图 11－35　DELMIA 软件中的人体操作空间、视野显示

工作时人体的姿态是影响舒适性的重要因素，通常用基于 RULA 准则的疲劳性指标来衡量工作时的舒适性。因为工作时的负重、持续时间等因素均与具体应用有关，在静态评价中人体工作时姿态就称谓舒适性评价指标。

在虚拟环境中，虚拟人的姿态是通过虚拟人模型的一系列参数来表达的，如虚拟人多刚体模型的各个刚体之间角度。虚拟工厂软件中可以根据人因工程分析需要来设置人体的多种姿态，通过姿态来获取各角度参数。

11.3.3　仿真运动碰撞检测

真实仿真生产过程的运动，需要符合物理规律，最需要考虑的是物体间不能穿透等，需要进行可达性、干涉与碰撞、动态间隙等进行计算。运动包络体、运动干涉（碰撞检测）是常用的分析方法。

1）运动包络体的生成与显示

运动包络体是 3D 物体在空间中运动过程扫过的体积，也称运动扫掠体。它是评价运动空间特性的重要工具之一。构造形状简单物体比如长方体包络框，在一致运动路径上运动产生的扫掠体在虚拟工厂评估或生产系统运动仿真分析中大多使用该方法。

2）动态干涉检查——碰撞检测

实时交互操作过程干涉检查（碰撞检测）的最有效方法是基于层次包围盒模型的相关方法。其基本思路是将几何模型成不同精度等级的包围盒模型，包围盒中索引几何模型的多边形，被称为 BV－LOD 模型。

该方法的要点在于，首先生成各模型的 BV－LOD 模型，然后基于 BV－LOD 模型进行碰撞检测。在预处理阶段生成各几何模型的 BV－LOD 模型，仿真时使用 BV－LOD 模型进行碰撞检测，仿真时 BV－LOD 模型的拓扑和几何均不变化。

11.3.4 基于关键帧的虚拟工厂作业动画仿真

动画是播放制作的一系列照片(24 帧/s),利用人的视觉暂留造成的一种幻觉,大脑感觉这组图像是一个变化的场景。计算机仿真动画与之类似,是利用计算机产生一系列连续图像(其中每个图像与下一个图像略微不同),然后连续播放,这种动画技术就是关键帧动画,在视景仿真系统中得到广泛使用。前文介绍的设备根据路径进行运动,就是利用关键帧动画技术。这里需要指出的是,某些精细机构动作以及虚拟人的作业动作仿真,是采用基于骨骼的动画。骨骼动画是仿照定义对象的"真实"的骨骼结构,建立一个节点树,每个节点对应一个骨骼的关节,然后在这些关节上指定关键帧,通过正运动学(FK)和逆运动学(IK)计算来生成中间帧。虚拟工厂仿真中用来展示机构的精细动画仿真成本较高,更多的是采用关键帧动画。关键帧动画技术一般可分为 4 个步骤反复进行,如图 11-36 所示。

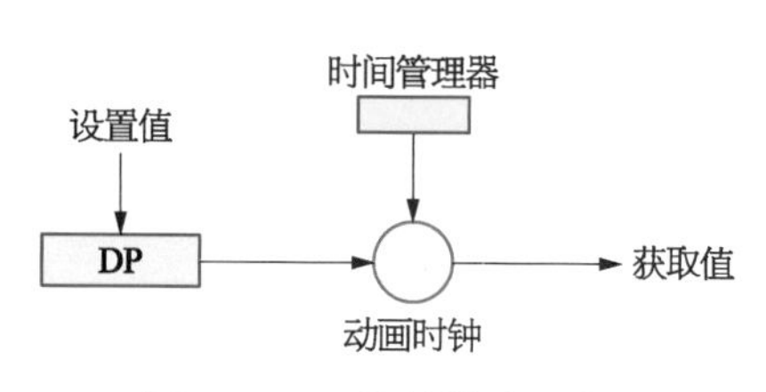

图 11-36 关键帧动画流程

① 设置一个计时器;

② 按照设定的时间间隔,通过时间管理器检查动画的执行时间;

③ 利用动画时钟计算时间检查点,并计算所对应仿真对象的位置;

④ 更新对象位置,并重画对象。

具体针对某个对象的动画的实现,包括一系列的时间检查点,并构成了一条时间线,一条时间线往往对应了一个对象的连续动作。在整个场景仿真中,往往包含了多个动画段,由多条的时间线组成。在仿真过程中受统一时钟对象一起执行,图 11-37 为 Unity3D 的关键帧编辑器,左侧为有 6 个对象的列表,右侧为 6 条时间线,可以实现 6 个对象同时进行运动仿真。

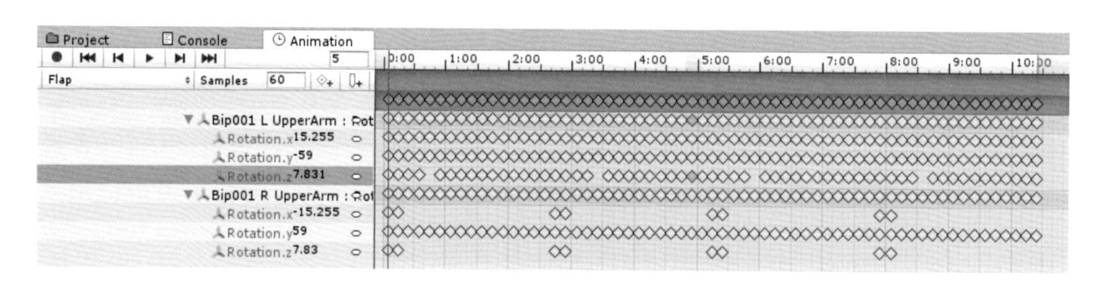

图 11-37 Unity3D 的动画关键帧编辑器

关键帧动画简单易用,可以快速实现仿真动画,支持离散、线性和曲线的关键帧插值算法,是非常成熟的仿真技术,如图 11-38 采用关键帧动画对车间的物料进行仿真,定义一条移动路径,然后设置搬运设备在不同时间经过的关键点,即可快速定义出该对象运动动画,另外根据关键帧的位置和时长,设置对象运动的速度等。

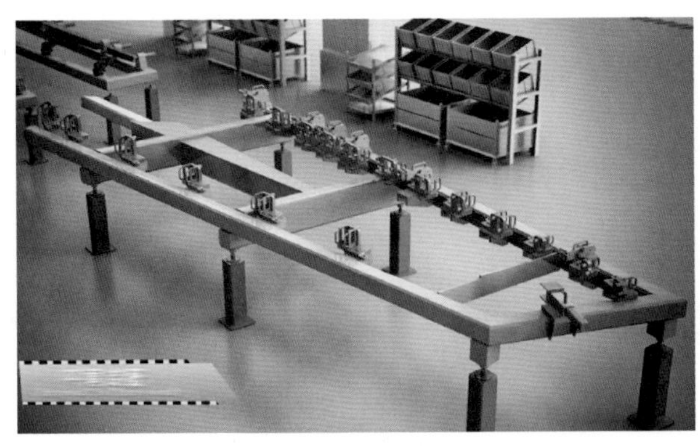

(a) 工装沿轨道运动

(b) 钻铆设备整体运动和自身机构运动

图 11-38　部分工装和设备动画仿真

11.4　基于信息物理生产系统的虚拟工厂集成与执行

11.4.1　虚拟工厂与真实工厂的互联互通

本书在前文已经讨论过虚拟工厂的本质就是 CPPS，如果要发挥虚拟工厂的作用，就应与真实工厂融合在一起，实现 CPPS。

本节给出了一种基于 CPPS 的虚拟工厂集成与执行方法，如图 11-39 所示。

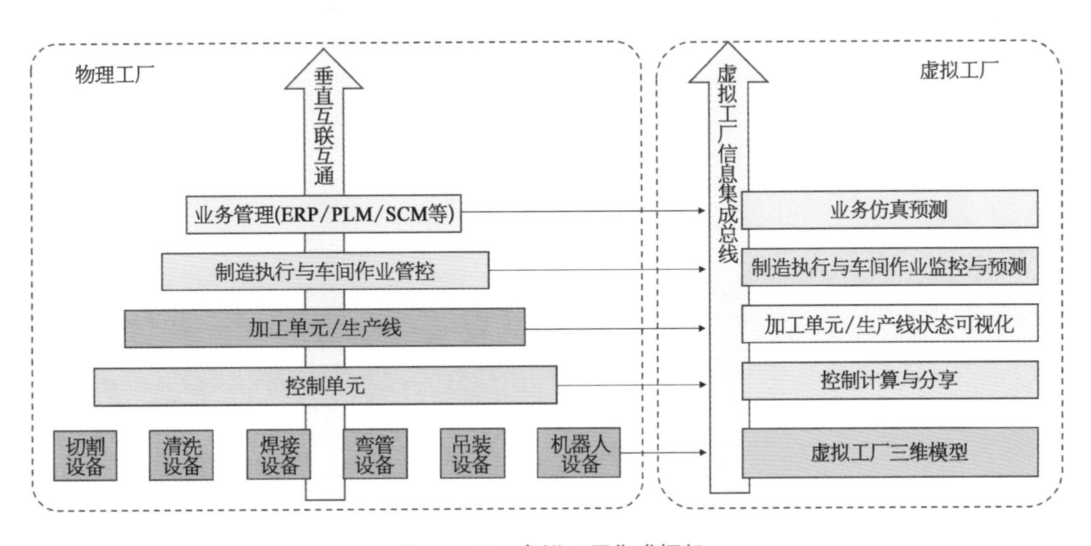

图 11-39　虚拟工厂集成框架

11.4.1.1 设备间互联互通

本书参考国际标准 ISO/ITC 10303,考虑海洋装备产品的生产特点,将集成分为纵向多层次,横向多粒度标准,针对国内制造信息化水平参次不齐,提出互联互通的容错标准,在互联的接口协议标准采用国际成熟的标准。既有成熟度,也有适应度;建立评价 6 要素矩阵,开发面向海洋装备产品的测试平台、工具,对海洋装备产品的各系统集成互联进行评价。按照公认的控制系统与企业信息集成框架,开展面向智能制造的船舶装备制造过程的集成与互联。可以分为两个层次:横向集成互联互通与纵向集成互联互通。

海洋装备智能制造集成和互联互通将企业制造集成体系分成三层构架(企业资源规划层、制造执行管理层以及过程控制层),智能制造单元模块(数据、功能和服务),如图 11-40 所示。

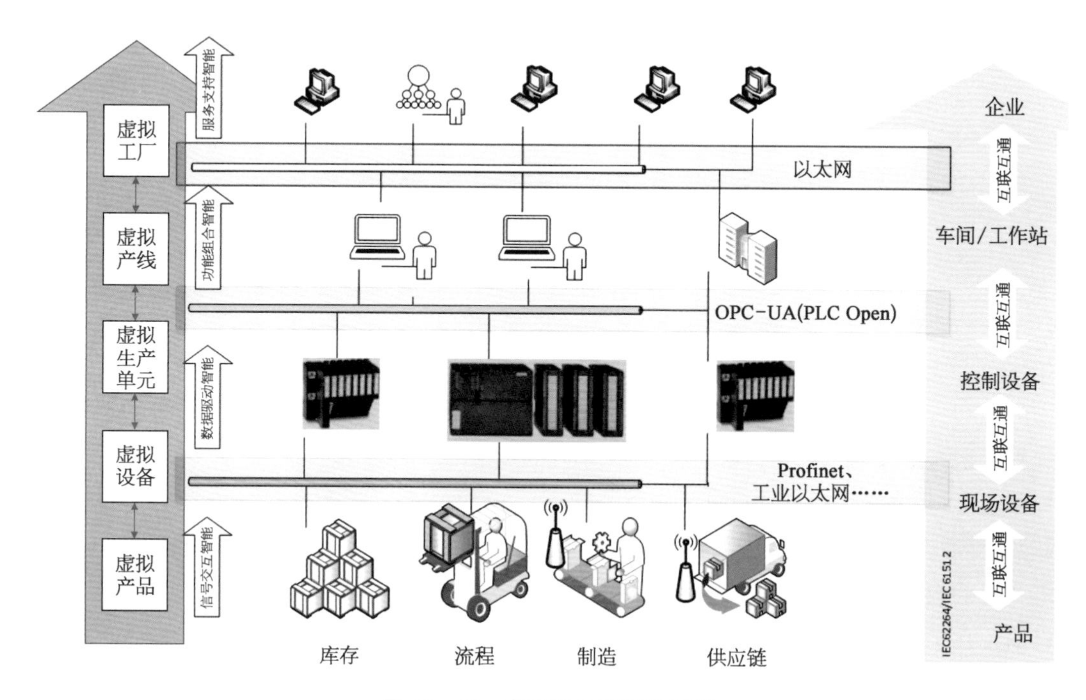

图 11-40 虚拟融合与互联互通

采用智能网关,将连接制造执行管理下所有的设备和过程,通过智能代理器、分析器和应用管理来实现应用处理;网关集成和桥接了安全和容错网关以及应用集成网关,对平台的接入和信息处理、流程调度、决策进行集中管控。

11.4.1.2 工厂的 IT/OT 间互联互通

数字化车间具有各种信息系统和应用程序,需要向其客户、合作伙伴或组织的其他部门提供。工厂的互联互通由标识服务描述、服务提供方、中间代理,以及服务请求方组成,可将智能制造单元、非智能单元和物联网(IOT)整合起来,如图 11-41 所示。

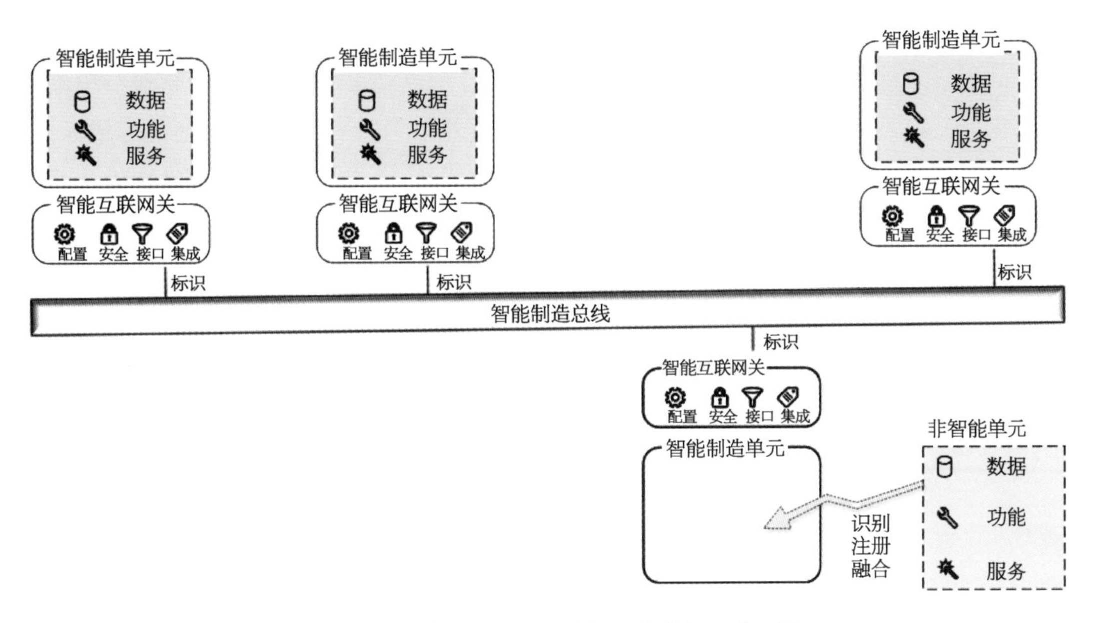

图 11 - 41　虚拟工厂的智能标识集成与互联互通

11.4.2　生产数据采集与监控

SCADA 是对分布距离远，生产单位分散的生产系统进行数据采集、监视和控制的技术，相比较 DCS 而言，虽然都属于分布式工业控制系统，但 DCS 主要用于控制精度高、测控点集中的流程行业，如石油化工等。SCADA 系统更常见在测控点分散的监控领域，如通信基站、远程输送控制等领域，近年在离散制造业的工厂中得到大量应用。海洋装备制造作业分散、控制点多，主要采用“分散控制、集中监控”的监控方式，适合使用基于 SCADA 的数据采集和监控，通过产线/设备的 PLC 控制系统连接，实现对设备、物流和人员监控，为虚拟工厂提供实时的数据支持。由于企业现场设备庞杂，接口多样，对设备的接入提出不少挑战。我国目前正在采用国际标准 OPC UA 来实现设备的互联和互操作，如图 11 - 42 所示。

SCADA 技术实现了从集中式管控到分布式管控的根本转变，这是工业互联网/工业物联网不断发展的结果。边缘设备在海洋装备产品制造中逐渐取代传统的集中式 SCADA 系统，不仅仅获得大量的边缘端数据，用于支持设备和加工状态的实时监控。同时不断积累的历史数据，还将实现对系统级的流程管理和优化带来巨大好处，如图 11 - 43 所示。SCADA 不仅有效接入了制造上下文的各种硬件设备，还可以将其上嵌入的软设备组织一起。分布式体现在接入分散在海洋装备生产各个地方的设备和传感器，同时体现在各种管控也是分布式管控，在图中该管控位于雾节点/服务层，尽可能提供就近服务。

SCADA 系统是企业获得制造数据的主要方式，和系统其他的各种数据整合在一起，形成海洋装备制造数据湖，可以为全局系统的优化提供数据支持，在本书第 12 章展开讨论。

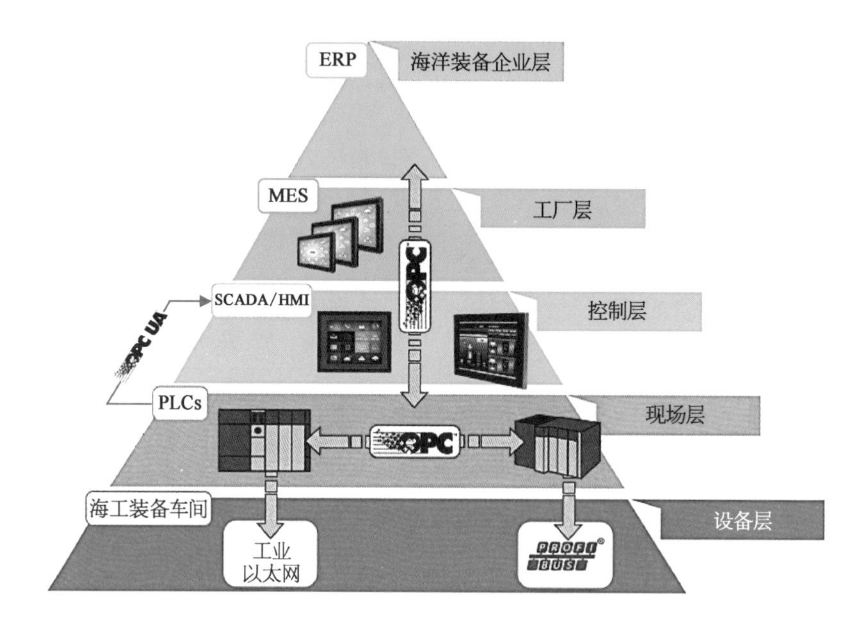

图 11 - 42　SCADA 在海洋装备生产中的层次关系

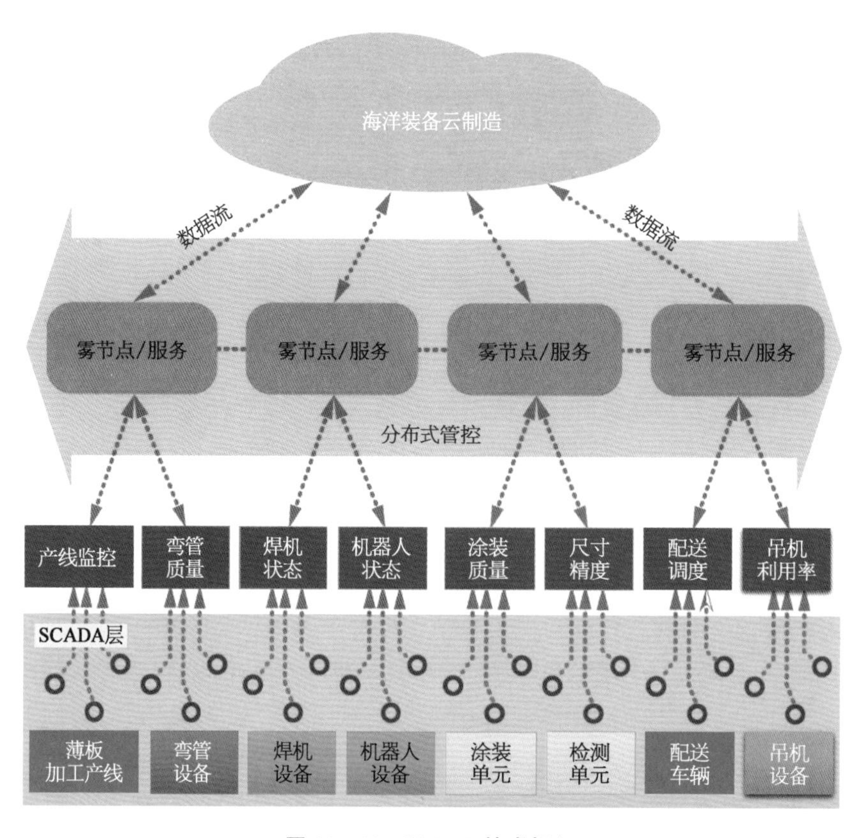

图 11 - 43　SCADA 技术框架

11.4.3　虚拟工厂仿真执行

虚拟工厂用来对真实工厂的状态进行可视化、透明化分析，在制造执行之前仿真和评估制造过程，在真实生产过程，用来监督和预测。对制造系统的执行，需要建模解决 3 个问题：一是如何把真实世界中的系统构建成模型；二是如何在计算机内实现仿真模型，建立系统的仿真模型是一项艰难的创造性劳动，在建模过程中，对问题的理解，对系统结构的洞察，以及实践中积累的经验和技巧是建模人员完成模型的构建的重要办法；三是如何基于虚拟工厂实现监控、性能预测。虚拟工厂制造执行技术分为以下 5 个步骤，如图 11 - 44 所示。

(1) 明确建模的目的和要求，确定系统的开始条件和终止条件。对系统进行参数设置并构建相应的约束条件使得仿真模型能够最大限度地符合实际生产模型，特别是物理模型的匹配度需要高度一致。这是构建模型的基础。

(2) 分析系统进行中各个实体以及它们之间的相互关系，使仿真系统模型能够准确地表示现实系统。模型结构反映的是实际事件发生过程的逻辑顺序，构建合理的模型结构有利于快速建模，因为对于复杂模型如果逻辑结构设计得不合理，会严重影响建模效率。

(3) 估计模型中的参数，并进一步量化系统中的因果关系。有些影响系统的变量不是很明显，因此需要对构建的模型进行实验研究，从而找出修改的方案。

(4) 离散系统仿真是常用的系统过程仿真方法，其他机理模型可以进行仿真具体运动、加工等过程，在仿真实验阶段，研究人员要为模型设定可能的备选方案、运行的时间长度、重复运行的次数以及初始化的状态。

(5) 最后通过分析数据，包括仿真数据和从 MES 中获取制造的信息。如某海洋装备智能焊接车间设备主要包括：齿条、半弧板的加工设备；机器人弧焊设备、搬运设备、窄间隙焊接设备等焊接设备；工装夹具设备、工件行走、吊装和翻身变位设备、工件定位及对中设备、工件自动加热设备、自动清根设备；自动无损探伤设备；监测系统：温度、变形、电流、电压等监测；机器人焊缝间隙监测、弧长监测、焊缝跟踪系统；数字化设计系统、专家系统、网络监控系统、数据管理系统等；主控系统、人机界面等。机器人焊接生产线采用多工位设计，机器人系统在各工位间交替工作，减少上/下料、预热、层间温度控制等辅助时间，提高生产效率。生产线主要由焊接机器人系统、焊接电源系统、机器人移动系统、大型变位机、工件定位工装、清枪器、焊缝始端接触传感软硬件、电弧跟踪软硬件、多层多道焊软硬件和总控制系统等组成。如图 11 - 45 所示，为某海洋装备平台关键部件智能焊接车间制造执行虚拟仿真。

11.4.4　基于虚拟工厂的智能管理

数字车间的互操作性非常重要，目前国际标准有 B2MML、AnimationML 等，可以据此进行采用或裁剪，使之满足海洋装备制造过程的数据互操作性。数据互操作性应包括制造资源、制造上下文过程信息流、管控系统间的命令、交换数据内容和协议集等。在其

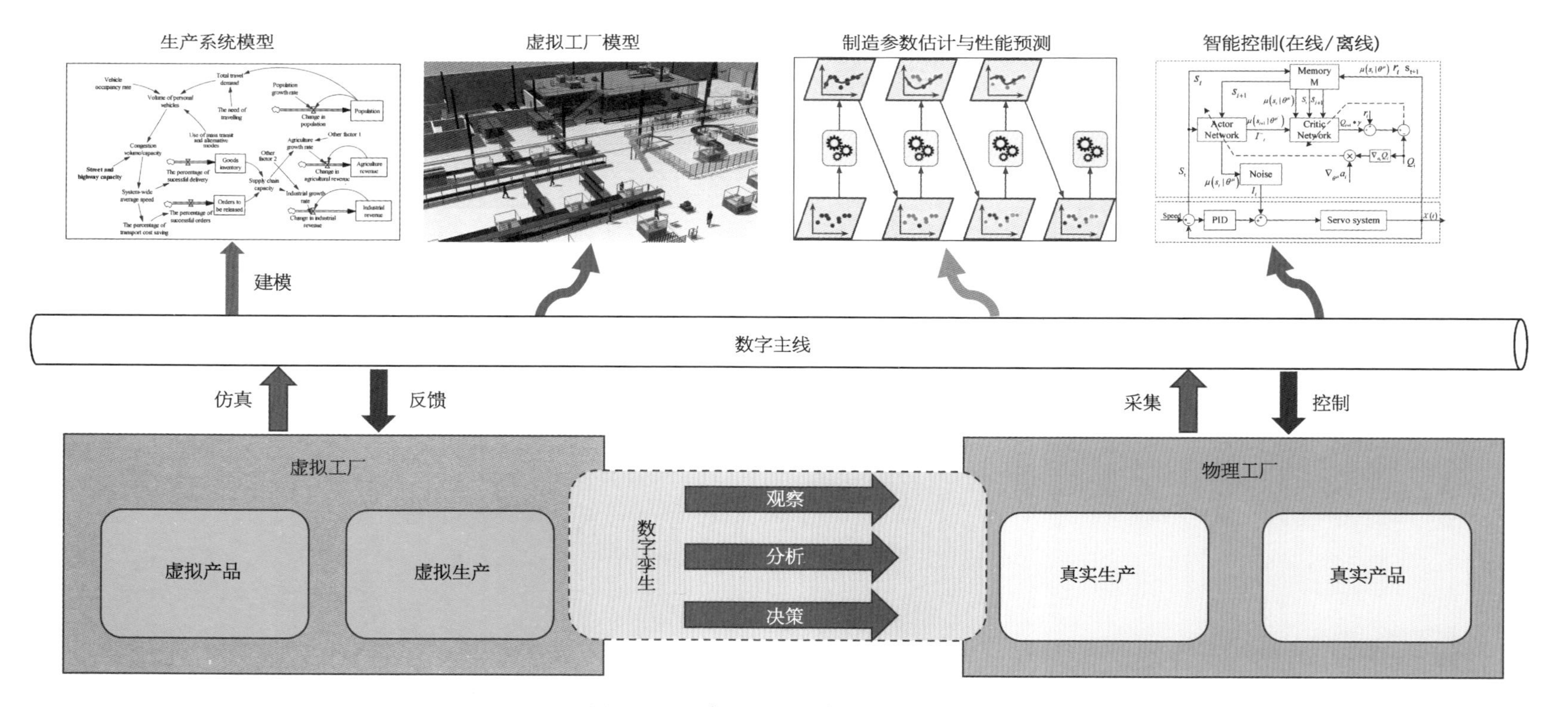

图 11－44　虚拟工厂制造执行系统框架

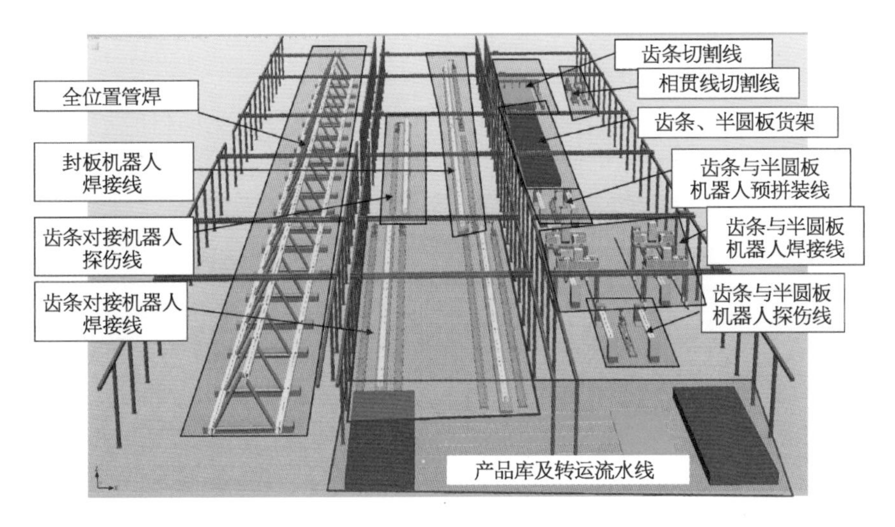

图 11－45　某海洋装备平台关键部件智能焊接车间布局虚拟仿真

之上的数据驱动方法分为以下步骤：

(1) 建立车间制造过程的结构化和非结构化数据的一致性存储和融合规范，使设计过程和制造过程实现数字主线下的无缝集成，保证海洋装备制造过程的互操作性；同时满足海洋装备生产的设备、控制、监控、执行系统之间的数据交换。

(2) 建立数字车间的静态和时序数据存储，实现基于流数据的工业大数据分析系统。

(3) 面向海洋装备制造业务过程，展开数据预测分析应用，如：对设备的时序数据，进行设备健康状况分析；针对焊接熔池信息，进行焊接变形预测和质量分析；针对切割板材的尺寸偏差数据分析，预测切割参数的包络线偏差等。

11.4.4.1　虚拟工厂管理建模

生产线一般由三个部分组成：一是逻辑控制部分，这部分不是加工实体，对整个生产线起到指导作用，例如物料清单、生产排程表部分；二是物理部分，包含设备和物料等实体，会直接参与加工中并形成物料流；三是控制决策等，用于根据逻辑控制部分的内容对物理部分进行控制，包含单片机、工控机等。虚拟车间与真实车间的关系如图 11－46 所示。建立设备(或其他对象)的虚实模型，包括类型、名字、设备的具体位置坐标，创建整个场景。

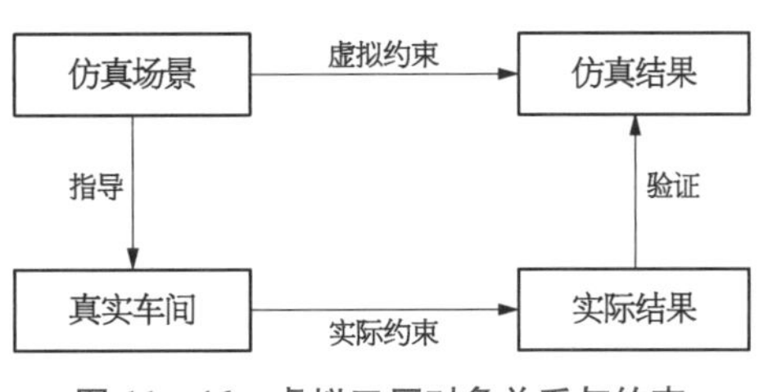

图 11－46　虚拟工厂对象关系与约束

在各个设备之间建立关联，包括仿真设备之间、仿真模型和实际设备之间。其中，场景中创建 Source 源和回收站 Drain，用于模拟毛坯的导入和成品的导出。Source 对象一般连接第一个工位或者缓存区，而 Drain 则负责回收加工完成的产品。每个工件都有各自的加工工序，对于单行布局而言每个工件加工时长不同，但要执行的工序相同，可以使用 Connector 将各个设备顺次连接。如果是多设备并行，或者是混流加工，则需要按照表格中的每一步工序，通过 Method 方法将工件移动到下一个工位。当执行完最后一道工序后，移动到 Drain 进行回收。

11.4.4.2 产品加工调度模型

在车间开始正式运转前，一般都需要制定“计划”，而制定计划的目的是三个目标：为了满足交期，这取决于客户；为了最大化车间的利用率；为了消减 WIP 和周期时间。车间的调度问题是一个典型的 NP 完全问题，工件选择哪台设备进行加工，工件加工的顺序等，可以表达为 k 个拥有 n 个对象的决策序列，并且这一序列还拥有 m 个约束条件。如式(11-1)所示，其中 $\boldsymbol{x}=(\boldsymbol{x}_1,\ \boldsymbol{x}_2,\ \cdots,\ \boldsymbol{x}_n)\in X$，$\boldsymbol{y}=(\boldsymbol{y}_1,\ \boldsymbol{y}_2,\ \cdots,\ \boldsymbol{y}_n)\in Y$，$\boldsymbol{y}$ 为目标向量，Y 为目标空间，D 为可行区域。

$$\begin{aligned}&\min \boldsymbol{y}=f(\boldsymbol{x})=(f_1(\boldsymbol{x}),\ \boldsymbol{f}_2(\boldsymbol{x}),\ \cdots,\ f_m(\boldsymbol{x})),\ \boldsymbol{x}\in D\\&\text{subject to: } e(\boldsymbol{x})=(e_1(\boldsymbol{x}),\ e_2(\boldsymbol{x}),\ \cdots,\ e_m(\boldsymbol{x}))\leqslant 0\end{aligned} \tag{11-1}$$

可以采用多目标优化问题进行建模，但在本书不详细展开。在 Plant Simulation 中内置了 GA 模块，所有相关的属性和方法都被封装在了这个类中。在执行遗传算法前，需要先对染色体进行编码。由于本研究是对工件的调度问题进行编码，因此使用实数编码来表示，每个实数基因代表了工件加工的次序。Plant Simulation 中实例化一个 GA Sequence 对象来表达基因序列。在上一节中已经从外部读取了零件的加工信息，表格中已经包含了多种不同的零件，每种零件的加工时长也不相同。在此处可以新建一个 Method 方法，在里面编写如下逻辑：首先从在表格中计算所有零件的数量，并在每个零件对象中写入初始的加工次序。随后将这些序列写入到 GA Sequence 对象中，表示一个染色体的编码。运行该方法后，将会自动根据所需加工的零件来生成基因序列。使用遗传算法如图 11-47 所示。

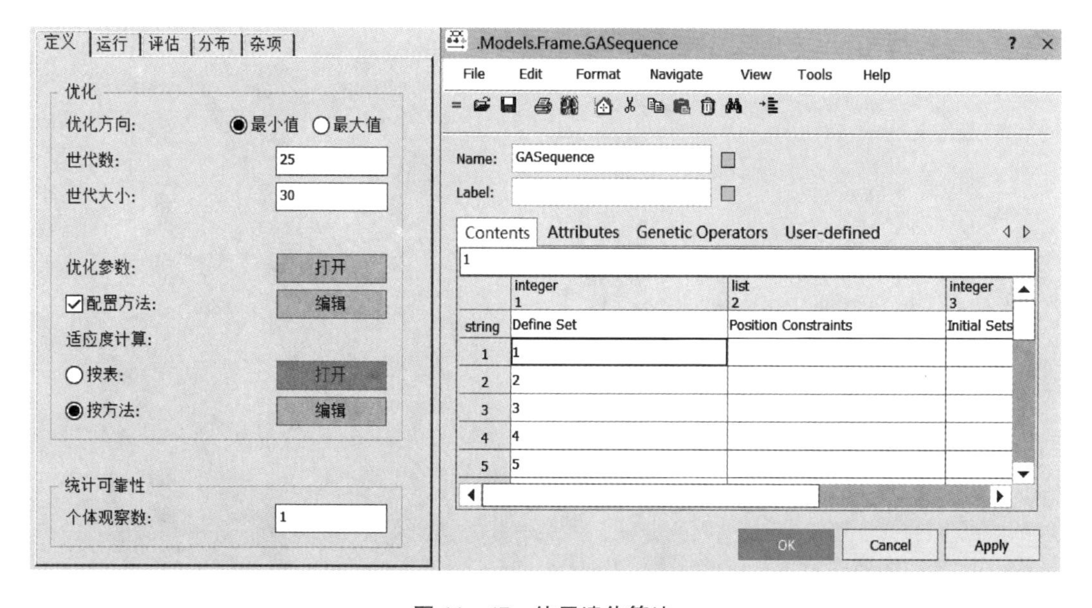

图 11-47 使用遗传算法

执行遗传算法，GA 模块会随机生成一些数据，然后开始优化，获得仿真结果。基于 GA 的任务调度计算如图 11－48 所示。

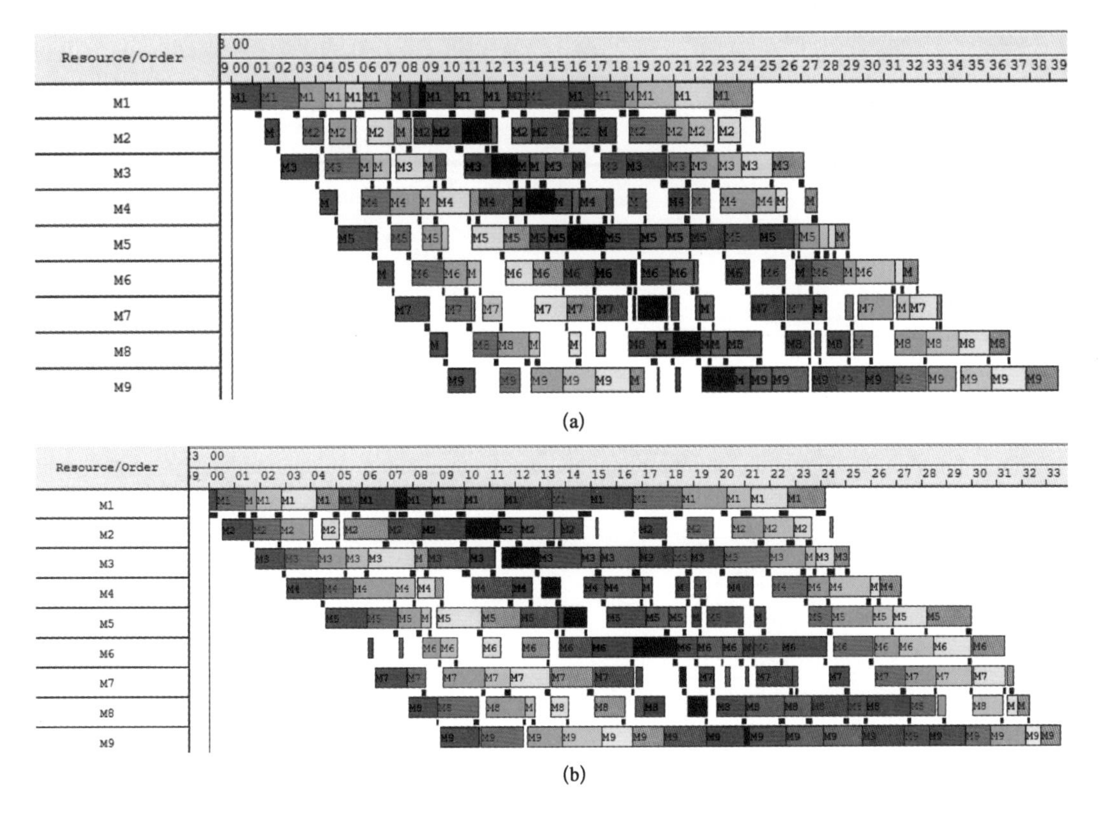

图 11－48　基于 GA 的任务调度计算

(a) 优化前的任务排序；(b) 优化后的任务排序

11.4.4.3　调度仿真模型与虚拟工厂的通信与同步

将 Plant Simulation 搭建的模型作为服务端，Plant Simulation 内部拥有 Socket 通信模块，只需要进行简单设置便可以使用，如图 11－49 所示。该类已经进行封装，只需要勾选 On，便可激活。

在三维场景中为了提高运行的效率，并不需要将 Plant Simulation 中的全部数据传输过去。所有仿真的数据被分为三类，采用不同的通信决策。一是实时数据，在三维场景的连续仿真中，用于不断更新场景状态，例如工件在运输途中的位置、工人所在的位置等数据；二是离散事件数据，与 Plant Simulation 中的离散数据一致，用于描述某个时间节点，例如机床开始加工、加工结束等。而两个时间点中间的过程则保持不变，可以通过算法插值来达到连续运转的效果；三是冗余数据，该类数据对于三维场景的更新迭代没有任何作用，可以认为是仿真的后端数据。这类数据会在仿真开始前，或者结束后，或者在某个时间节点一次性读取，例如仿真开始前的设备位置信息，仿真结束后的数据报表等。

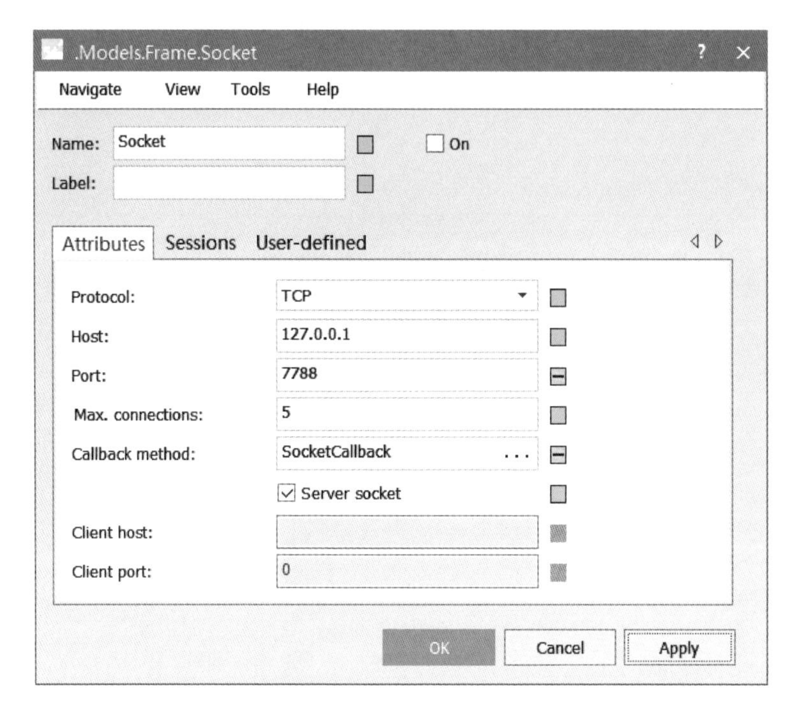

图 11-49 Plant Simulation 中的 Socket

第 12 章　大数据驱动的海洋装备产品生产技术

海洋装备产品生产制造环节多、生产链路长、协作关系复杂、受环境影响大。某一环节发生问题，就可能使生产作业计划与调度出现拖期，其影响放大到整个生产系统，发生蝴蝶效应，是整个海洋装备生产管控的难题。随着工业大数据的快速发展，大数据分析使得生产过程透明化，数据成为生产要素，正成为解决此类“黑箱”问题的有效手段。本章节主要介绍海洋装备产品生产工业大数据技术，基于大数据驱动的主要应用场景以及案例分析等。

12.1 概　　述

海洋装备产品制造过程复杂，传统的生产管控近乎处在“黑箱”状态。随着工业物联网技术的推进，汇聚贯穿产品生命周期的海量数据，形成了海洋装备生产大数据，可以用来定位制造过程中影响 KPI 的关键因素，也可以用来厘清制造过程中的关键价值链、预测设备故障和寿命提前进行维保等，还可以基于数据驱动帮助管理人员进行生产决策，实现对海洋装备复杂产品制造过程的透明管理和持续改进。具体而言，大数据的主要作用体现在以下几个方面。

(1) 构成新基建的主体。

在大数据和人工智能不断发展的时代，数据成为重要的生产要素与核心资源，正成为海洋装备产品科技创新的突破口，大数据在设计、生产、制造、使用、维护、售后、物流各个环节中发挥作用。

(2) 实现透明化的企业。

用数据说话，利用多视角、多维度来对制造过程进行数据评估，实现从设备、单元、产线到工厂进行全方位、不同层次的可视化监控。

(3) 提高建造计划的精确度。

计划制订和执行是海洋装备产品建造管理的核心，大数据通过大量历史数据，可以分析影响计划执行的主要因素，分析流程的关键环节，并将复杂的生产活动有序地联系在一起，能够有效地缩短工期。

(4) 追溯产品的制造质量。

海洋装备产品企业应该对质量采取更具战略性的目光，不能只是满足于孤岛式的质量管理。大数据分析可以让企业知道哪些参数对质量管理的影响最大，因为控制质量是企业各个部门的事情，而不只是限于质量管理部门。通过全生命周期上的数据链，可以追溯制造质量发生的原因和主要环节，并对在制产品进行质量预测。

(5) 量化日常生产对成本的影响。

小到设备运行效率、人员作业班次，大到产线、搭载过程等，过程中形成的各种数据可以关联日常生产活动到成本。如果能够了解在机器水平工厂是否在有效运行，生产计划人员和高级管理人员就知道如何最好地进行资源调度，缩短坞期，以提升财务业绩。

(6) 提供设备预防性维护的建议。

通过在设备上配备传感器，获得运行状态数据，能够立即了解每一台设备的状况。通过预测分析，不仅可以获得每台设备及其操作者的工况、绩效以及技能差异，而且可以预测设备寿命，用于预防性维护和科学制订设备检修计划。

海洋装备复杂产品的制造过程，大数据分析是不断伴随精益生产的要求，服务水平的提升和响应全球的竞争力而不断发展，数据产生新动能，但是也会带来新挑战。

12.2 海洋装备制造大数据特点与来源

12.2.1 相关概念与特点

1) 大数据概念与特性

大数据一词首次有记载的使用，是1997年美国NASA科学家的一篇论文中描述了在可视化方面遇到的问题。Gartner分析师Doug Laney在2001年Meta Group的出版物《3D数据管理》中提出了大数据“3Vs”的概念，即：规模化(volume)、高速性(velocity)、多样化(variety)。尽管目前大数据被不断扩展，“3Vs”是大数据最具代表性的特性，被业界和学术界普遍接受。

(1) 规模化(volume)。

规模化指的是每秒钟产生的海量数据。现实生活中每秒钟产生和分享的社交媒体消息、照片、视频剪辑和传感器数据集越来越大，用传统的数据库技术无法存储和分析。

(2) 高速性(velocity)。

高速性指的是新数据产生的速度和数据流动的速度。社交媒体信息在几分钟内就会全球传播，2019年天猫“双11”交易峰值达到54.4万笔/s，触发买入或卖出的信号在几毫秒内完成。

(3) 多样化(variety)。

多样化指的是不同类型的数据。过去关注的是那些整齐地放入表格或关系型数据库中的结构化数据，如财务数据。现在世界上80%的数据都是非结构化的，如照片、视频流或社交媒体记录等。

我们在各种文章里面还看到大数据还有其他“V”特性，比如真实性(veracity)，指的是数据的混乱性或可信度，其数据质量和准确性的可控性较差。另外，所有快速流动的各种不同种类、不同真实性的海量数据都要转化为价值(value)等。因此，大数据特性也被描述为“5Vs”“4Vs”，从概念上都可以。本书为不失一般性，认为“3Vs”更具代表性。

2）工业大数据特点

工业大数据是指在工业过程中由多种工业设备产生的高速、多元、时序的数据等构成的大数据，是在 2012 年随着“工业 4.0”的概念而出现的，工业大数据有别于目前流行的大数据概念。麦肯锡 2016 年报告认为，工业大数据可能蕴含着更多潜在的商业价值，其正在利用工业互联网技术的优势，为生产管理决策提供支持，从而降低维护成本，提高客户服务水平。相比较通用的大数据“3Vs”特征，我们认为工业大数据还具有“3M”和“3I”特点。

（1）多来源（multi-source）。

前文产品数据管理部分已经介绍过海洋装备生产全生命周期的数据非常多样，比如产品订单数据、产品工艺数据、制造过程数据、制造设备数据、产品质量数据等，分别来自设计系统、制造执行系统、数据采集与监控系统和良率管理系统等信息系统。多来源不仅带来数据的多样化，也因此需要有不同的数据接口、不同的数据结构描述、使用不同的存储方式。

（2）多尺度（multi-scale）。

制造过程中产生数据的频率和周期差别非常大，比如关键设备产生的时序数据经常达到毫秒级别，而生产现场的温湿度可以 15 min 或者 1 h 更新一次。数据的尺寸大小也变化很大，比如 CAD 图形文件 1 MB～1 GB 不等。设计数据既要考虑宏观的车间布局数据，也要涉及细观零部件的结构特征，在空间尺度上也不相同。

（3）多噪声（multi-noise）。

制造过程中因为电磁干扰和恶劣环境使感知数据带有高噪声，而且由于生产现场数据收集不及时，数字化手段不完备，都导致数据异常值、空缺值较多，工业大数据中对数据预处理的工作往往要占据整个大数据分析过程的 50％以上。

工业大数据通常关联性更强、时间更有序、反应语义等隐性知识，这是因为数据是由伴随生产流程而产生的，其上下文是过程相关的、质量相关的，因此还有“3I”特点。

（1）行业背景（industrial）。

通用的大数据分析往往侧重于对关系的挖掘和现象的捕捉。然而工业大数据分析更注重从现象中提取出的特征背后的物理根源。这意味着，与一般的大数据分析相比，工业大数据分析依赖更多的领域知识和行业背景。

（2）完整性（integrity）。

工业大数据分析法更倾向于数据的完整性，而不是数据的量，这意味着要构建一个准确的数据驱动的分析系统，需要从不同的工作环境中准备数据。由于通信问题和多源数据的存在，系统中的数据可能是不连续、不同步的。所以在实际分析数据之前，预处理是一个重要的过程，以确保数据的完整、连续和同步。

（3）不平衡性（imbalance）。

通用大数据分析的重点是挖掘和发现，这意味着数据的量可能会弥补数据的低质量。

但是，对于工业大数据来说由于变量通常具有明确的物理意义，因此数据的完整性对分析系统的发展至关重要。大数据的不平衡(imbalance)、低质量的数据或不正确的记录会改变不同变量之间的关系，对决策产生灾难性的影响。

12.2.2 海洋装备制造大数据特点

海洋装备生产制造是典型离散制造业，海洋装备制造大数据是工业大数据在海洋工程领域的特例，和工业大数据的特点没有不同，但是具有深刻的行业烙印。

(1) 数据庞杂。

海洋装备产品建造过程中有数以万计的零部件被加工制造，众多零部件逐级装配、焊接并安装在一起，设计涉及的零部件图纸就多达上万份，此外还有各类托盘表、联系单、更改单、采购单等。

海洋装备产品涉及各种专业，均大量采用数字化系统进行设计，以某海洋装备企业的FPSO船舶为例，三维模型数据多达100 GB，同时涉及数以万计的零部件、数以百计的配套设备和数十种功能各异的配套子系统，总体结构复杂。除了保证运输生产的机舱和货舱外，还有配套的维修车间，有海上移动小城市之称。

设计和制造如此复杂的系统需要分别建立具有上述功能子系统及其相应配套部门，故一个企业就会有数十个配套部门，上百个供应商。此外通常在生产时，经营、物资、设计、计划、制造、质量、安全、设备等不同部门，以不同的时空坐标交织在一起协调工作。目前这些文档和过程尚没有基于MBD方式进行管理，如何进行有效控制和管理是个大难题。

(2) 数据周期跨度大。

海洋装备产品研制周期长，比如海洋装备特种船舶产品的交船周期，虽然会因企业生产情况有一定的浮动，但基本在2～4年左右，其中实际制造周期也就一年左右，各种管理周期非常长。另外，海洋装备产品由于属订单型制造，故其生产过程中的中间产品和最终产品均需获得船东的认可，同时因安全等要求，还需经过船级社的审核。为此，在船舶设计过程中需要详细设计图纸和重要生产设计图纸及时送审船东和船级社，即使图纸送审合格，但在实际后续工作中往往还会发现多种不合理需要进行更改。通常在首制船生产设计时就能发现上千处不合理需要更改，生产制造中也往往有上百次更改。因此，海洋装备制造大数据中的迭代性数据多，数据周期跨度大，围绕工作流程的数据特性明显。

(3) 数据价值大。

海洋装备产品尺寸大，部分超大重型装备更是惊人，用于加工和装配的设备逾百种，安全生产至关重要。用于监控装配搭载的大型吊装设备状态而形成的设备大数据，对起吊稳定性、设备寿命预测等问题，会直接影响到生产的安全性和作业效率，发挥的作用巨大。

(4) 数据在上下游的差异大。

海洋装备制造过程企业的上下游信息化水平差异大，对数字化普及程度两极分化，现场的工人在信息收集不规范，数据真实性面临一致性考验。

另外，海洋装备制造大数据有鲜明的时间连续性特征，同一制造流程内在时间上的连续性、各个制造工序流程的先序约束。数据的组织是基于 BOM 来展开的，从产品设计到产品销售，如表 12 - 1 所示。

表 12 - 1　海洋装备制造大数据与传统大数据区别

环　节	传统大数据	海洋装备制造大数据
采集	主要通过电商平台、社交网络采集各种浏览、交易、点评、关系等数据，时效性要求不高	通过制造现场布置的传感器获取驱动器、PLC、设备等工业实时信息，对数据实时性要求高，数据采集频度的尺度变化大
处理	数据清洗和过滤，需要去除大量不重要的垃圾数据，不需要非常完整性	以工业软件 SCADA 为基础，完成数据格式的转换，更加注重数据处理后的数据质量，结构化需求高，要求数据具有真实性、完整性和可靠性
存储	数据间关联性不大，存储自由	数据之间关联性强，时序性高，存储实时性、系统伸缩性要求高
分析	有通用的大数据分析算法，分析数据相关性，精度和可靠性要求不高	针对制造不同的场景，需要建立专用的分析模型，不同工业领域涉及的分析方法差别很大，精度和可靠度要求相对高
可视化	只需展示数据分析结果	需要和三维工业场景的可视化集成，实时性强，并且预警、预测趋势可视化

12.2.3　海洋装备制造大数据来源

海洋装备制造数据贯穿了产品生命周期、来源广泛，和其他领域工业大数据一样，主要分为三类。

(1) 生产经营相关业务数据。

来自企业传统信息化应用系统中，包括 ERP、设计分析、PLM/PDM、MES、供应链管理、客户关系管理和质量管理系统等。企业信息系统累积了大量的产品研发数据、生产性数据、经营性数据、客户信息数据、物流供应数据等。

此类数据是工业领域传统的数据资产，也是目前海洋装备企业大数据的构成主体，高度结构化，是具有高价值的数据，一般存储在关系型数据库中。

(2) 工业物联数据。

通过 SCADA 系统，采集设备、传感器以及各种执行器等运行的数据，如运行情况、工况状态、环境参数等体现设备运行和产品过程状态的数据。

此类数据是工业大数据中增长最快的来源，物联数据产生速度快，大部分是时间序列的。同时还包括视频监控等非结构流数据，通常存储在非关系型数据库中，比如 NoSQL 或时序数据库中。当前，这些数据在海洋装备企业中还没能被很好地管理并关联起来。实现智能制造，这些数据和生产业务数据的整合是关键。

(3) 外部数据。

外部数据指与工业企业生产活动和产品相关的企业外部互联网来源数据,例如外部市场销售反馈、质量反馈、预测产品市场的宏观社会经济数据等。针对海洋装备产品企业,此类数据虽然非常重要,但是目前收集甚少,并且比较零碎。

12.3 海洋装备制造大数据关键技术

不要为了收集更多的数据而盲目收集,海洋装备制造大数据的价值来自相关性和上下文语境。海洋装备产品建造过程及设备产生的系统状态更新、每天计划执行情况、分段制造质量检测数据等大量相关的、具备上下文语义的数据可以用来进行洞察制造过程,从而辅助决策,优化制造流程,降低成本和缩短海洋装备产品制造周期。

12.3.1 大数据平台

从本质上说,大数据其实仍是数据处理。海洋装备产品制造行业大数据方案分成三大部分:大数据生成环境、大数据系统与大数据应用,如图 12-1 所示。

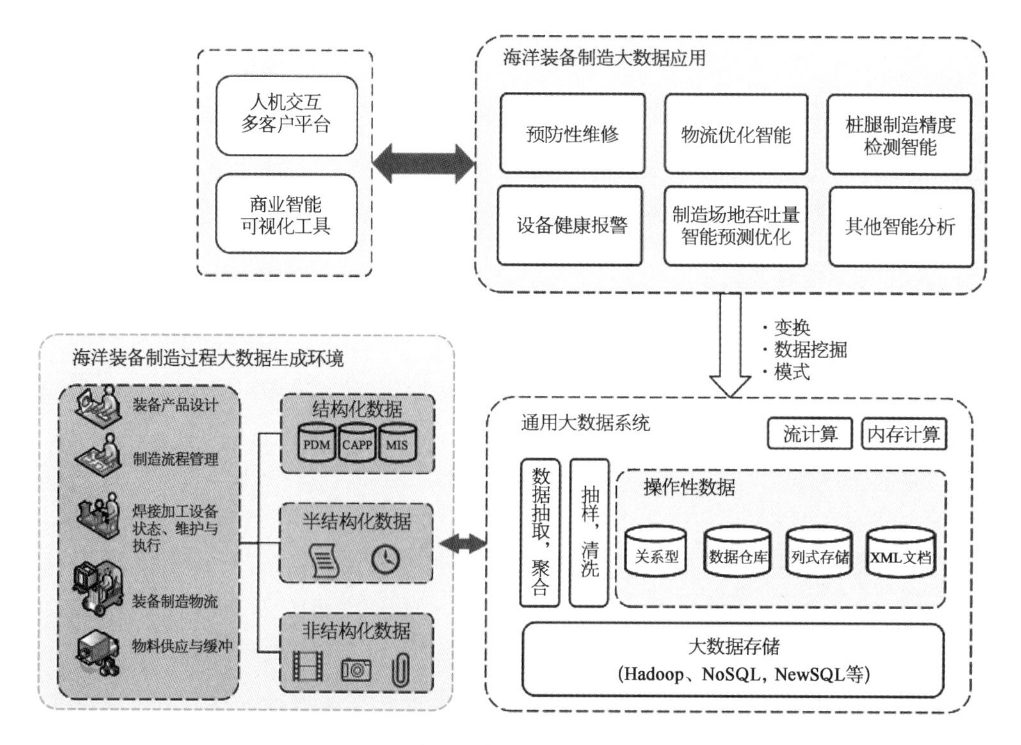

图 12-1 海洋装备制造大数据平台框架

12.3.1.1 数据库体系

企业大部分都有信息系统，所涉及的数据库多种多样，不同的系统还没有统一的数据库体系。面向大数据分析，需要将各种数据库体系集成在一起，包含设计、分布式环境下异构数据访问方法以及数据完整性和一致性的保证机制、信息安全等。大数据平台的数据库体系组成如图 12－2 所示。大数据平台的数据源由数据采集平台提供，同时为企业级上层各业务应用系统提供数据管理、处理与分析手段，提供数据挖掘、可视化等应用增值服务。

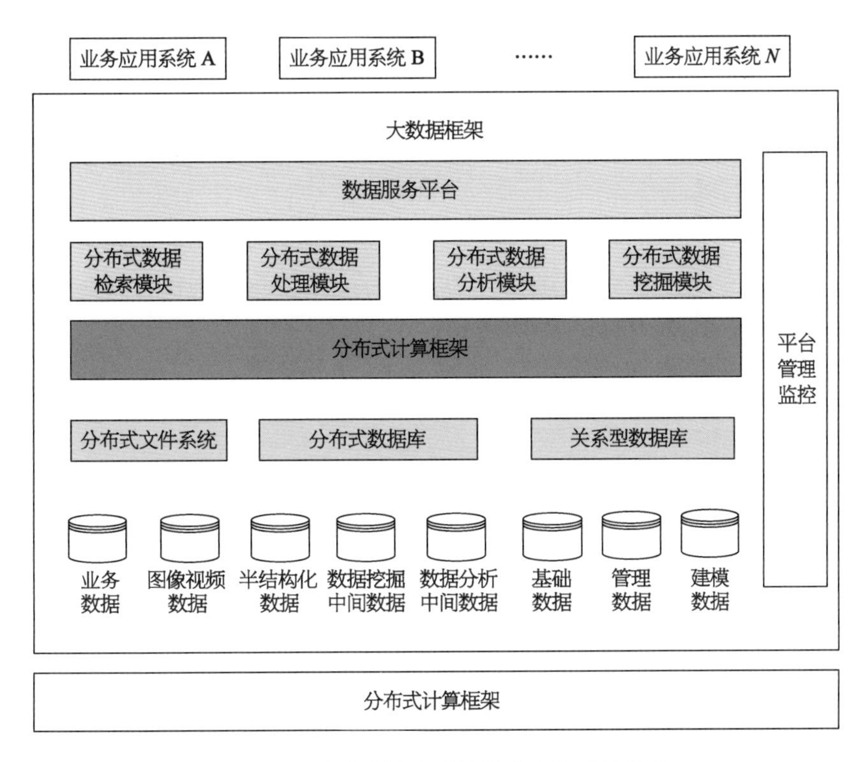

图 12－2 大数据平台系统数据库体系的组成

大数据平台数据库体系有多种，主要分为以下几种。

(1) 分布式文件系统：提供稳定可靠的分布式存储、数据的多冗余备份、不同服务器间负载均衡，以及存储空间的水平扩展功能。

(2) 分布式数据库：基于多服务器的分布式数据库系统，可以提供分布式数据库 WebService 的访问接口，以及数据库的水平扩展、负载均衡和故障恢复能力。

(3) 关系型数据库：提供常用关系型数据库，支持 ODBC/JDBC 等接口，提供数据库备份服务。

(4) 分布式计算框架：提供对大数据量的数据分块、计算任务调度、数据与任务相互定位功能，实现“分而治之”计算模式，同时提供计算任务优化及故障处理机制，保障分布式计算的有效性。

(5) 数据服务平台：提供分布式算法库、数据库基础接口和 WebService 形式的数据访问接口。

(6) 平台管理监控：提供对大数据硬件集群的监控与大数据平台服务的监控。

分布式数据库用于存放半结构化的业务数据、数据分析与挖掘的中间数据。分布式数据库底层基于分布式文件系统构建，继承其可靠性、高性能和可扩展性。同时，分布式数据库采用面向列的存储架构，可以对 TB 级记录进行快速随机查询与筛选，并支持异构数据的管理，可灵活适应数据结构的变化。为了使数据便于分析和挖掘，系统需将原始数据进行预处理，以提高特定算法执行速度。利用分布式数据库可存储数据预处理的结果，加快分析挖掘算法的数据访问速度，分布式数据库结构如图 12－3 所示。

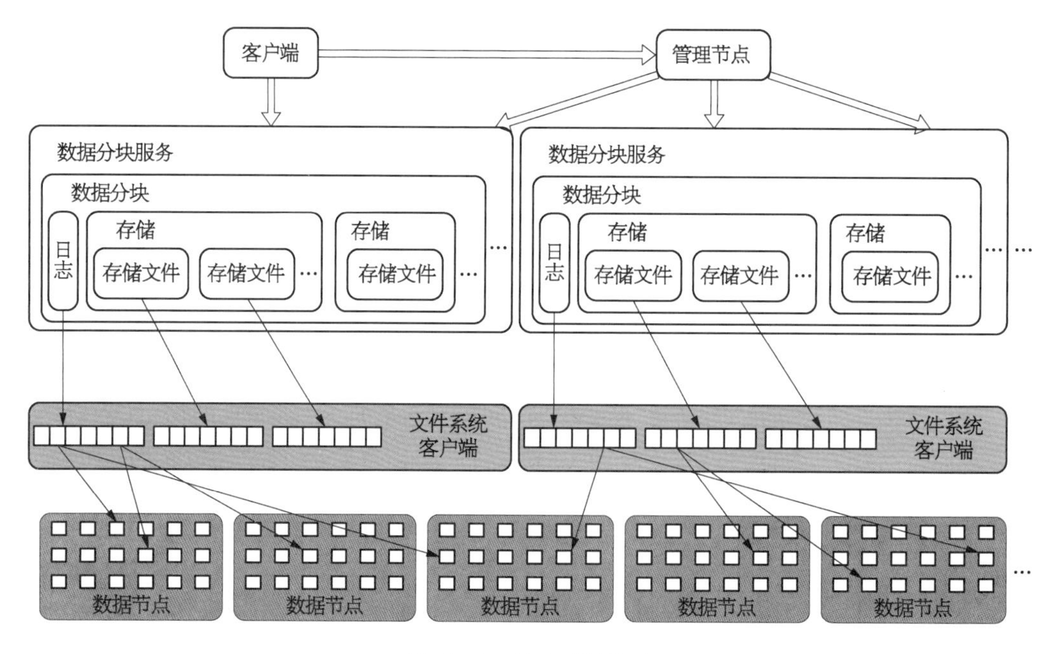

图 12－3　分布式数据库

通过统一的访问代理屏蔽数据分布和访问接口的复杂性，提供 SQL 语言作为各类数据的统一访问语言，通过可扩展编程接口连接器实现各类新增数据的接入，确保可扩展性。通过 SQL 查询语句完成实际数据访问过程。分布式数据库的 SQL 查询流程如图 12－4 所示。SQL 查询执行流程如下：

(1) 数据访问代理将 SQL 提交至资源调度器，资源调度器对 SQL 进行初步解析后确定其数据源，并进行资源分配和创建对应的任务调度器，再将 SQL 语句提交至任务调度器。

(2) 任务调度器将 SQL 语句提交至 SQL 解析器，SQL 解析器获取对应的数据属性信息，生成对应的查询计划，任务调度器基于查询计划生成对应的查询任务图。

(3) 任务调度器基于查询任务图进行任务调度，将当前处于待运行且无依赖的子任务递交至空闲工作节点运行。

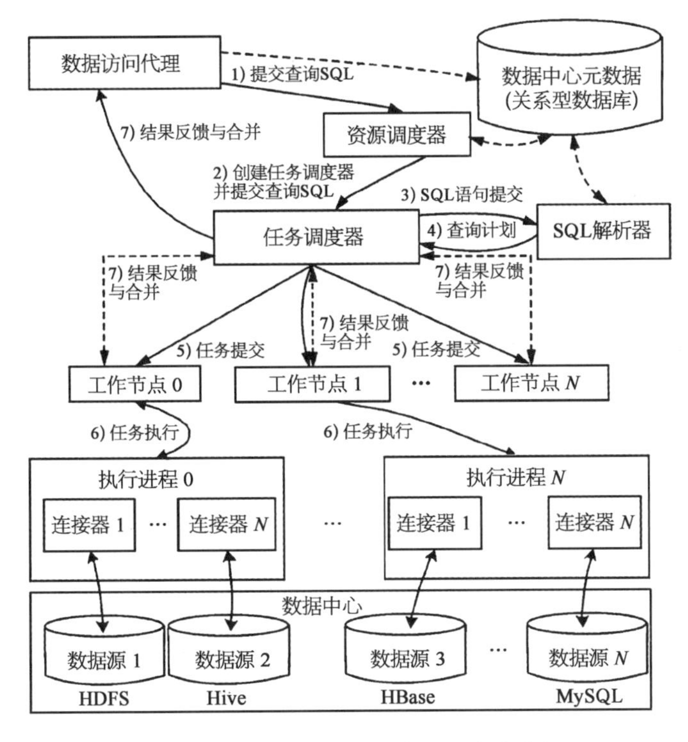

图 12-4　分布式数据库的 SQL 查询流程

(4) 具体的数据访问由工作节点完成，每个工作节点上均有一组执行进程执行数据访问操作；每个执行进程依据数据的具体情况，选择对应的连接器进行物理访问。

(5) 工作节点的查询结果汇总至任务调度器，由任务调度器执行聚合类操作，生成的最终结果返回给数据访问代理。

12.3.1.2　海量工程数据存储

关系型数据库存储了企业的业务数据；Hadoop 等非关系型数据库存储了制造过程的结构化和非结构化的试验、状态等数据，这些数据往往采用文件块存储或列式存储等。对于海洋装备产品的设计仿真数据、三维模型数据，传统的存储模式并不够高效。这里介绍一种基于 HDF5/XDML 的并行存储，对工程数据是非常高效的方式。

(1) 层次式数据存储格式(HDF)是美国国家超级计算应用中心(NCSA)为了满足各种领域研究需求而研制的一种高效存储和分发科学数据的新型数据格式，其基础存储单位为 group 和 datasets，如图 12-5 所示。HDF5 数据文件采用二进制格式存储科学数据及元数据，支持大量的数据对象和复杂多样的数据结构，其文件格式具有自我描述、通用性、灵活性、扩展性和跨平台性等特点。

HDF5 的并行 I/O 机制(图 12-6)，可以高效率地存储、访问数据文件。操作者应用程序只需要调用它的库函数即可，不必了解底层的数据结构形式和处理方式，无需关注其底层实现。通过调整调用参数，可以使用各种底层 I/O 机制来针对特定应用特点优化 I/O 性能。

(2) 可扩展标记语言 XML 是一种实现面向服务的基础标记语言，具有结构性，同时

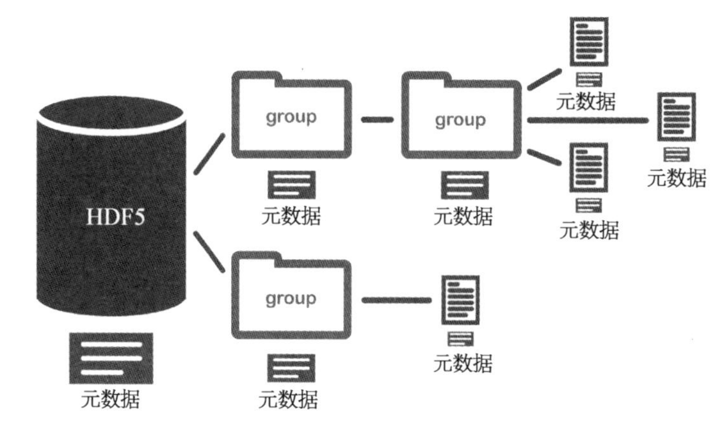

图 12-5 HDF5 文件结构示例

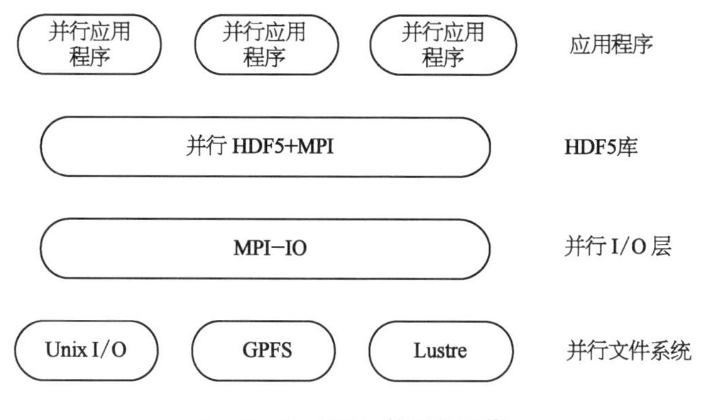

图 12-6 HDF5 并行化结构

也是一种可以自描述的源语言。XML 具有良好的扩展性与跨平台特性，适用于描述一些跨平台的结构化数据。这些数据可以在不同的平台间相互传递，支持在任何平台上被读取和创建，为服务的跨平台特性提供支持。

基于 XML 的并行检索如图 12-7 所示。首先，给每个线程一个开始偏移量，然后直接开始并行解析，不需要预解析。当并行解析结束时，可通过前一个线程的结束偏移量来

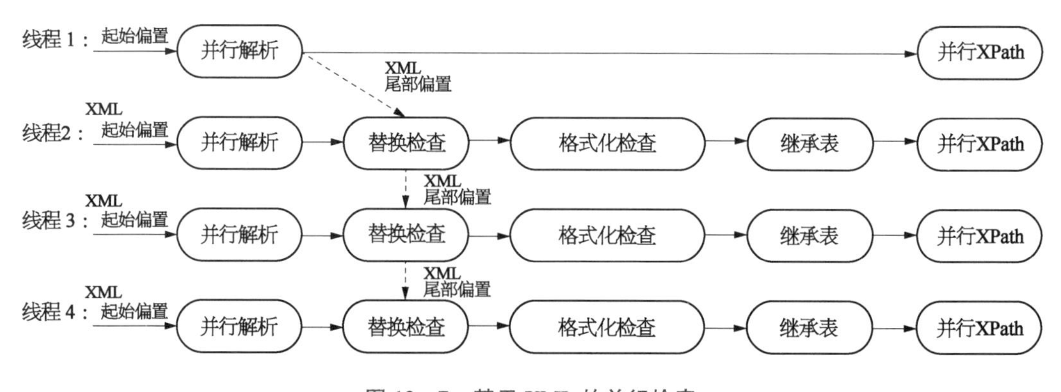

图 12-7 基于 XML 的并行检索

检查是否需要重新解析。其次，每个线程检查全局格式良好性。再次，为了进一步提高处理速度，使用多核体系结构来加速 XML 解析和查询，将 VTD 表单独保存，使用祖先表来跟踪 VTD 表的每个部分之间的关系。通过保留祖先表，最后执行并行 XPath 查询。

12.3.1.3　大数据管理

1）大数据管理体系

管理复杂的制造大数据非常重要，一般来说可分为 5 个层级，如图 12－8 所示。

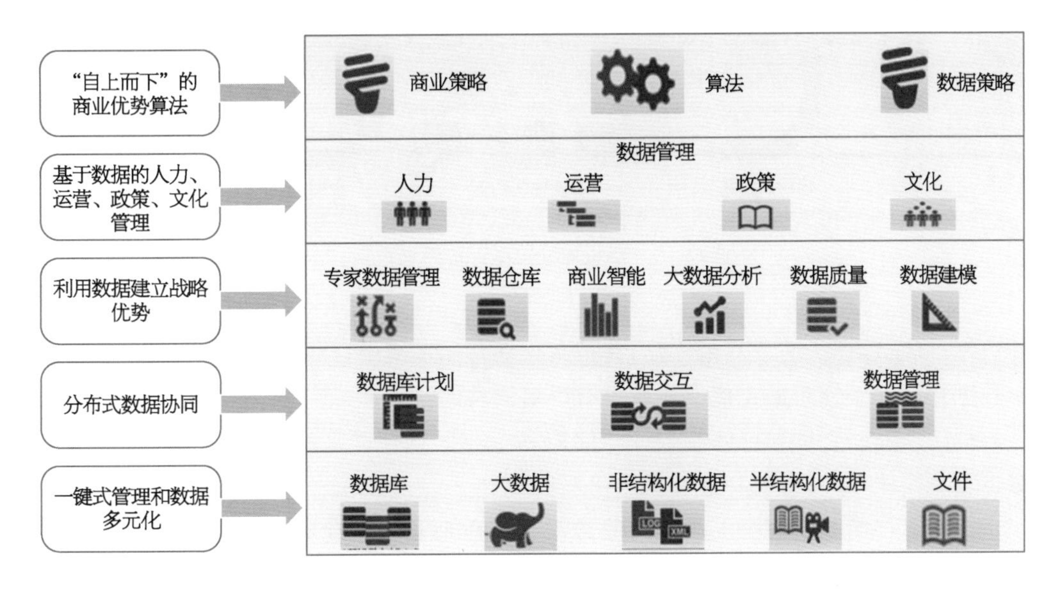

图 12－8　大数据管理层次图

第 1 级：自上而下与业务优先级保持一致。业务决定了数据策略，是整个大数据应用的起点，使业务战略与数据战略保持一致至关重要。

第 2 级：数据治理。围绕数据管理人员、流程、策略和文化，设置数据治理框架，从数据的成熟度决定如何战略性使用数据。

第 3 级：数据管理与应用。利用和管理数据以产生价值，展开主数据管理、数据仓库、数据质量和数据分析等应用。

第 4 级：数据源的协调和集成。分析数据源、数据集成策略，构建元数据。

第 5 级：数据源采集与管理。分析数据结构，存储方式，内容组成等。

2）流数据管理

制造大数据有其鲜明的特征，随着物联网在企业的应用，流数据的比例急剧增长。流数据是一组顺序、快速、连续到达的数据序列，制造过程数据流可被视为一个随时间延续而无限增长的动态数据集合。制造过程中采集的设备状态、加工过程数据普遍是以流数据方式存在的，本书介绍 Oracle 公司流数据管理框架模型，如图 12－9 所示。

面向流数据的管理流程主要分为：

事件引擎——处理正在运行的数据以确定可操作事件，然后根据上下文和事件配置

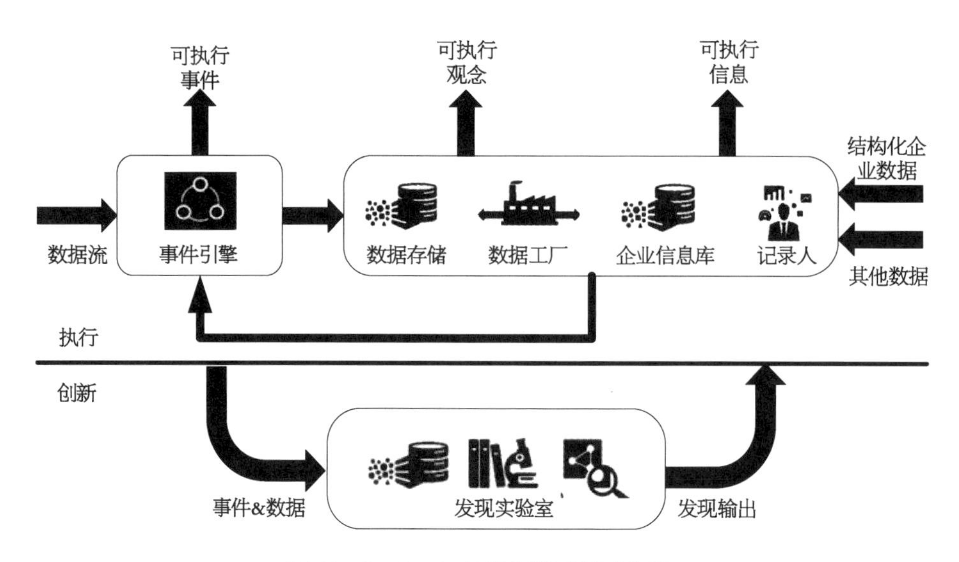

图 12－9 Oracle 流数据管理概念框架

文件数据，确定数据清洗或其他操作，并持久化在存储系统中；

数据存储——针对形式化或建模没有严格要求的流数据，使用流存储和并行处理；

数据工厂——管理和协调流数据存储库和企业信息存储之间的数据，快速将数据调配数据发现模块，从而实现制造知识快速发现；

企业信息存储——大规模业务关键数据通常在企业数据仓库中存储，当与流数据存储库结合使用时，形成更为广泛的大数据管理系统，或称为数据湖；

可视化报告——利用 BI 工具，对数据进行及时、准确地呈现；

数据发现模块——采用流数据处理引擎和分析工具，对业务有价值的新知识，进行增量化分析，提供对制造过程的动态监控能力。

3）制造大数据的应用管理

推动智能制造的并不是大数据本身，而是其分析技术，大数据自身的价值只有通过分析挖掘才能显现出来。通过分析数据发现问题，进而提供解决方案，才是大数据应用的核心目的，其实质是对制造过程中产生的数据进行分析研究，挖掘出其中的价值并反馈于生产，进而提高企业的生产管理水平。

制造大数据的应用，分为 3 个基本步骤，如图 12－10 所示。

步骤 1：把问题转换成数据，针对生产过程中出现的问题，建立问题分析模型，收集相关数据，形成反映问题本质的有逻辑关系的数据，进行采集、过滤、分析和管理。

步骤 2：把数据转化为知识，通过算法或者可视化的方法，分析历史数据，并挖掘隐藏在制造过程中的事件、异常线索、缺陷原因以及流程瓶颈等，进行预防性预测，并和决策系统进行连接。

步骤 3：把知识转换为决策信息，通过深度挖掘数据，分析数据和问题之间的相关性，形成决策信息和控制信号，给设备和作业者提供信息，形成在环的生产流程优化。应该指出的是，目前大数据技术已经被应用在某些具体的生产场景，如故障追踪、物流优化等方

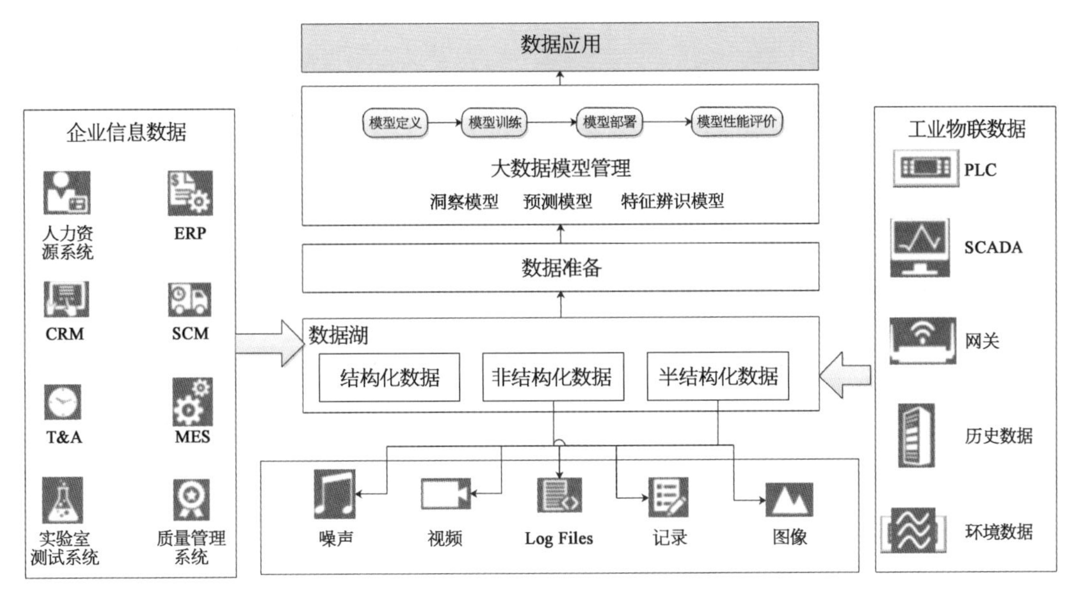

图 12－10　制造大数据应用基本流程

面，但是制造大数据应用的深度和广度仍然远远不够，在海洋装备产品制造过程中大数据应用更是非常罕见。究其原因，大数据应用不仅仅受限于国内海洋装备制造企业数据的积累，也受限于制造大数据技术本身。

4) 海洋装备制造大数据管理技术

海洋装备产品的制造大数据，具有多样性、多模态、高通量和强关联等特性，需要突破和深入应用以下技术。

(1) 数据采集技术：这是非常原始的问题，没有数据，当然更没有大数据了。海洋装备生产过程中涉及的软硬件系统本身具有较强的封闭性和复杂性，不同系统的数据格式、接口协议都不相同，甚至同一设备、同一型号的不同时间出厂的设备，所包含的字段数量与名称也会有所差异。海洋产品制造过程的设备通信接口少、协议不开放普遍，甚至无法完成从设备对数据的采集。另外，挑战性更大的是数据多样性，需要进行海洋装备行业的工业标准化的推进、数据模型自动识别等大数据管理技术的进步共同解决。

(2) 多模态数据的管理技术：各种生产场景中存在大量多源异构数据，例如结构化业务数据、时序的设备监测数据、非结构化工程数据等。每一类型数据都需要高效的存储管理方法与异构的存储引擎，现有大数据技术难以满足全部要求。以非结构化工程数据为例，存在海量设计文件、仿真文件、图片、文档等小文件。需要按产品生命周期、项目、BOM 结构等多种维度进行灵活有效的组织、查询，以数字主线的方式来形成大数据流，目前很难对数据进行批量分析、建模，对于分布式文件系统和对象存储系统均存在技术盲点。另外从使用角度上，异构数据需要从数据模型和查询接口方面实现一体化的管理。例如在物联网数据分析中，需要大量关联传感器部署信息等静态数据，而此类操作通常需要将时间序列数据与结构化数据进行跨库连接，因而需要针对多模态制造大数据的一体化查询协同进行优化。

(3) 高通量数据的写入技术：越来越多数据被引入大数据系统的情况下，特别是设备产生的海量时间序列数据，一个装备制造企业同时接入的设备数量可达数十万台，数据的写入吞吐达到了百万数据点/秒-千万数据点/秒，大数据平台需要具备与实时数据库一样的数据写入能力。考虑到大数据平台要对数据进行长时间存储，其高效的数据编码压缩方法以及低成本的分布式扩展能力也是重要的挑战。另一方面，数据在使用上，不仅是对数据在时间维度进行简单回放，而且对于数据多条件复杂查询以及分析性查询也有着极高的要求。

(4) 全流程的数据融合技术：制造大数据分析更关注数据源的"完整性"，而不仅仅是数据的规模。由于"信息孤岛"的存在，这些数据源通常是离散的和非同步的。制造大数据应用需要实现数据在物理信息、产业链，以及跨界三个层次的融合。有别于电商大数据，制造大数据不仅需要从数据模型，更需要从制造过程、物料清单 BOM 结构、运行环境等多类型工业语义层面对制造大数据进行一体化整合管理。

12.3.2 大数据处理

传统的大型应用会形成信息孤岛，基于数据湖泊基础上构建数据仓库和分析环境，数据的整合比应用的整合要简单得多。数据流、存储、批处理式数据处理引擎和实时数据传输引擎。数据流式获取来自内部和外部数据源的数据，并将其集成到实时处理引擎和存储中，如图 12-11 所示。

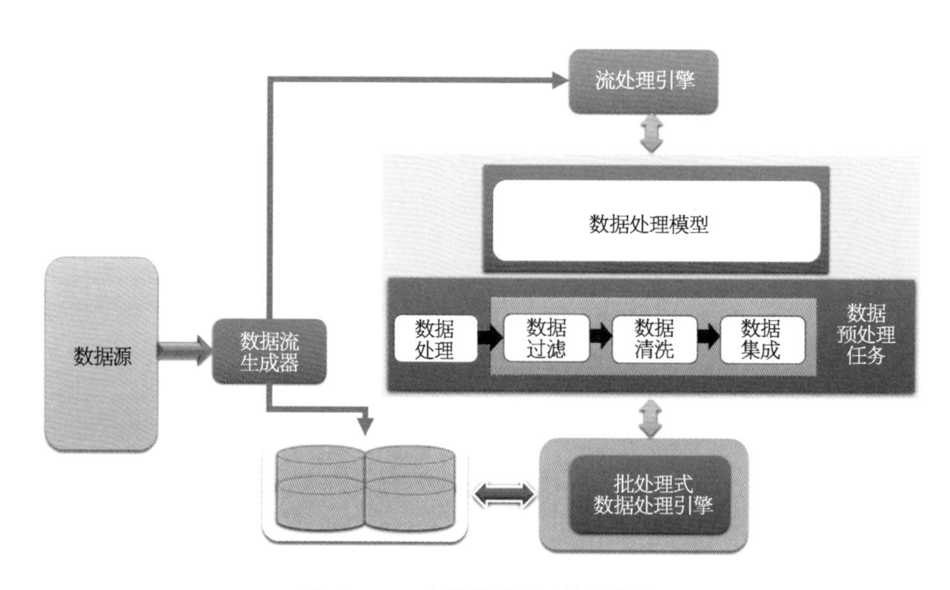

图 12-11　大数据处理系统结构图

12.3.2.1 数据处理流程

首先对所需数据源的数据进行抽取和集成，从中提取出关系和实体，关联和聚合之后采用统一定义的结构来存储这些数据。在数据集成和提取时需要对数据进行清洗，保证数据质量及可信性。各领域的大数据处理的流程差不多，区别在于海洋装备产品制造的数据源和具体应用不一样。根据海洋装备产品制造大数据生命周期，可以分成 6 层：数据源，数据抽取与集成，数据分析、数据解释，可视化以及用户使用。

针对海洋装备产品制造业过程，从企业大数据生命周期来看，一个完整的大数据生命周期包括：结构化、非结构化或者半结构化数据生成和加载；对数据进行清洗、数据流流转；压缩、存储到 Hadoop 或者 NoSQL 中；通过 Map - Reduce 进行流式数据分析和计算；根据企业应用模型进行数据使用；通过数据可视化的方式进行发现和决策，如图 12 - 12 所示。

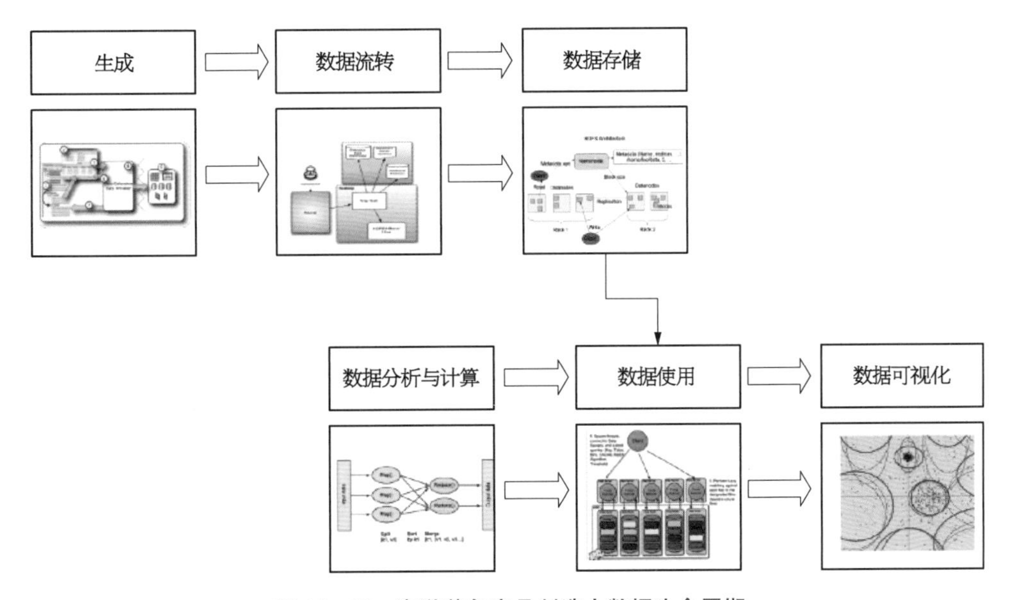

图 12 - 12　海洋装备产品制造大数据生命周期

12.3.2.2　数据建模

数据模型和应用场景密切相关，本书以海洋装备产品的船坞搭载生产计划建模为例进行介绍。船台吊装是一个离散过程，由于其作业中受到许多因素的影响，复杂度较高，一般通过建立相应的数学模型，对此过程进行规范化的描述。数学模型中需要考虑搭载过程的多种要素，包括吊装场地约束、吊装设备约束、吊装各步骤所用时间等。数学建模可以建立单船吊装过程、多船吊装过程模型，通过具体算例得出优化解。然而，数学模型简化了很多实际生产要素，模型在运行中很难再次反复修改其中的参数，在实际应用中往往只能做到定性化分析。基于大数据分析，可以从历史数据进行全局寻优。因此，在建立数据模型时，通过数据分析、数据统计等工具，首先估算计划影响要素、计划周期预测等，刻画历史生产计划的“样貌”。搭配计划数学模型，选择并优化约束参数，将大大提升模型的准确性，从而提高海洋装备产品吊装计划的实用性。

为了实现海洋装备产品吊装过程的调度与控制性能分析，必须建立相应的海洋装备产品吊装过程模型来描述该过程的行为与特性。由于海洋装备产品吊装过程具有定制化生产、品种数量多、各品种产品批量小、生产周期不确定性以及设备负载不均衡等明显区别于其他制造业的特点，因此与一般的制造系统模型相比，海洋装备产品吊装过程的模型需要有更强的抽象逻辑、更强的性能分析能力，以适应于其调度优化和控制优化的高度复杂性和高要求。

1）业务模型分析

首先分析分段搭载过程中的物流过程，将物流和数据流对齐。具体流程为：

（1）分段在平台（即分段生产车间）按生产计划进行生产。

（2）生产完成的分段由平板车搬运至堆场堆放，这其中一部分分段直接等待吊装，而大部分分段则须组合成总段后再进行吊装。

（3）总（分）段吊装到船坞后进行最后的总装。

平台共分 7 个作业区，平板车由 7 个区域共享。堆场有 3 个作业区域，平板车会根据所搬运的分段选择对应的作业区域卸载分段，堆场 3 个作业区域有各自的装卸及加工设备。1 个作业区域 1 次只能组装 1 个总段，如果分段到达堆场时，作业区域出于繁忙状态，则分段进入等待区域等待，每个作业区域都有各自的等待区域；若到达的分段不需要组合成总段，则直接等待吊装。船台布局与业务模型如图 12－13 所示。

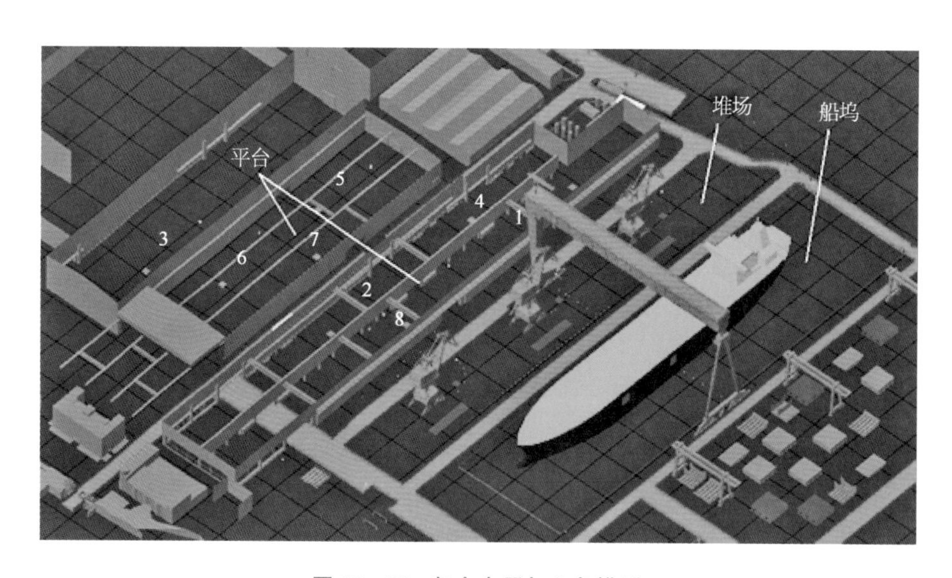

图 12－13　船台布局与业务模型

2）数据采样频率和种类规划

分段搭载的与物流相关的数据：平板车 2 辆，门座式起重机 3 台，600 t 龙门吊 1 座，其运行参数见表 12－2，数据采样频率 1 Hz。

分段生产所需时间由分段生产计划表，存储在 ERP 系统中。

平台-堆场路径上的运载工具为平板车，平板车的路径数据根据车载 GPS 信息采集，采样频率 1 Hz，其中白色圆圈所圈处布置装/卸点。

表 12－2　物流资源运行参数

		空载速度	负载速度	装载耗时	卸载耗时
平板车		2 m/s	1 m/s	—	—
门座式起重机		0.2 rad/s	0.1 rad/s	10～20 min	15～25 min
600 t 龙门吊	大车	10 m/min	5 m/min	10～25 min	12～30 min
	天车	6 m/min	3 m/min		
	起升	0.8 m/min	0.4 m/min		

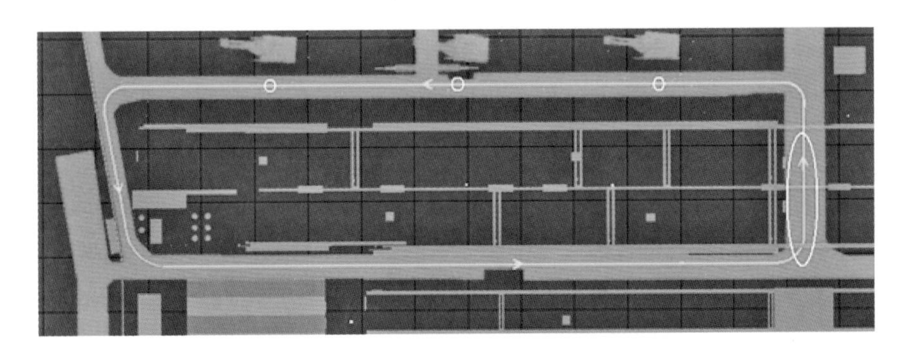

图 12－14　平台-堆场路径数据采样

龙门吊吊钩的运动轨迹，通过龙门吊上传感器，获得 *XYZ* 三个轴向的轨迹复合而成的立体路径，采样频率 1 Hz。黄色线条为龙门吊主体移动路径，横向和纵向的白色线条分别是天车的横移和吊钩的升降轨迹。堆场—船坞路径采集如图 12－15 所示。

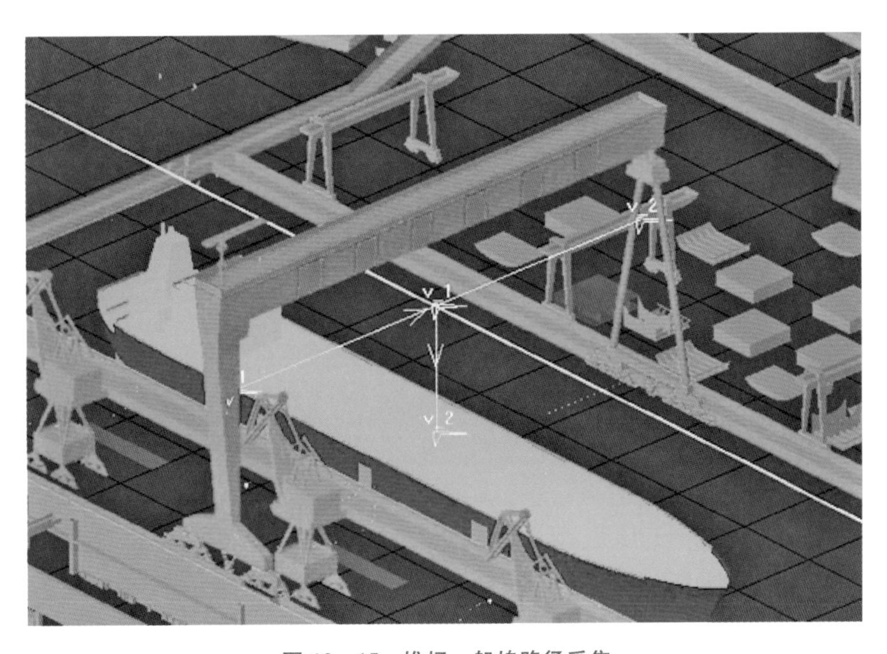

图 12－15　堆场—船坞路径采集

12.3.2.3 数据抽取

海洋装备产品制造数据源主要分为三种类型：结构化数据、非结构化数据和半结构化数据。结构化数据存储在现有的关系型数据库系统中，包括 PDM 系统，管理系统、计划数据库系统等。非结构化数据主要是产品的三维模型及其衍生数据，现场的监控数据如图片、视频，另外包括现场质量检测数据，如点云数据等。大数据处理层次框架如图 12－16 所示。

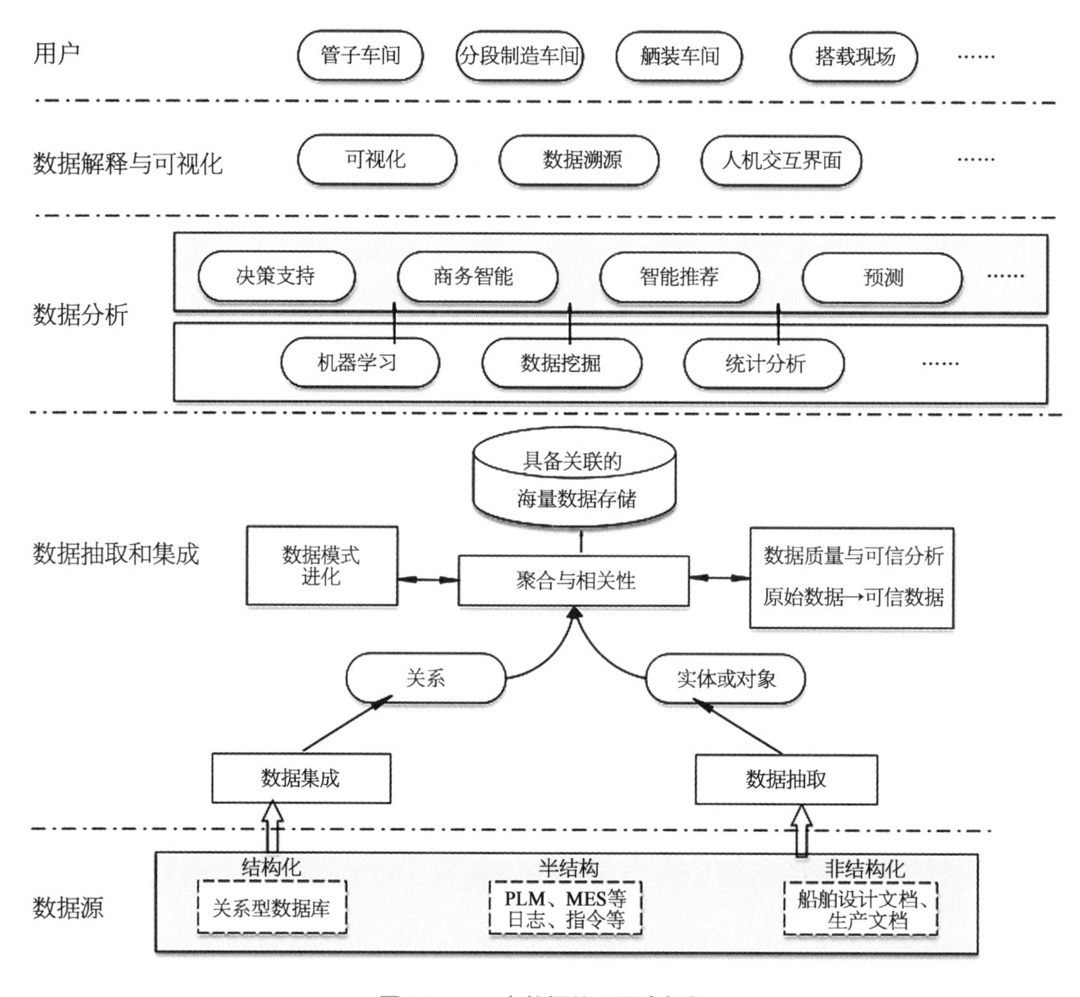

图 12－16 大数据处理层次框架

半结构化数据目前主要来自设备检修记录、产品质量检测结果、舾装涂装等安装记录，同时还有各种设备的事件日志、开发日志、计划执行日志等；这些数据往往格式各异，通过指定的接口可以读取和解析。

针对海洋装备产品制造数据，不同的结构类型采取的方式不同。对于非结构化数据基于流的方式更加高效，而结构化和半结构化数据采用 ETL 更成熟。海洋装备产品制造数据源抽取如图 12－17 所示。

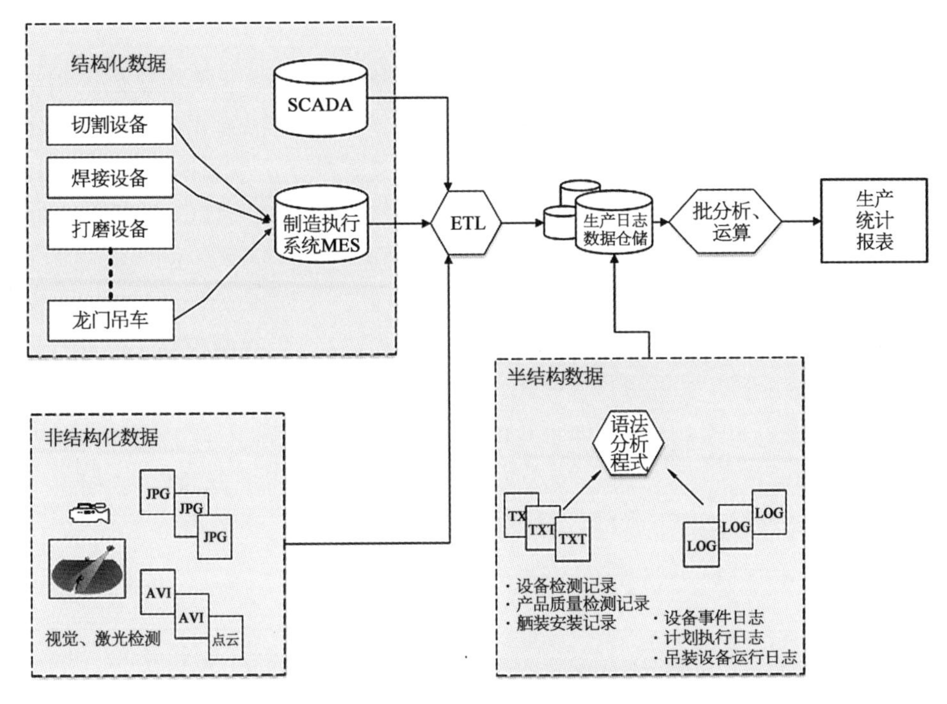

图 12－17　海洋装备产品制造数据源抽取

针对搭载过程，主要基于 SCADA 系统进行数据采集与监视，位于一个或多个机器上的服务器负责数据流处理（如量程转换、滤波、报警检查、计算、事件记录、历史存储、执行用户脚本等），主要结构如图 12－18 所示。

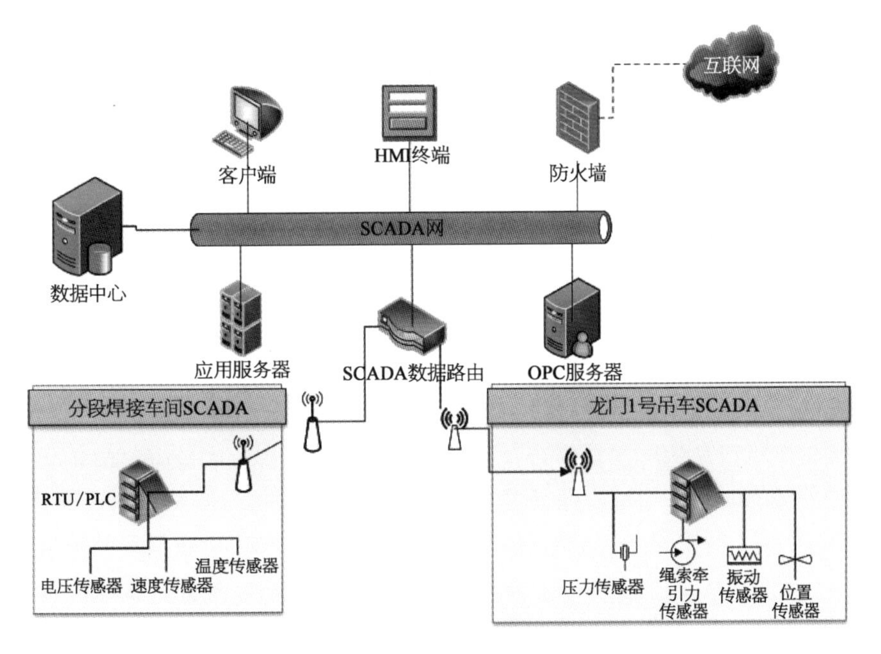

图 12－18　海洋装备产品大数据 SCADA 结构图

12.3.2.4　数据清洗与过滤

企业数据类型多样，复杂的数据模式导致数据分析非常困难。从目前发展情况看，关系数据库已经不适应这种巨大的存储量和计算要求，使用键-值模式(Key - Value Pair，KVP)方式、按照列式存储是目前大数据存储的主流模式。选择基于 JSON(Binary JSON，BSON)比 XML 存储要更好，且这种结构基于键值、易于 ETL，嵌套结构和 XML 一样易于表现。

显然目前针对大数据的存储主要是两类：文件系统存储和面向对象或文档的存储(NoSQL)。针对海洋装备产品制造业的三类数据(结构化、非结构化和半结构化存储)，采用统一的 Hadoop 系统并不是最佳模式。这是因为将结构化数据放入 Hadoop 中丧失了结构化数据快速有组织的特征，将非结构化文档存储到 NoSQL 系统效率和存储代价太大，因此混合存储模式(Hadoop＋NoSQL＋RDRMS)是值得推荐的方式，如图 12 - 19 所示。

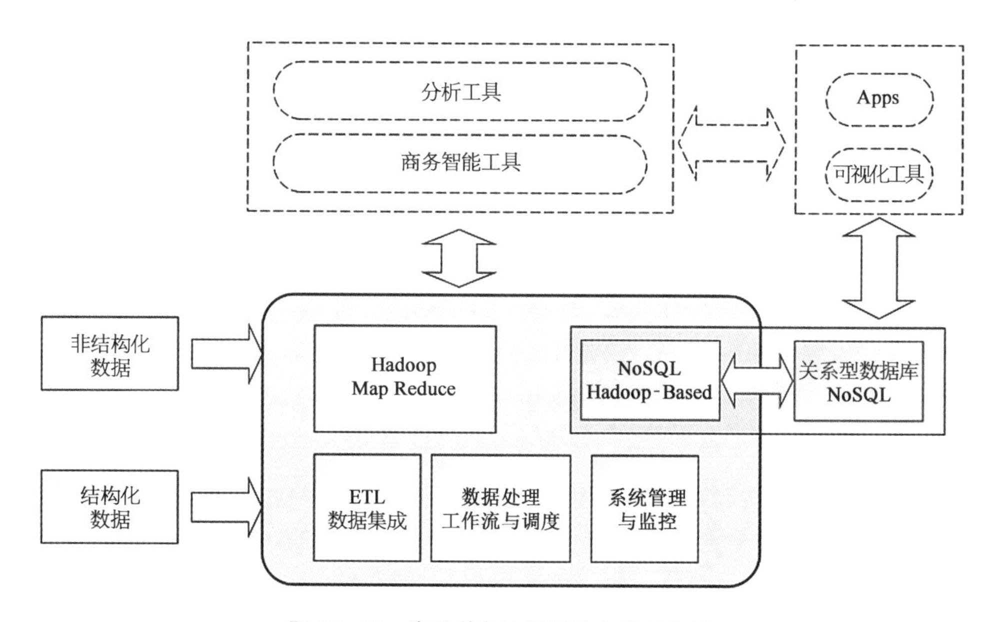

图 12 - 19　海洋装备产品制造大数据存储

12.3.2.5　数据分析与预测

数据分析是整个大数据处理流程的核心，大数据的价值产生于对海洋装备产品制造过程数据的分析。从异构数据源抽取和集成的数据，构成了数据分析的原始数据。根据不同应用的需求可以从这些数据中选择全部或部分进行分析。大数据是由历史数据与能表示系统现状的实时数据组成。系统的传感器将各个部件的信息传递转换得来，通过处理这些数据，可以了解系统的工作状态，通过比较实时数据和历史数据预判未来某个时间区间内系统内机器的状态。图 12 - 19 中，海洋装备产品制造业的大数据应用可以在三个方面：与计划相关的知识建模、机器学习与结构化洞察分析、计划预测与优化模型和知识粒度。

针对工业数据的强机理、低质量和高效率要求，数据分析技术包括：

(1) 强机理业务的分析技术。工业过程通常是基于“强机理”的可控过程，存在大量理论模型，刻画了现实世界中的物理、化学、生化等动态过程。另外，也存在着很多的闭环控制/调节逻辑，让过程朝着设计的目标逼近。在传统的数据分析技术上，很少考虑机理模型(完全是数据驱动)，也很少考虑闭环控制逻辑的存在。强机理对分析技术的挑战主要体现在三个方面：

① 机理模型的融合机制，如何将机理模型引入到数据模型(比如机理模型为分析模型提供关键特征，分析模型做机理模型的后处理或多模型集合预测)或者将数据模型输入到机理模型(提供 parameter calibration)；

② 计算模式上融合，机理模型通常是计算密集型(CPU 多核或计算 cluster 并行化)或内存密集型(GPU 并行化)，而数据分析通常是 I/O 密集型(采用 Map-reduce、parameter server 等机制)，两者的计算瓶颈不同，需要分析算法甚至分析软件需要特别的考虑；

③ 与领域专家经验知识的融合方法，突破现有生产技术人员的知识盲点，实现过程痕迹的可视化。例如，对于物理过程环节，重视知识的“自动化”，而不是知识的“发现”。将领域知识进行系统化管理，通过大数据分析进行检索和更新优化；对于相对明确的专家知识，借助大数据建模工具提供的典型时空模式描述与识别技术，进行形式化建模，在海量历史数据上进行验证和优化，不断萃取专家知识。

(2) 低质量数据的处理技术。“大数据分析”期待利用数据规模弥补数据的低质量。由于工业数据中变量代表着明确的物理含义，低质量数据会改变不同变量之间的函数关系，给制造大数据分析带来灾难性的影响。但事实上制造业企业的信息系统数据质量仍然存在大量的问题，例如 ERP 系统中物料存的“一物多码”问题。物联网数据质量也堪忧，无效工况(如盾构机传回了工程车工况)、重名工况(同一状态工况使用不同名字)、时标错误(如当前时间为 1999 年)、时标不齐(PLC 与 SCADA 时标对不上)等数据质量问题在很多真实案例中可以达到 30%以上。这些质量问题都大大限制了对数据的深入分析，因而需要在数据分析工作之前进行系统的数据治理。

工业应用中因为技术可行性、实施成本等原因，很多关键量没有被测量、或没有被充分测量(时间/空间采样不够、存在缺失等)，或者没有被精确测量(数值精度低)，这就要求分析算法能够在“不完备”“不完美”“不精准”的数据条件下工作。在技术路线上，可大力发展基于制造大数据分析的“软”测量技术，即通过大数据分析，建立指标间的关联关系模型，通过易测的过程量去推断难测的过程量，提升生产过程的整体可观可控。

(3) 数据高效率处理技术。制造大数据分析在分析过程和运算的效率方面主要面临两个技术难点。

① 工业应用特定数据结构带来的新需求。通用的数据分析平台大多针对记录性数据或独立的非结构化数据(适合交易、业务运营管理、社交媒体等场景)。然而工业应用常常依赖于大量时序或时空数据(传感器数据)和复杂的产品结构(如层次性的离散 BOM 结构、或线性连接结构)，这就需要制造大数据分析软件在底层数据结构设计、基础分析算

法和建模过程上，提供充分支持。例如，复杂 BOM 结构的离散装备的分析建模、多变量非线性时间序列特征提取与处理算法（信号分解、降噪、滤波、序列片段切割）等。

② 工业应用模式对分析处理效率的要求。工业应用模式通常是大规模分布式（空间）、实时动态（时间）、异构性强（连接）。这对分析平台软件提出了新的挑战。在实时处理上，需要能够支持面向大规模数据状态下的低等待时间复杂事件检测。在离线分析上，前台分析建模应与后台的制造大数据平台应有很好的整合，支持大数据上的挖掘。

面向海洋装备产品制造业的大数据应用流程图如图 12－20 所示。

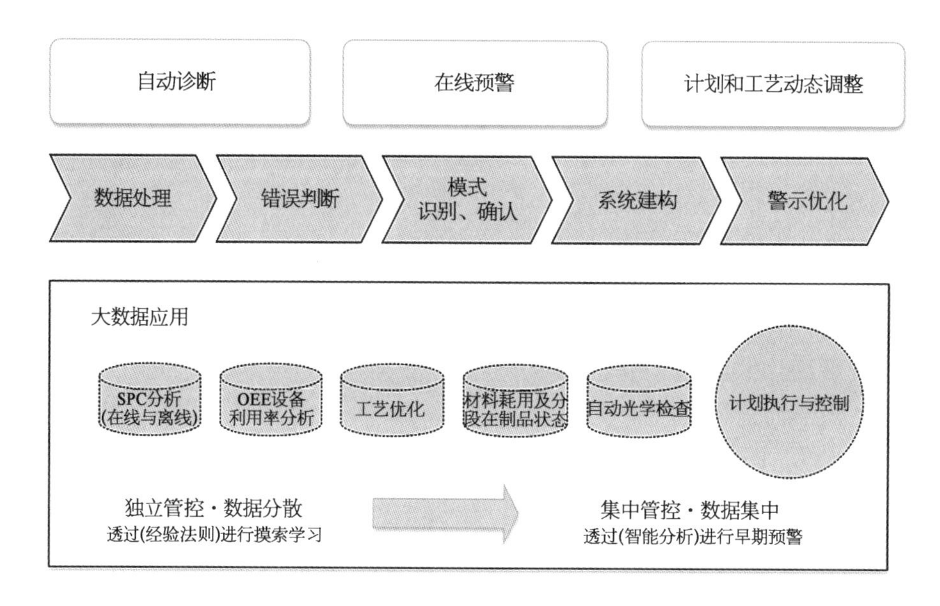

图 12－20　面向海洋装备产品制造业的大数据应用流程图

常用的数据分析技术和方法有很多，本书重点介绍两种最常用的方法，基于支持向量机（support vector machine，SVM）的分类和基于 KNN 的聚类方法。

1）基于 SVM 的分类方法

统计学习的核心问题是样本不足时如何得到泛化能力很强的模型，但对于大规模学习来说，障碍往往在于算法的计算能力不足，不是数据不够，所以传统的统计学习方法都不适合大规模数据处理。针对制造大数据的具体应用，将全部大数据样本进行分析明显是不现实的，将大数据进行采样成适度尺度，对于非线性分类问题，基于 Dual Decomposition（或者 SMO）方法的 SVM－Light 和 LibSVM 可以应对日常的使用。支持向量机成为目前最常用、效果最好的分类器之一，在于其优秀的泛化能力，其本身的优化目标是结构化风险最小，而不是经验风险最小。通过 margin 的概念，得到对数据分布的结构化描述，因此减低了对数据规模和数据分布的要求，SVM 模型如图 12－21 所示。作者团队在对海洋装备某制造计划数据进行降维、采样等处理后，利用 SVM 可以获得非常好的分类结果。

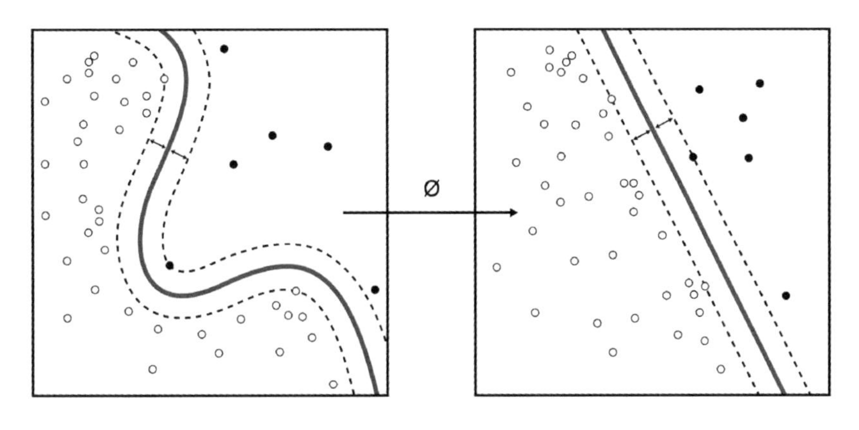

图 12-21　SVM 模型

设备运行健康预测，也可以采用基于 SVM 的异常检查算法来建模，建立和准备检测样本数据，SCADA 采集的数据形成运行样本库，建立 outlier 与 normality 的表示域。各种设备状态基本都是有时间序列的，如图 12-22 所示红色是异常数据。

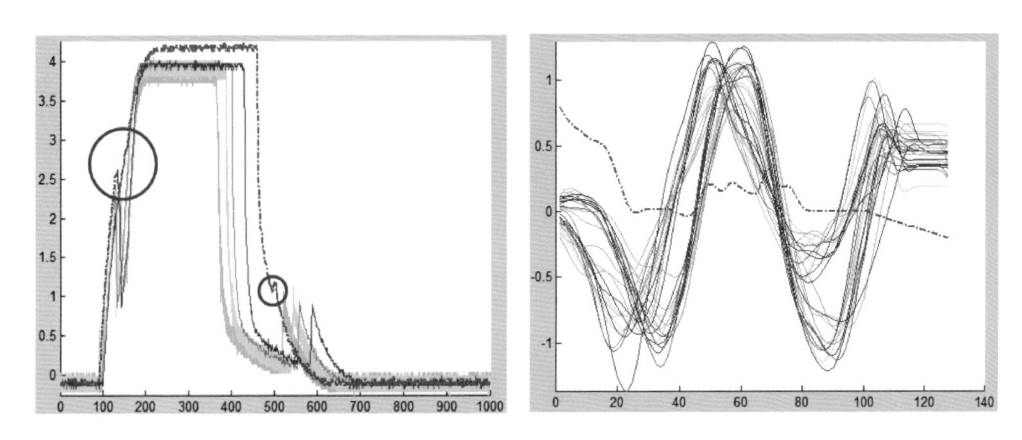

图 12-22　基于时序检测数据的设备故障诊断

2) 聚类方法

大数据的聚类方法，主要包括基于划分的聚类和基于层次的聚类。

基于划分的聚类，是给定一个由 n 个对象组成的数据集合，对此数据集合构建 k 个划分 ($k \leqslant n$)，每个划分代表一个簇，即将数据集合分成多个簇的算法。每个簇至少有一个对象，每个对象必须且仅属于一个簇。具体算法包括 K-均值和 K-中心点算法等。

基于层次的聚类，对给定的数据集进行层层分解的聚类过程。凝聚法是将每个对象被认为是一个簇，然后不断合并相似的簇，直到达到一个令人满意的终止条件；分裂法是先把所有的数据归于一个簇，然后不断分裂彼此相似度最小的数据集，使簇被分裂成更小的簇，直到达到一个令人满意的终止条件。根据簇间距离度量方法的不同，可分为最小距离、最大距离、平均值距离和平均距离等。典型的算法有 CURE、Chameleon 和 BIRCH 等。

实际进行聚类分析是多步骤决策的过程，其中每一步都可能影响聚类结果的质量和有效性，聚类分析典型步骤：

① 选择合适的变量。选择对识别和理解数据中不同观测值分组有重要影响的变量。

② 寻找异常点。许多聚类方法对异常值十分敏感，可以通过 outliers 包中的函数来筛选异常单变量离群点，mvoutlier 包能识别多元变量的离群点的函数，划分聚类是对异常值稳健的聚类方法。

③ 缩放数据。标准化数据，最常用的方法是将每个变量标准化为均值 0 和标准差为 1 的变量，代替方法包括变量减均值并除以标准差、中位数标准差或变量减最小值除以最大值减最小值。

④ 计算距离。计算被聚类的实体之间的距离，最常用欧几里得距离，也可选曼哈顿距离/兰式距离/非对称二元距离/最大距离和闵可夫斯基距离。

⑤ 选择聚类算法。层次聚类对于小样本很实用，划分的方法能处理更大的数据量。

⑥ 使用一种或多种聚类方法，使用步骤⑤选择的方法。

⑦ 确定类的数目。

⑧ 获得最终的聚类解决方案。

⑨ 对结果进行可视化。

⑩ 解读聚类结果。

⑪ 验证结果。采用不同的聚类方法，评估聚类解的稳定性。

如图 12－23 所示为某海洋装备企业的龙门吊计划阻塞要素聚类算例。

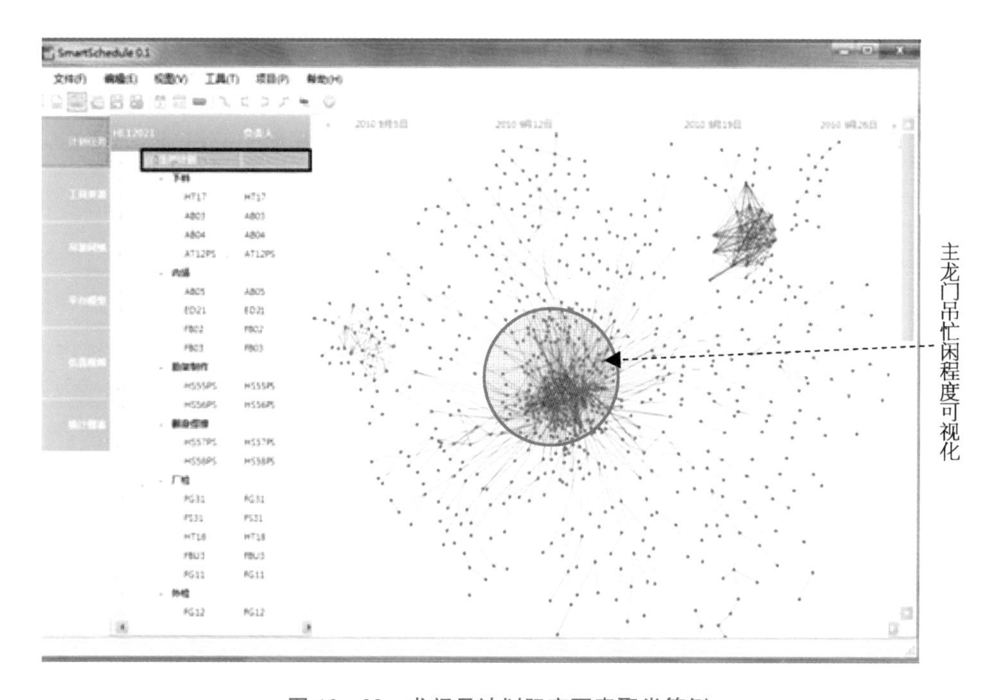

图 12－23　龙门吊计划阻塞要素聚类算例

12.3.2.6　可视化与交互

如果分析的结果正确但是没有采用适当的解释方法，则所得到的结果很可能让用户难以理解，极端情况下甚至会误导用户。数据解释的方法很多，比较传统的就是以文本形式输出结果或者直接在电脑终端上显示结果。这种方法在面对小数据分析时是一种很好的选择。大数据时代采用信息可视化技术将助力大数据的应用。

(1) 信息可视化技术。根据具体的应用场景选择合适的可视化技术：标签云、历史流、空间信息流等。

(2) 让用户能够在一定程度上了解和参与具体的分析过程。采用人机交互技术，利用交互式的数据分析过程来引导用户逐步地进行分析，使得用户在得到结果的同时更好地理解分析结果的由来。利用数据溯源技术帮助追溯整个数据分析的过程，有助于用户理解结果。

综上所述，海洋装备制造大数据分析流程如图 12－24 所示。

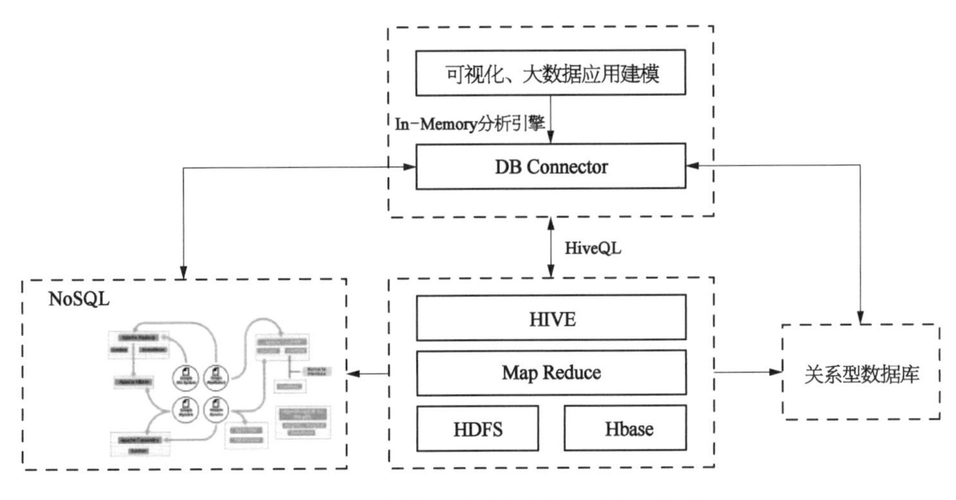

图 12－24　海洋装备制造大数据分析流程图

12.4　海洋装备产品制造大数据典型应用场景

海洋装备产品制造从设备到车间、工厂最后集成到整个企业的运作，分成三个主要的集成层次：现场管理级、制造执行管理级以及管理级，每个层次的大数据要求各不相同。根据作者调研，当前海洋装备产品制造业所面临的最主要的问题就是：制造流程与计划预测和优化，要分清海洋装备产品建造过程的有效作业时间和无效作业时间，然后去除无效作业时间(生产过剩、次品、库存、人和物移动、过度加工、运输以及人和物工等)，对有效作业时间内的作业进行合理的优化组合，形成均衡连续的准时生产。从而实现缩短交船日期，节约成本和海洋装备产品制造质量；在控制生产成本的同时，还能提高生产力与效率。

12.4.1 设备异常监控与预测

收集海洋装备产品制造过程中的关键设备（吊车、焊机、钢板切割设备、搬运小车等）运行状态数据及维修日志，找出发生设备异常的模式，监控并预测未来故障概率，在制订计划之前，考虑到维修时间对计划的影响。采用开源分析系统 KNIME 建立分析模型，如图 12－25 和图 12－26 所示，对分段制造分厂 1 号区域 4 台焊接设备运行状况的监控数据分析，可以看出其中 3＃焊接电压异常，焊机工作状态不稳定，需要进行维修。

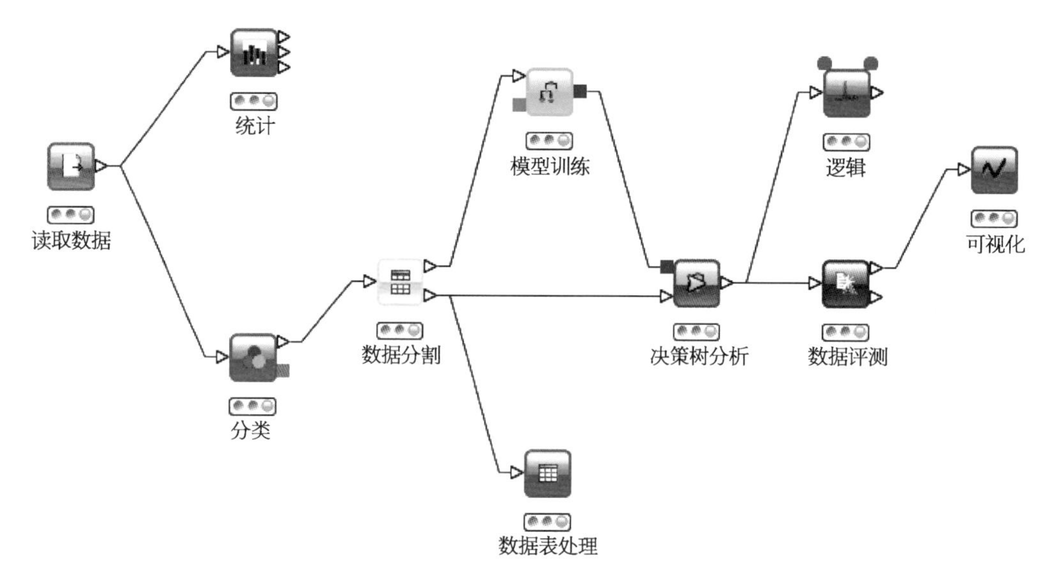

图 12－25　基于决策树的焊机设备监控预测流程

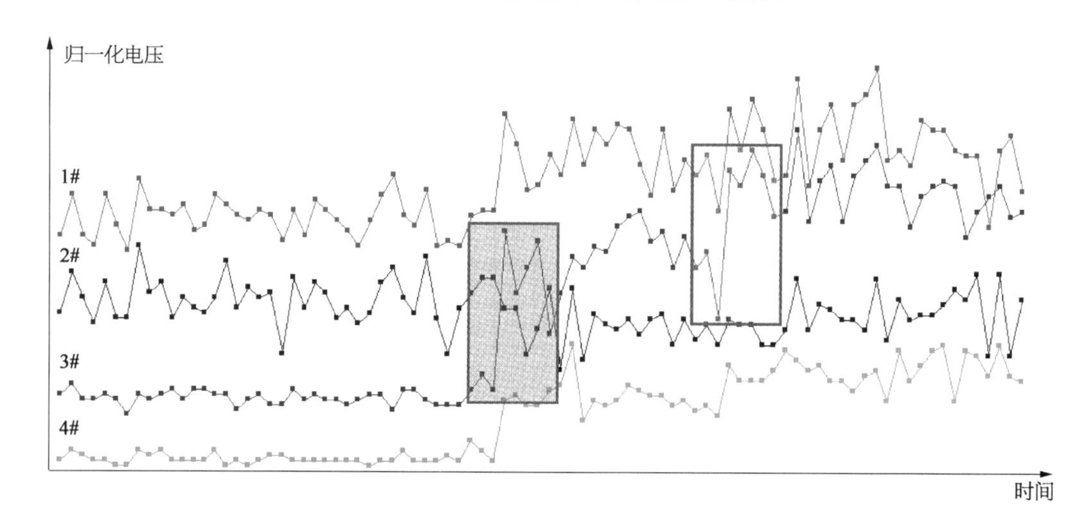

图 12－26　分段制造分厂 1 号区域 4 台焊接设备运行状况

12.4.2　分段精度质量监控

分段制造后，目前都进行检测制造偏差。处理分段关键搭载点的制造偏差，主动分析分段制造质量的趋势变化、分段工艺对精度质量影响的敏感性，发现潜在设备、管理和工艺问题及早做出预警。通过提高分段制造的成品率，减少返工时间，使得分段建造计划精准。

传统的方法是采用统计过程控制(SPC)方法，基于大数据则将质量要素放到一个管理的维度上进行审查，辅助质量控制专家来发现问题的根本，如图 12－27 所示。

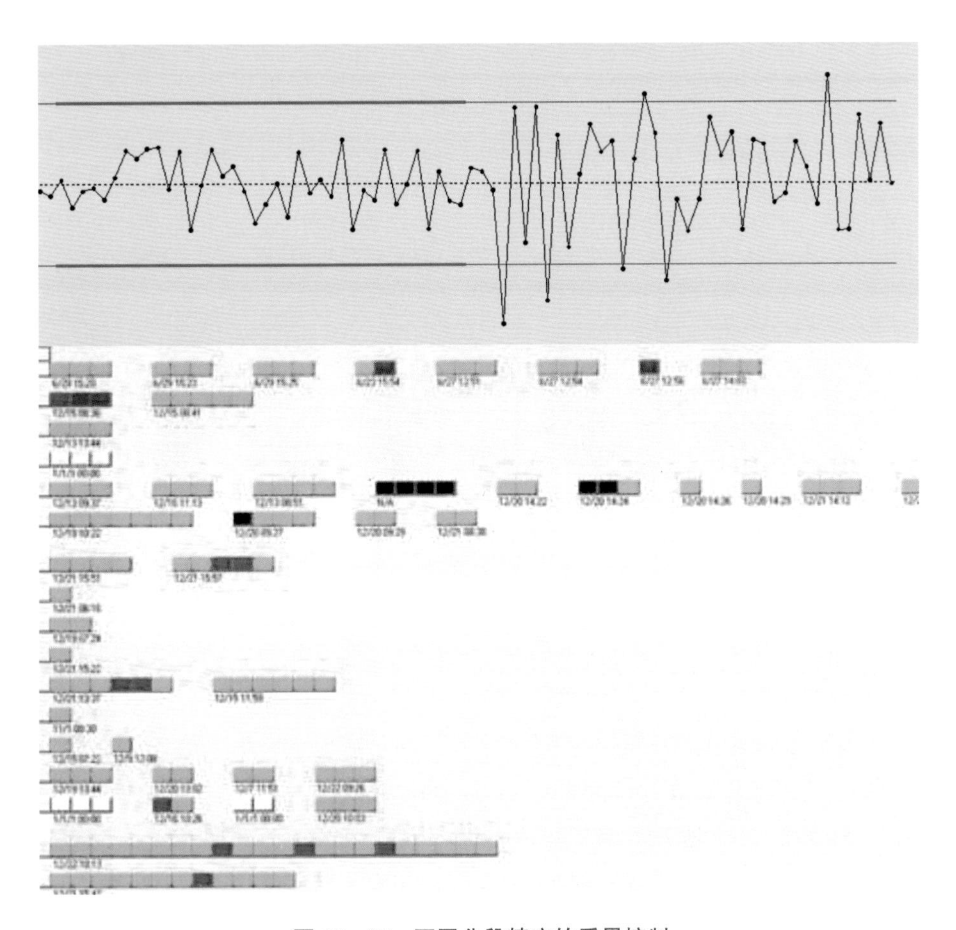

图 12－27　不同分段精度的质量控制

12.4.3　船舶建造计划要素识别

12.4.3.1　工程计划和效率计划

船厂的计划可分为建造计划线表、大日程计划、中日程计划、小日程计划。大日程计划可以理解为产品设计、开工到交船的主要节点日期，反映材料、主要设备和外购外协件等交货期的节点等，是各职能部门编制计划和实行工程控制的主要依据。具体的建造过程中的计划可以按工序细分为设备纳期计划、下料加工计划、部件装配计划、分段制作计划、分段预舾装计划、船台搭载计划等。现代海洋装备产品建造根据利润计划来决定销售额(日程)和成本(效率),同时不断地对照两者的相互关联,确认生产工程的内容(作业量及质量),进一步分解日程及作业人员,最后分配个人的作业。船舶建造过程分析和优化如图 12-28 所示。

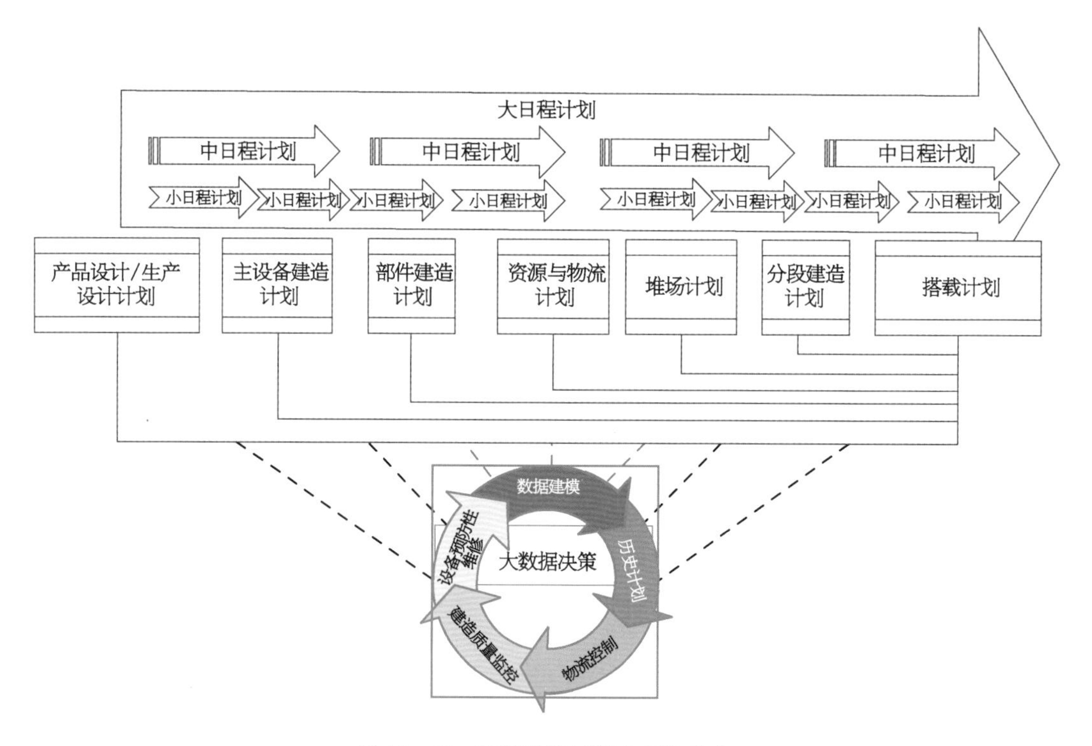

图 12-28　船舶建造过程分析和优化

12.4.3.2　海洋装备产品建造生产计划

海洋装备产品建造采取的是倒排计划方法,由交船日期决定建造计划线表,根据建造计划线表和分段/总段划分图确定建造方针,并确立船舶大节点计划。根据分段划分图,结合船厂设备等资源生成搭载网络图,层层下达,生成其他的计划,如图 12-29 所示。

12.4.3.3　影响船舶建造计划执行的要素分析

船舶建造计划是船厂对生产实行进度控制的主要依据,是海洋装备产品建造生产管理的主要组成部分。船舶建造计划的执行中会出现很多不确定的因素,导致计划不畅,见表 12-3。

表 12-3 中上述因素都对船舶建造计划产生严重影响。因此以数据为驱动,对计划进行建模、分析和预测将从根本上改变现有的粗放型、计划高频变更的模式,实现精益海洋装备产品建造。

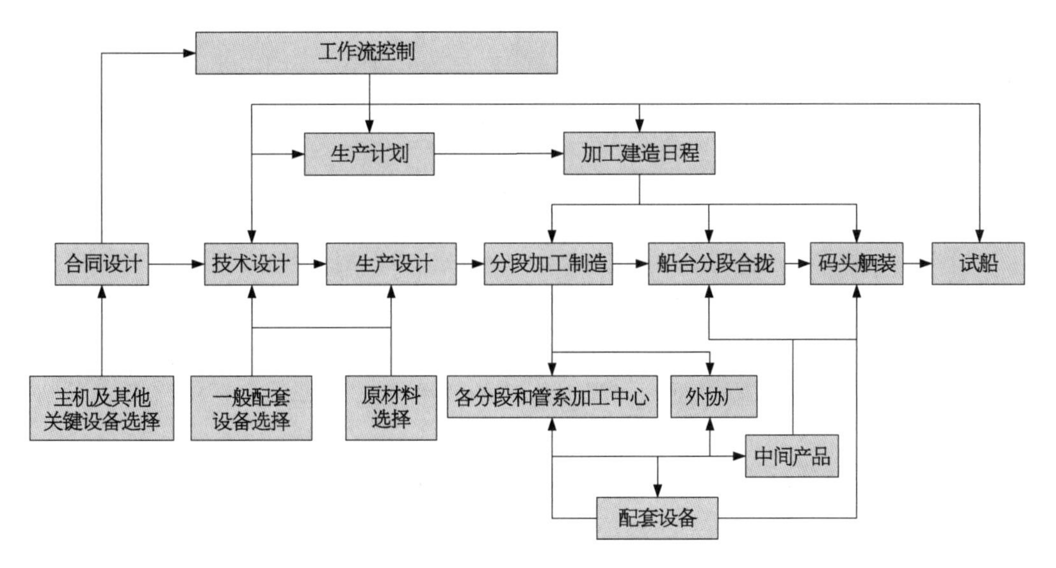

图 12-29　海洋装备产品制造生产计划一览图

表 12-3　影响船舶建造计划主要因素表

序号	因　　素	说　　明	影　响
1	建造能力	重要设备的生产进度跟不上，影响船舶板材切割、弯管、组立建造进度等	企业内部计划调整
2	设备纳期	配套企业产能跟不上，导致重要设备延期交付。比如主机延期时间较长，船厂不得不先完成船台合拢，再在甲板上开工艺孔把主机吊进去等	计划延后或发生较大更改
3	设备故障或事故	突发的设备维修、故障或事故直接影响建造计划延期	企业内部计划调整
4	产品返工或修整	组立建造精度、分段建造精度、搭载精度等造成质量问题，造成部件返工或工艺修改。搭载过程由于精度控制可能导致搭载设备研制占用周期	出现频繁，企业内部计划需要调整
5	制造设备使用效率	制造设备、堆场及船坞设备的调度不合理，导致空运行、占用时间长等导致计划延误	重要影响要素，隐蔽、处理难
6	船坞使用率	搭载计划、主设备纳期等不准确，导致船坞周期长	搭载序列长
7	堆场使用率	船台周边的堆场布局计划不合理，导致分段进入堆场和调出计划没有全局性考虑，堆场吞吐量低，使用率低下，影响船台搭载计划	隐蔽、处理难，需要综合考虑
8	人力资源	船厂工作环境差、条件艰苦，劳动力问题随季节性波动	企业内部计划调整
9	天气	国内船厂大多数没有实现全封闭的车间和船台船坞，恶劣天气或高温天气将严重影响施工进度	企业内部计划需要考虑天气

(续表)

序号	因素	说明	影响
10	生产设计与开发	船舶产品的设计和生产设计往往不能快速完成,导致边设计边生产,导致设计变更频繁。严重影响建造计划	设计和生产计划一体化考虑,影响大

12.4.3.4 数据处理

结合某船舶企业的大型集装箱海洋装备产品建造过程,基于分段生产计划数据,分段生产计划数据包括分段生产计划表和分段吊装网络图。

1) 分段相关流程数据

网络图是分段吊装计划的核心所在,吊装网络图局部如图 12-30 所示。图中小方框表示分段,小方框用大方框圈定即表示组装成总段。图中箭头表明了分(总)段之间吊装顺序的约束关系。因为分段的搬运、组装和吊装都遵循 FIFO 规则,吊装顺序的约束关系实际上已包含在分段生产计划表中,所以剩下需要引入的只是分段的组合关系。

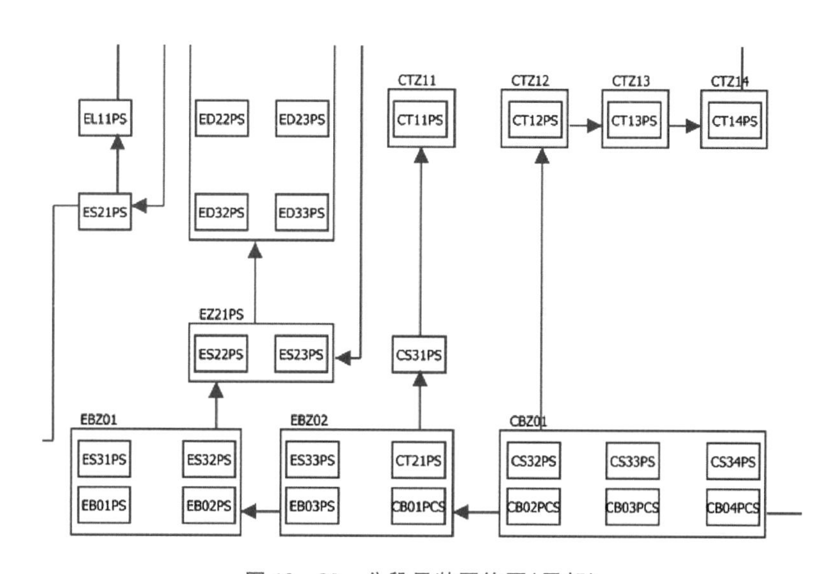

图 12-30 分段吊装网络图(局部)

分段组合关系的引入通过给堆场 Machine 添加 Cycle,通过 Process 来实现,分段生产计划数据输入完毕,便可运行仿真模型。利用模型运行结果,对分段搭载过程进行相关分析。

2) 搭载相关设备数据

分段生产车间制造执行数据,采集自 MES 系统,见表 12-4。

平板车运行状况分析,根据传感器获取 1 号与 2 号平板车的运行状态信息,如图 12-31 所示。

表 12-4　分段制造平台运行状态数据

分段加工平台名称	忙闲状态时间(天)	最大缓冲区长度(个)	平均缓冲区长度(个)	平均等待时间(天)	当前加工分段编号	最大等待时间(天)	最小等待时间(天)
	占用时间						
PT1ED_1	2.046	2	0.022	0.292	7	2.001	0.048
PT6_ED_1	0.320	2	0.004	0.045	8	0.232	0.042

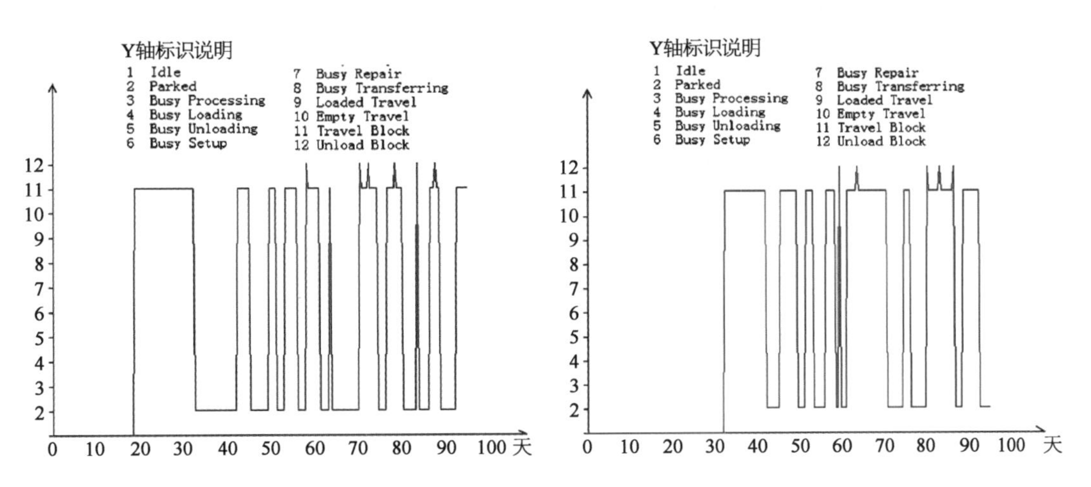

图 12-31　平板车运行状态图

堆场数据：堆场内分段组合装配区域的运作信息，见表 12-5。

表 12-5　吊车运行状态数据

吊车名称	忙闲状态时间(天)		设备利用率(%)	已搭载部件数	当前分段编号	平均时间(天)	平均占据时间(天)
	占用时间	等待时间					
M_DiaoChe1_1	11.838	1.374	12.4	22	7	1.691	2.635
M_DiaoChe2_1	8.515	0.461	8.97	23	5	1.703	3.639
M_DiaoChe3_1	12.108	0.956	12.8	30	8	1.513	3.839

龙门吊运行数据：采样龙门吊，频率 1 Hz。

采用 PCA 降维，用 KNN 进行聚类，可以分析影响计划的主要要素。图 12-32 所示为两个设备故障对执行计划的影响。

12.4.4　大数据驱动下的配送作业优化

堆场使用效率、制造设备效率不匹配是当前调度不合理的主要原因，导致空运行、占用时间长等导致制造计划延误。准时交货和最佳负荷因素的关键是优化搬运设备的路

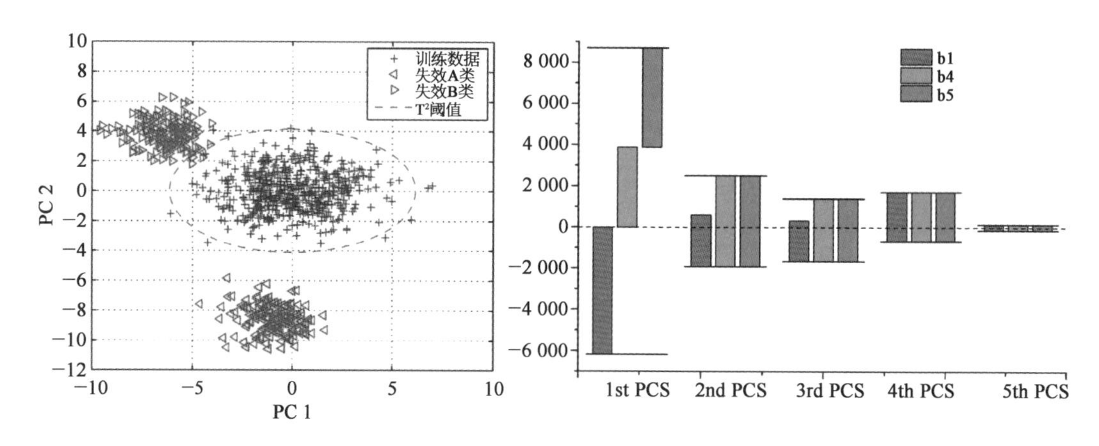

图 12-32　制造计划影响要素聚类分析

线,配送部门需要了解不断变化的天气状况、工作时间限制、维修时间表以及一系列其他因素的影响。通过分析基于搬运设备的实时驾驶统计数据的风险状况,可以根据路由和路由优化提供其他基于位置的服务。图 12-33 为某大型海洋装备制造企业,其配置上百台搬运设备进行配送,通过大数据系统,不断优化配送任务。

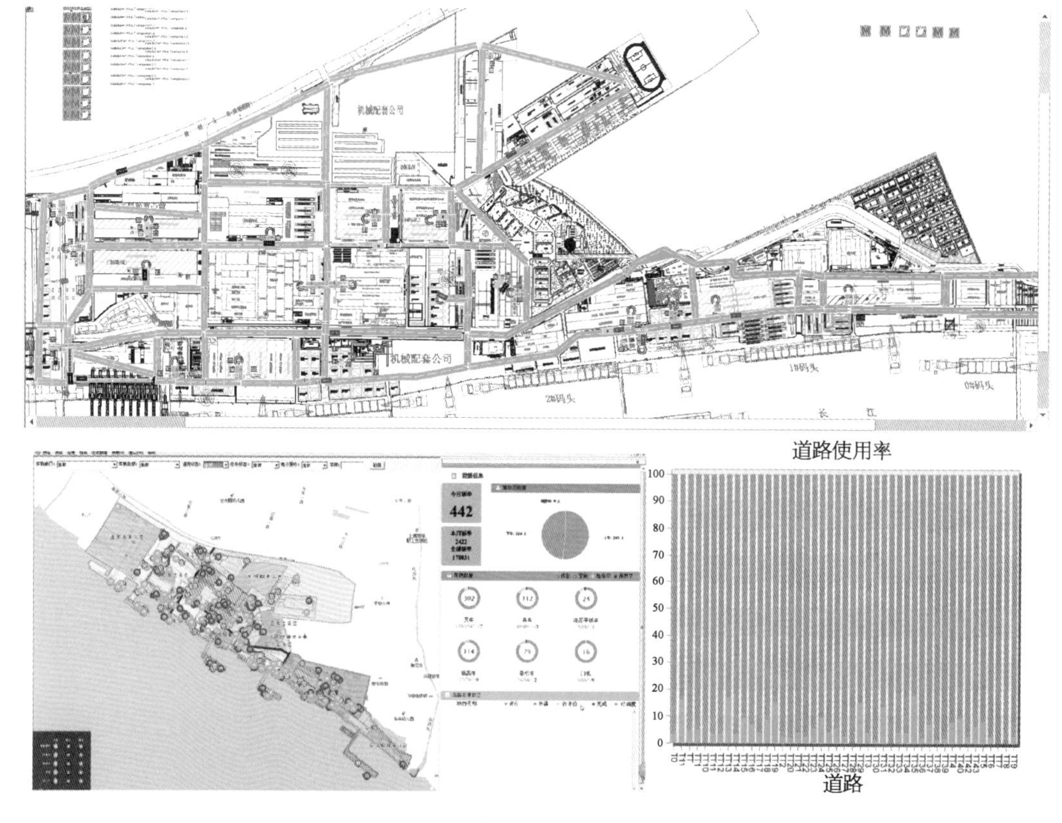

图 12-33　大数据驱动的堆场配送作业优化

12.5　大数据应用趋势与展望

从大数据发展成熟度来看，技术维度走的最远，应用维度有所发展但不算全面成熟。除了孕育出大数据自身的几个领域（比如搜索）等，其他领域却并没有从大数据中获得可见的收益，在工程领域的应用之路还相当漫长。目前海洋装备产品制造业面临转型，不仅有迫切的实际应用要求，而且有明确的技术需求和管理需求，我们深信工业大数据在海洋装备产品制造业的产业升级中将起到重要作用，如何从深度和广度来应用大数据是目前最关键的问题，而不是要不要用的问题。

以大数据驱动的新海洋装备产品制造模式将逐渐发挥威力，这得益于数据处理的实时性提高。海洋装备产品制造计划应用场景的数据分析将从离线转向在线，先验知识的知识库将逐渐建立。基于海洋装备产品制造领域知识的先验知识库将得到重视，并形成知识推理模型。设备故障预测得到具体广泛的应用，基于大数据的异常诊断模型逐步成熟，促使设备的预防性维修将大大得到发展。

大数据技术的战略意义不仅在于掌握庞大的数据信息，更在于对数据的“加工能力”——对大量的数据进行专业化的处理，使之转化成为对企业有用的信息。制造业企业如果能够在工业环境中建立起大数据平台，提高工厂对不同设备收集的海量信息进行梳理的能力，提高企业信息系统的计算能力和数据消化能力，实现对企业的产品数据、运营数据、销售数据、客户数据的实时而有针对性的分析，并用其指导下一轮的研发、生产、销售和服务。这将会使得企业能够在低成本运营的同时，有效实现按需生产，从而在实现绿色生产的同时，提高企业的经营效率。

真正重视数据作为海洋装备建造中的生产要素，采用大数据驱动和决策下的海洋装备产品建造数字化工程，这是真正的可持续发展。

海洋装备数字化工程

第 13 章　海洋装备产品网络化协同制造技术

我国海洋装备产品制造存在制造发展模式创新不足、高端技术能力尚未形成、核心技术/软件支撑能力薄弱等问题，同时海洋装备产品建造有鲜明的个性化、制造链路长、协助单位多、供应链复杂、跨区域特征等特点，急需网络化协同来提升效率，降低成本。网络化协同制造的本质就是以客户为中心，将制造全过程透明化，将制造全要素网络化。本章主要介绍面向海洋装备产品制造的网络化协同技术体系、组织生产的模式、网络协同制造的智能工厂关键技术等。

13.1 网络化协同制造系统

13.1.1 网络协同制造内涵

协同并不是新生事物，协同指协调两个或者两个以上的不同资源或者个体，协同一致地完成某一目标的过程或能力。德国科学家哈肯 1971 年提出了系统协同理论，认为各事物间存在有序(混沌)、无序现象，在特定条件有序和无序之间会相互转化，其中实现有序的过程就是协同，各子系统(要素)处在配合、协同状态，形成的合力将大大超越原各自功能总和。协同随着技术发展不断拓展其含义，包含人与人之间的协作、资产间协同(应用系统、数据资源、设备间、应用场景间)、人与资产间协同三种协同方式。其中资产间的协同如果站在制造业角度就是自动化过程的协同，如果以人为核心的协同则反映在数字化和智能化层面。

互联网络技术带来了以数字量为特征的传递革命，新一代网络，如 5G 将使得协同的方式和方法产生巨大的进步。互联网、工业大数据将传统的并行工程拓展为并行化、分布式，制造业的时空异构问题得到有效解决，企业间、企业内的供应链紧密集成，产品全生命周期的各个过程在网络化环境，协同的能力得到空前集成。2018 年科技部重点研发计划《网络协同制造和智能工厂》重点专项将网络化协同的基础研究分为 15 个专题，分别为：

(1) 智能工厂工业互联网系统理论与技术。

(2) 工业互联网边缘计算节点设计方法与技术。

(3) 制造企业制造大数据分析方法与系统。

(4) 制造企业数据空间构建方法与技术。

(5) 智能生产线信息物理系统理论与技术。

(6) 智能生产线虚拟重构理论与技术。

(7) “互联网+”产品定制设计方法与技术。

(8) 支持个性化设计的众包平台研发。

(9) 产品全生命周期模型管理技术与系统。

（10）智能工厂设计仿真技术与软件工具开发。

（11）面向智能工厂动态生产的实时优化运行技术与系统。

（12）智能加工生产线的工艺感知与产品加工精度控制技术。

（13）制造系统在线工艺规划与产线重构软件工具。

（14）制造企业主导的制造服务价值网融合技术与方法。

（15）基于第三方平台的多价值链协同技术与方法。

从专题设置可以看出，以互联网为纽带以基础设施、数据为核心，推动智能工厂内和工厂间的协同制造是目前的网络化协同制造的主要方向。SAP 公司作为全球主流网络化协同解决方案提供商给出的网络协同框架，如图 13-1 所示，主要涉及 5 个关键协同场景。

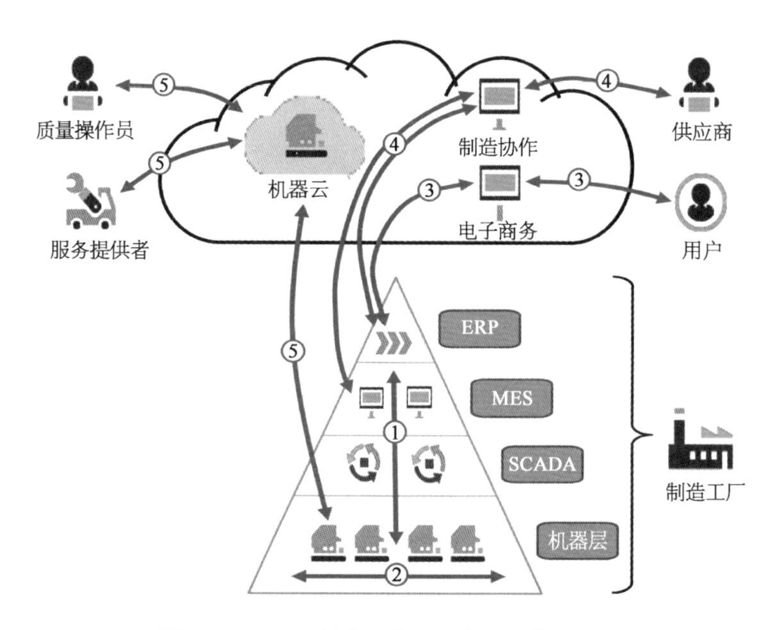

图 13-1　SAP 制造互联互通的 5 个典型场景

（1）车间与制造系统协同：企业内的垂直集成。

（2）设备和设备间通信与协同：无人系统的设备。

（3）企业与用户协同：采用电子商务技术，对线上订单与系统直接集成。

（4）生产过程协同：可视化、产品谱系、质量追踪、看板。

（5）基于云的企业间协同：预防性维护保养与支持、质量追溯。

13.1.2　网络协同参考模型

海洋工程装备的建造模式与技术发展可以概括为 5 个过程：整体、分段、分道、集成与网络化智能制造。国际上的先进海洋装备产品建造企业正着力实现第四阶段到第五阶段的升级。海洋装备/船舶工业发展阶段情况见表 13-1。

表 13-1 海洋装备/船舶工业发展阶段表

阶 段	传统海洋装备产品制造		现代海洋装备产品制造		下一代海洋装备产品制造
时 间	19 世纪 50 年代	19 世纪 60 年代	19 世纪 70 年代	19 世纪 80 年代	—
生产模式	整体制造	分段制造	分道制造	集成制造	网络化智能制造
主导技术	铆接技术	焊接技术	成组技术	信息技术	智能技术
工程状态	船体散装 码头舾装 全船涂装	分段建造 先行舾装 预先涂装	分道建造 区域舾装 区域涂装	船体建造舾装和涂装一体化	全流程动态(虚拟)组合建造过程仿真
管理特性	以“系统”导向分解船舶工程； 按“库存量”控制生产过程	以“系统/区域”导向分解船舶工程； 按“系统”和“区域”的“库存量”控制生产过程	“中间产品”导向的分散专业化生产； 按“区域/类型/阶段”的“库存量”控制生产过程	“中间产品”导向的分散专业化生产； 按“区域/类型/阶段”的“流通量”控制生产过程	模块导向的分形生产组合的动态耦合； 建造与运营全过程的动态监控
关键技术	手工放样技术； 切割、成形、装配技术； 管子加工技术； 铸、锻、热处理和机加工技术		CAD/CAM 和 CIMS、NC 切割技术； 型材、管件和分段的制造技术； 物资含“中间产品”采办和托盘集配技术； 造船精度管理技术； 编码和区域造船技术		PDM 交换标准； 工业数据空间； 虚拟制造技术； MBSE 技术； 工业大数据技术； 人工智能技术
生产组织人员素质	单一工种班组和工段； 单专业设计和工艺； 单一工种的生产工人； 单一专业的科技人员		定场地、设备、人员和指标，制造某“中间产品”的多工种的生产单元； 按区域的多专业的科室；复合工种的生产工人；多学科科技人员		柔性生产班组； 高素质、专业生产工人； 以科技人员为主；
典型装备	小型吊车、几座船台的装配作业服务； 实尺放样台； 通用气割和小型焊接设备		大型起重设备、大型船坞； 数学放样；一体化的计算机集成系统； 钢材预处理流水线、专用 NC 切割设备；型材、管件和平面分段加工、装配、焊接流水线； 涂装房和零散机器人		工业物联网络； 高度自动化的生产设备； 具有预防功能的，生产过程智能化的 SCADA；HMI

韩、日与欧美部分发达国家朝着虚拟化、供应链联盟的方向发展，包括实施海洋装备产品建造的连续采办与全生命周期支援系统（continuous acquisition and life-cycle support，CALS)。美国海洋装备产品建造合作者与供应商联盟(SPARS)是由美国政府投资,多家大型海洋装备产品建造企业及相关行业企业参与的,旨在建立海洋装备产品建造供应链、虚拟企业,整合包括用户、合作伙伴、承包商和供应商在内的海洋装备产品建造供应链的大型信息化工程。该工程通过实现采购和供应链的整合,允许多家船厂可以通过 SPARS 提供的信息化平台对采购需求进行整合,实现集中采购,并对供应商进行管理;基于该平台,供应商能够实现同船厂间的交互,包括网上竞标和技术文档层面。

德国阿卡集团所属企业分布在德国、芬兰、波兰等地,共有 13 家船厂。从 1992 年开始进行供应链优化,系统重组,实现了区域性供应链整合,负责 3 家船厂物流供应的物资部门仅有 30 人。物料仓库进行了分类和布局上的改进,建成区域性的虚拟库存系统,该系统具有为 3 个船厂同时服务的能力。

韩国五大船厂在 2000 年就开始建立采购联盟,共同开发电子商务系统。这项联合开发成为韩国促进海洋装备产品建造工业发展的重要措施之一,得到了韩国政府的支持。

日本海洋装备产品建造企业集团早在 20 世纪 90 年代已经全面推进数字海洋装备产品建造,进行供应链优化,建立船厂、海洋装备产品建造集团与钢厂、主要设备加工厂的企业战略联盟,进行信息化系统对接,实现供应链的透明化。日本海洋装备产品的钢材利用率由此得到大幅度提高。

我国也在积极转变生产模式与主导技术,由国家倡导现代海洋装备建造模式的转变,发展信息技术、智能敏捷技术,然后集中优势探索未来的海洋装备智能建造技术。按照中国智能制造的实现步骤,自动化、数字化、网络化和智能化依次、并行发展。网络协同制造正是自动化、网络化和工业互联网融合创新的新制造模式,如图 13-2 所示。左侧是当前的工厂、车间自动化信息集成体系(符合 ISA95/ISO 62264 标准),实现车间的垂直集成以及价值链集成;右侧就是以工业物联网为核心的分布式制造模式,实现海洋装备建造诸要素的网络化集成,以数据驱动为特征。

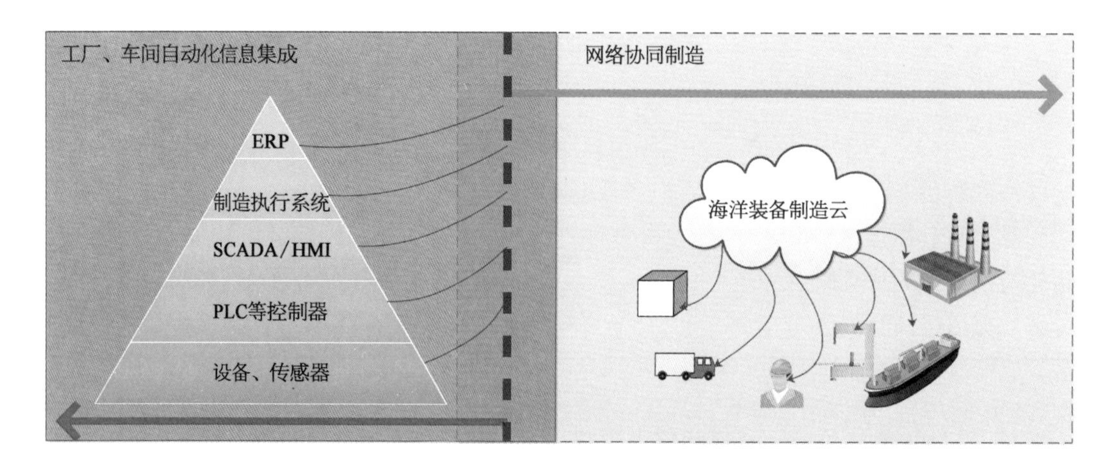

图 13-2　海洋装备网络协同制造模型

网络协同制造的核心环节在于借助互联网技术，围绕制造任务实现不同企业间的资源优化配置，其制造机理简图，如图 13－3 所示。互联网作用于物理制造过程的空间对象，利用信息和虚化来发挥效用，在{$T_{时间}$，$Q_{质量}$}两个约束来展开。协同制造的关键在于制造资源的配置，通过合理调度资源来实现总体效益最大化。在网络协同制造中，资源配置是核心，网络促使资源配置走向优化，其中资源配置的核心资源要素是数据—信息—知识的价值链。互联网为传递这些价值链上数字量提供了高速通道，并实现了数据在制造上下文的最大价值。

图 13－3　网络协同制造机理

13.2　海洋装备产品网络协同建造关键技术

大规模定制和复杂产品定制的网络协同制造技术，主要包括网络协同制造集成技术标准体系，协同制造过程的模型定义与管理、数据解析与交换、数据/模型与业务融合等网络协同制造系统集成支撑技术，支持智慧企业、智能工厂/车间与智能生产线之间系统的互联互通接口及规范，离散业务的柔性建模、模型管理与转换、集成需求解析、集成能力匹配等网络协同制造系统集成支撑工具集等。

13.2.1　网络化协同要素

13.2.1.1　海洋装备产品建造通用流程

海洋装备产品建造是一个复杂的工艺过程，传统海洋装备建造模式使多种专业技术在时间或空间上相互交叉覆盖、甚至相互影响。现代海洋装备建造模式必须解决传统海洋装备建造模式中的互交叉、互影响问题，所以现代海洋装备建造模式将海洋装备产品建造工艺分解成分道(分段)制造、区域舾装、区域涂装三个流程，并在设计与建造的同时就对舾装、涂装完成较为详细的计划安排。现代海洋装备建造模式以优化设计、完善管理、低耗优质为前提，以“中间产品”为方向，其特点包括空间分道、时间有序、责任明确、相互协作，并能实现生产局部与整体快速同步。

以海洋装备产品的船舶类为例，现代海洋装备产品建造的作业阶段，如板材与型材加工、部件的制作、构件的装配、分段合拢、船体的大合拢等，其单件流水作业线、生产线具有组织高效、均衡连续的特点，如图 13-4 所示。

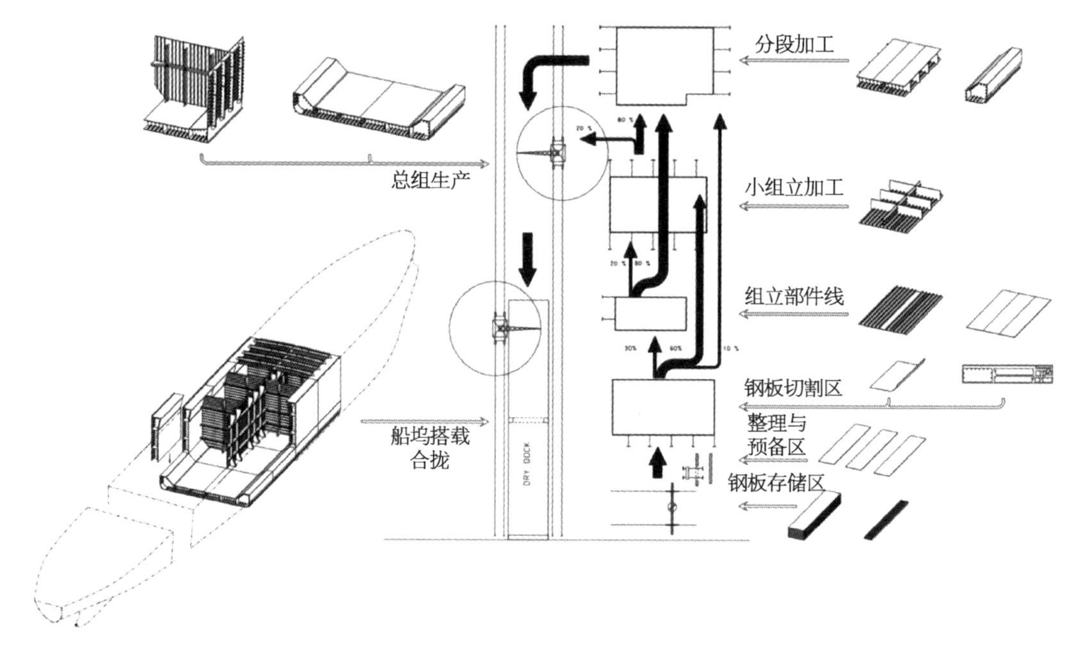

图 13-4　海洋装备产品建造基本流程

当前大型海洋装备企业普遍实行壳舾涂一体化的作业机制，基于精益生产思想，按船体、舾装和涂装划分作业的类型，形成更为高效的海洋装备产品建造作业体制。海洋装备产品建造过程中船体制造可分为以下阶段：零部件加工、部件制作、构件装配、分段搭载和船体大合拢，如图 13-5 所示，这是由海洋装备产品建造作业分解体制而得。

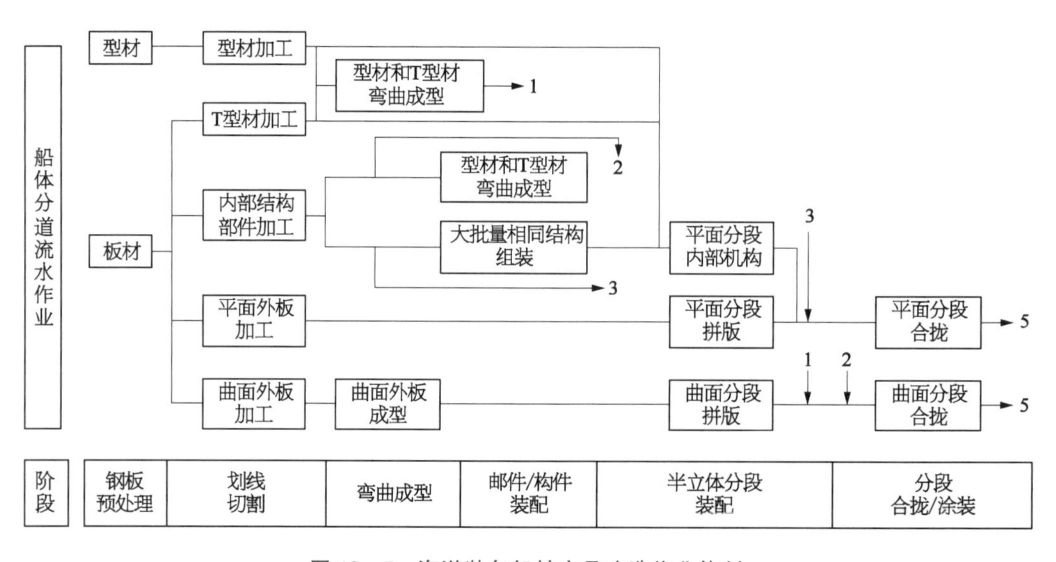

图 13-5　海洋装备船舶产品建造作业体制

纵观海洋装备建造模式的演变，从传统的海工建造模式到现代海工建造模式的转变过程中，网络化协同制造是历史进程中的重要一站。

13.2.1.2　网络化制造协同要素

德国工业4.0提出三个维度的集成，参见本书第3章。集成的目的是为了协同，其核心是通过信息物理系统实现人、设备与产品的实时连通、相互识别和有效交流，构建一个高度灵活的个性化和数字化的智能制造模式。在这种模式下，生产由集中向分散转变，规模效应不再是工业生产的关键因素；产品由趋同向个性的转变，未来产品都将完全按照个人意愿进行生产，极端情况下制造生产组织方式变成自动化、个性化的单件制造；用户由部分参与向全程参与转变，用户不仅出现在生产流程的两端，而且广泛、实时参与生产和价值创造的全过程。涉及多个独立的工厂或者多条价值链，横向集成实现起来最为困难，而端到端集成相比而言只涉及一条产业链，实现起来比较容易。纵向集成主要在企业边界内来实现，最容易实现。海洋装备建造的协同要素，可参考德国工业4.0的体系，自顶层而下可以分为三个方向来分析。

1）横向协同要素

横向集成（也称水平集成）是指针对各种生产和业务规划流程的IT系统的集成，以及跨这些流程的集成，是企业间通过价值链以及信息网络所实现的资源整合，目的是实现各企业间的无缝合作。

在这些不同的过程之间，有材料、能源和信息的流动。既涉及内部流动（合作伙伴、供应商、客户），也涉及其他生态系统成员，从物流到创新）和利益攸关方。换而言之，横向整合是关于整个价值和供应链的数字化，即数据交换和连接的信息系统占据中心位置。这不是一个小任务，首先在组织内部仍然有一些断开连接的IT系统。这对所有组织来说都是一个挑战，尤其是海洋装备制造业。如果开始考虑与供应商、客户和其他外部利益相关者的无缝集成和数据交换，情况就会变得更加复杂。横向价值网络如图13-6所示。

参考Globalspec的MOM框架，海洋装备制造过程的协同要素（图13-7）分为三个部分：

（1）以设计数据贯穿横向价值链的协同要素，如以基于BOM的MBD信息集成，实现统一数据源的设计、制造与运维。这是目前企业数字化设计和协同的关键，在本书第4～7章已经详细介绍。

（2）以物流配送为核心的协同要素，如物料、存储、中间产品形成、最后产品形成，交付运营的在役产品相关的各种物流过程的要素协同，更多地在供应链、MRP、MRPⅡ以及ERP层面。

（3）人在制造过程的作用不可替代，协同的核心是以人为中心。体现在两个层面：一是以客户为中心，响应其需求；二是人在制造过程的协同要素集成。

2）纵向协同要素

纵向协同就是解决企业内部信息孤岛的集成，解决信息系统与物理系统的连接，涉及将不同层次生产和制造级别的IT系统（而不是水平级别）集成到一个全面的解决方案中。这些层次级别分别是现场级别（通过传感器和执行器与生产过程接口）、控制级别（机器和

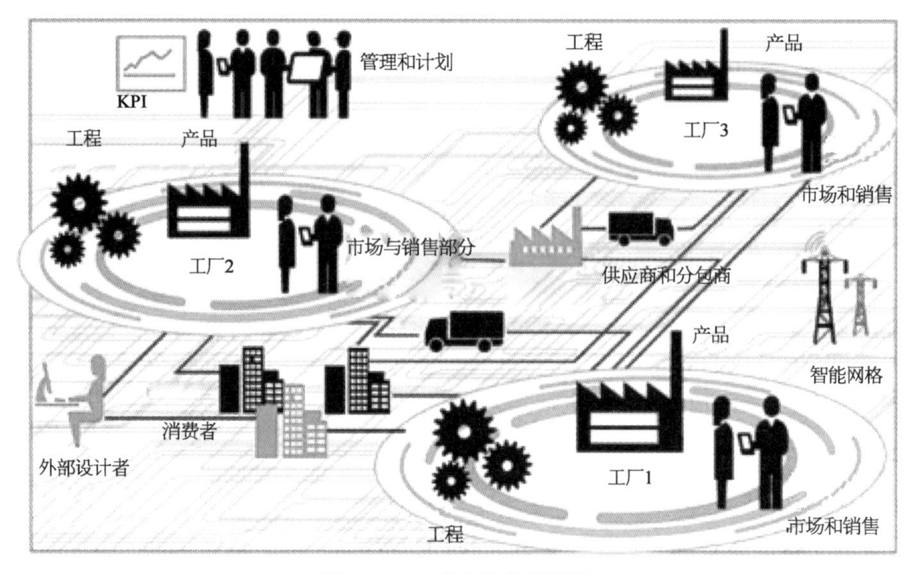

图 13-6 横向价值链网络

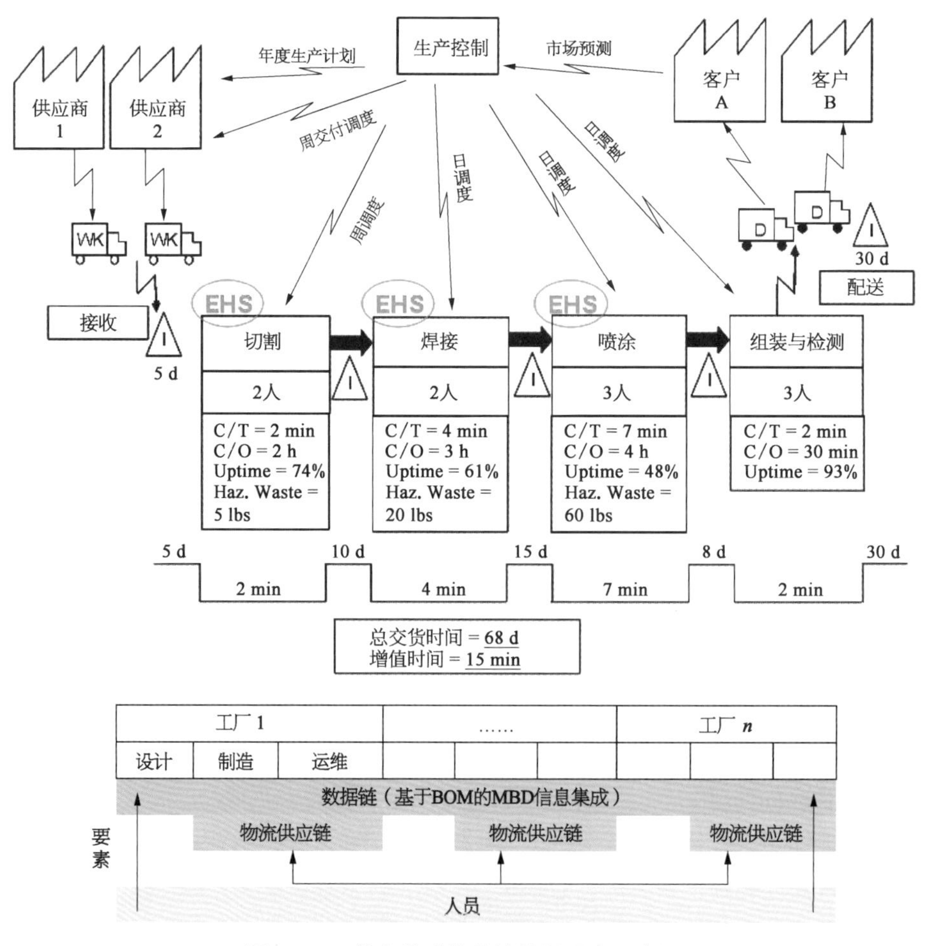

图 13-7 横向集成价值链协同要素层次图

系统的调节)、工艺级别或实际生产工艺级别(需要监控和控制)、运营水平(生产计划、质量管理等)和企业计划水平(订单管理和处理,更大的整体生产计划等)。纵向集成即在企业内部通过采用 CPS,实现从产品设计、研发、计划、工艺到生产、服务的全价值链的数字化,如图 13-8 所示。

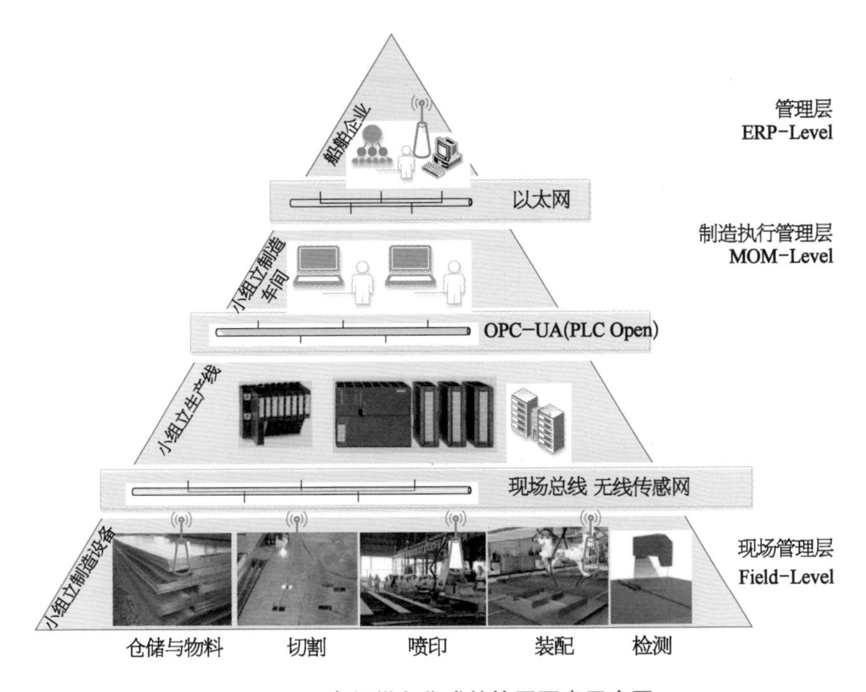

图 13-8　车间纵向集成的协同要素层次图

这就是著名的自动化集成金字塔,对应了国际标准 IEC/ISO 62264,ISA 95,在本书中已多次出现,这两个标准是在美国普渡大学的 CIMS 模型的基础上发展起来的,适用于流程工业、离散制造业和批量过程工业。工业 4.0 的 RAMI 4.0 参考架构模型中的“Hierarchy Levels”的维度等同于自动化集成金字塔层次结构。为了更好地服务于智能制造和 IIoT 的需要,ISA 95 在原来的 L0 至 L4 的层级之上增加了 L5 级(企业接入云系统的集成)。

其中,生产运营管理(MOM)处在层次图中间位置,即之前的 MES,负责关键制造功能:质量、安全性、可靠性、效率和合规性。在 ISA-95 第 3 部分定义了制造运营管理系统中发生的活动,具体协同的要素如图 13-9 所示,共有 5 种要素。

(1) 生产运营管理要素。

(2) 维护运营管理要素。

(3) 测试(即质量)操作管理要素。

(4) 物料处理和存储管理要素,如图 13-10 所示。

(5) 必要的支撑活动,包括管理、信息、配置、文档、合规性和突发事件/偏差等要素,如图 13-11 所示。

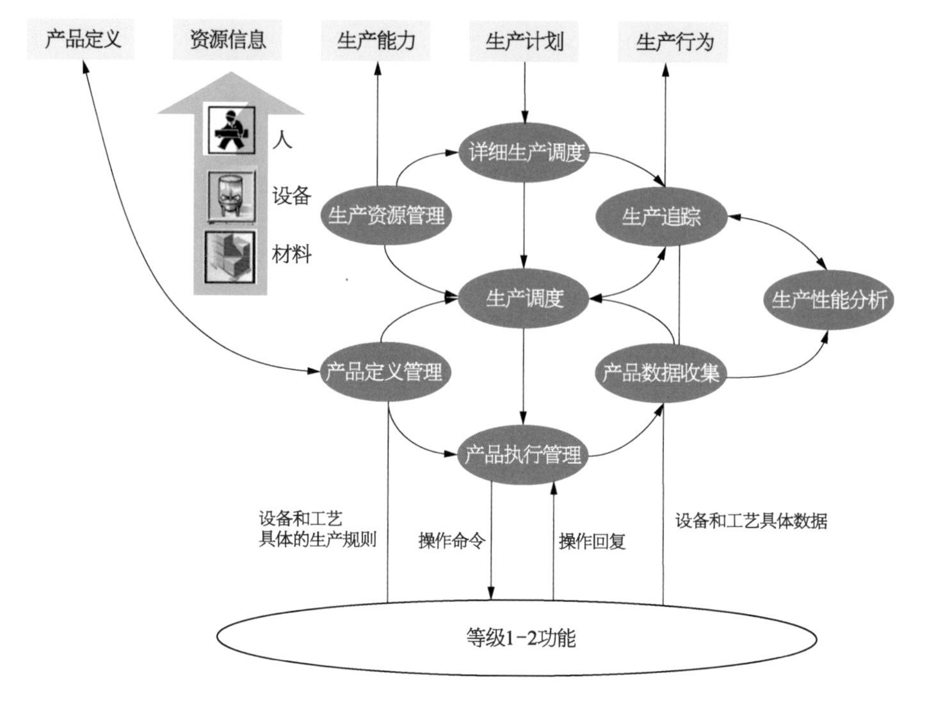

图 13-9　生产运营管理要素

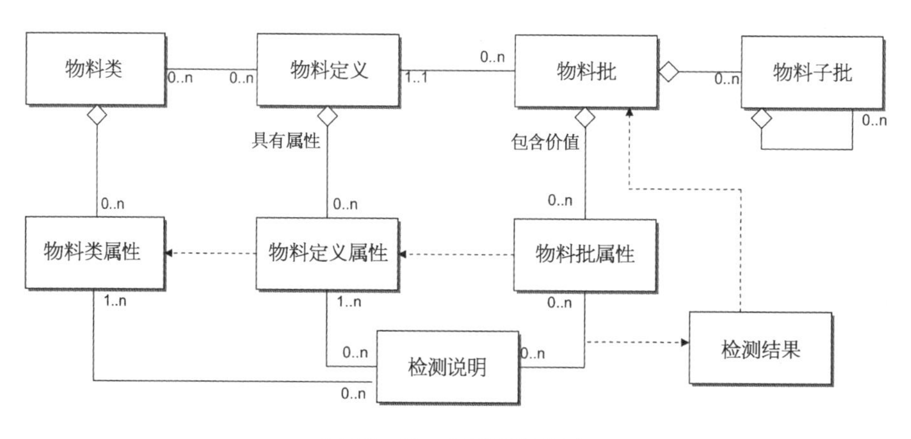

图 13-10　物理要素类图

在纵向协同要素的协同层次，可以参考国际标准来实现，目前应用已非常成熟。值得注意的是，ISA95 国际标准没有给出分布式框架的协同模式。这是因为工业物联网的出现在后，金字塔结构的工程信息集成正发生变化，信息以物的方式互联互通在一起，都是扁平结构，虽然层次在发生变化，纵向集成对应当前自动化为主的制造业仍然非常实用。

3）端到端的协同

端到端就是围绕产品全生命周期，流程从一个端头（点）到另外一个端头（点），中间是连贯的，不会出现局部流程、片段流程，没有断点。端到端协同就是价值链上的数字化一揽子集成。

从企业层面来看，ERP 系统、PDM 系统、组织、设备、生产线、供应商、经销商、用户、产品使用现场(汽车、工程机械使用现场)等围绕整个产品生命周期的价值链上管理和服务都是整个 CPS 信息物理网络需要连接的端头(点)。端到端集成就是把所有该连接的端头(点)都集成互联起来，通过价值链上不同企业资源的整合，实现从产品设计、生产制造、物流配送、使用维护的产品全生命周期的管理和服务。端对端集成贯穿整个价值链的工程化数字集成，是在所有终端数字化的前提下实现的基于价值链与不同公司之间的一种整合，这将最大限度地实现个性化定制，可以基于工业互联网管理壳(AAS)进行协同要素分析。基于 AAS 的端到端集成如图 13 - 12 所示。

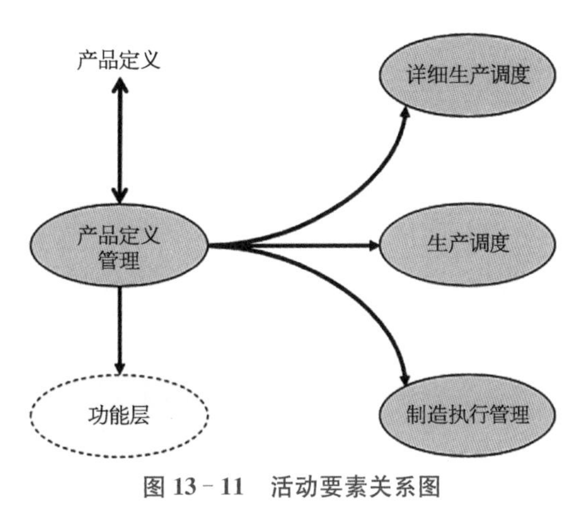

图 13 - 11　活动要素关系图

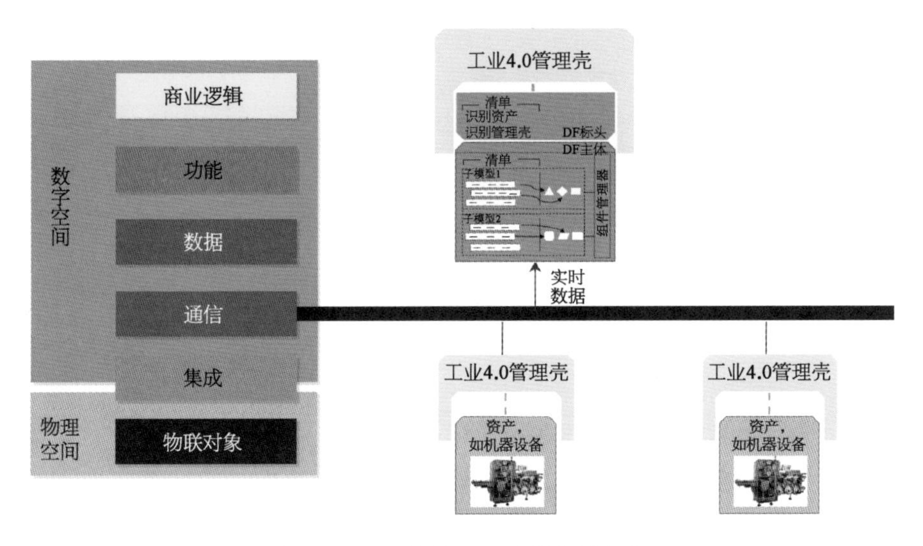

图 13 - 12　基于 AAS 的端到端集成

13.2.2　海洋装备网络协同制造体系

网络协同制造系统架构以工业互联网络为基础、数据驱动为特点，如图 13 - 13 所示。

(1) 垂直集成制造链：基于模型驱动，从单元层到工厂层级的垂直体系。

(2) 水平集成价值链：针对复杂定制、兼容不同国际标准要求的海洋装备网络协同制造平台体系，贯穿产品全生命周期，并支持其跨国/跨专业/多级供应商协同。

(3) 海洋装备产品全生命周期的多应用系统接口体系：基于 MBSE 建立满足全制造链路的数据集成接口、工业互联互通协议及其车间作业协同控制网络接口。

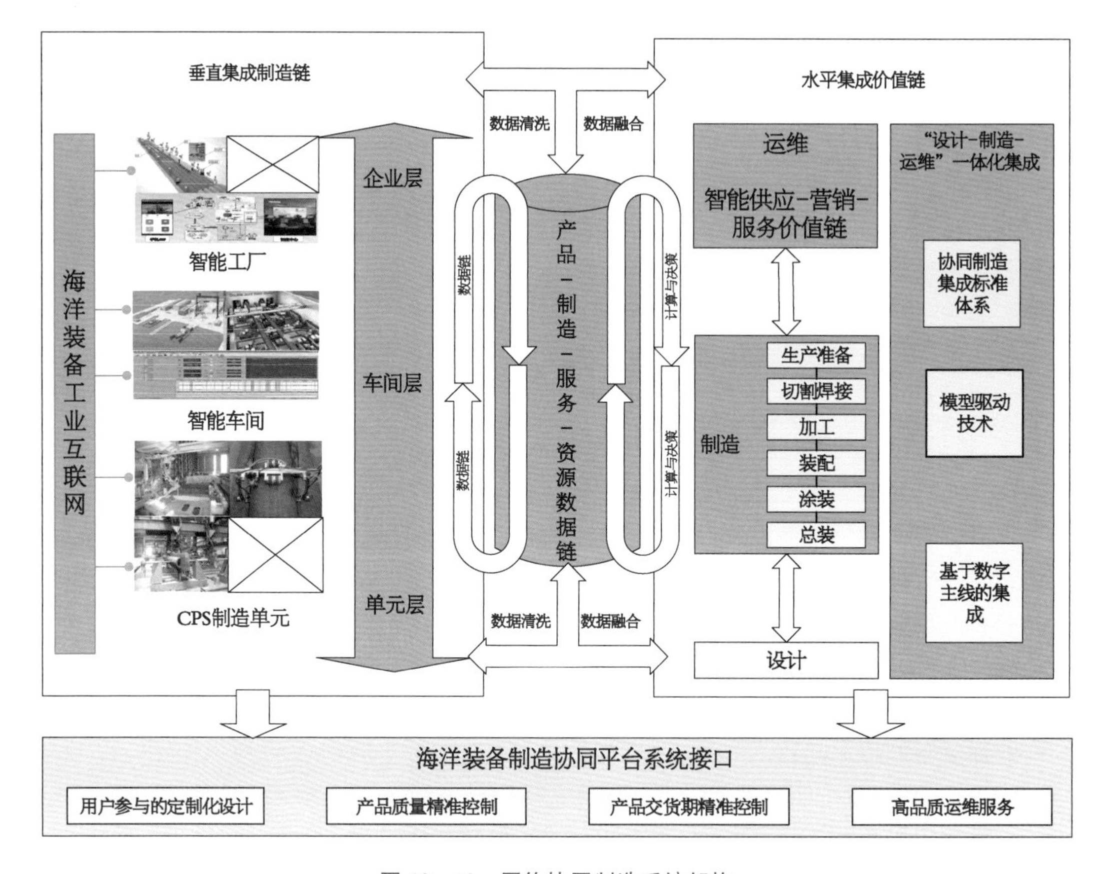

图 13-13　网络协同制造系统架构

（4）生产—制造—服务一体化资源数据链整合：水平和垂直集成，形成工业数据空间。

13.2.3　网络协同基础技术：工业互联网络

13.2.3.1　工业互联网体系技术

网络基础架构是制造网络化协同的基础。从自动化集成金字塔来看工业互联网构架，在工业网络的近设备层，可以搭建雾计算/边缘计算，实时获得对数据进行采集和分析。

车间层次的工业网络构架如图 13-14 所示，主要内容包括 4 部分。

（1）连接层。网络传输设备采用工业数据采集协议，简化了工厂的网络架构，便于生产线的改造；双冗余容错工业环网，确保工厂生产连续性；丰富的设备接口，为工业设备互联提供了方便。高传输带宽，防电磁干扰能力强，为互联网技术在生产车间的应用提供了坚实的网络基础。

（2）平台层。云平台搭建 MPLS 技术，构建云协同网络，可为工业企业打造低成本的企业连接应用服务。

（3）IT/OT 融合层。针对约定交货期短而制造周期长的特点，建立设计-制造-服务

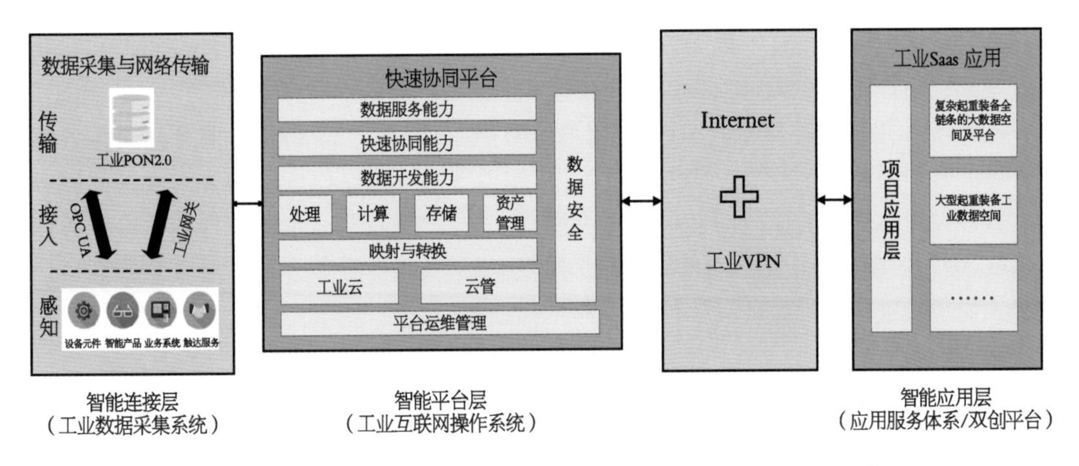

图13-14　大规模/大场景制造的海洋装备产品车间工业网络架构

一体化模式实现产品快速协同制造，开发协同制造所需的设计研发、生产制造管控、运维服务、远程监测、供应链管理等系统。

(4) 应用层。面向海洋工程装备智能工厂，对接入的生产要素，进行网络联通。

13.2.3.2　感知与互联互通

海洋装备制造车间跨度大，作业范围大、外场分散、零部件供应品种多、总装场地作业空间露天作业等，对工业互联网进行组网难度大，不仅受到大型构件的遮挡，而且受到自然天气等原因影响。表13-2所示为传感器类别与类型。

表13-2　传感器类别与类型

编　号	传感器或装置	感知数据描述	通信类型
1	数控系统接口(OPC UA)	设备运行状态	工业网络
2	位置传感器、计算视觉分析	移动设备位置	以太网/无线网络
3	计算视觉分析	中间产品摆放	以太网
4	激光轮廓设备、双目视觉	加工精度	以太网
5	条码设备	作业进度	以太网/无线网络
6	计算视觉/iBeacon	人员	以太网/无线网络
7	温湿度传感器	环境温湿度	无线网络
8	计算视觉	环境火焰	无线网络

可以看出根据数据关联的时空属性的变与不变与否，可以分成三类数据：时间和空间都不变，属性不变的静态数据；空间不变、时间变的数据；时、空都变的数据。

最新的获得这些数据的互联互通技术有以下3种方式。

1) 基于OPC UA的设备信息互联

OPC UA协议是一种跨平台的、具有更高的安全性和可靠性的通信协议，可以满足制造企业信息高度连通的需求。OPC UA规范架构是一套集信息模型定义、服务集与通信标准为一体的标准化技术框架。对于智能制造而言，多个设备之间的协同(M2M)、业务管理系统与产线的协同(B2M)以及业务单元间的数据(B2B)都需要OPC UA的协同。

OPC UA采用一种典型的客户端/服务器架构，如图13-15所示。服务器端把各制造资源的数据封装在一个统一的地址空间内，使得客户端可以以统一的方式去访问服务器。客户端通过自身的接口与客户端通信栈交互，客户端通信栈再把消息传达给服务器通信栈，服务器调用相应的服务集(如节点管理服务集、监视服务集等)，对服务器端通信栈传入的请求进行分析处理，再对网状结构的地址空间进行相应查询、操作，最后将结果传递回客户端。

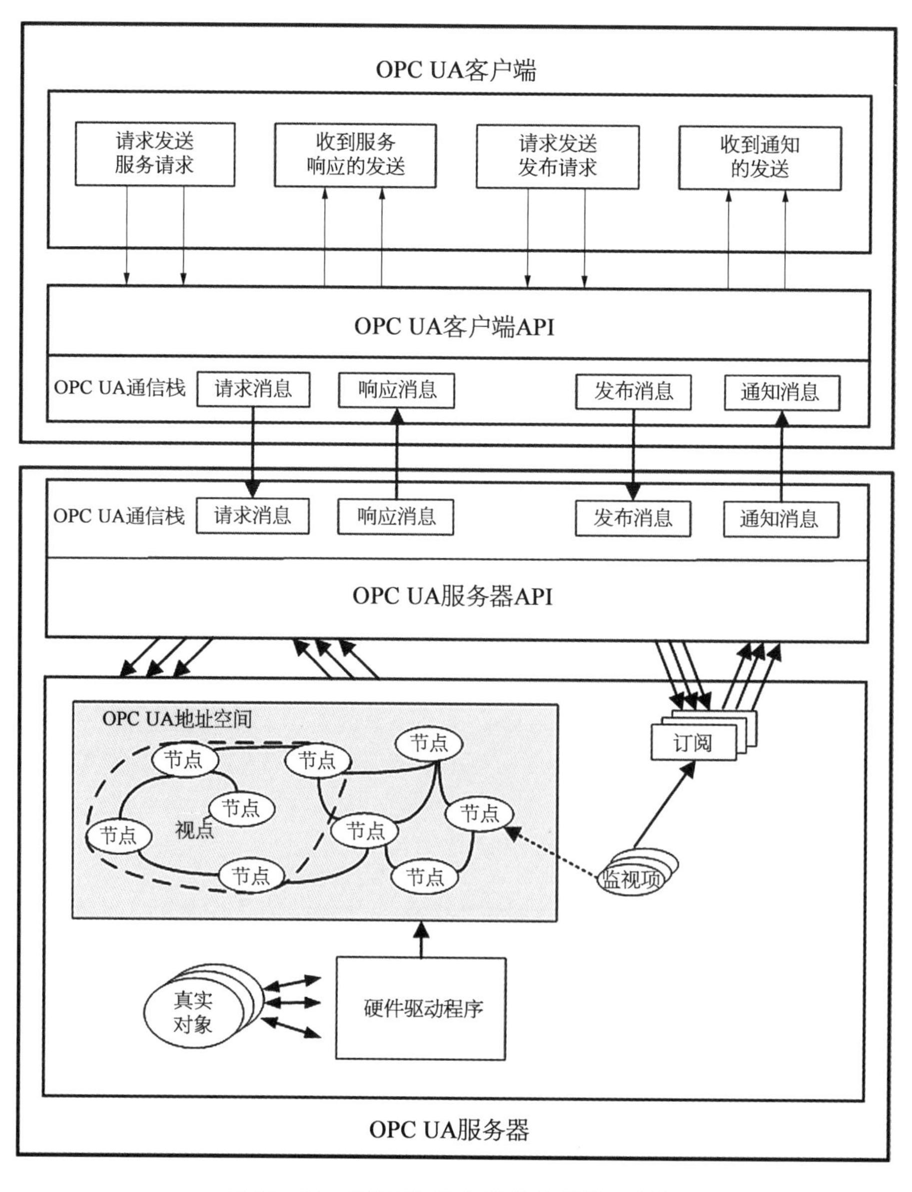

图13-15　OPC UA客户端/服务器体系结构

OPC UA 客户端由客户端应用程序、客户端 API、通信栈 API 三部分组成，服务器由真实对象、硬件驱动程序、地址空间、监控项、发布/订阅实体、服务器 API 以及通信栈组成。通信栈完成数据的编码、加密与数据传输，此模块一般使用 OPC 基金会提供的 UA 开发包设计。真实对象是一系列能够产生结构化数据的制造资源，这些数据都可以表述为二维形式的数据。针对不同的硬件，真实对象需要开发不同的硬件驱动程序，对底层的通信细节进行封装，提供读写接口函数以供服务器调用。地址空间是整个 OPC UA 系统的基础，地址空间的基本组成单位是节点，节点是一个实际设备在地址空间中的映射，描述了工业现场中的实际对象。地址空间中最重要节点类别是对象，对象将变量、方法等组织在一起生成事件，如图 13－16 所示。变量描述了对象的数据和属性，包括数据值、质量、时间戳等。方法规定客户端能够进行的请求操作，服务器执行方法并将执行结果反馈给客户端。对象同时也是一个事件通知器，方法产生的事件经过对象发送至客户端的订阅中。事件记录了用户进行的操作以及数据异常情况，例如温度值超限产生的高温报警等。

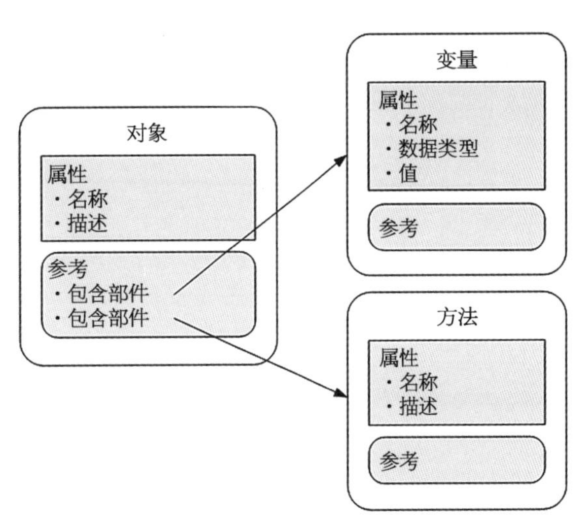

图 13－16　OPC UA 对象节点组成

节点由属性和引用组成。属性用于描述节点包含的一些特性，用户可以查询或修改属性值；引用则保存可能与该节点产生关系的其他节点的地址，类似于编程语言里的指针。引用由源节点、引用方向、目标节点、引用语义等组成，用于描述不同节点间的关系。如图 13－17 所示，OPC UA 地址空间节点层次结构定义了引用类型和基于基本对象类型扩展的传感器类型、机床设备类型和数控系统类型，通过类型信息节点对外暴露不同语义，允许信息以不同形式连接，构建全网络的节点网络，实现车间设备互联互通，达到信息化集成目的。

OPC UA 客户端与服务器端的数据交互主要采用以下三种方式：

（1）同步通信：客户程序向服务器进行请求时，一直等待服务器全部响应完成，才可返回。如果多个客户端同时对同一服务器发出请求或者有大量数据需要进行读操作，会直接导致客户端的阻塞甚至崩溃。

（2）异步通信：客户程序对服务器进行请求时，不管服务器的读操作是否完成只要发送请求一结束立即返回。服务器完成响应时会通知客户端程序，把请求结果传递给客户端。因此，异步通信方式要比同步通信效率更高。

（3）订阅方式：客户程序对服务器进行请求时，请求发送结束不等待服务器立刻返回，客户程序此时可以进行其他操作。当订阅的数据项内有数据发生改变时，自动根据订阅发布时设置的更新周期刷新相应的客户端数据。客户端只向服务器发送一次请求，之

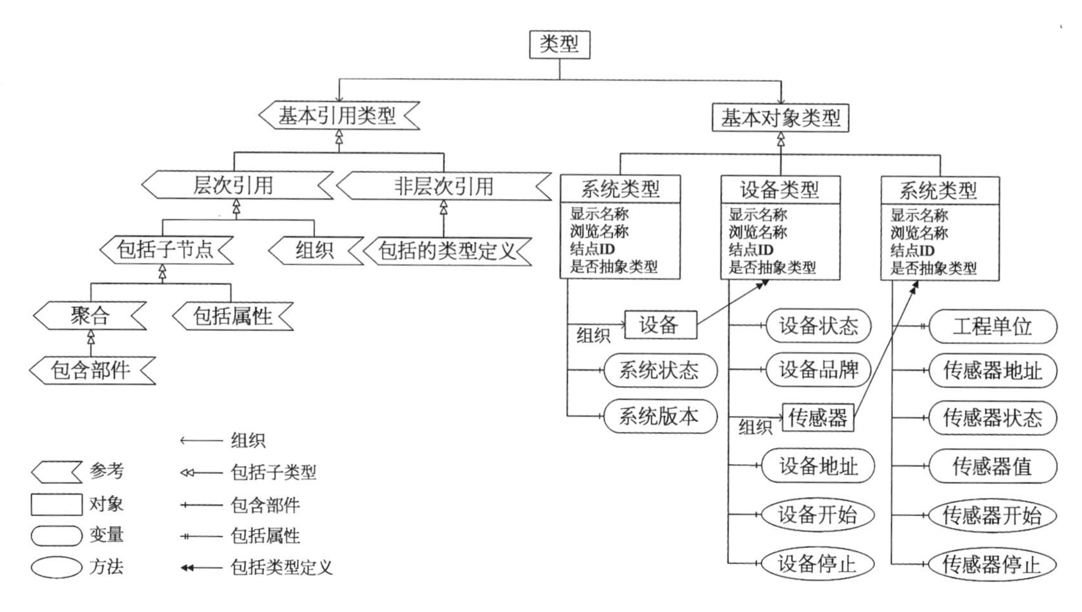

图 13 - 17 OPC UA 地址空间节点层次结构

后无需重复请求即可实现变化数据的自动获取。

以上三种数据访问方式适用的场合不同，根据开发用途不同需要合理选择，实际应用中，前两种在海洋装备产品装备在工业总线访问较为常用。

2）基于 MQTT 的物联设备传输

MQTT（MQ telemetry transport）协议作为 IBM 公司提出的一种专门为物联网设计的协议，其设计理念在于通信的网络带宽耗费以及设备资源的占用率最小化。在海洋装备生产环境传感信息，MQTT 作为消息传递协议的可选标准。

MQTT 消息体主要由三部分组成：固定头，可变头和有效载荷。其中只有固定头是所有消息体都必须包含的部分，其结构如表 13 - 3 所示。

表 13 - 3 MQTT 消息体结构表

字节	7	6	5	4	3	2	1	0
字节 1	消息类型				标识	层		保留位
字节 2	保留长度							

其中，Remaining Length 表示除固定头之外的消息长度，最大可扩展到 4 字节，最大表示长度可达 256 MB。MQTT 共包含 14 种消息，按功能分为连接类、消息订阅/发布类和保活类。主要的消息类型及其对应数值如表 13 - 4 所示。

Flags 中的 QoS 位定义消息交付的三种服务质量：0 表示至多发送一次，可能会发生消息丢失；1 表示至少发送一次，能够确保消息到达但可能有重复；2 表示精确发送一次。

表 13-4　MQTT 消息功能定义表

助记符	值	助记符	值
CONNECT	1	UNSUBSCRIBE	10
PUBLISH	3	PINGREQ	12
SUBSCRIBE	8	DISCONNECT	14

对 QoS 的设置，能够保证消息传输的可靠性。剩余长度部分采用可变长编码，这使固定头部的长度最短仅为 2 字节，有效节省了带宽。总体上看，客户端与服务器之间的交互如图 13-18 所示。

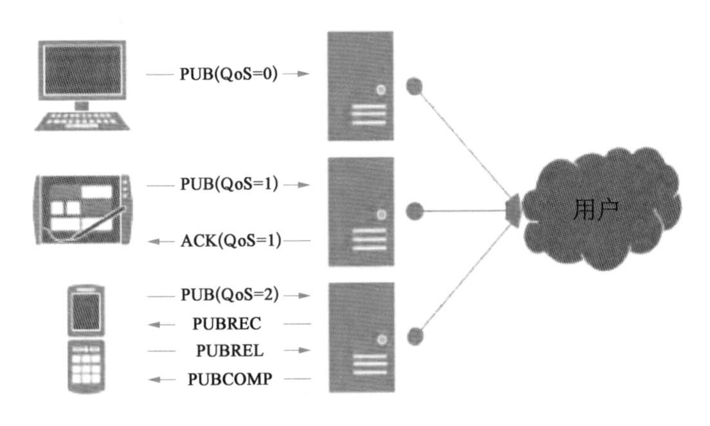

图 13-18　MQTT 客户端与服务器交互流程

MQTT 在大空间的制造现场作为信息采集使用，其通信开销非常小，最短的消息只有 2 字节，将协议本身带来的消息传输代价最小化以降低网络负载。协议简单开放，易于实现，MQTT 协议采用订阅/发布的消息模式，提供一到多的消息分发，降低应用的耦合度；协议具有良好的跨平台性，可以在 TCP/IP 以及 Zigbee 网络中应用。服务质量可选，根据网络状态和服务要求采取三种不同的消息传输质量等级。遗嘱机制可在客户端连接因为网络状态等非正常原因断开后，根据用户设置的遗嘱机制，以发布话题的形式通知可能对该用户状态感兴趣的其他客户端用户。

3) 基于 TSN 的实时网络

对于需要实时性控制的制造环节，IT 与 OT 融合可实现整个数据透明下的协同制造，但首先的障碍就来自网络层：

(1) 制造总线多、复杂。当前通用的现场总线不下百种，其复杂性不仅给 OT 端带来了障碍，且给 IT 信息采集与指令下行带来了障碍。每种总线有着不同的物理接口、传输机制、对象字典，而即使是采用了以太网来标准化各个总线，仍然会在互操作层出现问题。这使得 IT 应用(如大数据分析、订单排产、能源优化等应用)遇到了障碍，无法实现基本的应用数据标准。

(2) 周期性与非周期性数据的传输。IT 与 OT 数据的不同使得网络需求不一致,要采用不同的机制。对于 OT 其控制任务是周期性的,采用的是周期性网络,多数采用轮询机制,由主站对从站分配时间片的模式;IT 网络则是广泛使用的标准 IEEE 802.3 网络,采用 CSMA/CD,防止碰撞的机制,而标准以太网的数据帧是为了大容量数据传输,如文件、图片、视频/音频等数据。

(3) 实时性的差异。制造现场的实时性需求不同,对于微秒级的运动控制任务而言,要求网络必须要有非常低的延时与抖动;对于 IT 网络则往往对实时性没有特别的要求,但对数据负载有着要求。

OPC UA 与 TSN 的网络架构如图 13－19 所示。

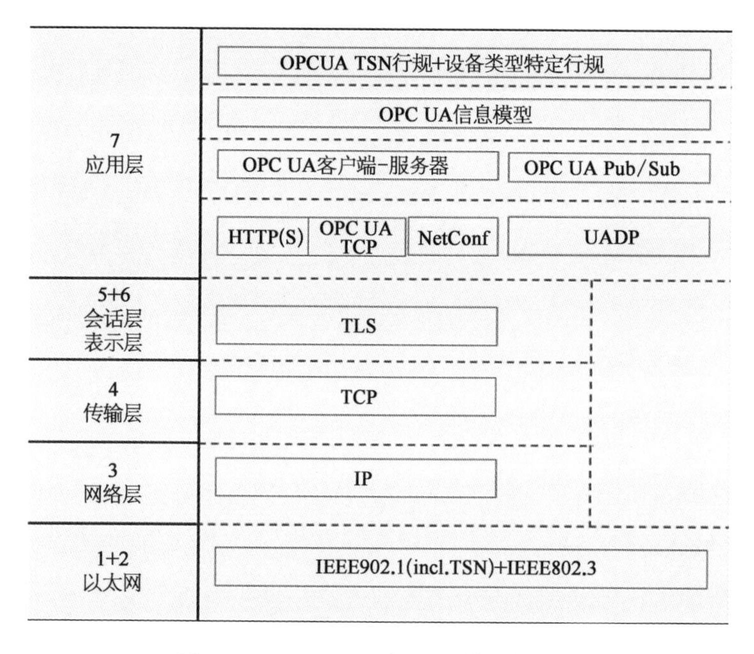

图 13－19 OPC UA 与 TSN 的网络构架

时间敏感型网络(time sensitive network, TSN)基于单一网络来解决复杂性问题,与 OPC UA 融合实现 IT/OT 两网合一,同时也设计了平衡实时性和大负载传输。图 13－20 显示了 OPC UA TSN 在整个 OSI 模型中的位置,需要注意的是 OPC UA(包括会话、连接)已经将会话层与表示层进行了覆盖,而 TSN 虽然仅指数据链路层,但其网络的机制与配置管理可以理解为 1～4 层的覆盖。2018 年汉诺威工业博览会上,边缘计算产业联盟(ECC)、工业互联网产业联盟(AII)、Fraunhofer、华为、施耐德电气等超过 20 家国际组织和业界知名厂商,联合发布包含六大工业互联场景的 TSN＋OPC UA 智能制造测试床,如图 13－20 所示。通过 OPC UA 在水平方向将不同品牌控制器的设备集成,在垂直方向设备到工厂再到云端可以被 OPC UA 连接。TSN 在控制器、控制器与底层传感器、驱动器之间进行物理信息传输,OPC UA 即可实现与传统的实时以太网结合构成数

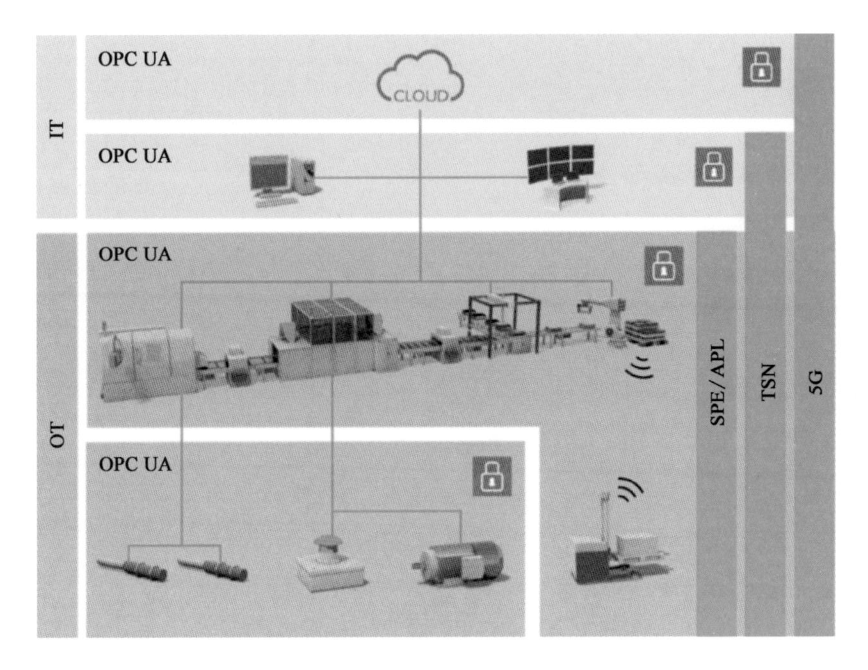

图 13-20　OPC UA 与 TSN 集成网络图

据的多个维度集成。

13.2.3.3　边缘计算节点

边缘计算作为工业互联网的重要特征，数据处理更接近数据来源，而不是外部数据中心或云端进行，因此可以减少迟延时间，实时或更快速地数据处理和分析。对于大型构件的切割和焊接过程，能够更快速地做出响应和变动，有可能做到在线在位制造监控；同时能够实时地应用数据分析得出的决策，采取实时控制，比如在焊接变形趋势恶劣之前，调整焊接参数。两条并行的切割线使用等离子设备来完成同样的切割任务，在两个设备上装有传感器，并连接到一个切割机(边缘设备)上。边缘设备可以通过运行一个机器学习模型来预测其中一个设备是否会操作失败。如果边缘设备预测设备运行很可能会出现故障，控制决策将触发。根据海洋装备车间制造特点，本书给出一种边缘计算结构体系，如图 13-21 所示。

从横向层次来看，该架构具有如下特点：

(1) 业务编排：基于模型驱动的统一服务框架，贯穿设计、流程制造、离散加工、整体装配和测试等环节的业务关系，构建业务矩阵，进而定义端到端的业务流，实现工业互联网中的业务敏捷。

(2) 边缘计算：微服务实现架构极简，对业务系统屏蔽边缘智能分布式架构下底层加工制造单元和生产组织结构的复杂性；实现基础设施部署运营自动化、可视化以及跨域的资源调度，形成统一的服务框架，支撑产品智能工厂的跨地域、跨行业协同。

(3) 边缘计算节点：适配多种工业总线和工业以太网协议，兼容多种异构连接；针对公司厂区和车间分布特点，提供跨厂区的广域实时传输保障和车间级实时处理与响应

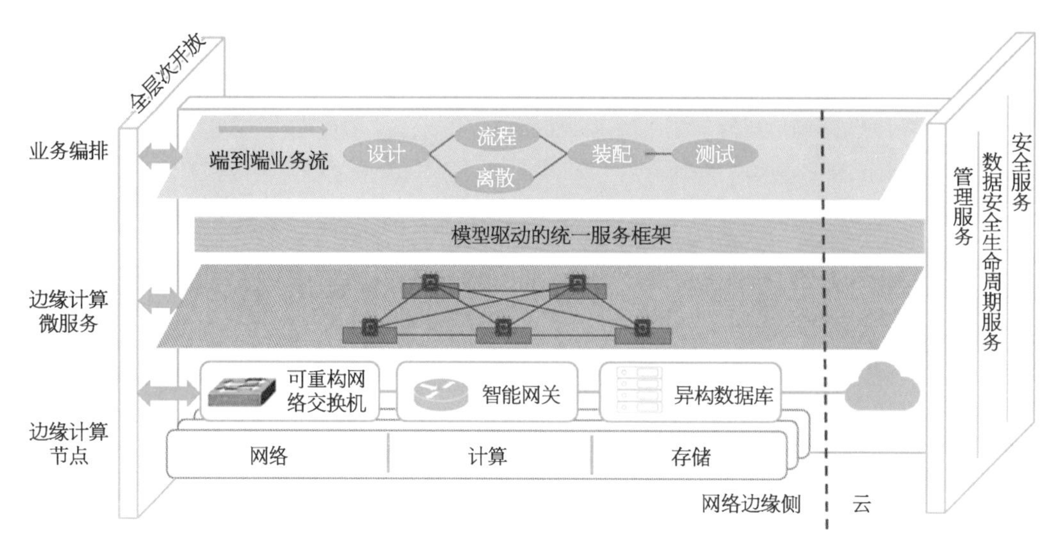

图 13-21　海洋装备产品制造边缘计算参考模型

能力。

(4) 边缘计算参考架构：在每层提供了模型化的开放接口，实现了架构的全层次开放；边缘计算参考架构通过纵向管理服务、数据全生命周期服务、安全服务，实现对公司协同设计管理系统、科研生产管理系统、试验数据管理系统、综合管理系统等上层应用系统的有效支撑。

多个边缘节点的微服务层构成"边缘—雾—云"三层体系通过数据传输策略定期和云平台通信，如图 13-22 所示。

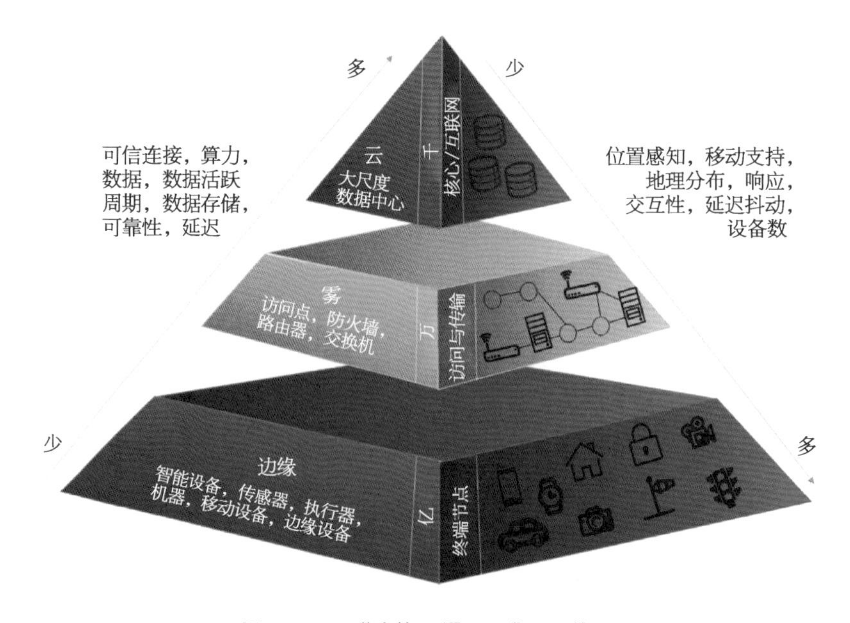

图 13-22　"边缘—雾—云"三层体系

13.2.3.4　面向车间的实时控制一体化

前文讲述的边缘计算是一种网络拓扑，此拓扑结构中信息处理、内容收集和数据的传递和保存均在更靠近数据信息源（生产者）和接收器（用户）的地点位置进行。针对海洋装备制造过程的“边缘”，大多是指物理制造世界中的传感器、执行器、控制器等与数字世界的网关、本地处理、数据细化等进行交互，面向海洋装备车间的实时控制需要考虑数据驱动的方法展开。

1）数据驱动的高效自适应边缘计算方法

根据工艺、传感器信号特征等进行设备自适应接入和断开，保证边缘网络吞吐量最高，自适应边缘计算方法如图 13－23 所示。

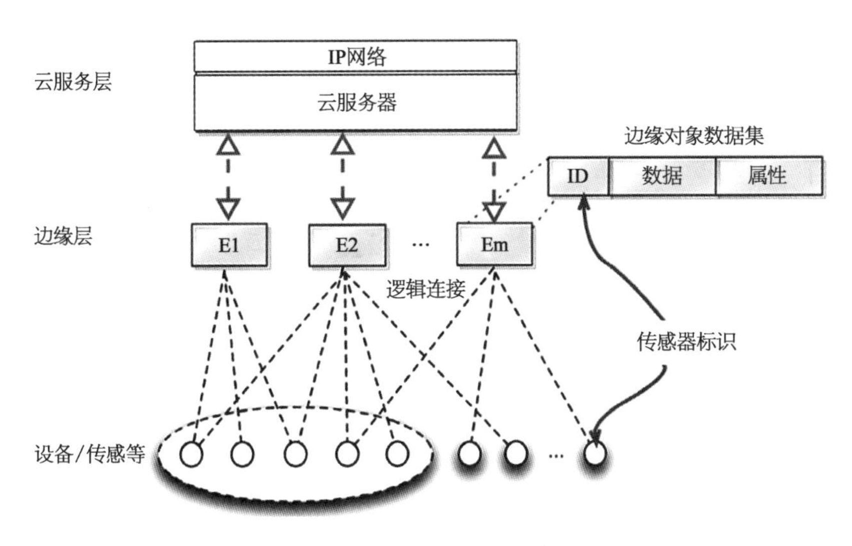

图 13－23　自适应边缘计算方法

2）可编程边缘计算模型的构建方法

边缘节点组成的计算平台类似于异构平台，边缘节点的计算与存储能力、运行时间、操作系统和支持语言等资源都可能是不同的。这意味着开发者需要根据不同种类边缘设备的资源进行程序开发。边缘计算应该是一个动态、灵活的计算平台，能够根据当前的资源分布动态配置计算任务。显然，与硬件资源高度耦合的传统的开发模式并不适用于边缘计算的场景。为了解决边缘计算的可编程性，需要开发具有高层综合能力的编译工具，使开发者能够使用统一的语言编写程序，由编译平台根据计算任务分配情况自动编译为适用于硬件的程序。

3）控制网络智能互联方法

基于边缘计算的控制网络智能互联方法如图 13－24 所示。

运用基于软件定义网络资源动态配置、制造装备与智能生产线信息建模、现场总线/工业以太网异构网络与 TSN 及 OPC UA 融合等关键技术，建立适用于定制设计、生产制造、运维服务全生命周期的工业物联网体系架构，开发基于 OPC UA 的异构网络集成中间件，实现 OT 网络和 IT 网络的无缝集成与互操作，如图 13－25 所示。

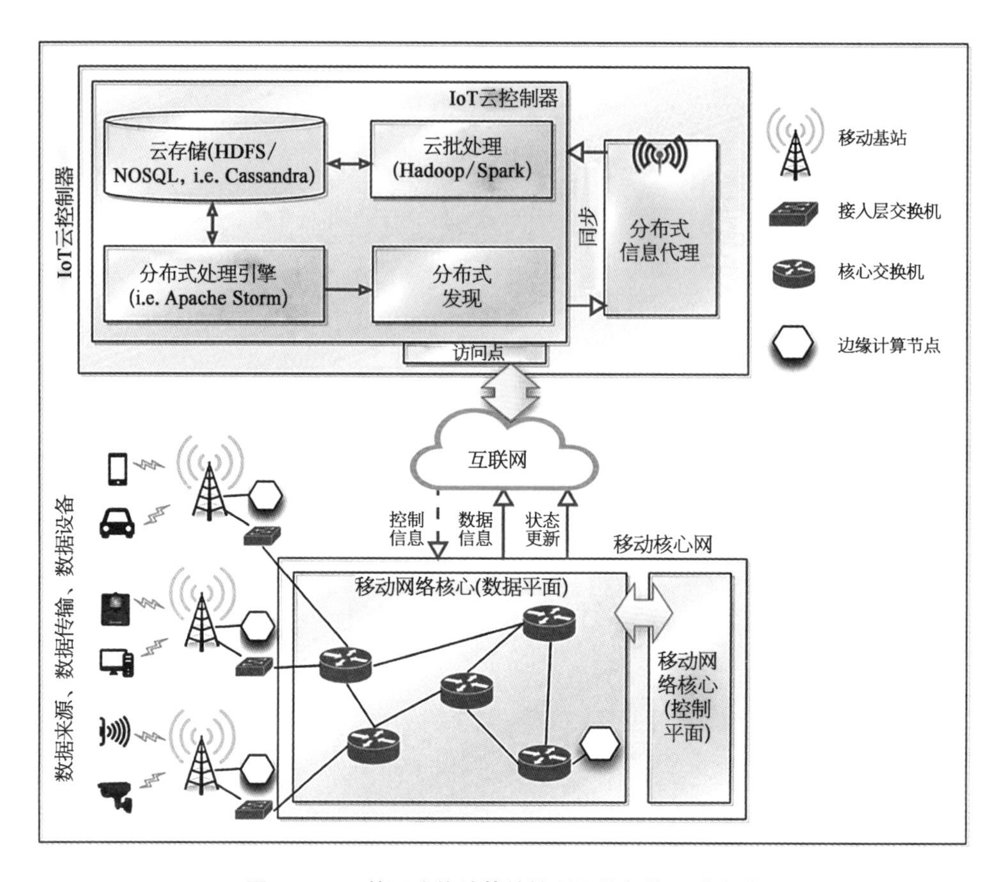

图 13-24　基于边缘计算的控制网络智能互联方法

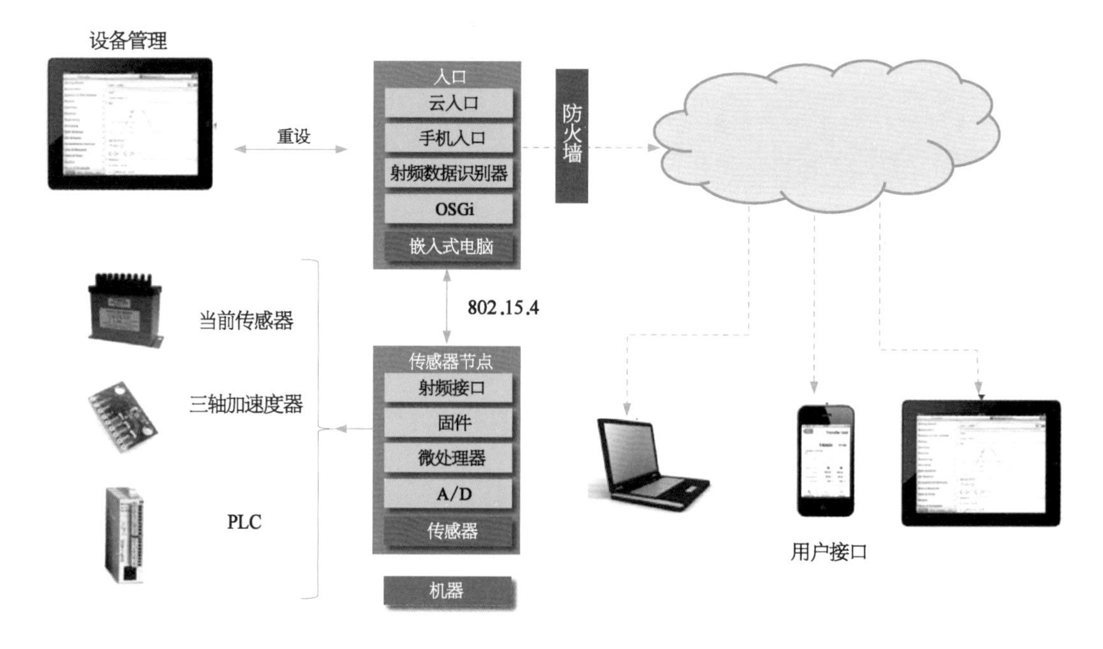

图 13-25　边缘计算节点配置方法

13.2.4　网络协同集成技术：基于模型驱动的一体化集成

海洋产品跨域信息交换和数据共享一直是难题，如何建立融合产品模型、过程模型、知识模型的复杂产品全生命周期模型体系是形成网络协同能力的关键。

其中在模型的维度，关键是要有统一表达方法与互联规范，当前基于 sysML 的系统建模逐渐成熟，在大型制造业中得到广泛关注。将 sysML 作为建模语言，实现跨单位、跨阶段、跨层次的全生命周期模型协同、计算协同、流程协同，同时基于 MBD 的模型数据管理技术也是研究热点。

本书围绕某大型海洋装备产品的研发，给出了基于模型驱动的装备设计-制造-运维一体化集成技术架构，如图 13－26 所示。其主要内容包括：

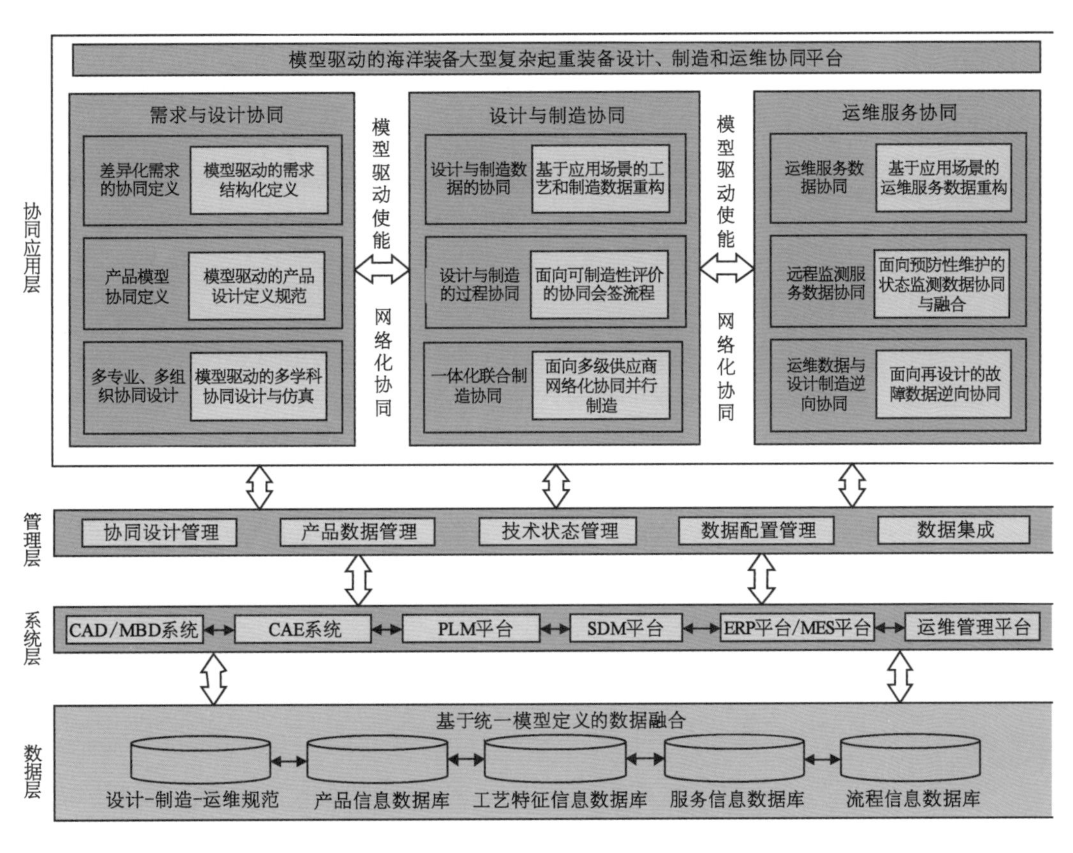

图 13－26　基于模型驱动的装备设计—制造—运维一体化集成技术架构

（1）通过产品信息模型的总体框架与产品相关信息的统一规范化表达，构建支持“需求—设计—制造—运维”全过程一体化的统一产品信息模型；运用“数据—流程—系统—知识”融合的系统集成架构与集成系统建模方法，构建全过程一体化的系统集成模型。

（2）具有多学科、多专业协同设计特点的仿真技术，用于产品功能、性能和制造的可行性验证；基于成熟度模型的闭环控制机制，用于成熟度控制标准模型的建立；基于统一数据模型，实现运维-设计工艺动态逆向协同。

(3) 以 BOM 为核心的不同阶段数据转化机制，从构型结构、属性和活动规则方面，构建基于不同应用场景的产品数据重构方法，制定相应的演化映射算法，开发相应的数据重构器。基于语义、中间件及工作流等技术，开发实现支持异构系统数据交换与集成的可扩展接口。研究全过程信息集成与共享机制，制定面向海洋装备全过程集成标准规范。

13.2.4.1 全过程一体化的系统建模

根据海洋装备在协同制造过程中的业务流程与数据组织方式，产品信息模型的总体框架如图 13－27 所示，其面向“需求—设计—制造—运维”全过程的海洋装备产品数据统一建模技术，规范、统一地定义全过程中的产品设计信息、仿真分析信息、工艺工序信息、运维服务信息等产品相关信息和工艺过程信息、制造执行信息等过程信息以及资源组织信息。

面向产品全生命周期的模型知识获取、多领域协同建模、产品全生命周期模型构建与管理技术等。图 13－27 中给出了基于 MBD 规范的海洋装备产品三维 MBD 模型定义方法，用于集成化环境下的海洋装备产品从设计到制造和运维的仿真与方案评估，提供一体化的造型、可视化的功能检测、产品结构和配置管理等完善的功能，为海洋装备产品的全过程数据管理、信息传递和协同决策等提供一体化产品模型框架。

海洋装备制造的数字主线中流程、系统、知识、数据之间的不同层次与深度的关联关系，可以分为两种方式来建立：

(1) 基于“自顶向下”的方法，构建面向海洋装备协同制造的系统集成架构，形成包含系统层、流程层、数据层和知识层的多级层次的集成框架，涉及从产品设计、工艺设计、生产制造到运维服务的全过程，整合后驱动基于三维 MBD 模型为核心的产品数据流。

(2)“自底向上”对集成系统框架进行分解与细化，详细设计系统功能模块之间的集成关系，建立如图 13－28 所示的“数据—流程—系统—知识”融合的系统集成模型，指导需求设计制造运维全过程一体化的系统集成。

13.2.4.2 基于模型的设计—制造—运维多主体协同技术

1) 基于模型的多学科、多专业协同设计与仿真技术

图 13－29 给出了具有多学科、多专业协同设计特点的仿真系统框架。基于面向多学科需求进行定义和功能自动分解，可以实现系统设计表达从单一分散文档转变到多学科统一模型的目的；通过基于规则的不同阶段的模型转换方法，实现从需求模型，到系统架构模型，到详细设计模型，到系统仿真模型，到系统优化模型之间的自动、半自动转化；利用仿真模板实现系统设计模型智能映射为系统仿真行为模型，统筹材料、机械、电子等多领域知识对设计机构完成仿真，基于模型数据验证产品功能、性能和可制造性。

2) 基于成熟度的设计与制造协同技术

图 13－30 给出了基于成熟度的设计与制造的协同技术架构。其中，制造协同技术包括：

(1) 海洋装备方案设计、初步设计、详细设计、工艺制造等阶段的成熟度因子、成熟度建模表达方法及成熟度等级评价方法。

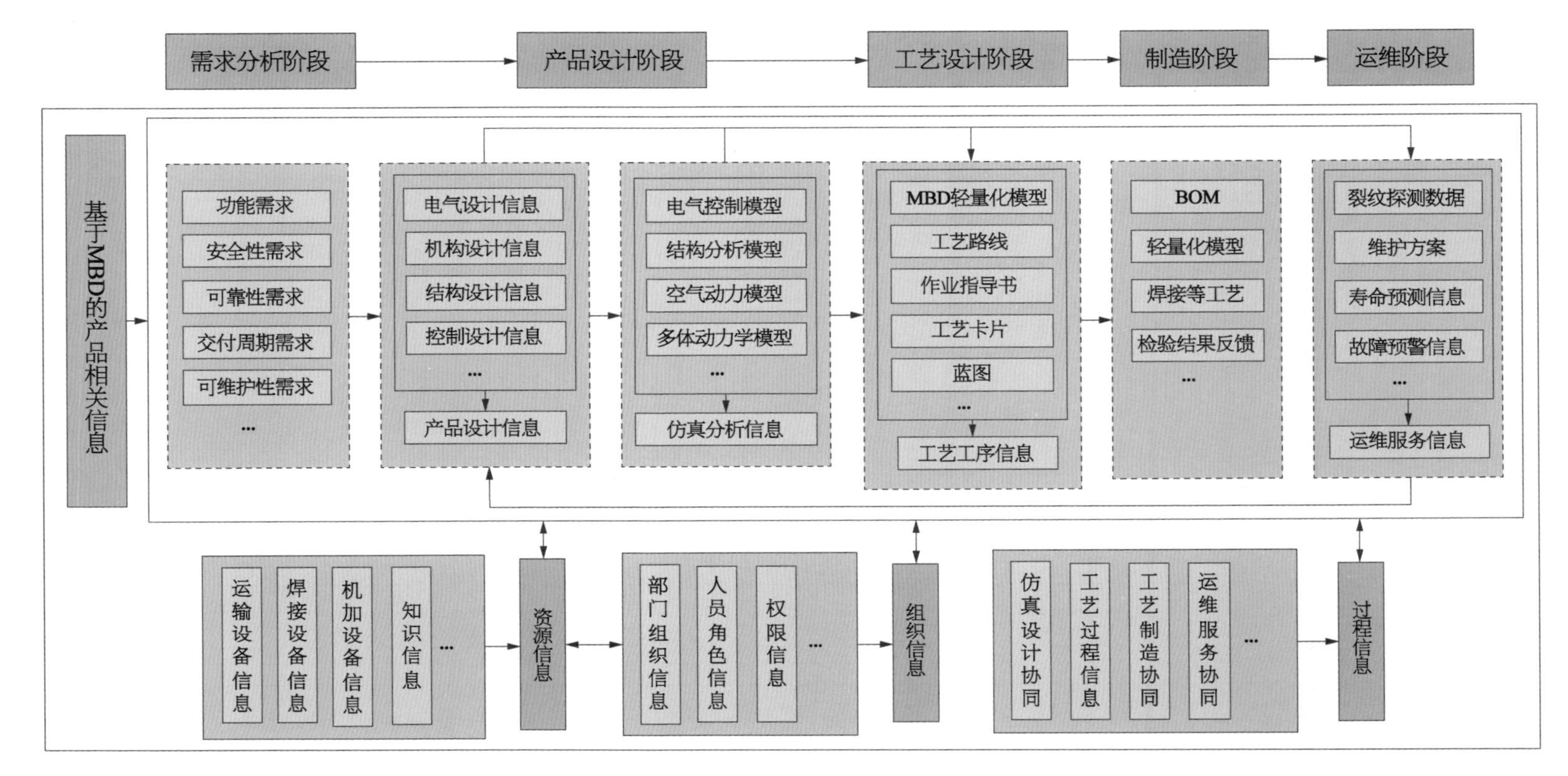

图 13－27　面向海洋装备“需求—设计—制造—运维”全过程一体化的系统模型

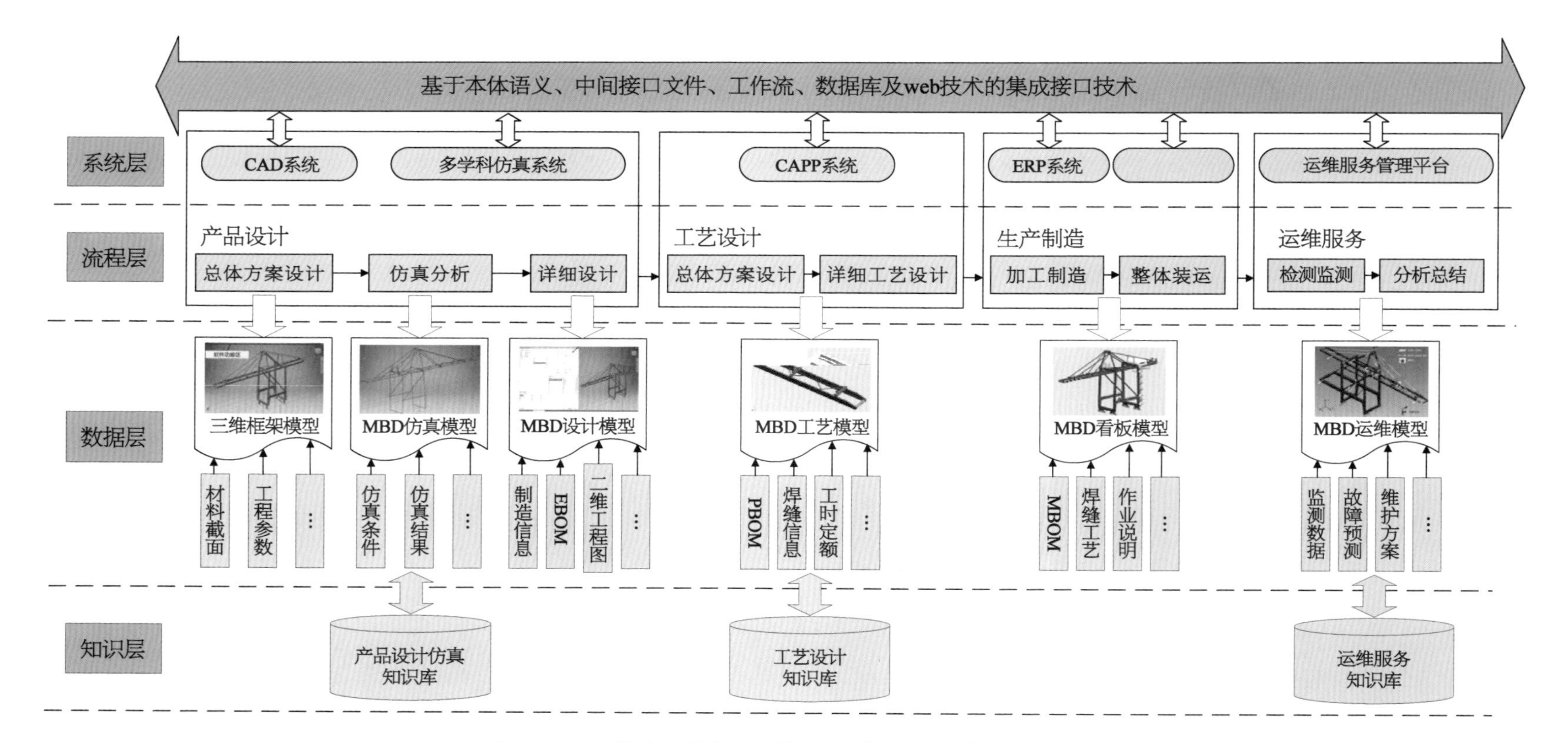

图 13-28 "数据—流程—系统—知识"融合的系统模型框架

图 13－29　多学科、多专业协同设计与仿真系统框架

(2) 总体、结构、系统、工艺、工装等专业在各级成熟度等级中的定义方法，以及不同专业在各成熟度等级中的数据共享内容。

(3) 基于模糊化处理技术的关键状态量化定义方法，以及成熟度等级跃迁与回退的流程规则和控制方法。

(4) 基于成熟度等级评价的流程协同管控机制。

(5) 基于成熟度模型的闭环过程控制机制，以及成熟度控制标准体系。

3) 运维数据与设计制造逆向协同技术

运维数据与设计制造逆向协同技术架构如图 13－31 所示。基于运维状态信息，分析海洋装备钢结构制造工艺过程；基于关键工艺，建立潜在风险工艺过程模型；通过对海洋装备故障统计与失效形式检验分析，建立运行失效状态与钢结构及其潜在风险过程的内

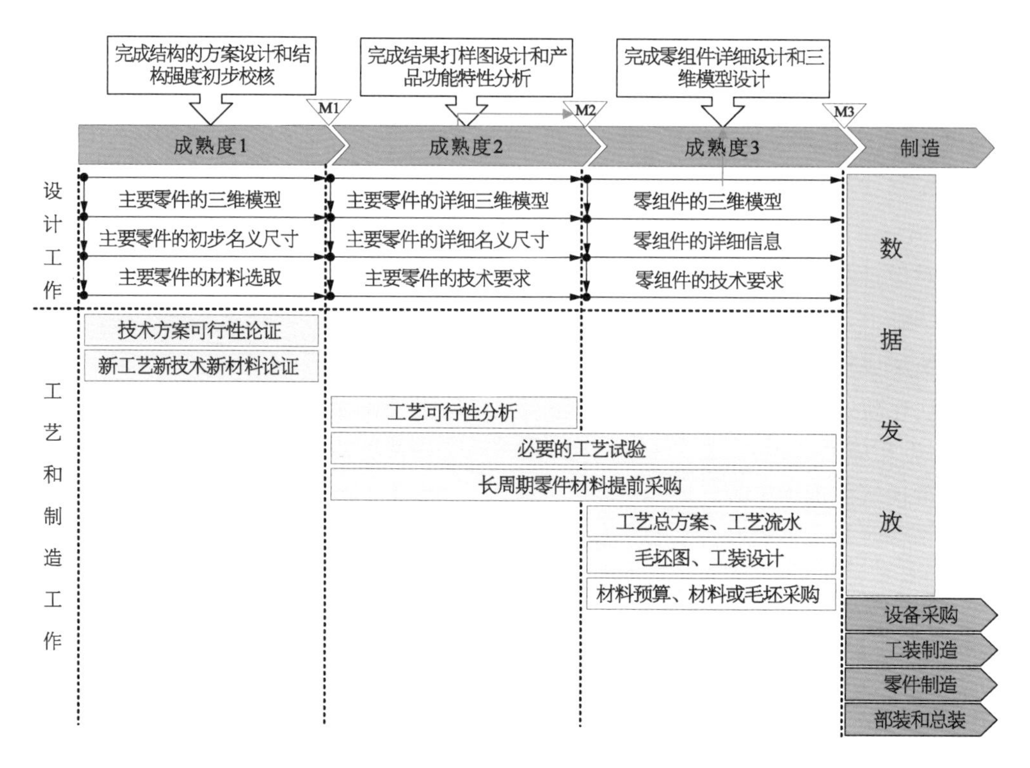

图 13-30　基于成熟度的设计与制造协同

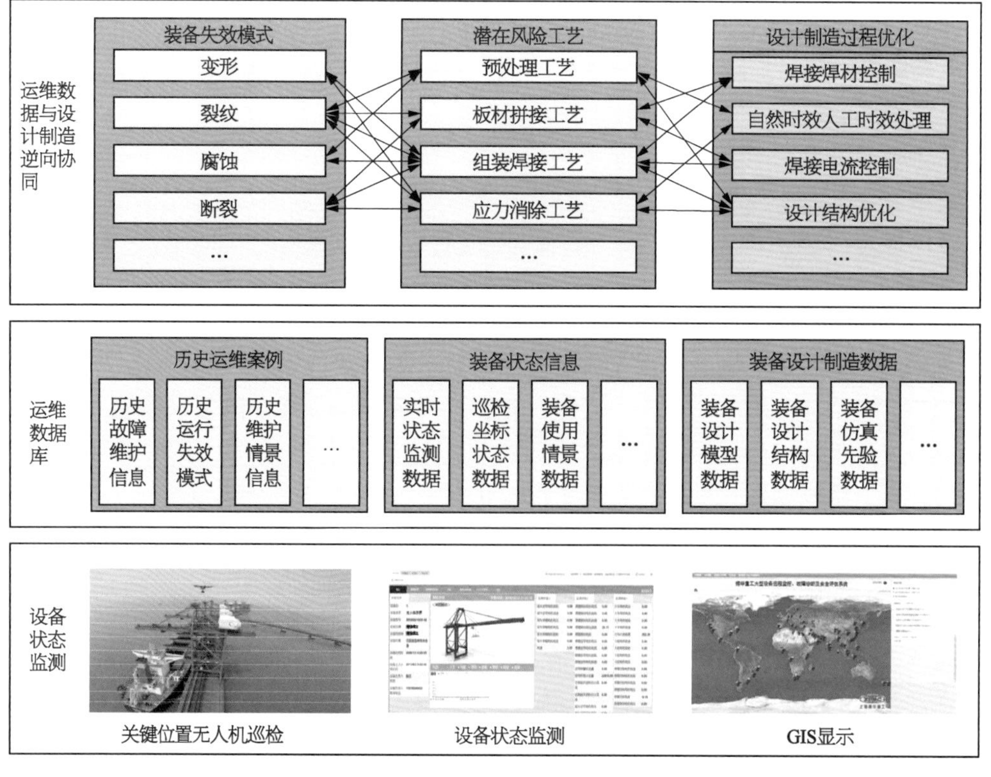

图 13-31　运维数据与设计制造逆向协同

在关联，构建海洋装备钢结构的潜在运行失效模式；将状态监测、历史运维数据重新返回至设计制造环节，并面向现有结构和工艺，提出合适的改良方案，从而提升设备运行的安全与可靠性，得到基于运维数据的设计制造技术优化路线。

13.2.4.3　数据重构及全过程集成接口

1）海洋装备全过程多级 BOM 数据重构器

针对设计/制造/运维不同阶段间产品数据衍生和协同需求，在研究多级 BOM 体系及关系基础上，梳理以 BOM 为核心的不同阶段的数据转化形式化过程；结合基于数字主线的系统集成技术等，从构型结构、属性和活动规则三方面，详细分析和定义不同阶段数据间的演化映射规则；通过基于不同应用场景的产品数据重构方法，制定相应的演化映射算法，开发相应的数据重构器，实现对不同阶段数据传递和系统的支撑。海洋装备全过程的数据重构器原理如图 13－32 所示。

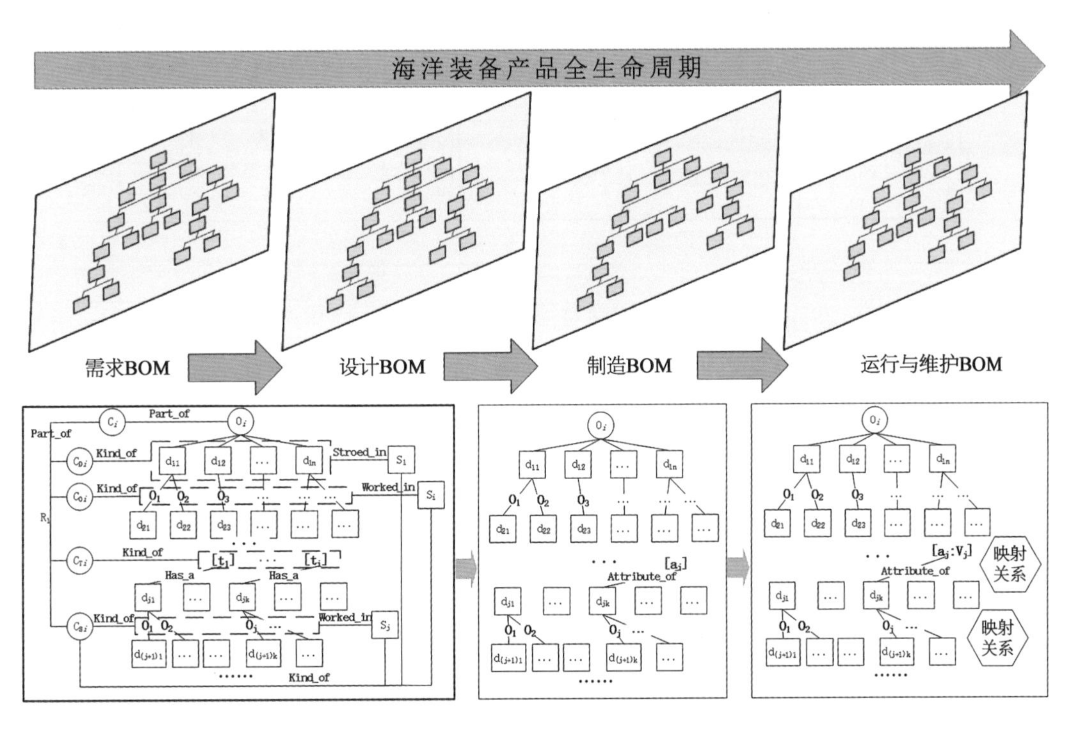

图 13－32　海洋装备全过程的数据重构器原理

2）海洋装备全过程协同集成接口

海洋装备全过程协同集成接口架构如图 13－33 所示。基于本体语义、中间接口文件、工作流、数据库及 web 技术，数据集成接口应支持海洋装备不同阶段异构系统协同与集成。接口技术可提供的功能包括：

（1）支持海洋装备全过程多系统的协同交互，包括 CAD、多学科仿真系统、CAPP、MES 及 PLM 等系统。

（2）支持海洋装备全过程多系统中的数据、知识以及流程的集成。

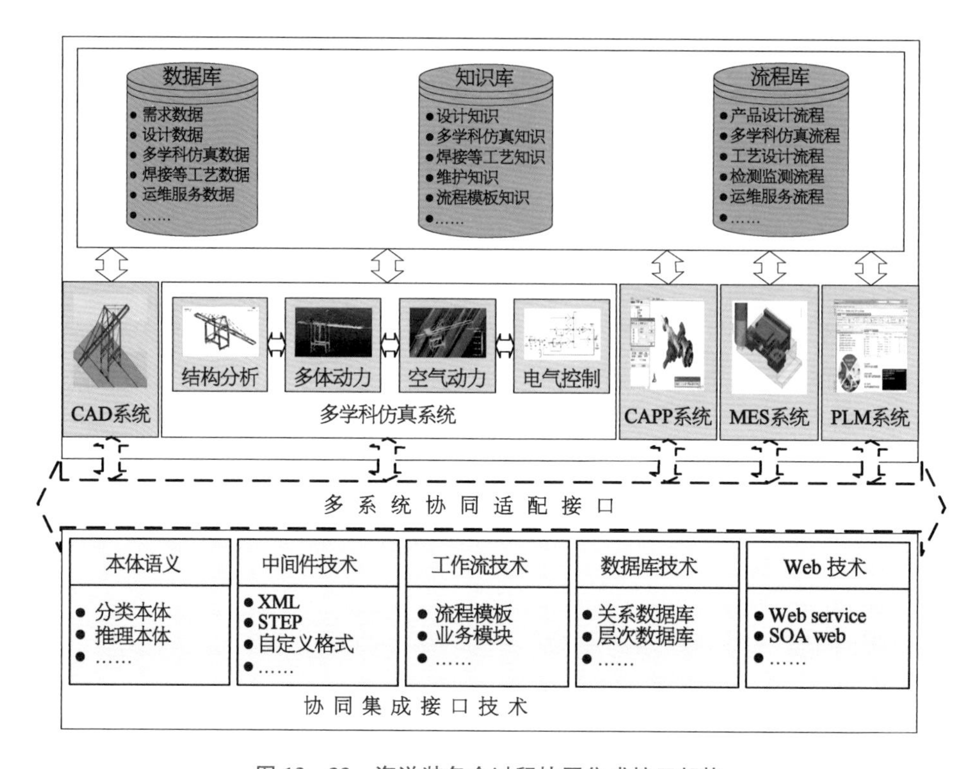

图 13－33 海洋装备全过程协同集成接口架构

① 数据项包括需求数据，如功能以及安全可靠需求等。而设计数据包括如结构设计、电气设计等；多学科仿真数据包括如结构分析、多体动力学等，工艺数据如焊接、机加、装配等，以及运维数据如状态监测、故障及处理等。

② 知识项包括设计知识，多学科仿真知识，工艺知识如可制造性知识、焊接知识等，运维知识如检测维护知识、寿命预测知识等，以及流程模板等知识。

③ 流程项包括产品设计流程，工艺设计流程，以及运维服务流程如故障诊断、售后服务等。

最终实现需求与设计，设计与仿真，设计与制造以及运维服务间的数据/流程/系统/知识的协同与集成。

3) 海洋装备全过程集成标准

根据产品统一信息模型、产品全过程信息协同共享机制，可以得到基于 MBD 的产品统一模型规范、面向海洋装备全过程的集成标准规范，应满足 CAD、机构/结构/流体/电控多学科仿真系统、CAPP、MES 以及 PLM 等海洋装备全过程异构系统间协同、信息共享与集成的要求。标准的制定可为海洋装备需求—设计—制造—运维间的数据/流程/系统/知识的集成提供规范保障，其中标准满足正确、合理、可行及可扩展的要求。

因此，支持统一模型管理、模型数据特征关联匹配、智能检索查询等功能，依据该框架来研发支持设计、分析、制造、规划和维护服务等各环节的复杂产品全生命周期模型管理系统。

13.2.5　网络协同数据基础：工业数据空间

制造模式从工业 1.0 演进到工业 4.0，新技术在不断改进，但制造过程本身的复杂性并没有明显的变化，因此制造过程中不可预测的变化始终存在。工业物联网通过对海量生产要素进行联通，传感器、二维码、射频技术等嵌入在各种工业产品和设备中，获得的数据越来越多，类型也越来越多样，涵盖整个制造过程，通过对数据的透彻分析即可窥探真实工业生产过程，达成与真实世界全方位连接，将传统工业体系中隐形因素透明化，将生产流程和操作经验充分阐释，利用大数据建立的制造虚拟模型真正逼近真实制造过程。更为重要的是，通过对制造大数据的洞察分析，对设备与原材料等生产资源灵活配置，并构建面向未来大规模定制化的生产环境，实现产线的优化调度，实现柔性化生产。制造大数据的价值还体现在可以为设备提供精准预测维修服务，使设备运行更安全，效率更高。

网络协同制造过程中的大数据来源，可通过 RAMI 4.0 参考模型的三个维度来集成，如图 13 - 34 所示。大数据收集和整理按照生命周期维度，而制造过程的数据大多来自垂直集成维度，其涵盖了从产品、车间到互联协助的企业。对数据的应用，则体现在 IT 层级，利用通信、信息组织，应用在企业的各个部门。需要指出的是全生命周期数据的集成是基于 BOM，基于数字主线，基于物联标识的。

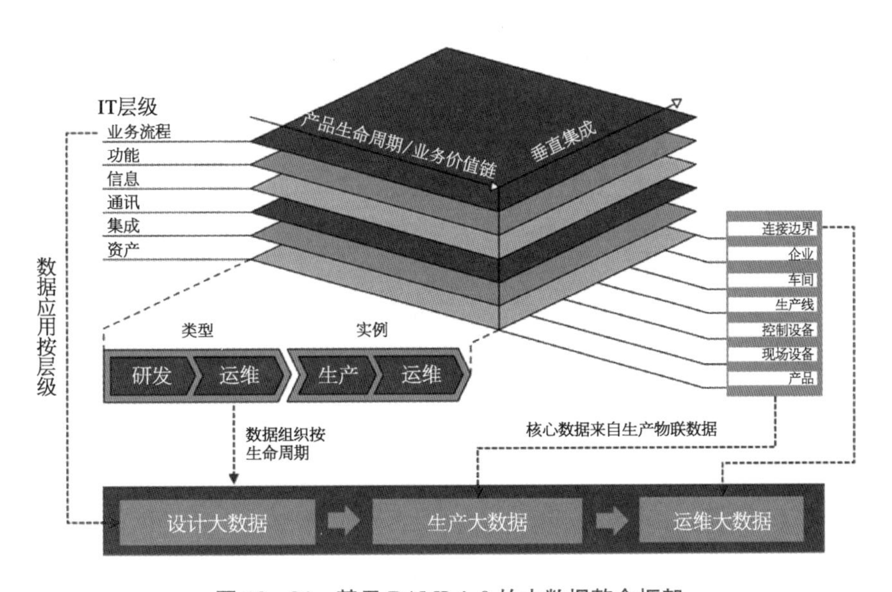

图 13 - 34　基于 RAMI 4.0 的大数据整合框架

基于网络协同的不同维度的数据领域，具体分析见表 13 - 5。

表 13-5 网络协同下的数据维度集成与分析表

集成维度	生命周期阶段	数据集成分析
生命周期与价值流维度	研发与设计领域	研发数据通过研发人员在研发设计过程中不断积累而成，其来源于产品生命周期各个环节，包括：用户需求大数据、研发知识大数据、产品重用大数据、研发协同大数据等，具有跨产品和跨行业、种类繁多的特性。在此领域，可通过充分利用制造大数据实现的诸多典型应用创新
	生产与供应链领域	生产大数据不仅包括产品生产制造过程中采集的产品生产信息、订单信息、设备信息、控制信息、物料信息、人员工作排程，还包括企业内部管理信息流、资金流、产品生产上下游的供应商及客户管理等相关辅助生产管理的信息。生产数据的采集依托于企业已有资源管理、制造执行、工控管理、供应链管理、供应商管理、客户管理、商务管理等信息系统。这些数据具有时序性和强关联性
	运维与服务领域	运维与服务领域的数据来源有很多，主要包括：在客户允许的情况下，通过嵌在产品中的传感器采集的产品实时运行状态数据及周边环境数据；通过商务平台获得的产品销售数据、客户数据及相应的产品评价或使用反馈；客户投诉及相应处理记录；产品退货/返修记录及相应的维修记录。通过对这些数据进行分析、挖掘及预测，可帮助工业企业不断创新产品和服务，发展新的商业模式
垂直集成维度	产品	制造企业的产品，主要用三维方式表达
	现场设备	现场设备捕获，浏览和控制数据流，包括数据传感、数据分析和警报数据
	控制设备	制造业的大脑。形式通常为用于管理输入/输出命令的机器/传感器，例如可编程逻辑控制器、分布式控制系统、GUI
	车间	操作员执行管理活动以检查事件和过程(SCADA)的操作。例如，协调各种智能手机组装过程(移动组件)并监控基于实时的信息解释的所有结果(通信、设备交互、发电)。保留制造信息，定义生产状态，并监督原材料到精炼产品的翻新，有助于决策者提高生产质量。基本上，MES 用于报告目的，例如有效地组装智能手机的部件并改善特征质量(提前组件)
	企业	通常用 ERP 来定义业务管理软件。这些是核心业务流程，例如生产计划、服务交付、营销和销售、财务模块、零售和其他费用。它包含智能手机、笔记本电脑和电视的订单信息、交付状态、管理报告、项目描述和产品统计信息
	协同	通常这是所有级别的最高级别，主要与利益相关者、供应商、客户和服务提供商相互关联。它共享产品销售、营销策略、业务统计信息，例如产品的优惠、促销和广告
信息集成维度	业务架构	业务架构定义了业务战略、管理、组织和关键业务流程，是企业全面的信息化战略和信息系统架构的基础，是数据、应用、技术架构的决定因素。业务架构是把企业的业务战略转化为日常运作的渠道，业务战略决定业务架构
	信息系统架构	为充分发挥制造大数据价值，避免形成“信息孤岛”，需要构建统一的信息系统架构，以实现各应用系统及数据的用户访问和互操作。基于制造大数据业务战略的信息系统架构是一个体系结构，它反映制造企业的信息系统的各个组成部分之间的关系，以及信息系统与相关业务、信息系统与相关技术之间的关系

（续表）

集成维度	生命周期阶段	数据集成分析
信息集成维度	信息技术架构	信息技术架构是指导大数据应用实施的蓝图，它将信息系统架构中定义的各种应用组件映射为相应的可以从市场或组织内部获得的技术组件，是制定架构信息集合的最后一步

制造大数据可以按照多个维度来组织，上述只是其中一种方法。清华大学王建民给出了基于 BOM 的大数据组织方式，如图 13－35 所示。将数据分为产品全生命周期的三个阶段来组织，分别是生命周期初期（beginning of lifecycle，BOL）、生命中期（middle of lifecycle，MOL）、末期（end of lifecycle，EOL）；而垂直维度分为装备制造企业和装备使用企业。该组织方式针对装备制造业的大数据组织非常清楚，给出了数据的传递和过程。波音公司以数据为中心的制造过程，基于数据驱动的制造模式，如图 13－36 所示。

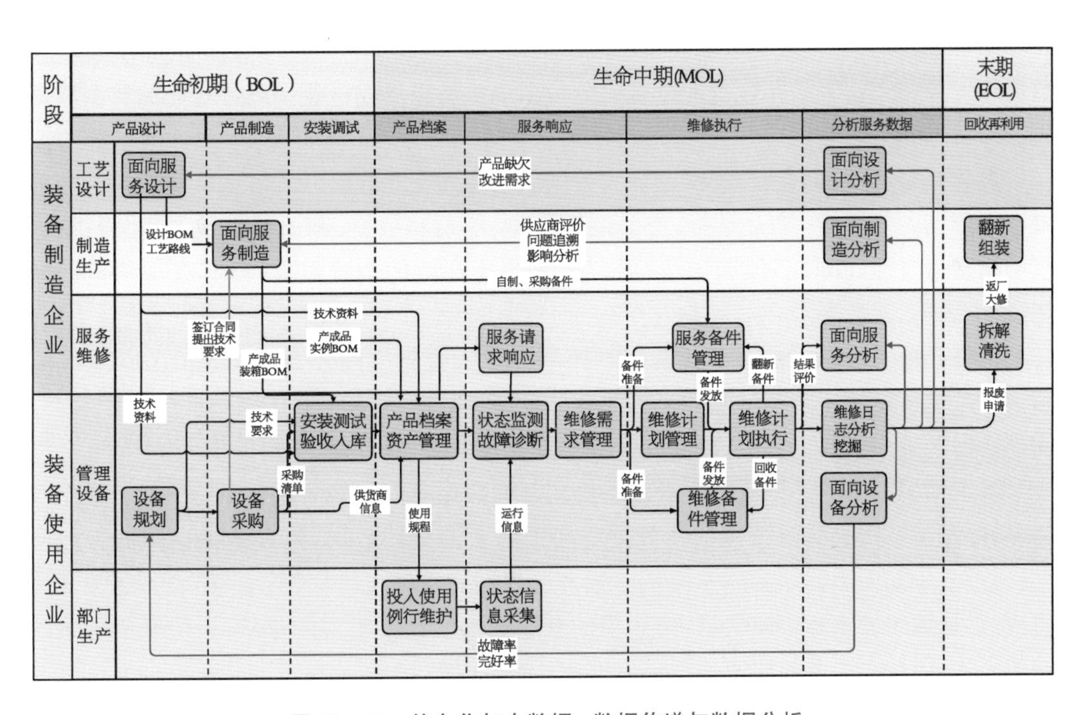

图 13－35　信息化与大数据：数据传递与数据分析

制造大数据技术在可接受的时间内从海量制造数据中分析、挖掘出潜在价值以及实现趋势预测，并通过 AR/VR 技术实现对工厂环境、工业设备等的模拟及增强体验。

为了满足个性化定制、智能化生产、网络化协同和服务延伸等新型业务模式需求，研究智慧企业设计资源、管理流程、制造过程、制造服务的大数据分析方法与关联挖掘方法，形成制造企业跨时空尺度制造数据耦合与分析机制。研制全类型制造大数据智能分析算法，开发面向个性化、服务化和智能化等模式的企业制造大数据分析算法库。研制制造大

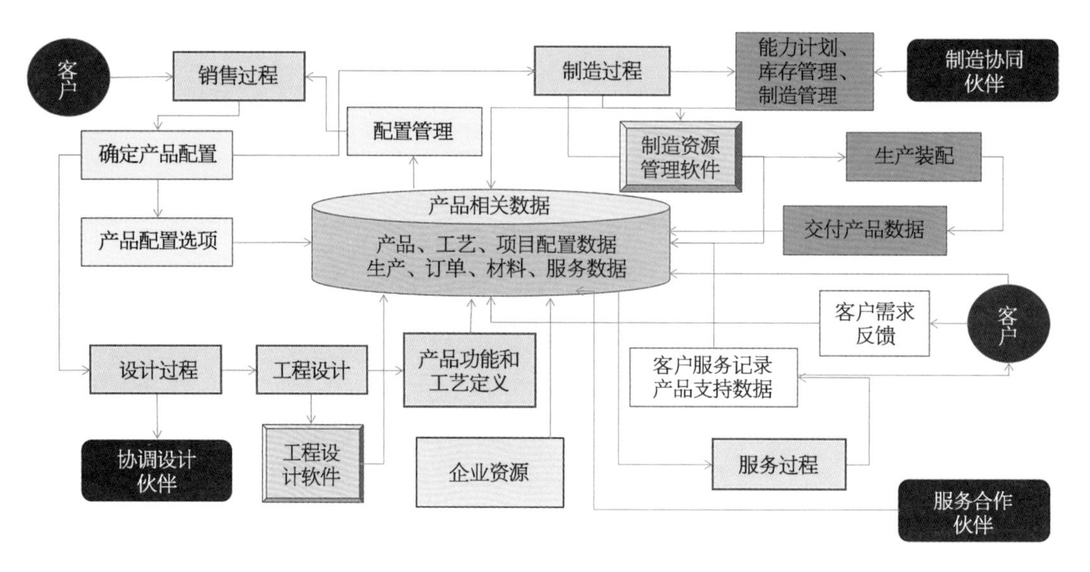

图 13－36　以数据为中心的集成体系

数据的设计、制造、服务和管理的可视化分析系统。构建流程行业和离散行业的典型数据集，形成行业解决方案。

大数据是物理信息融合的保证。大数据包括物理空间数据以及信息空间数据。智能工厂大数据主要包括：产品数据、产品制造数据、原材料数据、制造设备数据等。数据不仅面向制造过程，同时必须面向包括市场、维护等在内的全价值链，以实现全价值链的拓展。

本书介绍一种面向海洋装备的网络协同制造大数据空间体系结构，如图 13－37 所示。它包括了设计—制造—服务—资源数据融合、存储、访问、维护方法，建立了大数据空间连接器及其安全共享协议，以实现全链条数据安全共享与存算协同。

基于知识图谱的大型复杂起重装备协同制造数据空间建模方法(图 13－38)，采用实体、属性和关系构成的图结构描述数据空间中的多源异构数据，实现数据空间的智能探索；通过基于知识图谱的实体—关系挖掘方法识别和发现人-机-料-法-环之间的关联关系，特别是深层关系和多元关系，为知识的获取和推演打下坚实的基础；采用基于知识图谱的实体、属性和关系的快速搜索定位方式，以及使用基于表示学习的关系推理方法以及基于机器学习(特别是深度学习和强化学习)的分类、预测和聚类建模方法，实现面向生产管控的知识自动挖掘和推演。

同时在网络协同环境下，图 13－39 给出了大型复杂起重装备全链条的大数据空间及平台架构，其内容包含以下三个方面：

(1) 产品设计优化：基于定制化产品需求的供应价值链和装备服役运维数据链的产品快速迭代与再设计。

(2) 智能化生产与资源配置：研究基于精益思想的准时制协同制造，基于复杂关联数据网络的动态生产规划与资源配置方法。实现智能工艺参数控制、全流程追溯，保

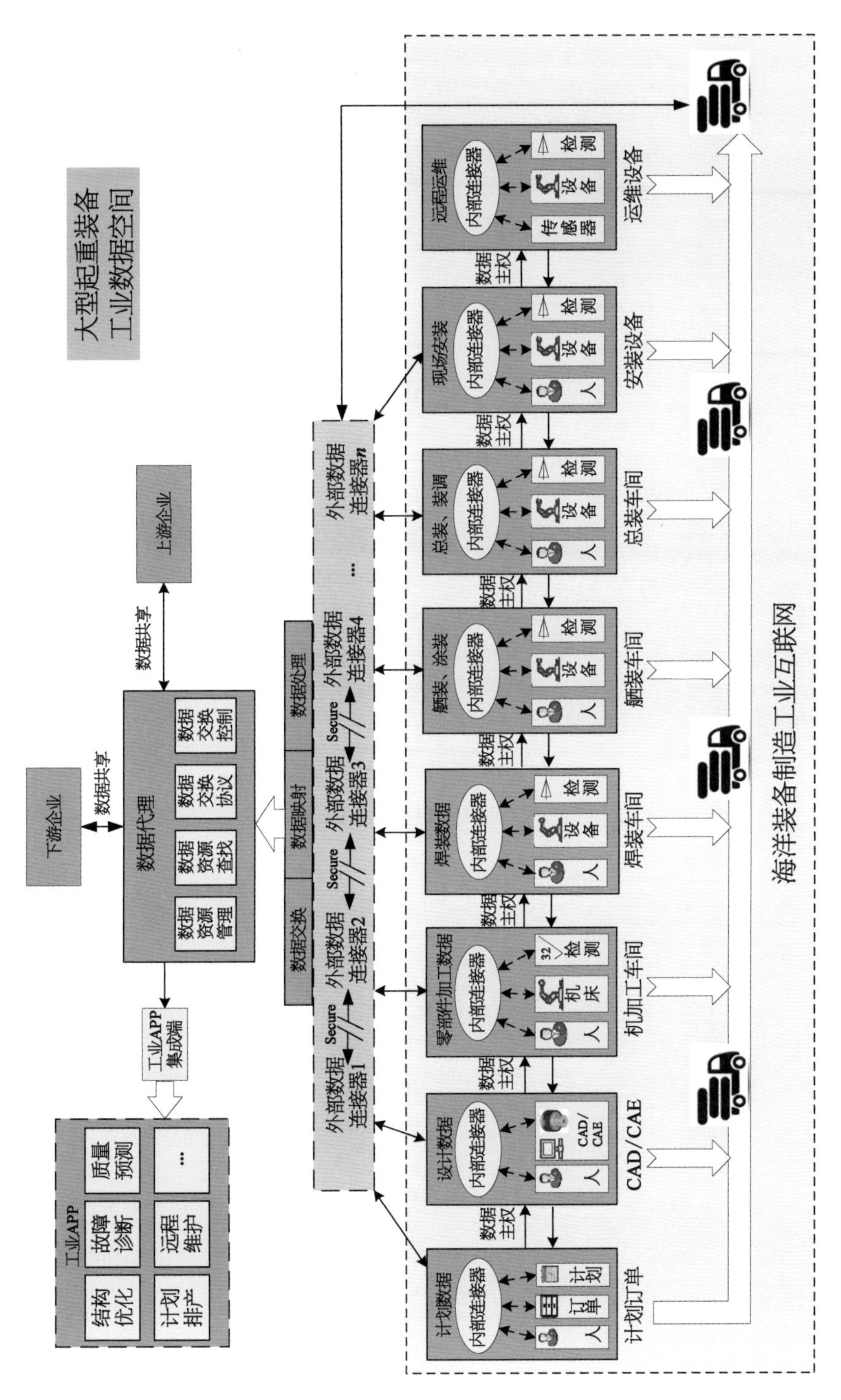

图 13－37　海洋装备的工业数据空间体系架构

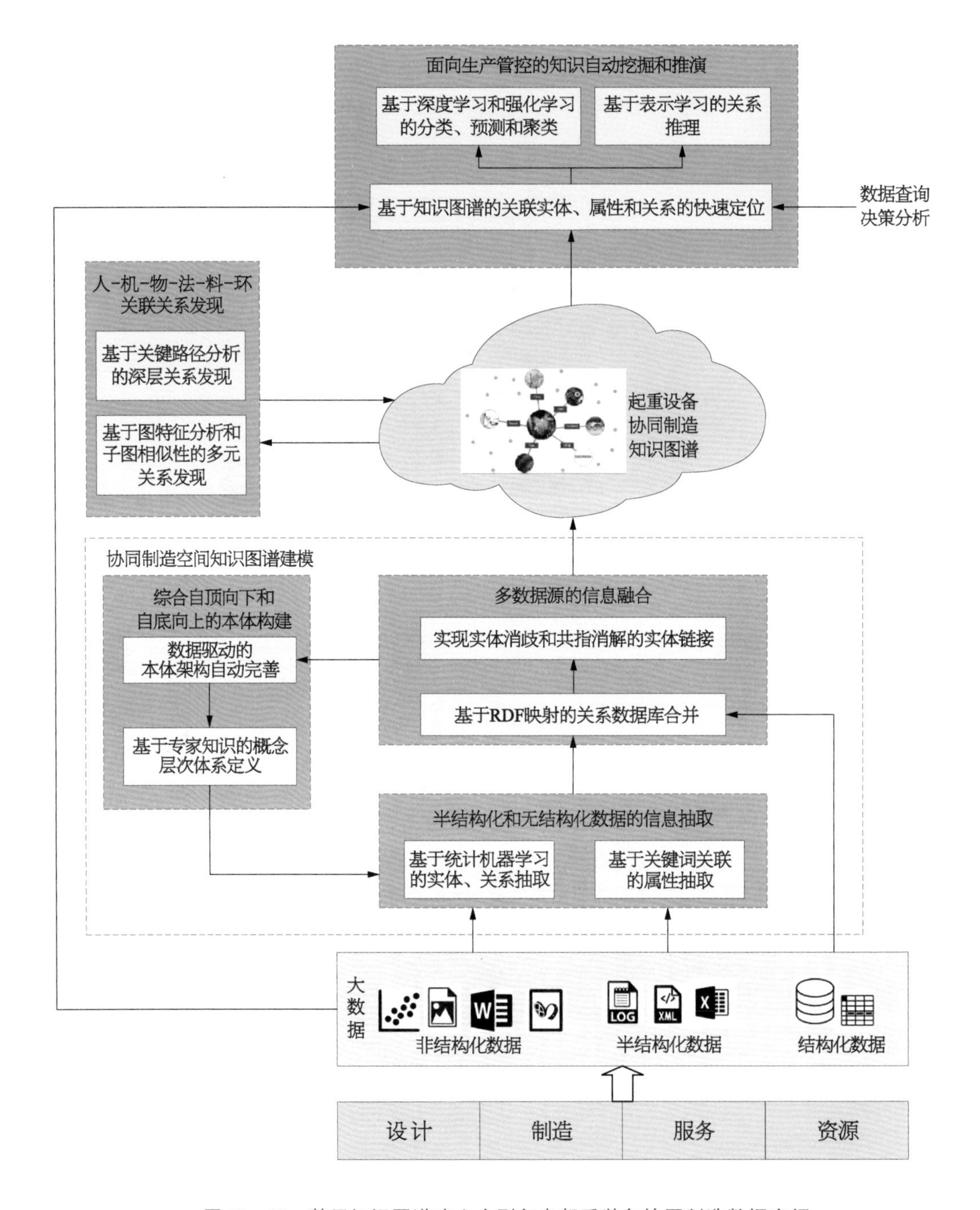

图 13-38　基于知识图谱建立大型复杂起重装备协同制造数据空间

证质量；实现物料供应、产能供应、特殊需求、物流渠道、生产计划协同，保证精准交期。

(3) 远程智能运维技术：主要包括在役装备远程状况监控与可靠性预测技术，以及预防性维护决策和装备主动再制造决策方法。通过这些方法，实现零件失效不确定性情况下远程运维的快速响应。

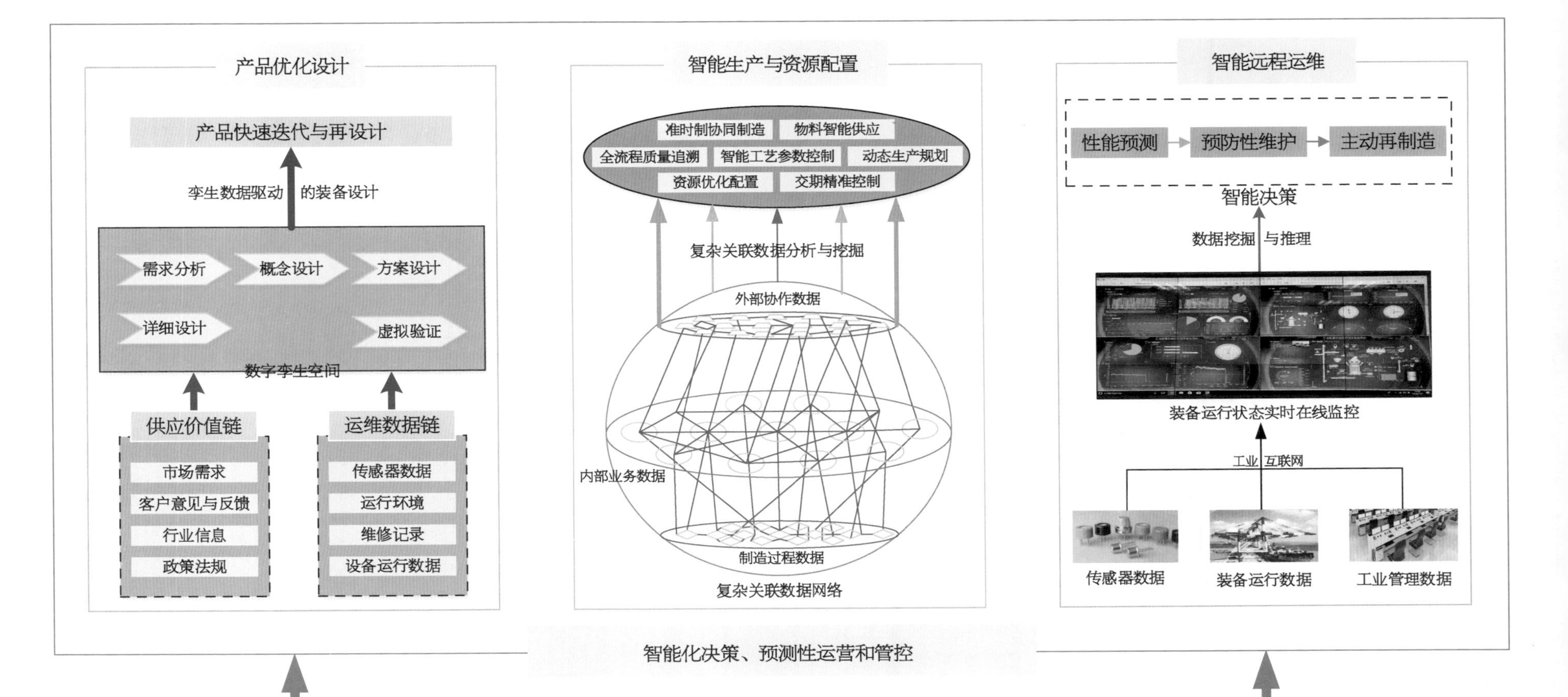

图 13－39　海洋装备全链条的大数据空间及平台

13.2.6 网络协同系统技术：信息物理生产系统

在生产制造场景中的信息物理系统，可以被定义为信息物理生产系统，其内涵是数据融合的智能技术。自主性、自适应性（信息决策）根据实时采集的多源制造数据，自主分析与判别执行过程及资源自身行为，实现制造过程的动态响应，并依据相关知识、数据模型和智能算法，实现面向制造过程的动态资源能源配置与生产管控自适应决策。精准化、协同化（信息施效）依据决策方案，调节制造资源或制造过程，使对象处于预期的执行状态，并通过实时数据的集成共享，实现各单元、全过程、所有环节的协同优化及精准控制。信息物理生产系统信息功能模型如图 13－40 所示。

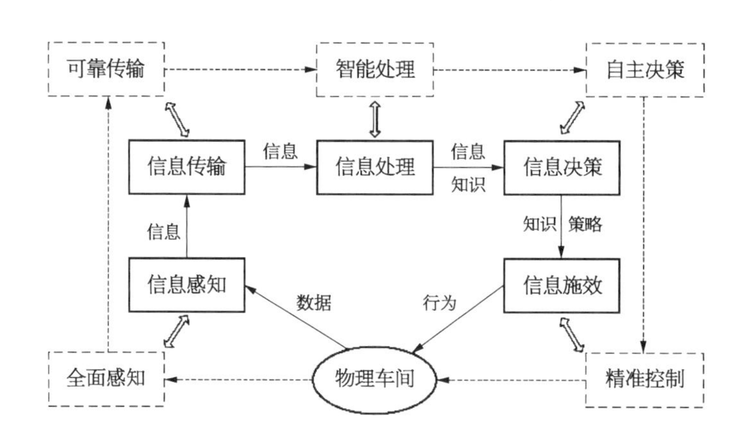

图 13－40 信息物理生产系统信息功能模型

基于信息物理系统的 3C(Communication, Computing, Control)角度，网络协同的体系技术可以分为以下三层：

13.2.6.1 Communication：工业物联网与工业云

前文已经提及工业物联网，网络化快速发展将制造过程要素联网，不仅实现互联互通，而且使用采集的数据作为决策支持。

工业云平台是高度集成、开放和共享的数据服务平台，是跨系统、跨平台、跨领域的数据集散中心、数据存储中心、数据分析中心和数据共享中心。基于工业云服务平台推动专业软件库、应用模型库、产品知识库、测试评估库、案例专家库等基础数据和工具的开发集成和开放共享，可实现生产全要素、全流程、全产业链、全生命周期管理的资源配置优化，以提升生产效率、创新模式业态，构建全新产业生态。这将带来产品、机器、人、业务从封闭走向开放，从独立走向系统，将重组客户、供应商、销售商以及企业内部组织的关系，重构生产体系中信息流、产品流、资金流的运行模式，重建新的产业价值链和竞争格局。

13.2.6.2 Computing：工业智能与工业软件

工业软件是对工业研发设计、生产制造、经营管理、服务等全生命周期环节规律的模型化、代码化、工具化，是工业知识、技术积累和经验体系的载体，是实现工业数字化、网络化、智能化的核心。简而言之，工业软件是算法的代码化，算法是对现实问题解决方案的抽象描述，仿真工具的核心是一套算法，排产计划的核心是一套算法，企业资源计划也是一套算法。工业软件定义了信息物理系统，其本质是要打造“状态感知-实时分析-科学决策-精准执行”的数据闭环，构筑数据自动流动的规则体系，应对制造系统的不确定性，实现制造资源的高效配置。与人体类比，工业软件代表了信息物理系统的思维认识，是感知控制、信息传输、分析决策背后的世界观、价值观和方法论，是通过长时间工作学习而形成的。

智能制造背后的逻辑就在于建立信息空间和物理空间，并基于数据自动流动的闭环赋能体系，解决生产过程中的复杂性和不确定性。这个闭环赋能体系可以总结为制造业的四基：“一网，一云，一硬，一软”。“一网”是工业网络，负责数据的传递。“一云”是工业云服务平台，接收、存储、分析数据。“一硬”就是感知和自动控制，是智能制造的起点和重点。四基中最重要的是“一软”，“一软”就是工业软件，工业软件就是智能制造的思维认识，是感知控制、信息传输和分析决策背后的世界观、价值观和方法论，是智能制造的大脑。

工业软件通过人工智能帮助企业实现数字驱动：互联网软件技术的发展和“深度学习”算法的出现，让人工智能有了超越人类的表现。其中最重要的原因就是大量可用数据的出现和计算能力的大幅提升，“深度学习”的突破更是让人工智能“脱胎换骨”。

人工智能在生产制造管理方面发挥作用，创新生产模式，提高生产效率和产品质量。人工智能技术通过物联网对生产过程、设备工况、工艺参数等信息进行实时采集；对产品质量、缺陷进行检测和统计；在离线状态下，利用机器学习技术挖掘产品缺陷与物联网历史数据之间的关系，形成控制规则；在在线状态下，通过增强学习技术和实时反馈，控制生产过程减少产品缺陷；同时集成专家经验，不断改进学习结果。

在维护服务环节中，系统利用传感器对设备状态进行监测，通过机器学习建立设备故障的分析模型，在故障发生前，将可能发生故障的工件替换，从而保障设备的持续无故障运行。以数控机床为例，用机器学习算法模型和智能传感器等技术手段监测加工过程中的切削刀、主轴和进给电机的功率、电流、电压等信息，辨识出刀具的受力、磨损、破损状态及机床加工的稳定性状态，并根据这些状态实时调整加工参数（主轴转速、进给速度）和加工指令，预判何时需要换刀，以提高加工精度、缩短产线停工时间并提高设备运行的安全性。

13.2.6.3　Control：数字孪生控制

个性化定制是海洋装备产品的特点，不同于大批量产品的制造过程，难以实现自动化产线。因此，为了满足个性化高质量生产，针对建设信息物理系统来实现单元及其智能单元是目前可行的路径。数字孪生技术目前在单元级别应用最为广泛，通过建立单元的感知、运行优化、智能决策的智能控制系统，实现生产环境自主感知、复杂工艺参数自优化配置、装备控制策略自适应调整等功能。

数字孪生本质上是实现虚实融合，将制造企业物理资源与数字世界模型之间建立无缝的实时交互，实现物理仿真和高可信性度量系统。制造数字孪生单元借助大数据，实现生产设备离线仿真、智能生产线在线实时虚拟运行、生产工艺离线和在线仿真与优化，提升加工过程对人机料法环的集中管控能力。

13.2.7 网络协同价值链技术：供应、营销和服务价值链协同

海洋装备产品传统供应链管理带来的“价值链孤岛”，其产业价值链协同模式创新不足，基于第三方云平台及业务驱动的多价值链协同模式与协同机制是未来企业重要关注方向。协调多价值链业务并优化上下游企业群业务，对其进行重构与组织，实现多制造企业为核心的多价值链业务协同，使得海洋装备制造企业间效率最高，传递成本最低。图13－41给出某大型复杂起重装备智能供应、营销和服务价值链协同技术架构，其主要内容包括：

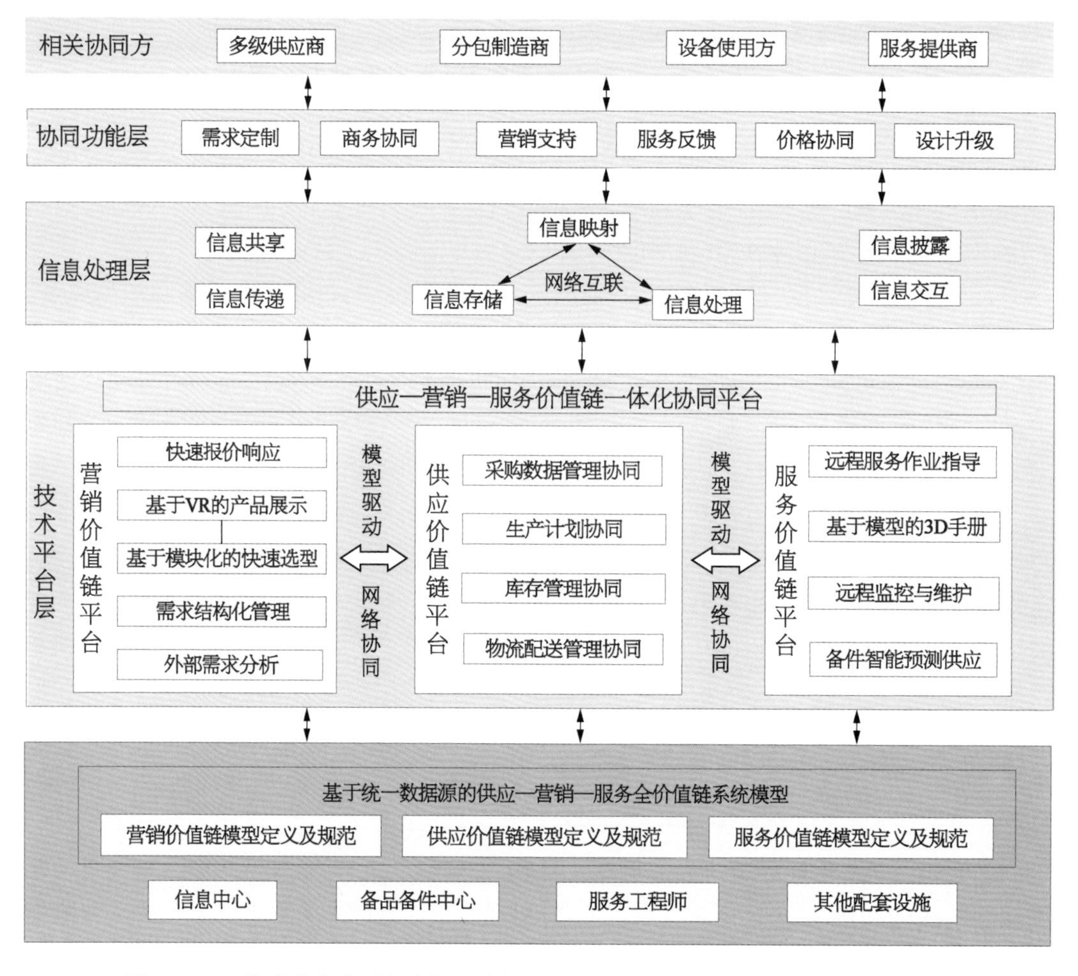

图13－41 海洋装备大型复杂起重装备智能供应、营销和服务价值链协同技术架构

1）基于统一数据源的产品营销—供应—服务价值链模型及其规范体系

基于海洋装备起重装备定制生产模式下营销/供应/服务业务活动及流程体系，构建

产品营销—供应—服务价值链主体及关系，建立覆盖产品营销—供应—服务全价值链的系统模型及规范体系。

2）海洋起重装备供应—营销—服务价值链协同技术

基于产品营销—供应—服务价值模型，研究供应、营销、服务价值链的协同技术，形成覆盖产品营销—供应—服务全价值链的一体化协同平台。

3）基于互联网的产品供应—营销—服务链协同技术体系

基于三维样机的定制产品快速组合、质量评价的供应价值链，形成用户可加入的智能供应—营销—服务链协同技术体系。

13.2.7.1 基于统一数据源的价值链模型

图13-42所示为基于海洋起重装备定制生产模式下营销—供应—服务业务活动及流程体系，构建产品营销—供应—服务价值链主体及关系，建立覆盖产品营销—供应—服务（SMS）全价值链的系统模型及规范体系。

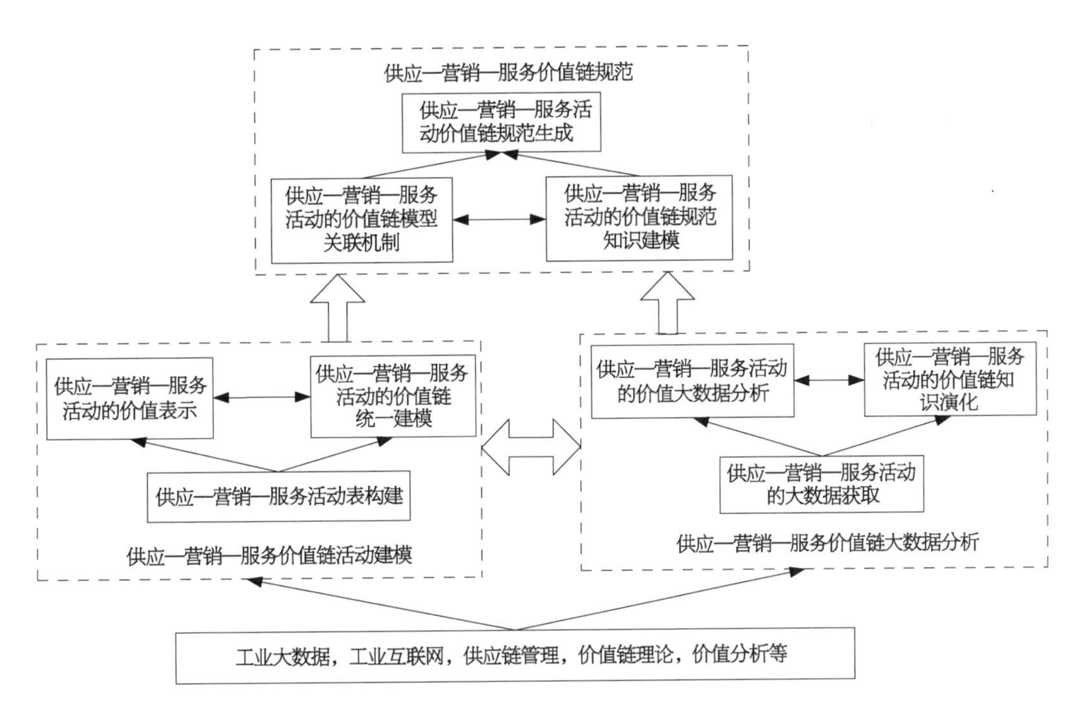

图13-42 供应—营销—服务价值链模型及规范技术路线图

针对SMS价值链活动的知识获取问题，首先，确定SMS活动的价值链数据统一机制，运用SMS相关大数据资源，分析数据关联，提取价值链数据的统一规则；其次，依据价值分析理论构建SMS活动的知识挖掘策略，设计面向供应—营销—服务的知识挖掘算法，并确定知识存储方案和管理方法；最后，采用SMS活动的价值链知识演化方法，建立基于智能决策的价值链知识生成机制。

13.2.7.2 海洋起重装备营销—供应—服务价值链协同技术

采用基于产品营销—供应—服务价值模型，研究供应、营销、服务价值链的协同技术，形成如图 13-43 所示的覆盖产品营销—供应—服务全价值链的一体化协同平台。

对于产品展示、快速选型、快速报价等的产品营销价值链，构建基于三维样机的定制产品快速组合、质量评价的供应价值链；基于工业互联网的远程运维服务价值链，建立如图 13-44 所示的用户参与的智能供应—营销—服务链协同技术体系。

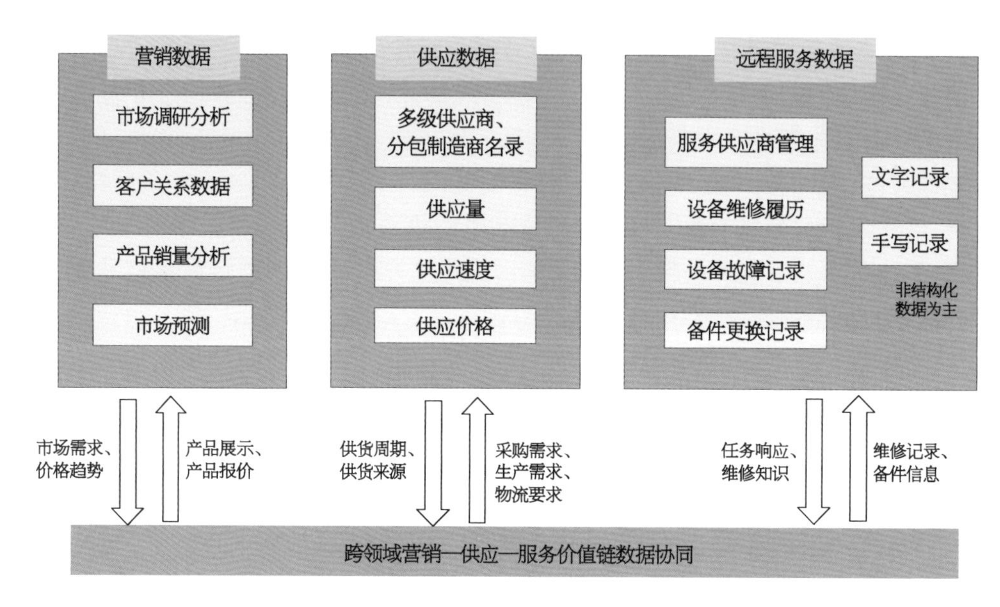

图 13-43　跨领域营销—供应—服务价值链数据协同

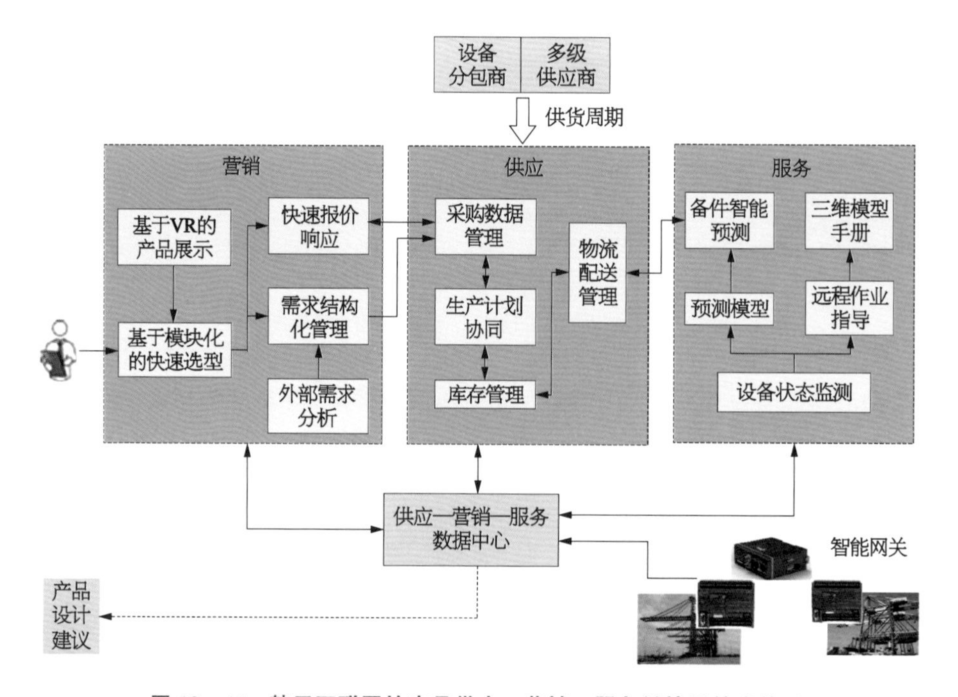

图 13-44　基于互联网的产品供应—营销—服务链协同技术体系

13.3　面向海洋装备的网络化协同制造系统平台

网络化协同制造系统涉及面广，系统结构复杂且需要和现有企业的应用系统有机集成。本书给出一种参考设计框架，其基于工业互联网体系，以工业 APP 和微服务为框架，参考了中台设计概念。

13.3.1　平台功能设计

网络化协同制造系统的明显特点就是工业软件 APP 化，平台分为 4 层体系，如图 13-45 所示。

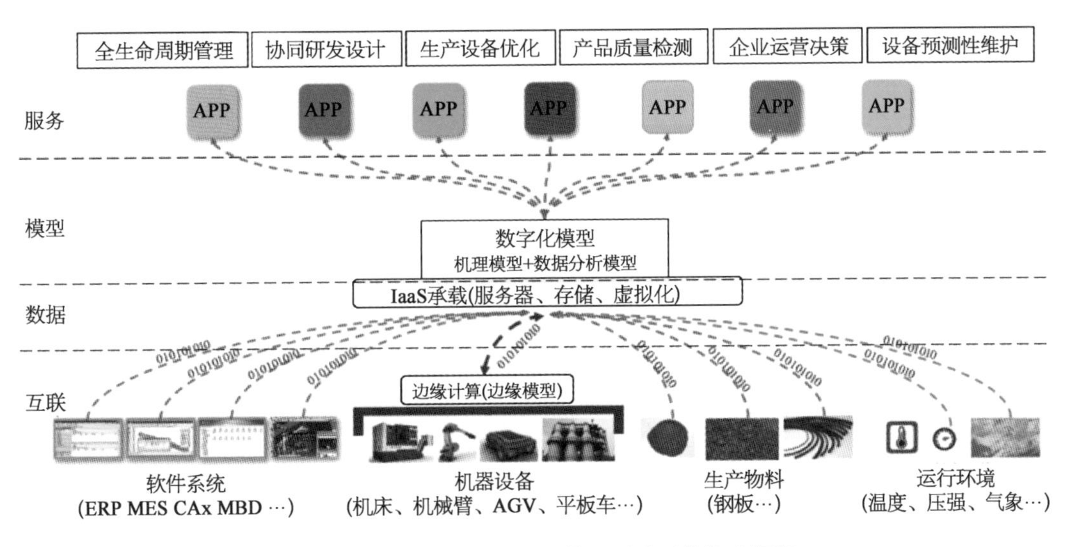

图 13-45　海洋装备网络化协同制造系统技术框架

某大型海洋装备制造企业的网络化协同平台从功能上分为 4 大平台，需求—设计平台、制造—供应链平台、销售—服务协同平台以及大数据决策支持平台。

13.3.1.1　需求—设计协同平台

集成产品设计、工艺设计、服务设计等方面的业务流程，要基于 MBSE 理念的产品设计、工艺设计、服务设计模式。需求管理—设计协同平台包括基于 MBSE 的系统级设计仿真系统、基于 MBD 的三维工艺设计仿真系统以及复杂装备六性设计平台，如图 13-46 所示。

基于数字主线为核心，实现从用户需求捕获到详细设计完成全过程数字化，实现基于知识驱动、模型驱动的智能设计，如图 13-47 所示。

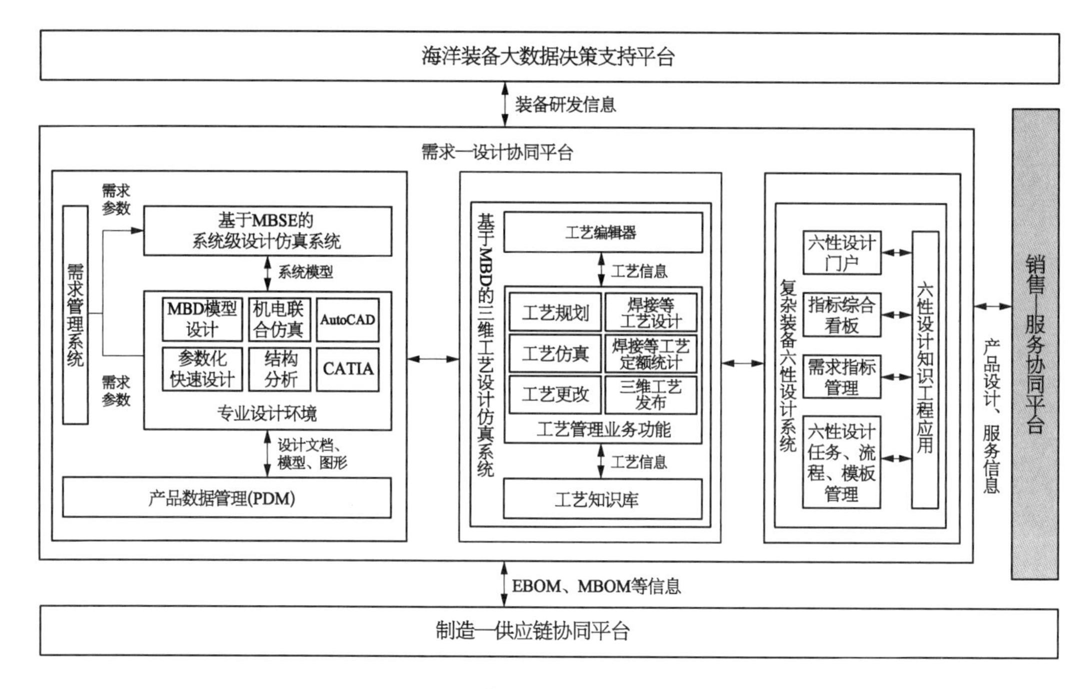

图 13－46　需求—设计协同平台整体架构

13.3.1.2　制造—供应链协同平台

基于工业大数据驱动的产品制造模式，搭建制造供应链协同管理系统、基于工业大数据的多车间制造资源智能分析与决策、智能 MES 系统等应用系统，形成制造—供应链的协同，达到装备生产制造效率与质量的提升。制造—供应链协同平台整体架构如图 13－48 所示。

协同制造的核心是将 ERP、三维工艺、MES 等端到端信息系统集成，实现工艺编制、生产准备、车间生产管控等全过程数字化、网络化管控，大幅缩短生产周期，如图 13－49 所示。

13.3.1.3　销售—服务协同平台

海洋装备运维与服务协同是协同链的后端，也是非常重要的业务流程。在服务型制造模式下，基于产品数据链/制造数据链/服务数据链/资源数据链集成的运维服务新模式将是未来重要方向。该协同平台集成装备健康管理、基于大数据的维修维护管理、交互式电子技术手册系统等应用系统，将销售、用户使用体验、备品备件等协同，促进海洋装备大型复杂起重装备运维服务的远程化、智能化，如图 13－50 所示。

13.3.1.4　大数据决策支持平台

以产品全生命周期的业务流、数据流的核心，形成大数据决策支持平台，包括大数据分析、决策支持展现等功能，如图 13－51 所示。

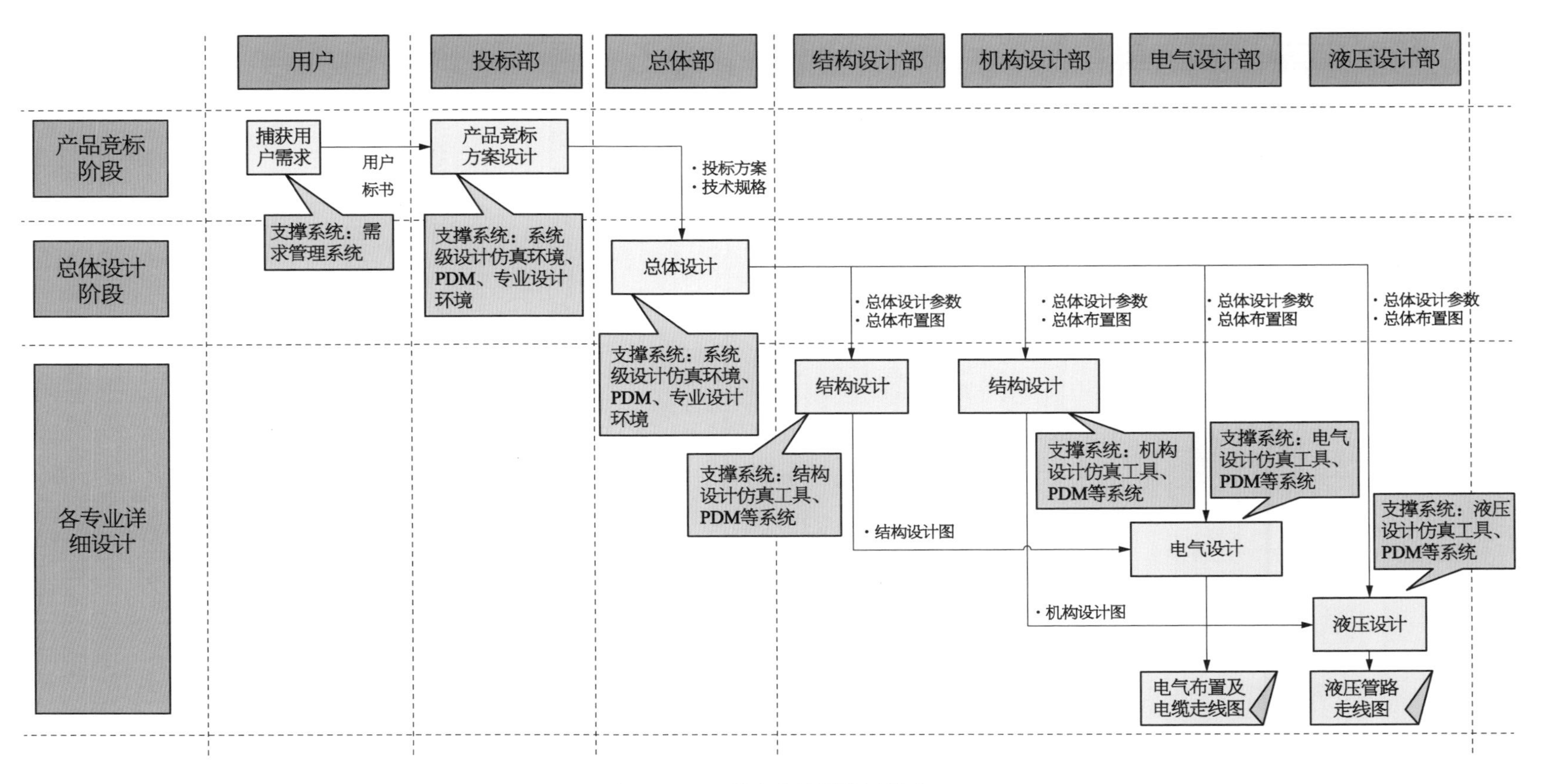

图 13-47 数字化协同设计模式

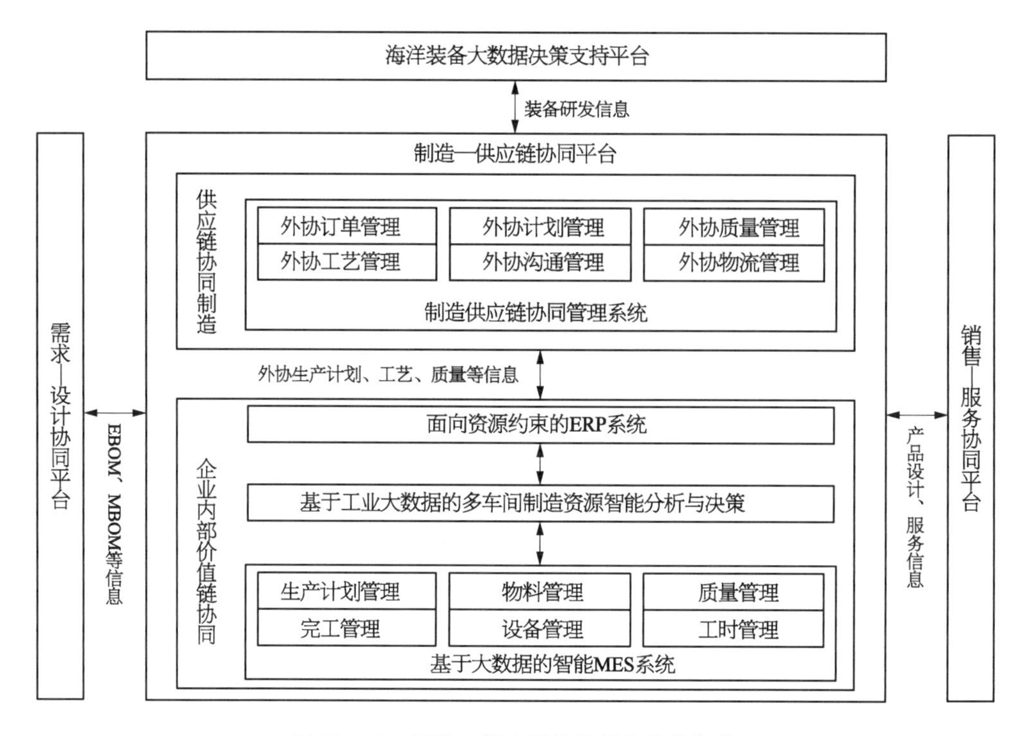

图 13-48　制造—供应链协同平台整体架构

13.3.2　基于中台的平台构架方法

上述面向工业互联网的网络协同制造平台体系复杂,数字转型风险极高。随着数字化和互联网时代的来临,云计算、大数据、微服务、物联网、移动互联等各种新兴技术为企业业务不断发展带来支撑,阿里首先提出"中台"概念,以微服务技术和架构、容器化的生态、DevOps 概念和工具,主要应用在电商领域。所谓"前台"就是贴近最终用户/商家的业务部门,包括零售电商、广告业务、云计算、物流以及其他创新业务等;而"中台"则是强调资源整合、能力沉淀的平台体系,为"前台"的业务开展提供底层的技术、数据等资源和能力的支持,中台将集合整个集团的运营数据能力、产品技术能力,对各前台业务形成强力支撑。这里的前台技术、中台和后台技术,有别于传统计算机系统的后台技术。

海洋装备制造企业规模大,业务多元化、创新化和以用户为中心的需求急剧增加,同时企业的传统信息化建设是逐个建立系统,最终呈现的是烟囱式的架构。重复功能建设和维护带来的重复投资,打通"烟囱式"系统化间的交互的集成和协作成本高昂,不利于业务的沉淀和持续发展。中台的建设过程就是将各系统中通用的、公共的业务抽离出来,以服务的形式沉淀到中台,形成各个服务中心,为众多的业务应用提供统一的服务支持,从而有效解决上述三个问题。并且在中台中的服务要不断地变化,以此适应业务的不断变化,即用业务来滋养服务。这些服务在业务发展的过程中得到持续的演进、功能逐步完善和增强,最终变为企业在该领域最为专业的 IT 资产时,才能真正达

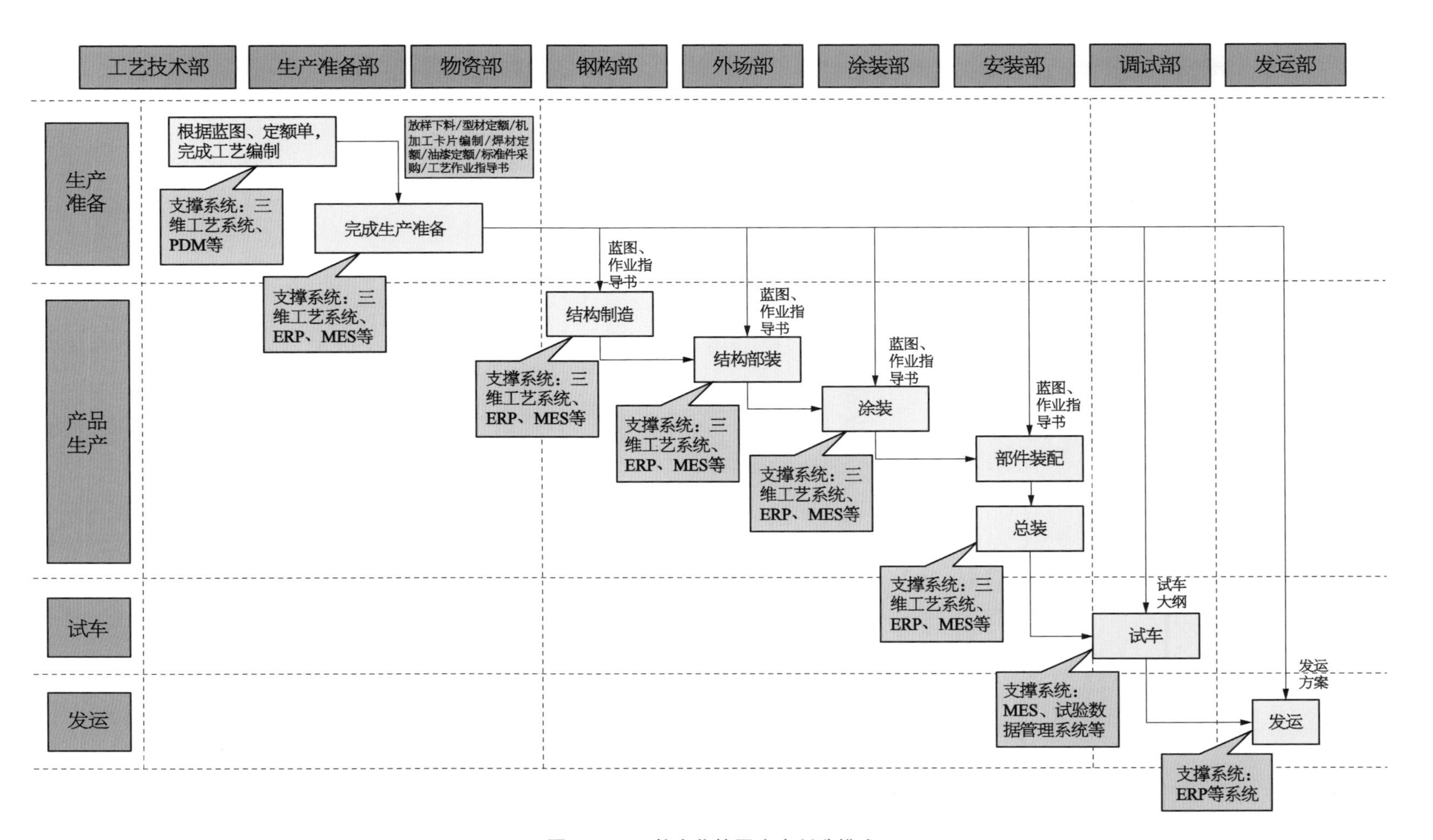

图 13 - 49　数字化协同生产制造模式

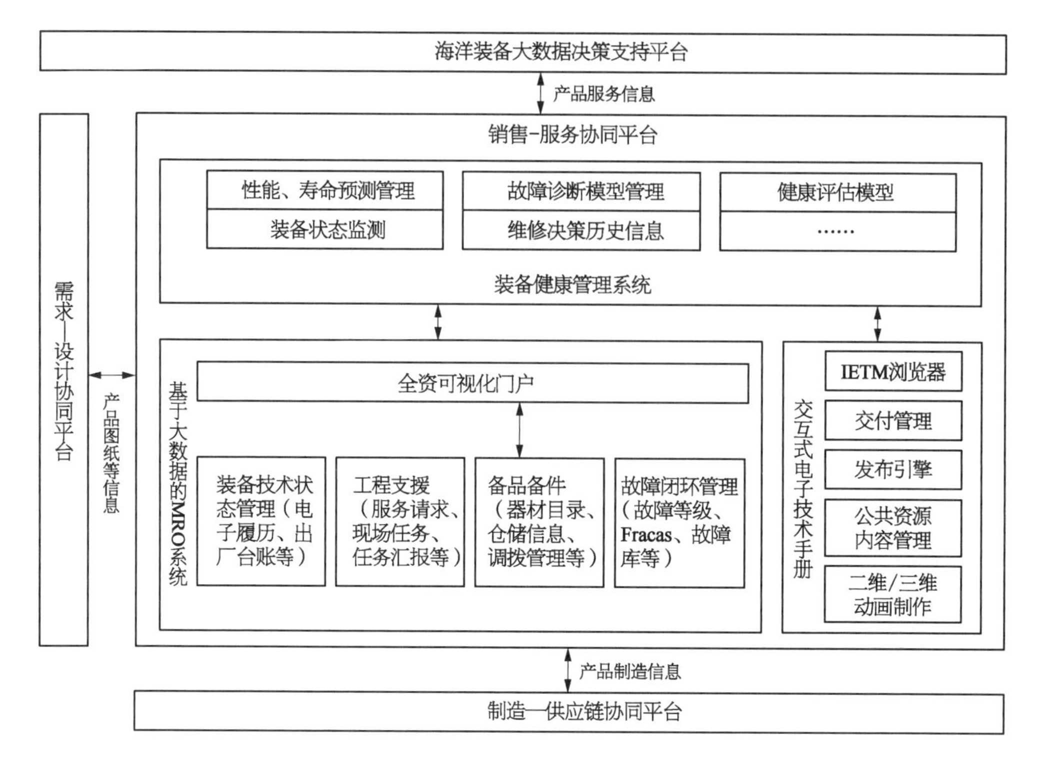

图 13－50　销售—服务协同平台整体架构

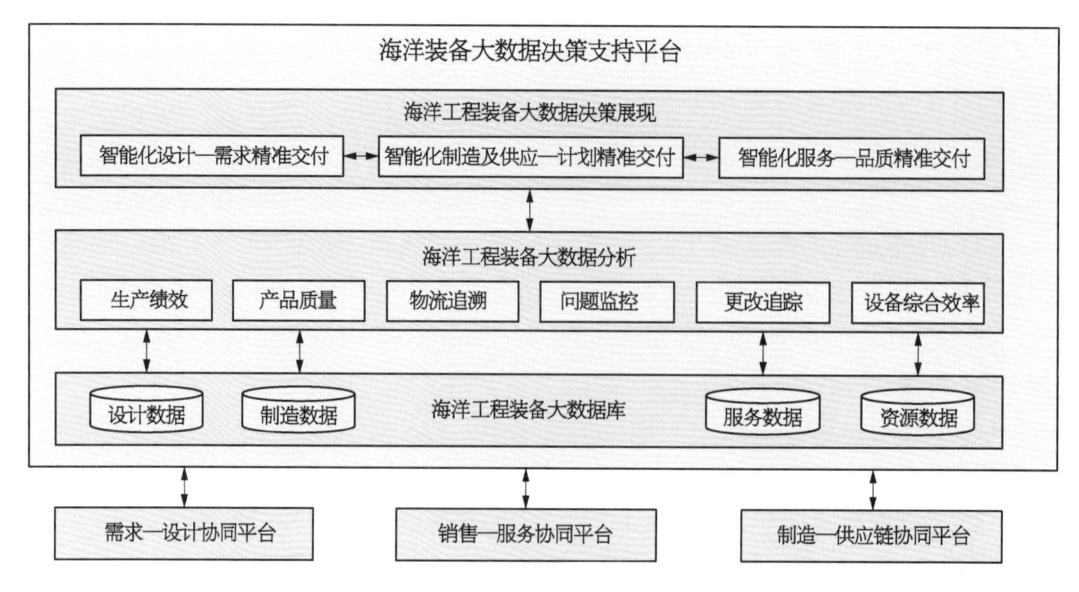

图 13－51　大数据决策支持平台整体架构

到 SOA 中所描述的业务的快速响应。这种模式其实并不是新鲜概念，在企业信息化系统构建的过程中，可通过业务拆分来降低系统的复杂性，通过业务共享来提供可重用性，通过服务化来达到业务支持的敏捷性，通过统一的数据架构来消除数据交互的壁垒。按照业务的重要程度来组织技术的实施方向，不仅着重靠近客户端、以客户需求为中心，还靠近一线的生产者，提供面向制造现场的数字化辅助能力。这种转变迎合了未来智能制造的个性化需求定制。

本书参考阿里中台概念，探索基于“中台”的海洋装备产品工业互联网平台，包括三层架构：前台、中台和后台，如图 13－52 所示。

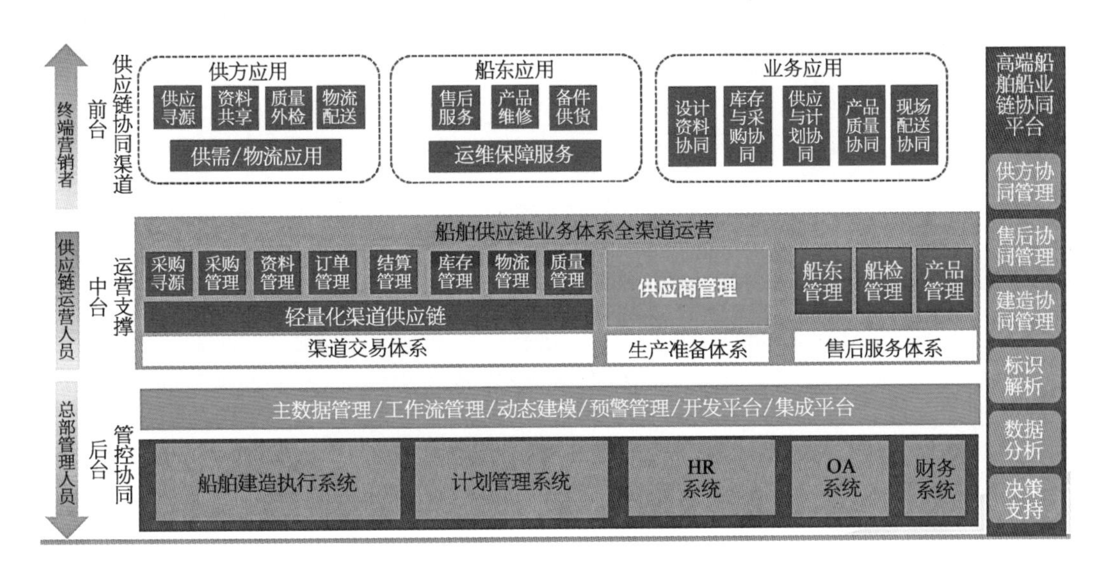

图 13－52　基于中台的海洋装备产品网络化协同平台框架

虽然平台体系发生巨变，然而从技术维度看架构仍然分为 4 层，如图 13－53 所示：

(1) UI 交互层：Windows UI、PC Web UI、移动 App UI、微信小程序 UI、摄像头视觉识别人机界面、语音交互人机界面。

(2) 逻辑层：面向对象技术/组件技术/SOA 服务中间件/微服务中间件技术、人工智能 NLP/机器学习。

(3) 数据层：SQL 数据库/NoSQL 数据库、大数据计算平台/数据仓库数据湖/可视化。

(4) 基础设施层：云计算 IaaS(服务器、存储、网络、文件系统)。

13.3.2.1　前台与后台

(1) 前台。面向两类人群，产品的客户和制造过程的用户，见图 13－54。

(2) 后台。主要是海洋装备生产的内部管理与运营支持技术，包括财务系统、人力资源系统、协同办公系统、供应链系统、生产管理、营销管理、仓储物流等，见图 13－55。

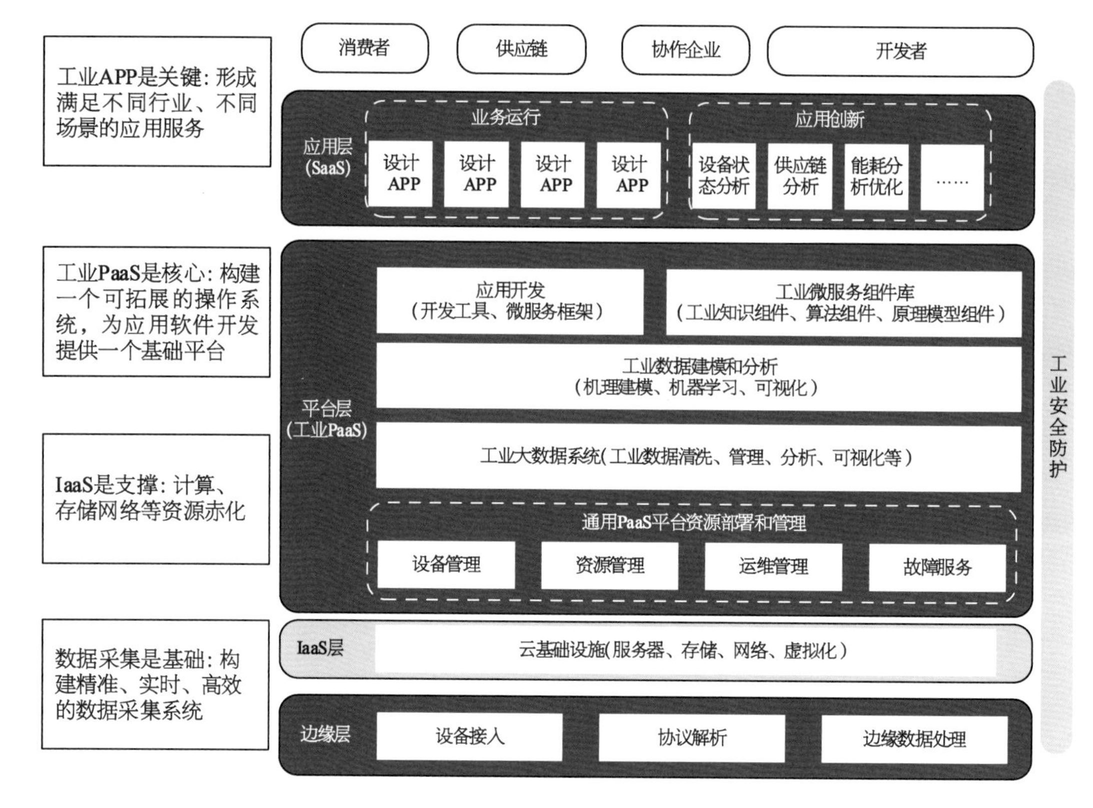

图 13－53　基于工业互联网白皮书的平台构架

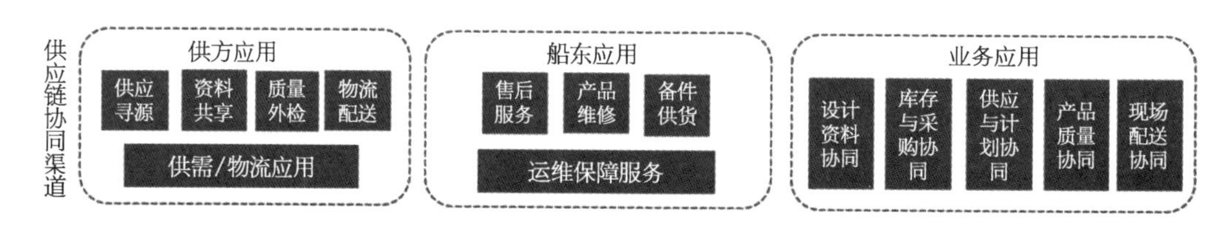

图 13－54　前台的应用类型

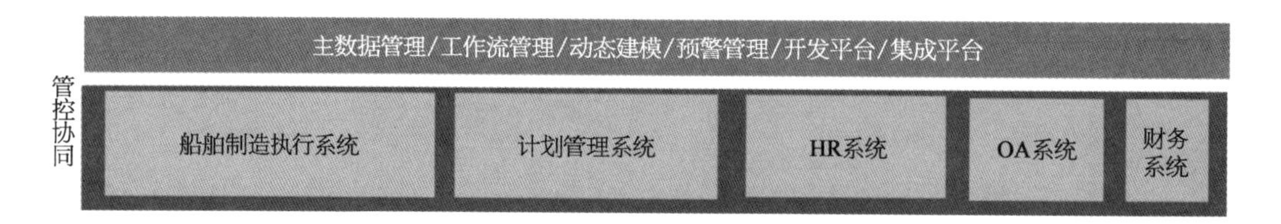

图 13－55　海洋装备产品的后台系统组成

13.3.2.2　中台

中台不是具体系统，而是一个技术架构。中台提供一种数据聚合服务，介于前台和后台之间。企业应用会依赖很多第三方服务和数据，需要一个中间层做数据互通，可以降低频繁更换核心系统的风险。后台系统逐渐只关注某个业务场景的具体实现，而需要消除和外部数据的过多接口。这些数据对接工作逐渐抽离出来放到一个服务层中，这种把各个平台的数据放在一个单独的子模块中做汇总、聚合、转换的设计模式就是中台。中台的作用就是企业数据与应用间的路由器。中台由基础中台、技术中台、数据中台、业务中台共同构成。

1）基础中台

基础中台为大中台模式的底层基础支撑，也称之为 PaaS 容器层。而对于中台模式，要求平台灵活高效，这就意味着对容器集群管理与容器云平台的选择十分重要。目前 Docker 和 Kubernetes 应用最为广泛。常用的基础中台如图 13－56 所示。

图 13－56　常用的基础中台

2）技术中台

从技术层面来讲，大中台技术延续平台化架构的高聚合、松耦合、数据高可用、资源易集成等特性，之后结合微服务方式，将企业核心业务下沉至基础设施中，基于前后端分离的模式，为企业打造一个连接一切、集成一切的共享平台。技术中台架构如图 13－57 所示。

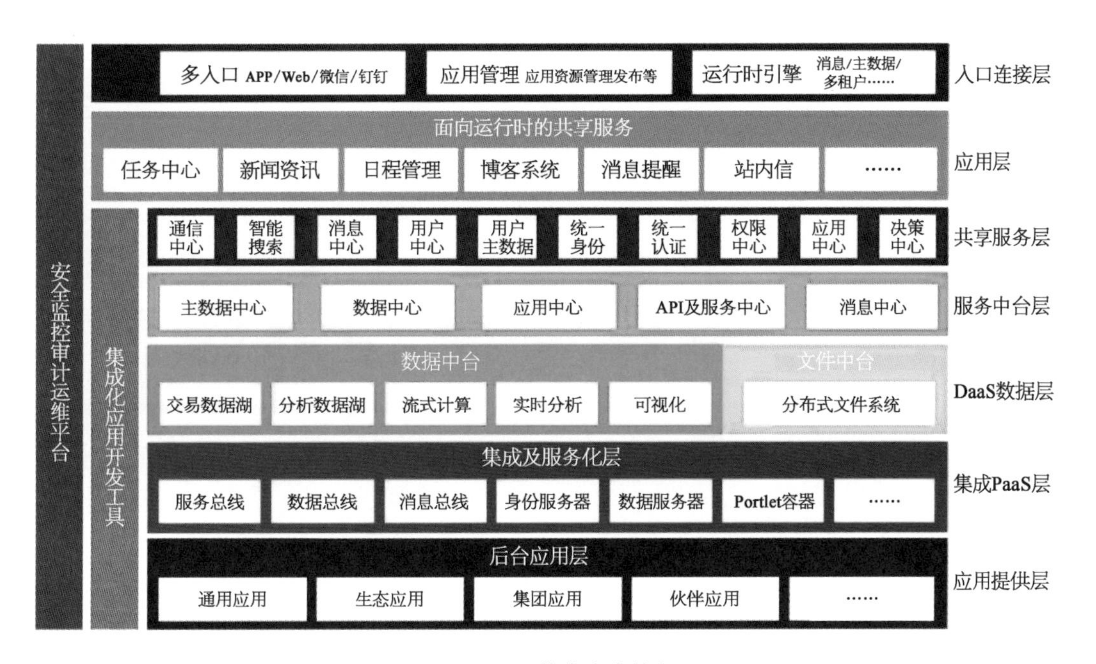

图 13－57　技术中台构架

从技术中台架构中可以看出，底层为应用提供层，即企业信息化系统或伙伴客户相关信息化系统等；上层为集成 PaaS 层，将服务总线、数据总线、身份管理、门户平台等中间件产品和技术融入，作为技术支撑；DaaS 数据层通过数据中台，结合主数据、大数据等技术，发挥数据治理、数据计算、配置分析的能力，服务中台层与共享服务层共同支持应用层中的行业业务，为用户提供个性化的服务。

3）数据中台

随着数字化时代到来，互联网、云计算、大数据、人工智能等技术推动着传统企业的数字化转型，未来企业对人、事、物的管理必定会被数字化全面替代，在数据中台部分，帮助企业进行数据管理，打造数字化运营能力。数据中台中不仅包括对业务数据的治理，还包括对海量数据的采集、存储、计算、配置、展现等一系列手段，数据中台架构如图 13－58 所示。

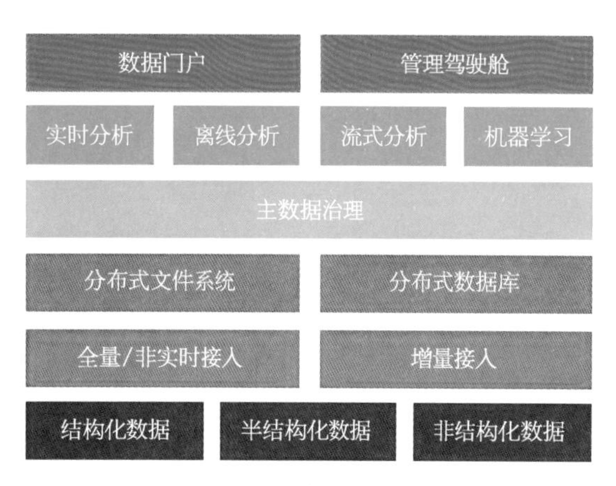

图 13－58　数据中台构架

由图 13－58 可以看出，主要从系统、社交、网络等渠道采集结构化或半结构化、非结构化数据，按照所需的业态选择不同技术手段接入数据，之后将数据存入到相应的数据库中进行处理。通过主数据治理清理脏数据，保证所需数据的一致性、准确性、完整性，之后将数据抽取或分发至计算平台中。通过不同的分析手段根据业务板块、主题进行多维度分析、加工处理，之后得到有价值的数据用于展现，辅助决策分析。

4）业务中台

技术中台从技术角度出发，数据中台从业务数据角度出发，业务中台站在企业全局角度出发，从整体战略、业务支撑、连接用户、业务创新等方面进行统筹规划，由基础中台、技术中台、数据中台联合支撑来建设业务中台。业务中台架构如图 13－59 所示。

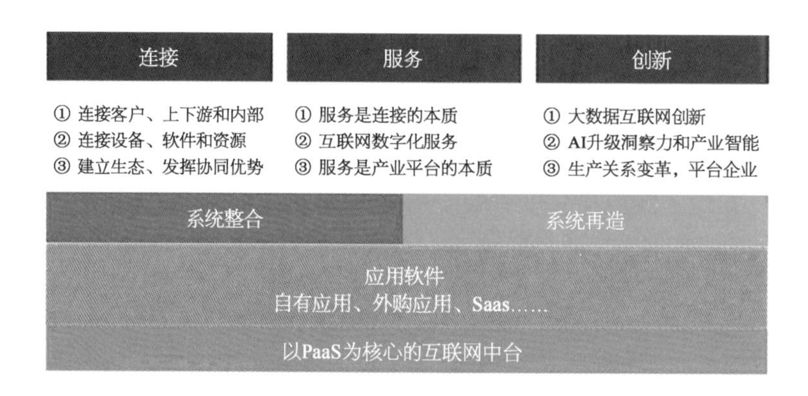

图 13－59　业务中台构架

底层以PaaS为核心的互联网中台作为支撑，通常将开源的、外采的、内研的信息化系统、平台等作为基础的能力封装成核心技术层。通过系统整合、业务流程再造、数据治理分析等一系列活动为企业的业务提供支撑，形成特有的业务层，连接上下游伙伴、内外部客户、设备资源系统，建立平衡的生态环境，支撑业务的发展与创新。

5）微服务治理能力

微服务治理平台可以提供企业级的微服务架构，可以解决企业级应用在微服务框架改造过程中遇到的各种问题。通过该平台，开发者可以快速构建基于微服务架构的微应用系统，只需关心业务功能，而不用考虑其他辅助功能。利用该平台可以轻松实现微服务之间同步异步调用、应用管理、权限控制、限流熔断、服务网关、链路跟踪、服务文档、服务监控等功能。微服务治理平台架构如图13-60所示。

13.3.2.3　基于中台的信息化建设思路

1）建设中台，提供各业务条线所需的共享服务（数据）

应做好企业架构的规划，建立企业的数据与业务中台，将现有各业务系统中通用的、对各业务条线具有重要作用的服务提炼出来，沉淀到中台。同时，中台的建设也能够有效解决信息集成的问题，这也是智能制造的关键支撑能力。

2）依托中台，改变信息系统建设思路

依托中台提供的共享服务能力，将信息系统的建设思路由以业务流程为中心的记录型系统，向以使用者为中心的交互型系统转变。所谓交互型系统（system of engagement），就是强调用户的参与，增强互动，为特定用户量身定制其所需要的特定服务，并且能够快速响应用户需求的不断变化，以此提升信息化对于业务的支撑率。

3）支撑中台，改变IT部门组织架构，按业务条线进行科室划分

以往IT部门的组织架构大多以IT职能进行划分，IT人员的工作大多集中在项目管理上，不利于IT人员对于业务的掌握。建议以各业务条线进行组织划分，如“生产”“供应链”“质量”“研发”等科室，特定的IT人员专注于一个特定的业务领域，对该业务进行深耕。各科室对应中台的各个共享服务中心，不断地将其对于该业务的理解沉淀在中台。这样既能形成企业IT资产，也能为企业培养“IT+业务”的复合型人才。

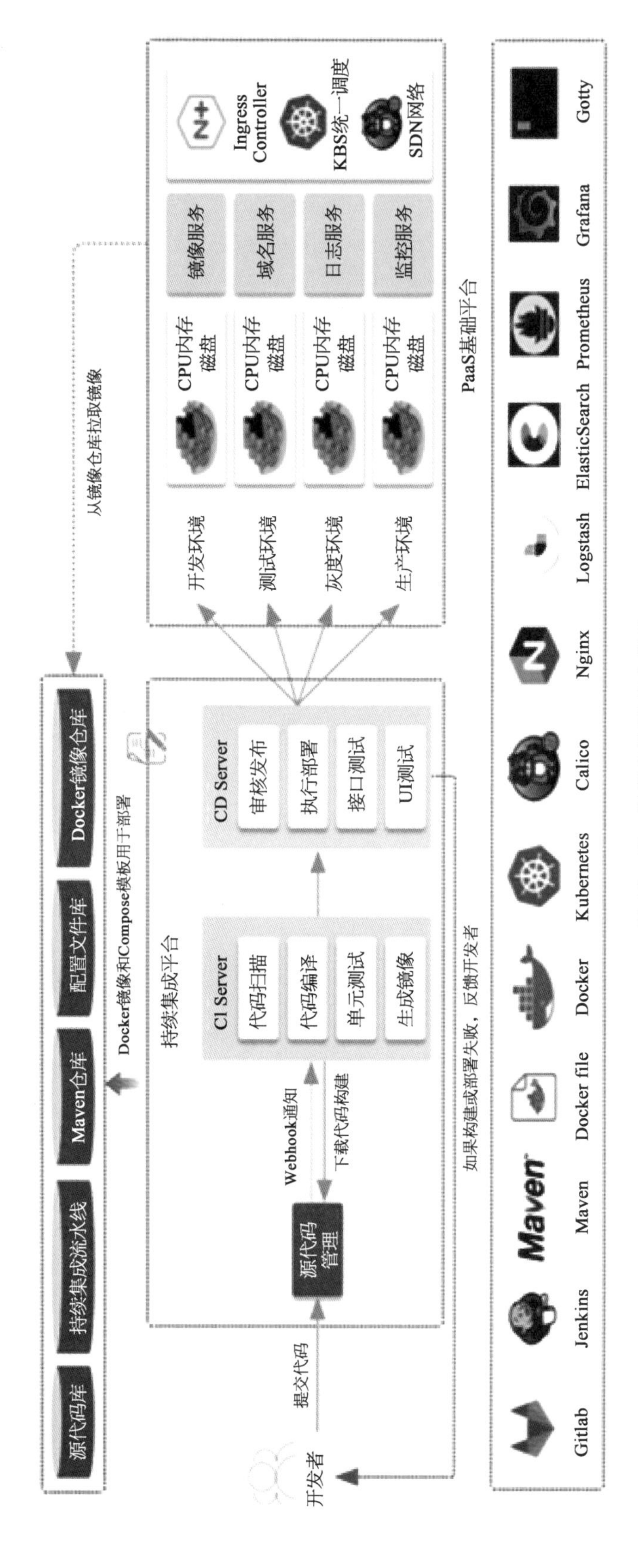

图 13-60　微服务治理平台架构

第4篇

展　望　篇

数字化工程在制造的不同阶段以不同面貌来展现：在自动化为主的阶段，主要体现设备的自动化、数字化控制；在网络化为主的阶段，制造过程的互联互通作为重点。当前海洋装备数字化工程同时处在多个制造阶段中，从工业 1.0－3.0 的各个阶段，发展很不平衡。数字化正快速改变现状，新一代通信技术（如 5G）、工业人工智能技术等使得我国海洋装备制造，迈上更快发展的道路。

第 4 篇展望当前最先进的通信技术、数据处理技术和人工智能技术等技术在海洋装备制造中的应用。

海洋装备数字化工程

第 14 章　展望——新一代海洋装备产品智能制造

在工业 2.0、3.0 时代考验的是生产一样东西的能力，工业 4.0 时代考验的是生产不一样东西的能力。海洋工程装备产品的生产模式就是多品种、小批量、个性化，展望未来，海洋装备生产传统的自动化集成模式正在向新一代制造模式转变，如图 14-1 所示，数字化的技术将渗透到制造业全产业链、全价值链、全生命周期中，持续为制造业企业带来机会，也带来巨大挑战。当前有两个根本性的技术变革：新一代通信技术(5G)和人工智能。

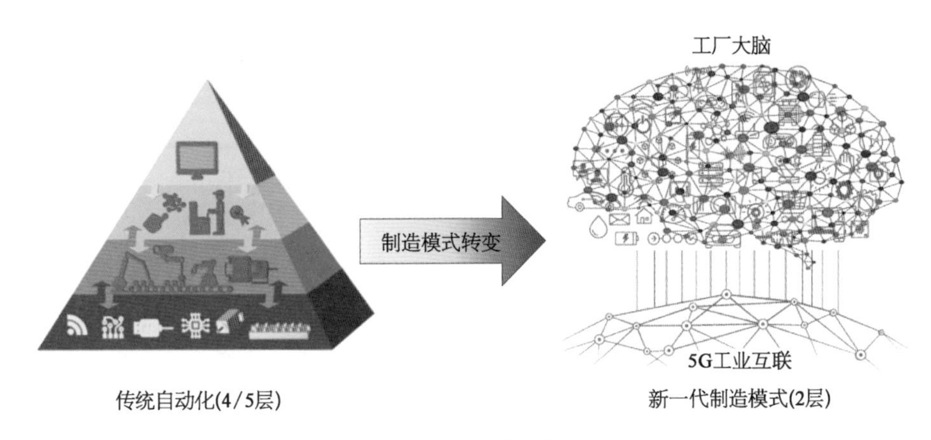

图 14-1　制造模式的变革

14.1　5G 赋能的工业物联网

工业物联网的出现很大程度上推动了智能制造的发展，促进了工业的转型与升级。但是随着时代变化和技术的革新，智能制造对工业物联网也提出了越来越高的要求，5G 将对物联网形成巨大促进。基于 5G 的工业物联网如图 14-2 所示。

“5G”即“第五代移动通信技术标准”，5G 的网络速度将是 4G 的 100 倍甚至更多，未来 5G 网络的峰值甚至可达到 20 Gb/s。其实 5G 不仅仅是快！GSMA 给出 5G 网络的八项标准，其中一个连接需要满足其中大部分才能符合 5G 标准：1～10 Gbps 与该领域端点的连接(即非理论最大值)；1 ms 的端到端往返延迟(延迟)；每单位面积 1 000 倍带宽；10～100 倍的连接设备数量；99.999%的可用性；100%的覆盖率；网络能源使用量减少 90%；低功耗，机器型设备的电池寿命可达 10 年。

5G 的关键技术在无线传输方面包括：大规模多输入多输出(massive MIMO)、基于滤波器组的多载波技术(FBMC)、全双工等无线传输及多址技术；在无线网络方面包括：超密集异构网络技术(UDN)、自组织网络(SON)、软件定义网络(SDN)、内容分发网络

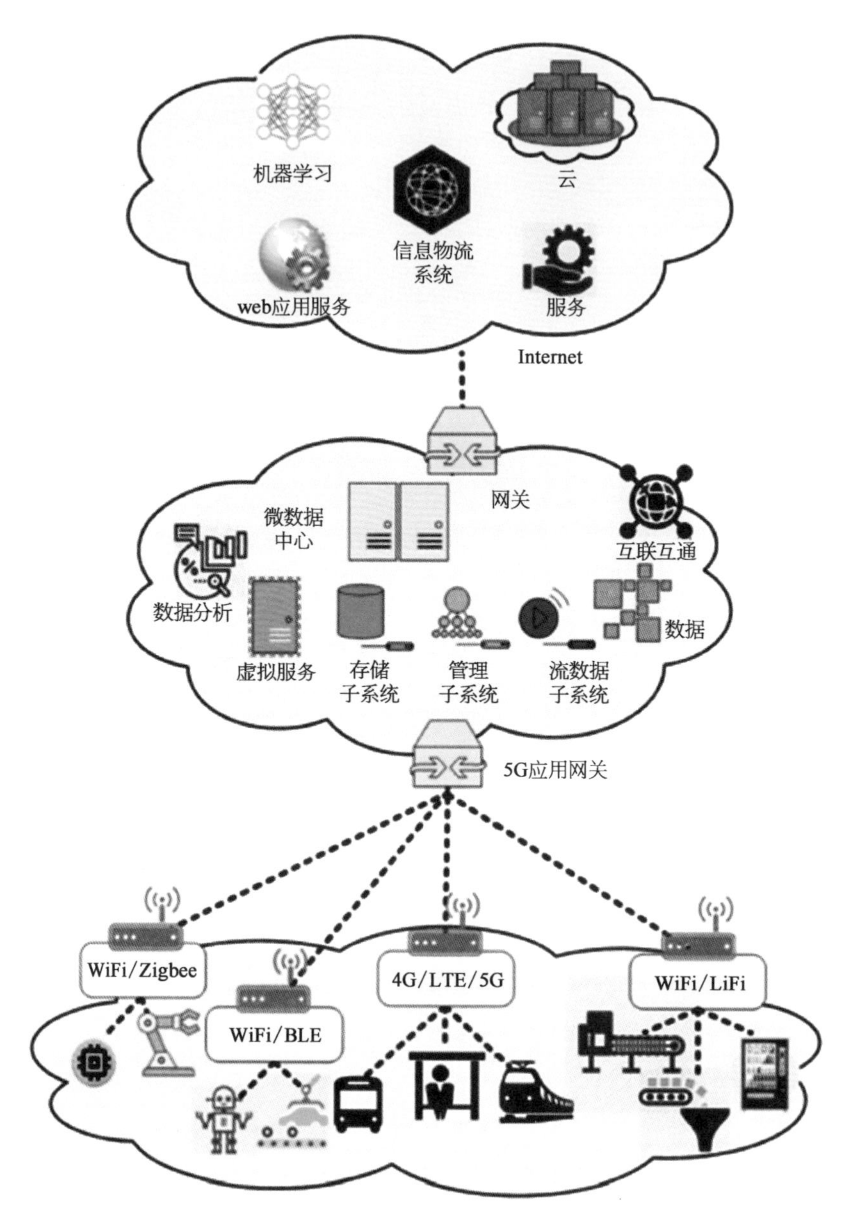

图 14-2　基于 5G 的工业物联网

(CDN)。5G 将使得工业物联网凸显信息感知、传输、处理、决策和施效五大功能，如图 14-3 所示。

(1) 泛在化、互联性(信息感知)：利用 RFID、传感器、定位设备等感知设备，构建面向制造车间的泛在网络，实现人员、设备、物料、产品、车间、工厂、信息系统乃至产业链所有环节的互联互通，以及资源属性、制造状态、生产过程等数据的全面感知与采集。5G 促进工厂与工厂 OT 融合，如图 14-4 所示。

(2) 可靠性、实时性(信息传输)：将制造车间物理实体接入物联信息网络，依托多种信息通信方式，实现网络覆盖区域内的多源信息的可靠、实时交换与传输，打通制造企业

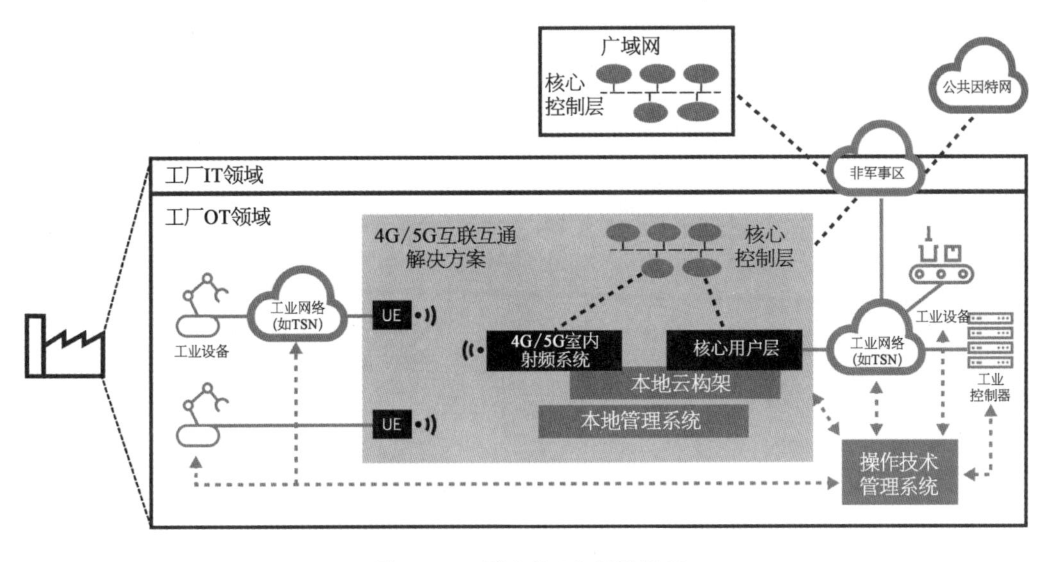

图 14-3　爱立信 5G 制造框架

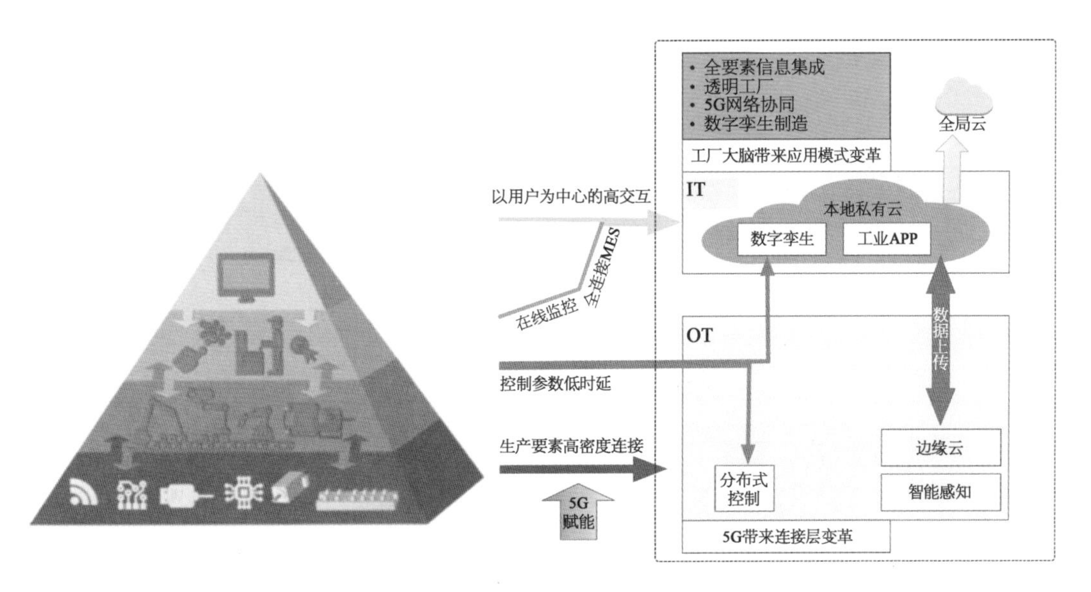

图 14-4　5G 促进 IT 和 OT 融合

端到端数据链。

(3) 关联性、集成化(信息处理)：通过多种数据处理方法，对海量的感知信息进行智能分析与处理，形成可被优化决策使用的标准信息，并支持来自异构传感设备的多源制造信息的集成管控。

(4) 自主性、自适应性(知识生成)：根据实时采集的多源制造数据，自主分析与判别执行过程及资源自身行为，实现制造过程的动态响应，并依据相关知识、数据模型和智能算法，实现面向制造过程的动态资源能源配置与生产管控自适应决策。

(5) 精准化、协同化(数据驱动)：依据决策方案，调节制造资源或制造过程，使对象处于预期的执行状态，并通过实时数据的集成共享，实现各单元、全过程、所有环节的协同优化及精准控制。

对于海洋装备生产的高离散型特点，互联互通在向着更多的无线连接演进。5G 有望为海洋装备生产的关键作业带来高可靠性、低时延、可扩展性、高安全性和无处不在的移动性。同时 5G 为海洋装备工业物联网的无数应用提供网络容量和性能，在制造过程多样化的背景下，可以连接制造现场的各种物流车辆和其他移动物体、连接各种机器人、自动化设备，甚至连接到每一个现场工人。5G 网络为海洋装备制造商提供了建设智慧工厂的机会，5G 接入了更多的数据，并可控制更多的对象，以实现自动化、人工智能、故障诊断、增强现实应用和物联网等技术在制造现场的落地应用。图 14-5 给出了 5G 驱动的工业互联网协同体系。

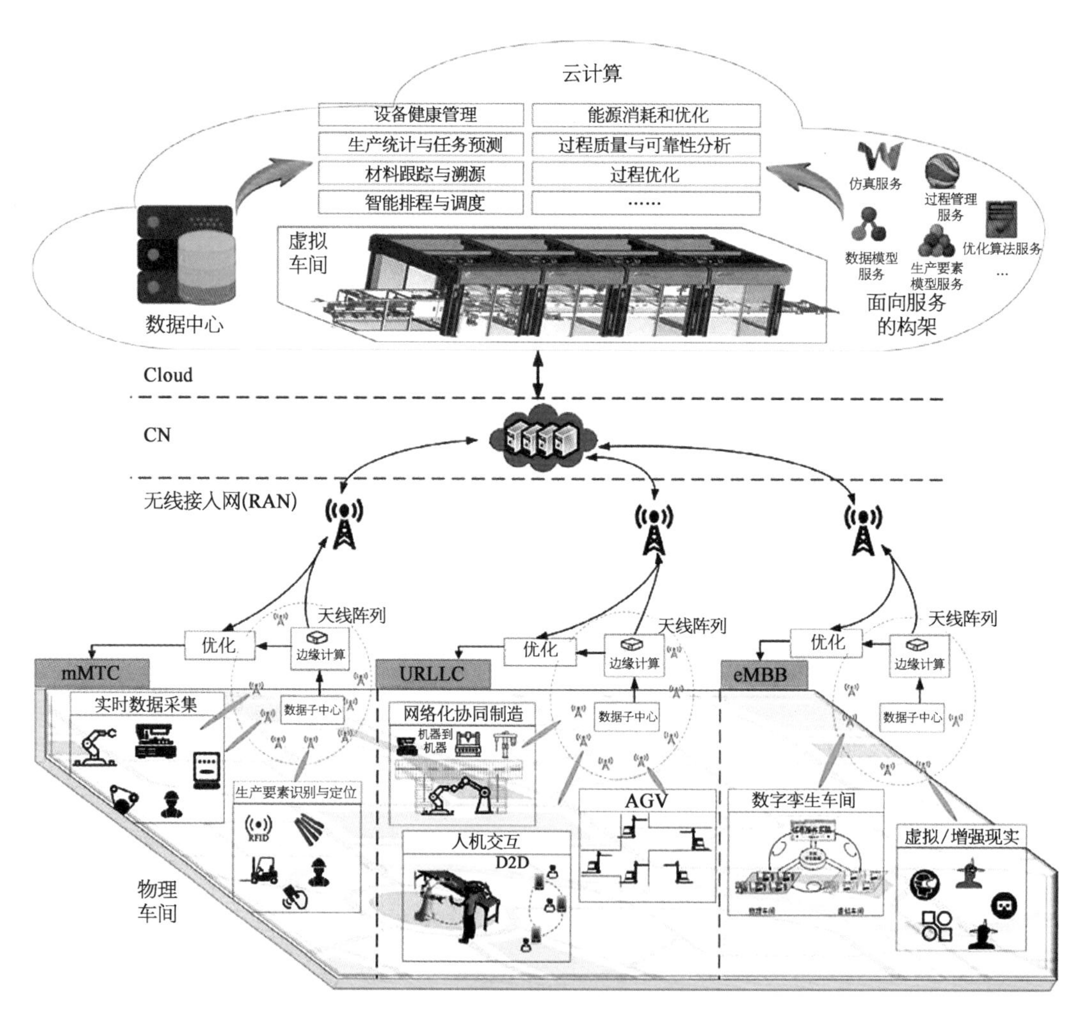

图 14-5　5G 驱动的工业互联网协同体系

14.2　AI 赋能海洋装备产品制造

2017 年，国务院印发的《新一代人工智能发展规划》中明确提出，围绕提升我国人工智能国际竞争力的迫切需求，新一代人工智能关键共性技术的研发部署要以算法为核心，以数据和硬件为基础，以提升感知识别、知识计算、认知推理、运动执行、人机交互能力为重点，形成开放兼容、稳定成熟的技术体系。

人工智能驱动的工业大脑与精益管理的目标不谋而合，都是旨在缩短从原物料到生产最终成品的消耗时间，有助于促成最佳质量、最低成本及最短的送货时间。精益管理在生产价值流中识别的 7 大浪费均可通过工业大脑做到小的、渐进的、连续的改善。7 大浪费包括生产过剩、现场等候时间、不必要的运输、过度处理、存货过剩、不必要的移动搬运、瑕疵，如图 14－6 所示。

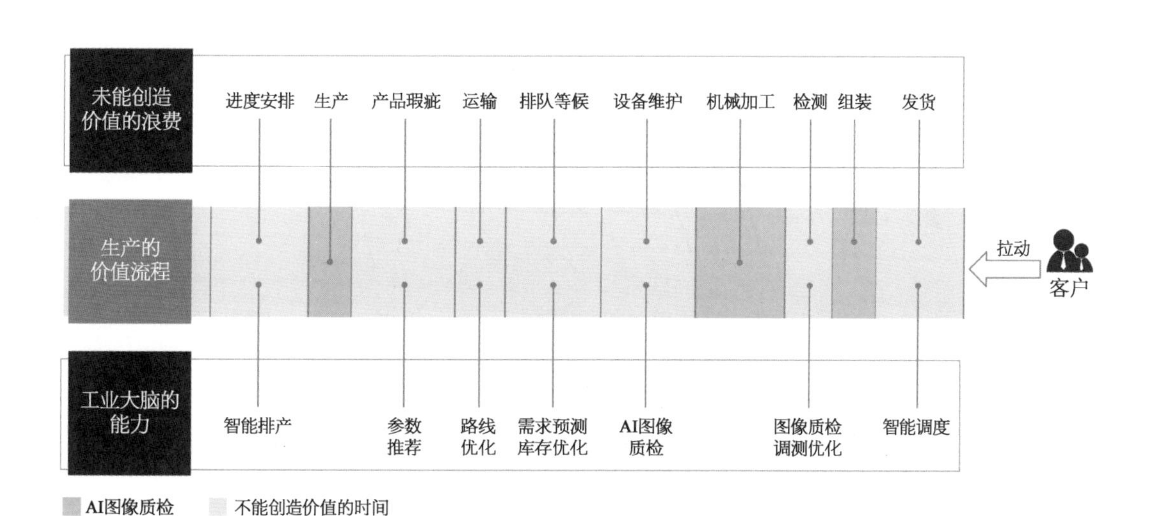

图 14－6　工业大脑解决生产过程的 7 大浪费

人工智能在全生命周期中体现不可替代作用。以下仅列举几个应用案例。

1）AI＋设计优化

通过结构分析历史数据，对类似结构进行结构强度快速筛选，如图 14－7 所示给出了一种基于迁移学习的设计优化方法。

2）AI＋生产作业安全监控

海洋装备生产的环境复杂，现场作业的生产设备、车辆、人员的材料管理复杂，不同作

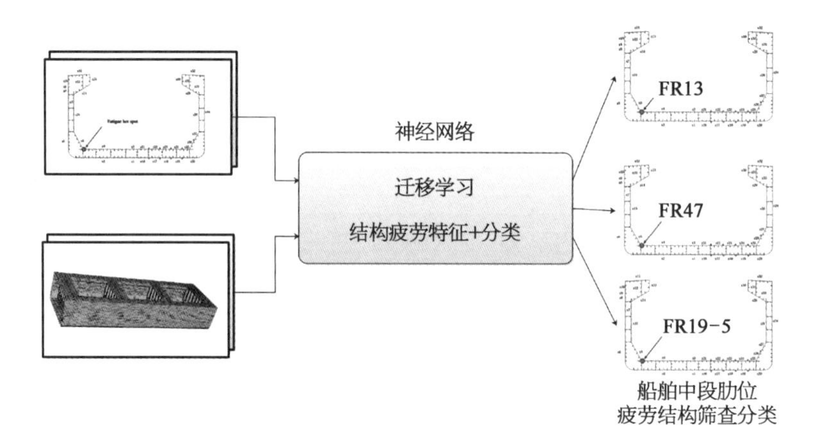

图 14-7　基于迁移学习的船舶中段结构强度校核

业区域的安全风险等级不同，管理难度大。现有的安全员在现场管理效率低，不能及时识别和制止危险作业，难以避免隐患发生。在某大型海洋装备生产中，同时有近 5 000 人作业，人的安全风险、防火的安全要求都较高。因此，应通过计算机等手段，特别是计算视觉的相关技术，动态识别现场环境、HSE 的作业风险情况，并和相关管理信息系统相结合，实现即时的预警预控，降低安全风险。基于计算视觉的生产作业智能监控，如图 14-8 所示。

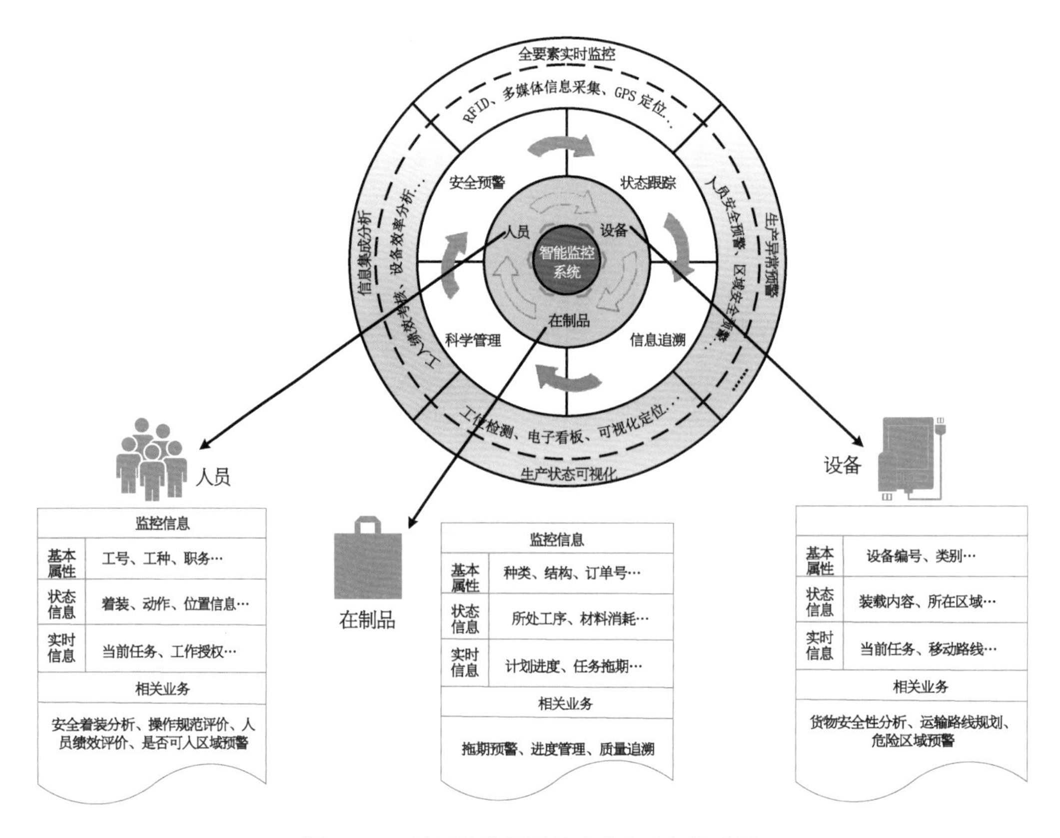

图 14-8　基于计算视觉的生产作业智能监控

3) AI+运维

基于人工智能的预测性维护能预测故障,对在役运行设备采取主动策略进行维修、更换系统,能极大地节省开销,提高在役运行的可用性。并在出现故障之前,通过预测设备的剩余使用寿命(remaining useful life, RUL)就可以提前准备备品备件,用来更换不可靠的组件。预测性维护避免了两种极端,最大化地利用资源。它将检测异常和故障模式,早早地给出警报,这些警报能促使人们更有效地维护这些组件。深度学习下的设备 RUL 测评系统如图 14-9 所示。

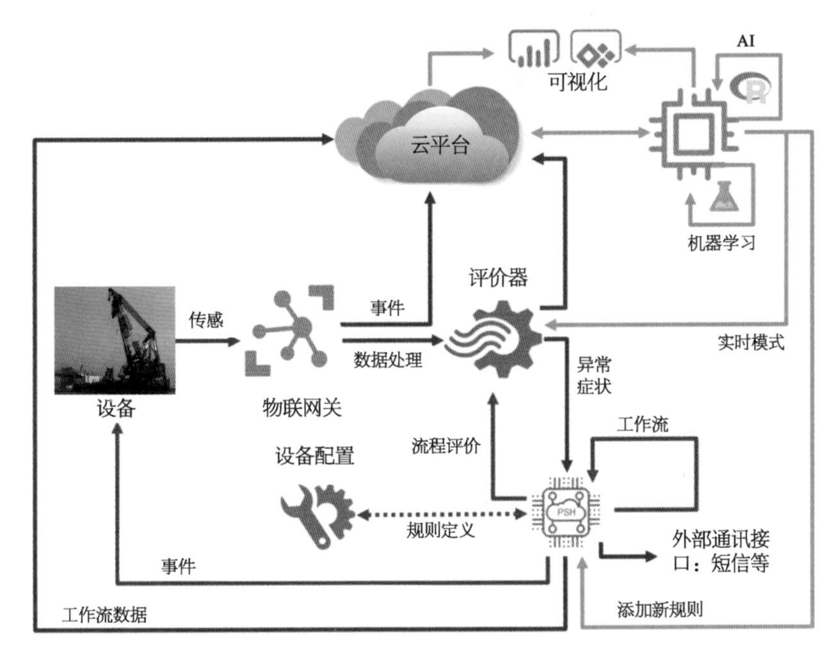

图 14-9　深度学习下的设备 RUL 评测系统

14.3　数字孪生制造

2002 年美国 Michael Grieves 教授首先提出数字孪生(Digital Twin,也译为数字双胞胎)概念。数字孪生可以分为 3 个部分:物理实体、虚拟模型以及连接虚实空间的数据和信息,如图 14-10 所示。简而言之,数字孪生就是建立与实际物理模型相对应的虚拟模型(数字模型、物理模型的镜像),而且两个模型之间能够实现动态的信息流动与交互。

其实数字孪生概念可以追溯到美国 NASA 的阿波罗计划,NASA 建立了两个完全独

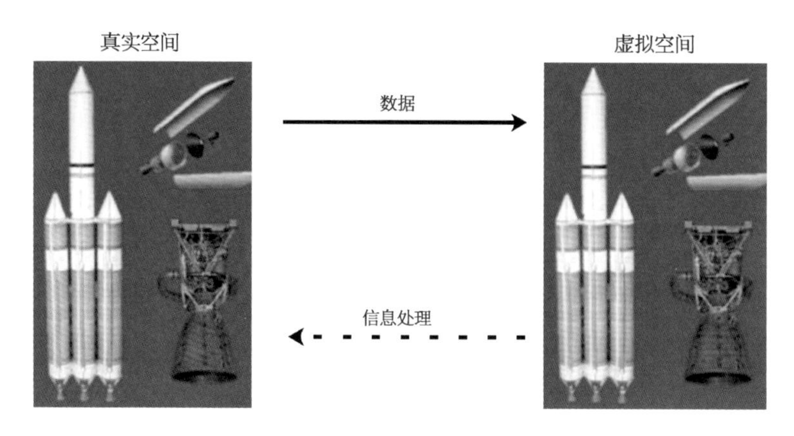

图 14－10　数字孪生概念模型

立的空间飞行器：一个在太空执行任务；一个在地球实验室中被称作“孪生体(twins)”，用来模拟太空中飞行器的真实状态，利用真实的模拟数据反映飞行器的飞行条件和状态，这可以被认为是数字孪生的最早前驱。智能制造和工业 4.0，尤其是 CPS 推动了数字孪生概念，有别于数字样机技术主要针对产品设计阶段，数字孪生在设计阶段、制造阶段与服务阶段都有应用，不仅成为产品或资产的数字化交互载体，而且应用在生产过程、物流等无形的过程中。

因此，本书作者认为数字孪生制造，就是基于数字孪生技术的生产制造技术，贯穿在研发数字主线上的一系列数字孪生过程。数字孪生并不局限于单一的应用(图 14－10 中 V 形)，也不局限于整个生产运营中的单一角色，它的价值是通过上下文信息传递来实现的，如图 14－11 所示。

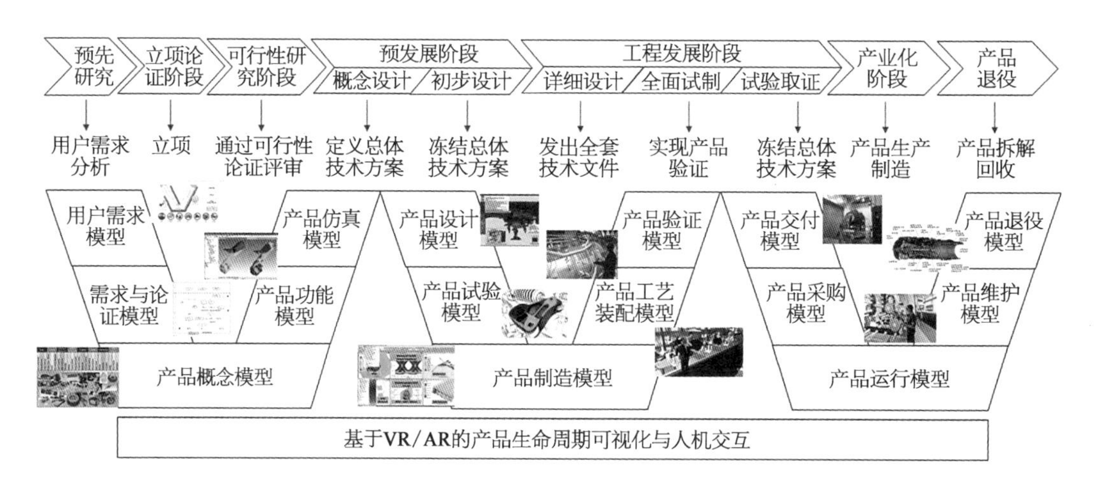

图 14－11　数字孪生制造体系

海洋装备的生产向数字化、网络化和智能化方向发展，实现数字化工程，数字孪生制造是大势所趋。

1）产品设计阶段

在设计和研发阶段，数字孪生与数字样机面临的问题完全一致。海洋装备研发在多学科的仿真、虚实数据之间的交互等非常困难，尤其是设备的磨损、疲劳、断裂等机理模型，这些设计将影响产品的安全使用，还影响到成本和制造工艺。根据产品设计目的不同，数字孪生应用在产品需求分析、产品概念设计和产品详细设计三个阶段，如图 14－12 所示。

① 在需求分析阶段，设计人员收集产品的历史使用数据、故障数据等，设计、工艺及加工制造，包括用户在统一的数字孪生模型上进行综合需求评估和规划。

② 在概念设计阶段，设计人员根据面向需求分析的数字孪生模型，确定产品优化目标，形成面向概念设计的数字孪生体。

③ 在详细设计阶段，设计人员在考虑优化目标和设计约束的条件下，利用集成的三维实体模型定义产品的信息，包括几何信息、非几何信息与管理信息，即前文提及的 MBD 数字模型。利用该 MBD 产品模型进行虚拟验证，包括应力分析、疲劳损伤分析、结构动力学分析等形成的数字样机，也即产品数字孪生体。

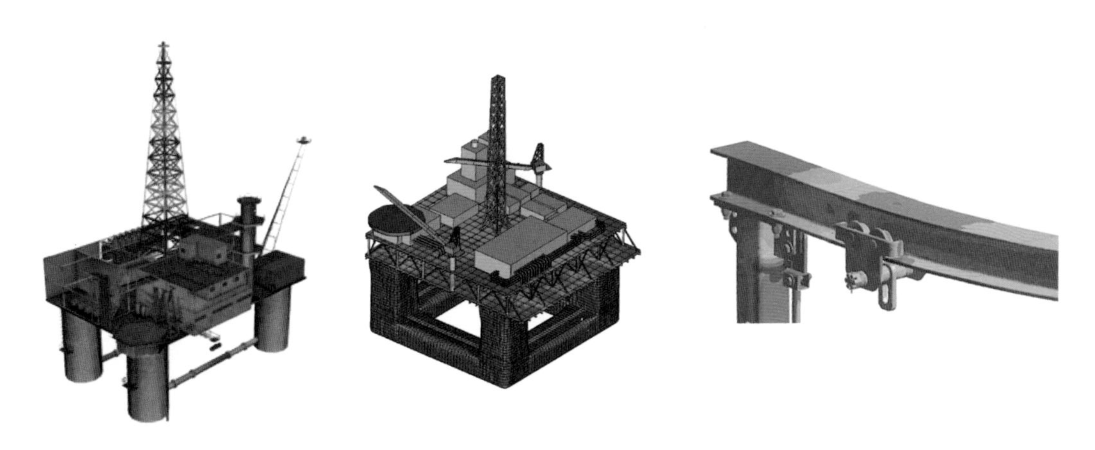

图 14－12 海洋装备产品设计阶段数字孪生

2）产品制造阶段

产品制造阶段的数字孪生，就是产品生产过程的数字化映射，包括了生产过程的“人—机—料—法—环”各个要素，构成数字孪生生产模型。海洋装备数字孪生生产模型，关注的就是生产中的组织过程、管理过程等。海洋装备数字孪生生产模型的尺度变化较大，小到生产单元、产线，大到整个企业，不同尺度的数字孪生生产模型如图 14－13 所示。主要使用在以下领域：

① 通过选择必要的设备和数字化的生产单元设计，可以模拟生产单元中所有的部件是如何组合在一起的，进行设计布局、可视化物流。

② 在海洋装备产品投产之前，进行瓶颈分析，模拟产线自动化动作、PLC 控制，实现虚拟调试，帮助测试和优化新的生产线，以减少真正调试的时间和风险。

③ 海洋装备供应链计划和生产计划极为复杂，对作业计划一样可以建立作业计划数字孪生模型。针对企业对计划不同层次的需求，进行工厂排产和执行计划建模，用来监控现有计划执行、预测计划执行阻碍。

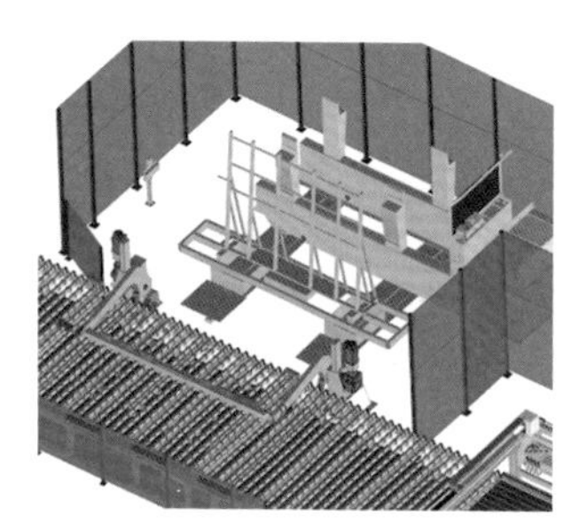
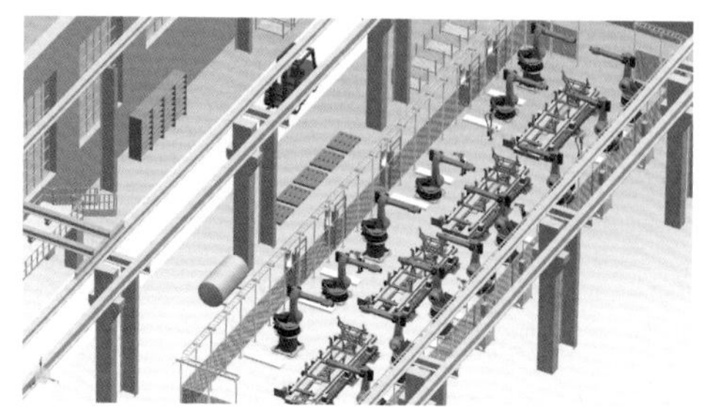

图 14－13　不同尺度的数字孪生生产模型

3）产品服务阶段

2020 年，工信部在《智能船舶标准体系建设指南》中列举智能船舶关键技术应用，它们分别是信息感知、网络与通信、网络安全与信息安全、数据管理与应用、系统集成、分析与控制、数字孪生(体)。指南首次将数字孪生作为关键技术列入，将海洋装备进行数字映射，建立在役场景和数字孪生模型场景的实时同步映射，用于指导虚实融合场景的构建。

具体而言，海洋装备产品服务阶段的数字孪生模型，是在海洋装备产品提交给用户之后，运营方在数字孪生产品模型之上，建立的数字孪生运维模型。该模型从实物装备上获取数字输入(振动、热量等)，对输入进行分析，然后用于更可靠、更有效地安排这些机器的维护，如图 14－14 所示。

图 14－14　数字孪生船舶示意图

正如麦肯锡报告所提及，数字化革命正在攻破制造业的城墙，新一代通信和新型计算能力的爆炸式发展以及人工智能、人机交互技术等领域的进步都在进一步激发创新，也进一步改变制造模式。在未来十年里，数字化制造技术将会改变产业链的每个环节，从研发、供应链、工厂运营到营销、销售和服务。设计师、管理者、员工、消费者以及工业实物资产之间的数字化链接将释放出巨大的价值。数字化工程将会使企业通过数字主线技术连接实物资产，促进数据在产业链上的无缝流动，链接产品生命周期的每个阶段，形成数字孪生制造，并彻底更新制造业的版图。

全球制造业数字变革将持续数十年时间或者更久，但领先者已经行动起来。在审视制造业的价值驱动因素，并将其与企业数字化的抓手进行匹配时，企业应始终关注提高运营效率、进行产品创新，提升企业数字能力。

海洋装备产品的数字化工程虽然路漫漫，但是值得期待！

参 考 文 献

[1] 李德成.海洋工程装备产业现状与发展对策研究[J].船舶物资与市场,2020(04):55-56.

[2] 周军华,薛俊杰,李鹤宇,等.关于武器系统数字孪生的若干思考[J].系统仿真学报,2020,32(04):539-552.

[3] 张柏楠,戚发轫,邢涛,等.基于模型的载人航天器研制方法研究与实践[J/OL].航空学报,2020:1-9[2020-05-15]. http://kns.cnki.net/kcms/detail/11.1929.V.20200403.1559.015.html.

[4] 高雅娟,徐小芳,刘钊.基于模型的系统工程在通用质量特性评估验证中的应用研究[J].测控技术,2020,39(03):9-12+83.

[5] 王扬.基于模型的系统工程在航电系统设计中的研究与仿真[J].数字技术与应用,2020,38(02):128-130.

[6] 王洋.基于海洋工程装备及高技术船舶的发展分析[J].船舶物资与市场,2020(02):65-66.

[7] 李利民,毕晋燕,丁卫刚,等.船舶与海洋工程装备智能车间可视化管控系统的开发与应用[J].现代工业经济和信息化,2020,10(01):49-51.

[8] 李利民,袁宝泉,毕晋燕,等.船舶与海洋工程装备生产计划与物资配送管控系统的开发与应用[J].现代工业经济和信息化,2019,9(12):18-20.

[9] 胡晓义,王如平,王鑫,等.基于模型的复杂系统安全性、可靠性分析技术发展综述[J].航空学报,2019:1-12.

[10] 杨莹,丁健,李伟.系统工程在飞机设计上的应用与实践[J].装备制造技术,2019(11):140-144+155.

[11] 祝能,陈实,蔡玉良,等.传感器数据在船舶数字化中的应用价值与挑战[J].中国造船,2019,60(03):209-223.

[12] 洪术华,宋雍,叶景波,等.海洋工程发展现状与跨越发展战略[J].船舶工程,2019,41(S2):264-268.

[13] 吴平平,陈峰.海洋工程装备关键技术和支撑技术分析[J].机电工程技术,2019,48(07):50-51.

[14] 陆军,邓达纮,张静波.海洋工程装备制造现场大尺寸组网测量研究[J].广东造船,2019,38(03):52-54.

[15] 张利.海洋工程装备关键技术和支撑技术研究[J].化工管理,2019(17):120-121.

[16] 胡京煜. 基于模型的系统工程方法在导弹总体设计中应用[J]. 科技与创新,2019(11): 153 - 155.
[17] 王聪. 基于海洋工程的装备及高技术船舶发展分析[J]. 化工管理,2019(13): 185 - 186.
[18] 许文文,梅瑛,何镏源. 变薄拉深筒形件尺寸偏差的分析与研究[J]. 锻压技术,2019,44(04): 90 - 94.
[19] 窦慧. 在组织中实践基于模型的系统工程[J]. 科技导报,2019,37(07): 55 - 61.
[20] 董丽喆. 基于数字主线的数字化研制与开发[N]. 中国航天报,2019 - 04 - 11(003).
[21] 杨冬梅,蒋立琴. 船舶及海洋工程装备材料标准体系表的编制分析[J]. 中国标准化,2019(06): 207 - 209.
[22] 陶飞,刘蔚然,张萌,等. 数字孪生五维模型及十大领域应用[J]. 计算机集成制造系统,2019,25(01): 1 - 18.
[23] 林嘉睿,郭烽,齐峰,等. 船舶数字化制造的测量技术创新[J]. 中国测试,2018,44(12): 1 - 5+18.
[24] 巩庆涛,曲维英,兰公英,等. 海洋工程装备设计生产准备技术研究[J]. 中国设备工程,2018(22): 182 - 184.
[25] 刘大同,郭凯,王本宽,等. 数字孪生技术综述与展望[J]. 仪器仪表学报,2018,39(11): 1 - 10.
[26] 史恭威,鲍劲松,周亚勤,等. 海工装备生产车间可重构制造单元动态布局方法[J]. 东华大学学报(自然科学版),2018,44(04): 569 - 577.
[27] 戴晟,赵罡,于勇,等. 数字化产品定义发展趋势: 从样机到孪生[J]. 计算机辅助设计与图形学学报,2018,30(08): 1554 - 1562.
[28] 谢芳. 关于海洋工程装备关键技术的研究[J]. 建材与装饰,2018(31): 223.
[29] 吴平平,陆军. 基于产业链分析的海洋工程装备制造业发展研究[J]. 机电工程技术,2018,47(05): 36 - 37+193.
[30] 王平. 基于云的管理信息系统及其价值创造机理研究[D]. 镇江: 江苏科技大学,2018.
[31] 段军. 浅谈知识管理在海工企业的应用[J]. 科技风,2018(09): 152 - 153.
[32] 罗江涛. 浅析海洋工程装备制造过程中焊接质量管理[J]. 价值工程,2018,37(06): 42 - 44.
[33] 洪波,卢文召,汤小虎,等. 一种基于三维空间的焊缝跟踪精度评价分析方法[J]. 焊接学报,2017,38(12): 5 - 8+129.
[34] 孙辉. 海洋工程制造中的关键焊接技术与应用研究[J]. 科技资讯,2017,15(32): 61 - 62.
[35] 韦宣余,薛伟航,张庆学,等. 海洋工程装备制造过程中焊接质量管理[J]. 化工管理,2017(28): 41 - 42.
[36] 纪丰伟. 数据驱动的智能工厂[J]. 智能制造,2017(08): 19 - 22.

[37] 于勇，范胜廷，彭关伟，等. 数字孪生模型在产品构型管理中应用探讨[J]. 航空制造技术，2017(07)：41－45.

[38] 樊印久，张福民，曲兴华，等. 海洋工程装备制造现场大尺寸组网测量[J]. 电子测量与仪器学报，2017，31(03)：369－376.

[39] 樊印久. 海洋工程装备制造现场大尺寸原位测量技术与装置[D]. 天津：天津大学，2017.

[40] 王懿，张小坡，郑业宁，等. 钢铁企业厂内运输物流智能管理系统[J]. 计算技术与自动化，2016，35(02)：120－124.

[41] 王钊. 基于贝叶斯网络的海洋工程装备故障诊断模型[J]. 科技与企业，2016(06)：206.

[42] 阳明，杨振亚，雷烈. 网络化外协生产管理与监控系统的研究[J]. 科技视界，2016(05)：148＋165.

[43] 王振兴. 船舶曲板成形双目立体视觉在位检测技术研究[D]. 上海：上海交通大学，2015.

[44] 刘桥生. 钣金数字化展开与优化排样及其工艺约束处理技术研究[D]. 上海：上海交通大学，2015.

[45] 赵金楼，成俊会，岳晓东. 基于贝叶斯网络的海洋工程装备故障诊断模型[J]. 哈尔滨工程大学学报，2014，35(10)：1288－1293.

[46] 韩凤宇，林益明，范海涛. 基于模型的系统工程在航天器研制中的研究与实践[J]. 航天器工程，2014，23(03)：119－125.

[47] 徐飞，刘明雍. 基于数字化再设计方法的船舶航向控制器设计[J]. 鱼雷技术，2013，21(06)：440－444.

[48] 郑华耀，沈苏海. 计算机技术和船舶自动化机舱探索[J]. 中国造船，2013，54(02)：178－186.

[49] 江本帅，张永康，王匀，等. 大型海洋工程装备的浮态制造方法研究[J]. 机械设计与制造，2013(04)：165－167＋171.

[50] 杜利楠，姜昳芃. 我国海洋工程装备制造业的发展对策研究[J]. 海洋开发与管理，2013，30(03)：1－6.

[51] 杜利楠. 我国海洋工程装备制造业的发展潜力研究[D]. 大连：大连海事大学，2012.

[52] 周国平. 海洋工程装备关键技术和支撑技术分析[J]. 船舶与海洋工程，2012(01)：15－20＋37.

[53] 张浩，葛世伦，潘燕华，等. 船舶制造信息资源标准管理模型及其应用研究[J]. 船舶工程，2011，33(02)：58－62.

[54] 王颖，韩光，张英香. 深海海洋工程装备技术发展现状及趋势[J]. 舰船科学技术，2010，32(10)：108－113＋124.

[55] 孙卫红. 基于知识的网络化制造工艺设计技术及其在机床装备制造中的应用[D].

杭州：浙江大学，2010.

[56] 张树军. 海洋工程装备——船舶工业未来发展之路[J]. 中国水运，2009(09)：8－9.

[57] 侯俊铭. 面向网络化制造的协同设计管理系统研究与开发[D]. 沈阳：东北大学，2009.

[58] 缪国平，朱仁传，程建生，等. 海上风电场建设与海洋工程装备研发中若干水动力学关键技术问题[J]. 上海造船，2009(01)：19－22＋25.

[59] 缪国平，朱仁传. 深海工程装备研发中若干共性水动力学问题[J]. 上海造船，2007(02)：1－4.

[60] 梁策，肖田元，张林鍹. 网络化制造中协同环境的访问控制技术[J]. 计算机集成制造系统，2007(01)：136－140＋152.

[61] 林兰芬，高鹏，蔡铭，等. 网络化制造环境下基于知识服务的工艺协作模型[J]. 计算机辅助设计与图形学学报，2005(09)：2085－2092.

[62] 孙林夫. 面向网络化制造的协同设计技术[J]. 计算机集成制造系统，2005(01)：1－6.

[63] 姚倡锋，张定华，彭文利，等. 基于物理制造单元的网络化制造资源建模研究[J]. 中国机械工程，2004(05)：40－43.

[64] 范玉顺. 网络化制造的内涵与关键技术问题[J]. 计算机集成制造系统- CIMS，2003(07)：576－582.

[65] 苗剑，刘飞，宋豫川. 网络化制造平台的系统构成及功能应用[J]. 中国制造业信息化，2003(01)：62－65.

[66] 但斌，张旭梅，刘飞，等. 面向网络化制造的虚拟供应链研究[J]. 计算机集成制造系统- CIMS，2002(08)：625－629.

[67] 赵博，范玉顺. 网络化制造环境下的动态企业建模[J]. 机械工程学报，2002(06)：31－35.

[68] 但斌，刘飞. 网络化集成制造及其系统研究[J]. 系统工程与电子技术，2001(08)：12－14＋83.

[69] Bone M A, Blackburn M R, Rhodes D H, et al. Transforming systems engineering through digital engineering[J]. The Journal of Defense Modeling and Simulation, 2018: 154851291775187.

[70] Singh V, Willcox K E. Engineering Design with Digital Thread[J]. AIAA Journal, 2018, 56(11): 4515－4528.

[71] Zimmerman P. DoD Digital Engineering Strategy. Proceedings of the 20th Annual National Defense Industrial Association (NDIA) Systems Engineering Conference, 23－26 October 2017[C]. Springfield, VA, 2018.

[72] Giachetti R E. Evaluation of the DoDAF Meta-model's Support of Systems Engineering[J]. Procedia Computer Science, 2015(61): 254－260.

[73] Vaneman W K. Evolving Model-Based Systems Engineering Ontologies and

Structures[C]. Washington DC: Proceedings of the International Council on Systems Engineering (INCOSE) International Symposium, 2018.

[74] Buede D M. The Engineering Design of Systems: Models and Methods[M]. Wiley, 2009.

[75] Ramos A L, Ferreira J V, Barcelo J. Model-based systems engineering: An emerging approach for modern systems[J], IEEE Transactions on Systems, Man and Cybernetics, Part C (Applications and Reviews), 2012(42): 101 - 111.

[76] Garrett R K, Anderson S, Baron N T, et al. Managing the interstitials, a system of systems framework suited for the ballistic missile defense system[J]. Systems Engineering, 2011(14): 87 - 109.

[77] Fisher A, Nolan M. Model Lifecycle Management for MBSE[C]. INCOSE International Symposium, 2014.

[78] Lee J, Bagheri B, Kao H. A Cyber-Physical Systems architecture for Industry 4.0-based manufacturing systems[J]. Manuf Lett, 2015(3): 18 - 23.

[79] Department of Defense DIGITAL ENGINEERING STRATEGY. Office of the Deputy Assistant Secretary of Defense for Systems Engineering[R]. 2018.

[80] CIMdata 2017 PLM 市场与产业发展论坛[R]. 2017.

[81] Boeing. Proposed MBE "Diamond" Symbol — Detailed View. Global Product Data Interoperability Summit[R]. 2018.

[82] Reference Architectural Model Lndustrie4.0(RAMI4.0)-An Introduction[R]. 2018.

[83] The Industrial Internet of Things Volume G1: Reference Architecture (Version1.9). [R/OL]. (2013 - 06 - 19)[2020 - 08 - 18]. https://www.iiconsortium.org/stay-informed/IIRA.htm.

[84] 中国信息通信研究院. 工业互联网平台白皮书(2019 讨论稿)[R]. 2019.

[85] 工业和信息化部. 智能制造发展规划(2016—2020)[R]. 2016.

[86] "新一代人工智能引领下的智能制造研究"课题组. 中国智能制造发展战略研究[J]. 中国工程科学,2018,20(4): 1 - 8.

[87] Margaria T, Schieweck A. The Digital Thread in Industry 4.0[C]. International Conference on Integrated Formal Methods. New Delhi: Springer, 2019: 3 - 24.

[88] Lorensen W E, Cline H E. Marching cubes: A high resolution 3D surface construction algorithm[J]. ACM siggraph computer graphics, 1987, 21(4): 163 - 169.

[89] Reichwein A, Lopez F. Open Services for Lifecycle Collaboration (OSLC)-Extending REST APIs to Connect Data[C]. ISWC Satellites, 2019: 329 - 330.

[90] Wang L, Majstorovic V D, Mourtzis D, et al. Proceedings of 5th International Conference on the Industry 4.0 Model for Advanced Manufacturing, Lecture

Notes in Mechanical Engineering[C]. Belgrade, Serbia, 2020.
[91] 中国电子技术标准化研究院. 工业物联网白皮书(2017)[R]. 2017.
[92] 中华人民共和国工信部电信研究院. 中欧物联网标识白皮书(2014)[R]. 2014.
[93] 黄永霞. 基于 Ecode 的冷链物流单品追溯系统设计[J]. 中国自动识别技术,2017(02): 57 - 64.
[94] 中国信息通信研究院,池程. 工业互联网标识解析系统发展状况及基于区块链的标识系统考虑[R]. 2019.
[95] Shipbuilding Dimensional Control Solutions & Survey Proposal. SAMIN INFORMATION SYSTEM CO., LTD. 2017. [R/OL]. (2017 - 07 - 17)[2020 - 09 - 15]. https://cdn. komachine. com/media/company-catalog/samin-information-system-11272_czelnq. pdf.
[96] 工业和信息化部. 信息物理系统白皮书(2017)[R]. 2017.
[97] 工业 4.0 工作组,德国联邦教育研究部. 德国工业 4.0 战略计划实施建议[R]. 2013.
[98] 工业互联网产业联盟. 边缘计算参考架构 2.0[R]. 2017.
[99] Yousefpour A, Fung C, Nguyen T, et al. All one needs to know about fog computing and related edge computing paradigms: A complete survey[J]. Journal of Systems Architecture, 2019, 98: 289 - 330.
[100] 工业互联网产业联盟工业大数据特设组. 工业大数据技术与应用实践[M]. 北京: 电子工业出版社. 2017.
[101] Aazam M, Zeadally S, Harras K A. Deploying fog computing in industrial internet of things and industry 4.0[J]. IEEE Transactions on Industrial Informatics, 2018, 14(10): 4674 - 4682.
[102] Cheng J, Chen W, Tao F, et al. Industrial IoT in 5G environment towards smart manufacturing[J]. Journal of Industrial Information Integration, 2018, 10: 10 - 19.
[103] 阿里云研究中心. 工业大脑白皮书[R],2018.
[104] Grieves M. Digital twin: manufacturing excellence through virtual factory replication[J]. White Paper, 2014, 1: 1 - 7.
[105] Glaessgen E, Stargel D. The digital twin paradigm for future NASA and US Air Force vehicles[C]. 53rd AIAA/ASME/ASCE/AHS/ASC structures, structural dynamics and materials conference 20th AIAA/ASME/AHS adaptive structures conference 14th AIAA. 2012: 1818.